装配式混凝土塔机基础

赵正义 著

中国建筑工业出版社

图书在版编目（CIP）数据

装配式混凝土塔机基础/赵正义著. —北京：中国建
筑工业出版社，2019.7
ISBN 978-7-112-23720-3

Ⅰ．①装…　Ⅱ．①赵…　Ⅲ．①装配式混凝土结
构-塔式起重机　Ⅳ．①TH213.3

中国版本图书馆 CIP 数据核字（2019）第 087626 号

本书从"创新思路"、"技术路线"、"设计原理及规则"、"制作工艺及质量控制"、"装配拆卸工艺"等方面系统介绍由赵正义发明，国内外均属首创的装配式混凝土塔机基础（国家命名为"赵氏塔基"）的创新技术全貌；并以国家行业标准的形式全面介绍了装配式混凝土塔机基础的技术应用管理；通过与两大系列的固定式塔机装配的装配式混凝土塔机基础的设计计算、构件制作工艺及质量标准、装卸工艺的工程实例详细介绍了装配式混凝土塔机基础的实际应用方法。

本书以"形象思维始、逻辑思维终"的形式介绍了装配式混凝土塔机基础的发明轨迹、创新思维和科学求实精神的运用，给工程领域技术创新提供了全新的借鉴模式。

本书可供从事建筑工程专业科研、设计、施工、技术创新等方面工作的工程技术人员使用与参考，也可作为本专业大专院校师生教学参考。

责任编辑：王　治
责任设计：李志立
责任校对：张　颖

装配式混凝土塔机基础

赵正义　著

*

中国建筑工业出版社出版、发行（北京海淀三里河路 9 号）
各地新华书店、建筑书店经销
霸州市顺浩图文科技发展有限公司制版
北京圣夫亚美印刷有限公司印刷

*

开本：850×1168毫米　1/16　印张：33　字数：930千字
2019 年 12 月第一版　2020 年 6 月第二次印刷
定价：**142.00**元
ISBN 978-7-112-23720-3
（33925）

谨 献 给

勇立中华民族伟大复兴潮
头的亿万当代鲁班

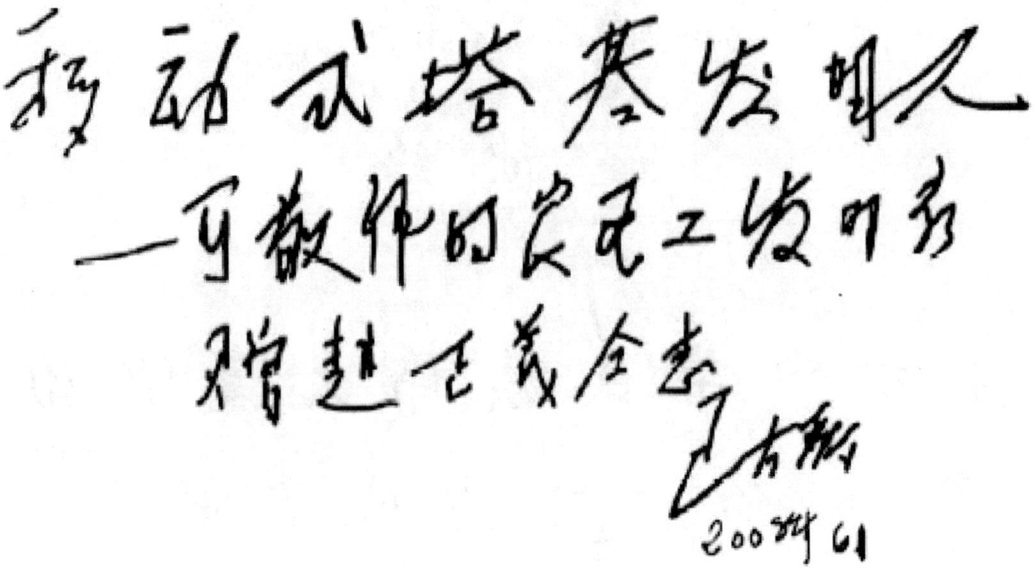

移 动 式 塔 基 发 明 人
——可敬佩的农民工发明家
赠赵正义同志

王大珩
2008 年 6 月

　　王大珩，世界著名光学家、我国科技发展战略家、两院院士、"两弹一星"元勋、"863 计划"发起人之一、中国工程院发起人之一。
　　王大珩先生在了解了"赵氏塔基"的研发历程及其技术特点、推广应用情况后，倍加赞赏，欣然题词。

题字 1　"两弹一星"元勋、两院院士王大珩题字

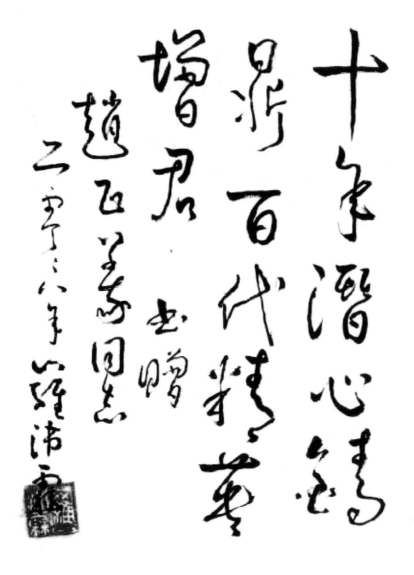

"十年潜心铸鼎，百代精英增君"

书赠赵正义同志

著名科学家、我国信息产业奠基人、两院院士、中国工程院发起人之一罗沛霖先生全面考察了"赵氏塔基"的技术性能、经济社会效益、研发过程和推广应用情况后，欣然题词。赞赏赵正义十年锲而不舍、求索攀登研发"赵氏塔基"成功的创新业绩，不愧为鲁班第101代杰出弟子的美誉。

题字2　两院院士、中国信息产业奠基人罗沛霖题字

華夏九鼎聚同方

精誠合力鑄輝煌

熊將五嶽集一處

敢與崑崙論短長

公元二零零四年歲次甲申仲春二月題贈

組合式塔機基礎發明者趙君正義

劉佩衡書於京西時年方八十有一

题字3　中国塔机技术领域开拓者、奠基人、教授级高级工程师刘佩衡题字

民族复兴需要成千上万个赵正义（代序）

民族复兴的伟大时代呼唤自主创新大潮蓬勃涌起。党的十七大明确指出，"必须始终不渝地坚持以邓小平理论和'三个代表'重要思想为指导，深入贯彻落实科学发展观，毫不动摇地坚持和发展中国特色社会主义"。贯彻落实科学发展观，一个十分重要的方面就是要提高自主创新能力。自主创新能力是国家竞争力的核心，是转变经济发展方式的中心环节，而提高自主创新能力的关键因素在于创新的人才。民族复兴的历史重任要求我们民族每一个成员立足岗位，创造性地开拓新局面。我们的民族必须加速培养造就成百上千的钱学森、王大珩、罗沛霖、袁隆平、黄昆、吴文俊……更要造就数以万计的像赵正义这样的一线创新人才，而成千上万的赵正义式的基层创新人才是创新型国家的根基所在。我们拥有世界上最庞大的三千多万人的科技人才队伍，更有一亿的产业工人和近两亿的农民工队伍，如何把我国自主创新的尖端实力做高做强，把自主创新的社会基础做深做牢？如何提高全民的创新意识和创新能力？如何把我国的人力资源优势转化为人才资源优势？这是我们在建设创新型国家进程中必须认真回答的时代课题。

五千年的中华文明史有力地证明了中华文明是推动人类不断前进的创新人才产生与成长的沃土。我国许多老一辈科技界前贤都深受中国传统文化的影响。中华民族传统文化中自强不息、追求真理、锲而不舍、攀登求索、安贫乐道的高贵品质在他们一生的奋斗进取中得到彰显。农民工出身的当代发明家赵正义的奋发和作为也深受中国传统文化的影响。"天行健，君子以自强不息"，"地势坤，君子以厚德载物"，"鞠躬尽瘁，死而后已"，"朝闻道，夕死可矣"这些传统文化的精髓内化为他的人生观、价值观，在此基础上，他又用马克思主义的辩证唯物主义哲学思想武装自己的头脑，这为他的人生奋斗提供了新的精神动力。实践证明，中国化的马克思主义可以激发中国传统文化中的积极成分，二者有机融合，相得益彰，必定成为中国人民创造新的辉煌历史的有力精神动力。

赵正义的自学成才、岗位成才历程和创新业绩是对胡锦涛同志关于人才"四不唯"标准的最生动诠译和最有说服力的例证；他的创新业绩对建设创新型国家的核心问题——人民群众的自主创新能力和参与自主创新的积极性提供了实证。我国国民的基本条件优于赵正义这位只具有初中学历农民工的人数超过总人口的一半。赵正义的事迹对于激发全民族创新积极性具有重要意义。赵正义的创新具有自主创新的全部本质特征——自主选题、自主投入、自主研发、自主产业化，对谁是自主创新的主体、谁是自主创新的核心力量、自主创新的动力源泉以及自主创新如何尽快转化为生产力等一系列问题提供了新鲜的启示；为引导近两亿农民工在现有国情条件下提高素质，调动他们自学成才、岗位成才，激发他们的创造性使之成为自主创新的一支生力军提供了样板和示范，开拓了思路；为夯实创新型国家的群众基础和彻底解决"三农"问题提供了治本的途径。

王伟光

2007 年 12 月 30 日

注：本序言节选自王伟光为沈英甲著《大浪淘沙——创新精英写真集》所作的序文。

王伟光，中共十八届中央委员、中国社会科学院院长；原中共中央党校常务副校长、全国人大法律委员会委员，中国邓小平理论研究会会长、教授、博士生导师。

时代风采　民族脊梁（代序）

　　创新型国家的基础和标志是全民族创新意识和创新能力的全面提升。我们这个有着五千年文明史，传统文化根深蒂固的中华民族的创新意识和创造活力究竟如何？初中文化水平，农民工出身，自学成才、岗位成才的高级工程师赵正义的创新业绩明确而彻底地回答了这个重大历史文化问题。几千年来，正是有无数的像赵正义这样的平民发明家在不断地推动华夏科学技术文明的进步，铸造了几千年雄踞世界前列的历史。

　　邓小平同志说："科学技术是第一生产力"。自主创新是科学技术的核心。以极原始极简单的方法利用现有材料解决重大技术难题是技术创新的最高境界。赵正义正是用人们认为再普通不过的混凝土和预应力材料，甚至是砂、石、土，通过空间结构的重新组合赋予这些材料在新的结构形式下新的性能，发明研制成功可组合、分解、搬运，实现重复使用的"赵氏塔基"，从而彻底破解了困扰人类几十年的一道世界性技术难题，成为一项令国内外业界惊叹的节资、节能减排标志性新技术和经典发明。而在这几十年，国内外无数的业内专家都对这道难题下过功夫，而没有些许进展，结果却被与塔机专业毫无瓜葛的赵正义一举攻克。难怪专业权威对赵正义的发明做出"有悖常理，符合逻辑"的精辟评价。赵正义的创新业绩雄辩地证明了我们民族根深蒂固的创新意识和创新能力。由此，不能不令国人对创新型国家愿景的实现充满自信。

　　没用国家一分钱，独立完成国家级科技成果推广项目，建立完整的新技术体系，并且主导了它的产业化进程，而这位重大新技术发明家专业和学历方面的基本条件竟然是初中文化的农民工。由此，我不能不联想到一个问题——全国论创新的基础新条件优于赵正义者不下几亿人，那么在这几亿人当中，假定各行各业第一线能涌现出1000个、1万个赵正义式的创新人物，再加上3500万数量世界第一的科技人才队伍不断增强的创新活力，我国的循环经济建设和节约型社会建设将有多么强大的创新支撑力，我国的创新型国家建设会是一种什么局面？我深信，中国14亿人中有着无数的赵正义，关键是如何使他们如雨后春笋般地脱颖而出，充分激发他们的创造活力。

　　一提到中国传统文化，人们往往错误地联想到保守。其实这是偏见。赵正义深受传统文化的熏陶，但丝毫没有磨灭他的创造性。他从《易经》中学到的是"自强不息，厚德载物"，而对占卦之术不感兴趣；他反复读《三国演义》、《岳飞传》，诸葛亮、赵云、岳飞这些封建社会的人物形象在潜移默化中内化为忠于国家、忠于民族、忠于事业的信念；百折不回、锲而不舍的坚强性格；逻辑思维、形象思维的思想方法。中国传统文化中的积极因素被赵正义用来打造自己的人生观和价值观基础。在此基础上，他更通过学习真诚接受了马克思主义的辩证唯物主义和历史唯物主义，顺理成章地有了把自己的前途命运和人生价值与社会进步、民族复兴紧密相连的十年如一日，甚至不惜倾家荡产的"赵氏塔基"研发过程。实践证明，中国化的马克思主义进一步激发了中华民族传统文化中蕴涵的无穷创造力。

　　建设创新型国家的历史任务必须由全民族的全体成员戮力同心来实现。创新发明不应只是科学院、工程院和科研机构的任务。从邓小平亲自决策、由国家主导的"863计划"到以具有"四自主"（自主选题、自主研发、自筹经费、自主产业化）特征的"赵氏塔基"研发为标志的全民创新，是建设创新型国家的核心力量，全民创新意识和创新能力更是国家创新体系的基石。从某种意义上说，全民创新运动的兴起是创新型国家的必由之路。

　　创新型国家的奋斗目标，不但需要培养出一大批钱学森、王大珩、吴文俊级的大科学家，袁隆平级的大发明家，也不能少了像邹延龄、李中华这样献身创新不怕牺牲的英雄人物，更少不了各行各业赵正义式的基层创新精英。创新精英们在做出前无古人的创造性贡献过程中心理上承受的压力和所做出的牺牲，令常人难以想象。没有献身精神不可能进入创新精英的行列。我们必须培养造就一大批富于牺牲精神的创新精英人才，只有这样，才能真正形成根基深厚的国际创新竞争力。唯此，创新型国家才有可能真正实现。

罗沛霖

2007 年 11 月 15 日

注：本序言节选自罗沛霖为沈英甲著《大浪淘沙——创新精英写真集》所作的序文。

摘编此文，作为对罗沛霖先生的敬仰和纪念。

罗沛霖，两院院士、我国电子信息产业开拓者、奠基人；中国工程院的发起人之一。

忘我奋斗的足迹　民族精神的凯歌（代序）

"赵氏塔基"开塔机基础重复使用、轻量化之先河，是中国工程技术人员对塔机技术领域的一项突出贡献；是本技术领域最先进生产力的组成部分；它的诞生会给一切周期移动使用的桅杆式机械设备基础带来革命性的影响；"赵氏塔基"以奇特构思加综合运用当代最新技术成果的八项技术创新点构成完整的新技术体系，彻底破解了自固定式塔机诞生以来的一道世界技术性的难题，是混凝土预制构件和组合基础技术的新的里程碑。这是中国人在组合式基础技术领域首次超美、英、俄的开创性贡献。作为把毕生精力献给中国塔机事业、见证中国塔机技术发展历程的一名老兵，看到中国人在塔机技术领域开创性的技术成就，备感欣慰和鼓舞。深感接力有来人，后生可畏。

"赵氏塔基"是中国建设人践行科学发展观，向21世纪人类社会的发展难题自觉主动发起的有力冲顶。其经济效益、社会效益巨大，影响涉及多个产业领域，对于处在高速发展的中国，迅速实现产业化的意义尤为重大。

赵正义没有受过专业系统教育，也没有高学历。凭爱国热忱和民族自尊心共同支撑的拼搏精神，敢向世界性技术难题发起冲锋。在资金和技术都不具备的条件下，发扬"特别能吃苦，特别能战斗，特别能创造，特别能奉献"精神，锲而不舍，七年铸一鼎；精诚所至，两番立新说。终于独树一帜，成为组合式塔基技术领域和一个全新产业的开拓者。这是中国建设人可贵的精神品质。

"赵氏塔基现象"是"解放思想，实事求是"的时代产物，是中国建设人继承千古一脉的民族精神——鲁班创造精神，发挥固有的聪明才智，忘我奋斗，不断创造奇迹的鲜活例证。足以让世人感受"鲁班代代有传人，一传更比一代新"的中国建设战线英才辈出的蓬勃气象。

时势造英雄，奋斗铸人才。赵正义由一名普通建筑工人成长为企业负责人、新技术发明家的奋斗历程以及他的世界观、人生观、价值观根本转变，最终走上了中国建设人典型的成才之路。党的十六大精神、"三个代表"重要思想、"科学发展观"、"人才强国战略"为乘风破浪的中华巨轮引领发展强盛的正确航向，也为造就大批栋梁之材搭设了舞台。一切心存报效民族、振兴中华的有志者，都会丹心睿智，各展英华；激扬热血，意气风发。

愿各行各业的"赵氏塔基现象"层出不穷；愿各条战线的"赵正义"们如雨后春笋。

刘佩衡时年八十有一

二〇〇四年岁次甲申季春

注：本序言节选自刘佩衡为报告文学《托塔神工》所作的序文。

摘编此文，意在对恩师的深切缅怀和纪念。

刘佩衡，中国塔机技术领域开拓者、奠基人；教授级高工、硕士生导师、国内历代新型塔机设计主持人。

最能诠释华夏工匠精神的当代鲁班

——写在《装配式混凝土塔机基础》出版之际

获悉赵正义同志的专著《装配式混凝土塔机基础》付梓，非常高兴。这是中国建筑界的一件非常有意义的事，这件事本身的意义之一在于，它给"中国农民工"一词提供了新的内含，为世人观察理解"农民工"提供了一个全新角度和视野，进而思考对当代中国建筑人的创新能力做重新评估。

我了解赵正义的先进事迹始于2004年9月16日《光明日报》题为《建设行业需要更多的赵正义——发扬"新鲁班"精神克服技术荒》的内参。翌日，时任中共中央政治局委员、国务院副总理曾培炎同志在内参上做了重要批示。为落实曾副总理的批示精神，经住房和城乡建设部党组研究决定，派出由我亲自带队的住房和城乡建设部相关部门负责人会同北京市建委和昌平区建委共同组成调查组对赵正义事迹进行全面认真的调查核实。10月10日，调查组提交的《关于赵正义同志先进事迹的调查报告》中说："科学的发展观和人才观，需要更多赵正义这样知识型的'新鲁班'，需要更多赵正义这样技术型的'能工巧匠'。把赵正义同志作为典型进行宣传，对于在全国建设系统营造尊重科学、尊重知识、尊重人才，创造人才辈出、万马奔腾的局面，弘扬新鲁班精神，掀起技术创新、技术进步、成果转化的热潮，建设学习型行业，提高近5000万建设大军的整体素质，将会起到重要作用。为此，我们建议：一、以住房和城乡建设部党组名义授予赵正义同志'行业标兵'荣誉称号，号召建设系统广大党员、干部和群众向赵正义同志学习，弘扬'新鲁班赵正义精神'。二、以住房和城乡建设部党组名义，把赵正义同志作为重大典型向中宣部推荐。三、商请与中宣部、北京市委联合在北京召开赵正义先进事迹报告会"。

在2005年1月30日召开的全国建设系统党风廉政建设精神文明建设工作会议上，我讲到赵正义这个中国建设系统的新典型时，第一次提出用"当代鲁班"来形象地概括他的创新事迹。既然是"当代鲁班"，就必须有鲜明的时代特征，他不仅具有当代工人的核心价值观，有拼搏进取、勇攀高峰的大工匠素质，更有孜孜以求、掌握专业技术和创新的专业理论基础、逻辑思维、系统思维缜密的专家素养，对技术创新，他不仅知"其然"，还能从理论上说明"所以然"。李瑞环同志当年进入建筑行业时的文化水平是小学，而他后来以"木工简易计算法"代替木工放大样一举改变了中国建筑的千年工艺传统，大幅度提高了工作效率，再加上多项技术革新，加快了工程进度，降低了施工成本，由此获得"青年鲁班"的称号，并开启了具有几千年历史传承的中国建筑业学科学用科学的新时代，他是中国建筑施工走向现代化的开拓者、引领者。而赵正义是初中文化，挑战的是成千上万工程技术专家或攻关无果或望而却步的世界性的专业技术难题——装配式塔机基础。这道技术难题涉及土力学地基基础、混凝土结构、钢结构、塔式结构、预应力装备技术五大学科，是现代工业化时代的新型机械设备如建筑固定式塔机、风力发电机、钻探机、采油机、独立式广告牌、大型雷达等机械设备的基础与节能减排的时代要求之间的矛盾产物，具有明显的"时代特征"，这不是某个单个专业的专家敢于独立承担的综合性技术难题，不运用系统工程的思想方法和多学科的知识综合加创新的奇思妙想恐怕至今未能破解。难怪1999年赵正义拿着"赵氏塔基"（2011年中国科学技术奖励证书使用的名称）的图纸和计算书去清华大学求教我国混凝土结构权威专家江见鲸先生，认真地审查了"赵氏塔基"的图纸和计算书之后，他的结论是，"这是一项就连我带的博士研究生也无能为力的技术难题。"在李瑞环同志之后，赵正义开启了中国建筑行业普通工人在学科学用科学思想引领下独立思考、自主创新的新时代，"赵氏塔基"是中国建筑业开始全面进入脱胎换骨全方位创新时代的重要标志之一。

如果说赵正义在1998～2015年这17年间为"赵氏塔基"申报的56项发明专利和2003年发表于《建筑技术开发》、《建筑机械化》的两篇论文只是从外在的结构形式上阐述了"赵氏塔基"的创新思维，属于形象思维的表现形式，主要说明"赵氏塔基"的"其然"；那么从2008年他发表于《前沿科学》的论文《塔桅式机械设备组合基础设计原理及其主要构造》则开始从形象思维的"其然"向逻辑思维的"其所以然"转变，从对"赵氏塔基"的感性的外在形式的认识转向理性的内在关系的认识上来。到2015年9月，发表于《前沿科学》的论文《装配式塔基的平面图形优选及其设计原则》和2016年10月，发表于《建筑技术》的论文《装配式塔基的重要设计原则》，大量运用数学计算，通过对比和实验，提出并论证了"装配式塔基"的两大关键性核心技术指标——"基础的地基承载力设计条件"和"基础的重力设计条件"的设计原则，对包括相关国家标准中的错误和偏差进行了"拨乱反正"。

长期从事建筑设计的人都知道，建筑结构设计的最大难点在于力的计算，因为力是一个无形的量，不然为什么提出"力学三定律"的牛顿被尊为世界历史上最伟大的科学家之一。然而，原来只有初中文化的中国农民工赵正义却是运用力学原理清楚明白地论证了"装配式塔基"的设计规则。

既然是创新技术，就要对它的技术成就进行评价。我完全赞同已故的中国塔式起重机技术领域开拓者、奠基人之一刘佩衡先生对"赵氏塔基"的评价：

"赵氏塔基"开塔机基础重复使用、轻量化之先河，是中国工程技术人员对塔机技术领域的一项突出贡献；是本技术领域最先进生产力的组成部分；它的诞生会给一切周期移动使用的桅杆式机械设备基础带来革命性的影响；彻底破解了自固定式塔机诞生以来的一道世界技术性的难题，是混凝土预制构件和组合基础技术的新的里程碑。这是中国人在组合式基础技术领域首次超美、英、俄的开创性贡献。

须要补充的是：赵正义开创了建筑领域装配式混凝土结构的一个全新门类，建立了"装配式塔式机械设备基础"（简称'赵氏塔基'）完整的新技术体系并成功开辟了产业化道路。他确定了"装配式塔基"的两大设计条件——1、基础平面图形及其几何尺寸与基础承受的倾覆力矩和地基承载力条件之间的平衡关系；2、基础平面图形及其几何尺寸与基础承受的倾覆力矩和地基承受的总垂直力的平衡关系。解决了混凝土预制构件的"无缝对接"难题，消除了有几十年历史的"后浇缝"构造；解决了地脚螺栓与混凝土构件的组合与分解的构造难题；解决了预应力构造系统在"装配式塔基"中应用的特殊要求——反复张拉与退张和预应力构造的多次重复使用；以土、砂子、石子等散料代替混凝土做为基础重力构件；解决了不同厂家生产的同型号塔机与基础的不同垂直连接构造与定型的装配式塔基的混凝土预制构件的垂直连接的通用性技术难题；解决了以同一几何尺寸模具制作的混凝土基础预制构件，满足能与施工常用的不同型号的固定式塔机配套使用的"装配式塔基"的制作；为"装配式塔基"在建筑业的推广应用实现产业化铺平了技术道路。

拓展开来，"赵氏塔基"的设计原理和规则完全可以成为风力发电机、采油机、钻探机、大型雷达、信号发射塔、独立广告牌等诸多现代工业和信息设备的新型基础的核心技术支撑，使它们适应节资节能减排的人类社会新需要和快速移位技术的需要，其社会效益、经济效益和专业技术效益的贡献之大会随着"塔式结构"的广泛应用而日益彰显。

我了解到，赵正义的人生有"四大法宝"：

一是自信：坚信"天生我材必有用"，从未有过自卑感和放弃对未来的追求，自强不息的奋斗，一线贯穿四十年的建筑生涯，从未间断。

二是学习：养成每天业余读书的习惯，由浅入深，四十年从未间断。在刻苦自学的同时，参加专业技术培训40余次，自觉充电。2006年，60岁的赵正义自费报考中央党校在职研究生班攻读科学技术哲学专业。

三是创新：从不墨守成规，敢走前人没走过的路，善于运用形象思维和逻辑思维并使二者有机结合，形成大胆和务实的创新模式。

四是梦想：自从认定了建筑是自己的终生职业之后，心中就一直有一个梦想日夜萦绕在心头："做为干了一辈子的中国建筑人，总得和自己名字连在一起的东西传给后世，才算得上真正的鲁班传人。"

论及"赵正义现象"的社会意义，"两弹一星"元勋、两院院士王大珩认为："赵正义的自主创新业绩再次说明，各行业的各生产环节的劳动者最有能力以创新破解所面对的技术难题，成为推动物质生产全过程全方位的原动力。这种发轫于全体劳动者的创新原动力，是未来我国先进生产力的基础和重要构成"（引自《人民日报》内参2014年第54期）。

我们从赵正义的奋斗和创新业绩可以得到的启示是：

一、中华民族的创新内力存在于民族每个成员的血脉和遗传基因里，生生不息。赵正义的创新业绩为"四大发明"为什么出现在中国提供了现实的人类学依据。

二、我国可持续发展的资源压力日益明显，经济增长的风险和下行压力加大。我国各行业生产全过程的普通劳动者总数超过六亿，这是中国最大的人力资源优势。充分激发普通劳动者的创新意识，为他们施展创造力提供机遇和平台，以他们的创造力筑成创新型国家最深厚坚实的基础，扬长避短，变人口压力为人力资源优势，造就一大批扎根生产一线的大工匠发明家，必定成为加快制造业强国向科技强国迈进和全面提升综合国力的极其紧迫的战略任务。各方面条件普通得不能再普通的赵正义独自一人创造了中国农民工"四个第一"（彻底破解了有几十年历史的一道世界性技术难题，创立有56项发明专利的"赵氏塔基"新技术的第一人；荣获国家科技进步奖的第一人；以"赵氏塔基"为规范对象，赵正义成为主编国家行业标准第一人和获得中国工程系列最高技术职称第一人）的成长历程和创新业绩有力地证实了，社会生产的全方位全过程本身就是创新人才的培养基，充分利用这块世界上最大创新底蕴最深厚而国家直接投入最小的培养基，可以造就大批国家急需的人才。

三、激发普通劳动者创造力靠两条，一是政策引导、营造社会环境，二是发现"领头羊"，树立楷模标杆。让全体劳动者相信——"我能"，进一步激发全体劳动者的创新意识和创造活力，打造推动生产力发展全方位全过程创新的核心力量——高素质充满创造活力的劳动者——各行各业的"工匠群"和从工匠中脱颖而出的"发明家群"，是继续提升综合国力的关键途径之一，更是对民族复兴具有战略意义的长久治本之策。

俗话说，"千里马常有，而伯乐不常有"，非也！我说，民族复兴的伟大时代，千里马常有，伯乐更常有，不是么，"赵正义现象"引起国内主要媒体的高度关注，《人民日报》、《光明日报》、中共中央党校、《北京日报》、《科技日报》、《中国建设报》、中央人民广播电台就"赵正义现象"发出的内参共25份；与赵正义素不相识的科技泰斗王大珩、罗沛霖对他倍加赞赏；赵正义成了"十二五"期间中国建设系统的五大典型之一、中央组织部"人人皆可成才"公益广告的三大典型之一；赵正义因荣获国家科技进步奖受到胡锦涛等中央领导同志的亲切接见，胡总书记与他握手的新闻特写镜头在新闻联播中播出；他做为全国专家代表受邀参加党中央、国务院安排的北戴河专家休假活动，受到了习近平同志的亲切接见……

中华民族伟大复兴的时代正迎面向我们走来，中国的生产力、综合国力和国际竞争力的不断提升有赖于蕴藏在这个古老民族血脉中万古延续的创新能量的全面发力。我们各行各业会不断有无数的赵正义们如雨后春笋般地脱颖而出，无数脱胎于普通劳动者的大工匠、工程师、发明家各展风采、各献奇能，合力助推中华巨轮朝着复兴之岸乘风破浪。

姚兵

2016 年 10 月 8 日

姚兵，原国家建设部总工程师、中纪委驻建设部纪检组组长（正部级）、中国土木工程学会常务副理事长、中国建设监理协会常务副会长。

人的自我价值实现途径的一种必然选择

自 序

我 1946 年 5 月 7 日出生于河北省昌平县城内（现为北京市昌平区城区镇三街）的一个普通农民家庭，上溯五辈与文化和科技并无丝毫联系，也未曾有过匠人前辈。

昌平区城内鼓楼北大街路东，距北城墙约百米处，有一座建于清末的鲁班庙，而我家与鲁班庙近在咫尺，儿时常和小伙伴们去鲁班庙内玩耍。每逢祭祀之日（农民五月初七），庙内人头攒动，香烟缭绕。昌平县各村各行业匠人的头面人物都会云集于此，敬祖拜师。1954 年的祭祀活动更是盛况空前，我当时已上小学二年级，学校也设在一所旧庙里，与鲁班庙距离只有百十米。那时，对鲁班的事一无所知，只知道他是匠人的祖师爷，不论盖房子的手艺人从事什么行当，不论你是石匠、瓦匠、木匠、油漆匠、裱糊匠都得拜鲁班这位祖师爷。但出于好奇，我在一旁偷窥了这些各村匠人的代表大礼参拜祖师爷的场面，崇敬和神圣的表情浮现在朝着鲁班塑像顶礼膜拜的每一个人脸上。我当时意识到，对于匠人来说，这是一个隆重而神圣的时刻，因为不是所有的匠人都有权利有机会出席这种场面。为了这事，耽误了一节课，让老师当众好一顿批。隔日，星期日再来，庙内空无一人，小伙伴们在供案前搜寻有什么吃的玩的东西，而我独自一人凝望着鲁班的塑像和他手中的墨斗，回想前天目睹匠人们参拜的场面，情不自禁地跪下学着匠人的样子给鲁班塑像跪拜，小伙伴们并没有和我一起拜鲁班像，只是在一旁起哄："赵正义拜师喽！"

谁能想到，造化弄人，做梦也没想到最后竟然真的遁入了"班门"。直到初中毕业，自己内心向往的是成为这"家"那"家"，却从未想过当建筑工人。

我们这一代人，生在新中国成立前，长在红旗下，受的是党的教育，满脑子的共产主义理想，憧憬着"楼上楼下、电灯电话"。1962 年 7 月初中毕业后，因家庭经济困难，上有祖父母，下有四个弟弟，全靠父母无法维持一家人生计，只好放弃学业，回乡务农。三十岁（1976 年）之前的我和全国大多数人民公社社员一样，日出而作，日落而息；生产队分小麦就吃白面，分玉米就吃窝头，年景好全家也得勒紧裤腰带，准备攒钱盖房娶媳妇。年复一年，脸朝黄土背朝天，干着……盼着。

我的外祖父家是满族，我母亲身上有满族人坚毅不挠的性格，这种不怕困难不服输的精神品质原原本本地传给了我，从小就是特别"任性"，想干什么，不达目的不罢休。1960 年以后，农村有了自留地。为了在这有限的土地上多生产能填饱肚子的红薯，在这一小块自己说了算的土地上下足了工夫，正上初二的我，从书店买来关于栽培红薯专业知识的书，认真研读，从翻地、备肥、施肥、起垄、选品种，到中期的锄草松土，后期的翻秧补肥，样样做得精细更与其他农户的作法不同，一般人都按传统方法干，认为我是胡来，结果到收获时都傻了眼，我家地里的红薯单位面积产量多出他们一倍！这就是科学的力量，创新的成果，其直接的结果是，我家老少比别人多吃了一个月的饱饭。这在当时是一件十分引以为豪的大事。

1976 年 6 月 1 日，对于我个人来讲是个值得特别记住的日子。从这天起，我脱离了农业的劳作，进入了当时刚刚兴起的乡镇企业成了一名"社员工"就是后来的农民工。我进入的是镇办的建筑施工企业。昨天还在地里干农活，今天摇身一变成了建筑工人，虽然仍是农民户口，但也是认为登了半步天，好歹不再干"锄禾日当午，汗滴禾下土"的农活。喜悦之情，溢于言表。当时我已娶妻生子，人生又来到一个新的十字路口，必须好好筹划一下，下一步准备怎么走。

俗话说，人过三十不学艺，我当时正好三十岁，却干起了从来没想过要干的建筑行业。当壮工咱有的是力气，拿起就干，可没有技术的壮工的工资比技工差了一大截，怎么养家糊口？凭当壮工能让妻儿跟着过上好日子，简直是做梦！那就只剩下干技工一条道——学技术；可是分在同一个施工队的瓦、木工师傅们有的是祖辈传的手艺，有的是干了十几年的大工匠，咱却只是偶尔看过别人盖房的人。可我清醒地意识到，我这辈子不可能还有别的更美的机会。"人到中年不学艺"是常规、是传统，而对于一个把这次机会看作是今生的"背水一战"的人，一切常规都在破除之列。从此卧薪尝胆、博采众长，班上用心，班下苦练，长期坚持业余潜心读书，在实践中悉心感悟。六年过去了，功夫不负有心人，1982 年，通过企业组织的上百名瓦工技术大比武，技压群雄，让所有瓦工重新认识赵正义。在这六年里，我用我的智慧加汗水、拼搏加思考，创造了企业的瓦工三项第一——质量最高标准、日完成工作量最高标准、砌筑总量 120 万块砖无返工的记录，一举成为本企业的标杆，一步登上建筑行业大工匠的平台，工资等级达到顶峰，不论企业领导还是工友同事都会高看一眼，受人敬重的感觉真好。瓦工的基本技术在砌筑"清水墙"，而清水墙的技术关键是控制"游丁"，它比大角垂直更难控制，因为大角是一点垂直，而"游丁"是多点垂直。在此期间，我以勤学苦练加创新的方式掌握了砌砖抹灰的基本技法，更在实践中摸索总结出一套新的技法，比如防止"游丁"的"分段定位法"和"室内抹灰水泥护角的新工艺和新工具"（该项技术革新被收入《砖瓦抹灰实用技术》一书），这些源于施工实践的革新为我在比武中独占鳌头提供了绝招，成为战胜强手的秘密武器。而超越同侪的"秘笈"却是源于一心要达到"人能我能，我能人不能"的强烈愿望，源于刻苦读书，从书本中率先掌握了"他山之石"，更是源于在此基础之上的创新。

对我人生产生重大影响的恩师、著名中医张寿泉先生授我以"开卷必有益"的座右铭，使我终身受益。从二十多岁起养成了爱读书的好习惯。进入建筑行业后，由于工作自身对技术和知识的要求，要加快赶超别人的速度，促使我更加自觉地读书，靠自学后来居上，靠创新超越同侪。业余读专业书和专业杂志，从建筑中专课本和《建筑工人》杂志开始，打牢专业知识根基，循序渐进，直到建筑专业大本教科书和建筑专著，三十几年从未间断，为此不抽烟、不喝酒，省下钱来买书；不打扑克、不玩象棋；除了"新闻联播"和"北京新闻"不看其他电视节目；每天"新闻联播"后的两小时是心无旁骛的读书时间，雷打不动。其结果是，我不但掌握了自己每天面对的实际工作的操作和管理方法，更了解了许多还未接触过的先进的施工技术的基本知识，还掌握了工程设计的基本知识和结构设计的基本规则。超前的知识储备给以后破解工作中出现的技术难题，直到发明研制"赵氏塔基"打下了专业技术知识的根基，真是应了那句格言："成功的机会总是留给有准备的人。"打好这样的专业技术知识根基，就会游刃有余地抓住一个个送上门来的机会。1988 年，独立发现由我负责施工的昌平县财政局办公楼的五层大会议室顶板结构设计的严重错误，并独立提出修改设计方案，避免了塌楼死人的特大工程事故，避免了经济损失 60 万元。1993 年，在主持北京轴承厂 1 号车间（三联跨预制排架结构）施工中，打破业界常规，在施工现场生产 247 件平均重量超 2 吨的大型混凝土结构构件，实现了件件优质，施工中不出一件次品、废品，直接经济效益达 40 万元。让我脚踏实地、勇攀高峰，一步步登上实现人生梦想的舞台。

光有刻苦自学还远远不够，求知的路上遇到百思不得其解的难题须要有人指点迷津、拨云见日、才能事半功倍，才能提高学习的效率，只要你是真诚求知，虚怀若谷，每当你的知识、技能上了一个台阶，必会有人拉你一把或托举你上另一个台阶；当你来到另一个平台的十字路口时总会有一个属于你的"贵人"在等着你。我从瓦工学徒到大工匠；从班长、质检员，再到技术质量科长；从施工队长到企业经理；十七年间，没有老领导王家伦如师如兄毫无保留的传帮带，没有他的悉心扶持提携，给我一个又一个的锻炼提高的机会和展示才能的舞台，就没有后来的"赵氏塔基"，也就没有今天的赵正义。

没有陈鹤鸣（北京建工集团一建公司高级技师、曾任人民大会堂、中南海毛主席游泳池工程的质量监督员）长达二年毫无保留的倾囊传授，使我开阔视野，增加阅历和见识，掌握了许多书本上没有的"看家真本事"，就不可能面对施工中出现的难点，出奇制胜。在我成长进步的道路上，我遇到了潘全祥、孔晓、黄轶逸、江见鲸、李守林等专家，得到了他们的诚心辅导与帮助，使我少走了许多弯路。更有中国塔式起重机技术领域开拓者、奠基人刘佩衡先生，从他的身上，我真切感受到中国老一代科学家的待人以诚和诲人不倦，我不单从先生那里求到真知，更领悟到了学者的无私。

与我无亲无故的直接领导昌平镇党委书记洪起忠和他的继任者田国瑞，在经过多次暗访和调研之后，力排众议，毅然启用我临危受命担任企业总经理，给了我一展平生之志的机会，更为"赵氏塔基"诞生于赵正义之手创造了重要前提。

与我志同道合的工友路全满、果刚从装配式混凝土塔机基础研发肇始就一直和我在一起，风雨同舟，一起把人生最宝贵的年华献给了装配式混凝土塔机基础事业，没有他们的辅佐和鼎力支持，"赵氏塔基"的路会更长更崎岖，他们是我的人生挚友和知己，更是我命中的贵人。

昌平区建委副主任李贵山是我人生中又一个重量级的大贵人，他在行业管理的岗位上长期负责新技术推广和专业技术培训，更是由于他对技术创新的好奇和高度重视引发的情有独钟，他对"赵氏塔基"的关注使他成为伴随"赵氏塔基"十八年艰难跋涉、见证了"赵氏塔基"脱胎换骨全过程的唯一知情人。为了推动"赵氏塔基"的研发和推广应用，他敢于冒险承担责任，做了许多分外的推动"赵氏塔基"前行的关键之事，逢山开路，遇水架桥，帮我敲开了许多专业机构和专家的门，使我与科学家结缘；这种行政干部全力推动创新的现象被《人民日报》称为"赵李模式"。

与我素昧平生的中华人民共和国住房和城乡建设部老领导，原建设部总工、中纪委驻住建部纪检组组长姚兵，自2004年至今，对我一直呵护有加，用心扶持、循循善诱，不断开拓我的视野，提升我的思想境界，使我的人生不断有新的感悟。

十八届中央委员、中国社会科学院院长王伟光（时任中共中央党校常务副校长）对我这个农民工的进步付出了心血。没有他的引导、支持和点拨，我无缘进入中央党校在职研究生班攻读科学技术哲学专业，写不出得到答辩委员会最高评价的毕业论文，也就没有"赵氏塔基"第九、第十代的全面越升。

素未谋面的中国科技泰斗、"两弹一星"元勋、两院院士王大珩、两院院士、中国信息产业奠基人之一罗沛霖两位前辈对我这个普通劳动者另眼高看，关怀备至、激励鞭策，是我心中五体投地的恩师。

当今时代，中国不缺相马的伯乐。王宏航、沈英甲、马晓毅、袁永君等中央各媒体的大牌记者更是长期关注我和"赵氏塔基"的发展进步，时时鼓励支持，加速了"赵氏塔基"的研发和产业化进程，推动大众创业、万众创新的浪潮，更激励我加快实现有意义的人生。

当年读了李瑞环老师所著《木工简易计算法》一书，我就暗下决心："总有一天，也会有一本赵正义的技术专著问世。"它成了我埋藏于内心深处的平生夙愿。如今，平生一大心愿得以实现，一种自我价值实现的感觉油然而生，伴之而来的是难以名状的自豪感沁入心脾。借此机会，向素未谋面，却深受其教益的人生导师李瑞环老师致以后学者的崇高敬意！

我很想借此机会向所有在赵正义成长进步和"赵氏塔基"研发过程中起过重要作用的恩师和挚友们致敬！大恩不言谢，也无法谢，我只能用以后的奋斗和奉献社会的成果回报你们。

我1989年7月加入中国共产党。党委组织部长与我谈话，问我今后怎样实现党员的责任和义务，我答道："入了党的门，就是党的人，我会用今后一生的奋斗为党旗增辉，决不给党抹黑！"二十八年过去了，言犹在耳，回顾自己走过的路，值得欣慰的是，扪心自问，敢说没有食言。邓小平开辟的中国改革开放的新时代和中国特色社会主义道路，我自认为是这个时代和这条道路的最大受益者之一，因为这个时代给我搭设了"海阔凭鱼跃，天高任鸟飞"的天地舞台，给了我施展才华能量的绝佳机会。一个三十年前的普通得不能再普通的农民，以不懈的探索和奋斗，彻底破解了一道世界性的专业技术难题，成了发明家，并创立了完整的新技术体系，这是蕴含于中华民族血脉中万古奔流的创新血液，在这个伟大时代的真情流露。从近30年的中国特色社会主义道路的亲身实践中我深切感悟了马克思的名言——"建立社会主义和共产主义的社会制度的目的在于，使一切人实现自由而全面的发展"的哲学内涵。

我撰写本书的意图是把"赵氏塔基"和今天的赵正义的演化过程原原本本地公之于众，从感性认识到理性认识；从形象思维到逻辑思维；力求说清"其然"，更阐明"其所以然"；其核心目的在于，给中国建筑业的数千万当代鲁班传人和数以亿计的中国各条战线的劳动者提供一个创新模式，供有志者借鉴；限于篇幅，本书只列述成功的结果，而这结果背后几乎全是拼搏与奋斗、挫折与失败；然而，创新者从不惧怕挫折和失败，只要人的意志不倒，就能"昔日刘郎今又来"，因为心中总有信念在召唤，所谓"三军可夺帅，匹夫不可夺志也"。在我心里，一切挫折属于昨天，变革者绝不能坐在昨天挫折的阴影里搞创新，追求目标的巨大引力使人的思考集中于明天。尽管四十余年的拼搏中总有挫折和失败不时地邂逅，可我内心始终充满快乐。在诸多荣誉面前，我清醒地知道，自己走在一条永无止境的"自由而全面发展"的路上，回望来路，不忘初衷，甚是欣慰。

我撰写本书的出发点，更是以确凿的事实提示，我们每一个处于中华民族千载难逢的伟大复兴时代的普通劳动者，都应该用心思考一个问题——我要为民族复兴做些什么，我能做些什么？"赵正义现象"给世人的启示之一是，赵正义能做的，其实大多数人都能做，因为，十亿神州尽舜尧。本书是赵正义人生和四十余年建筑生涯的一次小结，是中国特色社会主义制度下普通劳动者创新意识和创新能力的一个小小展示，更是对未来民族伟大复兴的必要条件之一——大众创业、万众创新、万马奔腾新局面的真诚呼唤。

我不敢妄议历史，但我积几十年所见所闻所感受，有发自心底要说的话：我们这一代人是中华民族千百代以来最幸运的一代。我们是毛泽东、邓小平两位世界级"教练"接力潜心打造的中华民族复兴队的一员，我们更是在习近平"总教练"的直接指挥下，聚五千年蕴积之神力，奋力一"脚"，目睹中国梦之"球"精准打入民族伟大复兴之"门"的人，能成为拥有十三亿队员的现代中国队的一员，内心深处充满了欣慰与自豪。鉴于此，除了尽个人所能，释放出我们每个人身上的全部正能量，还能怎样不辜负这无比幸运的人生和伟大时代！

最后，须要特别敬告读者的是，装配式塔基是一个全新的技术门类，本人对这一新技术领域的探索实践和认识肯定是初步的、不全面、不完善的，只能是冰山一角，更囿于本人专业造诣和工程实践的局限，难免管中窥豹，偏差与错误在所难免；然本人不揣简陋，出版本书的重要目的之一是抛砖引玉，恳请得到业内专家老师指正，以期这项新技术能更好地服务社会进步，学生不胜感激！

赵正义

2017 年 12 月 5 日

前言

"装配式塔基"是"固定式塔式起重机装配式混凝土基础"的简称。固定式塔式起重机是新一代建筑施工的起重运输机械，肇始于20世纪60年代的欧洲，20世纪80年代引进我国。目前，中国建筑施工所采用的垂直运输和水平运输的主要机械为固定式塔机，保守估算，目前，我国国内固定式塔机保有量在25万台左右。

风力发电是未来人类理想的清洁能源之一，我国是风力资源最丰富的国家；目前，我国是风力发电装机总量世界第一大国。

我国是手机用户世界第一大国，为手机服务的信号发射塔遍布有人的地方；"三网"合一对信号发射塔的高度要求只会越来越高。

而固定式塔机、风力发电机、信号发射塔、钻探机、采油机、大型陆基雷达、大型桅杆式广告牌等现代工业化的塔桅式机械设备的基础的技术功能都是承受上部机械设备的倾覆力矩和竖向力，大同小异；都是用混凝土制作，其混凝土用量难以数计。已知混凝土的寿命在一百年以上，而其做为此类基础如固定式塔机基础的使用寿命平均不足半年，之后成为永久的废弃污染物。更有一些塔桅式机械设备有快速移位重复使用的技术要求，而体积庞大、重量上百吨的整体基础不是一般的机械设备所能完成的。鉴于认识到传统整体现浇混凝土塔桅式机械设备基础与人类节约型社会发展前景的格格不入和背道而驰，我从1997年开始，历18年锲而不舍，经10次升级换代，研发"固定式塔机装配式混凝土基础"（简称"赵氏塔基"）。

撰写本书，旨在回顾"赵氏塔基"从感性到理性的认识轨迹，从简单的"大胆假设"到复杂的"小心求证"，揭示一项发明从突发奇想到产业化所走过的道路，为有志于此道者提供一种创新模式，揭示技术创新的一般规律；并以形象思维和逻辑思维交互作用的表现形式来展示创新者应具有的基本素质。

本书包括：1、总论，概述"装配式塔基"的创新思路、技术路线及创新点。2、"装配式塔基"技术规程及其条文说明。3、"装配式塔基"设计实例，包括设计计算书、设计图纸、施工工艺、零部件质量标准、装卸工艺、使用说明书。4、关于"装配式塔基"的专业论文。

目　　录

1 总　　论

1.1 创新脉络

1.1.1 技术创新选题的重要意义

处于全面工业化的时代，由于社会生产力发展迅猛提速，会使人类对技术变革的要求和欲望愈加强烈，人们会面临各领域各行业、各个不同生产和服务环节的全方位的技术创新问题，那么，创新者应当如何选择确定创新问题（项目）作为自己的研发目标呢？选题就是选定一个技术创新问题来进行研究突破。技术创新选题是否得当在技术创新工作中十分重要，它关系到创新的目标、方法、水平和价值。英国科学家贝尔纳曾着重指出："课题的形成和选择，无论作为外部的经济要求，抑或作为科学本身的要求，都是研究工作中最复杂的一个阶段，一般来说，提出课题比解决课题更困难，……所以评价和选择课题，便成了研究战略的起点。"所以，在技术创新过程中，作为起始阶段的选题更为艰难，更需要具有远见卓识的权衡与决断。

1.1.2 技术创新选题的基本原则

选题是在发现技术创新问题之后进行的，要以对该创新问题比较全面、深入的认识和理解为前提。在这个前提下，选题的考虑一般应当遵循以下基本原则：

1. 社会需求原则

对于从社会需求与现有生产技术手段的差距（生产力的发展要求）中发现的技术创新问题来说，选题时要把握好技术进步与社会经济的需求因素，考虑到科学、技术、经济、社会的内在联系与协调发展，满足社会不断发展的物质和文化需要，应是协调发展的最终目标，还须要从实际出发，制订出一个适应一定阶段的具体目标，并以此规划技术创新项目的选择。

装配式混凝土塔机基础作为技术创新项目的确定，首先是社会发展的节能减排要求日益突出，现有的传统整体现浇混凝土固定式塔机基础与节能减排的社会要求的差距与矛盾尖锐，使这个技术创新项目摆在人们需要变革的技术问题的突出位置。并且，与装配式混凝土塔机基础创新项目相关的科技条件如高强度混凝土的普及和预应力技术装备的全面推广应用为装配式混凝土塔机基础的研发提供了技术前提。

2. 创新性原则

好的技术创新选题应当是在现有的技术背景中没有解决或没有完全解决的创新问题。为此，就需要对该项创新选题的技术背景进行全面深入的了解，查阅文献资料、进行必要的市场和社会调研、考察，以避免别人做过的工作和走过的弯路，并且从中吸收前人的先进思想，努力发扬前人的先进思想并追随本技术领域的最前沿的发展，这样的创新选题才会有创造性。

以装配式混凝土塔机基础的选题为例，从传统整体现浇混凝土固定式塔机基础到装配式混凝土塔机基础，其中间有许多必须解决的技术创新难题，而这类难题如装配式混凝土塔机基础的最佳平面图形、预制混凝土构件的几何形状、尺寸、两种基础技术功能转换的构造、装配式混凝土塔机基础的重复使用性能要求决定的水平连接构造系统和垂直连接构造系统，等一整套的难题需要以创新的技术方法解决，这就从本质上决定了装配式混凝土塔机基础选题的创新性和它的前途。

3. 可行性原则

技术创新选题还要认真考虑完成选题项目的主观条件和客观条件，如创新者的素质、能力、人才结构、研发经费、实验设备、政策环境等创新的综合主客观条件与创新选题的匹配度。创新选题最好是创新者兴趣浓厚的长期涉足的非常熟悉的领域和专业的创新项目，这样容易扬长避短，发挥优势，更好地激发信心和责任感，有更大的毅力完成创新全过程。对于缺乏专业知识和经济实力的人来说，不宜轻率地涉足陌生专业的创新选题，避免事倍功半，无功而返。以作者选择装配式混凝土塔机基础作为创新项目的选题条件而言，首先装配式混凝土塔机基础是属于建筑工程的一个专业，而混凝土结构设计、施工是装配式混凝土塔机基础的创新的核心内容，也是作者从事了20余年的专业技术工作，可以说，在专业知识储备方面有坚实的知识根基；作者又有大量的预制混凝土构件的工作经历和破解本专业技术难题的多次经历和闪光的业绩，更有二十年施工实践中养成的破解本专业技术难题的浓厚兴趣和所向披靡的锐气；作为创新选题的主体，选定这样的创新选题无疑是增加了许多成功和顺利的优势条件。

4. 科学性原则

创新项目选题一定要充分考虑到当前的科学技术知识背景，切忌把已经得到实践检验的与科学理论相违背的课题作为技术创新选题，诸如"永动机"之类，也不要把毫无事实科学根据的"伪问题"作为选题对象，如复原《三国演义》中诸葛亮发明的"木牛流马"之类等没有已知科学技术做支撑的"研发"或"创新"；更不要复制别人早已完成的试验，如以手扶拖拉机的发动机做引擎去试制飞机；都是注定没有结果的异想天开，这是在做注定无法实现有实际社会意义的目标的无用功。创新者必须冷静思考，切不可盲目地背离现有科技条件去追求空想和标新立异。诚如恩格斯所说："我们只能在我们时代的条件下进行认识，而且这些条件达到什么程度，我们便认识到什么程度。"

1.1.3 装配式混凝土塔机基础的技术背景

"装配式混凝土塔机基础"，首先明确的是基础的一种；同时确定它是专属服务于塔机（固定式塔机）的，也标明这个基础的结构主体材料是混凝土；突出地表明这种基础是混凝土预制结构。

对于"基础"一词，《辞海》的解释是："与地基土直接接触，并将上部结构（地基以上的建（构）筑物和各种设施）的载荷传给地基的结构。分浅基础（如独立基础、条形基础、箱形基础、筏形基础和薄壳基础）、深基础（如沉井、沉箱和桩基础）和特殊基础（如桥墩基础、机械动力基础和海港结构基础）等类型。具有承上启下的作用，且对整个建（构）筑物的安全和稳定性关系密切。"固定式塔机基础具备上述关于基础的一般性特征，在非特殊条件下，固定式塔机基础极其普遍的是浅基础中的一种，它是一种占地面积较小的独立基础，同时它又是一种位于固定式塔机的塔身基础节下端与地基土上面之间的对固定式塔机的安全和稳定至关重要的结构物；它的另一个特点是，固定式塔机基础虽然属于机械设备基础，但它又与一般的机械设备基础的技术功能有着明显的不同：

（1）一般的机械设备基础主要承受机械设备的竖向载荷和振动载荷，而固定式塔机的基础要承受除塔机结构及吊重的竖向载荷之外，还要承受塔机的倾覆力矩、水平扭矩和水平力，固定式塔机基础承受的这四种力的作用更具有：倾覆力矩方向水平 $360°$ 任意方向，且力矩的大小在最大与最小之间无规律地变化；变化着的四种力之间无规律的作用组合对基础的作用。

（2）一般的机械设备基础的地脚螺栓只起定位作用，而固定式塔机基础与固定式塔机的塔身基础节下端或底架进行垂直连接的地脚螺栓因塔机的倾覆力矩作用而承受巨大的拉力和剪切力，非一般普通螺栓可以胜任。

（3）固定式塔机基础的设置环境除了设于货场和码头之外，一般服务于建筑安装工程的固定式塔机基础都是属于短期临时设置，工程完成后，机械拆除，基础因作用终结而废弃。这类用途的固定式塔机基础有效设置时间多则 1～2 年，少则 1～2 个月，用于河道清淤和设备安装则时间更短。要求基础快速移位使用，成了满足塔机迅速投入作业，提高机械效率的关键。

固定式塔机基础的受力特点决定了这种基础与一般意义上的建（构）筑物基础的明显区别：

（1）固定式塔机基础的结构整体性，用以承受塔机传给的各种不定量、不规律的力的组合作用。

（2）固定式塔机基础的结构承受水平 360°不定向不定量、不规律的力矩作用的内力。

（3）固定式塔机基础底面具有足够的受压面积，以扩散基础承受塔机传给的由结构重力和倾覆力矩形成的竖向力，保证在一定的地基承载力条件下的基础稳定性。

（4）固定式塔机基础的结构件中具有锚固承受一定拉力的地脚螺栓的性能，以保证塔机的安全稳定。

1.1.4　装配式混凝土塔机基础的社会时代背景

中国正处于城镇化的调整发展期，到 1997 年，全国城镇地化率还不足 40%，中国已成为有史以来世界上最大的建筑工地。

到 2010 年国内塔机保有量将达 25 万台以上，中国的建筑塔机保有量超过世界总量的 50%，其中 90% 以上为固定式塔机。而此时，我国的城镇化进程才刚刚开始。保守测算，到 2010 年以后我国仅固定式塔机平均每年基础消耗水泥 218 万吨（相当于十几个小型水泥厂一年的总产量）、钢材 36.7 万吨、砂石料 1200 万吨、产生碱性污染物——混凝土垃圾 810 万立方米（相当于2500 万平方米的框架楼的混凝土用量，相当于一个中小型城市的全部建筑结构物）、每年耗资总额达 67.7 亿元。粗略算一下，这种传统基础在未来 20 年总计消耗混凝土 16200 万立方米，钢材726 万吨，总投资 1354 亿元，相当于世界最大的水利工程——三峡工程混凝土用量的 5.7 倍、钢材用量的 12.2 倍；总投资的 1.12 倍。

人类社会已进入追求清洁能源的时代，风力发电是理想的清洁能源。我国风能资源储量世界第一，我国风力发电装机总量也是世界第一。

我国是手机用户世界第一大国，手机用户达 6.2 亿个，我国又是互联网用户世界第一大国，通过手机上网的达到手机用户的 80% 以上。为"三网"合一服务的信号发射塔遍布全国达数十万座；"三网"合一和"三网"未来对容量和技术性能的要求越来越高，会造成信号发射塔的高度要求越来越高。

随着信息和商业的发展，大型独立式广告牌如雨后春笋地遍地林立，尤其高速公路两侧更是目不暇接。

而固定式塔机、风力发电机、信号发射塔、钻探机、采油机、大型陆基雷达、大型桅杆式广告牌等现代工业化的塔桅式机械设备的基础的技术功能都是承受上部机械设备的倾覆力矩和竖向力，大同小异；都是用混凝土制作，其混凝土用量难以数计。已知混凝土的寿命在一百年以上，而其作为此类基础如固定式塔机基础的使用寿命平均不足半年，之后成为永久的废弃污染物。占地面积超过 30m² 的巨大钢筋混凝土块，或体埋于地表之下形成建筑物之外的地下"暗堡"，严重影响日益增多的城市地下管网的设计施工与运行维护，给城市运行留下难以预测的隐患；或爆破清除后成为混凝土垃圾，增加了污染源，且爆破清除的费用比制作费用还多。更有一些塔式机械设备有快速移位重复使用的技术要求，而体积庞大、重量上百吨的整体基础不是一般的机械设备所能完成的。

传统的塔式机械设备基础都是以普通混凝土制作，而普通混凝土浇筑完成后，在常温下需要经过 28 天养护才能达到 100％的强度，这就给有快速移位使用的机械设备设置了技术障碍，处于寒冷和干旱地区的机械设备基础施工，更增加了施工的周期。

我国的水泥资源虽然储量世界第一，但至今的存量已不足继续开采 40 年。人无远虑，必有近忧。像中国这样世界第一人口大国，50 年后又将进入一个新的建设周期，所用水泥量一旦依靠进口，那种局面可想而知。30 年来，作为混凝土主要材料之一的天然砂石料已经采掘将尽，靠机械粉碎，不但需要大量能源，还会对自然环境造成破坏的同时加重空气污染。

截至目前，废弃混凝土只能作建筑垃圾，没有办法对它进行再利用，并且作为一种碱性污染物，它对自然环境的污染也很难消解。

1.1.5 装配式混凝土塔机基础创新的技术条件

装配式混凝土塔机基础的创新是在它的技术背景与社会时代发展背景的一对矛盾作用下产生的必然要求，但光有这个要求还不够，还必须有能使装配式混凝土塔机基础符合社会进步和生产力发展新要求的综合技术条件：

（1）随着国内水泥强度标准与国际接轨，国内水泥强度等级提高，这为生产装配式混凝土塔机基础的预制构件所要求的高强度混凝土（混凝土强度等级 C40 以上）提供了条件。

（2）随着预应力技术在我国建筑工程中的大量应用，预应力技术装备得到高速发展，创新成果不断出现，19 世纪 90 年代，后张法预应力技术尤其是预应力钢筋和后张法预应力锚固体系在我国得到大量开发应用，这为装配式混凝土塔机基础的创新技术目标实现提供了新技术条件。

1.1.6 装配式混凝土塔机基础的技术创新目标

如 1.1.3 条所述的装配式混凝土塔机基础的技术背景和 1.1.4 条所述的装配式混凝土塔机基础的社会时代背景，必然导致了装配式混凝土塔机基础的技术创新的内在要求，也就是再顺理成章不过的了；有了 1.1.5 条的装配式混凝土塔机基础创新的技术的外在条件，就像是因为蒸汽机的出现才能形成第一次工业革命一样，装配式混凝土塔机基础的创新要求才能变成现实。

当装配式混凝土塔机基础的创新内外条件开始走向逐步具备时，装配式混凝土塔机基础的技术创新的任务和具体方案就会摆在创新者的面前。要实现装配式混凝土塔机基础的技术创新，必须首先明确装配式混凝土塔机基础的技术创新的总目标和实现总方略：

（1）变传统整体现浇混凝土固定式塔式起重机基础结构为装配式预制混凝土固定式塔式起重机基础结构（这是实现装配式混凝土塔机基础的工厂化生产和产业化的前提）。

（2）装配式混凝土塔机基础必须具有传统整体现浇混凝土固定式塔式起重机基础的全部力学性能（这是保证装配式混凝土塔机基础对于传统整体现浇混凝土固定式塔式起重机基础实现功能置换的前提）。

（3）装配式混凝土塔机基础必须具备多次（超过 30 次）重复装配使用的性能（这是确保装配式混凝土塔机基础的创新目的——经济效益、社会效益实现的基本条件）。

1.2 装配式混凝土塔机基础的技术创新路线

1.2.1 关于装配式混凝土塔机基础的技术路线的总体思路

（1）变固定式塔式起重机基础的整体现浇为预制组合，变一次性为重复使用；减少混凝土构件体量以减少运输量。

（2）优选基础最佳平面图形，充分利用地基承载力。

（3）以能与基础预制构件混凝土组合、分解的垂直连接构造系统，解除地脚螺栓使用次数对基础预制混凝土构件使用寿命的制约。

（4）以后张法无粘结预应力水平连接系统和混凝土预制构件连接面的抗剪切防位移构造共同解决基础混凝土预制结构件组合的整体性、相互位置不变性，使其具有固定式塔式起重机的整体混凝土基础的全部功能。

（5）以混凝土预制构件间的无间隙连接面构造消除传统混凝土预制构件组合的后浇缝构造，缩短基础的装卸时间。

本项目解决传统整体现浇混凝土固定式塔式起重机基础由于体积大难于搬运造成不能随塔机移位重复使用的环境污染、资源能源浪费问题，实现节能减排和经济效益。

1.2.2 装配式混凝土塔机基础的技术路线

装配式混凝土塔机基础的技术方案：两大技术目标——基础稳定性和重复使用、轻量化。为实现技术目标，采取了下列新技术、新构造、新方法。见技术路线（图 1-1）：

（1）装配式混凝土塔机基础＝（2）抗倾覆稳定性＋（3）重复使用及轻量化；

（2）抗倾覆稳定性＝（5）基础总重力抗倾覆稳定条件＋（6）地基压应力稳定条件；

（3）重复使用及轻量化＝（4）轻量化＋（7）重复使用；

（4）轻量化＝（8）以非混凝土材料代替混凝土形成基础重力＋（9）混凝土预制重力构件＋（10）变截面梁＋（17）构件倒 T 形截面；

（5）基础总重力抗倾覆稳定条件＝（19）抗剪切防位移水平连接组合定位构件＋（11）正方形平面＋（12）十字风车形平面；

（6）地基压应力稳定条件＝（11）正方形平面＋（12）十字风车形平面；

（7）重复使用＝（13）预退张构造＋（20）后张法无粘结预应力水平连接系统＋（14）与基础抗倾翻力矩匹配的机械设备与基础连接构造不同的机械设备与基础垂直连接构造之间的过渡连接装置＋（15）塔式机械设备与基础垂直连接构造有底架十字梁的有抗倾翻力矩相同要求的不同厂家生产的垂直连接构造的地脚螺栓直径、位置、间距不同的垂直连接构造的可通用构造＋（23）机械设备与基础垂直连接构造＋（22）构件垂直面无间隙构造；

（8）以非混凝土材料代替混凝土形成基础重力＝（16）散料仓＋（21）构件平面组合可变的组合方式＋（22）构件垂直面无间隙构造；

（9）混凝土预制重力构件＝（17）构件倒 T 形截面＋（18）降低地基承载力条件构造；

（10）变截面梁＝（11）正方形平面＋（12）十字风车形平面；

（11）正方形平面＝（17）构件倒 T 形截面＋（20）后张法无粘结预应力水平连接系统；

（12）十字风车形平面＝（17）构件倒 T 形截面＋（20）后张法无粘结预应力水平连接系统；

（16）散料仓＝（17）构件倒 T 形截面＋（18）降低地基承载力条件构造；

（20）后张法无粘结预应力水平连接系统＝（19）抗剪切防位移水平连接组合定位构件＋（22）构件垂直面无间隙构造。

1.2.3 装配式混凝土塔机基础的技术路线图

装配式混凝土塔机基础的技术路线图见图 1-1。

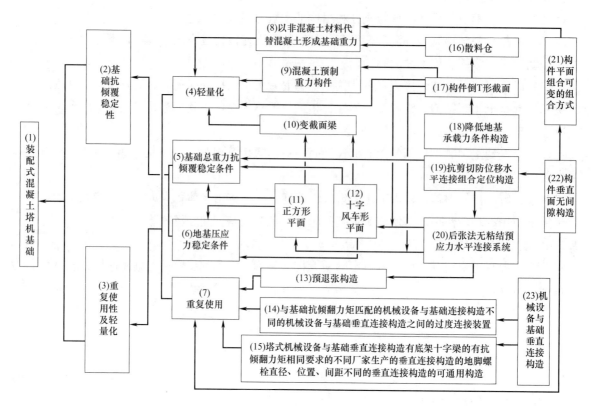

图 1-1　装配式混凝土塔机基础的技术路线图

1.3　装配式混凝土塔机基础的技术难点和创新点

1.3.1　装配式混凝土塔机基础的技术难点

　　创新者都很重视技术难点和创新点的意义。爱因斯坦说："提出一个问题往往比解决一个问题更重要。因为解决问题也许仅是一个数学上的或试验上的技能而已，而提出新的问题，新的可能性，从新的角度上看旧的问题，却需要有创造性的想象力，而且标志着科学的真正进步。"控制论的创始人维纳也说："只要科学家在研究一个他知道应该有答案的问题，他的整个态度就会不同，他在解决这个问题的道路上几乎已经前进了一半。只要我们没有提出正确的问题，那么我们就永远也不会获得对问题的正确答案。"

　　装配式混凝土塔机基础应对安全稳定可靠、节能减排、降低成本的时代要求和产业化条件必须同时实现"六最"：（1）占地面积最小，以利于建筑施工；（2）预制混凝土构件总体量最小、单位体量利于装配、运输，以利于减少运输、吊装的工作量；（3）地基承载力条件要求最低，以利于减少地基处理的工程量和降低施工成本；（4）定型预制的装配式混凝土塔机基础与不同厂家生产的垂直连接构造不同的塔机的通用性最强，为装配式混凝土塔机基础的工厂化生产和产业化推广应用提供前提技术条件；（5）装卸速度最快，为装配式混凝土塔机基础的快速投入使用或转移提供技术条件；（6）综合社会经济效益最大化，节约资源，减少排放，消灭废弃塔机基础造成的环境污染，大幅度降低基础的使用成本，减少人工投入，并在此基础上提供新的就业岗位。

　　实现上述技术要求，装配式混凝土塔机基础才会符合社会和生产发展的时代要求，才会有生命力，因此，必须同时突破以下技术难点：

（1）针对目前国内外建筑施工用固定式塔机的主要结构形式——正方形塔身、自升式、与基础垂直连接的构造分为有底架和无底架两种形式的特点，在传统整体现浇混凝土固定式塔式起重机基础的平面形式之外，优选出更适合装配式混凝土塔机基础技术特点的基础平面形式，使地基承载力充分利用，并最大限度地减少基础的占地面积和装配式混凝土塔机基础的设计重量。

（2）适应装配式混凝土塔机基础的移位和重复使用要求，选择基础的整体结构形式和各预制混凝土构件的几何图形与尺寸、结构形式及单件重量，以利于运输和吊装作业。

（3）适应装配式混凝土塔机基础必须具有承受塔机水平 360°任意方向传给基础的变向、变量的倾覆力矩和无规律的垂直力、水平力、水平扭矩综合作用的结构内力。

（4）适应装配式混凝土塔机基础的受力特点，确保基础结构各预制混凝土构件组合后的整体性和相互位置不变，防止各预制混凝土构件受力后相互位移的结构措施。

（5）满足并适应装配式混凝土塔机基础装卸速度快和基础结构整体受力的要求，必须实现相邻预制混凝土构件的连接面的无间隙配合，消除预制混凝土构件连接的传统后浇缝构造。

（6）满足装配式混凝土塔机基础多次重复使用的技术要求，必须实现基础各预制混凝土构件的水平连接系统与预制混凝土构件的相互组合受力且可相互分解后重复使用。

（7）为减少装配式混凝土塔机基础的移位运输量和吊装作业量，实现以施工现场易取的廉价材料代替混凝土实现基础设计重力的构造措施。

（8）定型的装配式混凝土塔机基础在对规定地基条件要求不能满足时，提供扩展基础面积的构造，以减少地基处理程序，节约基础使用成本。

1.3.2　装配式混凝土塔机基础的创新点

（1）发明了装配式混凝土塔机基础的平面十字形基础梁轴线与正方形基础平面的对角线重合的正方形和十字风车形基础平面，实现了基础平面图形面积优化，地基承载力利用率最大化，从而缩小基础占地面积，为提高塔机作业效率、降低预制构件混凝土用量、节约资源、降低成本提供技术条件。

（2）发明了无粘结预应力钢绞线水平空间交叉组合连接系统及固定端和张拉端构造，实现了装配式混凝土塔机基础的混凝土预制结构件水平反复组合、分解，为搬运和重复使用提供了条件。

（3）发明了混凝土预制结构件定位抗剪切防位移构造系统，实现了混凝土预制结构件多次重复组合定位，避免基础承受各种外力作用时预制混凝土结构件相互之间出现位移。

（4）发明了可与装配式混凝土塔机基础的预制混凝土结构件组合分解的垂直定位连接构造系统，克服了地脚螺栓的使用寿命有限对预制混凝土结构件使用寿命的制约，从而最大限度地延长混凝土预制结构件的使用寿命，充分发挥其资源利用率，降低成本、提高经济社会效益。

（5）发明了装配式混凝土塔机基础的预制混凝土结构件连接面无间隙配合构造，解决了传统预制混凝土结构件连接的后浇缝构造造成的材料投入和养护时间，为在两预制混凝土结构件连接面上设置钢质和混凝土质的抗剪切防位移构造提供了前提条件，且增加了连接面的摩擦力，大幅度缩减了基础的组装、分解的时间。

（6）发明了装配式混凝土塔机基础的以非混凝土材料（如土、砂、石子或其他固体散料）代替部分混凝土的基础重力功能构造，实现了大幅度降低预制混凝土结构件的体量和重量，节约材料，利于搬运、降低使用成本。

（7）发明了装配式混凝土塔机基础的同型号基础与不同垂直连接构造的通用性构造，解决了标准化、系列化、工厂化生产的基础预制构件与同性能级别的不同垂直定位连接构造的过渡性连接构造问题，为本项目的产业化推广应用创造了条件。

（8）发明了装配式混凝土塔机基础的基础底面积扩展构造，进一步扩大基础底面积、降低地基承载力条件、减少地基处理程序和费用，降低使用成本。

1.4　装配式混凝土塔机基础的研发及优化进程

装配式混凝土塔机基础的第一代自 1997 年 5 月开始正式进入研发程序至 2014 年 11 月完成第十代，历时近 18 年。回顾装配式混凝土塔机基础从受到"曹冲称象"的启发，下决心开始对固定式塔式起重机的传统整体现浇混凝土基础进行符合时代要求的彻底变革的第一次创新尝试，从简单的化整为零的基础总重量的等量转换入手，从实现固定式塔式起重机的预制混凝土构件的移位再装配使用的目标出发，到以 1.3.2 条所列的装配式混凝土塔机基础的 8 项技术创新点，彻底突破 1.3.1 条中所述的装配式混凝土塔机基础技术创新的 8 项难点，实现了 1.3.1 条所要求的装配式混凝土塔机基础的"六最"；从对固定式塔式起重机基础的认识几乎为零，到从结构力学、材料力学、土力学多方面知识的综合运用，深入全面地认识把握装配式混凝土塔机基础的物理力学特性，充分利用材料和结构的特性，实现装配式混凝土塔机基础的符合时代要求的技术性能优化。装配式混凝土塔机基础的研发深化轨迹简述于下：

1. 第一代（研发日期：1997 年 5 月至 1997 年 6 月）

实现了传统整体现浇混凝土固定式塔机基础的"化整为零"的基础重量置换，实现了固定式塔式起重机基础的移位重复使用；但各预制混凝土构件之间存在后浇缝构造，且水平连接构造为"外连接"，致使基础结构承受力矩的能力差，故这类基础只适合于配套额定起重力矩不大于 400kN·m 的且塔身有底架（因与有底架比无底架的固定式塔式起重机配套使用的基础承受的力矩小得多）的固定式塔式起重机，因存在于各预制混凝土构件之间的后浇缝构造，这一代装配式混凝土塔机基础的装配在常温下时间需要不少于 2 天，这是因为后浇缝即使采用高强度混凝土形成与预制混凝土构件相同或接近的强度时间也不会再短；地脚螺栓筑死于基础的预制混凝土构件内，故基础重复使用次数受制于地脚螺栓的使用寿命而有限。

2. 第二代（研发日期：1997 年 10 月至 1999 年 6 月）

实现了装配式混凝土塔机基础的水平连接构造由外连接变为螺栓组的内连接，使装配式混凝土塔机基础承受倾覆力矩的内力明显增大，从而开启了装配式混凝土塔机基础的水平连接构造的预应力方式。

地脚螺栓在预制混凝土构件内的构造变为可组合分解的上、下双螺母与双头螺柱配合的螺栓副构造，故装配式混凝土塔机基础的使用寿命不再受地脚螺栓的寿命制约；在大中型的固定式塔式起重机中进行的装配式混凝土塔机基础的配套使用实验、标准检测和实际使用情况证明，装配式混凝土塔机基础的稳定性安全可靠。

3. 第三代（研发日期：1999 年 8 月至 1999 年 11 月）

第一次在各预制混凝土构件的连接面上设置了钢制凹凸键定位构造，同时消除了后浇缝构造，使相邻的预制混凝土构件之间的连接面实现了无间隙配合；装配式混凝土塔机基础的基础平面为十字勋章形（为向十字风车形平面过渡创造了条件），为进一步缩小装配式混凝土塔机基础的占地面积提供了条件。

对于配套无底架的固定式塔式起重机使用的装配式混凝土塔机基础，其基础梁根据截面承受力矩的变化而变化截面的高度、宽度，为进一步减少预制混凝土构件的体量提供技术条件。

在装配式混凝土塔机基础的预制混凝土构件基础梁上增设了位于塔机与基础垂直连接构造部位的混凝土墩台，从而增加了装配式混凝土塔机基础的散料重力件设置空间，并为减少预制混凝土构件的体量提供了条件。

4. 第四代（研发日期：2001 年 3 月至 2001 年 11 月）

实现了基础平面由十字勋章形向十字风车形平面转化，使基础梁位于基础平面的正方形轮廓线的对角线上，从而能使装配式混凝土塔机基础的中心与建筑物基础外缘的距离缩小，扩大了固定式塔式起重机的作业范围，提高了固定式塔式起重机的工作效率。

装配式混凝土塔机基础的水平连接系统构造改为后张法无粘结预应力构造，开始使用钢绞线，并设计了能与预制混凝土构件组合分解的装配式混凝土塔机基础专用的固定端、张拉端构造，使装配式混凝土塔机基础的水平连接构造完全能承受装配式混凝土塔机基础承受的内力、并保证基础的整体性，打开了装配式混凝土塔机基础的水平连接构造系统的重复使用之门；并且由此为彻底消除各预制混凝土构件之间的后浇缝构造、并实现相邻的预制混凝土构件的连接面无间隙配合创造了条件。

装配式混凝土塔机基础的设置条件变为全埋、全露、半露三种，使装配式混凝土塔机基础的使用环境适应性扩大。

在相邻的预制混凝土构件的连接面上设计了钢制圆柱形凸键与圆筒形凹键配合的定位抗剪构造，为实现装配式混凝土塔机基础的相邻的预制混凝土构件的连接面无间隙配合创造了原始的技术条件。

5. 第五代（研发日期：2002 年 1 月至 2002 年 8 月）

在可与装配式混凝土塔机基础的预制混凝土构件组合分解的垂直连接构造的混凝土内的构造中，增设了地脚螺母的防松退构造，彻底消除了地脚螺栓下端螺母在装配式混凝土塔机基础工作过程中出现的松退且无法进行检查并及时紧固的安全隐患。

在无底架的固定式塔式起重机的塔身基础节底面与装配式混凝土塔机基础的预制混凝土构件之间第一次设计使用了"可更换的垂直连接构造"，其重大意义在于，在已经定位于工厂化、标准化生产的装配式混凝土塔机基础的预制混凝土构件内的垂直连接构造，与额定起重力矩相同且对基础的最大倾覆力矩和竖向力相近、但其与基础的垂直连接构造各异的情况下，以对下构造与预制混凝土构件内的构造相一致，而对上构造则分别以与各个不同的塔身基础节与基础的垂直连接构造相互匹配一致的构造统一于一件"可更换的垂直连接构造"，实现了工厂化、标准化生产的定型定位的混凝土内的垂直连接构造与不同垂直连接构造的固定式塔式起重机的垂直连接，对装配式混凝土塔机基础的产业化推广应用具有重要意义。

在相邻的预制混凝土构件之间的连接面上，改圆柱形凸键与圆筒形凹键配合的定位抗剪构造为圆锥形凸键与内部空间为圆锥形的凹键配合的定位抗剪构造，实现了定位抗剪凸凹键的无间隙配合，彻底解决了相邻预制混凝土构件之间的无间隙配合的技术难题。

6. 第六代（研发日期：2003 年 3 月至 2004 年 5 月）

设计了钢制的散料仓构造，为充分利用固体散料（如土、砂、石子）替代装配式混凝土塔机基础的基础混凝土重力件提供了防散料水平移位流失的技术保障。

增设了装配式混凝土塔机基础的基础底面扩大面积的构造，为已经规定了地基承载力条件的装配式混凝土塔机基础在低于规定条件的地基环境中使用提供了便利，减少了地基处理的施工程序、降低了装配式混凝土塔机基础的使用成本。

增设了装配式混凝土塔机基础的水平连接构造的使钢绞线在张拉端的夹片与钢绞线夹持区移位的构造，避免了钢绞线在一个区段反复多次重复受夹片夹持而使截面变形缩小的安全隐患，为增加钢绞线的重复使用次数提供了技术条件。

7. 第七代（研发日期：2004 年 11 月至 2006 年 4 月）

增加装配式混凝土塔机基础的平面图形为正方形，为进一步缩小装配式混凝土塔机基础的占地面积、为降低装配式混凝土塔机基础的地基承载力条件提供了技术条件。

在装配式混凝土塔机基础的预制混凝土构件的各相邻垂直连接面上，增设了位于相邻的混凝土连接面上的混凝土凹凸键构造，这对增加装配式混凝土塔机基础的结构抗剪切和整体性意义重大，形成了钢定位键、混凝土抗剪键和预制混凝土构件相邻连接面的摩擦力共同作用的装配式混凝土塔机基础的抗剪切和整体性构造系统，确保了装配式混凝土塔机基础的结构稳定性和整体性。

创新了装配式混凝土塔机基础的水平连接构造的固定端、张拉端构造，提高了构造的密封性和防锈性能，为增加装配式混凝土塔机基础的水平连接构造系统的重复使用次数提供了条件。

为适应特殊的装配式混凝土塔机基础的安装环境，增设了装配式混凝土塔机基础的预制混凝土重力件，以适应快速装配和无散料的环境。

8. 第八代（研发日期：2006 年 9 月至 2007 年 12 月）

对与无底架的固定式塔式起重机配套使用的装配式混凝土塔机基础的垂直连接构造进行了优化，使一件"转换构造"件的对上连接构造能适应数个不同垂直连接构造，扩大了"转换构造"的通用性、降低了装配式混凝土塔机基础的使用成本。

9. 第九代（研发日期：2008 年 7 月至 2012 年 1 月）

研发装配式混凝土塔机基础的水平连接构造系统的钢绞线预退张构造，为充分利用钢绞线的力学性能、减少钢绞线使用量提供了技术条件；增加了装配式混凝土塔机基础与有底架的固定式塔式起重机的垂直连接构造的新型构造，使地脚螺栓的混凝土内构造可以配合多种螺栓直径和地脚螺栓的横向位置，实现了装配式混凝土塔机基础与无底架的固定式塔式起重机的垂直连接构造的上部与塔身连接的螺栓位置的横向可调整、螺栓直径可调整，进一步扩大了装配式混凝土塔机基础与无底架的固定式塔式起重机的垂直连接构造的通用性范围。

10. 第十代（研发日期：2012 年 8 月至 2014 年 11 月）

变革了装配式混凝土塔机基础的平面图形的通用性，使一套模具能生产与 QTZ315～QTZ1000 的各种不同型号的固定式塔式起重机配套使用的装配式混凝土塔机基础，大幅度降低了生产成本，进一步扩大了装配式混凝土塔机基础工厂化生产的产业化优势。

对于装配式混凝土塔机基础与有底架的固定式塔式起重机的垂直连接构造的混凝土内构造，变单水平管内一组双螺栓设置为单水平管内多组双螺栓设置，进一步扩大了装配式混凝土塔机基础的垂直连接构造的适用性。

对于装配式混凝土塔机基础与无底架的固定式塔式起重机的垂直连接构造的对上部塔身的连接构造，变革了不同直径的垂直连接螺栓与"转换构造"的通用连接。

关于装配式混凝土塔机基础（"赵氏塔基"）的技术研发升级情况见表 1-1。

装配式混凝土塔机基础的技术升级演变概况表

表1-1

序号	项目 \ 发展阶段	第一代	第二代	第三代	第四代	第五代	第六代	第七代	第八代	第九代	第十代
1	研发时间	1997.5~1997.6	1997.10~1999.6	1999.8~1999.11	2001.3~2001.11	2002.1~2002.8	2003.3~2004.5	2004.11~2006.4	2006.9~2007.12	2008.7~2012.1	2012.8~2014.11
2	适用代表机型	QTZ31.5	QTZ6516,QTZ150	QTZ60	QTZ63,QTZ80	QTZ63	QTZ40	QTZ630	F023B	QTZ630,QTZ400	QTZ400~1000
3	原设计平面图形,混凝土重量	正十字形 19.8t	十字形 210t 正方形 120t	正方形 158t	正方形 81t,88t	正方形 81t	十字形 48t	正方形 81t	正方形 169t	正方形 81t 十字形 48t	正方形 50t~96t
4	原设计制作周期(d)	15~20	15~20	15~20	15~20	15~20	15~20	15~20	15~20	15~20	15~20
5	创新设计平面	正十字形	十字勋章形	十字勋章形	变形十字勋章形十字风车形	加大变形十字勋章台十字梁（外缘趋于正方形）	变形十字风车形（外缘正方形）	正方形	正方形	正方形变形十字风车形（平面外缘正方形）	十字风车形,以一套模具制作可同时配套 QTZ400,500,630,800型塔机的基础
6	垂直截面	倒T形	倒T形	倒T形	倒T形	倒T形	倒T形	倒T形	倒T形	倒T形	倒T形,抗压板与基础梁交接处设有条形,供混凝土重力安放
7	十字形基础梁构造	等高等宽十字梁	等高变宽十字梁	变高变宽加墩台十字梁	变高变宽加墩台十字梁	变宽加墩台十字梁	等截面加墩台十字梁	等截面加墩台十字梁和不等截面加墩台十字梁	变截面对角线十字梁加墩台	对角线十字挑梁加墩台	基础正方形平面对角线上设等截面十字梁上加墩台
8	预制构件混凝土强度等级	C25	C30	C30	C40	C40	C40	C40	C40	C40	C40
9	构件总重量与原设计重量比	21.3t 107.5%	108t,51.4% 71t,56.8%	74.6t 49.2%	34.5t,42.5% 38.6t,43.8%	33.8t 41.7%	18.4t 38.4%	35.8t 44.1%	69t 40.8%	35.5t,43.8% 20t,43.1%	比同型号现浇基础减少重量 16t~28t,其中 QTZ400塔基总重为33.2t

续表

序号	发展阶段 项目	第一代	第二代	第三代	第四代	第五代	第六代	第七代	第八代	第九代	第十代
10	水平连接构造	预制构件体外连接	构件内水空间交叉平螺栓组	构件内水空间交叉平螺栓组	构件内水平空间交叉无粘结预应力钢绞线连接	构件内水空间交叉无粘结预应力钢绞线连接	构件内水平空间交叉无粘结预应力钢绞线连接	创造新型连接结点和张拉固定端、张拉端构造	增加钢绞线使用次数构造	1. 增加钢绞线使用次数 2. 预退张构造	改一孔道内多根钢绞线为单孔道单根钢绞线,利于生产、装配、拆卸
11	垂直连接构造	地脚螺栓筑死于混凝土内	可更换的垂直连接构造	可更换的垂直连接构造	可更换的垂直连接构造	可更换的垂直连接构造	可更换的垂直连接构造,地脚螺栓盒内螺母防脱退构造	增设了转换连接构造	通用性、标准化、性能突出	1. 有底架十字梁的垂直连接构造:垂直连接使用的螺栓任意变换定位,螺栓向可调 2. 实现无底架构造的纵、横、垂直连接构造的三个方向可调节构造的位置	塔机有底架孔交会,适用与单厂家的底架与水平管道连接;且减少底架的直接;塔机无底架的:通过"塔身与基础接件"的调节,使地脚螺栓定位准确,位置不变,而垂直连接构造形式、规格适用多种垂直连接构造形式,且安全性能提升
12	抗剪切防位移构造	水泥砂浆后浇缝	60mm宽后浇高强微膨胀混凝土键槽	钢与混凝土联合作用的键槽构造	钢制圆形键槽构造	钢制圆形键槽构造	钢制圆形键槽构造附加混凝土圆形键槽构造	采用混凝土凹凸键构造并附加钢制圆形键槽构造	以混凝土凹凸键为主,钢制凹凸键只起定位作用	以混凝土凹凸键共同作用,钢制凹凸键只起定位作用	混凝土凹凸键与钢制凹凸键垂直构件共同作用,实现混凝土构件垂直防位移和基础面的抗剪切连接构造的整体性完美统一

续表

序号	项目	第一代	第二代	第三代	第四代	第五代	第六代	第七代	第八代	第九代	第十代
13	相邻预制混凝土构件连接面的连接构造	后浇缝	后浇缝	后浇缝	实现了无后浇缝构造的预制混凝土构件之间的连接面的无间隙配合	实现了无后浇缝构造的预制混凝土构件之间的连接面的无间隙配合	实现了无后浇缝构造的预制混凝土构件之间的连接面的无间隙配合	实现了无后浇缝构造的预制混凝土构件之间的连接面的无间隙配合	实现了无后浇缝构造的预制混凝土构件之间的连接面的无间隙配合	实现了无后浇缝构造的预制混凝土构件之间的连接面的无间隙配合	实现了无后浇缝构造的预制混凝土构件之间的连接面的无间隙配合
14	设计基础重力构成	100%混凝土	47.1%为土、砂、石；41.3%为土、砂、石	48.8%为土、砂、石	51.1%为土、砂、石；53.4%为土、砂、石	54.8%为土、砂、石	61.5%为土、砂、石	58.17%为土、砂、石	59.2%为砂、石、土	56.2%、56.9%为砂、石、土	52%~48.5%为散料(砂、石、土)，或100%混凝土
15	安装时间/次	2d	2d	1d	2.7h、2h	2h	0.75h~2h	1h~1.5h	1.5h	1h~1.5h	0.8h~1.25h
16	吊装机械台班	1.8	1.8	1	0.6	0.3~0.5	0.2~0.3	0.2~0.25	0.25	0.2	0.2(50%混凝土件)~0.3(100%混凝土件)
17	水平连接部件重复使用次数	2~3	2~3	2~3	5~10	5~10	9~15(增设变换夹片位置构造)	15~20	15~20	15~20	20~30
18	基础设置方式	全埋	全埋	全埋	全埋、半露、半埋半露	全埋、半露、半埋半露	全埋、半露、半埋半露	全埋、全露、半埋半露和深基础	全埋、全露、半埋半露和深基础	全埋、全露、半埋半露和深基础	散料压重全埋、混凝土压重全埋全露散料仓(去掉散料仓)
19	散料仓	地埋	地埋	地埋	砖墙	砖墙	钢制围挡板	钢制围挡板	钢制围挡板	混凝土制围挡板	去掉散料构造(结构简化，装配简化)

续表

序号	项目	发展阶段	第一代	第二代	第三代	第四代	第五代	第六代	第七代	第八代	第九代	第十代
20	垂直连接转换过渡装置		—	针对塔机垂直连接设计地脚连接构造	针对塔机垂直连接设计地脚连接构造	针对塔机垂直连接设计地脚连接构造	在构造不同的基础垂直连接塔机和塔基础连接构造之间增设连接装置	在构造不同的基础垂直连接塔机和塔基础连接构造之间增设连接装置	在原连接装置基础上增设了新型连接转换形式	新型转换构造	转造工艺、新型转换构造	针对塔连接机无底架的垂直基础过渡，采用可更换的垂直过渡连"塔身与基础和"过渡连接件"与不同塔身垂直连接构造的连接，增加了结构安全性，扩大了连接构造的适用性
21	降低地基承载力条件构造		未达到基础规定的地基承载力须处理地基	未达到基础规定地基承载力须处理地基	未达到基础规定的地基承载力须处理地基	未达到基础规定地基承载力须处理地基	未达到基础规定地基承载力须处理地基	降低地基承载力条件，广泛适应≥0.08MPa地基承载力条件	降低地基承载力条件，广泛适应≥0.08MPa的地基承载力条件	降低地基承载力条件，广泛适应≥0.08MPa的地基承载力条件	降低地基承载力适应，广泛≥0.08MPa的地基承载力条件	降低地基承载力条件，广泛适应≥100kPa的地基承载力条件，减少地基处理程序和处理成本
22	基础重力混凝土构件		无	无	无	无	无	无	有，适应深基坑或便于使用散料的条件	有，适应深基坑或便于使用散料的条件	有，适应深基坑或便于使用散料的条件	有，适应深基坑或不便于使用散料的条件，适应基础设计不同的要求

1.5 关于装配式混凝土塔机基础的发明专利文献选编

从本质意义上说，创新的含义是指在人类物质文明、政治文明与精神的一切领域、一切层面上获得的新发展、新突破。马克思曾说："蜘蛛的活动与织工相似，蜜蜂建筑蜂房的本领使人间的许多建筑师感到惭愧。但是，最蹩脚的建筑师从一开始就比最灵巧的蜜蜂高明的地方，是他在用蜂蜡建筑蜂房以前，已经在自己的头脑中把它建成了。"专利文件是阐述某项技术创新的可以实施的新的结构或方法完整体系的文字记录，它是对创新者头脑中的新技术体系的描述，也可以说，它是首先存在于创新者头脑中的"已经建成的房子"（创新的结构或方法）。

在装配式混凝土塔机基础（"赵氏塔基"）从 1997 年 1 月至 2015 年 10 月的研发过程中，共申请发明专利 56 项。从这 56 项发明专利中选出 9 项在装配式混凝土塔机基础的研发路线中具有里程碑意义的、对这项创新技术的技术难点有突破作用的发明创造的新的技术方案和结构方案，使读者从中领略创新者的想象力在技术创新中的重要作用，由此印证爱因斯坦说的："想象力比知识更重要，因为知识是有限的，而想象力概括着世界上的一切，推动着进步，并且是知识进化的源泉。"更可从中领略：

（1）在装配式混凝土塔机基础新技术产生的时代背景下，创新者在社会生产力发展的要求与传统技术不相适应的条件下，如何认识评价与把握装配式混凝土塔机基础的创新技术条件，制订出装配式混凝土塔机基础的创新技术总目标和分阶段的技术创新目标。

（2）创新者随着对装配式混凝土塔机基础的技术创新体系的认识和研究的不断深入，会围绕装配式混凝土塔机基础的创新总目标——基础的安全稳定性和重复使用性和最佳的经济、社会效益所需要的创新技术体系，具体地展开分部分项的工程设计的创新。

（3）装配式混凝土塔机基础的技术创新体系是一个系统工程，各分部分项工程即相互独立自成体系，又相互联系互相制约，互相影响，这里面也有"蝴蝶效应"的现象，比如，没有预制混凝土构件工程的"钢制圆锥形定位键构造"、"混凝土抗剪键构造"、"预制混凝土构件的相邻连接面无间隙配合构造"与装配式混凝土塔机基础的"水平连接构造系统构造"的相互完美配合，不可能实现装配式混凝土塔机基础的各预制混凝土构件的水平组合，并且使装配式混凝土塔机基础具有与传统整体现浇混凝土固定式塔机基础的力学性能完全相同的技术功能；比如说，设于预制混凝土构件系统的"钢制圆锥形定位键"对装配式混凝土塔机基础的"垂直连接构造系统"的水平定位效用具有重要的影响，而这二者从表面上看分属于装配式混凝土塔机基础的两大系统，并没有直接的关系。而不论是"钢制圆锥形定位键构造"、"混凝土抗剪构造"或是"预制混凝土构件的相邻连接面的无间隙配合构造"，都是需要具有鲜明的独立技术特性又必须与其他构造相互联系共同形成系统才能实现其技术创新的效果和总目标。

（4）从本书所选编的关于装配式混凝土塔机基础的发明专利文件中读者不难看出装配式混凝土塔机基础的内在本质特征的"三性"即授予发明专利权的"实质性条件"，实质性条件也称专利性条件，它是对发明创造授权的本质依据。专利法规定，授予专利权的发明和实用新型应当具备新颖性、创造性和实用性。

专利法所说的新颖性是指：

1）在申请提交到专利局以前，没有同样的发明创造在国内外出版物上公开发表过。这里的出版物，不但包括书籍、报纸、杂志等纸件，也包括录音带、录像带及唱片等音、影件。

2）在国内没有公开使用过，或者以其他方式为公众所知。所谓公开使用过，是指以商品形式销售或用技术交流等方式进行传播、应用，乃至通过电视和广播为公众所知。

3）在该申请提交日以前，没有同样的发明或实用新型由他人向专利局提出过申请，并且记载在以后公布的专利申请文件中。

专利法所说的创造性是指：专利申请同申请提交日前的现有技术相比，该发明具有突出的实质性特点和显著的进步。所谓"实质性特点"是指与现有技术相比，有本质上的差异，有质的飞跃和突破，而且申请的这种技术上的变化和突破，对本领域的普通技术人员来说并非是显而易见的。所谓"同现有技术相比有进步"是指该发明比现有技术有技术优点或有明显的技术优点。

专利法所说的实用性是指：申请专利的发明创造，能够在工农业及其他行业的生产中批量制造或能够在产业上或生活中应用，并能产生积极的效果。

（5）装配式混凝土塔机基础是一项创新的系统工程，其研发也必须从系统论的高度，充分认识其整体性、目的性、有序性、动态性、创造性、可行性的特点，采用定性定量相结合的方法、最优化和满意性相结合的方法，逐步从感性到理性，从形象思维到逻辑思维，有时还要经历穿插渗透和反复。而各个发明专利所阐述的创造性构思是装配式混凝土塔机基础创新整体的一个组成部分，一个点；而失去了各个分部分项创新构造的支撑，装配式混凝土塔机基础这座"大厦"也就失去了最基本的条件而无法立足，这是装配式混凝土塔机基础的整体系统与局部构造之间的关系。脱离了对装配式混凝土塔机基础创新的系统思维，就会顾此而失彼，"治一经而损一经"、"进一千退八百"，甚至于兜了一个圈子后又回到出发时的原点。这是笔者在装配式混凝土塔机基础的创新实践中逐步领悟到的真切感受，后来者从一开始提高技术创新的系统性认识和实际解决局部构造创新难题的能力，避免创新目标成为"空中楼阁"，从而少走弯路。当然，技术创新的道路必然是曲折的，弯路挫折难免。亚伯拉罕·林肯有句名言："卓越的天才不屑走一条别人走过的路，他寻找迄今没有开拓过的地域。"而任何一项发明专利都是创新者在前人没走过的的路上踏勘的足迹。

（6）作者申请发明专利的目的在于，取得关于装配式混凝土塔机基础的某种形式和构造的原始创新的公证，意在为装配式混凝土塔机基础新技术领域打上中国人的思维印记，而很少着眼专利权的保护与收益。权利要求涉及的内容越多、范围越大，实际得到保护的权利就越小，读者应该根据所申请专利的具体情况和本人意图斟酌而用之，不可一味照搬模仿。

1.5.1　混凝土预制构件十字形单向组合式塔机基础

（专利号：ZL98101470.4，申请日：1998 年 5 月 13 日，授权公告日：2002 年 10 月 23 日）

说明书摘要

混凝土预制构件十字形单向组合式塔机基础，是由混凝土预制中心件、过渡件和端件共 13 件组合而成，平面呈十字形。地脚螺栓在过渡件和端件上，为可更换结构。水平十字空间交叉螺栓组将中心件、过渡件和端件连为一体，与构件间设置的混凝土凸形键共同作用，使全部构件形成整体，实现塔机基础要求的全部作用，并实现了可分解、搬运和重复使用。

摘 要 附 图

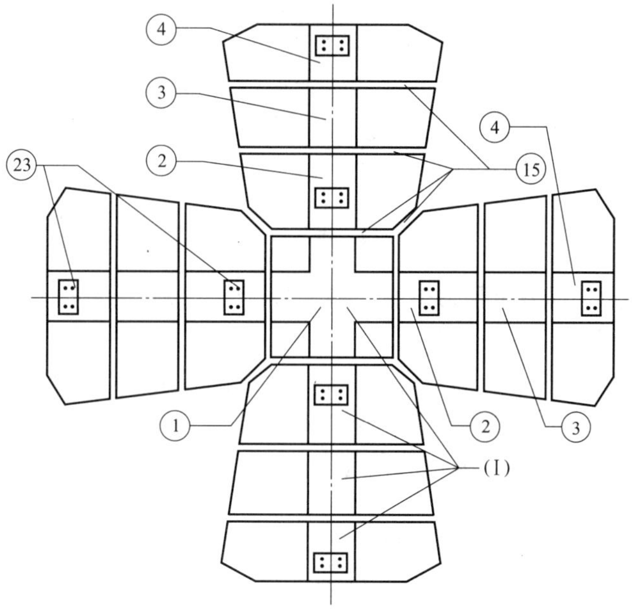

权利要求书

1. 混凝土预制构件十字形单向组合式塔机基础，由混凝土预制构件基础（Ⅰ）和地脚螺栓<23>组成，其特征在于：

混凝土基础（Ⅰ）由中心件<1>1件、过渡件<2>、<3>各4件与端件<4>4件共13件组合成一整体，平面呈十字形，预制构件沿基础十字轴线对称布置；其中心件<1>为下半部平面正方体、上半部十字形体，过渡件<2>为左右对称的平面六边形倒T形体，其过渡件<3>为平面正梯形倒T形体，其端件<4>为左右对称的平面六边形倒T形体；

中心件<1>1件、过渡件<2>、<3>各4件、端件<4>4件组成的十字形梁沿基础轴线的垂直截面为矩形；过渡件<2>、<3>和端件<4>沿基础轴线的横截面为倒T形或正梯形；

其中心件<1>内，沿基础十字轴线设水平空间交叉的上下两组钢管螺栓孔<7>、<9>、<11>、<13>与过渡件<2>、<3>、端件<4>内设的水平钢管螺栓孔<7>、<9>、<11>、<13>相对应；螺栓<8>、<10>、<12>、<14>置于钢管螺栓孔<7>、<9>、<11>、<13>内，通过调整螺母<27>和螺栓套管<30>将中心件<1>、过渡件<2>、<3>和端件<4>联接为一体；

预制构件使用普通混凝土。

2. 如权利要求1所述的混凝土预制构件十字形单向组合式塔机基础，其特征在于：中心件<1>、过渡件<2>、<3>和端件<4>内的钢管螺栓孔<7>、<9>、<11>、<13>，该套管端部包括两种结构，其中一种结构为钢管螺栓孔<7>、<9>、<11>、<13>一端与套圈<17>、套管<18>、套圈<19>联接，另一端与套圈<20>联接，套圈<19>、<20>之间设套环<22>；其另一种结构为钢管螺栓孔<7>、<9>、<11>、<13>端部与套圈<25>、套管<18>、套圈<26>联接，螺母<27>与套圈<25>之间设垫圈<21>，螺栓套管<30>与套圈<17>之间设垫圈<21>；通过调整螺母<27>和螺栓套管<30>将中心件<1>、过渡件<2>、<3>、端件<4>联为一体。

3. 如权利要求2所述的混凝土预制构件十字形单向组合式塔机基础，其特征在于：其中心件<1>、过渡件<2>、<3>、端件<4>之间设有统一尺寸的预留间隙<15>，预留间隙<15>两侧混凝土预制构件表面设有垂直面呈倒 T 形的凹形槽<16>，使后浇填充层<15>、<16>形成凸形键，填充层<15>、<16>为高强度早强微膨胀混凝土。

4. 如权利要求 3 所述的混凝土预制构件十字形单向组合式塔机基础，其特征在于：在过渡件<2>和端件<4>的地脚螺栓<23>规定位置设相应的预埋钢管螺栓孔<28>，地脚螺栓<23>安装在预埋钢管螺栓孔<28>内，预埋钢管螺栓孔<28>下端与槽<29>相联通，槽<29>内设螺母<27>与地脚螺栓<23>联接。

说 明 书

混凝土预制构件十字形单向组合式塔机基础

本发明涉及一种新型固定式塔机基础。

目前，固定式塔式起重机（标准节塔身）基础，全部采用整体式现浇混凝土基础。其施工周期长（30 天以上），相应造成塔机安装周期长。因其体积大、重量大、不利搬运，只能一次性使用，用毕拆除，造成人力、物力、财力的大量浪费。拆除时必须采用爆破手段，即不安全，又产生大量的混凝土废弃物、污染环境。

本发明的目的和任务是，提供一种用其预制构件通过一定方式进行组合成为作用与传统整体式现浇混凝土塔机基础完全相同的新型塔机基础；可组合、分解，实现可搬运和重复使用；工厂化生产，施工现场组装；大大缩短塔机装、拆周期，满足工程施工对塔机提高利用率的要求，节约塔机使用成本；消除资源浪费和由混凝土废弃物造成的环境污染。

本发明——混凝土预制构件十字形单向组合式塔机基础，是这样实现的：将一座整体十字形混凝土基础分为十三件，通过机械方式将构件沿基础轴线单方向进行组合，形成整体，大部分埋入土层。把构件横截面设计成倒 T 形或正梯形，扩大基础受力面积，并充分利用构件周围和上部覆土的力学特性，使其承载力和抗倾覆能力明显加大，从而提高了基础的安全度。其具体结构通过实施例和附图 1-13 加以详细说明：

本发明混凝土预制构件十字形单向组合式塔机基础的构造如图 1 所示，由混凝土基础（Ⅰ）和地脚螺栓<23>组成。其混凝土基础（Ⅰ）由中心件<1>1 件、过渡件<2>4 件、过渡件<3>4 件和端件<4>4 共 13 件组成，平面呈十字形。地脚螺栓<23>分别安装在过渡件<2>4 件和端件<4>4 件上。其中心件形状下半部为平面正方形正梯形体，上半部十字形体，如图 7，图 4F-F 所示。过渡件<2>为沿基础轴线左右对称的平面六边形倒 T 形体或梯形体，过渡件<3>为沿基础轴线左右对称的平面正梯形倒 T 形体或梯形体，端件<4>为沿基础轴线左右对称的平面六边形倒 T 形体或梯形体，过渡件<2>、<3>和端件<4>的横截面均为倒 T 形或正梯形，如图 5D-D、6A-A 所示。中心件<1>内有沿基础十字灿线垂直设置的上下两组空间交叉水平钢管螺栓孔<7>、<9>、<11>、<13>，与过渡件<2>、<3>和端件<4>内的钢管螺栓孔<7>、<9>、<11>、<13>相对应，如图 2B-B、3C-C 所示，其螺栓<8>、<10>、<12>、<14>置于水平钢管孔<7>、<9>、<11>、<13>内通过调整螺母<27>和螺栓套管<30>将中心件<1>、过渡件<2>、<3>与端件<4>联接为一体。如图 2B-B、3C-C、8 ⑤、9 所示。

为了增加基础的地基受力面积从而增大基础的承载力，将混凝土预制件过渡件<2>、<3>和端件<4>横截面设计为倒 T 形或正梯形截面，这样可以充分利用覆土的力学特征，增大了基础抗倾覆力矩，加大基础安全度，如图 5D-D、6A-A 所示。过渡件<2>、<3>和端件<4>的横截面可制成正梯形，如图 5D-D、6A-A 虚线所示。

为了基础构件拆装方便，在中心件<1>、过渡件<2>、<3>和端件<4>的钢管螺栓孔

<7>、<9>、<11>、<13>，该套管端部包括两种结构，其中一种结构为钢管螺栓孔<7>、<9>、<11>、<13>一个端部与套圈<17>、套管<18>和套圈<19>联接，另一端与套圈<20>联接；套圈<20>与<19>之间设套环<22>，如图8⑤所示；其另一种结构为钢管螺栓孔<7>、<9>、<11>、<13>端部与套圈<25>、套管<18>、套圈<26>连接，如图9所示；螺栓<8>、<10>、<12>、<14>之间以螺栓套管<30>联接，如图8⑤所示；通过调整螺母<27>和螺栓套管<30>将中心件<1>、过渡件<2>、<3>和端件<4>共13件联接为一个整体，如图2B-B、3C-C、7、8⑤、9⑥所示。

为了确保基础的整体性，在构件与构件之间设计了统一尺寸的预留间隙<15>，如图1、2B-B、3C-C、8⑤所示。在预留间隙<15>两侧的构件表面预制成垂直平面呈倒T形的凹槽<16>，螺栓紧固后，在预留间隙<15>处浇筑高强度早强微膨胀混凝土填充层<15>、<16>，使后浇填充层<16>形成凸形键，有效地制约构件间的互相位移，保证了基础构件的整体性，使之形成合力、共同工作。为了便于拆卸，在浇筑填充层<15>前，将预留间隙<15>、<16>处构件表面满涂隔剂，形成隔离层<24>，如图8⑤所示。

地脚螺栓<23>的完好是实现基础构件重复使用的关键制约因素之一。为了防止基础构件在拆、装、运和使用过程中因地脚螺栓<23>损坏而报废，在过渡件<2>和端件<4>的地脚螺栓<23>相应位置预埋钢管孔<28>，地脚螺栓<23>安装在钢管孔<28>内，钢管孔<28>下端设方槽<29>并互相联能，螺母<27>从方槽<29>进入与地脚螺栓<23>联接，便于安装更换地脚螺栓<23>，如图2B-B、3C-C、6A-A所示。

实验证明，本发明——混凝土预制构件十字形单向组合式塔机基础与传统的整体式现浇混凝土塔机基础如图10、11E-E、12、13G-G所示相比，具有承载力和抗倾覆力矩增大，基础安全度增大、拆、装、运方便快捷，其拆、装、运整个周期仅为整体式现蔽混凝土基础施工周期的10%，大大缩短了塔机安装周期，把现场施工变为工厂化生产、现场组装，基础质量有可靠保证。实现了一次投入，重复使用，节约了塔机使用成本和大量资源，也消除了因爆破清理现浇混凝土基础产生的混凝土废弃物，消除了污染源。由于基础底面积加大，可降低地基的地耐力要求标准，从而减少了地基处理的人力、物力，扩大了基础适用范围。

说明书附图

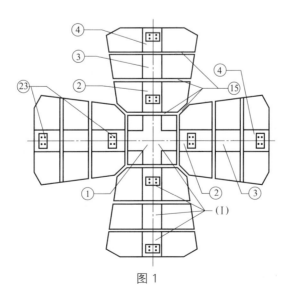

图1

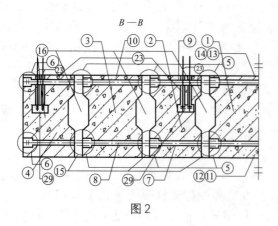

图 2

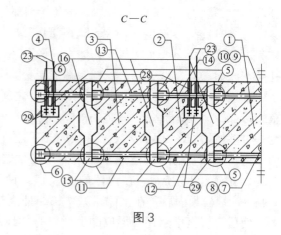

图 3

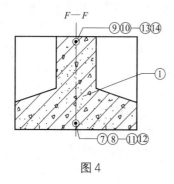

图 4

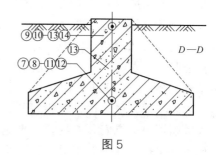

图 5

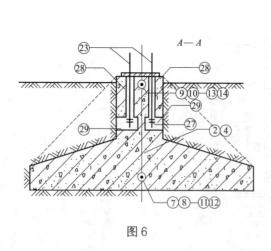

图 6

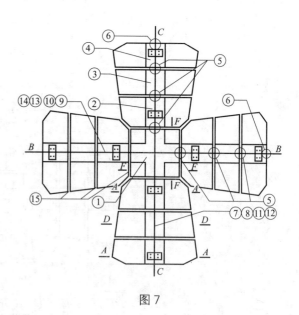

图 7

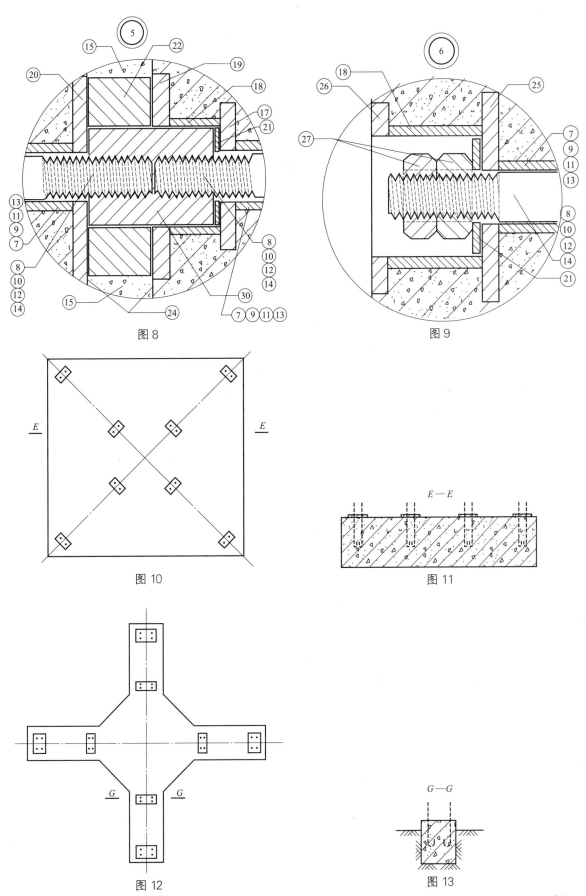

图 8

图 9

图 10

图 11

图 12

图 13

1.5.2 桅杆式机械设备组合基础

（专利号：ZL200610002190.6，申请日：2006年1月20日，授权公告日：2009年5月6日）

说明书摘要

桅杆式机械设备组合基础由混凝土预制构件组合而成的正方形十字梁板结构与由混凝土预制构件或有一定容重的固体散料、构成的重力件共同组合而成的广泛适用于周期移动使用的桅杆式机械设备的可多次重复使用的组合基础。上、下双道空间交叉后张法无粘结预应力水平连接系统、锥形定位结构和混凝土抗剪切防位移构造共同构成的水平组合方式；同性能级别和固定的本基础地脚螺栓垂直连接构造与有同性能级别要求的上部机械设备多种不同的垂直连接定位构造的过渡连接构造实现了混凝土预制桅杆式机械设备组合基础的具有广泛适用性的标准化、系列化；具有占地面积小、装拆速度快、资源节约、环保和突出的经济效益的明显特点。

摘 要 附 图

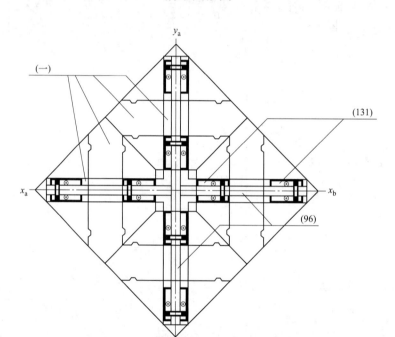

权利要求书

1. 一种桅杆式机械设备组合基础由混凝土预制梁板结构件多件水平无间隙配合组合，再以后张法无粘结预应力水平连接系统组合为正方形平面混凝土梁板整体结构后，其上配置重力件，以可更换的地脚螺栓垂直连接构造与上部桅杆式机械设备进行垂直连接定位，其特征在于：

混凝土预制基础结构件由边长大于十字基础梁（3）宽的正方形的中心件（1）1件和集成件4件组合而成，组合后为正方形混凝土抗压板（2）和十字基础梁（3）构成的混凝土基础梁板结构，其组合形式分为两种：一种第一混凝土基础梁板结构（一）是十字基础梁（3）位于正方形对角线上，中心件（1）四边与正方形基础边缘呈45°，中心件（1）对角线的延长线将其余部分分为相等的集成件1号（4）4件；另一种第二混凝土基础梁板结构（二）是十字基础梁（3）位于正方形十字轴线上，中心件（1）四边平行于正方形基础边缘，混凝土抗压板（2）对角线的延长线将其余部分分为相等的集成件 2 号（5）4 件；

重力件由置于抗压板上的混凝土预制构件或具有一定容重的砂或石子、土、砖的固体散料构成，重力件有两种不同的水平投影形状：重力件 1 号（6）为平面呈三角形体，配置于第一混凝土基础梁板结构（一）重力件支点 1 号（7）上，重力件支点 1 号（7）为平面位置呈直角三角形分布的 12 个混凝土墩台，其上面水平，分置于第一混凝土基础梁板结构（一）的混凝土抗压板（2）上；平面呈 4 个等腰直角三角形分布；为便于吊装运输，将重力件 1 号（6）水平分解为若干件等腰直角三角形板重力件 3 号（8）；其重力件 2 号（9）为平面呈正方形的混凝土立方体，置于第二混凝土基础梁板结构（二）的重力件支点 2 号（10）上，重力件支点 2 号（10）为平面呈直角三角形的 16 个混凝土墩台，其上面水平，分置于第二混凝土基础梁板结构（二）的混凝土抗压板（2）上，平面呈 4 个正方形分布；为便于吊装运输，将重力件 2 号（9）水平分解为若干件正方形板重力件 4 号（11）；

为了使散料重力件（12）不出现水平位移，采用两种方法：一是沿基础外缘砌筑挡墙（13）；二是设置散料仓；散料仓 1 号（14）配置于第一混凝土基础梁板结构（一），其挡板水平投影为一字形，由型钢龙骨（15）和钢板（16）构成，立面两侧端有连接销（17）与十字基础梁（3）端头侧面的埋件（18）铰接固定，散料仓 1 号（14）底面设连接销槽（19）与沿混凝土抗压板（2）外缘上面设置的散料仓埋件（20）配合；散料仓 2 号（21）配置于第二混凝土基础梁板结构（二），其挡板水平投影为等边 L 形，由型钢龙骨（15）和钢板（16）构成，立面两侧端有连接销（17）与十字基础梁（3）端头侧面的埋件（18）铰接固定，散料仓 2 号（21）底面设有垂直的连接销槽（19）与沿混凝土抗压板（2）外缘上面设置的散料仓埋件（20）配合；在散料仓 1 号（14）或散料仓 2 号（21）的上缘设有吊环 1 号（22）；

集成件 1 号（4），沿十字基础梁（3）轴线垂直分割为 2 件：内端件 1 号（23）和外端件 1 号（24）；或分割为 3 件：内端件 1 号（23）、扩展件 1 号（25）和外端件 1 号（24）；或分割为 4 件：内端件 1 号（23）、内扩展件 1 号（26）、外扩展件 1 号（27）、外端件 1 号（24）；或分割为 5 件：内端件 1 号（23）、内扩展件 2 号（138）、中扩展件 1 号（28）、外扩展件 2 号（139）、外端件 1 号（24）；集成件 2 号（5），沿十字基础梁（3）轴线垂直分割为 2 件：内端件 2 号（29）和外端件 2 号（30）；或分割为 3 件：内端件 2 号（29）、扩展件 2 号（31）和外端件 2 号（30）；或分割为 4 件：内端件 2 号（29）、内扩展件 3 号（32）、外扩展件 3 号（33）、外端件 2 号（30）；或分割为 5 件：内端件 2 号（29）、内扩展件 4 号（140）、中扩展件 4 号（34）、外扩展件 4 号（141）、外端件 2 号（30）；据此，第一混凝土基础梁板结构（一）或第二混凝土基础梁板结构（二）由中心件（1）1 件+4n 件组合而成，其中 n 为大于等于 1 的整数，且 n 为单件集成件 1 号（4）或集成件 2 号（5）分解的次数+1；

各混凝土预制基础结构件垂直连接面为无间隙配合，其垂直连接面下端有两件相邻预制构件的相邻格角形成的空腔（35），混凝土抗压板（2）底面与地基或垫层之间设有传力砂层（36）；在十字基础梁（3）部位，两混凝土预制构件之间设有垂直剖面分别为正梯形、三角形、弧形的抗剪切防位移构造 1 号（37）、抗剪切防位移构造 2 号（38）、抗剪切防位移构造 3 号（39）；在与基础轴线垂直的混凝土预制基础结构件的混凝土抗压板（2）连接面上设有水平剖面分别为正梯形、三角形、弧形、垂直面的抗剪切防位移构造 1 号（37）、抗剪切防位移构造 2 号（38）、抗剪切防位移构造 3 号（39）、抗剪切防位移构造 4 号（109）；在与十字基础梁（3）水平轴线呈 45°角的混凝土抗压板（2）的垂直连接面上设有垂直剖面分别为正梯形、三角形、弧形、垂直面的抗剪切防位移构造 1 号（37）、抗剪切防位移构造 2 号（38）、抗剪切防位移构造 3 号（39）、抗剪切防位移构造 4 号（109），混凝土抗压板（2）的垂直连接面下端有空腔（35）；

混凝土预制基础结构件的组合连接方法为上单孔下单孔和上单孔下双孔的两种十字水平空间

交叉的后张法无粘结预应力系统；混凝土预制基础结构件的十字基础梁（3）上部在轴线上设置
1 道十字连接水平圆孔（41），贯穿于十字轴线，其圆孔中心标高相同；下部在轴线上设置 1 道
或在同一标高设置孔心与轴线等距离的 2 道十字连接水平圆孔（41），以钢绞线或钢丝束（44）
或其他预应力材料贯穿于十字连接水平圆孔（41）内，十字连接水平圆孔（41）的一端为固定端
（42），另一端为张拉端（43）；其固定端（42）由与外端件 1 号（24）或外端件 2 号（30）的混
凝土预制构件垂直面相平的零件环（45）与管 1 号（46）和圈 1 号（47）和管 2 号（48）和圈 2
号（49）和十字连接水平圆孔（41）同心组合，在圈 1 号（47）与圈 2 号（49）之间有肋板 1 号
（50）；零件环（45）外向面内侧有 L 形凹槽；在零件环（45）的内侧设有与 L 形凹槽相配合的
圆板（51），在其配合的间隙处设封闭油脂（52），圆板（51）外面中心有 U 形拉手 1 号（53）；
在管 1 号（46）内、圈 1 号（47）外侧设承压管 1 号（54），承压管 1 号（54）的外侧设承压环
（55），承压环（55）上有 1 号孔（56），钢绞线或钢丝束（44）从 1 号孔（56）穿过；钢绞线或
钢丝束（44）的端部设锚头（57）；其张拉端（43）由外面与外端件 1 号（24）或外端件 2 号
（30）外垂直面相平的外部设有矩形截面的环形凹槽的圆圈 1 号（58）与管 3 号（59）、圆圈
2 号（60）、十字连接水平圆孔（41）同心组合，环形凹槽内设封闭橡胶环（76）；在圆圈 1
号（58）与圆圈 2 号（60）之间有梯形肋板 2 号（61）；在圆圈 1 号（58）的外面设有与管
3 号（59）同内外径的圆圈 3 号（62），在圆圈 3 号（62）外面设与圆圈 3 号（62）同心的
管 4 号（63），在圆圈 3 号（62）外侧和管 4 号（63）内设锚环（64），钢绞线或钢丝束
（44）从锚环（64）上的孔穿过，在锚环（64）外侧与钢绞线或钢丝束（44）之间设夹片
（65），在管 4 号（63）的外侧设封闭圆桶 1 号（66）与管 4 号（63）紧密配合，在封闭圆
桶 1 号（66）的底部外侧设 U 形拉手 2 号（67）；在圆圈 3 号（62）、管 4 号（63）和封闭
圆桶 1 号（66）交接处有密封黄油（68）；固定端（42）或张拉端（43）的组合件制作方法
可以机加工件经焊接组合，也可以铸造而成；

　　为了使中心件（1）与集成件 1 号（4）或集成件 2 号（5）、集成件 1 号（4）或集成件 2 号
（5）的内端件 1 号（23）或内端件 2 号（29）、外端件 1 号（24）或外端件 2 号（30）水平组合、
内端件 1 号（23）或外端件 2 号（30）的水平组合、内端件 1 号（23）或内端件 2 号（29）、内
扩展件 2 号（138）或内扩展件 4 号（140）、中扩展件 1 号（28）或中扩展件 4 号（34）、外扩展
件 2 号（139）或外扩展件 4 号（141）、外端件 1 号（24）或外端件 2 号（30）水平组合定位准
确，在各混凝土预制基础结构件的轴向垂直连接面上设有钢制的分别锚固于相邻连接构件的混凝
土表面内的定位构造（40），定位构造（40）的凹件（69）由与混凝土垂直连接面相平的其内圆
孔为外大内小圆锥形的圆圈 4 号（70）、与圆圈 4 号（70）内孔同心连接的圆桶 2 号（71）、焊接
于圆圈 4 号（70）内侧和圆桶 2 号（71）内侧的锚筋（72）及圆桶 2 号（71）内置密封黄油
（68）构成；定位构造（40）的凸件（135）由端部与圆圈 4 号（70）锥形内孔无间隙配合的锥形
圆键（74）、焊接于锥形圆键（74）锥形底部的外面与混凝土垂直连接面相平的、其外面设有环
形剖面为矩形凹槽的圆圈 5 号（75）以及圆圈 5 号（75）内侧焊接的锚筋（72）组成，在圆圈 5
号（75）的外侧环形凹槽内设封闭橡胶环（76）；

　　在地基与混凝土抗压板（2）之间设置外边大于、内边小于基础外缘正方形边长的各边与基
础外缘平行且轴线重合的平面呈回字形混凝土预制板的降低地基承载力构造（110），降低地基承
载力构造（110）的混凝土预制板是整体一件或者由基础的十字轴线或对角线分割为 4 件平面形
状为正梯形板（111）或等边 L 形（112），或者分割为 8 件平面形状为直角梯形板（113）；降
低地基承载力构造（110）与地基和混凝土抗压板（2）之间分别设传力砂层（36）；

　　在每件混凝土预制基础结构件、重力件 1 号（6）、重力件 2 号（9）、等腰直角三角形板重力
件 3 号（8）、正方形板重力件 4 号（11）、降低地基承载力构造（110）的混凝土预制构件侧立面

设置圆形的水平钢管吊装销孔（114），将由吊环2号（134）与吊钩组合的柱形钢销（115）插入吊装销孔（114）内，即可起吊。

2. 如权利要求1所述的桅杆式机械设备组合基础，其特征在于：

埋置于十字基础梁（3）混凝土中的垂直预埋孔（79）中的地脚螺栓（81）的下端设水平盒（83），水平盒（83）垂直截面采用水平圆管（84）或水平方管（85），水平盒（83）两端焊接内径与水平圆管（84）或水平方管（85）相同的其外面内径一侧有L形凹槽的圆圈8号（86）或方圈（87），与圆圈8号（86）配合设置有与圆圈8号（86）外面相平的其外边缘有与圆圈8号（86）内侧的环形凹凸槽相配合的凹凸槽的圆形封闭板（88），在圆圈8号（86）与圆形封闭板（88）的凹凸槽配合间隙处设有密封黄油（68），圆形封闭板（88）的外面设有U形拉手2号（67）；与方圈（87）配合设置有与方圈（87）外面相平的其外边缘有与方圈（87）内侧的方形凹凸槽相配合的凹凸槽的方形封闭板（89），在方圈（87）与方形封闭板（89）的凹凸槽配合间隙处设有密封黄油（68），方形封闭板（89）的外面设有U形拉手2号（67）；

在地脚螺栓（81）的上端设有四方头（90）或六角头（91），在地脚螺栓（81）下端水平盒的水平圆管（84）内，地脚螺母（99）的上部有月牙形的垫圈（132）与水平圆管（84）内径上面吻合或平垫（133）与水平方管（85）内径上面吻合；地脚螺母（99）外部设有与地脚螺母（99）横截面同形状且能制约其旋转的孔的矩形防螺母脱退卡板（93），矩形防螺母脱退卡板（93）短边宽度小于水平圆管（84）内径，其对角线大于水平圆管（84）内径；在地脚螺栓（81）下端水平盒（83）的水平方管（85）内，地脚螺母（99）对应的水平方管（85）内两侧垂直面上焊接截面为矩形或圆形的距离小于矩形防螺母脱退卡板（93）的宽度的水平托条（94），将矩形防螺母脱退卡板（93）置于水平托条（94）之上，防其下坠。

3. 如权利要求1或2所述的桅杆式机械设备组合基础，其特征在于：

垂直连接系统1号（136）是在与机械设备垂直连接构造的相应位置，在十字基础梁（3）上的对应位置设四个矩形混凝土墩台（95），矩形混凝土墩台（95）上设四根呈矩形分布的地脚螺栓（81），在混凝土墩台（95）上设各边与混凝土墩台平行的有与四根地脚螺栓（81）相对应的螺栓孔的承压连接板（92），承压连接板（92）与十字基础梁（3）之间设高强度早强干硬性水泥砂浆（82）和橡胶封闭垫圈（80）；其承压连接板（92）上按上部机械设备的连接支承构造设置相应的支承连接构造（116）与承压连接板（92）焊接；其垂直连接系统1号（136）有以下构造形式：

其一为：根据上部机械设备定位尺寸，阳角位于承压连接板（92）的纵轴上且两翼缘位置与纵轴对称的等边角钢垂直支承件1号（100），其内角与有垂直连接螺栓孔（119）的支承连接构造（116）连接，用垂直肋板1号（117）和垂直肋板2号（118）各2件与沿地脚螺栓（81）中心向角钢外角及翼缘内侧与等边角钢垂直支承件1号（100）的外角和两翼缘内侧连接，等边角钢垂直支承件1号（100）、垂直肋板1号（117）和垂直肋板2号（118）与承压连接板（92）连接；

其二为：根据上部机械设备定位尺寸，阳角位于承压连接板（92）的纵轴上且两翼缘位置与纵轴对称的等边角钢垂直支承件1号（100），其内角与等边角钢垂直支承件2号（120）连接成方筒状，将垂直螺栓套筒（121）2件与等边角钢垂直支承件1号（100）对称连接于角钢阳角两侧的翼缘外立面上，用垂直肋板1号（117）沿地脚螺栓（81）中心向等边角钢垂直支承件1号（100）阳角方向、用垂直肋板2号（118）沿地脚螺栓（81）中心向等边角钢垂直支承件1号（100）翼缘内侧方向与等边角钢垂直支承件1号（100）和等边角钢垂直支承件2号（120）和承压连接板（92）连接；

其三为：根据上部机械设备定位尺寸，阳角位于承压连接板（92）的纵轴上且两翼缘位置与纵轴对称的等边角钢垂直支承件1号（100）的阳角两侧对称布置有垂直螺栓套筒（121），等边角钢垂直支承件1号（100）的内侧面设有支承连接构造（116），支承连接构造（116）设有垂直连接螺栓孔（119），支承连接构造（116）与等边角钢垂直支承件1号（100）和垂直螺栓套筒（121）的上面齐平；以垂直肋板1号（117）和垂直肋板2号（118）各2件沿地脚螺栓（81）中心向等边角钢垂直支承件1号（100）的外立角和翼缘内立角方向连接并与承压连接板（92）连接；

其四为：根据上部机械设备定位尺寸，位于承压连接板（92）十字轴线中心的上端部有锥形定位键（123）的筒口朝下的垂直支承圆筒（122）与垂直螺栓套筒（121）2件外切连接，垂直支承圆筒（122）和垂直螺栓套筒（121）2件的圆心在一条直线上，与承压连接板（92）横轴重合，以垂直肋板1号（117）4件沿地脚螺栓（81）中心向垂直支承圆筒（122）中心方向与垂直支承圆筒（122）连接后共同与承压连接板（92）连接；

其五为：根据上部机械设备定位尺寸，位于承压连接板（92）十字轴线中心的上端部有锥形定位键（123）的筒口朝下的垂直支承圆筒（122）与垂直螺栓套筒（121）3件外切垂直连接，其中2件垂直螺栓套筒（121）的中心连线与十字轴线横轴重合，1件与纵轴重合，以垂直肋板1号（117）4件沿地脚螺栓（81）中心向垂直支承圆筒（122）圆心方向与垂直支承圆筒（122）连接，垂直支承圆筒（122）、垂直肋板1号（117）与承压连接板（92）连接；

其六为：根据上部机械设备的定位尺寸，位于承压连接板（92）十字轴线中心的上端部有锥形定位键（123）的筒口朝下的垂直支承圆筒（122）与圆孔中心成十字轴线分布的垂直螺栓套筒（121）4件外切连接，以垂直肋板1号（117）4件沿地脚螺栓（81）中心向垂直支承圆筒（122）中心方向与垂直支承圆筒（122）连接，垂直肋板1号（117）和垂直支承圆筒（122）与承压连接板（92）连接；

其七为：根据上部机械设备定位尺寸，阳角位于承压连接板（92）十字轴线中心的其两翼缘与纵轴对称的上端部有双鱼尾夹板销轴构造（124）的等边角钢垂直支承件1号（100）与等边角钢垂直支承件2号（120）连接成口字形方筒且下端与承压连接板（92）连接，垂直肋板1号（117）2件、垂直肋板2号（118）2件沿地脚螺栓（81）中心向等边角钢垂直支承件1号（100）的阳角及翼缘方向呈十字形与等边角钢垂直支承件1号（100）及承压连接板（92）连接；

其八为；根据上部机械设备定位尺寸，上端为筒底的垂直支承圆筒（122）4件有距离地呈十字形分布于承压连接板（92）的十字轴线上，垂直螺栓套筒（121）于垂直支承圆筒（122）外围与其相切连接且其中心位于十字轴线上，垂直肋板1号（117）4件沿地脚螺栓（81）中心十字汇交于承压连接板（92）中心，并与双面相切的2个垂直支承圆筒（122）连接，另外2个垂直支承圆筒（122）与垂直肋板1号（117）之间以矩形肋板（125）4件连接，将垂直支承圆筒（122）、垂直肋板1号（117）和矩形肋板（125）与承压连接板（92）连接；

其九为：根据上部机械设备定位尺寸，3个筒口朝下的垂直支承圆筒（122）与承压连接板（92）纵轴线呈等腰三角形分布，在与纵轴等距离的2个垂直支承圆筒（122）的上部各有中心连线与承压连接板（92）十字轴线呈45°角的2个垂直螺栓套筒（121）与垂直支承圆筒（122）外径外切连接，另有一个垂直螺栓套筒（121）外切连接于位于承压连接板（92）纵轴线上的垂直支承圆筒（122）外侧，垂直螺栓套筒（121）孔中心与轴线重合；用矩形肋板（125）以3个垂直支承圆筒（122）的圆心为轴线连接3个垂直支承圆筒（122），以地脚螺栓（81）与位于承压连接板（92）纵轴线上的垂直支承圆筒（122）中心连线连接安装垂直肋板1号（117），以地脚螺栓（81）中心向对称分布于纵轴两侧的垂直支承圆筒（122）中心方向安装垂直肋板2号（118），将垂直肋板1号（117）和矩形肋板（125）和垂直肋板2号（118）和垂直支承圆筒（122）与承压连接板（92）连接；

其十为：根据上部机械设备定位尺寸，筒口朝下的垂直支承方筒（126）的平面对角线与承压连接板（92）十字轴线重合；沿十字轴线横向两侧及纵向一侧，在垂直支承方筒（126）上部连接安装3个有45°角鱼尾与垂直支承方筒（126）的外角吻合且上面相平的垂直螺栓连接件（127），以地脚螺栓（81）中心对承压连接板（92）十字轴线中心方向安装连接垂直肋板1号（117），垂直支承方筒（126）、垂直肋板1号（117）4件与承压连接板（92）连接；

其十一为：根据上部机械设备定位尺寸，筒口朝下的垂直支承方筒（126）的平面对角线与承压连接板（92）十字轴线重合，在横轴方向对称地有45°角鱼尾与垂直支承方筒（126）外直角吻合的垂直螺栓连接件（127）2件与垂直支承方筒（126）上面相平安装连接，2件垂直螺栓连接件（127）中心连线与横轴重合，以地脚螺栓（81）中心对承压连接板（92）十字轴线中心方向，安装垂直肋板1号（117）4件与垂直支承方筒（126）连接；垂直支承方筒（126）和垂直肋板1号（117）与承压连接板（92）连接；

其十二为：根据上部机械设备定位尺寸，平面对角线与承压连接板（92）十字轴线重合的筒口朝下的垂直支承方筒（126）上部装有对称于承压连接板（92）纵轴与承压连接板（92）十字轴线呈45°角的与垂直支承方筒（126）连接面为垂直平面的垂直螺栓套筒（128）2件，沿距离垂直螺栓套筒（128）最近的两根地脚螺栓（81）的中心朝两个垂直螺栓套筒（128）之间最近的垂直支承方筒（126）的一个垂直外角方向安装连接垂直肋板1号（117）；以另外两根地脚螺栓（81）中心向面对的垂直支承方筒（126）的垂直面的中心方向安装连接垂直肋板3号（129）；垂直支承方筒（126）、垂直肋板1号（117）和垂直肋板3号（129）与承压连接板（92）连接；

垂直连接系统2号（137）对应于机械设备与基础之间设有底架十字梁（96）的垂直连接结构；其构造是在十字基础梁（3）上与底架十字梁（96）和基础的垂直连接点的相应部位设置8个平面为矩形的混凝土墩台（95），每个混凝土墩台（95）上设平面位置呈矩形分布的4根地脚螺栓（81）的转换固定构造1号（130），或每个混凝土墩台（95）中央设对称布置于基础轴线两侧的2根地脚螺栓（81）的转换固定构造2号（131）；由于垂直连接的构造需要，一座基础同时选用8个4根地脚螺栓的转换固定构造1号（130），或选用8个2根地脚螺栓的转换固定构造2号（131），或同时选用4个2根、4个4根地脚螺栓的两种转换固定构造2号（131）和转换固定构造1号（130）；地脚螺栓（81）穿过转换固定构造1号（130）或转换固定构造2号（131）的矩形底板（97）上的对应螺栓孔（98）后，安装地脚螺母（99），在矩形底板（97）与混凝土墩台（95）之间设有高强度早强干硬性水泥砂浆（82）和橡胶封闭垫圈（80）；沿十字基础梁（3）和矩形底板（97）的同一纵向轴线上对称设置L形型钢（102）与矩形底板（97）焊接，使形成沿矩形底板（97）纵轴线的纵槽（103）且两L形型钢（102）翼缘对应外向且上面相平；在L形型钢（102）两侧的水平翼缘与矩形底板（97）之间设矩形肋板（125）；将上部机械设备的底架十字梁（96）置于纵槽（103）内，在机械设备底架十字梁（96）规定的与基础连接固定的位置在L形型钢（102）的水平翼缘上设连接螺栓（104）的螺栓孔，将横担（105）装于底架十字梁（96）上，安装连接螺栓（104）；在两L形型钢（102）的立板中部同标高对应的部位打大于顶丝（106）直径的2号孔（107），在两L形型钢（102）立板外侧焊接顶丝螺母（108），将两侧顶丝（106）旋紧使其夹持固定底架十字梁（96）。

4. 如权利要求1或2所述的桅杆式机械设备组合基础，其特征在于：

在各互相连接的两件混凝土预制结构件的垂直连接面的十字连接水平圆孔（41）的端部相交处设水平圆孔封闭构造（73），在一个十字连接水平圆孔（41）的端部设与十字连接水平圆孔（41）内径相同的圆圈6号（77），在圆圈6号（77）的内面焊有锚筋（72），在与圆圈6号（77）对应连接的另一个构件上的十字连接水平圆孔（41）端部设与圆圈6号（77）内外径相同的外面上有环形剖面为矩形的凹槽的圆圈7号（101），其凹槽内设封闭橡胶环（76）。

说 明 书

桅杆式机械设备组合基础

技术领域　本发明涉及周期移动使用的混凝土预制构件或混凝土预制构件与其他有一定容重的固体散料组合的桅杆式机械设备基础。

背景技术　目前，建筑、电力、石油、信息、地矿、军事各领域的周期移动使用的如建筑固定式塔机、风力发电机、采油机、信号塔架、钻探机，大型雷达等桅杆式机械设备的基础，大都采用整体现浇混凝土基础，其明显弊端在于，资源利用率极低、施工周期长，寒冷地区制作周期更长，不能重复使用，同时造成大量资源浪费和环境污染。近年来已有十字型组合式混凝土预制构件塔机基础问世因其地基受力面积相对于基础外形轮廓的面积之比仍较小，造成基础占地积大，构件总重量大，虽然有的在组合预制基础构件的方法中引用了后张法无粘结预应力技术，但针对组合式塔机基础的重复使用和轻量化两大技术目标，还存在着适用范围小，只适用于一些倾翻力矩、垂直力较小的塔机，而对于承受较大倾翻力矩和垂直力的塔机无论是安全性能、通用性、使用经济效益和进一步节约资源等各个方面都存在局限性，更限制了对其他周期移动使用桅杆式机械设备的基础配套使用。

发明内容　发明目的：本发明的目的和任务，是提供一种占地面积小；混凝土预制受力结构件总重量减轻；可在地基承载力条件较差的地质环境中使用；适用于承受各种大小不同的倾翻力矩和垂直力的桅杆式机械设备；水平连接和垂直连接系统构造更加安全可靠且提高防潮防锈性能、利于延长零部件寿命和重复使用以降低使用成本；与基础十字轴线上设置垂直连接构造的桅杆式机械设备有广泛配套使用性；以全埋、半埋、全露的基础设置方式对地基环境的多种适用性；同性能级别的基础对不同连接构造的适用性；从而实现桅杆式机械设备组合基础的资源节约、环保和经济效益的进一步全面提升。

技术方案　本发明桅杆式机械设备组合基础包括混凝土预制基础结构件、由混凝土预制件或具有一定容重的固体散料构成的基础重力件、水平连接系统、基础垂直连接系统和桅杆式机械设备与基础连接构造的转换过渡装置及全埋、全露、半埋的基础设置形式、为实现技术目标服务的其他构造和技术措施。

本发明的混凝土预制基础结构件由边长大于十字基础梁（3）宽的正方形的中心件（1）1件和集成件4件组合而成，组合后为正方形混凝土抗压板（2）和十字基础梁（3）构成的混凝土基础梁板结构，其组合形式分为两种：一种第一混凝土基础梁板结构（一）是十字基础梁（3）位于正方形对角线上，中心件（1）四边与正方形基础边缘呈45°，中心件（1）对角线的延长线将其余部分分为相等的集成件1号（4）4件；另一种第二混凝土基础梁板结构（二）是十字基础梁（3）位于正方形十字轴线上，中心件（1）四边平行于正方形基础边缘，混凝土抗压板（2）对角线的延长线将其余部分分为相等的集成件2号（5）4件。如图1、2所示。

本发明的重力件由置于抗压板上的混凝土预制构件或具有一定容重的砂或石子、土、砖的固体散料构成，重力件有两种不同的水平投影形状：重力件1号（6）为平面呈三角形体，配置于第一混凝土基础梁板结构（一）重力件支点1号（7）上，重力件支点1号（7）为平面位置呈直角三角形分布的12个混凝土墩台，其上面水平，分置于第一混凝土基础梁板结构（一）的混凝土抗压板（2）上；平面呈4个等腰直角三角形分布；为便于吊装运输，将重力件1号（6）水平分解为若干件等腰直角三角形板重力件3号（8）；其重力件2号（9）为平面呈正方形的混凝土立方体，置于第二混凝土基础梁板结构（二）的重力件支点2号（10）上，重力件支点2号（10）为平面呈直角三角形的16个混凝土墩台，其上面水平，分置于第二混凝土基础梁板结构（二）的混凝土抗压板（2）上，平面呈4个正方形分布；为便于吊装运输，将重力件2号（9）

水平分解为若干件正方形板重力件 4 号（11）；如图 3、4 所示。

为了使散料重力件（12）不出现水平位移，采用两种方法：一是沿基础外缘砌筑挡墙（13）；二是设置散料仓；散料仓 1 号（14）配置于第一混凝土基础梁板结构（一），其挡板水平投影为一字形，由型钢龙骨（15）和钢板（16）构成，立面两侧端有连接销（17）与十字基础梁（3）端头侧面的埋件（18）绞接固定，散料仓 1 号（14）底面设连接销槽（19）与沿混凝土抗压板（2）外缘上面设置的散料仓埋件（20）配合；散料仓 2 号（21）配置于第二混凝土基础梁板结构（二），其挡板水平投影为等边 L 形，由型钢龙骨（15）和钢板（16）构成，立面两侧端有连接销（17）与十字基础梁（3）端头侧面的埋件（18）绞接固定，散料仓 2 号（21）底面设有垂直的连接销槽（19）与沿混凝土抗压板（2）外缘上面设置的散料仓埋件（20）配合；在散料仓 1 号（14）或散料仓 2 号（21）的上缘设有吊环 1 号（22）；如图 3、4、5、6、7 所示。

集成件 1 号（4），沿十字基础梁（3）轴线垂直分割为 2 件：内端件 1 号（23）和外端件 1 号（24）；或分割为 3 件：内端件 1 号（23）、扩展件 1 号（25）和外端件 1 号（24）；或分割为 4 件：内端件 1 号（23）、内扩展件 1 号（26）、外扩展件 1 号（27）、外端件 1 号（24）；或分割为 5 件：内端件 1 号（23）、内扩展件 2 号（138）、中扩展件 1 号（28）、外扩展件 2 号（139）、外端件 1 号（24）；集成件 2 号（5），沿十字基础梁（3）轴线垂直分割为 2 件：内端件 2 号（29）和外端件 2 号（30）；或分割为 3 件：内端件 2 号（29）、扩展件 2 号（31）和外端件 2 号（30）；或分割为 4 件：内端件 2 号（29）、内扩展件 3 号（32）、外扩展件 3 号（33）、外端件 2 号（30）；或分割为 5 件：内端件 2 号（29）、内扩展件 4 号（140）、中扩展件 4 号（34）、外扩展件 4 号（141）、外端件 2 号（30）；据此，第一混凝土基础梁板结构（一）或第二混凝土基础梁板结构（二）由中心件（1）1 件＋4n 件组合而成，其中 n 为大于等于 1 的整数，且 n 为单件集成件 1 号（4）或集成件 2 号（5）分解的次数＋1。如图 8、9 所示。

本发明的各混凝土预制基础结构件垂直连接面为无间隙配合，其垂直连接面下端有两件相邻预制构件的相邻格角形成的空腔（35），混凝土抗压板（2）底面与地基或垫层之间设有传力砂层（36）；在十字基础梁（3）部位，两混凝土预制构件之间设有垂直剖面分别为正梯形、三角形、弧形的抗剪切防位移构造 1 号（37）、抗剪切防位移构造 2 号（38）、抗剪切防位移构造 3 号（39）；在与基础轴线垂直的混凝土预制基础结构件的混凝土抗压板（2）连接面上设有水平剖面分别为正梯形、三角形、弧形、垂直面的抗剪切防位移构造 1 号（37）、抗剪切防位移构造 2 号（38）、抗剪切防位移构造 3 号（39）、抗剪切防位移构造 4 号（109）；在与十字基础梁（3）水平轴线呈 45°角的混凝土抗压板（2）的垂直连接面上设有垂直剖面分别为正梯形、三角形、弧形、垂直面的抗剪切防位移构造 1 号（37）、抗剪切防位移构造 2 号（38）、抗剪切防位移构造 3 号（39）、抗剪切防位移构造 4 号（109），混凝土抗压板（2）的垂直连接面下端有空腔（35）；如图 10、11 所示。

混凝土预制基础结构件的组合连接方法为上单孔下单孔和上单孔下双孔的两种十字水平空间交叉的后张法无粘结预应力系统；混凝土预制基础结构件的十字基础梁（3）上部在轴线上设置 1 道十字连接水平圆孔（41），贯穿于十字轴线，其圆孔中心标高相同；下部在轴线上设置 1 道或在同一标高设置孔心与轴线等距离的 2 道十字连接水平圆孔（41），以钢绞线或钢丝束（44）或其他预应力材料贯穿于十字连接水平圆孔（41）内，十字连接水平圆孔（41）的一端为固定端（42），另一端为张拉端（43）；其固定端（42）由与外端件 1 号（24）或外端件 2 号（30）的混凝土预制构件垂直面相平的零件环（45）与管 1 号（46）和圈 1 号（47）和管 2 号（48）和圈 2 号（49）和十字连接水平圆孔（41）同心组合，在圈 1 号（47）与圈 2 号（49）之间有肋板 1 号（50）；零件环（45）外向面内侧有 L 形凹槽；在零件环（45）的内侧设有与 L 形凹槽相配合的圆板（51），在其配合的间隙处设封闭油脂（52），圆板（51）外面中心有 U 形拉手 1 号（53）；

在管 1 号（46）内、圈 1 号（47）外侧设承压管 1 号（54），承压管 1 号（54）的外侧设承压环（55），承压环（55）上有 1 号孔（56），钢绞线或钢丝束（44）从 1 号孔（56）穿过；钢绞线或钢丝束（44）的端部设锚头（57）；其张拉端（43）由外面与外端件 1 号（24）或外端件 2 号（30）外垂直面相平的外部设有矩形截面的环形凹槽的圆圈 1 号（58）与管 3 号（59）、圆圈 2 号（60）、十字连接水平圆孔（41）同心组合，环形凹槽内设封闭橡胶环（76）；在圆圈 1 号（58）与圆圈 2 号（60）之间有梯形肋板 2 号（61）；在圆圈 1 号（58）的外面设有与管 3 号（59）同内外径的圆圈 3 号（62），在圆圈 3 号（62）外面设与圆圈 3 号（62）同心的管 4 号（63），在圆圈 3 号（62）外侧和管 4 号（63）内设锚环（64），钢绞线或钢丝束（44）从锚环（64）上的孔穿过，在锚环（64）外侧与钢绞线或钢丝束（44）之间设夹片（65），在管 4 号（63）的外侧设封闭圆桶 1 号（66）与管 4 号（63）紧密配合，在封闭圆桶 1 号（66）的底部外侧设 U 形拉手 2 号（67）；在圆圈 3 号（62）、管 4 号（63）和封闭圆桶 1 号（66）交接处有密封黄油（68）；固定端（42）或张拉端（43）的组合件制作方法可以机加工件经焊接组合，也可以铸造而成；如图 10、12、13 所示。

为了使中心件（1）与集成件 1 号（4）或集成件 2 号（5）、集成件 1 号（4）或集成件 2 号（5）的内端件 1 号（23）或内端件 2 号（29）、外端件 1 号（24）或外端件 2 号（30）水平组合、内端件 1 号（23）或外端件 2 号（30）的水平组合、内端件 1 号（23）或内端件 2 号（29）、内扩展件 2 号（138）或内扩展件 4 号（140）、中扩展件 1 号（28）或中扩展件 4 号（34）、外扩展件 2 号（139）或外扩展件 4 号（141）、外端件 1 号（24）或外端件 2 号（30）的水平组合定位准确，在各混凝土预制基础结构件的轴向垂直连接面上设有钢制的分别锚固于相邻连接件的混凝土表面内的定位构造（40），定位构造（40）的凹件（69）由与混凝土垂直连接面相平的其内圆孔为外大内小圆锥形的圆圈 4 号（70）、与圆圈 4 号（70）内孔同心连接的圆桶 2 号（71）、焊接于圆圈 4 号（70）内侧和圆桶 2 号（71）内侧的锚筋（72）及圆桶 2 号（71）内置密封黄油（68）构成；定位构造（40）的凸件（135）由端部与圆圈 4 号（70）锥形内孔无间隙配合的锥形圆键（74）、焊接于锥形圆键（74）锥形底部的外面与混凝土垂直连接面相平的、其外面设有环形剖面为矩形凹槽的圆圈 5 号（75）以及圆圈 5 号（75）内侧焊接的锚筋（72）组成，在圆圈 5 号（75）的外侧环形凹槽内设封闭橡胶环（76）；如图 10、图 14 所示。

本发明埋置于十字基础梁（3）混凝土中的垂直预埋孔（79）中的地脚螺栓（81）的下端设水平盒（83），水平盒（83）垂直截面采用水平圆管（84）或水平方管（85），水平盒（83）两端焊接内径与水平圆管（84）或水平方管（85）相同的其外面内径一侧有 L 形凹槽的圆圈 8 号（86）或方圈（87），与圆圈 8 号（86）配合设置有与圆圈 8 号（86）外面相平的其外边缘有与圆圈 8 号（86）内侧的环形凹凸槽相配合的凹凸槽的圆形封闭板（88），在圆圈 8 号（86）与圆形封闭板（88）的凹凸槽配合间隙处设有密封黄油（68），圆形封闭板（88）的外面设有 U 形拉手 2 号（67）；与方圈（87）配合设置有与方圈（87）外面相平的其外边缘有与方圈（87）内侧的方形凹凸槽相配合的凹凸槽的方形封闭板（89），在方圈（87）与方形封闭板（89）的凹凸槽配合间隙处设有密封黄油（68），方形封闭板（89）的外面设有 U 形拉手 2 号（67）；如图 10、16、17 所示。

在地脚螺栓（81）的上端设有四方头（90）或六角头（91），在地脚螺栓（81）下端水平盒的水平圆管（84）内，地脚螺母（99）上部有月牙形的垫圈（132）与水平圆管（84）内径上面吻合或平方垫（133）与水平方管（85）内径上面吻合；地脚螺母（99）外部设有与地脚螺母（99）横截面同形状且能制约其旋转的孔的矩形防螺母脱退卡板（93），矩形防螺母脱退卡板（93）短边宽度小于水平圆管（84）内径，其对角线大于水平圆管（84）内径；在地脚螺栓（81）下端水平盒（83）的水平方管（85）内，地脚螺母（99）对应的水平方管（85）内两侧垂直面上焊接截面为矩形或圆形的距离小于矩形防螺母脱退卡板（93）的宽度的水平托条（94），将矩形防螺母脱退卡板（93）置于水平托条（94）之上，防其下坠；如图16、图17所示。

本发明的基础梁与上部机械设备的垂直连接系统为两种连接方式：垂直连接系统1号（136）是在与机械设备垂直连接构造的相应位置，在十字基础梁（3）上的对应位置设四个矩形混凝土墩台（95），矩形混凝土墩台（95）上设四根呈矩形分布的地脚螺栓（81），在混凝土墩台（95）上设各边与混凝土墩台平行的有与四根地脚螺栓（81）相对应的螺栓孔的承压连接板（92），承压连接板（92）与十字基础梁（3）之间设高强度早强干硬性水泥砂浆（82）和橡胶封闭垫圈（80）；其承压连接板（92）上按上部机械设备的连接支承构造设置相应的支承连接构造（116）与承压连接板（92）焊接；其垂直连接系统1号（136）有以下构造形式：

其一为：根据上部机械设备定位尺寸，阳角位于承压连接板（92）的纵轴上且两翼缘位置与纵轴对称的等边角钢垂直支承件1号（100），其内角与有垂直连接螺栓孔（119）的支承连接构造（116）连接，用垂直肋板1号（117）和垂直肋板2号（118）各2件与沿地脚螺栓（81）中心向角钢外角及翼缘内侧与等边角钢垂直支承件1号（100）的外角和两翼缘内侧连接，等边角钢垂直支承件1号（100）、垂直肋板1号（117）和垂直肋板2号（118）与承压连接板（92）连接；如图16、图19、图20所示。

其二为：根据上部机械设备定位尺寸，阳角位于承压连接板（92）的纵轴上且两翼缘位置与纵轴对称的等边角钢垂直支承件1号（100），其内角与等边角钢垂直支承件2号（120）连接成方筒状，将垂直螺栓套筒（121）2件与等边角钢垂直支承件1号（100）对称连接于角钢阳角两侧的翼缘外立面上，用垂直肋板1号（117）沿地脚螺栓（81）中心向等边角钢垂直支承件1号（100）阳角方向、用垂直肋板2号（118）沿地脚螺栓（81）中心向等边角钢垂直支承件1号（100）翼缘内侧方向与等边角钢垂直支承件1号（100）和等边角钢垂直支承件2号（120）和承压连接板（92）连接；如图16、图19、图21所示。

其三为：根据上部机械设备定位尺寸，阳角位于承压连接板（92）的纵轴上且两翼缘位置与纵轴对称的等边角钢垂直支承件1号（100）的阳角两侧对称布置有垂直螺栓套筒（121），等边角钢垂直支承件1号（100）的内侧面设有支承连接构造（116），支承连接构造（116）设有垂直连接螺栓孔（119），支承连接构造（116）与等边角钢垂直支承件1号（100）和垂直螺栓套筒（121）的上面齐平；以垂直肋板1号（117）和垂直肋板2号（118）各2件沿地脚螺栓（81）中心向等边角钢垂直支承件1号（100）的外立角和翼缘内立角方向连接并与承压连接板（92）连接；如图16、图19、图22所示。

其四为：根据上部机械设备定位尺寸，位于承压连接板（92）十字轴线中心的上端部有锥形定位键（123）的筒口朝下的垂直支承圆筒（122）与垂直螺栓套筒（121）2件外切连接，垂直支承圆筒（122）和垂直螺栓套筒（121）2件的圆心在一条直线上，与承压连接板（92）横轴重合，以垂直肋板1号（117）4件沿地脚螺栓（81）中心向垂直支承圆筒（122）中心方向与垂直支承圆筒（122）连接后共同与承压连接板（92）连接；如图16、19、23所示。

其五为：根据上部机械设备定位尺寸，位于承压连接板（92）十字轴线中心的上端部有锥形定位键（123）的筒口朝下的垂直支承圆筒（122）与垂直螺栓套筒（121）3件外切垂直连接，其中2件垂直螺栓套筒（121）的中心连线与十字轴线横轴重合，1件与纵轴重合，以垂直肋板1号（117）4件沿地脚螺栓（81）中心向垂直支承圆筒（122）圆心方向与垂直支承圆筒（122）连接，垂直支承圆筒（122）、垂直肋板1号（117）与承压连接板（92）连接；如图16、图19、图24所示。

其六为：根据上部机械设备的定位尺寸，位于承压连接板（92）十字轴线中心的上端部有锥形定位键（123）的筒口朝下的垂直支承圆筒（122）与圆孔中心成十字轴线分布的垂直螺栓套筒

（121）4 件外切连接，以垂直肋板 1 号（117）4 件沿地脚螺栓（81）中心向垂直支承圆筒（122）中心方向与垂直支承圆筒（122）连接，垂直肋板 1 号（117）和垂直支承圆筒（122）与承压连接板（92）连接；如图 16、图 19、图 25 所示。

其七为：根据上部机械设备定位尺寸，阳角位于承压连接板（92）十字轴线中心的其两翼缘与纵轴对称的上端部有双鱼尾夹板销轴构造（124）的等边角钢垂直支承件 1 号（100）与等边角钢垂直支承件 2 号（120）连接成口字形方筒且下端与承压连接板（92）连接，垂直肋板 1 号（117）2 件、垂直肋板 2 号（118）2 件沿地脚螺栓（81）中心向等边角钢垂直支承件 1 号（100）的阳角及翼缘方向呈十字形与等边角钢垂直支承件 1 号（100）及承压连接板（92）连接；如图 16、图 19、图 26 所示。

其八为；根据上部机械设备定位尺寸，上端为筒底的垂直支承圆筒（122）4 件有距离地呈十字形分布于承压连接板（92）的十字轴线上，垂直螺栓套筒（121）于垂直支承圆筒（122）外围与其相切连接且其中心位于十字轴线上，垂直肋板 1 号（117）4 件沿地脚螺栓（81）中心十字汇交于承压连接板（92）中心，并与双面相切的 2 个垂直支承圆筒（122）连接，另外 2 个垂直支承圆筒（122）与垂直肋板 1 号（117）之间以矩形肋板（125）4 件连接，将垂直支承圆筒（122）、垂直肋板 1 号（117）和矩形肋板（125）与承压连接板（92）连接；如图 16、图 19、图 27 所示。

其九为：根据上部机械设备定位尺寸，3 个筒口朝下的垂直支承圆筒（122）与承压连接板（92）纵轴线呈等腰三角形分布，在与纵轴等距离的 2 个垂直支承圆筒（122）的上部各有中心连线与承压连接板（92）十字轴线呈 45°角的 2 个垂直螺栓套筒（121）与垂直支承圆筒（122）外径外切连接，另有一个垂直螺栓套筒（121）外切连接于位于承压连接板（92）纵轴线上的垂直支承圆筒（122）外侧，垂直螺栓套筒（121）孔中心与轴线重合；用矩形肋板（125）以 3 个垂直支承圆筒（122）的圆心为轴线连接 3 个垂直支承圆筒（122），以地脚螺栓（81）与位于承压连接板（92）纵轴线上的垂直支承圆筒（122）中心连线连接安装垂直肋板 1 号（117），以地脚螺栓（81）中心向对称分布于纵轴两侧的垂直支承圆筒（122）中心方向安装垂直肋板 2 号（118），将垂直肋板 1 号（117）和矩形肋板（125）和垂直肋板 2 号（118）和垂直支承圆筒（122）与承压连接板（92）连接；如图 16、图 19、图 28 所示。

其十为：根据上部机械设备定位尺寸，筒口朝下的垂直支承方筒（126）的平面对角线与承压连接板（92）十字轴线重合；沿十字轴线横向两侧及纵向一侧，在垂直支承方筒（126）上部连接安装 3 个有 45°角鱼尾与垂直支承方筒（126）的外角吻合且上面相平的垂直螺栓连接件（127），以地脚螺栓（81）中心对承压连接板（92）十字轴线中心方向安装连接垂直肋板 1 号（117）、垂直支承方筒（126）、垂直肋板 1 号（117）4 件与承压连接板（92）连接；如图 16、图 19、图 29 所示。

其十一为：根据上部机械设备定位尺寸，筒口朝下的垂直支承方筒（126）的平面对角线与承压连接板（92）十字轴线重合，在横轴方向对称地有 45°角鱼尾与垂直支承方筒（126）外直角吻合的垂直螺栓连接件（127）2 件与垂直支承方筒（126）上面相平安装连接，2 件垂直螺栓连接件（127）中心连线与横轴重合，以地脚螺栓（81）中心对承压连接板（92）十字轴线中心方向，安装垂直肋板 1 号（117）4 件与垂直支承方筒（126）连接；垂直支承方筒（126）和垂直肋板 1 号（117）与承压连接板（92）连接；如图 16、图 19、图 30 所示。

其十二为：根据上部机械设备定位尺寸，平面对角线与承压连接板（92）十字轴线重合的筒口朝下的垂直支承方筒（126）上部装有对称于承压连接板（92）纵轴与承压连接板（92）十字轴线呈 45°角的与垂直支承方筒（126）连接面为垂直平面的垂直螺栓套筒（128）2 件，沿距离垂直螺栓套筒（128）最近的两根地脚螺栓（81）的中心朝两个垂直螺栓套筒（128）之间最近的垂直支承方筒（126）的一个垂直外角方向安装连接垂直肋板 1 号（117）；以另外两根地脚螺栓

（81）中心向面对的垂直支承方筒（126）的垂直面的中心方向安装连接垂直肋板3号（129）；垂直支承方筒（126）、垂直肋板1号（117）和垂直肋板3号（129）与承压连接板（92）连接；如图16、图19、图31所示。

本发明的垂直连接系统2号（137）对应于机械设备与基础之间设有底架十字梁（96）的垂直连接结构；其构造是在十字基础梁（3）上与底架十字梁（96）和基础的垂直连接点的相应部位设置8个平面为矩形的混凝土墩台（95），每个混凝土墩台（95）上设平面位置呈矩形分布的4根地脚螺栓（81）的转换固定构造1号（130），或每个混凝土墩台（95）中央设对称布置于基础轴线两侧的2根地脚螺栓（81）的转换固定构造2号（131）；由于垂直连接的构造需要，一座基础同时选用8个4根地脚螺栓的转换固定构造1号（130），或选用8个2根地脚螺栓的转换固定构造2号（131），或同时选用4个2根、4个4根地脚螺栓的两种转换固定构造2号（131）和转换固定构造1号（130）；地脚螺栓（81）穿过转换固定构造1号（130）或转换固定构造2号（131）的矩形底板（97）上的对应螺栓孔（98）后，安装地脚螺母（99），在矩形底板（97）与混凝土墩台（95）之间设有高强度早强干硬性水泥砂浆（82）和橡胶封闭垫圈（80）；沿十字基础梁（3）和矩形底板（97）的同一纵向轴线上对称设置L形型钢（102）与矩形底板（97）焊接，使形成沿矩形底板（97）纵轴线的纵槽（103）且两L形型钢（102）翼缘对应外向且上面相平；在L形型钢（102）两侧的水平翼缘与矩形底板（97）之间设矩形肋板（125）；将上部机械设备的底架十字梁（96）置于纵槽（103）内，在机械设备底架十字梁（96）规定的与基础连接固定的位置在L形型钢（102）的水平翼缘上设连接螺栓（104）的螺栓孔，将横担（105）装于底架十字梁（96）上，安装连接螺栓（104）；在两L形型钢（102）的立板中部同标高对应的部位打大于顶丝（106）直径的2号孔（107），在两L形型钢（102）立板外侧焊接顶丝螺母（108），将两侧顶丝（106）旋紧使其夹持固定底架十字梁（96）。如图32、图33、图34所示。

本发明为进一步降低对地基承载力的要求，在地基与混凝土抗压板（2）之间设置外边大于、内边小于基础外缘正方形边长的各边与基础外缘平行且轴线重合的平面呈回字形混凝土预制板的降低地基承载力构造（110），降低地基承载力构造（110）的混凝土预制板是整体一件或者由基础的十字轴线或对角线分割为4件平面形状为正梯形板（111）或等边L形板（112），或者分割为8件平面形状为直角梯形板（113）；降低地基承载力构造（110）与地基和混凝土抗压板（2）之间分别设传力砂层（36）。如图35所示。

本发明在各互相连接的两件混凝土预制结构件的垂直连接面的十字连接水平圆孔（41）的端部相交处设水平圆孔封闭构造（73），在一个十字连接水平圆孔（41）的端部设与十字连接水平圆孔（41）内径相同的圆圈6号（77），在圆圈6号（77）的内面焊有锚筋（72），在与圆圈6号（77）对应连接的另一个构件上的十字连接水平圆孔（41）端部设与圆圈6号（77）内外径相同的外面上有环形剖面为矩形的凹槽的圆圈7号（101），其凹槽内设封闭橡胶环（76）；如图15所示。

本发明在每件混凝土预制基础结构件、重力件1号（6）、重力件2号（9）、等腰直角三角形板重力件3号（8）、正方形板重力件4号（11）、降低地基承载力构造（110）的混凝土预制构件侧立面设置圆形的水平钢管吊装销孔（114），将由吊环2号（134）与吊钩组合的柱形钢销（115）插入吊装销孔（114）内，即可起吊。如图36所示。

有益效果：

一、本发明采用了混凝土预制构件组合的正方形混凝土抗压板（2）上设置十字基础梁（3）、由有一定容重的固体散料（砂、石、土、砖）重力件（12）或混凝土预制构件基础重力件1号（6）、重力件2号（9）、重力件3号（8）、重力件4号（11）构成的桅杆式机械设备组合基础，采用了预制基础结构件垂直连接面上的多种抗剪切防位移构造、上、下双道水平十字空间交叉后张法无粘结预应力连接构造与水平组合连接实现了无间隙配合的定位构造与预制结构件之间的垂直连接面共同形成的基础结构的抗弯矩、扭矩、剪切的综合能力体现的结构安全性较现有技术进一步增强；可以满足大型机械设备的使用要求；其占地相对面积更小、混凝土预制构件的总重量占基础总重量的比率进一步降低。

二、由于采用了地脚螺栓（81）上端六角头或方头构造和防下端螺母脱退构造，从而有效地控制了上端地脚螺母（99）紧固时产生的地脚螺栓（81）随转现象造成的下端地脚螺母（99）脱退和防下端地脚螺母（99）受振引起的松动脱退现象，从而消除了垂直连接结构最大的安全隐患；混凝土抗压板（2）之间的垂直连接面采用了防剪切位移构造，使基础整体受力和承受变形的能力增强，从而增强了基础结构的安全度。

三、由于对水平连接系统和垂直连接系统采用了封闭构造和其他构造措施，提高了水平及垂直连接系统的防锈能力，从而延长了基础整体的使用寿命，相应降低了使用成本。

四、本发明采用了适用于各种不同的上部机械设备垂直连接构造要求的具有广泛适用性的两种垂直连接构造，以两种固定的基础垂直连接构造与不同的上部机械设备垂直连接的定位构造相适应的过渡装置构造实现了预制混凝土组合基础的广泛适应性，因而推进了混凝土预制构件桅杆式机械设备组合基础的标准化和系列化。

五、本发明采用降低地基承载力构造来实现降低地基条件，免去了打桩和其他地基处理的程序，为机械设备迅速投入使用创造了条件，同时降低了使用成本。

六、由于采用了全埋、全露、半埋三种基础设置形式，更加有利于机械设备的最佳安装选址和减少基础使用成本。

综上所述，由于本发明采取了多项技术措施，从而实现了：

1 安全性能全面提升，几年来，与 25 个不同厂家生产的固定式塔机配套使用，完成了总建筑面积达 300 多万平方米 600 多个单项建筑工程的吊装运输作业，实践证明了它的安全可靠；

2 由于整体使用寿命延长，其循环经济效果突出，资源节约和环境保护效益进一步提高，已获建设部"2004 年科技成果批广项目"证书；

3 经济效益明显提高，其产业化前景日益广阔，目前已推广应用于国内 13 个地区；

4 安装拆解一次的时间进一步缩短到 2 小时以内，为加快投入机械设备服务于生产建设提供了条件也为迅速拆解转移机械设备提供了条件；

5 由于消除了混凝土基础的现场湿作业，利于在寒冷地区施工的桅杆式机械设备使用，对加快工程进度，缩短工期有较大作用；

6 由于混凝土构件垂直连接面的下端设有空腔构造，从而消除了在水平组合连接过程中因构件合拢运动造成的地面上的杂物进入垂直连接面而成为构件无间隙配合的障碍物。从而保证了安装进度。

附图说明 下面结合附图和具体实施方式对本发明作进一步详细的说明。

图 1——第一混凝土基础梁板结构（一）

图 2——第二混凝土基础梁板结构（二）

图 3——第一混凝土基础梁板结构（一）的重力件及支点

图 4——第二混凝土基础梁板结构（二）的重力件及支点

图 5——散料仓挡墙

图 6——散料仓［置于第一混凝土基础梁板结构（一）］

图 7——散料仓［置于第二混凝土基础梁板结构（二）］

图 8——集成件分解［第一混凝土基础梁板结构（一）］

图 9——集成件分解［第二混凝土基础梁板结构（二）］

图 10——预应力水平连接系统构造

图11——抗剪切防位移构造1号（37）、抗剪切防位移构造2号（38）、抗剪切防位移构造3号（39）、抗剪切防位移构造4号（109）

图12——固定端

图13——张拉端

图14——定位构造

图15——水平连接封闭构造

图16——水平盒、防地脚螺母（99）脱退构造

图17——地脚螺栓（81）上部六角头、四方头构造

图18——混凝土墩台（适合上部机械设备垂直定位为"四组十字分布"）

图19——转换机构（"四组十字分布"转换机构平面）

图20——转换机构形式（角钢支承、4×1螺栓连接）

图21——转换机构形式（角钢支承、4×2螺栓连接）

图22——转换机构形式（角钢支承、4×3螺栓连接）

图23——转换机构形式（单圆筒支承、4×2螺栓连接）

图24——转换机构形式（单圆筒支承、4×3螺栓连接）

图25——转换机构形式（单圆筒支承、4×4螺栓连接）

图26——转换机构形式（角钢柱脚、4×1螺栓连接）

图27——转换机构形式（四圆筒支承、4×4螺栓连接）

图28——转换机构形式（三圆筒支承、4×5螺栓连接）

图29——转换机构形式（单方筒支承、4×3螺栓连接）

图30——转换机构形式［单方筒支承、4×2（直）螺栓连接］

图31——转换机构形式［单方筒支承、4×2（角）螺栓连接］

图32——垂直连接构造（底架十字梁配套的转换机构）

图33——转换固定构造（有底架）（双栓）

图34——转换固定构造（有底架）（四栓）

图35——降低地基承载力构造

图36——吊装销孔

具体实施方式　图1所描述的桅杆式机械设备混凝土预制构件组合第一混凝土基础梁板结构一包括混凝土预制基础结构件中心件1共1件，集成件1号4共4件水平组合而成。图2所述的桅杆式机械设备混凝土预制构件组合第二混凝土基础梁板结构二包括混凝土预制基础结构件中心件1共1件，集成件2号5共4件水平组合而成。第一混凝土基础梁板结构一或第二混凝土基础梁板结构二在配置了混凝土预制的重力件1号6或等腰直角三角形板重力件3号8或散料重力件12，或配置了重力件2号9或正方形重力件4号11之后，组成了桅杆式机械设备混凝土预制构件组合基础的全部结构重力主体。如图3、4、5、6、7所示。

为了使散料重力件12的位置固定于第一混凝土基础梁板结构一或第二混凝土基础梁板结构二上，配置的散料仓有两种形式：一种为砌筑挡墙13，另一种为钢制结构散料仓1号14、散料仓2号21。如图5、6、7所示。

为了运输、安装、拆解便利，将集成件1号4或集成件2号5可以水平垂直于十字基础梁3的十字轴线垂直分解成为2件、3件、4件、5件……，使一套基础的混凝土预制结构件成为9、13、17、21件……。如图8、9所示。

本发明采用沿十字基础梁3十字轴线的十字形水平空间交叉后张法无粘结预应力连接系统，一端固定、一端张拉。其系统分为"上单孔、下单孔"和"上单孔、下双孔"两种的上、下两组

十字形水平空间交叉用后张法无粘结预应力构造实现的水平连接组合系统。采用一孔多根钢绞线或钢丝束 44 或其他适宜后张法实施的预应力筋，如图 10 所示。本连接系统采用适合重复使用要求的防潮防锈，利于延长零部件使用寿命的十字连接水平圆孔 41 的封闭构造，张拉端 43 和固定端 42 构造。如图 10、12、13、15 所示。

为了增加钢绞线或钢丝束 44 的使用次数，在固定端 42 的构造中设计了两个长短相差一倍的较短的长度大于钢绞线或钢丝束 44 的预应力夹片 65 长度的承压管 1 号 54，第一次使用时，装长的承压管 1 号 54 在基础拆装若干次钢绞线或钢丝束 44 达到即将受损不能继续使用的临界状态之前，换上长度较短的承压管 1 号 54，再继续重复使用相同周期的次数后，撤掉较短的承压管 1 号 54，这样可以把张拉端的钢绞线或钢丝束 44 的夹持区更换三次，从而延长了预应力筋的使用寿命。如图 12、13 所示。

为了抵抗基础结构工作中产生的垂直和水平剪切力，除了预制基础结构件配筋必须满足要求外，其垂直连接面的垂直、水平、剪切力以下列方式克服，以基础梁垂直连接面上水平设置的垂直剖面为正梯形、三角形、弧形和平面的抗剪切防位移构造 1 号 37 或抗剪切防位移构造 2 号 38，或抗剪切防位移构造 3 号 39，或抗剪切防位移构造 4 号 109，抵抗构件间的水平剪切力所造成的位移，以对称分布于十字基础梁 3 轴线两侧的垂直剖面为正梯形、三角形、弧形和两平面间无间隙配合的抗剪切防位移构造 1 号 37 或抗剪切防位移构造 2 号 38，或抗剪切防位移构造 3 号 39，或抗剪切防位移构造 4 号 109 抵抗构件间的水平剪切位移，如图 11 所示。

为了混凝土预制基础结构件在水平组合连接时实现其垂直连接面的无间隙配合和增加抗剪切防位移能力，混凝土预制基础结构件的垂直连接面上采用等腰三角形分布的定位构造 40 的水平连接定位系统。其制作安装定位方法是按设计位置分别将凹件 69、锥形圆键 74 对应安装锚固于相邻两预制混凝土构件的垂直连接面以内。定位构造 40 的凹凸件实现了组合后无间隙配合，同时真正达到了混凝土预制构件各垂直连接面的无间隙配合定位的目的，以此为条件大大增加了抗剪切防位移构造 1 号 37、抗剪切防位移构造 2 号 38、抗剪切防位移构造 3 号 39 和抗剪切防位移构造 4 号 109 的工作效率，同时锥形定位构造 40 的抗剪切防位移能力得到充分使用。组装第一混凝土基础梁板结构一或第二混凝土基础梁板结构二时，首先按基础定位轴线、吊装中心件 1，然后依次就位内端件、外端件等，将锥形定位构造 40 的锥形圆键 74 水平对口插入凹件 69 内，即可通过张拉钢绞线或钢丝束 44 实现预制构件相邻垂直面的无间隙配合。为了延长定位构造 40 的使用寿命，采取了防锈措施。如图 10、14 所示。

本发明采用传力砂层 36 和空腔 35 构造来实现减少混凝土预制构件在水平组合的移位阻力，同时保证混凝土抗压板 2 与地基或垫层之间力的均匀传递，受力面积加大，同时预防无间隙配合连接作业过程中杂物夹在预制构件垂直间隙中影响构件顺利实现其垂直连接面的无间隙配合。如图 10、11、35 所示。

本发明的混凝土基础与上部机械设备的垂直连接方式为可更换的垂直地脚螺栓连接构造。为了防止地脚螺栓 81 下端埋于混凝土中的水平盒 83 受潮后锈蚀影响拆、装，缩短使用寿命，设计了地脚螺栓 81 上部的橡胶封闭垫圈 80 和承压连接板 92、矩形底板 97 下的高强度早强干硬性水泥砂浆 82，对于水平盒 83 的两端采取了封闭措施，为了防止地脚螺栓 81 的下端地脚螺母 99 在使用中脱退造成安全事故，设计了地脚螺栓 81 下端地脚螺母 99 的矩形防螺母脱退卡板 93，如图 17 所示。

为了防止安装地脚螺栓 81 上端地脚螺母 99 时出现螺栓随转至使下端地脚螺母 99 松退，在地脚螺栓 81 上端部设四方头 90 或六角头 91，如图 16、图 17 所示。

为了一种同能力级别的基础能与同级别基础能力要求的上部机械设备的不同的连接构造连接，采用垂直连接系统 1 号 136 与"四组十字分布构造"相对应连接；采用垂直连接系统 2 号 137 与"底架十字梁构造"相对应连接，这两种基础垂直连接系统 1 号 136 或垂直连接系统 2 号 137 与上部机械设备的基础连接构造实现了混凝土预制组合基础的固定形式连接构造与各种多变的上部机械设备的基础连接构造的过渡，从而实现了以"不变应万变"的组合基础与上部机械设备的连接形式及构造，它的直接结果是实现了真正意义上的组合式基础"预先制造"和它的产品系列化及广泛的适应配套能力。

为了增加散料重力件 12 的体积和防止垂直连接系统 1 号 136、垂直连接系统 2 号 137 受潮生锈，采用十字基础梁 3 上增设混凝土墩台 95 的构造，如图 18、图 32 所示。

按照上部机械设备的基础连接定位尺寸，属于"四组十字分布构造"的，在第一混凝土基础梁板结构一或第二混凝土基础梁板结构二上相对应位置的十字梁上设置混凝土墩台 95 共 4 个，每个混凝土墩台 95 上以四条地脚螺栓 81 与承压连接板 92 连接，在承压连接板 92 上，焊接与上部机械设备基础连接定位构造相对应的承压连接构造如图 21～图 32 所示。上部机械设备的垂直连接构造通过垂直连接系统 1 号 136 实现了与第一混凝土基础梁板结构一或第二混凝土基础梁板结构二的垂直连接。显而易见，本垂直连接系统 1 号 136 是桅杆式机械设备混凝土组合基础的已经固定的垂直连接构造与各种"四组十字分布构造"的上部机械设备垂直连接定位构造的过渡与转换机构。如图 19～图 31 所示。

垂直连接系统 2 号 137 对应服务于有"底架十字梁构造"的上部机械设备与基础的垂直连接定位要求。按上部机械设备底架十字梁 96 的设置位置基本范围，在十字基础梁 3 上设置 8 个混凝土墩台 95，每个混凝土墩台 95 上可以根据实际连接点的变化区域设置由 2 根或 4 根地脚螺栓 81 作垂直连接的转换固定构造 1 号 130 或转换固定构造 2 号 131，将上部机械设备的底架十字梁 96 放入矩形底板 97 上的转换固定构造 1 号 130 或转换固定构造 2 号 131 的纵槽 103 中，以横担 105 和连接螺栓 104 和顶丝 106 将底架十字梁 96 固定于矩形底板 97 之上，横担 105 和连接螺栓 104 的位置可以沿梁轴线在矩形底板 97 的全长范围内移动，而底架十字梁 96 的底宽也不再制约 2 根连接螺栓 104 的间距，其直接效果是以组合混凝土基础内部固定的垂直连接构造通过垂直连接系统 2 号 137 实现了适应底架十字梁宽度、长度、地脚螺栓定位尺寸不同的固定的上部机械设备的垂直连接构造要求。如图 33、图 34 所示。

为了适应在地基承载力条件较差的地质环境中使用本组合基础，减少打桩或基础处理的程序，进一步提高使用本组合基础的经济效益，在基础下设置了降低地基承载力构造 110，需要使用时，在地基上平铺传力砂层 36，安装混凝土正梯形板 111 共 4 件，或等边 L 形板 112 共 4 件，或直角梯形板 113 共 8 件，分别组合成回字形平面，在其上面平铺传力砂层 36 在其回字形混凝土预制板降低地基承载力构造 110 的十字轴线上安装第一混凝土基础梁板结构一或第二混凝土基础梁板结构二，使回字形混凝土预制板的边缘与基础正方形边缘平行。如图 35 所示。

为防止在混凝土预制构件上预埋吊环因生锈而断裂影响吊装运输，以预埋于基础梁板结构件，混凝土重力件和降低地基承载力构造的各构件的侧立面上，每件水平设置 4 个吊装销孔 114，将由吊环与吊钩组合的与销孔内径有一定间隙的柱形钢销 115 插入吊装销孔 114 内，即可起吊。如图 36 所示。

为了扩大对各种深浅及有地下障碍物的不同地质条件的适用性，本发明采用全埋（优选使用散料重力件 12）、全露（优选使用散料仓 1 号 14 配套散料重力件 12）、半埋（优选使用挡墙 13 配套散料重力件 12），深基坑或临时使用，优选混凝土预制重力件 1 号 6 或重力件 2 号 9。

说明书附图

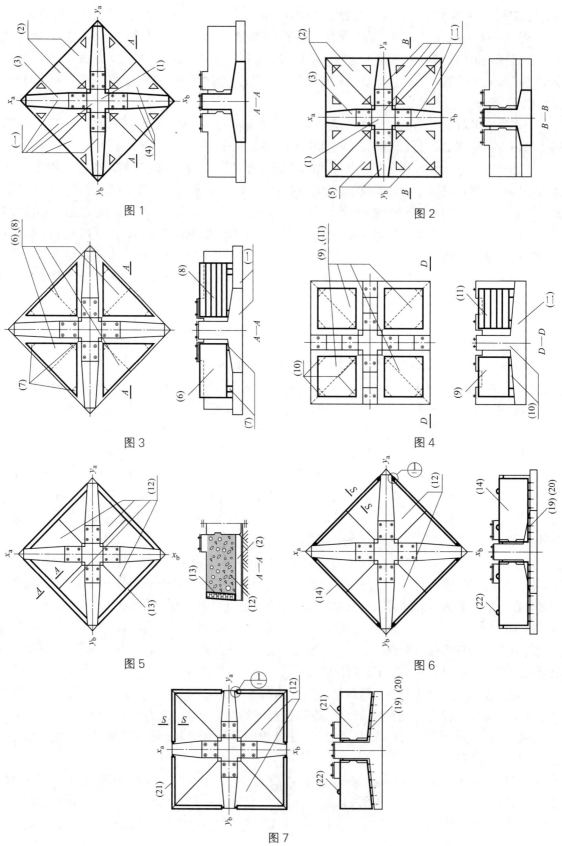

图 1

图 2

图 3

图 4

图 5

图 6

图 7

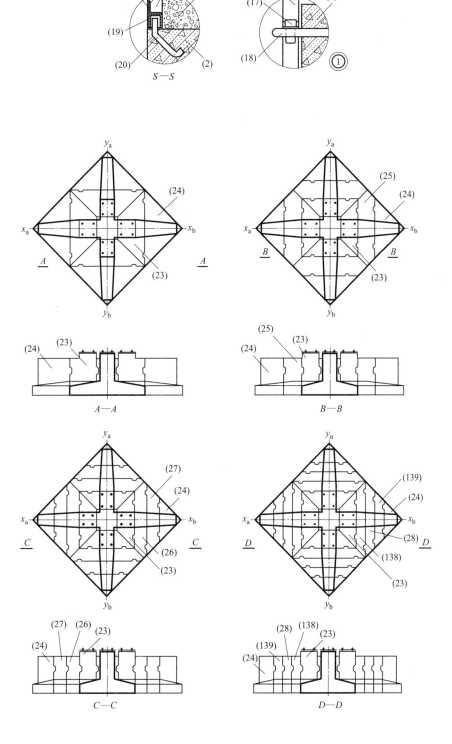

图8

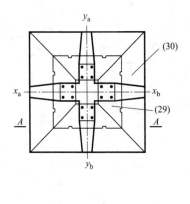

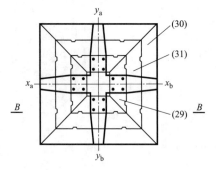

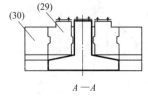

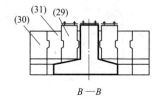

$A-A$

$B-B$

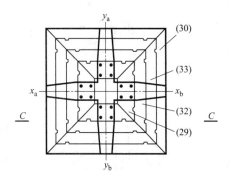

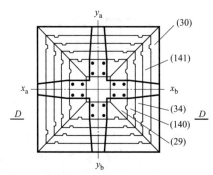

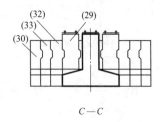

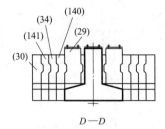

$C-C$

$D-D$

图 9

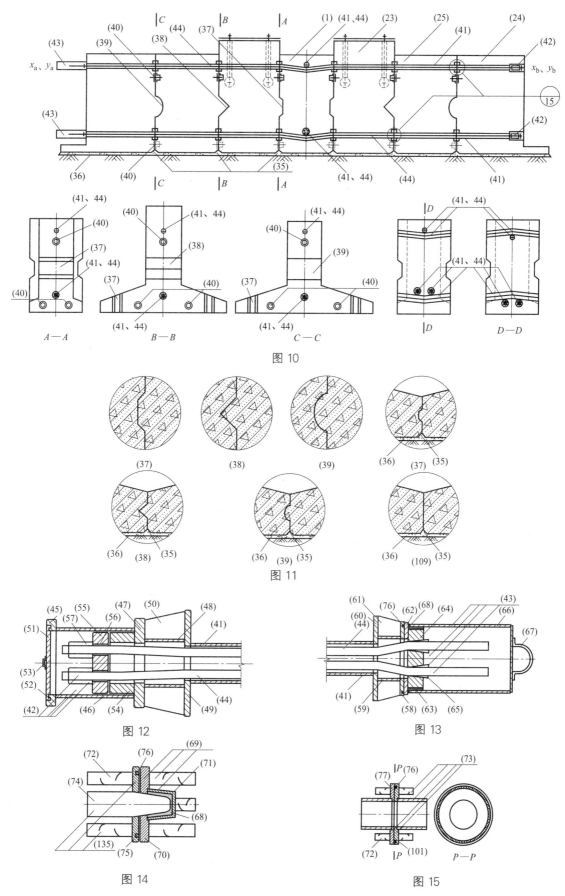

图 10

图 11

图 12

图 13

图 14

图 15

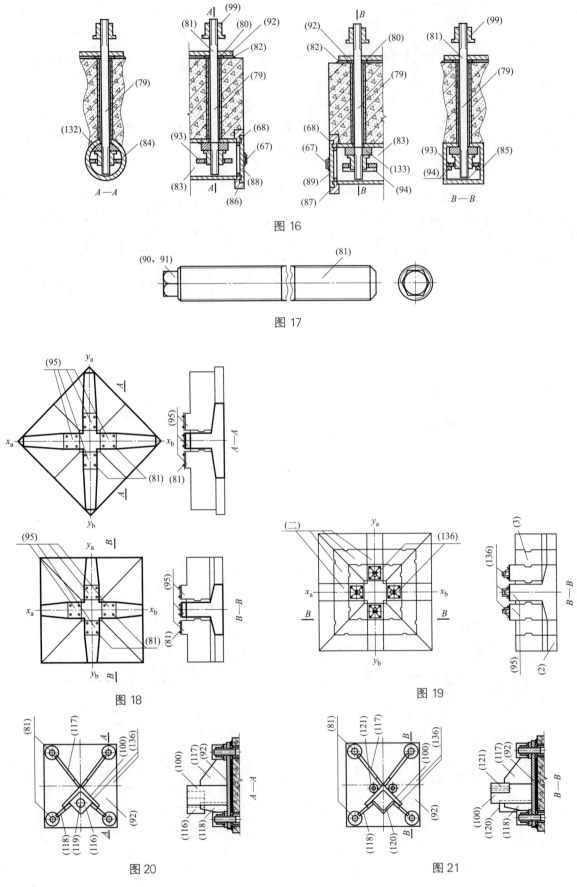

图 16

图 17

图 18

图 19

图 20

图 21

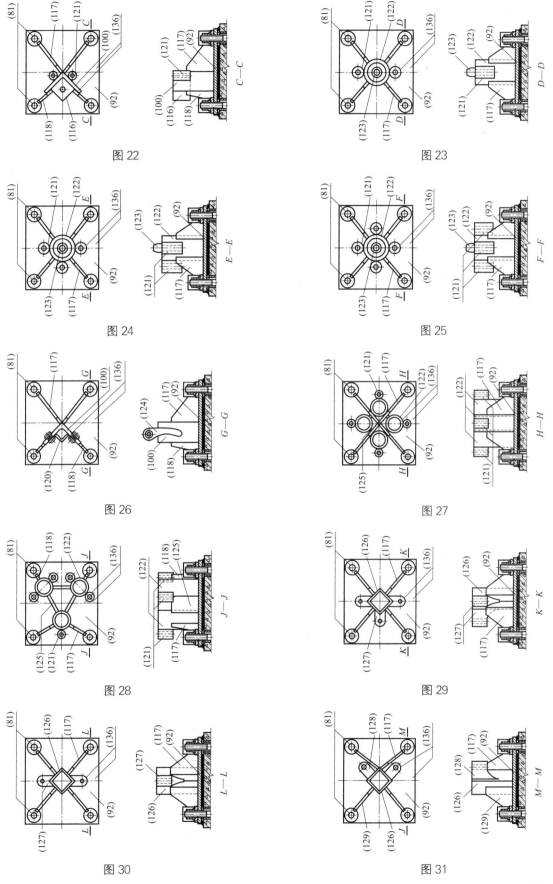

图 22

图 23

图 24

图 25

图 26

图 27

图 28

图 29

图 30

图 31

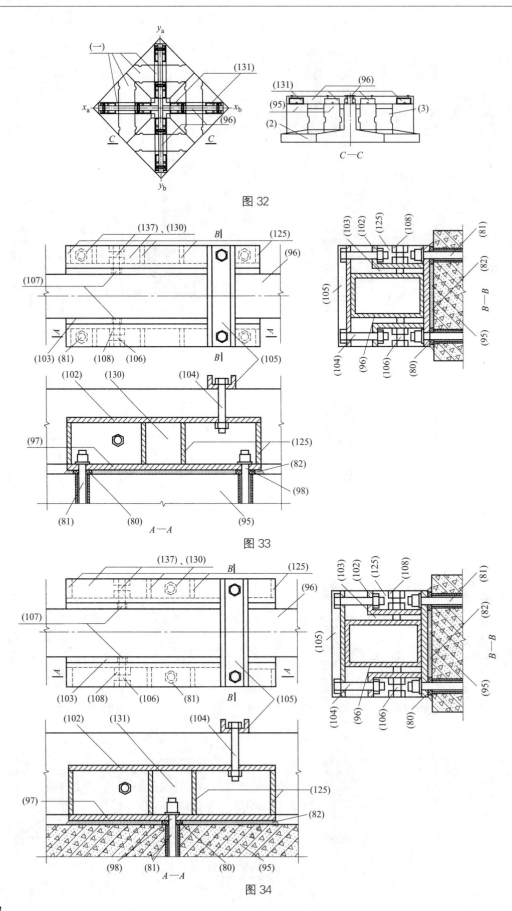

图 32

图 33

图 34

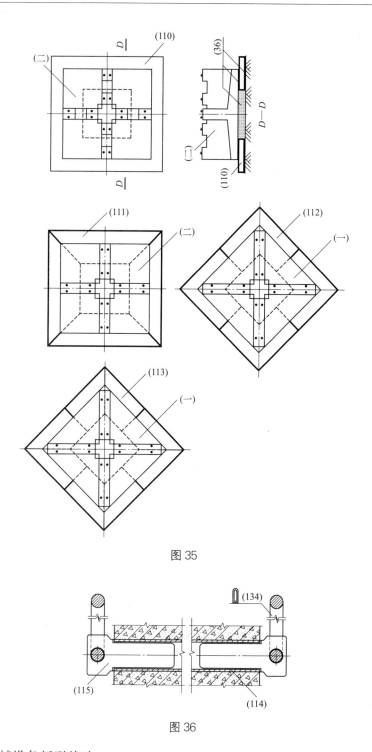

图 35

图 36

1.5.3 桅杆式机械设备新型基础

（专利号：ZL200610067145.9，申请日：2006 年 4 月 5 日，授权公告日：2008 年 10 月 8 日）

说明书摘要

桅杆式机械设备新型基础是由混凝土预制构件组合而成的平面形状为十字风车形的梁板结构与由混凝土预制构件或有一定容重的固体散料构成的重力件共同组合而成的广泛适用于周期移动使用的桅杆式机械设备的可移位重复使用的新型基础。上下单孔、上单下双孔、中下部单孔三种水平预应力连接系统、混凝土抗剪切防位移构造、组合定位构造、一套基础适应有相同倾翻力矩、垂直力要求的多个不同结构尺寸的上部机械设备的底架十字梁的垂直连接构造，使桅杆式机械设备新型基础具有广泛适用性的标准化、系列化技术条件；同时具有占地面积小、装拆速度快、资源节约、环保和明显的经济效益。

摘 要 附 图

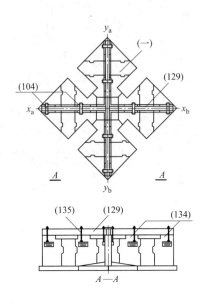

权利要求书

1. 桅杆式机械设备新型基础由混凝土预制梁板结构件多件水平组合成或由混凝土预制梁板结构件多件与散料重力件共同组合而成的平面为十字风车形独立基础的整体结构，其特征在于：

［1］、混凝土预制基础结构由平面边长大于十字基础梁（3）宽的平面为正方形的混凝土抗压板和与其平面十字轴线重合的垂直剖面为矩形的混凝土十字梁（3）共用构成的中心件（1）1件和不同平面形状的混凝土抗压板（2）与基础梁（3）共同构成的沿基础梁（3）十字轴线方向横剖面为倒 T 型的混凝土预制构件第一集成件（4）、第二集成件（5）、第三集成件（6）、第四集成件（7）各 4 件、第五集成件（8）、第六集成件（9）、第七集成件（10）、第八集成件（11）各 4 件分别组合而成的两种类型的独立基础梁板结构，其共同特点在于：平面图形外缘延长线内包为正方形的十字风车形混凝土抗压板（2）的十字轴线中心与混凝土十字基础梁（3）的十字轴线中心重合，共同构成混凝土独立基础梁板结构体；其第一类独立基础梁板结构（一）、（二）、（三）、（四）的特征是：混凝土十字基础梁（3）的平面十字轴线与以外缘延长线内包为正方形的对角线为轴线的十字风车形抗压板（2）的平面轴线重合，十字基础梁（3）的平面轴线与混凝土抗压板（2）的平面外边缘线为 45°角；其第二类独立基础梁板结构（五）、（六）、（七）、（八）的特征在于：混凝土十字基础梁（3）的平面十字轴线与以外缘延长线内包为正方形的平行边中点连线为轴线的十字风车形抗压板（2）的平面轴线重合；

其第一集成件（4）的混凝土抗压板（2）的平面形状为：等腰直角三角形的底边与底角为 45°的等腰梯形 a 的下底边为共用边，该梯形 a 的上底边与底角为 45°的等腰梯形 b 的上底边为共用边，等腰梯形 b 与底角为 45°的等腰梯形 c 的下底边为共用边，等腰梯形 c 的上底边与中心件（1）的抗压板正方形边为共用边；基础梁（3）纵轴线与上列各图形组合的九边形抗压板（2）的平面轴线重合；

其第二集成件（5）的混凝土抗压板（2）的平面形状为：等腰直角三角形的底边与等腰梯形 d 的下底边为共用边，该梯形 d 的上底边与等腰梯形 e 的上底边为共用边，底角为 45°的等腰梯形 f 的下底边与等腰梯形 e 的下底边为共用边，其上底边与中心件（1）的抗压板正方形边为共用边；基础梁（3）的纵轴线与上列各图形组合的九边形抗压板（2）的平面轴线重合；

其第三集成件（6）的混凝土抗压板（2）的平面形状为：由等腰直角三角形的底边与等腰梯形 g 的底边为共用边的五边形轴线上，有下底边长小于梯形 g 上底边的等腰梯形 h 的下底边与梯形 g 的上底边对称重合，等腰梯形 i 的上底边与梯形 h 的上底边为共用边，底角为 45°的等腰梯形 j 的下底边与梯形 h 的下底边为共用边，其上底边与中心件（1）抗压板正方形边为共有边；基础梁（3）的纵轴线与上列各图形组合的十三边形抗压板（2）的轴线重合；

其第四集成件（7）的混凝土抗压板（2）的平面形状为：等腰直角三角形的底边与等腰梯形 k 的下底边为共用边，有边长小于梯形 k 的上底边的矩形 l 的一边与梯形 k 的上底边对称重合，与此重合边对应的矩形另一条边与等腰梯形 m 的上底边为共用边，梯形 m 的下底边与底角为 45°等腰梯形 n 的下底边为共用边，梯形 n 的上底边与中心件（1）抗压板正方形边为共用边；基础梁（3）的纵轴线与上列各图形组合的十三边形抗压板（2）的轴线重合；

其第五集成件（8）的混凝土抗压板（2）的平面形状为：等腰梯形 p 与等腰梯形 q 的上底边为共用边，底角为 45°的等腰梯形 v 的下底边与梯形 q 的下底边为共用边，梯形 v 的上底边与中心件（1）抗压板正方形边为共用边；基础梁（3）的轴线与上列各图形组合的八边形抗压板（2）的轴线重合；

其第六集成件（9）的混凝土抗压板（2）平面形状为：矩形的长边与等腰梯形 s 的下底边为共用边，等腰梯形 t 的上底边与梯形 s 的上底边为共用边，底角为 45°的等腰梯形 u 的下底边与梯形 t 的下底边为共用边，梯形 u 的上底边与中心件（1）的混凝土抗压板正方形边为共用边；基础梁（3）的纵轴线与由上列图形组合的十边形抗压板（2）轴线重合；

其第七集成件（10）的混凝土抗压板（2）的平面形状为：等腰梯形 w 的上底边与边长小于梯形 w 上底边的矩形的一边对称重合，等腰梯形 x 的上底边与矩形的另一条对应边为共用边，底角为 45°的等腰梯形 y 的下底边与梯形 x 的下底边为共用边，梯形 y 的上底边与中心件（1）的混凝土抗压板正方形边为共用边；基础梁（3）的纵轴线与由上列图形组合的十二边形抗压板（2）轴线重合；

其第八集成件（11）的抗压板（2）的平面形状为：大矩形的长边与小矩形的一条边对称重合，组成 T 形平面，该 T 形的下底边与中心件（1）抗压板正方形边为共用边；基础梁（3）的纵轴线与由上列图形组合的八边形抗压板（2）轴线重合；

[2]、第一集成件（4）沿基础梁（3）轴线横向垂直分割为水平组合后与第一集成件（4）完全相同的 2 件：内端件（12）和外端件（13）；或分割为水平组合后与第一集成件（4）完全相同的 3 件：内端件（14）、外端件（15）、扩展件（16）；或分割为水平组合后与第一集成件（4）完全相同的 4 件：内端件（17）、外端件（18）、内扩展件（19）、外扩展件（20）；

第二集成件（5）用分割第一集成件（4）的方法，分割为水平组合后与第二集成件（5）完全相同的 2 件：内端件（21）、外端件（22）；或分割为水平组合后与第二集成件（5）完全相同的 3 件：内端件（23）、外端件（24）、扩展件（25）；或分割为水平组合后与第二集成件（5）完全相同的 4 件：内端件（26）、外端件（27）、内扩展件（28）、外扩展件（29）；

第三集成件（6）用分割第一集成件（4）的方法，分割为水平组合后与第三集成件（6）完全相同的 2 件：内端件（30）、外端件（31）；或分割为水平组合后与集成件（6）完全相同的 3 件：内端件（32）、外端件（33）、扩展件（34）；或分割为水平组合后与第三集成件（6）完全相同的 4 件：内端件（35）、外端件（36）、内扩展件（37）、外扩展件（38）；

第四集成件（7）用分割第一集成件（4）的方法，分割为水平组合后与第四集成件（7）完全相同的2件：内端件（39）、外端件（40）；或分割为水平组合后与第四集成件（7）完全相同的3件：内端件（41）、外端件（42）、扩展件（43）；

第五集成件（8）用分割第一集成件（4）的方法，分割为水平组合后与第五集成件（8）完全相同的2件：内端件（44）、外端件（45）；或分割为水平组合后与第五集成件（8）完全相同的3件：内端件（46）、外端件（47）扩展件（48）；

第六集成件（9）用分割第一集成件（4）的方法，分割为水平组合后与第六集成件（9）完全相同的2件：内端件（49）、外端件（50）；或分割为水平组合后与第六集成件（9）完全相同的3件：内端件（51）、外端件（52）扩展件（53）；

第七集成件（10）用分割第一集成件（4）的方法，分割为水平组合后与第七集成件（10）完全相同的2件：内端件（54）、外端件（55）；或分割为水平组合后与第七集成件（10）完全相同的3件：内端件（56）、外端件（57）扩展件（58）；

第八集成件（11）用分割第一集成件（4）的方法，分割为水平组合后与第八集成件（11）完全相同的2件：内端件（59）、外端件（60）；或分割为水平组合后与第八集成件（11）完全相同的3件：内端件（61）、外端件（62）扩展件（63）；

据此，混凝土基础梁板结构（一）、（二）、（三）、（四）、（五）、（六）、（七）、（八）各由中心件（1）1件＋4n（n≥1，整数）件组合构成，n为单件第一集成件（4）、第二集成件（5）、第三集成件（6）、第四集成件（7）、第五集成件（8）、第六集成件（9）、第七集成件（10）、第八集成件（11）或分解次数＋1；

[3]、基础重力件由置于抗压板上的混凝土预制构件或砂、石子、土或砖构成的散料重力件（76）构成，其混凝土预制基础重力件有两种不同的水平投影形状：混凝土预制基础重力件1号（65）为平面呈三角形体，配置于混凝土基础梁板结构（一）、（二）、（三）、（四）的重力件支墩（64）上，重力件支墩（64）为12个平面为三角形的混凝土墩台，其上面水平，分置于混凝土基础梁板结构（一）、（二）、（三）、（四）的抗压板（2）上；平面呈4个等腰直角三角形分布；为便于吊装运输，将基础重力件1号（65）水平分解为若干件等腰直角三角形板（66）；混凝土预制基础重力件2号（67）为平面呈正方形的混凝土立方体，置于基础梁板结构（五）、（六）、（七）、（八）的重力件支墩（64）上，重力件支墩（64）为平面呈直角三角形的12个混凝土墩台，其上面水平，呈等腰三角形分置于混凝土抗压板结构（五）、（六）、（七）、（八）的抗压板上；为便于吊装运输，将基础重力件2号（67）水平分解为若干件正方形板（68）；

为了使散料重力件（76）不出现水平位移，采用两种方法：一是沿基础外缘设挡墙（69）；二是设置散料仓；散料仓1号（70）配置于混凝土基础梁板结构（一）、（二）、（三）、（四），其挡板正立面为T形，由型钢龙骨（71）和钢板（72）构成，立面两侧端有连接销（73）与基础梁（3）端头侧面的埋件（74）绞接固定，底面设连接销槽（75）与沿基础抗压板（2）外缘上面设置的散料仓埋件（77）配合；散料仓2号（78）设于混凝土基础梁板结构（五）、（六）、（七）、（八），其挡板垂直投影为等边L形，由型钢龙骨（71）和钢板（72）构成，立面两侧有连接销（73）与基础梁（3）端头侧面的埋件（74）绞接固定，其底面设有垂直连接销槽（75）与沿基础抗压板（2）外缘上面设置的散料仓埋件（77）配合；在散料仓（70、78）的上缘设有吊环（144）；

各混凝土预制基础结构件垂直连接面为无间隙配合，其垂直连接面下端有两件相邻预制构件的相邻格角形成的空腔（79），其抗压板（2）底面与地基或垫层之间设有传力滑动砂层（80）；在基础梁（3）部位，两混凝土预制构件的基础梁（3）之间设有垂直剖面为正梯形或三角形或弧形的抗剪切防位移构造（81、82、83）；在与基础轴线垂直的混凝土预制基础结构件的抗压板（2）垂直连接面上设有水平剖面为正梯形或三角形或弧形或垂直面的抗剪切防位移构造（81、

82、83、84）；在与基础梁（3）水平轴线呈45°角的抗压板（2）的垂直连接面，其垂直剖面为垂直面（84）；其下端有空腔（79）；

在每件混凝土预制基础结构件（1）～（63）、混凝土重力件（65）～（68）的侧立面设圆形的水平钢管销孔（120），由吊环（121）与吊钩组合的柱形钢销（122）插入吊装销孔（120）内。

2. 如权利要求1所述的桅杆式机械设备新型基础，其特征在于：

基础与上部桅杆式机械设备的底架十字梁（129）的垂直连接系统构造：首先按拟配套使用的各不同厂家生产的同型号机械设备的底架十字梁（129）的8组地脚螺栓的最大分布区段的锚固螺栓的最大横向间距，最大纵向间距，以沿基础梁（3）轴线方向纵向大于、横向不小于的尺寸在基础梁（3）的上半部相应位置设8个垂直连接构造区段；在此区段的基础梁（3）上面设相同高度的长度大于宽度等于垂直连接构造区段的8个上面水平的混凝土墩台（134）；在8个垂直连接区段的基础梁（3）的上半部水平设置一排或上下交错设两排与底架十字梁（129）的锚固螺栓位置对应的水平方孔（92）或水平圆孔2号（93）；其水平方孔（92）或水平圆孔2号（93）两端设有与混凝土基础梁外侧立面相平的水平孔端头板（103、94），其水平孔端头板（103、94）内侧设有锚固钢筋（140）分上下2排锚固于基础梁（3）的混凝土中；截面为方形或圆形的外端有螺纹的横轴（138、137）置于底架十字梁（129）的相应垂直连接位置的水平方孔（92）或水平圆孔2号（93）内，横轴（138、137）上设内径小于横轴（138、137）的橡胶封闭垫圈（143），与底架十字梁（129）高度相适应的垂直连接螺栓（135），其螺栓上端为螺纹，下端有与横轴（137、138）相配合的圆或方孔的立面为纺锤形的连接板（136），防脱螺母（139）置于横轴（137、138）外端；以防连接板（136）位移，将高强度早强干硬性水泥砂浆（133）铺于其两端有孔径大于螺栓（135）直径的孔的垫板（132）之下；将8块垫板（132）调平；安装底架十字梁（129）；安装十字梁定位支撑（130），其定位支撑（130）构造：设有内螺纹的水平管（142）连接于内径大于螺栓（135）的套管（141）并使两管垂直，定位螺栓（131）与水平管（142）的内螺纹配合；安装口字形截面的横担（104）与垫圈（128）、螺母（127），装定位螺栓（131）；

在基础梁（3）的端部设有上面和宽度与基础梁（3）、墩台（134）平齐的挑梁（145），借以将基础梁（3）端头外伸，其沿基础梁（3）纵轴线方向的剖面为矩形或直角梯形。

3. 如权利要求1或2所述的桅杆式机械设备新型基础，其特征在于：

混凝土预制基础构件的组合连接构造为十字水平空间交叉的后张法无粘结预应力系统，分为三种形式：上下单孔、上单下双孔、中下部单孔；上下单孔、上单下双孔的构造为混凝土预制基础构件的基础梁（3）上部轴线上设1道十字水平圆孔1号（85），其圆孔中心标高相同；下部在轴线上设1道或在同一标高设孔心与轴线等距离的2道十字水平圆孔1号（85）；中下部单孔构造为在基础梁（3）的中下部轴线上设1道十字水平圆孔1号（85），贯穿于十字轴线，其圆孔中心标高相同；钢绞线、钢丝束（86）或其他预应力材料置于十字水平圆孔1号（85）内；其一端为固定端（87）；另一端为张拉端（88）；其固定端（87）由与外端件的基础梁（3）外端垂直面相平的零件环（89）与管1号（90）、圆圈5号（91）、十字水平圆孔1号（85）同心组合，其环（89）外向面内侧有L型凹凸槽；在环（89）的内侧设有其内面外侧有凹凸槽与环（89）外面内侧的L型凹凸槽相吻合的圆板（95）在其吻合的间隙处设封闭油脂（96），圆板（95）外面中心有U型拉手（97）；在管1号（90）内、圆圈5号（91）外侧设承压管（98），承压管（98）的外侧设承压环（99），承压环（99）上有孔（100），钢绞线或钢丝束（86）从孔（100）穿过；钢绞线或钢丝束（86）的端部设锚头（101）；其张拉端（88）由外面与外端件的基础梁（3）外端垂直面相平的外部设有矩形截面环形凹槽的圆圈1号（102）与十字水平圆孔1号（85）同心组合，环型凹槽内设封闭橡胶环（105）；圆圈1号（102）的外面设有与圆圈1号（102）同内外径的圆圈 2 号（106），在其外面设与圆圈 2 号（106）同心的管 2 号（107），圆圈 2 号（106）外侧、管 2 号（107）内设锚环（108），钢绞线或钢丝束（86）从锚环（108）上的孔穿过，在锚环（108）外侧与钢绞线或钢丝束（86）之间设夹片（109），管 2 号（107）的外侧设封闭圆桶（110）与管 2 号（107）紧密配合，封闭圆桶的底部外侧设 U 型拉手（97）；圆圈 2 号（106）、管 2 号（107）和封闭圆桶（110）交接处有密封黄油（111）；固定端（87）、张拉端（88）的组合件制作方法为机加工件经焊接组合，或铸造而成。

4. 如权利要求 1 或 2 所述的桅杆式机械设备新型基础，其特征在于：

在各混凝土预制基础结构件的轴向垂直连接面上设有钢制的分别锚固于相邻连接构件的混凝土表面内的定位构造（112），其定位构造凹件（113）与混凝土垂直连接面相平的其内圆孔为外大内小圆锥形的圆圈 3 号（114）、与圆圈 3 号（114）内孔同心连接的圆桶（115）、连接于圆圈 3 号（114）内侧和圆桶（115）内侧的锚筋（116）及圆桶（115）内置密封黄油（111）构成；其定位构造凸件（117）由端部与圆圈 3 号（114）锥形内孔无间隙配合的锥形圆键（118）、连接于圆键（118）锥形底部的外面与混凝土垂直连接面相平的、其外面设有剖面为矩形的环形凹槽的圆圈（119）、其圆圈 4 号（119）内侧设锚筋（116），在圆圈 4 号（119）的外侧环形凹槽内设封闭橡胶环（105）。

5. 如权利要求 1 或 2 所述的桅杆式机械设备新型基础，其特征在于：

在地基与混凝土基础抗压板（2）之间设外边大于、内边小于基础外缘延长线正方形边长的各边与基础外缘平行且与基础轴线重合的平面呈口字形混凝土预制板的降低地基承载力构造（123），降低地基承载力构造（123）的混凝土预制板为整体一件或由 4 件平面形状为等腰梯形板（124）或 4 件等边 L 形板（125）平面组合而成，或分割为 8 件平面形状为直角梯形板（126）平面组合而成；本构造（123）的混凝土抗压板与地基之间设传力滑动砂层（80），与混凝土预制基础抗压板（2）之间有传力滑动砂层（80）；降低地基承载力构造（123）的侧立面上设圆形的水平钢管销孔（120），由吊环（121）与吊钩组合的柱形钢销（122）插入吊装销孔（120）内，即可起吊。

说 明 书

桅杆式机械设备新型基础

技术领域 本发明涉及周期移动使用的混凝土预制构件或与其他有一定容重固体散料组合的桅杆式机械设备基础。

背景技术 目前，建筑、电力、石油、信息、地矿、军事各领域的周期移动使用的如建筑固定式塔机、风力发电机、采油机、信号塔架、钻探机，大型雷达等桅杆式机械设备基础，大都采用整体现浇混凝土基础，明显弊端在于，资源利用率极低、施工周期长，寒冷地区制作周期更长，不能重复使用。同时造成大量资源浪费和环境污染。近年来已有混凝土预制构件十字形组合式塔机基础和正方形组合式塔机基础问世，开辟了桅杆式机械设备基础组合式、重复使用、基础混凝土预制构件轻量化的方向和道路。但针对组合式塔机基础重复使用和轻量化两大技术经济目标。存在基础结构设计受机械设备底架十字梁制约而组合形式固定造成的浪费和适应面窄的情况；现有技术对承受倾翻力矩和垂直力较小的机械设备，尤其是占我国建筑塔机保有量 80% 以上的有固定底架十字梁的固定式建筑塔机，更急需从技术上解决国内各厂家生产的同型号塔机的底架十字梁的结构尺寸不同造成与基础垂直连接的构造不同形成的一种型号的组合式基础的垂直连接构造无法与几个厂家的同型号塔机的底架十字梁固定连接，亦即基础的通用性和广泛适用性问题，组合式基础的产业化实践证明，这是必须突破的影响桅杆式机械设备组合基础加快实现产业化的瓶颈问题。

发明内容 发明目的：本发明的目的和任务是提供一种能满足倾翻力矩和垂直力较小的小型桅杆式机械设备其底架十字梁相对较大的构造要求、占地面积小、基础预制混凝土构件轻，尤其是一个型号的组合式基础可以与几个甚至十几个不同厂家生产的底架十字梁构造不同的塔机进行垂直连接、配套使用的组合式塔机基础。从而消除由于现有组合式塔基的地脚螺栓位置固定、直径固定、数量固定造成的"一个型号的基础只能配套一个固定厂家生产的固定型号的塔机"的组合基础通用性弊端，为加快实现桅杆式机械设备组合基础的标准化创造技术条件。

技术方案 本发明桅杆式机械设备新型基础包括由混凝土预制构件组合而成的十字梁独立基础梁板结构、由混凝土预制构件或有一定容重的固体散料砂、石、土、砖等构成的基础重力件、水平组合连接系统、基础与底架十字梁的垂直连接系统、降低地基承载力要求构造、为实现技术目标服务的其他构造和技术措施。

混凝土预制基础结构由平面边长大于基础梁（3）宽的平面为正方形的混凝土抗压板和与其平面十字轴线重合的垂直剖面为矩形的混凝土基础梁（3）共用构成的中心件（1）1件和不同平面形状的混凝土抗压板（2）与基础梁（3）共同构成的沿基础梁（3）十字轴线方向横剖面为倒T型的混凝土预制构件第一集成件（4）、第二集成件（5）、第三集成件（6）、第四集成件（7）各4件、第五集成件（8）、第六集成件（9）、第七集成件（10）、第八集成件（11）各4件分别组合而成的两种类型的独立基础梁板结构，其共同特点在于：平面图形外缘延长线内包为正方形的十字风车形混凝土抗压板（2）的十字轴线中心与混凝土十字基础梁（3）的十字轴线中心重合，共同构成混凝土独立基础梁板结构体；其第一类独立基础梁板结构（一）、（二）、（三）、（四）的特征是：混凝土十字基础梁（3）的平面十字轴线与以外缘延长线内包为正方形的对角线为轴线的十字风车形抗压板（2）的平面轴线重合，十字基础梁（3）的平面轴线与混凝土抗压板（2）的平面外边缘线为45°角；其第二类独立基础梁板结构（五）、（六）、（七）、（八）的特征在于：混凝土十字基础梁（3）的平面十字轴线与以外缘延长线内包为正方形的平行边中点连线为轴线的十字风车形抗压板（2）的平面轴线重合，如图1、2、3、5、6、7、8所示。

其第一集成件（4）的混凝土抗压板（2）的平面形状为：等腰直角三角形的底边与底角为45°的等腰梯形a的下底边为共用边，该梯形a的上底边与底角为45°的等腰梯形b的上底边为共用边，等腰梯形b与底角为45°的等腰梯形c的下底边为共用边，等腰梯形c的上底边与中心件（1）的抗压板正方形边为共用边；基础梁（3）纵轴线与上列各图形组合的九边形抗压板（2）的平面轴线重合；如图1所示。

其第二集成件（5）的混凝土抗压板（2）的平面形状为：等腰直角三角形的底边与等腰梯形d的下底边为共用边，该梯形d的上底边与等腰梯形e的上底边为共用边，底角为45°的等腰梯形f的下底边与等腰梯形e的下底边为共用边，其上底边与中心件（1）的抗压板正方形边为共用边；基础梁（3）的纵轴线与上列各图形组合的九边形抗压板（2）的平面轴线重合；如图2所示。

其第三集成件（6）的混凝土抗压板（2）的平面形状为：由等腰直角三角形的底边与等腰梯形g的底边为共用边的五边形轴线上，有下底边长小于梯形g上底边的等腰梯形h的下底边与梯形g的上底边对称重合，等腰梯形i的上底边与梯形h的上底边为共用边，底角为45°的等腰梯形j的下底边与梯形h的下底边为共用边，其上底边与中心件（1）抗压板正方形边为共有边；基础梁（3）的纵轴线与上列各图形组合的十三边形抗压板（2）的轴线重合；如图3所示。

其第四集成件（7）的混凝土抗压板（2）的平面形状为：等腰直角三角形的底边与等腰梯形k的下底边为共用边，有边长小于梯形k的上底边的矩形l的一边与梯形k的上底边对称重合，与此重合边对应的矩形另一条边与等腰梯形m的上底边为共用边，梯形m的下底边与底角为45°等腰梯形n的下底边为共用边，梯形n的上底边与中心件（1）抗压板正方形边为共用边；基础梁（3）的纵轴线与上列各图形组合的十三边形抗压板（2）的轴线重合；如图4所示。

其第五集成件（8）的混凝土抗压板（2）的平面形状为：等腰梯形 p 与等腰梯形 q 的上底边为共用边，底角为 45°的等腰梯形 v 的下底边与梯形 q 的下底边为共用边，梯形 v 的上底边与中心件（1）抗压板正方形为共用边；基础梁（3）的轴线与上列各图形组合的八边形抗压板（2）的轴线重合；如图5所示。

其第六集成件（9）的混凝土抗压板（2）平面形状为：矩形的长边与等腰梯形 s 的下底边为共用边，等腰梯形 t 的上底边与梯形 s 的上底边为共用边，底角为 45°的等腰梯形 u 的下底边与梯形 t 的下底边为共用边，梯形 u 的上底边与中心件（1）的混凝土抗压板正方形为共用边；基础梁（3）的纵轴线与由上列图形组合的十边形抗压板（2）轴线重合；如图6所示。

其第七集成件（10）的混凝土抗压板（2）的平面形状为：等腰梯形 w 的上底边与边长小于梯形 w 上底边的矩形的一边对称重合，等腰梯形 x 的上底边与矩形的另一条对应边为共用边，底角为 45°的等腰梯形 y 的下底边与梯形 x 的下底边为共用边，梯形 y 的上底边与中心件（1）的混凝土抗压板正方形边为共用边；基础梁（3）的纵轴线与由上列图形组合的十二边形抗压板（2）轴线重合；如图7所示。

其第八集成件（11）的抗压板（2）的平面形状为：大矩形的长边与小矩形的一条边对称重合，组成 T 形平面，该 T 形的下底边与中心件（1）抗压板正方形边为共用边；基础梁（3）的纵轴线与由上列图形组合的八边形抗压板（2）轴线重合；如图8所示。

第一集成件（4）沿基础梁（3）轴线横向垂直分割为水平组合后与第一集成件（4）完全相同的2件：内端件（12）和外端件（13）；或分割为水平组合后与第一集成件（4）完全相同的3件：内端件（14）、外端件（15）、扩展件（16）；或分割为水平组合后与第一集成件（4）完全相同的4件：内端件（17）、外端件（18）、内扩展件（19）、外扩展件（20）；如图9、10、11所示。

第二集成件（5）用分割第一集成件（4）的方法，分割为水平组合后与第二集成件（5）完全相同的2件：内端件（21）、外端件（22）；或分割为水平组合后与第二集成件（5）完全相同的3件：内端件（23）、外端件（24）、扩展件（25）；或分割为水平组合后与第二集成件（5）完全相同的4件：内端件（26）、外端件（27）、内扩展件（28）、外扩展件（29）；如图12、13、14所示。

第三集成件（6）用分割第一集成件（4）的方法，分割为水平组合后与第三集成件（6）完全相同的2件：内端件（30）、外端件（31）；或分割为水平组合后与集成件（6）完全相同的3件：内端件（32）、外端件（33）、扩展件（34）；或分割为水平组合后与第三集成件（6）完全相同的4件：内端件（35）、外端件（36）、内扩展件（37）、外扩展件（38）；如图15、16、17所示。

第四集成件（7）用分割第一集成件（4）的方法，分割为水平组合后与第四集成件（7）完全相同的2件：内端件（39）、外端件（40）；或分割为水平组合后与第四集成件（7）完全相同的3件：内端件（41）、外端件（42）、扩展件（43）；如图18、19所示。

第五集成件（8）用分割第一集成件（4）的方法，分割为水平组合后与第五集成件（8）完全相同的2件：内端件（44）、外端件（45）；或分割为水平组合后与第五集成件（8）完全相同的3件：内端件（46）、外端件（47）扩展件（48）；如图20、21所示。

第六集成件（9）用分割第一集成件（4）的方法，分割为水平组合后与第六集成件（9）完全相同的2件：内端件（49）、外端件（50）；或分割为水平组合后与第六集成件（9）完全相同的3件：内端件（51）、外端件（52）扩展件（53）；如图22、23所示。

第七集成件（10）用分割第一集成件（4）的方法，分割为水平组合后与第七集成件（10）

完全相同的 2 件：内端件（54）、外端件（55）；或分割为水平组合后与第七集成件（10）完全相同的 3 件：内端件（56）、外端件（57）扩展件（58）；如图 24、25 所示。

第八集成件（11）用分割第一集成件（4）的方法，分割为水平组合后与第八集成件（11）完全相同的 2 件：内端件（59）、外端件（60）；或分割为水平组合后与第八集成件（11）完全相同的 3 件：内端件（61）、外端件（62）扩展件（63）；如图 26、27 所示。

据此，混凝土基础梁板结构（一）、（二）、（三）、（四）、（五）、（六）、（七）、（八）各由中心件（1）1 件＋4n（n≥1，整数）件组合构成，n 为单件第一集成件（4）、第二集成件（5）、第三集成件（6）、第四集成件（7）、第五集成件（8）、第六集成件（9）、第七集成件（10）、第八集成件（11）或分解次数＋1。

本发明的基础重力件由置于抗压板上的混凝土预制构件或砂、石子、土或砖构成的散料重力件（76）构成，其混凝土预制基础重力件有两种不同的水平投影形状：混凝土预制基础重力件 1 号（65）为平面呈三角形体，配置于混凝土基础梁板结构（一）、（二）、（三）、（四）的重力件支墩（64）上，重力件支墩（64）为 12 个平面为三角形的混凝土墩台，其上面水平，分置于混凝土基础梁板结构（一）、（二）、（三）、（四）的抗压板（2）上；平面呈 4 个等腰直角三角形分布；为便于吊装运输，可将基础重力件 1 号（65）水平分解为若干件等腰直角三角形板（66）；混凝土预制基础重力件 2 号（67）为平面呈正方形的混凝土立方体，置于基础梁板结构（五）、（六）、（七）、（八）的重力件支墩（64）上，重力件支墩（64）为平面呈直角三角形的 12 个混凝土墩台，其上面水平，呈等腰三角形分置于混凝土抗压板结构（五）、（六）、（七）、（八）的抗压板上；为便于吊装运输，可将基础重力件 2 号（67）水平分解为若干件正方形板（68）；如图 31、32 所示。

为了使散料重力件（76）不出现水平位移，采用两种方法：一是沿基础外缘设挡墙（69）；二是设置散料仓；散料仓 1 号（70）配置于混凝土基础梁板结构（一）、（二）、（三）、（四），其挡板正立面为 T 形，由型钢龙骨（71）和钢板（72）构成，立面两侧端有连接销（73）与基础梁（3）端头侧面的埋件（74）绞接固定，底面设连接销槽（75）与沿基础抗压板（2）外缘上面设置的散料仓埋件（77）配合；散料仓 2 号（78）设于混凝土基础梁板结构（五）、（六）、（七）、（八），其挡板垂直投影为等边 L 形，由型钢龙骨（71）和钢板（72）构成，立面两侧有连接销（73）与基础梁（3）端头侧面的埋件（74）绞接固定，其底面设有垂直连接销槽（75）与沿基础抗压板（2）外缘上面设置的散料仓埋件（77）配合；在散料仓（70、78）的上缘设有吊环（144）；如图 28、29、30 所示。

本发明的基础与上部桅杆式机械设备的底架十字梁（129）的垂直连接系统构造：首先按拟配套使用的各不同厂家生产的同型号机械设备的底架十字梁（129）的 8 组地脚螺栓的最大分布区段如锚固螺栓的最大横向间距，最大纵向间距，以沿基础梁（3）轴线方向纵向大于、横向不小于的尺寸在基础梁（3）的上半部相应位置设 8 个垂直连接构造区段；在此区段的基础梁（3）上面设相同高度的长度大于宽度等于垂直连接构造区段的 8 个上面水平的混凝土墩台（134）；在 8 个垂直连接区段的基础梁（3）的上半部水平设置一排或上下交错设两排与底架十字梁（129）的锚固螺栓位置对应的水平方孔（92）或水平圆孔 2 号（93）；其水平方孔（92）或水平圆孔 2 号（93）两端设有与混凝土基础梁外侧立面相平的水平孔端头板（103、94），其水平孔端头板（103、94）内侧设有锚固钢筋（140）分上下 2 排锚固于基础梁（3）的混凝土中；截面为方形或圆形的外端有螺纹的横轴（138、137）置于底架十字梁（129）的相应垂直连接位置的水平方孔（92）或水平圆孔 2 号（93）内，横轴（138、137）上设内径小于横轴（138、137）的橡胶封闭垫圈（143），与底架十字梁（129）高度相适应的垂直连接螺栓（135），其螺栓上端为螺纹，下端有与横轴（137、138）相配合的圆或方孔的立面为纺锤形的连接板（136），防脱螺母（139）

置于横轴（137、138）外端；以防连接板（136）位移，将高强度早强干硬性水泥砂浆（133）铺于其两端有孔径大于螺栓（135）直径的孔的垫板（132）之下；将 8 块垫板（132）调平；安装底架十字梁（129）；安装十字梁定位支撑（130），其定位支撑（130）构造：设有内螺纹的水平管（142）连接于内径大于螺栓（135）的套管（141）并使两管垂直，定位螺栓（131）与水平管（142）的内螺纹配合；安装口字形截面的横担（104）与垫圈（128）、螺母（127），装定位螺栓（131）；如图 34、35、36、37、42、43、44、45 所示。

在基础梁（3）的端部设有上面和宽度与基础梁（3）、墩台（134）平齐的挑梁（145），借以将基础梁（3）端头外伸，其沿基础梁（3）纵轴线方向的剖面为矩形或直角梯形；如图 36、37 所示。

本发明的混凝土预制基础构件的组合连接构造为十字水平空间交叉的后张法无粘结预应力系统，分为三种形式：上下单孔、上单下双孔、中下部单孔；上下单孔、上单下双孔的构造为混凝土预制基础构件的基础梁（3）上部轴线上设 1 道十字水平圆孔 1 号（85），其圆孔中心标高相同；下部在轴线上设 1 道或在同一标高设孔心与轴线等距离的 2 道十字水平圆孔 1 号（85）；中下部单孔构造为在基础梁（3）的中下部轴线上设 1 道十字水平圆孔 1 号（85），贯穿于十字轴线，其圆孔中心标高相同；钢绞线、钢丝束（86）或其他预应力材料置于十字水平圆孔 1 号（85）内；其一端为固定端（87）；另一端为张拉端（88）；其固定端（87）由与外端件的基础梁（3）外端垂直面相平的零件环（89）与管 1 号（90）、圆圈 5 号（91）、十字水平圆孔 1 号（85）同心组合，其环（89）外向面内侧有 L 型凹凸槽；在环（89）的内侧设有其内面外侧有凹凸槽与环（89）外面内侧的 L 型凹凸槽相吻合的圆板（95）在其吻合的间隙处设封闭油脂（96），圆板（95）外面中心有 U 型拉手（97）；在管 1 号（90）内、圆圈 5 号（91）外侧设承压管（98），承压管（98）的外侧设承压环（99），承压环（99）上有孔（100），钢绞线或钢丝束（86）从孔（100）穿过；钢绞线或钢丝束（86）的端部设锚头（101）；其张拉端（88）由外面与外端件的基础梁（3）外端垂直面相平的外部设有矩形截面环形凹槽的圆圈 1 号（102）与十字水平圆孔 1 号（85）同心组合，环型凹槽内设封闭橡胶环（105）；圆圈 1 号（102）的外面设有与圆圈 1 号（102）同内外径的圆圈 2 号（106），在其外面设与圆圈 2 号（106）同心的管 2 号（107），圆圈 2 号（106）外侧、管 2 号（107）内设锚环（108），钢绞线或钢丝束（86）从锚环（108）上的孔穿过，在锚环（108）外侧与钢绞线或钢丝束（86）之间设夹片（109），管 2 号（107）的外侧设封闭圆桶（110）与管 2 号（107）紧密配合，封闭圆桶的底部外侧设 U 型拉手（97）；圆圈 2 号（106）、管 2 号（107）和封闭圆桶（110）交接处有密封黄油（111）；固定端（87）、张拉端（88）的组合件制作方法为机加工件经焊接组合，或铸造而成；如图 34、35、36、37、38、39、40 所示。

本发明的各混凝土预制基础结构件垂直连接面为无间隙配合，其垂直连接面下端有两件相邻预制构件的相邻格角形成的空腔（79），其抗压板（2）底面与地基或垫层之间设有传力滑动砂层（80）；在基础梁（3）部位，两混凝土预制构件的基础梁（3）之间设有垂直剖面为正梯形或三角形或弧形的抗剪切防位移构造（81、82、83）；在与基础轴线垂直的混凝土预制基础结构件的抗压板（2）垂直连接面上设有水平剖面为正梯形或三角形或弧形或垂直面的抗剪切防位移构造（81、82、83、84）；在与基础梁（3）水平轴线呈 45°角的抗压板（2）的垂直连接面，其垂直剖面为垂直面（84）；其下端有空腔（79）；如图 11、14、17、33、34、35、36、37 所示。

为了使中心件（1）与第一集成件（4）或第二集成件（5）、第三集成件（6）、第四集成件（7）、第五集成件（8）、第六集成件（9）、第七集成件（10）、第八集成件（11）中的任意一种集成件水平组合、或内、外端件、内、外端件与扩展件的水平组合定位准确，本发明的各混凝土预制基础结构件的轴向垂直连接面上设有钢制的分别锚固于相邻连接构件的混凝土表面内的定位构造（112），其定位构造凹件（113）与混凝土垂直连接面相平的其内圆孔为外大内小圆锥形的圆圈 3 号（114）、与圆圈 3 号（114）内孔同心连接的圆桶（115）、连接于圆圈 3 号（114）内侧和圆桶（115）内侧的锚筋（116）及圆桶（115）内置密封黄油（111）构成；其定位构造凸件（117）由端部与圆圈 3 号（114）锥形内孔无间隙配合的锥形圆键（118）、连接于圆键（118）锥形底部的外面与混凝土垂直连接面相平的、其外面设有剖面为矩形的环形凹槽的圆圈 4 号（119）、其圆圈 4 号（119）内侧设锚筋（116），在圆圈 4 号（119）的外侧环形凹槽内设封闭橡胶环（105）；如图 34、35、36、37、41 所示。

为进一步降低对地基承载力的要求，本发明的地基与混凝土基础抗压板（2）之间设外边大于、内边小于基础外缘延长线正方形边长的各边与基础外缘平行且与基础轴线重合的平面呈口字形混凝土预制板的降低地基承载力构造（123），降低地基承载力构造（123）的混凝土预制板为整体一件或由 4 件平面形状为正梯形板（124）或 4 件等边 L 形板（125）平面组合而成，或分割为 8 件平面形状为直角梯形板（126）平面组合而成；本构造（123）的混凝土抗压板与地基之间设传力滑动砂层（80），与混凝土预制基础抗压板（2）之间有传力滑动砂层（80）；如图 46、47、48、49 所示。

本发明的每件混凝土预制基础结构件（1）～（63）、混凝土重力件（65）～（68）、降低地基承载力构造（123）的侧立面设圆形的水平钢管销孔（120），由吊环（121）与吊钩组合的柱形钢销（122）插入吊装销孔（120）内；如图 38 所示。

有益效果　一、本发明采用了混凝土预制构件平面组合为十字风车形的两类 8 种独立基础梁板结构、由一定容重的固体散料（砂、石子、土、砖）或混凝土预制重力构件共同构成的桅杆式机械设备新型基础。混凝土预制基础梁板结构件垂直连接面上的多种构造形式的抗剪切防位移定位构造、采用上下单组、上单下双组、中下部单组三种十字空间交叉后张法无粘结预应力水平连接系统，从而实现了各基础混凝土预制构件间连接面的无间隙配合与水平连接系统、抗剪切防位移系统共同作用形成的基础整体性、抗弯矩、剪切、扭矩的综合性能体现的结构安全可靠性较现有技术进一步增强；可以满足倾翻力矩、垂直力相对较小，底架十字梁尺寸及其与基础的垂直连接点固定的桅杆式机械设备对基础的要求，又能最大限度地缩小基础平面图形尺寸、减少占地面积、降低基础的混凝土预制构件重量，便于搬运、组装、拆解。

二、本发明采用专门为便利拆解、组装、重复多次使用的后张法无粘结预应力系统，尤其是通过本发明的固定端和张拉端构造，实现了对钢绞线的在一定应力幅内反复张拉其材料力学性能不变的充分利用，从而实现了钢绞线的重复使用，为桅杆式机械设备组合基础大幅降低使用成本提供了技术条件。

三、本发明采用了可适用于多个厂家生产的同性能桅杆式机械设备的不同规格尺寸、不同地脚螺栓直径、不同连接固定位置的"体外垂直连接构造"，突破了传统地螺栓一次性定位，筑于混凝土内，不可移位使用，一组地脚螺栓构造只能适合一个厂家的机械设备的局限性，使一套基础以最低的成本同时可以适应多个厂家生产的桅杆式机械设备的基础垂直连接构造要求成为可能。

四、本发明采用了基础梁（3）端部根据结构需要挑出的构造，使基础梁长度不再受基础尺寸的制约，既适应上部机械设备的底架十字梁定型的长度要求，又可以使基础抗压板平面外形尺寸不受十字梁的外形尺寸的制约，其直接效果是缩小了基础的平面尺寸、减少占地、减轻混凝土预制构件重量。

五、本发明采用降低地基承载力构造来实现降低地基条件，免去了打桩和其他地基处理的程序，为机械设备迅速投入使用创造了条件，同时降低了使用成本。

六、由于采用了全埋、全露、半埋三种基础设置形式，更加有利于机械设备的最佳安装选址和减少基础使用成本。

综上所述，由于本发明采取了多项技术措施，从而实现了：

1 安全性能全面提升，几年来，与25个不同厂家生产的固定式塔机配套使用，完成了总建筑面积达300多万平方米600多个单项建筑工程的吊装运输作业，实践证明了它的安全可靠；

2 由于整体使用寿命延长，其循环经济效果突出，资源节约和环境保护效益进一步提高，已获建设部"2004年科技成果推广项目"证书；

3 经济效益明显提高，其产业化前景日益广阔，目前已推广应用于国内13个地区；

4 安装、拆解一次的时间进一步缩短到1.5小时以内，为加快投入机械设备服务于生产建设提供了条件也为迅速拆解转移机械设备提供了条件；

5 由于消除了混凝土基础的现场湿作业，利于在寒冷地区施工的桅杆式机械设备使用，对加快工程进度，缩短工期有较大作用；

6 由于混凝土构件垂直连接面的下端设有空腔构造，从而消除了在水平组合连接过程中因构件合拢运动造成的地面上的杂物进入垂直连接面而成为构件无间隙配合的障碍物。从而保证了结构质量和安装进度。

附图说明 下面结合附图和具体实施方式对本发明作进一步详细的说明。

图1~4——桅杆式机械设备混凝土预制构件新型基础梁板结构（一）、（二）（三）、（四）平面、侧立面

图5~8——桅杆式机械设备混凝土预制新型基础梁板结构（五）、（六）、（七）、（八）平面、侧立面

图9~11——梁板结构（一）的集成件分解平面、侧立面

图12~14——梁板结构（二）的集成件分解平面、侧立面

图15~17——梁板结构（三）的集成件分解平面、侧立面

图18~19——梁板结构（四）的集成件分解平面、侧立面

图20~21——梁板结构（五）的集成件分解平面、侧立面

图22~23——梁板结构（六）的集成件分解平面、侧立面

图24~25——梁板结构（七）的集成件分解平面、侧立面

图26~27——梁板结构（八）的集成件分解平面、侧立面

图28——散料挡墙平面、剖面图

图29——梁板结构（一）、（二）、（三）、（四）配置散料仓平面、侧立面

图30——梁板结构（五）、（六）、（七）、（八）配置散料仓平面、侧立面

图31——梁板结构（一）、（二）、（三）、（四）配置混凝土重力构件平面、侧立面

图32——梁板结构（五）、（六）、（七）、（八）配置混凝土重力构件平面、侧立面

图33——混凝土预制构件垂直连接面抗剪切防位移构造

图34——水平空间交叉无粘结预应力（上单下单孔、上单下双孔）连接系统构造、抗剪切防位移构造、垂直连接构造

图35——水平空间交叉无粘结预应力（中下部单孔）连接系统构造、抗剪切防位移构造、垂直连接构造

图36——水平空间交叉无粘结预应力（有挑梁、上单下单孔、上单下双孔）连接系统构造、抗剪切防位移构造、垂直连接构造

图37——水平空间交叉无粘结预应力（有挑梁、中下部单孔）连接系统构造、抗剪切防位移构造、垂直连接构造

图38——吊装销孔构造

图39——水平连接系统固定端构造

具体实施方式　图1、2、3、4、5、6、7、8所描述的桅杆式机械设备混凝土预制构件新型组合基础梁板结构一、二、三、四、五、六、七、八，包括混凝土预制基础结构件中心件1一件与第一集成件4、第二集成件5、第三集成件6、第四集成件7、第五集成件8、第六集成件9、第七集成件10、第八集成件11各4件水平组合而成。基础梁板结构一、二、三、四、五、六、七、八在配置了混凝土预制重力件65或67或散料重力件76，或配置了混凝土预制重力件66或68之后，组成了桅杆式机械设备混凝土预制构件组合基础的全部结构重力主体；如图28、29、30、31、32所示。

为了使散料重力件76的位置固定于基础梁板结构一、二、三、四、五、六、七、八上，配置的散料仓有两种形式：一种为砌筑挡墙结构69，另一种为钢制结构70、21；如图28、29、30所示。

为了运输、安装、拆解便利，将第一集成件4、第二集成件5、第三集成件6、第四集成件7、第五集成件8、第六集成件9、第七集成件10、第八集成件11可以水平垂直于基础梁3的十字轴线垂直分解成为2件、3件、4件、5件……，使一套基础的混凝土预制结构件成为9、13、17、21件……；如图9、10、11、12、13、14、15、16、17、18、19、20、21、22、23、24、25、26、27所示。

本发明采用沿基础梁3十字轴线的十字形水平空间交叉后张法无粘结预应力连接系统，一端固定、一端张拉。其系统分为"上单孔、下单孔"和"上单孔、下双孔"、"中下部单孔"三种十字形水平空间交叉后张法无粘结预应力构造实现的水平连接组合系统。采用一孔多根钢绞线或钢丝束（86）或其他适宜后张法实施的预应力筋，如图34、35、36、37所示。本发明的水平连接采用利于预应力筋多次重复使用的张拉端43和固定端42构造；如图39、40所示。

为了增加钢绞线或钢丝束86的使用次数，在固定端87的构造中设计了两个长短相差一倍的较短的长度大于钢绞线或钢丝束86的预应力夹片109长度的承压管98，第一次使用时，装长的承压管98在基础拆装若干次钢绞线或钢丝束86达到即将受损不能继续使用的临界状态之前，换上长度较短的承压管98，再继续重复使用相同周期的次数后，撤掉较短的承压管98，这样可以把张拉端的钢绞线或钢丝束86的夹持区更换三次，从而延长了预应力筋的使用寿命；如图39所示。

为了抵抗基础结构工作中产生的垂直和水平剪切力，除了预制基础结构件配筋必须满足要求外，其垂直连接面的垂直、水平、剪切力以下列方式克服，以基础梁3垂直连接面上水平设置的纵垂直剖面为正梯形、三角形、弧形抗剪切防位移构造81、82、83，抵抗构件间的水平剪切力所造成的位移，以对称分布于基础梁3轴线两侧的水平剖面为正梯形、三角形、弧形的抗剪切防位移构造81、82、83抵抗抗压板2之间的水平剪切位移；如图33所示。

为了混凝土预制基础结构件在水平组合连接时实现其垂直连接面的无间隙配合和增加抗剪切

防位移能力，混凝土预制基础结构件的垂直连接面上采用等腰三角形分布的锥形定位构造112的水平连接定位系统。其制作安装定位方法是按设计位置分别将凹件113、凸件117对应安装锚固于相邻两预制混凝土构件的垂直连接面以内。其锥形定位构造112的凹凸件实现了组合后无间隙配合，同时真正达到了混凝土预制构件各垂直连接面的无间隙配合定位的目的，以此为条件大大增加了抗剪切防位移构造81、82、83的工作效率，同时锥形定位构造112的抗剪切防位移能力得到充分使用。组装基础梁板结构一、二、三、四、五、六、七、八时，首先按基础定位轴线、吊装中心件1，然后依次就位内端件、外端件等，将锥形定位构造112的三个凸键118水平对口插入凹件113内，即可通过张拉钢绞线或钢丝束86实现预制构件相邻垂直面的无间隙配合。为了延长锥形定位构造112的使用寿命，采取了防锈措施；如图34、35、36、37、41所示。

本发明采用传力滑动砂层80和空腔79构造来实现减少混凝土预制构件在水平组合过程中的移位阻力，保证抗压板2与地基或垫层之间力的均匀传递，受力面积加大，同时预防无间隙配合连接作业过程中杂物夹在预制构件垂直间隙中影响构件顺利实现其垂直连接面的无间隙配合；如图33、34、35、36、37所示。

为了适应在地基承载力条件较差的地质环境中使用本组合基础，减少打桩或基础处理的程序，进一步提高使用本新型组合基础的经济效益，在基础下设置了降低地基承载力构造123，需要使用时，在地基上平铺传力滑动砂层80，安装混凝土预制口字形降低地基承载力构造板123、混凝土等腰梯形板124四件，或混凝土等边L形板125四件，或混凝土直角梯形板126八件，共同组合成口字形平面，在其上面平铺传力滑动砂层80在其口字形混凝土预制板降低地基承载力构造123的十字轴线上安装组合基础梁板结构，使口字形混凝土预制板的边缘与基础正方形边缘平行；如图46、47、48、49所示。

为防止在混凝土预制构件上预埋吊环因生锈而断裂影响吊装运输，在基础梁板结构件、混凝土重力件和降低地基承载力构造123各构件的侧立面上，每件水平设置4个吊装销孔120，将由吊环121与吊钩组合的与销孔内径有一定间隙的柱形钢销122插入吊装销孔120内，即可起吊；如图38所示。

为了扩大对各种深浅及有地下障碍物的不同地质条件的适用性，本发明采用全埋优选使用散料重力件76、全露优选使用散料仓$_1$70、散料仓$_2$78配套散料重力件76、半埋优选使用挡墙69配套散料重力件76，深基坑的临时使用，优选混凝土预制重力件65、67。

说明书附图

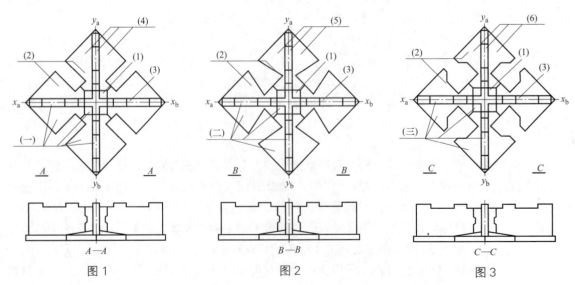

图1　　　　　　　　图2　　　　　　　　图3

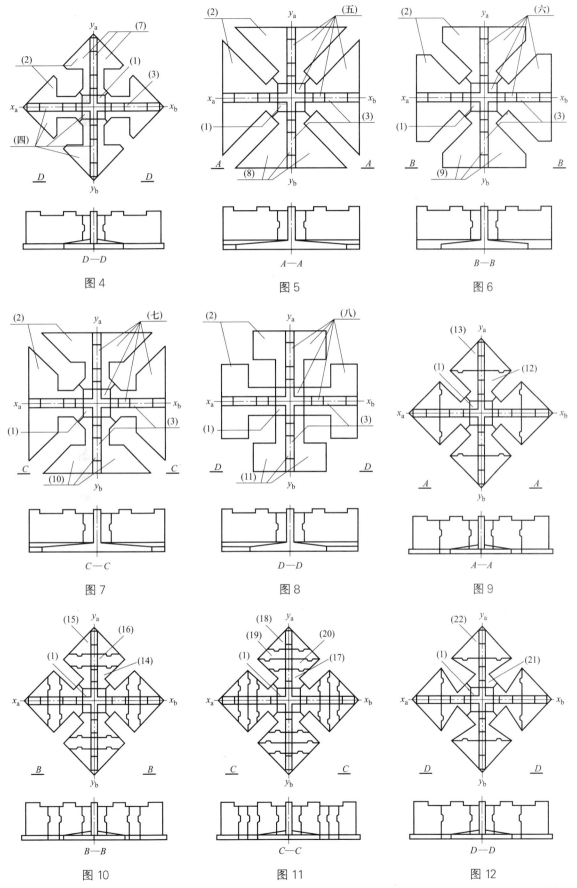

图 4

图 5

图 6

图 7

图 8

图 9

图 10

图 11

图 12

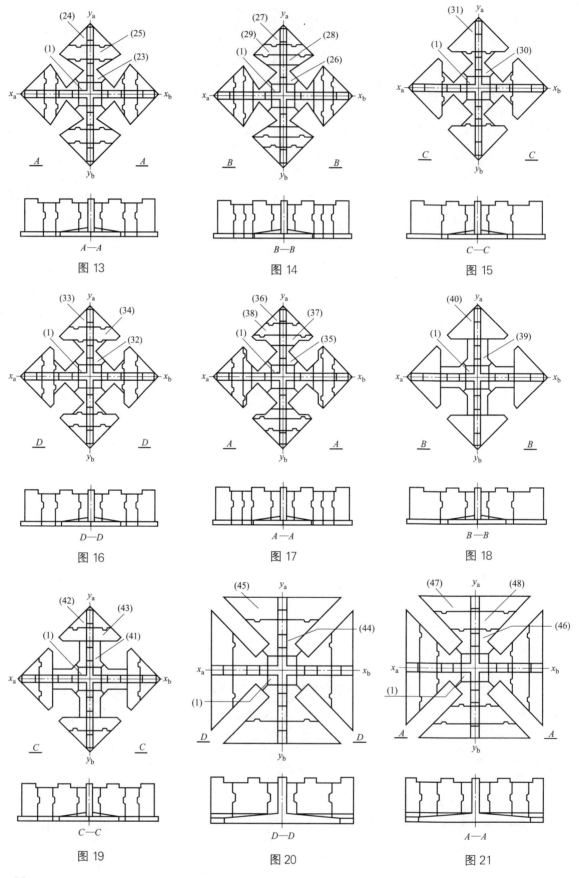

图 13

图 14

图 15

图 16

图 17

图 18

图 19

图 20

图 21

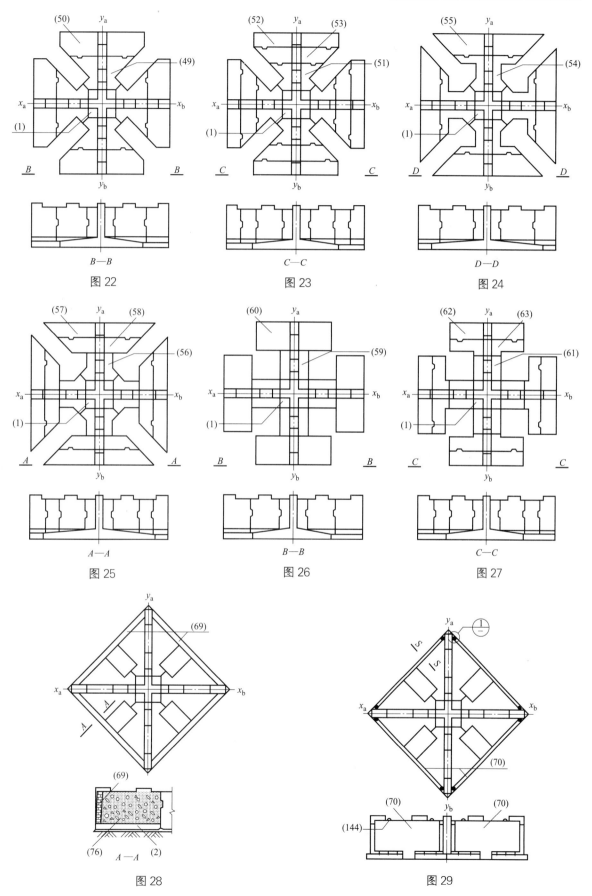

图 22 图 23 图 24

图 25 图 26 图 27

图 28 图 29

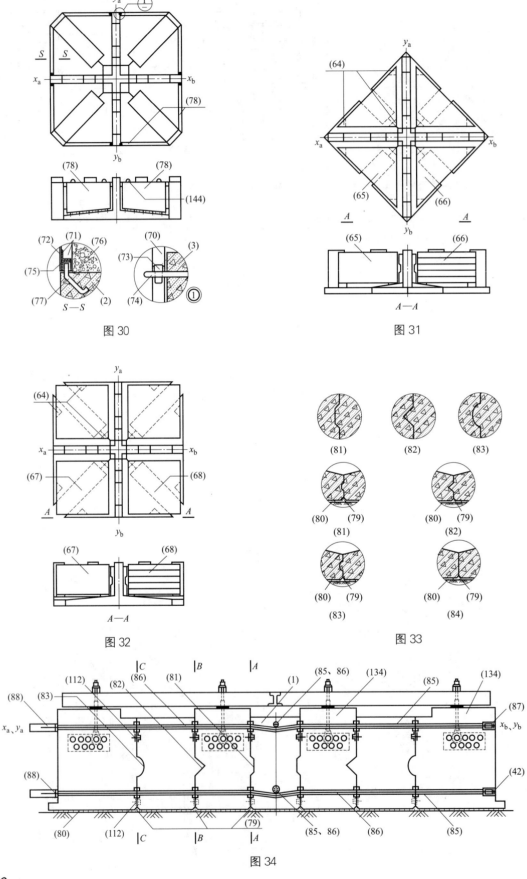

图 30

图 31

图 32

图 33

图 34

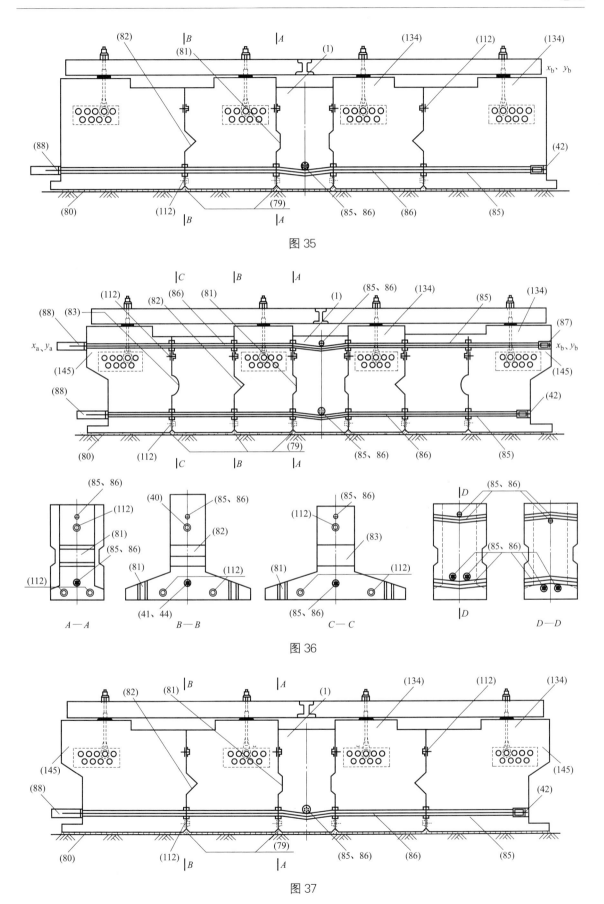

图 35

图 36

图 37

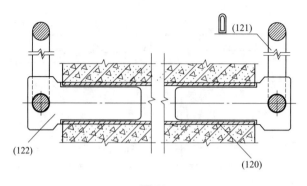

图 38

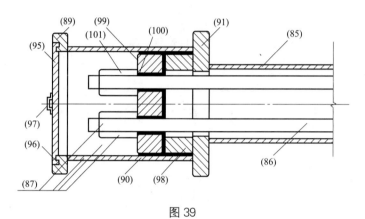

图 39

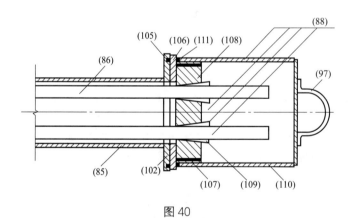

图 40

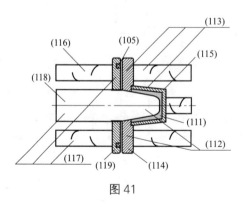

图 41

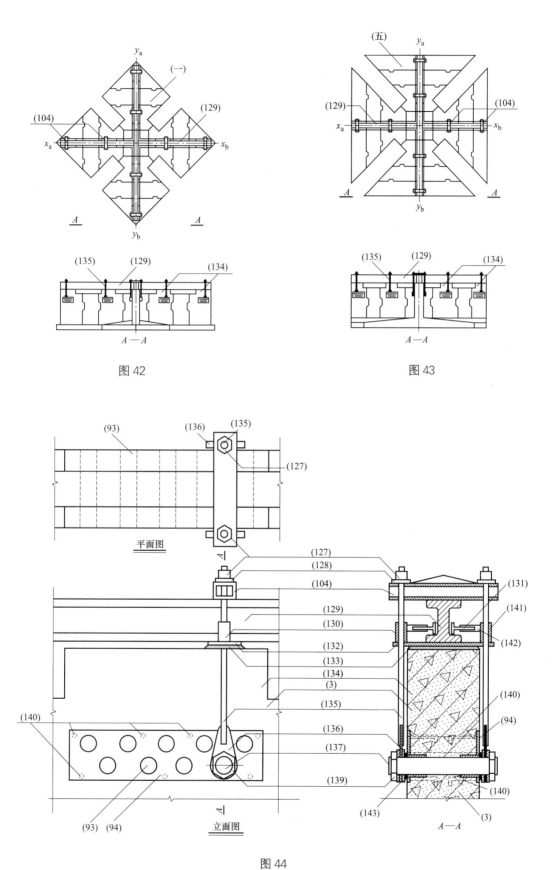

图 42

图 43

图 44

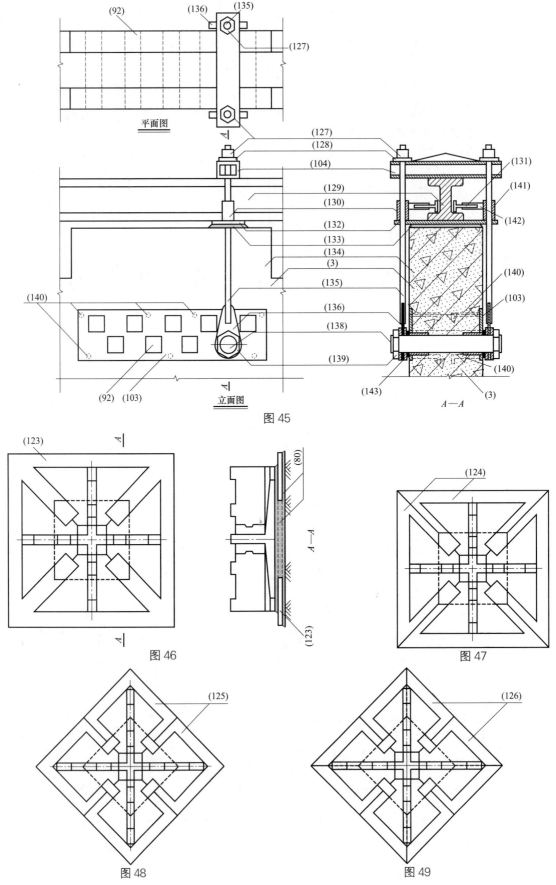

图 45

图 46

图 47

图 48

图 49

1.5.4 预应力钢筋退张前降低预应力构造系统

（专利号：ZL200810146527.X，申请日：2008 年 9 月 2 日，授权公告日：2010 年 6 月 23 日）

说明书摘要

预应力钢筋退张前降低预应力构造系统由可反复安装拆解的新型固定端和张拉端构造系统构成。是一种在预应力钢筋达到其抗拉强度设计值条件下在最终退张拆卸夹片之前将预应力钢筋先行退张的构造系统，使预应力钢筋在最终退张前的拉力值降低到其剩余的抗拉强度值所形成的材料伸长度足以顺利退张，既可以充分利用预应力钢筋的强度设计标准值，提高其材料性能利用率，减少预应力钢筋的用量，同时缩小整个构造系统包括固定端、张拉端和预应力钢筋孔道的构造规格；又避免因预应力钢筋的工作拉力用到极限而无法完好退张不能重复使用，为用于混凝土预制构件组合、分解的无粘结后张法预应力构造系统的资源节约和降低成本提供了新的技术条件。

摘 要 附 图

权利要求书

1. 预应力钢筋退张前降低预应力构造系统，是由预应力钢筋在与锚具彻底分离前先行降低预应力的固定端、张拉端及贯通其间的预应力钢筋孔道和置于其中并将固定端与张拉端连接的预应力钢筋的系统构造以及为增加预应力钢筋使用次数服务的构造措施共同构成的无粘结后张法预应力构造系统，其特征在于：

固定端构造系统有下列两种形式：

第一种：位于混凝土预制构件（2）中的预应力钢筋孔道（38）的最末一端与混凝土预制构件（2）的外立面交接处设有剖面为外高内低的 L 形其内径与预应力钢筋孔道（38）内径相同的 1 号承压圈（3），1 号承压圈（3）的外平面与混凝土预制构件（2）的外立面相平；在 1 号承压圈（3）的外侧设有其外径与 1 号承压圈（3）内径配合的剖面为外高内低的 L 形的 1 号承压垫圈（4），1 号承压垫圈（4）与 1 号承压圈（3）和预应力钢筋孔道（38）同内径同轴心；1 号承压垫圈（4）的外圆周面上设有外螺纹；在 1 号承压垫圈（4）的外侧设有其外径与 1 号承压垫圈（4）的圆形凹槽内径相配合其内径大于 1 号承压垫圈（4）内径的 2 号承压管（6），2 号承压管（6）的长度大于等于 2 倍锚夹片（18），其外向一端设有与 1 号承压管（5）的内向一端相配合的 L 形剖面；1 号承压管（5）与 2 号承压管（6）的内外径相同，其内向一端的外低内高的 L 形剖面与 2 号承压管（6）外向一端的 L 形槽相配合，其外向一端的外高内低的 L 形剖面与构成 1 号退张件（41）的1号退张外管（7）的内向一端的矩形剖面相配合；1号退张件（41）由1号退张外管（7）和1号退张外管卡键（12）组合而成，1号退张外管（7）的内圆面上设有螺纹与1号退张内管（8）外圆面上的螺纹相配合；1号退张外管（7）的外圆面上均匀分布有1号退张外管卡键（12），1号退张外管卡键（12）的横剖面为其内圆面与1号退张外管（7）的外圆面吻合的环形的一部分，其两侧面为与1号退张外管（7）纵轴同方向的平面，1号退张外管卡键（12）的个数为大于等于1的正整数；1号退张内管（8）的内径大于等于1号承压圈（3）的内径，其外圆面上设有与1号退张外管（7）内圆面上的内螺纹配合的外螺纹，其外向端面与1号预应力钢筋定位板（35）的内向平面同轴同心连接；1号预应力钢筋定位板（35）由外径大于1号退张内管（8）内径的圆柱体的1号预应力钢筋定位圆板（9）和1号预应力钢筋定位板卡键（26）组合连接而成，1号预应力钢筋定位板卡键（26）的横剖面形状与1号退张外管卡键（12）相同，沿1号预应力钢筋定位圆板（9）纵轴线设于1号预应力钢筋定位圆板（9）的外圆面上，其均匀分布的个数为大于等于1的正整数；1号预应力钢筋定位圆板（9）上设有轴线与板面垂直其直径略大于预应力钢筋（10）外径的1号预应力钢筋孔（1）；在固定端设有能包容全部外露于混凝土表面的构造的固定端保护筒（13），固定端保护筒（13）为有底圆筒，其筒口外沿设有1号封口圈（29），其筒口内圆面外沿部分设有内螺纹与1号承压垫圈（4）的外圆面上的外螺纹配合；在1号封口圈（29）与1号承压圈之间设有1号封闭垫圈（14）；

能与固定端的第一种构造形式中的1号退张件（41）实现互换而功能相同的两类构造形式：

其第一类为：2号退张件（42）由3号退张外管（37）和4号退张外管双卡键（36）组合而成，其3号退张外管（37）与1号退张外管（7）的内外径、长度及内螺纹相同，其不同在于：在3号退张外管（37）的外圆面上沿3号退张外管（37）纵轴线均匀分布有与4号退张外管双卡键（36）的环形一部分或矩形的横剖面的一部分配合的纵向凹槽，凹槽个数为大于等于1的正整数；

其第二类为：6号退张件（32）是横剖面边数为大于等于3的整数的正多边形的内圆外正多边形的异形管状体或边数为大于等于6的整偶数且内角相等，隔边等长的多边形的内圆外多边形的异形管状体；6号退张件（32）与1号承压管（5）的内径相同，其内向端的矩形剖面与1号承压管（5）的外向端的L形凹槽配合，其长度和内圆面的内螺纹与1号退张件（41）相同；

能与固定端的第一种构造形式中的1号预应力钢筋定位板（35）实现互换而功能相同的两类构造形式：

其第一类为：3号预应力钢筋定位板（40）由2号预应力钢筋定位圆板（45）与2号预应力钢筋定位板双卡键（39）配合而成；2号预应力钢筋定位圆板（45）与1号预应力钢筋定位圆板（9）的直径厚度及1号预应力钢筋孔（1）的设置完全相同，不同之处在于：2号预应力钢筋定位圆板（45）的外圆面上沿2号预应力钢筋定位圆板（45）的纵轴线均匀分布有与2号预应力钢筋定位板双卡键（39）的环形一部分或矩形的横剖面相配合的纵向凹槽，凹槽的个数为大于等于1的正整数；3号预应力钢筋定位板（40）与1号退张内管（8）同轴同心连接；

其第二类为：2号预应力钢筋定位板（33）为其内切圆大于等于1号退张内管（8）的内径的正多边形棱柱体，其厚度及1号预应力钢筋孔（1）的设置与1号预应力钢筋定位圆板（9）相同，2号预应力钢筋定位板（33）与1号退张内管（8）同轴同心连接；

第二种：位于混凝土预制构件（2）中的预应力钢筋孔道（38）的最末一端与混凝土预制构件（2）的外立面交接处设有剖面为外高内低的L形其内径与预应力钢筋孔道（38）内径相同的1号承压圈（3），1号承压圈（3）的外平面与混凝土预制构件（2）的外立面相平；在1号承压圈（3）的外侧设有其外径与1号承压圈（3）内径配合的剖面为外高内低的L形的1号承压垫圈

（4），1 号承压垫圈（4）与 1 号承压圈（3）和预应力钢筋孔道（38）同内径同轴心；1 号承压垫圈（4）的外圆周面上设有外螺纹；在 1 号承压垫圈（4）的外侧设有其外圆周面与 1 号承压垫圈（4）的外向面的 L 形凹槽相配合并与 1 号承压垫圈（4）同内径的 4 号承压管（23），4 号承压管（23）的内向端的矩形剖面端部沿其环形圆周均匀分布有矩形剖面的凹槽与 1 号承压垫圈（4）的 L 形凹槽底面上均匀分布的剖面为矩形的凸键（28）配合，剖面为矩形的凸键（28）的个数为大于等于 1 的正整数，4 号承压管（23）的外向端的矩形剖面端部沿其环形圆周均匀分布有其个数为大于等于 1 的正整数的剖面为矩形的凸键（28），4 号承压管（23）的长度大于等于锚夹片（18）长度的 2 倍；3 号承压管（22）为连接 2 号退张内管（21）和 4 号承压管（23）的中间件，其内径和外径与 2 号退张内管（21）和 4 号承压管（23）相同，在其与 2 号退张内管（21）连接面上设有均匀分布于环形端部的其个数为大于等于 1 的正整数剖面为矩形的凸键（28），在其与 4 号承压管（23）的连接面上设有与 4 号承压管（23）外向端部剖面为矩形的凸键（28）相配合的凹槽，其长度大于等于锚夹片（18）的长度；长度大于锚夹片（18）长度的 2 号退张内管（21）的内端部沿其环形圆周设有剖面为矩形的凹槽与设于 3 号承压管（22）的外向端部剖面为矩形的凸键（28）相配合，其外圆面设有左旋或右旋外螺纹；1 号承压垫圈（4）或 4 号承压管（23）或 3 号承压管（22）的外向端剖面为矩形的凸键（28）的规格和数量相同；在 2 号退张内管（21）和 3 号承压管（22）和 4 号承压管（23）之间的连接部位设有其外径与 2 号退张内管（21）或 3 号承压管（22）或 4 号承压管（23）的内径相同且相互配合的连接定位管（27），连接定位管（27）分别与 2 号退张内管（21）和 3 号承压管（22）的内向端部连接而与 3 号承压管（22）和 4 号承压管（23）的外向端部的内圆周面配合；

3 号退张内管（46）的内径和外径与 2 号退张内管（21）相同，其长度大于锚夹片（18），其外圆周面设有与 2 号退张内管（21）螺纹旋向相反的右旋或左旋的外螺纹，其外向端面与 1 号预应力钢筋定位板（35）的内向平面同轴同心连接；1 号预应力钢筋定位板（35）由外径大于 1 号退张内管（8）内径的圆柱体的 1 号预应力钢筋定位圆板（9）和 1 号预应力钢筋定位板卡键（26）组合连接而成，1 号预应力钢筋定位板卡键（26）的横剖面形状与 1 号退张外管卡键（12）相同，1 号预应力钢筋定位板卡键（26）沿 1 号预应力钢筋定位圆板（9）纵轴线方向设于其外圆面均匀分布的个数为大于等于 1 的正整数；1 号预应力钢筋定位圆板（9）上设有轴线与板面垂直其直径略大于预应力钢筋（10）外径的 1 号预应力钢筋孔（1）；

3 号退张件（43）由长度相等的 2 号退张外管（24）和 2 号退张外管卡键（25）组合连接而成，长度为锚夹片（18）2 倍以上的 2 号退张外管（24）的内螺纹为旋向相反的长度相等的两部分，分别与 2 号退张内管（21）和 3 号退张内管（46）的相反旋向的外螺纹配合；2 号退张外管（24）的外圆面上均匀分布有 2 号退张外管卡键（25），2 号退张外管卡键（25）的横剖面为其内圆面与 2 号退张外管（24）的外圆面吻合的环形的一部分，其两侧面为与 2 号退张外管（24）纵轴同方向的平面，其 2 号退张外管卡键（25）的个数为大于等于 1 的正整数；在固定端设有能包容全部外露于混凝土表面的构造的固定端保护筒（13），固定端保护筒（13）为有底圆筒，其筒口外沿设有 1 号封口圈（29），其筒口内圆面外沿部分设有内螺纹与 1 号承压垫圈（4）的外圆面上的外螺纹配合；在 1 号封口圈（29）与 1 号承压圈之间设有 1 号封闭垫圈（14）；

能与固定端的第二种构造形式中的 3 号退张件（43）实现互换而功能相同的两类构造形式：

其第一类为：4 号退张件（44）由 4 号退张外管（47）和 4 号退张外管双卡键（36）组合而成，其 4 号退张外管（47）与 2 号退张外管（24）的长度、内径和外径、内螺纹相同，其不同在于：在 4 号退张外管（47）的外圆面上沿 4 号退张外管（47）纵轴线均匀分布有与 4 号退张外管双卡键（36）的环形一部分或矩形的横剖面配合的纵向凹槽，凹槽个数为大于等于 1 的正整数；

其第二类为：5 号退张件（31）是横剖面为内圆外正多边形的异形管状体，其正多边形的边数为大于等于 3 的正整数；5 号退张件（31）的长度、内径及内螺纹与 3 号退张件（43）相同；

能与固定端的第二种构造形式中的 1 号预应力钢筋定位板（35）实现互换而功能相同的两类构造形式：

其第一类为：3 号预应力钢筋定位板（40）由 2 号预应力钢筋定位圆板（45）与 2 号预应力钢筋定位板双卡键（39）配合而成；2 号预应力钢筋定位圆板（45）与 1 号预应力钢筋定位圆板（9）的直径厚度及 1 号预应力钢筋孔（1）的设置相同，不同之处在于：2 号预应力钢筋定位圆板（45）的外圆面上沿 2 号预应力钢筋定位圆板（45）的纵轴线均匀分布有与 2 号预应力钢筋定位板双卡键（39）的环形一部分或矩形的横剖面相配合的纵向凹槽，凹槽的个数为大于等于 1 的正整数；3 号预应力钢筋定位板（40）与 3 号退张内管（46）同轴同心连接；

其第二类为：2 号预应力钢筋定位板（33）为其内切圆大于等于 1 号退张内管（8）的内径的正多边形棱柱体，其正多边形的边数为大于等于 3 的正整数；其厚度与 1 号预应力钢筋定位圆板（9）相同，2 号预应力钢筋定位板（33）上设有与其内外平面垂直的中轴线方向相同的其直径略大于预应力钢筋（10）的 1 号预应力钢筋孔（1），2 号预应力钢筋定位板（33）与 3 号退张内管（46）同轴同心连接；

用于退张时旋转和控制旋转 1 号预应力钢筋定位板（35）或 1 号退张件（41）或 3 号退张件（43）或 3 号预应力钢筋定位板（40）或 2 号退张件（42）或 4 号退张件（44）或 5 号退张件（31）或 6 号退张件（32）或 2 号预应力钢筋定位板（33）的旋扭卡头分为三种：

其 1：1 号旋扭卡头（48）为圆形筒状，其中心有与 1 号预应力钢筋定位板（35）或 1 号退张件（41）或 3 号退张件（43）的齿轮形外轮廓横剖面相配合且同轴同心的孔，手柄（51）以其纵轴线与 1 号旋扭卡头（48）的中心在一条直线上与 1 号旋扭卡头（48）连接；

其 2：2 号旋扭卡头（49）为圆形筒状，其中心有与 3 号预应力钢筋定位板（40）或 2 号退张件（42）或 4 号退张件（44）的齿轮形外轮廓横剖面相配合且同轴同心的孔，手柄（51）以其纵轴线与 2 号旋扭卡头（49）的中心在一条直线上与 2 号旋扭卡头（49）连接；

其 3：3 号旋扭卡头（50）为圆形筒状，其中心有与 5 号退张件（31）或 6 号退张件（32）或 2 号预应力钢筋定位板（33）的正多边形外轮廓横剖面相配合且同轴同心的孔，手柄（51）以其纵轴线与 3 号旋扭卡头（50）的中心在一条直线上与 3 号旋扭卡头（50）连接；

预应力钢筋（10）为钢绞线或钢丝束或钢筋，一端设有预应力钢筋锚头（11）的预应力钢筋（10）从固定端的 1 号预应力钢筋定位板（35）或 2 号预应力钢筋定位板（33）或 3 号预应力钢筋定位板（40）上的 1 号预应力钢筋孔（1）穿入，穿过设于各混凝土预制构件（2）中的预应力钢筋孔道（38）到达张拉端，再从锚环（17）上的 2 号预应力钢筋孔（34）穿出，预应力钢筋（10）经张拉同时安装锚夹片（18），使混凝土预制构件（2）形成整体；

与固定端二种构造形式对应配合的张拉端的构造形式为：置于混凝土预制构件（2）中的与预应力钢筋孔道（38）同内径同轴心的剖面为 L 形凹槽朝外的 2 号承压圈（15）的外平面与混凝土预制构件（2）的外立面相平；剖面为 L 形其外径与 2 号承压圈（15）外向面的圆形凹槽相配合的剖面 L 形 2 号承压垫圈（16）的外向面的圆形凹槽与锚环（17）的圆周及底面配合，锚环（17）为圆柱体上设有外大内小的锥形的 2 号预应力钢筋孔（34）与锚夹片（18）和预应力钢筋（10）配合；将张拉端构造包容其中的张拉端保护筒（20）由有底圆筒和设于筒口外沿与筒口齐平的 2 号封口圈（30）共同组合连接而成，在 2 号承压圈（15）和 2 号封口圈（30）之间有 2 号封闭垫圈（19）。

2. 如权利要求 1 所述的预应力钢筋退张前降低预应力构造系统，其特征在于：

固定端构造在其预应力钢筋（10）张拉前按规定位置安装各构造零部件，并且使 1 号退张外管（7）或 3 号退张外管（37）或 6 号退张件（32）的内螺纹分别与 1 号退张内管（8）的外螺纹配合后分别与 1 号预应力钢筋定位板 (35) 或 3 号预应力钢筋定位板 (40) 或 2 号预应力钢筋定位板 (33) 的距离大于等于锚夹片 (18) 的长度；2 号退张外管 (24) 或 4 号退张外管 (47) 或 5 号退张件 (31) 的内螺纹分别与 3 号退张内管 (46) 和 2 号退张内管 (21) 的外螺纹配合后，使 3 号退张内管 (46) 与 2 号退张内管 (21) 之间的距离大于等于锚夹片 (18) 的长度，并且 2 号退张外管 (24) 或 4 号退张外管 (47) 或 5 号退张件 (31) 的内螺纹分别与 3 号退张内管 (46) 和 2 号退张内管 (21) 的外螺纹的旋合长度相等；与固定端配套的张拉端构造在固定端构造满足上述技术条件后方可安装；

第一种固定端构造系统需要拆解时，首先旋转固定端保护筒 (13) 使其与 1 号承压垫圈 (4) 分离；将分别与 1 号退张件 (41) 或 6 号退张件 (32) 配合的 1 号旋扭卡头 (48) 或 3 号旋扭卡头 (50) 分别与 1 号退张件 (41) 或 6 号退张件 (32) 配合；然后将分别与 1 号预应力钢筋定位板 (35) 或 2 号预应力钢筋定位板 (33) 配合的 1 号旋扭卡头 (48) 或 3 号旋扭卡头 (50) 分别与 1 号预应力钢筋定位板 (35) 或 2 号预应力钢筋定位板 (33) 配合，并控制配合于 1 号预应力钢筋定位板 (35) 或 2 号预应力钢筋定位板 (33) 的 1 号旋扭卡头 (48) 或 3 号旋扭卡头 (50) 使 1 号预应力钢筋定位板 (35) 或 2 号预应力钢筋定位板 (33) 不旋转；再分别旋转配合于 1 号退张件 (41) 或 6 号退张件 (32) 的 1 号旋扭卡头 (48) 或 3 号旋扭卡头 (50) 使 1 号预应力钢筋定位板 (35) 或 2 号预应力钢筋定位板 (33) 分别与 1 号退张外管 (7) 或 6 号退张件 (32) 之间的距离缩短的长度大于等于锚夹片 (18) 的长度；

将与 2 号退张件 (42) 配合的 2 号旋扭卡头 (49) 与 2 号退张件 (42) 配合并安装 4 号退张外管双卡键 (36)，然后将与 3 号预应力钢筋定位板 (40) 配合的 2 号旋扭卡头 (49) 与 3 号预应力钢筋定位板 (40) 配合并安装 2 号预应力钢筋定位板双卡键 (39)，控制配合于 3 号预应力钢筋定位板 (40) 的 2 号旋扭卡头 (49) 使 3 号预应力钢筋定位板 (40) 不旋转，再旋转配合于 2 号退张件 (42) 的 2 号旋扭卡头 (49) 使 3 号预应力钢筋定位板 (40) 与 3 号退张外管 (37) 之间缩短的距离大于等于锚夹片 (18) 的长度；

第二种固定端构造系统需要拆解时，首先旋转固定端保护筒 (13) 使其与 1 号承压垫圈 (4) 分离；将分别与 3 号退张件 (43) 或 5 号退张件 (31) 配合的 1 号旋扭卡头 (48) 或 3 号旋扭卡头 (50) 分别与 3 号退张件 (43) 或 5 号退张件 (31) 配合；然后将分别与 1 号预应力钢筋定位板 (35) 或 2 号预应力钢筋定位板 (33) 配合的 1 号旋扭卡头 (48) 或 3 号旋扭卡头 (50) 分别与 1 号预应力钢筋定位板 (35) 或 2 号预应力钢筋定位板 (33) 配合，并控制配合于 1 号预应力钢筋定位板 (35) 或 2 号预应力钢筋定位板 (33) 的 1 号旋扭卡头 (48) 或 3 号旋扭卡头 (50) 使 1 号预应力钢筋定位板 (35) 或 2 号预应力钢筋定位板 (33) 不旋转；再分别旋转配合于 3 号退张件 (43) 或 5 号退张件 (31) 的 1 号旋扭卡头 (48) 或 3 号旋扭卡头 (50) 使 3 号退张内管 (46) 与 2 号退张内管 (21) 之间缩短的距离大于等于锚夹片 (18) 的长度；

将与 4 号退张件 (44) 配合的 2 号旋扭卡头 (49) 与 4 号退张件 (44) 配合并安装 4 号退张外管双卡键 (36)，然后将与 3 号预应力钢筋定位板 (40) 配合的 2 号旋扭卡头 (49) 与 3 号预应力钢筋定位板 (40) 配合并安装 2 号预应力钢筋定位板双卡键 (39)，控制配合于 3 号预应力钢筋定位板 (40) 的 2 号旋扭卡头 (49) 使 3 号预应力钢筋定位板 (40) 不旋转；再旋转配合于 4 号退张件 (44) 的 2 号旋扭卡头 (49) 使 3 号退张内管 (46) 与 2 号退张内管 (21) 之间缩短的距离大于等于锚夹片 (18) 的长度；

在完成了上述操作步骤实现了预应力钢筋 (10) 的原有预应力大幅降低以后，方可拆卸张拉端保护筒 (20)，继而对预应力钢筋 (10) 进行退张操作，使锚夹片 (18) 与锚环 (17) 分离；然后从固定端抽出预应力钢筋 (10)，继而使本构造系统零部件分解。

说　明　书

预应力钢筋退张前降低预应力构造系统

技术领域　本发明涉及周期组合、分解的混凝土预制构件的无粘结后张法预应力钢筋的退张构造系统。

背景技术　目前，为了达到周期移动使用的机械设备组合基础（如建筑塔式起重机、石油的采油机、地矿的勘探机等）的混凝土预制构件的预应力构造系统能反复退张使预应力钢筋重复使用的目的，无粘结后张法的预应力钢筋拉力设计值仅为其抗拉强度标准值的40％左右，这种强度设计值与规范规定的强度设计值为其强度标准值的71％尚有31％左右的差距，这是为了实现预应力钢筋能多次重复使用以达到节约材料、降低成本的目的技术措施造成的另一种可观的资源浪费和成本浪费。而现有的预应力钢筋的退张方法与构造措施无法实现在利用剩余的强度标准值（71％～100％）范围内保证预应力钢筋重复使用的材料力学性质的条件下实现预应力钢筋的无损坏退张。其技术现状是，要么为完好退张实现重复使用的需要而降低其预应力钢筋的拉力设计值，造成增加预应力钢筋用量，钢筋用量的增加连锁造成其整个构造系统包括张拉端、固定端和钢筋孔道的构造相应增大而形成的进一步综合浪费；要么把预应力钢筋的强度设计值用到规定的极限，造成预应力钢筋的退张破坏只能是一次性使用的浪费；两者都无法避免材料和成本的浪费。

发明内容　发明目的：本发明的目的和任务是提供一种在预应力钢筋达到其抗拉强度设计值条件下能在最终退张拆卸夹片之前将预应力钢筋先行退张的构造系统，使预应力钢筋在最终退张前的拉力值降低到其剩余的抗拉强度值所形成的材料伸长度足以顺利退张拆卸夹片，使预应力钢筋与锚具彻底分解。这样，既可以充分利用预应力钢筋的强度设计标准值，提高其材料性能利用率，减少预应力钢筋的用量，同时减小整个构造系统包括固定端、张拉端和预应力钢筋孔道的构造规格；又可以避免因预应力钢筋的拉力值用到规定的极限而无法完好退张以实现其重复使用的状况。为进一步降低用于混凝土预制构件组合、分解的无粘结后张法预应力构造系统的资源节约和降低成本提供了新的技术条件。

技术方案　本发明包括由预应力钢筋在与锚具彻底分离前先行降低预应力的固定端、张拉端及贯通其间的预应力钢筋孔道和置于其中并将固定端与张拉端连接的预应力钢筋的系统构造以及为增加预应力钢筋使用次数服务的其他构造措施共同构成的无粘结后张法预应力构造系统。

本发明的固定端构造有下列两种形式：

第一种：位于混凝土预制构件（2）中的预应力钢筋孔道（38）的最末一端与混凝土预制构件（2）的外立面交接处设有剖面为外高内低的L形其内径与预应力钢筋孔道（38）内径相同的1号承压圈（3），1号承压圈（3）的外平面与混凝土预制构件（2）的外立面相平；在1号承压圈（3）的外侧设有其外径与1号承压圈（3）内径配合的剖面为外高内低的L形的1号承压垫圈（4），1号承压垫圈（4）与1号承压圈（3）和预应力钢筋孔道（38）同内径同轴心；1号承压垫圈（4）的外圆周面上设有外螺纹；在1号承压垫圈（4）的外侧设有其外径与1号承压垫圈（4）的圆形凹槽内径相配合其内径大于1号承压垫圈（4）内径的2号承压管（6），2号承压管（6）的长度大于等于2倍锚夹片（18），其外向一端设有与1号承压管（5）的内向一端相配合的L形剖面；1号承压管（5）与2号承压管（6）的内外径相同，其内向一端的外低内高的L形剖面与2号承压管（6）外向一端的L形槽相配合，其外向一端的外高内低的L形剖面与构成1号退张件（41）的1号退张外管（7）的内向一端的矩形剖面相配合；1号退张件（41）由1号退张外管（7）和1号退张外管卡键（12）组合而成，1号退张外管（7）的内圆面上设有螺纹与1号退张内管（8）外圆面上的螺纹相配合；1号退张外管（7）的外圆面上均匀分布有1号退张外管卡键（12），1号退张外管卡键（12）的横剖面为其内圆面与1号退张外管（7）的外圆面吻合的环形的一部分，其两侧面为与1号退张外管（7）纵轴同方向的平面，1号退张外管卡键（12）的个数为大于等于1的正整数；1号退张内管（8）的内径大于等于1号承压圈（3）的内径，其外圆面上设有与1号退张外管（7）内圆面上的内螺纹配合的外螺纹，其外向端面与1号预应力钢筋定位板（35）的内向平面同轴同心连接；1号预应力钢筋定位板（35）由外径大于1号退张内管（8）内径的圆柱体的1号预应力钢筋定位圆板（9）和1号预应力钢筋定位板卡键（26）组合连接而成，1号预应力钢筋定位板卡键（26）的横剖面形状与1号退张外管卡键（12）相同，沿1号预应力钢筋定位圆板（9）纵轴线设于1号预应力钢筋定位圆板（9）的外圆面上，其均匀分布的个数为大于等于1的正整数；1号预应力钢筋定位圆板（9）上设有轴线与板面垂直其直径略大于预应力钢筋（10）外径的1号预应力钢筋孔（1）；在固定端设有能包容全部外露于混凝土表面的构造的固定端保护筒（13），固定端保护筒（13）为有底圆筒，其筒口外沿设有1号封口圈（29），其筒口内圆面外沿部分设有内螺纹与1号承压垫圈（4）的外圆面上的外螺纹配合；在1号封口圈（29）与1号承压圈之间设有1号封闭垫圈（14）；如图1、9、13所示。

能与本发明的固定端的第一种构造形式中的1号退张件（41）实现互换而功能相同的两类构造形式：

其第一类为：2号退张件（42）由3号退张外管（37）和4号退张外管双卡键（36）组合而成，其3号退张外管（37）与1号退张外管（7）的内外径、长度及内螺纹相同，其不同在于：在3号退张外管（37）的外圆面上沿3号退张外管（37）纵轴线均匀分布有与4号退张外管双卡键（36）的环形一部分或矩形的横剖面的一部分配合的纵向凹槽，凹槽个数为大于等于1的正整数；如图2、15所示。

其第二类为：6号退张件（32）是横剖面为边数为大于等于3的整数的正多边形的内圆外正多边形的异形管状体或边数为大于等于6的整偶数且内角相等，隔边等长的多边形的内圆外多边形的异形管状体；6号退张件（32）与1号承压管（5）的内径相同，其内向端的矩形剖面与1号承压管（5）的外向端的L形凹槽配合，其长度和内圆面的内螺纹与1号退张件（41）相同；如图3、8所示。

能与本发明的固定端的第一种构造形式中的1号预应力钢筋定位板（35）实现互换而功能相同的两类构造形式：

其第一类为：3号预应力钢筋定位板（40）由2号预应力钢筋定位圆板（45）与2号预应力钢筋定位板双卡键（39）配合而成；2号预应力钢筋定位圆板（45）与1号预应力钢筋定位圆板（9）的直径厚度及1号预应力钢筋孔（1）的设置完全相同，不同之处在于：2号预应力钢筋定位圆板（45）的外圆面上沿2号预应力钢筋定位圆板（45）的纵轴线均匀分布有与2号预应力钢筋定位板双卡键（39）的环形一部分或矩形的横剖面相配合的纵向凹槽，凹槽的个数为大于等于1的正整数；3号预应力钢筋定位板（40）与1号退张内管（8）同轴同心连接；如图2、16所示。

其第二类为：2号预应力钢筋定位板（33）为其内切圆大于等于1号退张内管（8）的内径的正多边形棱柱体，其厚度及1号预应力钢筋孔（1）的设置与1号预应力钢筋定位圆板（9）相同，2号预应力钢筋定位板（33）与1号退张内管（8）同轴同心连接；如图3、12所示。

第二种：位于混凝土预制构件（2）中的预应力钢筋孔道（38）的最末一端与混凝土预制构件（2）的外立面交接处设有剖面为外高内低的L形其内径与预应力钢筋孔道（38）内径相同的1号承压圈（3），1号承压圈（3）的外平面与混凝土预制构件（2）的外立面相平；在1号承压圈（3）的外侧设有其外径与1号承压圈（3）内径配合的剖面为外高内低的L形的1号承压垫圈（4），1号承压垫圈（4）与1号承压圈（3）和预应力钢筋孔道（38）同内径同轴心；1号承压垫圈（4）的外圆周面上设有外螺纹；在 1 号承压垫圈（4）的外侧设有其外圆周面与 1 号承压垫圈（4）的外向面的 L 形凹槽相配合并与 1 号承压垫圈（4）同内径的 4 号承压管（23），4 号承压管（23）的内向端的矩形剖面端部沿其环形圆周均匀分布有矩形剖面的凹槽与 1 号承压垫圈（4）的 L 形凹槽底面上均匀分布的剖面为矩形的凸键（28）配合，剖面为矩形的凸键（28）的个数为大于等于 1 的正整数，4 号承压管（23）的外向端的矩形剖面端部沿其环形圆周均匀分布有其个数为大于等于 1 的正整数的剖面为矩形的凸键（28），4 号承压管（23）的长度大于等于锚夹片（18）长度的 2 倍；3 号承压管（22）为连接 2 号退张内管（21）和 4 号承压管（23）的中间件，其内径和外径与 2 号退张内管（21）和 4 号承压管（23）相同，在其与 2 号退张内管（21）连接面上设有均匀分布于环形端部的其个数为大于等于 1 的正整数剖面为矩形的凸键（28），在其与 4 号承压管（23）的连接面上设有与 4 号承压管（23）外向端部剖面为矩形的凸键（28）相配合的凹槽，其长度大于等于锚夹片（18）的长度；长度大于锚夹片（18）长度的 2 号退张内管（21）的内端部沿其环形圆周设有剖面为矩形的凹槽与设于 3 号承压管（22）的外向端部剖面为矩形的凸键（28）相配合，其外圆面设有左旋或右旋外螺纹；1 号承压垫圈（4）或 4 号承压管（23）或 3 号承压管（22）的外向端剖面为矩形的凸键（28）的规格和数量相同；在 2 号退张内管（21）和 3 号承压管（22）和 4 号承压管（23）之间的连接部位设有其外径与 2 号退张内管（21）或 3 号承压管（22）或 4 号承压管（23）的内径相同且相互配合的连接定位管（27），连接定位管（27）分别与 2 号退张内管（21）和 3 号承压管（22）的内向端部连接而与 3 号承压管（22）和 4 号承压管（23）的外向端部的内圆周面配合；

3 号退张内管（46）的内径和外径与 2 号退张内管（21）相同，其长度大于锚夹片（18），其外圆周面设有与 2 号退张内管（21）螺纹旋向相反的右旋或左旋的外螺纹，其外向端面与 1 号预应力钢筋定位板（35）的内向平面同轴同心连接；1 号预应力钢筋定位板（35）由外径大于 1 号退张内管（8）内径的圆柱体的 1 号预应力钢筋定位圆板（9）和 1 号预应力钢筋定位板卡键（26）组合连接而成，1 号预应力钢筋定位板卡键（26）的横剖面形状与 1 号退张外管卡键（12）相同，1 号预应力钢筋定位板卡键（26）沿 1 号预应力钢筋定位圆板（9）纵轴线方向设于其外圆面均匀分布的个数为大于等于 1 的正整数；1 号预应力钢筋定位圆板（9）上设有轴线与板面垂直其直径略大于预应力钢筋（10）外径的 1 号预应力钢筋孔（1）；

3 号退张件（43）由长度相等的 2 号退张外管（24）和 2 号退张外管卡键（25）组合连接而成，长度为锚夹片（18）2 倍以上的 2 号退张外管（24）的内螺纹为旋向相反的长度相等的两部分，分别与 2 号退张内管（21）和 3 号退张内管（46）的相反旋向的外螺纹配合；2 号退张外管（24）的外圆面上均匀分布有 2 号退张外管卡键（25），2 号退张外管卡键（25）的横剖面为其内圆面与 2 号退张外管（24）的外圆面吻合的环形的一部分，其两侧面为与 2 号退张外管（24）纵轴同方向的平面，其 2 号退张外管卡键（25）的个数为大于等于 1 的正整数；在固定端设有能包容全部外露于混凝土表面的构造的固定端保护筒（13），固定端保护筒（13）为有底圆筒，其筒口外沿设有 1 号封口圈（29），其筒口内圆面外沿部分设有内螺纹与 1 号承压垫圈（4）的外圆面上的外螺纹配合；在 1 号封口圈（29）与 1 号承压圈之间设有 1 号封闭垫圈（14）；如图 4、9、10 所示。

能与本发明的固定端的第二种构造形式中的 3 号退张件（43）实现互换而功能相同的两类构造形式：

其第一类为：4 号退张件（44）由 4 号退张外管（47）和 4 号退张外管双卡键（36）组合而成，其 4 号退张外管（47）与 2 号退张外管（24）的长度、内径和外径、内螺纹相同，其不同在于：在 4 号退张外管（47）的外圆面上沿 4 号退张外管（47）纵轴线均匀分布有与 4 号退张外管双卡键（36）的环形一部分或矩形的横剖面配合的纵向凹槽，凹槽个数为大于等于 1 的正整数；

如图 5、14、16 所示。

其第二类为：5 号退张件（31）是横剖面为内圆外正多边形的异形管状体，其正多边形的边数为大于等于 3 的正整数；5 号退张件（31）的长度、内径及内螺纹与 3 号退张件（43）相同；如图 6、11、12 所示。

能与本发明的固定端的第二种构造形式中的 1 号预应力钢筋定位板（35）实现互换而功能相同的两类构造形式：

其第一类为：3 号预应力钢筋定位板（40）由 2 号预应力钢筋定位圆板（45）与 2 号预应力钢筋定位板双卡键（39）配合而成；2 号预应力钢筋定位圆板（45）与 1 号预应力钢筋定位圆板（9）的直径厚度及 1 号预应力钢筋孔（1）的设置相同，不同之处在于：2 号预应力钢筋定位圆板（45）的外圆面上沿 2 号预应力钢筋定位圆板（45）的纵轴线均匀分布有与 2 号预应力钢筋定位板双卡键（39）的环形一部分或矩形的横剖面相配合的纵向凹槽，凹槽的个数为大于等于 1 的正整数；3 号预应力钢筋定位板（40）与 3 号退张内管（46）同轴同心连接；如图 5、16 所示。

其第二类为：2 号预应力钢筋定位板（33）为其内切圆大于等于 1 号退张内管（8）的内径的正多边形棱柱体，其正多边形的边数为大于等于 3 的正整数；其厚度与 1 号预应力钢筋定位圆板（9）相同，2 号预应力钢筋定位板（33）上设有与其内外平面垂直的中轴线方向相同的其直径略大于预应力钢筋（10）的 1 号预应力钢筋孔（1），2 号预应力钢筋定位板（33）与 3 号退张内管（46）同轴同心连接；如图 6、12 所示。

本发明用于退张时旋转和控制旋转 1 号预应力钢筋定位板（35）或 1 号退张件（41）或 3 号退张件（43）或 3 号预应力钢筋定位板（40）或 2 号退张件（42）或 4 号退张件（44）或 5 号退张件（31）或 6 号退张件（32）或 2 号预应力钢筋定位板（33）的旋扭卡头分为三种：

其 1：1 号旋扭卡头（48）为圆形筒状，其中心有与 1 号预应力钢筋定位板（35）或 1 号退张件（41）或 3 号退张件（43）的齿轮形外轮廓横剖面相配合且同轴同心的孔，手柄（51）以其纵轴线与 1 号旋扭卡头（48）的中心在一条直线上与 1 号旋扭卡头（48）连接；如图 17 所示。

其 2：2 号旋扭卡头（49）为圆形筒状，其中心有与 3 号预应力钢筋定位板（40）或 2 号退张件（42）或 4 号退张件（44）的齿轮形外轮廓横剖面相配合且同轴同心的孔，手柄（51）以其纵轴线与 2 号旋扭卡头（49）的中心在一条直线上与 2 号旋扭卡头（49）连接；如图 18 所示。

其 3：3 号旋扭卡头（50）为圆形筒状，其中心有与 5 号退张件（31）或 6 号退张件（32）或 2 号预应力钢筋定位板（33）的正多边形外轮廓横剖面相配合且同轴同心的孔，手柄（51）以其纵轴线与 3 号旋扭卡头（50）的中心在一条直线上与 3 号旋扭卡头（50）连接；如图 19 所示。

本发明与固定端二种构造形式对应配合的张拉端的构造形式为：

置于混凝土预制构件（2）中的与预应力钢筋孔道（38）同内径同轴心的剖面为 L 形凹槽朝外的 2 号承压圈（15）的外平面与混凝土预制构件（2）的外立面相平；剖面为 L 形其外径与 2 号承压圈（15）外向面的圆形凹槽相配合的剖面 L 形 2 号承压垫圈（16）的外向面的圆形凹槽与锚环（17）的圆周及底面配合，锚环（17）为圆柱体上设有外大内小的锥形的 2 号预应力钢筋孔（34）与锚夹片（18）和预应力钢筋（10）配合；将张拉端构造包容其中的张拉端保护筒（20）由有底圆筒和设于筒口外沿与筒口齐平的 2 号封口圈（30）共同组合连接而成，在 2 号承压圈（15）和 2 号封口圈（30）之间有 2 号封闭垫圈（19）；如图 7 所示。

预应力钢筋（10）为钢绞线或钢丝束或钢筋，一端设有预应力钢筋锚头（11）的预应力钢筋（10）从固定端的 1 号预应力钢筋定位板（35）或 2 号预应力钢筋定位板（33）或 3 号预应力钢筋定位板（40）上的 1 号预应力钢筋孔（1）穿入，穿过设于各混凝土预制构件（2）中的预应力钢筋孔道（38）到达张拉端，再从锚环（17）上的 2 号预应力钢筋孔（34）穿出，预应力钢筋（10）经张拉同时安装锚夹片（18），使混凝土预制构件（2）形成整体；如图 1、2、3、4、5、

6、7 所示。

有益效果 本发明采用一种在预应力钢筋达到其抗拉强度设计值条件下能在最终退张拆卸夹片之前将预应力钢筋先行退张的构造系统及配套方法，使预应力钢筋在最终退张前的拉力值降低到其剩余的抗拉强度值所形成的材料伸长度足以顺利退张拆卸夹片，使预应力钢筋与锚具彻底分解。这样，既可以充分利用预应力钢筋的强度设计标准值，提高其材料性能利用率，减少预应力钢筋的用量，同时减小整个构造系统包括固定端、张拉端和预应力钢筋孔道的构造规格；又可以避免因预应力钢筋的拉力值用到规定的极限而无法完好退张以实现其重复使用的状况。实现了无粘结后张法预应力构造系统的材料性能利用最大化、从而为周期移动使用的机械设备的混凝土预制构件组合基础及其他一切适用结构进一步的节资降耗开辟了新的技术途径。

附图说明 下面结合附图和具体实施方式对本发明作进一步详细的说明。

图 1——预应力钢筋退张前降低预应力构造系统的固定端构造（一）

图 2——预应力钢筋退张前降低预应力构造系统的固定端构造（二）

图 3——预应力钢筋退张前降低预应力构造系统的固定端构造（三）

图 4——预应力钢筋退张前降低预应力构造系统的固定端构造（四）

图 5——预应力钢筋退张前降低预应力构造系统的固定端构造（五）

图 6——预应力钢筋退张前降低预应力构造系统的固定端构造（六）

图 7——预应力钢筋退张前降低预应力构造系统的张拉端构造

图 8——固定端 6 号退张件（32）的 A—A 剖面图

图 9——固定端 1 号预应力钢筋定位板（35）的 B—B 剖面图

图 10——固定端 3 号退张件（43）的 C—C 剖面图

图 11——固定端 5 号退张件（31）的 D—D 剖面图

图 12——固定端 2 号预应力钢筋定位板（33）的 E—E 剖面图

图 13——固定端 1 号退张件（41）的 F—F 剖面图

图 14——固定端 4 号退张件（44）的 G—G 剖面图

图 15——固定端 2 号退张件（42）的 H—H 剖面图

图 16——固定端 3 号预应力钢筋定位板（40）的 M—M 剖面图

图 17——1 号旋扭卡头（48）与 1 号预应力钢筋定位板（35）或 1 号退张件（41）或 3 号退张件（43）的配合剖面图

图 18——2 号旋扭卡头（49）与 3 号预应力钢筋定位板（40）或 2 号退张件（42）或 4 号退张件（44）的配合剖面图

图 19——3 号旋扭卡头（50）与 5 号退张件（31）或 6 号退张件（32）或 2 号预应力钢筋定位板（33）的配合剖面图

具体实施方式 图 1～图 6 所描述的 2 种 6 类无粘结后张法预应力系统的固定端构造在其预应力钢筋 10 张拉前按规定位置安装各构造零部件，并且使 1 号退张外管 7 或 3 号退张外管 37 或 6 号退张件 32 的内螺纹分别与 1 号退张内管 8 的外螺纹配合后分别与 1 号预应力钢筋定位板 35 或 3 号预应力钢筋定位板 40 或 2 号预应力钢筋定位板 33 的距离大于等于锚夹片 18 的长度；2 号退张外管 24 或 4 号退张外管 47 或 5 号退张件 31 的内螺纹分别与 3 号退张内管 46 和 2 号退张内管 21 的外螺纹配合后，使 3 号退张内管 46 与 2 号退张内管 21 之间的距离大于等于锚夹片 18 的长度，并且 2 号退张外管 24 或 4 号退张外管 47 或 5 号退张件 31 的内螺纹分别与 3 号退张内管 46 和 2 号退张内管 21 的外螺纹的旋合长度相等。

图 7 描述的与本发明的 2 种 6 类固定端配套的张拉端构造在固定端构造满足上述技术条件后方可安装。

在本发明述及的第一种无粘结后张法预应力构造系统需要拆解时，首先旋转固定端保护筒13使其与1号承压垫圈4分离；将分别与1号退张件41或6号退张件32配合的1号旋扭卡头48或3号旋扭卡头50分别与1号退张件41或6号退张件32配合；然后将分别与1号预应力钢筋定位板35或2号预应力钢筋定位板33配合的1号旋扭卡头48或3号旋扭卡头50分别与1号预应力钢筋定位板35或2号预应力钢筋定位板33配合，并控制配合于1号预应力钢筋定位板35或2号预应力钢筋定位板33的1号旋扭卡头48或3号旋扭卡头50使1号预应力钢筋定位板35或2号预应力钢筋定位板33不旋转；再分别旋转配合于1号退张件41或6号退张件32的1号旋扭卡头48或3号旋扭卡头50使1号预应力钢筋定位板35或2号预应力钢筋定位板33分别与1号退张外管7或6号退张件32之间的距离缩短的长度大于等于锚夹片18的长度；如图1、3所示。

将与2号退张件42配合的2号旋扭卡头49与2号退张件42配合并安装4号退张外管双卡键36，然后将与3号预应力钢筋定位板40配合的2号旋扭卡头49与3号预应力钢筋定位板40配合并安装2号预应力钢筋定位板双卡键39，控制配合于3号预应力钢筋定位板40的2号旋扭卡头49使3号预应力钢筋定位板40不旋转，再旋转配合于2号退张件42的2号旋扭卡头49使3号预应力钢筋定位板40与3号退张外管37之间缩短的距离大于等于锚夹片18的长度；如图2所示。

在本发明述及的第二种无粘结后张法预应力构造系统需要拆解时，首先旋转固定端保护筒13使其与1号承压垫圈4分离；将分别与3号退张件43或5号退张件31配合的1号旋扭卡头48或3号旋扭卡头50分别与3号退张件43或5号退张件31配合；然后将分别与1号预应力钢筋定位板35或2号预应力钢筋定位板33配合的1号旋扭卡头48或3号旋扭卡头50分别与1号预应力钢筋定位板35或2号预应力钢筋定位板33配合，并控制配合于1号预应力钢筋定位板35或2号预应力钢筋定位板33的1号旋扭卡头48或3号旋扭卡头50使1号预应力钢筋定位板35或2号预应力钢筋定位板33不旋转；再分别旋转配合于3号退张件43或5号退张件31的1号旋扭卡头48或3号旋扭卡头50使3号退张内管46与2号退张内管21之间缩短的距离大于等于锚夹片18的长度；如图4、6所示。

将与4号退张件44配合的2号旋扭卡头49与4号退张件44配合并安装4号退张外管双卡键36，然后将与3号预应力钢筋定位板40配合的2号旋扭卡头49与3号预应力钢筋定位板40配合并安装2号预应力钢筋定位板双卡键39，控制配合于3号预应力钢筋定位板40的2号旋扭卡头49使3号预应力钢筋定位板40不旋转；再旋转配合于4号退张件44的2号旋扭卡头49使3号退张内管46与2号退张内管21之间缩短的距离大于等于锚夹片18的长度；如图5所示。

在完成了上述操作步骤实现了预应力钢筋10的原有预应力大幅降低以后，方可拆卸张拉端保护筒20，继而对预应力钢筋10进行退张操作，使锚夹片18与锚环17分离；然后从固定端抽出预应力钢筋10，继而使本构造系统零部件分解。

为了增加预应力钢筋10的重复使用次数，在1号退张件41或2号退张件42或6号退张件32与1号承压垫圈4之间设有1号承压管5和2号承压管6，预应力钢筋10使用达到一定次数造成锚夹片18对预应力钢筋10的截面损害不利于结构安全时，首先在安装时不再安装1号承压管5，同时将预应力钢筋10无预应力钢筋锚头11的一端去掉等于锚夹片18的长度；继续使用一定次数后，再将1号承压管5装上同时不再安装2号承压管6，同时将预应力钢筋10无预应力钢筋锚头11的一端再去掉等于锚夹片18的长度；再继续使用一定次数后，1号承压管5也不再安装，同时将预应力钢筋10无预应力钢筋锚头11的一端再去掉等于锚夹片18的长度；使1号退张外管7或3号退张外管37或6号退张件32的内向端面直接与1号承压垫圈4配合；如图1、2、3所示。与上述同法：在预应力钢筋10使用达到一定次数时，结构安装时先撤去3号承压管

22；再使用一定次数后，安装 3 号承压管 22 同时撤去 4 号承压管 23；再继续使用一定次数后，最后撤去 3 号承压管 22 使 2 号退张内管 21 直接与 1 号承压垫圈 4 配合；并依次将预应力钢筋 10 无预应力钢筋锚头 11 的一端去掉等于锚夹片 18 的长度；如图 4、5、6 所示。

说明书附图

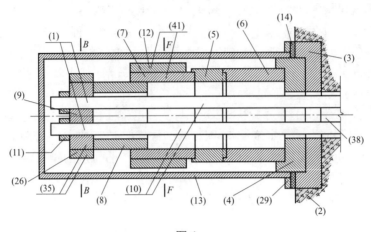

图 1

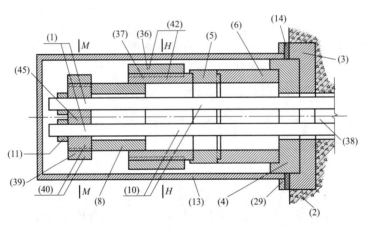

图 2

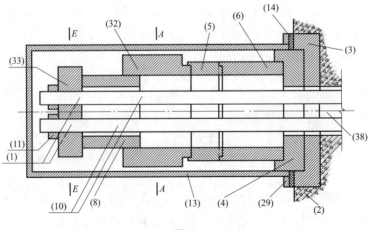

图 3

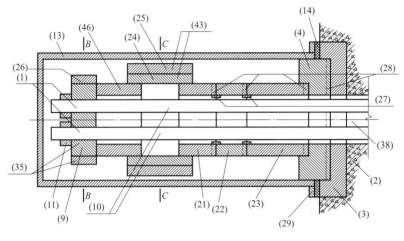

图 4

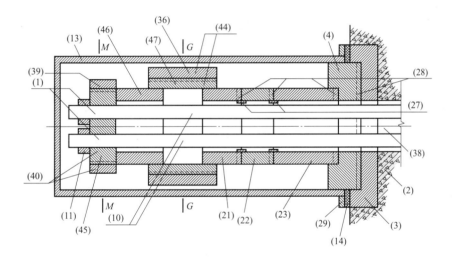

图 5

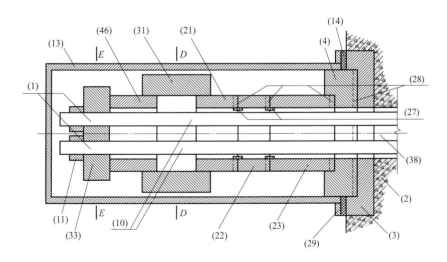

图 6

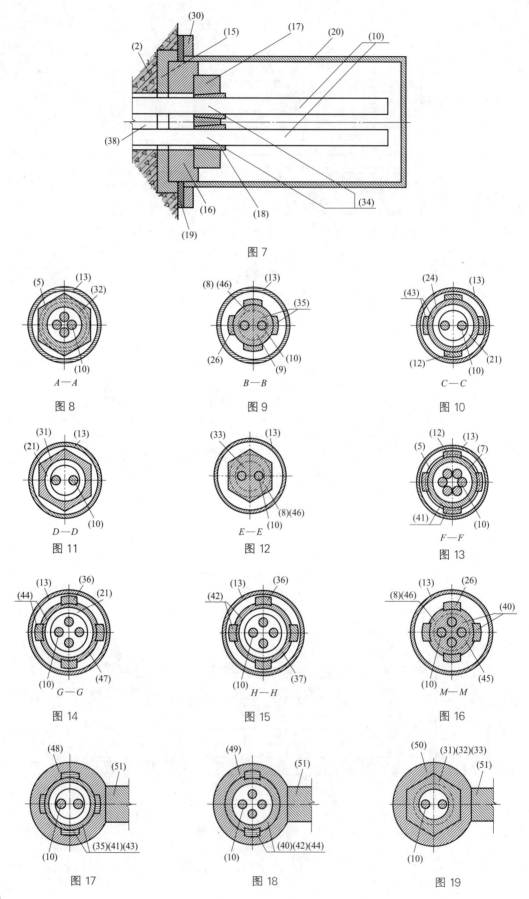

图 7

图 8
A—A

图 9
B—B

图 10
C—C

图 11
D—D

图 12
E—E

图 13
F—F

图 14
G—G

图 15
H—H

图 16
M—M

图 17

图 18

图 19

1.5.5 大型塔桅式机械设备的组合基础

（专利号：ZL200910142887.7，申请日：2009年5月20日，授权公告日：2010年9月22日）

说明书摘要

大型塔桅式机械设备的组合基础由混凝土预制构件经水平或垂直加水平组合而成的正多边形或圆形独立基础梁板结构与砂或石子或土等散料共同构成的配置于大型塔桅式机械设备如风电机组等的组合式基础。上、下双道辐射式水平空间交叉加水平圆周封闭的预应力组合连接系统、凹凸键定位系统和混凝土抗剪切无间隙连接面构造系统共同实现了原整体现浇混凝土基础的全部功能。并且具有节资环保、降低成本，可移位、重复使用的明显特点。

摘 要 附 图

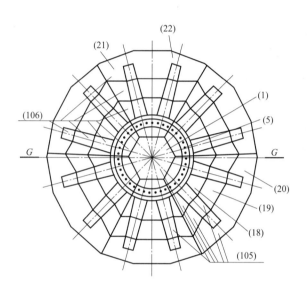

权利要求书

1. 一种大型塔桅式机械设备的组合基础，该组合基础由混凝土预制构件水平组合或垂直加水平组合，以后张法无粘结预应力构造系统组合成为正多边形或圆形的混凝土独立基础梁板结构，其上配置散料，所述散料为砂子或石子或土，其特征在于：

混凝土预制构件组合的独立基础的几何形状有下列特征：

一、平面几何图形同中心：平面形状为多边形的棱柱体中心件（1）1件、平面为正多边形或圆形的抗压板1号（2）1件或抗压板2号（3）1件，所述棱柱体中心件的多边形边数为大于等于4的正偶数，边长分为不相等的2组，2组的边数相等或不相等，邻边交会点在同心圆上，所述正多边形的边数为大于等于4的正整数；平面为正多边形环形或圆环形横剖面为矩形或梯形的环形梁（4）1件、正多边形的内切圆直径或外圆直径大于环形梁（4）的外接圆直径的正多边形或圆形平台座（6）1件、数量为中心件（1）的平面多边形边数的1或2倍的基础梁1号（7）或基础梁2号（8）的相邻的基础梁轴线相交于基础中心的水平夹角相同；中心件（1）1件和抗压板1号（2）或抗压板2号（3）1件和环形梁（4）1件和平台座（6）1件和基础梁1号（7）或基础梁2号（8）多件的平面为同一中心；二、高度关系：平台座（6）与中心件（1）上平面相平，环形梁（4）的上平面高于平台座（6）；横剖面为矩形的基础梁1号（7）或基础梁2号

（8）的上平面水平或外缘上平面低于与平台座（6）连接部位的平面，其上平面的纵剖面为直线或弧线；基础梁1号（7）或基础梁2号（8）与平台座（6）交接处的平面与平台座（6）上平面相平或低于平台座（6）上平面；基础梁1号（7）或基础梁2号（8）的下端部分别与抗压板1号（2）或抗压板2号（3）合为一体形成独立梁板结构；三、平面位置关系：中心件（1）的多边形平面的外接圆直径小于环形梁（4）内缘正多边形的内切圆或圆形的直径；环形梁（4）的平面正多边形外缘的外接圆或圆形直径小于或等于平台座（6）的正多边形外接圆或圆形的外缘直径；抗压板1号（2）的正多边形平面的内切圆或抗压板2号（3）的圆形平面的半径大于或等于基础梁1号（7）或基础梁2号（8）的梁外端到基础中心的距离；与上部塔桅式机械设备垂直连接定位的地脚螺栓（5）垂直埋置于环形梁（4）的混凝土内；

正多边形基础1号（101）由平面同中心的中心件（1）1件、环形梁（4）1件、正多边形或圆形平台座（6）1件、平面外缘为正多边形的抗压板1号（2）1件、相邻轴线与基础平面中心的夹角相等且各轴线与中心件（1）平面多边形对应边的两组同位角的角度之和最大限度地相近的数量与中心件（1）多边形边数相同的基础梁1号（7）共同构成；或以中心件（1）的中心和平面外边交点连线的延长线的垂直切线把正多边形基础1号（101）的中心件（1）以外的部分分割为件数与中心件（1）平面多边形边数相同的正多边形梁板组合结构1号（102）；梁板组合结构1号（102）的平面外缘为多边形，梁板组合结构1号（102）的底边与中心件（1）的多边形一条对应外边为共同边，梁板组合结构1号（102）上有环形梁（4）和平台座（6）的一部分与其他梁板组合结构1号（102）上的部分环形梁（4）和平台座（6）共同构成整体环形梁（4）和平台座（6）；基础梁1号（7）的平面轴线把梁板组合结构1号（102）的抗压板1号（2）分为相互对称或不对称的多边形；或以垂直于基础梁1号（7）平面轴线的垂直切线把梁板组合结构1号（102）分割成为内端件1号（14）1件、过渡件1号（15）n件和外端件1号（16）1件，其中该n为大于等于1的整数；

圆形基础1号（103）由平面同中心的中心件（1）1件、环形梁（4）1件、平台座（6）1件、平面为圆形的抗压板2号（3）1件、相邻轴线与基础平面中心的夹角相等且各轴线与中心件（1）平面多边形对应边的两组同位角的角度之和最大限度地相近的数量与中心件（1）多边形边数相同的基础梁1号（7）共同构成；或以中心件（1）的中心和平面外边交点连线的延长线的垂直切线把圆形基础1号（103）的中心件（1）以外的部分分割为件数与中心件（1）的多边形边数相同的梁板组合结构2号（104）；梁板组合结构2号（104）平面为扇形，其底边与中心件（1）的多边形一条对应外边为共同边，梁板组合结构2号（104）上设有环形梁（4）和平台座（6）的一部分与其他梁板组合结构2号（104）上的环形梁（4）和平台座（6）共同构成整体的环形梁（4）和平台座（6）；基础梁1号（7）的轴线把圆形基础1号（103）的抗压板2号（3）分为相互对称或不对称的扇形；或以垂直于基础梁1号（7）平面轴线的垂直切线把梁板组合结构2号（104）分割成为内端件1号（14）、过渡件1号（15）n件和外端件2号（17），其中该n为大于等于1的整数；

正多边形基础2号（105）由中心件（1）1件、正多边形抗压板1号（2）1件、环形梁（4）1件、平台座（6）1件和数量为中心件（1）多边形边数2倍对应于中心件（1）多边形每边设置2道横剖面为矩形的基础梁2号（8），且相邻基础梁2号（8）平面轴线的夹角相等，平分相邻基础梁2号（8）轴线夹角的基础轴线通过或不通过对应的中心件（1）多边形外边的中点；正多边形基础2号（105）的与中心件（1）多边形对应边对应的2道基础梁2号（8）的平面轴线与对应的中心件（1）的外边相交的两组外侧同位角的角度之和最大限度地接近；或以通过中心件（1）的中心和多边形外边交会点的直线的延长线的垂直切线把正多边形基础2号（105）除去中心件（1）的部分分割成件数与中心件（1）多边形边数相同的梁板组合结构3号（106）；或以相连接的分别垂直于基础梁 2 号（8）轴线和平行于中心件（1）的多边形外边的平面折线的垂直切线把梁板组合结构 3 号（106）1 件分别切割为内端件 2 号（18）1 件、过渡件 2 号（19）n 件、外端件 3 号（20）1 件、其中该 n 为大于等于 1 的整数；或以正多边形基础 2 号（105）的平面轴线的垂直切线将外端件 3 号（20）1 件平面分为外端分件 4 号（21）和外端分件 5 号（22）的梁板结构件各 1 件；或以平行于对应的中心件（1）的多边形外边的直线的垂直切线分割抗压板 1 号（2），又以一端与上述直线平面相交而垂直于基础梁 2 号（8）轴线的直线的垂直切线把基础梁 2 号（8）分割而同时把梁板组合结构 3 号（106）1 件分割为内端件 3 号（23）1 件、过渡件 3 号（24）n 件、外端件 6 号（25）1 件、其中该 n 为大于等于 1 的整数；或以正多边形基础 2 号（105）的平面轴线的垂直切线将外端件 6 号（25）1 件平面分为外端分件 7 号（26）、外端分件 8 号（27）的梁板结构件各 1 件；

　　圆形基础 2 号（107）由中心件（1）1 件、圆形平面的抗压板 2 号（3）1 件、环形梁（4）1 件、平台座（6）1 件和数量为中心件（1）多边形边数 2 倍对应于中心件（1）多边形每边设置 2 道横剖面为矩形的基础梁 2 号（8）、且相邻基础梁 2 号（8）平面轴线的夹角相等，平分相邻基础梁 2 号（8）轴线夹角的基础轴线通过或不通过对应的中心件（1）多边形外边的中点；且圆形基础 2 号（107）的与中心件（1）多边形对应边对应的 2 道基础梁 2 号（8）的平面轴线与对应的中心件（1）的外边相交的两组外侧同位角的角度之和最大限度地接近；或以中心件（1）的中心和多边形外边交会点的连线的延长线的垂直切线把圆形基础 2 号（107）除去中心件（1）的部分分割成件数与中心件（1）多边形边数相同的梁板组合结构 4 号（108）；或以相连接的分别垂直于基础梁 2 号（8）轴线和平行于中心件（1）的多边形外边的平面折线的垂直切线把梁板组合结构 4 号（108）1 件分别切割为内端件 2 号（18）1 件、过渡件 2 号（19）n 件，其中该 n 为大于等于 1 的整数，外端件 9 号（33）1 件；或以圆形基础 2 号（107）的平面轴线将外端件 9 号（33）分为外端分件 10 号（34）、外端分件 11 号（35）各 1 件；或以平行于对应的中心件（1）的多边形外边的直线的垂直切线分割抗压板 2 号（3），又以一端与上述直线平面连接而垂直于基础梁 2 号（8）轴线的直线的垂直切线把基础梁 2 号（8）分割而同时把梁板组合结构 4 号（108）1 件分割为内端件 3 号（23）1 件、过渡件 3 号（24）n 件，其中该 n 为大于等于 1 的整数，外端件 12 号（36）1 件；或以圆形基础 2 号（107）的平面轴线将外端件 12 号（36）分为外端分件 13 号（37）、外端分件 14 号（38）各 1 件；

　　正多边形基础 1 号（101）或圆形基础 1 号（103）的水平组合连接为上、下单孔或上单下多孔的两种水平空间交叉后张法无粘结预应力系统；在混凝土预制结构件的基础梁 1 号（7）的上半部轴线上设置 1 道钢绞线孔道（39）水平贯穿于基础梁 1 号（7）的轴线，其孔道中心标高在中心件（1）之外的区段相同；下部在基础梁 1 号（7）的轴线上设置一道或对称水平设置多道平行钢绞线孔道（39），其孔道中心标高在中心件（1）之外的区段相同；各基础梁 1 号（7）上、下设置的钢绞线孔道（39）在中心件（1）内空间交叉使上或下部水平连接系统的钢绞线孔道（39）的孔道中心标高在内端件 1 号（14）内水平；以单根或多根钢绞线（40）贯穿于钢绞线孔道（39）内，其一端为固定端（41），另一端为张拉端（42）；固定端（41）由与基础梁 1 号（7）或基础梁 2 号（8）的混凝土预制构件垂直面相平的套管 1 号（43）与内径小于套管 1 号（43）内径的内径面有内螺纹的圆圈 1 号（44）和与圆圈 1 号（44）的内径相同的套管 2 号（45）和与钢绞线孔道（39）内径相同的孔的圆圈 2 号（46）和钢绞线孔道（39）水平同心自外向内组合连接；与圆圈 1 号（44）内径面螺纹配合的剖面为 T 形在其直径较小的圆台外圆面上的有与圆圈 1 号（44）内螺纹配合的外螺纹的封闭板（47），在封闭板（47）与圆圈 1 号（44）之间有封闭垫圈 1 号（48），在封闭板（47）外侧的套管 1 号（43）内有微膨胀混凝土（49）与混凝土预制构件外立面相平；圆圈 2 号（46）外侧设有外径大于圆圈 2 号（46）内孔直径的承压环（50），承压环（50）上有孔（51），钢绞线（40）从孔（51）穿过；钢绞线（40）的外端部设有外径大于孔（51）内径的钢绞线锚头（52）；张拉端（42）由外面与基础梁1号（7）或基础梁2号（8）或抗压板1号（2）或抗压板2号（3）的混凝土预制构件垂直外立面相平的套管3号（54）和内径小于套管3号（54）内径外径相同的圆圈3号（55）和外径与圆圈3号（55）内径配合且外向面相平的内径面上有剖面为内向L形台阶形环槽的承压圈（56）和钢绞线孔道（39）由外向内同心水平组合连接；承压圈（56）外侧设有其外径与承压圈（56）L形凹槽相配合、其外向内径凹槽与锚环（57）外径相配合的剖面为L形的外径面的外半部有外螺纹的圆圈4号（58）；圆柱形锚环（57）上设有外大内小的锥形孔（59），钢绞线（40）的一端从锥形孔1号（59）向外穿过，在锥形孔1号（59）与钢绞线（40）之间有夹片（60）；筒口外端内径面设有与圆圈4号（58）外径面的外螺纹相配合的内螺纹的外口有圆圈的防护套筒（61），在防护套筒（61）与承压圈（56）之间有封闭垫圈2号（62）；防护套筒（61）内和钢绞线孔道（39）内有流体防锈蚀材料（53）；套管3号（54）内和防护套筒（61）外有微膨胀混凝土（49）的外立面与混凝土预制构件外立面相平；

正多边形基础2号（105）或圆形基础2号（107）及由其分别分解而成的混凝土预制构件的水平组合连接系统的在同一水平部位的m个钢绞线孔道（39）的设置方法是与基础梁2号（8）的梁轴线对称水平平行分布且钢绞线孔道（39）中心标高在同一高度，其中该m大于等于2，对称于中心件（1）对称外边两侧下部的m个钢绞线孔道（39）在中心件（1）内为水平平行布置，其中该m大于等于2；

在正多边形基础1号（101）或圆形基础1号（103）或正多边形基础2号（105）或圆形基础2号（107）的抗压板1号（2）或抗压板2号（3）的内切圆或圆周内侧设水平圆环形的钢绞线孔道（39），在基础平面轴线的两端设置两组交叉钢绞线孔道（39）的张拉端（42）构造，以钢绞线（40）对整座基础进行圆周紧固；

在钢绞线孔道（39）内设有流体防锈蚀材料（53），在基础梁1号（7）或基础梁2号（8）的上部或下部的单个钢绞线孔道（39）的最高部位设垂直管1号（63）与钢绞线孔道（39）连通；或在各单个钢绞线孔道（39）的空间交叉部位将与各钢绞线孔道（39）连通的垂直管2号（65）连通于垂直管1号（63）；垂直管1号（63）的上端突出于基础梁1号（7）或基础梁2号（8）或中心件（1）的混凝土上表面；在基础梁1号（7）或基础梁2号（8）的上部或下部的多个钢绞线孔道（39）平行并列的最高部位以水平管（64）将各钢绞线孔道（39）水平连通；下端与其中一钢绞线孔道（39）连通的垂直管1号（63）的上端突出于基础梁1号（7）或基础梁2号（8）或中心件（1）的混凝土上表面；垂直管1号（63）的上端有内螺纹与垂直管1号（63）上端的外螺纹配合的封闭套筒（66），封闭套筒（66）的筒底与垂直管1号（63）上顶端之间有封闭垫圈3号（67）；设于抗压板1号（2）或抗压板2号（3）内的圆环形钢绞线孔道（39）的孔道最高处与设于基础梁1号（7）或基础梁2号（8）的钢绞线孔道（39）以连通管（68）连通；以流体防锈蚀材料（53）从垂直管1号（63）注入并填充各钢绞线孔道（39）及固定端（41）和张拉端（42）的封闭腔内空间；

在各预制构件的相互连接面上设有由分别对应设置于相邻混凝土预制构件连接面上的由定位凹键（70）和与之配合的定位凸键（71）共同构成的定位键（69），两混凝土预制构件之间的对应的混凝土垂直连接平面上最少设置2套定位键（69）；定位凹键（70）由外面与混凝土构件外立面齐平的有外大内小锥形孔2号（72）的锥孔圆圈（73）与筒口朝外的内径大于锥形孔2号（72）较小内径的筒内有黄油（74）的圆筒（75）同心连接，外径小于或等于锥孔圆圈（73）外径的套管4号（28）与锥孔圆圈（73）同心连接于锥孔圆圈（73）的内侧，锥孔圆圈（73）和圆筒（75）的内侧面有锚筋1号（76）与锥孔圆圈（73）、圆筒（75）连接；定位凸键（71）由外面与混凝土外立面齐平的内有圆孔与锥形键（77）圆柱形部分配合的圆圈 5 号（78）、锥形键（77）的锥形部分与锥孔圆圈（73）的锥形孔 2 号（72）配合，外径小于或等于圆圈 5 号（78）外径的套管 5 号（29）与圆圈 5 号（78）同心连接于圆圈 5 号（78）的内侧，在圆圈 5 号（78）和锥形键（77）的内侧有锚筋 2 号（79）与锥形键（77）、圆圈 5 号（78）连接；在内端件 1 号（14）与过渡件 1 号（15）或过渡件 1 号（15）与外端件 1 号（16）或过渡件 1 号（15）与外端件 2 号（17）的相邻连接面上，定位键（69）设置于基础梁 1 号（7）或抗压板 1 号（2）或抗压板 2 号（3）的垂直连接面；在内端件 2 号（18）与过渡件 2 号（19）或过渡件 2 号（19）与外端件 3 号（20）或过渡件 2 号（19）与外端件 9 号（33）或内端件 3 号（23）与过渡件 3 号（24）或过渡件 3 号（24）与外端件 6 号（25）或过渡件 3 号（24）与外端件 12 号（36）的相邻连接面上，定位键（69）设在抗压板 1 号（2）或抗压板 2 号（3）或基础梁 2 号（8）的垂直连接面；定位键（69）设于中心件（1）与梁板组合结构 1 号（102）或梁板组合结构 2 号（104）或梁板组合结构 3 号（106）或梁板组合结构 4 号（108）相邻的垂直连接面上的任意部位。

2. 如权利要求 1 所述的大型塔桅式机械设备的组合基础，其特征在于：

中心件（1）为多边形棱柱体 1 件，或以水平切线将其分割为中心下件（85）1 件、中心上件（86）1 件和中心中件（87）n 件，其中该 n 为大于等于 1 的整数，在相邻各件的水平无间隙连接面上设有棱台体或截头角锥体或截头圆锥体的混凝土凸键（88）和与之无间隙配合的混凝土凹键（89）；

为了使钢绞线孔道（39）封闭，在相邻混凝土构件的连接面的钢绞线孔道（39）的一端设与钢绞线孔道（39）内径相同的环形凹槽（90），内置封闭垫圈 4 号（91）。

3. 如权利要求 1 所述的大型塔桅式机械设备的组合基础，其特征在于：

各混凝土预制构件的垂直连接面为无间隙配合，基础梁 1 号（7）或基础梁 2 号（8）或抗压板 1 号（2）或抗压板 2 号（3）的垂直连接面的下端有相邻预制构件的相邻格角形成的空腔（80），抗压板 1 号（2）或抗压板 2 号（3）底面与混凝土垫层（11）之间设有传力砂层（10）；在两相邻的混凝土预制构件的垂直连接面上设有对应配合的三角形凹凸连接面（81）或梯形凹凸连接面（82）或圆弧形凹凸连接面（83）或垂直平面无间隙连接面（84）。

4. 如权利要求 2 所述的大型塔桅式机械设备的组合基础，其特征在于：

基础设置方式：全埋式；在基坑（9）的坑底地基上设混凝土垫层（11），在抗压板 1 号（2）或抗压板 2 号（3）与混凝土垫层（11）之间有传力砂层（10）；基础混凝土预制构件组装完毕后，装填散料（12），所述散料为砂子或石子或土，在散料（12）的上面设有散料防位移盖板（13）。

5. 如权利要求 2 所述的大型塔桅式机械设备的组合基础，其特征在于：

在每件混凝土构件的外侧立面上水平设置不少于 3 个剖面为圆形或多边形的吊装销孔（92），将由吊环（93）与吊钩组合的与吊装销孔（92）配合的剖面为圆形或多边形的柱形钢销（94）插入吊装销孔（92）内，即可起吊。

说 明 书

大型塔桅式机械设备的组合基础

技术领域 本发明涉及能移位重复使用的由混凝土预制构件与砂、石子、土等固体散料组合而成的大型塔桅式机械设备的基础。

背景技术 目前，大型塔桅式机械设备如风力发电机组、钻探机等的基础，全部采用整体现浇混凝土基础。现有的塔桅式机械设备组合基础的技术性能远远不能满足其要求。其明显弊端在于，体积庞大，不能移位重复使用，造成大量资源浪费、经济浪费和环境污染。

发明内容 本发明的目的和任务是提供一种能满足如风力发电机组的大型塔桅式机械设备的抗倾翻力矩、水平力、垂直力和水平扭矩要求的、以大量非混凝土材料替代混凝土材料的、可移位重复使用的、缩短施工周期免除现场湿作业的较传统现浇混凝土基础节约资源、降低成本、消除废弃物污染的新型工厂化预制的大型塔桅式机械设备的组合基础。

技术方案 本发明的组合形式：由混凝土预制构件水平组合而成的独立基础梁板结构与非混凝土散料共同构成的独立基础，所述散料为砂子或石子或土；与之配套的混凝土结构预制件的水平组合连接构造系统；抗剪切防构件位移构造系统；防散料位移构造；与上部塔桅式机械设备的垂直连接定位构造；以及其他为实现技术目标服务的构造措施。

本发明的混凝土预制构件组合的独立基础的几何形状有下列特征：

一、平面几何图形同中心：平面形状为多边形的棱柱体中心件（1）1件、平面为正多边形或圆形的抗压板1号（2）1件或抗压板2号（3）1件，所述棱柱体中心件的多边形边数为大于等于4的正偶数，边长分为不相等的2组，2组的边数相等或不相等，邻边交会点在同心圆上，所述正多边形的边数为大于等于4的正整数；平面为正多边形环形或圆环形横剖面为矩形或梯形的环形梁（4）1件、正多边形的内切圆直径或外圆直径大于环形梁（4）的外接圆直径的正多边形或圆形平台座（6）1件、数量为中心件（1）的平面多边形边数的1或2倍的基础梁1号（7）或基础梁2号（8）的相邻的基础梁轴线相交于基础中心的水平夹角相同；中心件（1）1件和抗压板1号（2）或抗压板2号（3）1件和环形梁（4）1件和平台座（6）1件和基础梁1号（7）或基础梁2号（8）多件的平面为同一中心；二、高度关系：平台座（6）与中心件（1）上平面相平，环形梁（4）的上平面高于平台座（6）；横剖面为矩形的基础梁1号（7）或基础梁2号（8）的上平面水平或外缘上平面低于与平台座（6）连接部位的平面，其上平面的纵剖面为直线或弧线；基础梁1号（7）或基础梁2号（8）与平台座（6）交接处的平面与平台座（6）上平面相平或低于平台座（6）上平面；基础梁1号（7）或基础梁2号（8）的下端部分别与抗压板1号（2）或抗压板2号（3）合为一体形成独立梁板结构；三、平面位置关系：中心件（1）的多边形平面的外接圆直径小于环形梁（4）内缘正多边形的内切圆或圆形的直径；环形梁（4）的平面正多边形外缘的外接圆或圆形直径小于或等于平台座（6）的正多边形外接圆或圆形的外缘直径；抗压板1号（2）的正多边形平面的内切圆或抗压板2号（3）的圆形平面的半径大于或等于基础梁1号（7）或基础梁2号（8）的梁外端到基础中心的距离；与上部塔桅式机械设备垂直连接定位的地脚螺栓（5）垂直埋置于环形梁（4）的混凝土内；如图1、2、3、4、5、6、7、8所示。

本发明的正多边形基础1号（101）由平面同中心的中心件（1）1件、环形梁（4）1件、正多边形或圆形平台座（6）1件、平面外缘为正多边形的抗压板1号（2）1件、相邻轴线与基础平面中心的夹角相等且各轴线与中心件（1）平面多边形对应边的两组同位角的角度之和最大限度地相近的数量与中心件（1）多边形边数相同的基础梁1号（7）共同构成；如图1、2所示；或以中心件（1）的中心和平面外边交点连线的延长线的垂直切线把正多边形基础1号（101）的中心件（1）以外的部分分割为件数与中心件（1）平面多边形边数相同的正多边形梁板组合结构1号（102）；梁板组合结构1号（102）的平面外缘为多边形，梁板组合结构1号（102）的底边与中心件（1）的多边形一条对应外边为共同边，梁板组合结构1号（102）上有环形梁（4）和平台座（6）的一部分与其他梁板组合结构1号（102）上的部分环形梁（4）和平台座（6）共同构成整体环形梁（4）和平台座（6）；基础梁1号（7）的平面轴线把梁板组合结构1号（102）的抗压板1号（2）分为相互对称或不对称的多边形；如图1、2所示；或以垂直于基础梁1号（7）平面轴线的垂直切线把梁板组合结构1号（102）分割成为内端件1号（14）1件、过渡件1号（15）n件和外端件1号（16）1件，其中该n为大于等于1的整数；如图9、10所示。

本发明的圆形基础 1 号（103）由平面同中心的中心件（1）1 件、环形梁（4）1 件、平台座（6）1 件、平面为圆形的抗压板 2 号（3）1 件、相邻轴线与基础平面中心的夹角相等且各轴线与中心件（1）平面多边形对应边的两组同位角的角度之和最大限度地相近的数量与中心件（1）多边形边数相同的基础梁 1 号（7）共同构成；如图 3、4 所示；或以中心件（1）的中心和平面外边交点连线的延长线的垂直切线把圆形基础 1 号（103）的中心件（1）以外的部分分割为件数与中心件（1）的多边形边数相同的梁板组合结构 2 号（104）；梁板组合结构 2 号（104）平面为扇形，其底边与中心件（1）的多边形一条对应外边为共同边，梁板组合结构 2 号（104）上设有环形梁（4）和平台座（6）的一部分与其他梁板组合结构 2 号（104）上的环形梁（4）和平台座（6）共同构成整体的环形梁（4）和平台座（6）；基础梁 1 号（7）的轴线把圆形基础 1 号（103）的抗压板 2 号（3）分为相互对称或不对称的扇形；如图 3、4 所示；或以垂直于基础梁 1 号（7）平面轴线的垂直切线把梁板组合结构 2 号（104）分割成为内端件 1 号（14）、过渡件 1 号（15）n 件和外端件 2 号（17），其中该 n 为大于等于 1 的整数；如图 11、12 所示；

本发明的正多边形基础 2 号（105）由中心件（1）1 件、正多边形抗压板 1 号（2）1 件、环形梁（4）1 件、平台座（6）1 件和数量为中心件（1）多边形边数 2 倍对应于中心件（1）多边形每边设置 2 道横剖面为矩形的基础梁 2 号（8），且相邻基础梁 2 号（8）平面轴线的夹角相等，平分相邻基础梁 2 号（8）轴线夹角的基础轴线通过或不通过对应的中心件（1）多边形外边的中点；正多边形基础 2 号（105）的与中心件（1）多边形对应边对应的 2 道基础梁 2 号（8）的平面轴线与对应的中心件（1）的外边相交的两组外侧同位角的角度之和最大限度地接近；或以通过中心件（1）的中心和多边形外边交会点的直线的延长线的垂直切线把正多边形基础 2 号（105）除去中心件（1）的部分分割成件数与中心件（1）多边形边数相同的梁板组合结构 3 号（106）；如图 5、6 所示；或以相连接的分别垂直于基础梁 2 号（8）轴线和平行于中心件（1）的多边形外边的平面折线的垂直切线把梁板组合结构 3 号（106）1 件分别切割为内端件 2 号（18）1 件、过渡件 2 号（19）n 件、外端件 3 号（20）1 件、其中该 n 为大于等于 1 的整数；或以正多边形基础 2 号（105）的平面轴线的垂直切线将外端件 3 号（20）1 件平面分为外端分件 4 号（21）和外端分件 5 号（22）的梁板结构件各 1 件；如图 13、14 所示；或以平行于对应的中心件（1）的多边形外边的直线的垂直切线分割抗压板 1 号（2），又以一端与上述直线平面相交而垂直于基础梁 2 号（8）轴线的直线的垂直切线把基础梁 2 号（8）分割而同时把梁板组合结构 3 号（106）1 件分割为内端件 3 号（23）1 件、过渡件 3 号（24）n 件、外端件 6 号（25）1 件、其中该 n 为大于等于 1 的整数；或以正多边形基础 2 号（105）的平面轴线的垂直切线将外端件 6 号（25）1 件平面分为外端分件 7 号（26）、外端分件 8 号（27）的梁板结构件各 1 件；如图 17、18 所示。

本发明的圆形基础 2 号（107）由中心件（1）1 件、圆形平面的抗压板 2 号（3）1 件、环形梁（4）1 件、平台座（6）1 件和数量为中心件（1）多边形边数 2 倍对应于中心件（1）多边形每边设置 2 道横剖面为矩形的基础梁 2 号（8）、且相邻基础梁 2 号（8）平面轴线的夹角相等，平分相邻基础梁 2 号（8）轴线夹角的基础轴线通过或不通过对应的中心件（1）多边形外边的中点；且圆形基础 2 号（107）的与中心件（1）多边形对应边对应的 2 道基础梁 2 号（8）的平面轴线与对应的中心件（1）的外边相交的两组外侧同位角的角度之和最大限度地接近；或以中心件（1）的中心和多边形外边交会点的连线的延长线的垂直切线把圆形基础 2 号（107）除去中心件（1）的部分分割成件数与中心件（1）多边形边数相同的梁板组合结构 4 号（108）；如图 7、8 所示；或以相连接的分别垂直于基础梁 2 号（8）轴线和平行于中心件（1）的多边形外边的平面折线的垂直切线把梁板组合结构 4 号（108）1 件分别切割为内端件 2 号（18）1 件、过渡件 2 号（19）n 件，其中该 n 为大于等于 1 的整数，外端件 9 号（33）1 件；或以圆形基础 2 号

（107）的平面轴线将外端件 9 号（33）分为外端分件 10 号（34）、外端分件 11 号（35）各 1 件；如图 15、16 所示；或以平行于对应的中心件（1）的多边形外边的直线的垂直切线分割抗压板 2 号（3），又以一端与上述直线平面连接而垂直于基础梁 2 号（8）轴线的直线的垂直切线把基础梁 2 号（8）分割而同时把梁板组合结构 4 号（108）1 件分割为内端件 3 号（23）1 件、过渡件 3 号（24）n 件，其中该 n 为大于等于 1 的整数，外端件 12 号（36）1 件；或以圆形基础 2 号（107）的平面轴线将外端件 12 号（36）分为外端分件 13 号（37）、外端分件 14 号（38）各 1 件；如图 19、20 所示。

本发明的混凝土预制构件水平组合连接系统的构造：正多边形基础 1 号（101）或圆形基础 1 号（103）的水平组合连接为上、下单孔或上单下多孔的两种水平空间交叉后张法无粘结预应力系统；在混凝土预制结构件的基础梁 1 号（7）的上半部轴线上设置 1 道钢绞线孔道（39）水平贯穿于基础梁 1 号（7）的轴线，其孔道中心标高在中心件（1）之外的区段相同；下部在基础梁 1 号（7）的轴线上设置一道或对称水平设置多道平行钢绞线孔道（39），其孔道中心标高在中心件（1）之外的区段相同；各基础梁 1 号（7）上、下设置的钢绞线孔道（39）在中心件（1）内空间交叉使上或下部水平连接系统的钢绞线孔道（39）的孔道中心标高在内端件 1 号（14）内水平；以单根或多根钢绞线（40）贯穿于钢绞线孔道（39）内，其一端为固定端（41），另一端为张拉端（42）；如图 21、22、23、24、25、26 所示；固定端（41）由与基础梁 1 号（7）或基础梁 2 号（8）的混凝土预制构件垂直面相平的套管 1 号（43）与内径小于套管 1 号（43）内径的内径面有内螺纹的圆圈 1 号（44）和与圆圈 1 号（44）的内径相同的套管 2 号（45）和与钢绞线孔道（39）内径相同的孔的圆圈 2 号（46）和钢绞线孔道（39）水平同心自外向内组合连接；与圆圈 1 号（44）内径面螺纹配合的剖面为 T 形在其直径较小的圆台外圆面上的有与圆圈 1 号（44）内螺纹配合的外螺纹的封闭板（47），在封闭板（47）与圆圈 1 号（44）之间有封闭垫圈 1 号（48），在封闭板（47）外侧的套管 1 号（43）内有微膨胀混凝土（49）与混凝土预制构件外立面相平；圆圈 2 号（46）外侧设有外径大于圆圈 2 号（46）内孔直径的承压环（50），承压环（50）上有孔（51），钢绞线（40）从孔（51）穿过；钢绞线（40）的外端部设有外径大于孔（51）内径的钢绞线锚头（52）；如图 29 所示；张拉端（42）由外面与基础梁 1 号（7）或基础梁 2 号（8）或抗压板 1 号（2）或抗压板 2 号（3）的混凝土预制构件垂直外立面相平的套管 3 号（54）和内径小于套管 3 号（54）内径外径相同的圆圈 3 号（55）和外径与圆圈 3 号（55）内径配合且外向面相平的内径面上有剖面为内向 L 形台阶形环槽的承压圈（56）和钢绞线孔道（39）由外向内同心水平组合连接；承压圈（56）外侧设有其外径与承压圈（56）L 形凹槽相配合、其外向内径凹槽与锚环（57）外径相配合的剖面为 L 形的外径面的外半部有外螺纹的圆圈 4 号（58）；圆柱形锚环（57）上设有外大内小的锥形孔（59），钢绞线（40）的一端从锥形孔 1 号（59）向外穿过，在锥形孔 1 号（59）与钢绞线（40）之间有夹片（60）；筒口外端内径面设有与圆圈 4 号（58）外径面的外螺纹相配合的内螺纹的外口有圆圈的防护套筒（61），在防护套筒（61）与承压圈（56）之间有封闭垫圈 2 号（62）；防护套筒（61）内和钢绞线孔道（39）内有流体防锈蚀材料（53）；套管 3 号（54）内和防护套筒（61）外有微膨胀混凝土（49）的外立面与混凝土预制构件外立面相平；如图 30 所示。

正多边形基础 2 号（105）或圆形基础 2 号（107）及由其分别分解而成的混凝土预制构件的水平组合连接系统的在同一水平部位的 m 个钢绞线孔道（39）的设置方法是与基础梁 2 号（8）的梁轴线对称水平平行分布且钢绞线孔道（39）中心标高在同一高度，其中该 m 大于等于 2，对称于中心件（1）对称外边两侧下部的 m 个钢绞线孔道（39）在中心件（1）内为水平平行布置，其中该 m 大于等于 2；如图 25、26 所示。

在正多边形基础 1 号（101）或圆形基础 1 号（103）或正多边形基础 2 号（105）或圆形基

础 2 号 (107) 的抗压板 1 号 (2) 或抗压板 2 号 (3) 的内切圆或圆周内侧设水平圆环形的钢绞线孔道 (39)，在基础平面轴线的两端设置两组交叉钢绞线孔道 (39) 的张拉端 (42) 构造，以钢绞线 (40) 对整座基础进行圆周紧固；如图 21、22、23、24、25、26 所示。

在钢绞线孔道 (39) 内设有流体防锈蚀材料 (53)，在基础梁 1 号 (7) 或基础梁 2 号 (8) 的上部或下部的单个钢绞线孔道 (39) 的最高部位设垂直管 1 号 (63) 与钢绞线孔道 (39) 连通；或在各单个钢绞线孔道 (39) 的空间交叉部位将与各钢绞线孔道 (39) 连通的垂直管 2 号 (65) 连通于垂直管 1 号 (63)；垂直管 1 号 (63) 的上端突出于基础梁 1 号 (7) 或基础梁 2 号 (8) 或中心件 (1) 的混凝土上表面；在基础梁 1 号 (7) 或基础梁 2 号 (8) 的上部或下部的多个钢绞线孔道 (39) 平行并列的最高部位以水平管 (64) 将各钢绞线孔道 (39) 水平连通；下端与其中一钢绞线孔道 (39) 连通的垂直管 1 号 (63) 的上端突出于基础梁 1 号 (7) 或基础梁 2 号 (8) 或中心件 (1) 的混凝土上表面；垂直管 1 号 (63) 的上端有内螺纹与垂直管 1 号 (63) 上端的外螺纹配合的封闭套筒 (66)，封闭套筒 (66) 的筒底与垂直管 1 号 (63) 上顶端之间有封闭垫圈 3 号 (67)；设于抗压板 1 号 (2) 或抗压板 2 号 (3) 内的圆环形钢绞线孔道 (39) 的孔道最高处与设于基础梁 1 号 (7) 或基础梁 2 号 (8) 的钢绞线孔道 (39) 以连通管 (68) 连通；以流体防锈蚀材料 (53) 从垂直管 1 号 (63) 注入并填充各钢绞线孔道 (39) 及固定端 (41) 和张拉端 (42) 的封闭腔内空间；如图 21、22、23、24、25、26、27、28、29、30 所示。

为了使各混凝土预制构件组合连接定位准确，在各预制构件的相互连接面上设有由分别对应设置于相邻混凝土预制构件连接面上的由定位凹键 (70) 和与之配合的定位凸键 (71) 共同构成的定位键 (69)，两混凝土预制构件之间的对应的混凝土垂直连接平面上最少设置 2 套定位键 (69)；定位凹键 (70) 由外面与混凝土构件外立面齐平的有外大内小锥形孔 2 号 (72) 的锥孔圆圈 (73) 与筒口朝外的内径大于锥形孔 2 号 (72) 较小内径的筒内有黄油 (74) 的圆筒 (75) 同心连接，外径小于或等于锥孔圆圈 (73) 外径的套管 4 号 (28) 与锥孔圆圈 (73) 同心连接于锥孔圆圈 (73) 的内侧，锥孔圆圈 (73) 和圆筒 (75) 的内侧面有锚筋 1 号 (76) 与锥孔圆圈 (73)、圆筒 (75) 连接；定位凸键 (71) 由外面与混凝土外立面齐平的内有圆孔与锥形键 (77) 圆柱形部分配合的圆圈 5 号 (78)、锥形键 (77) 的锥形部分与锥孔圆圈 (73) 的锥形孔 2 号 (72) 配合，外径小于或等于圆圈 5 号 (78) 外径的套管 5 号 (29) 与圆圈 5 号 (78) 同心连接于圆圈 5 号 (78) 的内侧，在圆圈 5 号 (78) 和锥形键 (77) 的内侧有锚筋 2 号 (79) 与锥形键 (77)、圆圈 5 号 (78) 连接；如图 43 所示；在内端件 1 号 (14) 与过渡件 1 号 (15) 或过渡件 1 号 (15) 与外端件 1 号 (16) 或过渡件 1 号 (15) 与外端件 2 号 (17) 的相邻连接面上，定位键 (69) 设置于基础梁 1 号 (7) 或抗压板 1 号 (2) 或抗压板 2 号 (3) 的垂直连接面；在内端件 2 号 (18) 与过渡件 2 号 (19) 或过渡件 2 号 (19) 与外端件 3 号 (20) 或过渡件 2 号 (19) 与外端件 9 号 (33) 或内端件 3 号 (23) 与过渡件 3 号 (24) 或过渡件 3 号 (24) 与外端件 6 号 (25) 或过渡件 3 号 (24) 与外端件 12 号 (36) 的相邻连接面上，定位键 (69) 设在抗压板 1 号 (2) 或抗压板 2 号 (3) 或基础梁 2 号 (8) 的垂直连接面；定位键 (69) 设于中心件 (1) 与梁板组合结构 1 号 (102) 或梁板组合结构 2 号 (104) 或梁板组合结构 3 号 (106) 或梁板组合结构 4 号 (108) 相邻的垂直连接面上的任意部位；如图 31、32、33、34、35、36、37、38、39、40、41、42、43、54 所示。

本发明的各混凝土预制构件的垂直连接面为无间隙配合，基础梁 1 号 (7) 或基础梁 2 号 (8) 或抗压板 1 号 (2) 或抗压板 2 号 (3) 的垂直连接面的下端有相邻预制构件的相邻格角形成的空腔 (80)，抗压板 1 号 (2) 或抗压板 2 号 (3) 底面与混凝土垫层 (11) 之间设有传力砂层 (10)；如图 50、51 所示。在两相邻的混凝土预制构件的垂直连接面上设有对应配合的三角形凹凸连接面 (81) 或梯形凹凸连接面 (82) 或圆弧形凹凸连接面 (83) 或垂直平面无间隙连接面

（84）；如图 45、46、47、44 所示。

本发明的基础设置方式：全埋式；在基坑（9）的坑底地基上设混凝土垫层（11），在抗压板 1 号（2）或抗压板 2 号（3）与混凝土垫层（11）之间有传力砂层（10）；基础混凝土预制构件组装完毕后，装填散料（12），所述散料为砂子或石子或土，在散料（12）的上面设有散料防位移盖板（13）；如图 32 所示。

本发明的中心件（1）为多边形棱柱体 1 件，或以水平切线将其分割为中心下件（85）1 件、中心上件（86）1 件和中心中件（87）n 件，其中该 n 为大于等于 1 的整数，在相邻各件的水平无间隙连接面上设有棱台体或截头角锥体或截头圆锥体的混凝土凸键（88）和与之无间隙配合的混凝土凹键（89）；如图 48、49 所示。

为了使钢绞线孔道（39）封闭，在相邻混凝土构件的连接面的钢绞线孔道（39）的一端设与钢绞线孔道（39）内径相同的环形凹槽（90），内置封闭垫圈 4 号（91）；如图 53 所示。

在每件混凝土构件的外侧立面上水平设置不少于 3 个剖面为圆形或多边形的吊装销孔（92），将由吊环（93）与吊钩组合的与吊装销孔（92）配合的剖面为圆形或多边形的柱形钢销（94）插入吊装销孔（92）内，即可起吊；如图 52 所示。

有益效果 本发明以混凝土预制构件水平组合后形成的梁板独立基础结构和置于其上的如砂或石子或土等散料共同构成的大型塔桅式结构如风力发电机组、勘探机的新型基础。与传统整体现浇混凝土基础相比，本发明的有益效果在于：

1. 节约了大型塔桅式机械设备基础的大量混凝土资源和能源投入；
2. 大幅降低了基础制作成本，具有明显的直接经济效益；
3. 基础的预制构件的分解组合位置线避免了与均匀布置于环形梁上的地脚螺栓的位置冲突；
4. 克服现场制作的湿作业，实现了工厂化预制；
5. 实现了移位重复使用，为进一步提高资源利用率创造了先决条件；
6. 大幅减少了传统基础废弃后形成的污染；
7. 施工周期大幅度缩短，利于高寒和干旱地区施工。

附图说明 下面结合附图和具体实施方式对本发明作进一步详细的说明。

图 1——混凝土预制正多边形基础 1 号（101）、梁板组合结构 1 号（102）平面图

图 2——混凝土预制正多边形基础 1 号（101）、梁板组合结构 1 号（102）剖面图

图 3——混凝土预制圆形基础 1 号（103）、梁板组合结构 2 号（104）平面图

图 4——混凝土预制圆形基础 1 号（103）、梁板组合结构 2 号（104）剖面图

图 5——混凝土预制正多边形基础 2 号（105）、梁板组合结构 3 号（106）平面图

图 6——混凝土预制正多边形基础 2 号（105）、梁板组合结构 3 号（106）剖面图

图 7——混凝土预制圆形基础 2 号（107）、梁板组合结构 4 号（108）平面图

图 8——混凝土预制圆形基础 2 号（107）、梁板组合结构 4 号（108）剖面图

图 9——混凝土预制正多边形基础 1 号（101）、梁板组合结构 1 号（102）构件组合平面图

图 10——混凝土预制正多边形基础 1 号（101）、梁板组合结构 1 号（102）构件组合剖面图

图 11——混凝土预制圆形基础 1 号（103）、梁板组合结构 2 号（104）构件组合平面图

图 12——混凝土预制圆形基础 1 号（103）、梁板组合结构 2 号（104）构件组合剖面图

图 13——混凝土预制正多边形基础 2 号（105）、梁板组合结构 3 号（106）构件组合平面图

图 14——混凝土预制正多边形基础 2 号（105）、梁板组合结构 3 号（106）构件组合剖面图

图 15——混凝土预制圆形基础 2 号（107）、梁板组合结构 4 号（108）构件组合平面图

图 16——混凝土预制圆形基础 2 号（107）、梁板组合结构 4 号（108）构件组合剖面图

图 17——混凝土预制正多边形基础 2 号（105）、梁板组合结构 3 号（106）构件组合平面图

图 51——抗压板 1 号（2）或抗压板 2 号（3）或基础梁 1 号（7）或基础梁 2 号（8）的垂直连接面及下端空腔构造剖面图（二）

图 52——吊装销孔（92）和柱形钢销（94）和吊环（93）配合构造剖面图

图 53——钢绞线孔道（39）的管道密封构造剖面图

图 54——混凝土预制构件连接面上的钢绞线孔道（39）、钢绞线（40）、定位凹键（70）、定位凸键（71）、三角形凹凸连接面（81）、垂直平面无间隙连接面（84）、梯形凹凸连接面（82）、圆弧形凹凸连接面（83）分布示意图

具体实施方式 本发明的正多边形基础 1 号 101 或梁板组合结构 1 号 102 或圆形基础 1 号 103 或梁板组合结构 2 号 104 或正多边形基础 2 号 105 或梁板组合结构 3 号 106 或圆形基础 2 号 107 或梁板组合结构 4 号 108 由混凝土预制构件按设定位置组合拼装而成，其平面位置形状如图 1、2、3、4、5、6、7、8、9、10、11、12、13、14、15、16、17、18、19、20 所示。

本发明采用沿基础梁 1 号 7 或基础梁 2 号 8 的轴线分上、下两个部位设置水平组合预应力钢绞线连接系统；根据结构需要采用上单下单、上单下多钢绞线孔道 39 以空间交叉形式把全部混凝土预制构件水平组合连接为一个整体；为强化水平组合连接效能，在抗压板 1 号 2 或抗压板 2 号 3 的圆周设置了圆环形水平紧固构造；如图 21、22、23、24、25、26 所示。

为了保证混凝土预制构件水平组合定位准确并使设于混凝土预制构件垂直连接面上的垂直平面无间隙连接面 84 或三角形凹凸连接面 81 或梯形凹凸连接面 82 或圆弧形凹凸连接面 83 实现无间隙配合，在各混凝土预制构件的每个垂直连接面上设置了由分设于相邻构件连接面的对应部位相互配合的定位凹键 70 和定位凸键 71 共同构成的定位键 69，混凝土预制构件组装时，从中心件 1 定位开始，把固定位置的构件的定位凸键 71 对准对应的与之相邻的混凝土预制构件连接面上的定位凹键 70，使定位凸键 71 插入定位凹键 70 的凹槽即可；如图 31、32、33、34、35、36、37、38、39、40、41、42、43、54 所示。

为了防止混凝土预制构件组合过程中有杂物夹入两连接面之间的缝隙，造成构件连接面无法实现无间隙配合，在每个连接面的下端设有由相邻构件的格角形成的空腔 80；如图 50、51 所示。

为增强混凝土预制构件组合后的整体性和抗剪切能力，在混凝土构件的垂直连接面上设置了垂直平面无间隙连接面 84 或三角形凹凸连接面 81 或梯形凹凸连接面 82 或圆弧形凹凸连接面 83 的抗剪切防位移构造，与定位键 69 配合形成混凝土构件的抗剪切防位移构造系统；如图 44、45、46、47 所示。

本发明的混凝土预制构件水平组合的钢绞线无粘结预应力连接系统是在预制混凝土构件时按设定位置预留钢绞线孔道 39，安装水平连接系统的步骤是：一、基础混凝土预制构件全部就位后，将一端设有钢绞线锚头 52 的钢绞线 40 从固定端 41 的承压环 50 的孔 51 中穿过，再穿入钢绞线孔道 39，使钢绞线 40 从张拉端 42 穿出，安装锚环 57 和夹片 60，以张拉机对钢绞线 40 进行张拉，使混凝土预制构件的连接面实现无间隙配合且达到规定的预应力值时，将防护套筒 61 和封闭板 47 安装紧固；二、将固定端 41 的封闭板 47 安装后，以微膨胀混凝土 49 封固；须拆解基础时，将微膨胀混凝土 49 剃除，拆下封闭板 47，以张拉机对钢绞线 40 退张后，将钢绞线 40 抽出；三、在以上两个程序完成后，按上述程序将钢绞线 40 穿入基础的抗压板 1 号 2 或抗压板 2 号 3 的钢绞线孔道 39 内，进行张拉后，按上述方法对张拉端 42 进行封固；如图 21、22、23、24、25、26、29、30 所示。

基础混凝土预制构件及水平连接系统全部安装完毕后，从突出于中心件 1 或基础梁 1 号 7 或基础梁 2 号 8 的垂直管 1 号 63 向管内注入流体防锈蚀材料 53，使全部钢绞线孔道 39 和固定端 41 及张拉端 42 的封闭腔体内充满流体防锈蚀材料 53，排出全部空气后将封闭垫圈 3 号 67 和封闭套筒 66 安装坚固；如图 27、28、29、30、53 所示。

为了便于中心件1的吊装运输，采用混凝土预制构件的水平分割和垂直组合方式，把一件分为多件；如图48、49所示。

本发明采用全埋设置方式，为防止地基被雨水浸泡和散料的移动，在散料上设置了钢筋混凝土的散料防位移盖板13；如图32所示。

为了方便吊装，将由吊环93与吊钩组合的柱形钢销94插入设于混凝土构件侧立面的吊装销孔92内，即可起吊；如图52所示。

说明书附图

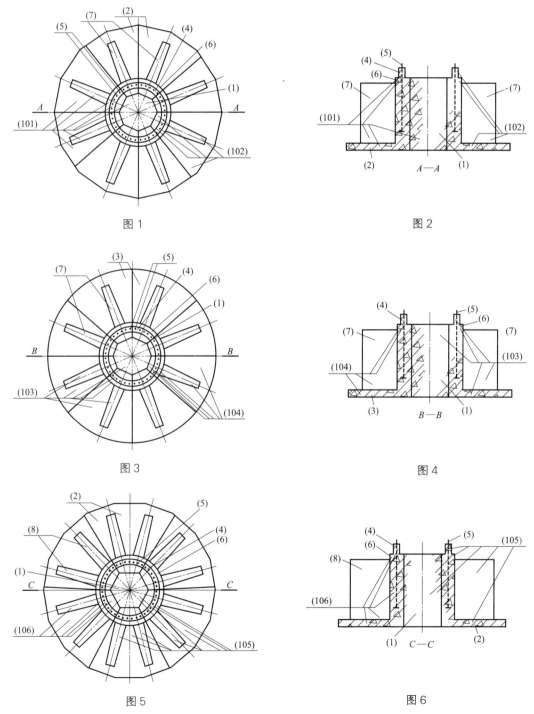

图1

图2

图3

图4

图5

图6

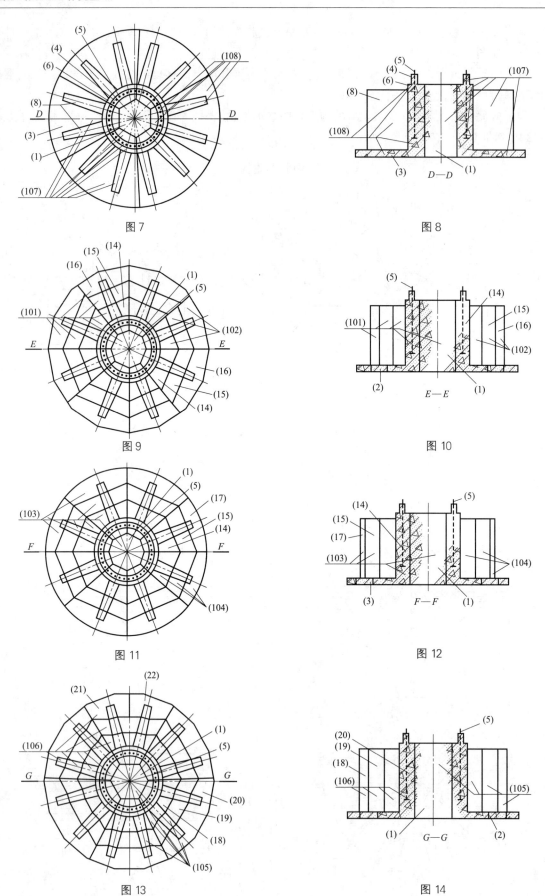

图 7

图 8

图 9

图 10

图 11

图 12

图 13

图 14

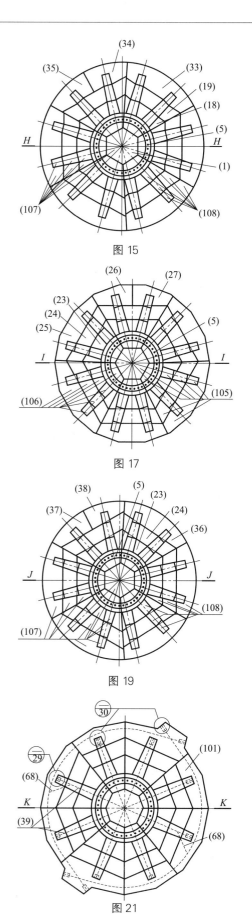

图 15

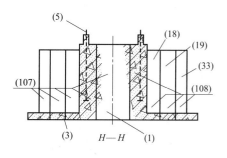

图 16

图 17

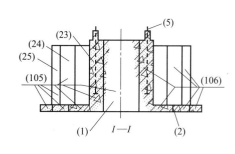

图 18

图 19

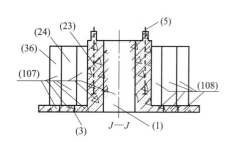

图 20

图 21

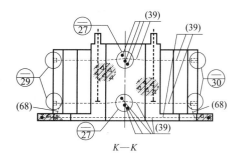

图 22

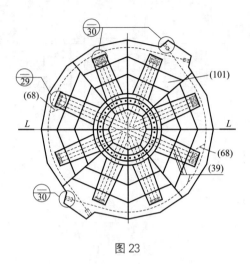

图 23

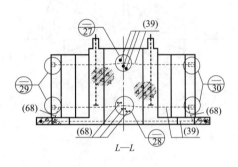

图 24

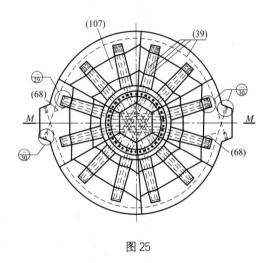

图 25

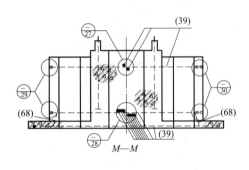

图 26

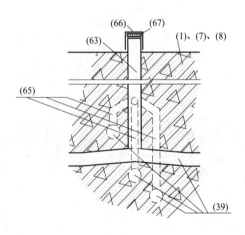

图 27

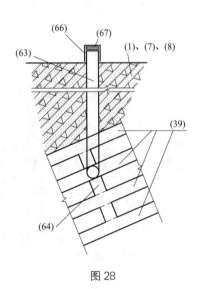

图 28

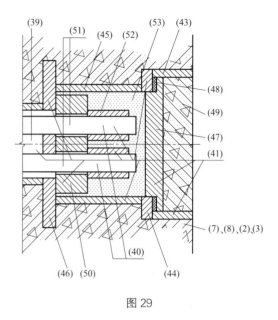

图 29

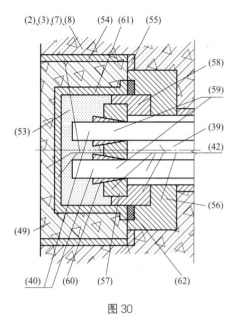

图 30

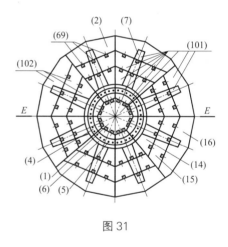

图 31

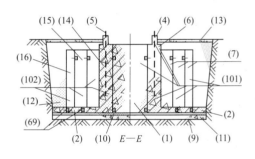

图 32

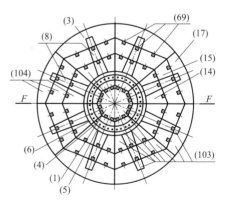

图 33

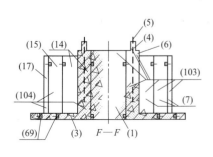

图 34

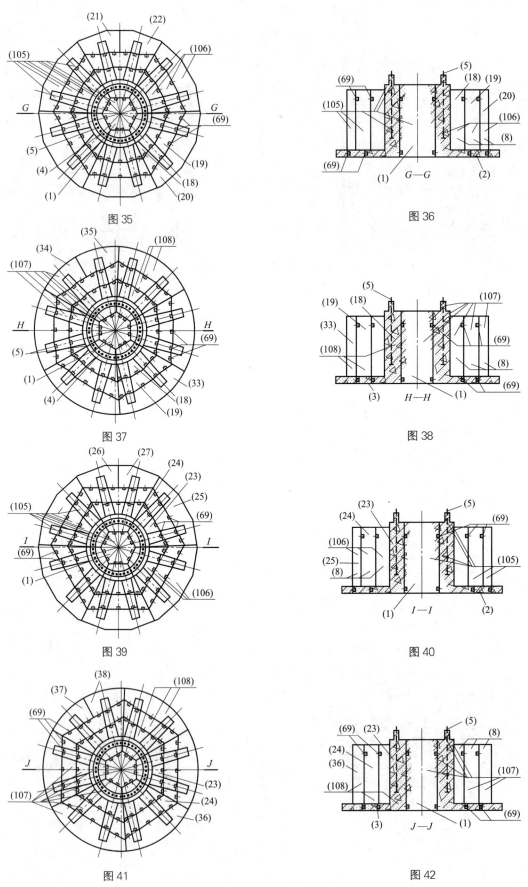

图 35

图 36

图 37

图 38

图 39

图 40

图 41

图 42

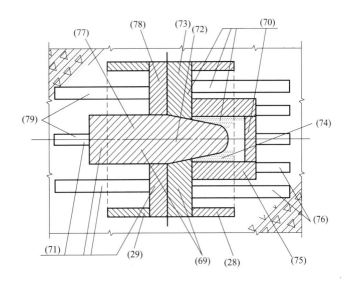

图 43

图 44　　　　　　图 45　　　　　　图 46　　　　　　图 47

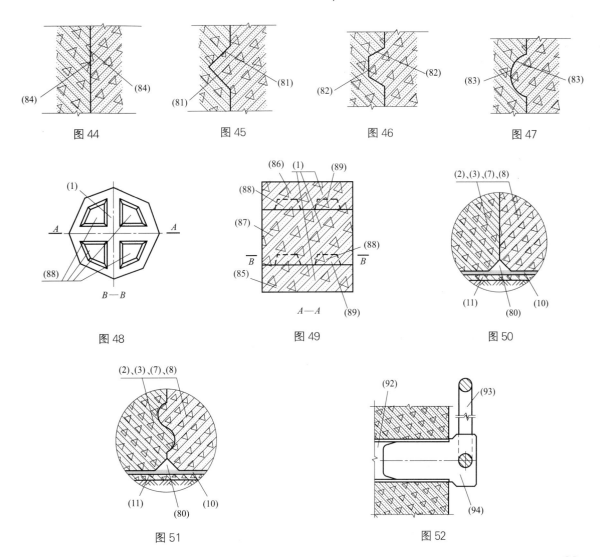

图 48　　　　　　图 49　　　　　　图 50

图 51　　　　　　　　　　　图 52

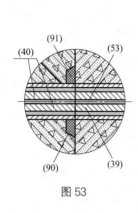

图 53

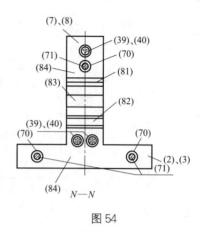

$N—N$

图 54

1.5.6 垂直连接螺栓的模块定位构造

（专利号：ZL201210000392.2，申请日：2012年1月4日，授权公告日：2015年11月25日）

说明书摘要

垂直连接螺栓的模块定位构造包括1种与基础混凝土预制构件进行垂直定位连接的定位连接座分别和与上部塔桅式机械设备不同的塔身基础节由垂直定位连接螺栓不同的数量、直径、位置构成的4种不同的垂直连接构造的组合连接，实现了以少量的构造配件变换使基础与塔身的垂直连接构造适应一定范围内螺栓数量、直径、位置的变化要求，为装配式混凝土预制塔桅式机械设备基础的产业化提供了降低生产和使用成本，简化安装程序的技术条件。

摘要附图

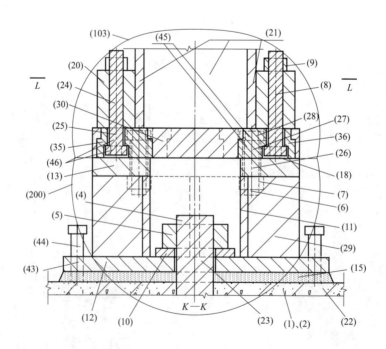

$K—K$

权利要求书

1. 垂直连接螺栓的模块定位构造，包括与基础混凝土预制构件进行垂直定位连接的定位连接座构造（200）和与上部塔椻式机械设备不同的塔身基础节的由垂直定位连接螺栓的不同数量、不同直径、不同位置构成的不同的垂直连接构造1号（101）或垂直连接构造2号（102）或垂直连接构造3号（103）或垂直连接构造4号（104），其特征在于：

垂直连接构造1号（101）：定位板1号（14）为外缘为多边形或圆形的板，在定位板1号（14）上设有供螺栓2号（6）向下穿过并使螺栓2号（6）的上端六角头锚固的螺栓端头锚固孔1号（45），螺栓端头锚固孔1号（45）的数量与设于圈（13）上的孔4号（26）的数量相同且该孔的垂直纵轴心与孔4号（26）的垂直纵轴心重合，螺栓端头锚固孔1号（45）的上半部内部空间的形状为正六角棱柱体或圆柱体的螺栓锚固槽2号（28），螺栓锚固槽2号（28）与螺栓2号（6）的六角头配合，或螺栓锚固槽2号（28）的圆柱体内径大于螺栓2号（6）的六角头外径，且螺栓2号（6）的六角头上平面不凸出定位板1号（14）的上平面，螺栓端头锚固孔1号（45）的下半部孔5号（27）的剖面为圆形且内径大于螺栓2号（6）外径并与螺栓2号（6）的外径相配合；在定位板1号（14）的平面十字轴线上设有与该十字轴线对称分布的模块定位孔1号（16），该十字轴线的纵轴与预制混凝土独立基础结构（1）的混凝土基础（2）或混凝土基础梁（22）的轴线重合；模块定位孔1号（16）的平面形状为多边形或圆形，模块定位孔1号（16）的横向、纵向剖面为倒T形或梯形，模块定位孔1号（16）的上、下平面与定位板1号（14）的上、下平面齐平；模块1号（17）的外缘形状为与模块定位孔1号（16）无间隙配合的几何体，模块1号（17）的上、下平面与定位板1号（14）的上、下平面相平；在与模块定位孔1号（16）平面轴线重合的模块1号（17）的纵轴线上，设有1个供螺栓3号（8）向上穿过并使螺栓3号（8）的下端六角头锚固于模块1号（17）的螺栓端头锚固孔2号（46），螺栓端头锚固孔2号（46）的上半部孔3号（25）剖面为圆形且内径大于螺栓3号（8）的外径并与螺栓3号（8）外径配合，螺栓端头锚固孔2号（46）的下半部螺栓锚固槽1号（18）的内部空间为正六角棱柱体或圆柱体，该正六角棱柱体空间与螺栓3号（8）下端的六角头配合或该圆柱体内径大于六角头外径，孔3号（25）和螺栓锚固槽1号（18）的垂直纵轴心重合，且使螺栓3号（8）的六角头的下端平面不凸出定位板1号（14）的下平面；螺栓端头锚固孔2号（46）的垂直纵轴心和与塔身主弦杆（21）相连接的套筒（20）上的垂直的孔2号（24）的垂直纵轴心重合且内径相同；螺栓3号（8）自下而上穿过与定位板1号（14）配合的模块1号（17）的螺栓端头锚固孔2号（46），且使螺栓3号（8）的下端六角头锚固于螺栓锚固槽1号（18）中，再向上穿过套筒（20）的孔2号（24）后以螺母3号（9）的内螺纹与螺栓3号（8）上端外螺纹配合；通过与套筒（20）连接的塔身主弦杆（21）定位连接塔身基础节（42）；

垂直连接构造2号（102）：定位板2号（19）为外缘为多边形或圆形的板，在定位板2号（19）上设有供螺栓2号（6）向下穿过并使螺栓2号（6）的上端六角头锚固的螺栓端头锚固孔1号（45），螺栓端头锚固孔1号（45）的数量与设于圈（13）上的孔4号（26）的数量、位置相同且垂直纵轴心重合；在定位板2号（19）的平面十字轴线上设有与该十字轴线对称分布的模块定位孔2号（31），模块定位孔2号（31）的横剖面为与定位板2号（19）平面十字轴线对称的倒T形或梯形或由两个对称剖面全等的凸健和凹槽上下交替设置的锯齿形共同构成的多边形，模块定位孔2号（31）沿定位板2号（19）十字轴线的纵剖面为靠近定位板2号（19）中心的一边为垂直面，远离定位板2号（19）中心的另一边为定位板2号（19）的外缘垂直面，使模块定位孔2号（31）形成外向开口的水平孔，模块定位孔2号（31）的上、下平面与定位板2号（19）的上、下平面相平；模块2号（32）的外形平面为矩形，模块2号（32）的横剖面为与模块定位孔2号（31）的横剖面无间隙配合的倒T形或梯形或两侧立面为锯齿形的多边形几何体，模块2号（32）的纵剖面为矩形且模块2号（32）的纵向长度小于模块定位孔2号（31）的纵向长度，模块2号（32）的上、下平面与定位板2号（19）的上、下平面相平，在与模块定位孔2

号（31）平面纵轴线重合的模块2号（32）的纵轴线上设有1个供螺栓3号（8）向上穿过并与螺栓3号（8）的下端六角头锚固于模块2号（32）的螺栓端头锚固孔2号（46），螺栓3号（8）的下端六角头的下端面不凸出模块2号（32）的下平面；螺栓端头锚固孔2号（46）的垂直纵轴心和与塔身主弦杆（21）相连接的套筒（20）上孔2号（24）的垂直纵轴心重合且内径相同；螺栓3号（8）自下而上穿过与定位板2号（19）配合的模块2号（32）的螺栓端头锚固孔2号（46），且使螺栓3号（8）的下端六角头锚固于螺栓锚固槽1号（18）中，再向上穿过套筒（20）的孔2号（24）后以螺母3号（9）的内螺纹与螺栓3号（8）的外螺纹配合；

垂直连接构造3号（103）：与垂直连接构造1号（101）的区别在于：定位板3号（30）与定位板1号（14）的不同之处是，在定位板3号（30）的平面十字轴线上设有与该十字轴线对称分布的模块定位孔3号（35），以模块定位孔3号（35）替代模块定位孔1号（16），模块定位孔3号（35）的平面为圆形，模块定位孔3号（35）的横、纵两方向的剖面为对称的倒T形；模块3号（36）的外缘形状为与模块定位孔3号（35）无间隙配合的几何体；在模块3号（36）上设有1个螺栓端头锚固孔2号（46），螺栓端头锚固孔2号（46）的垂直纵向轴心不位于模块定位孔3号（35）的平面中心；

垂直连接构造4号（104）：与垂直连接构造3号（103）的区别在于：定位板4号（39）与定位板3号（30）的不同之处是，在定位板4号（39）的平面十字轴线上设有与该十字轴线对称分布的模块定位孔4号（40），以模块定位孔4号（40）替代模块定位孔3号（35），模块定位孔4号（40）的平面为圆形，模块定位孔4号（40）的横、纵剖面为矩形，在模块定位孔4号（40）的内径面上设有内螺纹；模块4号（41）的外缘形状为圆柱体，模块4号（41）的外径面上设有外螺纹与模块定位孔4号（40）的内螺纹配合；在模块4号（41）上设有1个螺栓端头锚固孔2号（46），螺栓端头锚固孔2号（46）的垂直纵向轴心不位于模块4号（41）的平面中心；

垂直连接螺栓的模块定位构造的装配：

垂直连接构造1号（101）：按已知拟装配的塔桅式机械设备的塔身与基础的垂直定位连接螺栓的数量、直径和位置要求，制作模块1号（17），以螺栓端头锚固孔2号（46）在模块1号（17）的纵轴上的位置来调控各螺栓3号（8）与模块1号（17）中心的距离，适应不同的螺栓位置和螺栓直径；根据螺栓3号（8）的数量和位置，选用平面横轴或纵轴的螺栓2号（6），装模块1号（17）与定位板1号（14）组合使模块1号（17）的上、下平面与定位板1号（14）的上、下平面相平；装螺栓3号（8），使螺栓3号（8）的下端六角头与模块1号（17）的螺栓锚固槽1号（18）配合，且使六角头的下端平面不凸出于模块1号（17）的下平面；装各螺栓2号（6），使螺栓2号（6）的上端六角头与螺栓端头锚固孔2号（46）的螺栓锚固槽2号（28）配合且使螺栓2号（6）的六角头上端面不凸出于定位板1号（14）上平面；将各螺栓2号（6）垂直向下对正圈（13）的孔4号（26）使螺栓2号（6）向下穿过孔4号（26），以螺母2号（7）的内螺纹与螺栓2号（6）的下端外螺纹配合紧固；将各螺栓3号（8）的上端同时垂直对正吊起的与塔身主弦杆（21）连接的各套筒（20）的孔2号（24），垂直下降塔身，使套筒（20）的下端面与定位板1号（14）的上端面之间无间隙，以螺母3号（9）的内螺纹与螺栓3号（8）上端外螺纹配合紧固；

垂直连接构造2号（102）：垂直连接构造2号（102）的装配程序与垂直连接构造1号（101）的区别在于，以制作适应不同直径的螺栓3号（8）的结构要求的模块2号（32）来满足螺栓3号（8）的直径变化要求；以调控各模块2号（32）的螺栓端头锚固孔2号（46）在模块1号（17）纵轴上的位置实现螺栓端头锚固孔2号（46）与定位板2号（19）平面中心的距离变化来实现变换各螺栓3号（8）的位置需要；

垂直连接构造3号（103）：垂直连接构造3号（103）的装配程序与垂直连接构造1号

（101）的区别在于：以水平旋转模块 3 号（36）来改变螺栓端头锚固孔 2 号（46）与定位板 3 号（30）中心的距离，满足各螺栓 3 号（8）的位置变化要求；

垂直连接构造 4 号（104）：垂直连接构造 4 号（104）的装配程序与垂直连接构造 3 号（103）的区别在于：以各模块 4 号（41）的外螺纹与模块定位孔 4 号（40）的内螺纹配合，旋转模块 4 号（41），来改变螺栓端头锚固孔 2 号（46）与定位板 4 号（39）中心的距离，满足各螺栓 3 号（8）的位置变化要求。

2. 如权利要求 1 所述的垂直连接螺栓的模块定位构造，其特征在于：

定位连接座构造（200）：承压板（12）为多边形或圆形平板，在承压板（12）的平面中心设有剖面为圆形或多边形的孔 1 号（23），孔 1 号（23）的内径大于螺栓 1 号（4）的外径并与螺栓 1 号（4）的外径配合；在承压板（12）的平面上设有垂直的孔 6 号（43）m 个，该 m 为大于等于 3 的整数，孔 6 号（43）的内径面上设有内螺纹与螺栓 4 号（44）的外螺纹配合；垂直管（11）的剖面为圆形或多边形的环，垂直管（11）的下端面与承压板（12）的上面无间隙配合且连接，承压板（12）的内孔垂直纵向轴心与孔 1 号（23）的垂直纵轴心重合，垂直管（11）的内径大于孔 1 号（23）的内径，垂直管（11）的内径大于垫圈（10）和螺母 1 号（5）的外径，垂直管（11）的上端面与圈（13）的下端面无间隙配合且连接；圈（13）的孔的形状和内径与垂直管（11）的孔内径及形状全等且重合，圈（13）的外缘剖面为圆形或多边形，圈（13）上设有垂直的孔 4 号（26）n 个，该 n 为大于等于 2 的整数，孔 4 号（26）的内径大于螺栓 2 号（6）的外径且与螺栓 2 号（6）的外径配合；在垂直管（11）的外径面以外的圈（13）的下面与承压板（12）的上面之间设或不设肋板（29）与圈（13）的下面和垂直管（11）的外径面和承压板（12）的上面相连接；在承压板（12）的下平面与预制混凝土独立基础结构（1）的混凝土基础（2）或混凝土基础梁（22）的上平面之间有高强度水泥砂浆（15），高强度水泥砂浆（15）的上面与承压板（12）的下面之间、高强度水泥砂浆（15）的下面与混凝土基础（2）或混凝土基础梁（22）的上面之间无间隙配合；螺栓 1 号（4）的下端锚固于混凝土基础（2）或混凝土基础梁（22）的混凝土中，或螺栓 1 号（4）的下端通过与锚固于混凝土基础（2）或混凝土基础梁（22）的混凝土中的构造相配合而锚固定位，螺栓 1 号（4）上端垂直穿过孔 1 号（23），以螺母 1 号（5）的内螺纹与螺栓 1 号（4）的外螺纹配合，螺母 1 号（5）的下端平面与承压板（12）的上平面之间设有或不设垫圈（10）。

说　明　书

垂直连接螺栓的模块定位构造

技术领域　本发明涉及周期移动使用或固定使用的塔桅式机械设备混凝土基础与机械设备塔身的垂直定位连接构造。

背景技术　目前，已有的装配式混凝土预制构件塔桅式机械设备基础，以装配式混凝土预制构件固定式建筑塔机基础为例，虽然已经实现了基础的易位重复使用，但由于国内外各厂家生产的同一机械性能的塔机的塔身截面尺寸及塔身与混凝土基础的垂直连接定位螺栓的数量、位置都不相同，造成了已经定位于混凝土预制构件中的一种垂直连接螺栓的构造设置形式无法适应垂直连接螺栓数量不同、螺栓直径不同、螺栓平面位置不同的各种不同的垂直连接螺栓的构造形式的情况。因此，要在一个垂直连接构造当中兼容匹配垂直连接螺栓数量不同、螺栓直径不同、螺栓平面位置不同的几种构造，使其实现以少量的构造配件变换成垂直连接构造适应一定范围内的螺栓数量、螺栓平面位置、螺栓直径的变化要求，该项技术突破将为装配式混凝土预制构件塔桅式机械设备基础提供定型的标准化的预制混凝土基础与不同的垂直连接构造之间的过渡通用构造，从而为装配式混凝土预制构件塔桅式机械设备基础的产业化的重要条件——广泛适用性和降低制作和使用成本提供关键的技术条件。

发明内容 本发明的目的和任务是在不损坏基础混凝土预制构件的前提下，提供一种在设定的范围内，通过更换其中一个配件，使混凝土基础与塔桅式机械设备的塔身的一种垂直定位连接构造变换过渡为垂直连接螺栓数量、直径、位置不同的另外几种垂直定位连接构造，使基础预制混凝土构件中预先设置的垂直连接构造能够与多个厂家生产的同性能级别的塔桅式机械设备的由垂直定位连接螺栓数量、直径、位置不同造成的多种不同的垂直定位连接构造的通用和过渡，为塔桅式机械设备装配式混凝土预制基础的广泛适用性和降低制作和使用成本提供条件。

技术方案 本发明包括与基础混凝土预制构件进行垂直定位连接的定位连接座构造（200）和与上部塔桅式机械设备不同的塔身基础节的由垂直定位连接螺栓的不同数量、不同直径、不同位置构成的不同的垂直连接构造1号（101）或垂直连接构造2号（102）或垂直连接构造3号（103）或垂直连接构造4号（104）。

定位连接座构造（200）：承压板（12）为多边形或圆形平板，在承压板（12）的平面中心设有剖面为圆形或多边形的孔1号（23），孔1号（23）的内径大于螺栓1号（4）的外径并与螺栓1号（4）的外径配合；在承压板（12）的平面上设有垂直的孔6号（43）m个，该m为大于等于3的整数，孔6号（43）的内径面上设有内螺纹与螺栓4号（44）的外螺纹配合；垂直管（11）的剖面为圆形或多边形的环，垂直管（11）的下端面与承压板（12）的上面无间隙配合且连接，承压板（12）的内孔垂直纵向轴心与孔1号（23）的垂直纵轴心重合，垂直管（11）的内径大于孔1号（23）的内径，垂直管（11）的内径大于垫圈（10）和螺母1号（5）的外径，垂直管（11）的上端面与圈（13）的下端面无间隙配合且连接；圈（13）的孔的形状和内径与垂直管（11）的孔内径及形状全等且重合，圈（13）的外缘剖面为圆形或多边形，圈（13）上设有垂直的孔4号（26）n个，该n为大于等于2的整数，孔4号（26）的内径大于螺栓2号（6）的外径且与螺栓2号（6）的外径配合；在垂直管（11）的外径面以外的圈（13）的下面与承压板（12）的上面之间设或不设肋板（29）与圈（13）的下面和垂直管（11）的外径面和承压板（12）的上面相连接；在承压板（12）的下平面与预制混凝土独立基础结构（1）的混凝土基础（2）或混凝土基础梁（22）的上平面之间有高强度水泥砂浆（15），高强度水泥砂浆（15）的上面与承压板（12）的下面之间、高强度水泥砂浆（15）的下面与混凝土基础（2）或混凝土基础梁（22）的上面之间无间隙配合；螺栓1号（4）的下端锚固于混凝土基础（2）或混凝土基础梁（22）的混凝土中，或螺栓1号（4）的下端通过与锚固于混凝土基础（2）或混凝土基础梁（22）的混凝土中的构造相配合而锚固定位，螺栓1号（4）上端垂直穿过孔1号（23），以螺母1号（5）的内螺纹与螺栓1号（4）的外螺纹配合，螺母1号（5）的下端平面与承压板（12）的上平面之间设有或不设垫圈（10）；如图1、2、3、4、5、6、7、8、9、10、11、12、13、14所示。

垂直连接构造1号（101）：定位板1号（14）为外缘为多边形或圆形的板，在定位板1号（14）上设有供螺栓2号（6）向下穿过并使螺栓2号（6）的上端六角头锚固的螺栓端头锚固孔1号（45），螺栓端头锚固孔1号（45）的数量与设于圈（13）上的孔4号（26）的数量相同且该孔的垂直纵轴心与孔4号（26）的垂直纵轴心重合，螺栓端头锚固孔1号（45）的上半部内部空间的形状为正六角棱柱体或圆柱体的螺栓锚固槽2号（28），螺栓锚固槽2号（28）与螺栓2号（6）的六角头配合，或螺栓锚固槽2号（28）的圆柱体内径大于螺栓2号（6）的六角头外径，且螺栓2号（6）的六角头上平面不凸出定位板1号（14）的上平面，螺栓端头锚固孔1号（45）的下半部孔5号（27）的剖面为圆形且内径大于螺栓2号（6）外径并与螺栓2号（6）的外径相配合；在定位板1号（14）的平面十字轴线上设有与该十字轴线对称分布的模块定位孔1

号（16），该十字轴线的纵轴与预制混凝土独立基础结构（1）的混凝土基础（2）或混凝土基础梁（22）的轴线重合；模块定位孔 1 号（16）的平面形状为多边形或圆形，模块定位孔 1 号（16）的横向、纵向剖面为倒 T 形或梯形，模块定位孔 1 号（16）的上、下平面与定位板 1 号（14）的上、下平面齐平；模块 1 号（17）的外缘形状为与模块定位孔 1 号（16）无间隙配合的几何体，模块 1 号（17）的上、下平面与定位板 1 号（14）的上、下平面相平；在与模块定位孔 1 号（16）平面轴线重合的模块 1 号（17）的纵轴线上，设有 1 个供螺栓 3 号（8）向上穿过并使螺栓 3 号（8）的下端六角头锚固于模块 1 号（17）的螺栓端头锚固孔 2 号（46），螺栓端头锚固孔 2 号（46）的上半部孔 3 号（25）剖面为圆形且内径大于螺栓 3 号（8）的外径并与螺栓 3 号（8）外径配合，螺栓端头锚固孔 2 号（46）的下半部螺栓锚固槽 1 号（18）的内部空间为正六角棱柱体或圆柱体，该正六角棱柱体空间与螺栓 3 号（8）下端的六角头配合或该圆柱体内径大于六角头外径，孔 3 号（25）和螺栓锚固槽 1 号（18）的垂直纵轴心重合，且使螺栓 3 号（8）的六角头的下端平面不凸出定位板 1 号（14）的下平面；螺栓端头锚固孔 2 号（46）的垂直纵轴心和与塔身主弦杆（21）相连接的套筒（20）上的垂直的孔 2 号（24）的垂直纵轴心重合且内径相同；螺栓 3 号（8）自下而上穿过与定位板 1 号（14）配合的模块 1 号（17）的螺栓端头锚固孔 2 号（46），且使螺栓 3 号（8）的下端六角头锚固于螺栓锚固槽 1 号（18）中，再向上穿过套筒（20）的孔 2 号（24）后以螺母 3 号（9）的内螺纹与螺栓 3 号（8）上端外螺纹配合；通过与套筒（20）连接的塔身主弦杆（21）定位连接塔身基础节（42）；如图 1、2、3、4、5、15、16、17 所示。

垂直连接构造 2 号（102）：定位板 2 号（19）为外缘为多边形或圆形的板，在定位板 2 号（19）上设有供螺栓 2 号（6）向下穿过并使螺栓 2 号（6）的上端六角头锚固的螺栓端头锚固孔 1 号（45），螺栓端头锚固孔 1 号（45）的数量与设于圈（13）上的孔 4 号（26）的数量、位置相同且垂直纵轴心重合；在定位板 2 号（19）的平面十字轴线上设有与该十字轴线对称分布的模块定位孔 2 号（31），模块定位孔 2 号（31）的横剖面为与定位板 2 号（19）平面十字轴线对称的倒 T 形或梯形或由两个对称剖面全等的凸健和凹槽上下交替设置的锯齿形共同构成的多边形，模块定位孔 2 号（31）沿定位板 2 号（19）十字轴线的纵剖面为靠近定位板 2 号（19）中心的一边为垂直面，远离定位板 2 号（19）中心的另一边为定位板 2 号（19）的外缘垂直面，使模块定位孔 2 号（31）形成外向开口的水平孔，模块定位孔 2 号（31）的上、下平面与定位板 2 号（19）的上、下平面相平；模块 2 号（32）的外形平面为矩形，模块 2 号（32）的横剖面为与模块定位孔 2 号（31）的横剖面无间隙配合的倒 T 形或梯形或两侧立面为锯齿形的多边形几何体，模块 2 号（32）的纵剖面为矩形且模块 2 号（32）的纵向长度小于模块定位孔 2 号（31）的纵向长度，模块 2 号（32）的上、下平面与定位板 2 号（19）的上、下平面相平，在与模块定位孔 2 号（31）平面纵轴线重合的模块 2 号（32）的纵轴线上设有 1 个供螺栓 3 号（8）向上穿过并与螺栓 3 号（8）的下端六角头锚固于模块 2 号（32）的螺栓端头锚固孔 2 号（46），螺栓 3 号（8）的下端六角头的下端面不凸出模块 2 号（32）的下平面；螺栓端头锚固孔 2 号（46）的垂直纵轴心和与塔身主弦杆（21）相连接的套筒（20）上孔 2 号（24）的垂直纵轴心重合且内径相同；螺栓 3 号（8）自下而上穿过与定位板 2 号（19）配合的模块 2 号（32）的螺栓端头锚固孔 2 号（46），且使螺栓 3 号（8）的下端六角头锚固于螺栓锚固槽 1 号（18）中，再向上穿过套筒（20）的孔 2 号（24）后以螺母 3 号（9）的内螺纹与螺栓 3 号（8）的外螺纹配合；如图 1、2、6、7、8、18、19、20 所示。

垂直连接构造 3 号（103）：与垂直连接构造 1 号（101）的区别在于：定位板 3 号（30）与定位板 1 号（14）的不同之处是，在定位板 3 号（30）的平面十字轴线上设有与该十字轴线对称分布的模块定位孔 3 号（35），以模块定位孔 3 号（35）替代模块定位孔 1 号（16），模块定位孔

3号（35）的平面为圆形，模块定位孔3号（35）的横、纵两方向的剖面为对称的倒T形；模块3号（36）的外缘形状为与模块定位孔3号（35）无间隙配合的几何体；在模块3号（36）上设有1个螺栓端头锚固孔2号（46），螺栓端头锚固孔2号（46）的垂直纵向轴心不位于模块定位孔3号（35）的平面中心；如图1、2、9、10、11、21、22、23所示。

垂直连接构造4号（104）：与垂直连接构造3号（103）的区别在于：定位板4号（39）与定位板3号（30）的不同之处是，在定位板4号（39）的平面十字轴线上设有与该十字轴线对称分布的模块定位孔4号（40），以模块定位孔4号（40）替代模块定位孔3号（35），模块定位孔4号（40）的平面为圆形，模块定位孔4号（40）的横、纵剖面为矩形，在模块定位孔4号（40）的内径面上设有内螺纹；模块4号（41）的外缘形状为圆柱体，模块4号（41）的外径面上设有外螺纹与模块定位孔4号（40）的内螺纹配合；在模块4号（41）上设有1个螺栓端头锚固孔2号（46），螺栓端头锚固孔2号（46）的垂直纵向轴心不位于模块4号（41）的平面中心；如图1、2、12、13、14、24、25、26所示。

有益效果　1. 实现了定型制作的装配式塔桅式机械设备混凝土预制基础与由数量、直径、位置不同的垂直定位连接螺栓构成的多厂家的多种垂直连接构造的广泛适用性，亦即实现了一"基"配多"机"；

2. 节约了装配式混凝土预制塔桅式机械设备基础的制作成本；

3. 简化了基础与塔身的垂直连接构造的装卸程序，从而加快了基础装卸的整体速度。

附图说明　下面结合附图和具体实施方式对本发明作进一步详细的说明。

图1——垂直连接螺栓的模块定位构造与基础组合的总平面图

图2——垂直连接螺栓的模块定位构造与基础组合的总剖面图

图3——垂直连接构造1号（101）和定位连接座构造（200）的平面图

图4——垂直连接构造1号（101）和定位连接座构造（200）的横向剖面图

图5——垂直连接构造1号（101）和定位连接座构造（200）的纵向剖面图

图6——垂直连接构造2号（102）和定位连接座构造（200）的平面图

图7——垂直连接构造2号（102）和定位连接座构造（200）的横向剖面图

图8——垂直连接构造2号（102）和定位连接座构造（200）的纵向剖面图

图9——垂直连接构造3号（103）和定位连接座构造（200）的平面图

图10——垂直连接构造3号（103）和定位连接座构造（200）的横向剖面图

图11——垂直连接构造3号（103）和定位连接座构造（200）的纵向剖面图

图12——垂直连接构造4号（104）和定位连接座构造（200）的平面图

图13——垂直连接构造4号（104）和定位连接座构造（200）的横向剖面图

图14——垂直连接构造4号（104）和定位连接座构造（200）的纵向剖面图

图15——模块1号（17）的平面图

图16——模块1号（17）的横向剖面图

图17——模块1号（17）的纵向剖面图

图18——模块2号（32）的平面图

图19——模块2号（32）的横向剖面图

图20——模块2号（32）的纵向剖面图

图21——模块3号（36）的平面图

图22——模块3号（36）的横向剖面图

图23——模块3号（36）的纵向剖面图

图24——模块4号（41）的平面图

图 25——模块 4 号（41）的横向剖面图

图 26——模块 4 号（41）的纵向剖面图

具体实施方式 图 1、2、3、4、5、6、7、8、9、10、11、12、13、14、15、16、17、18、19、20、21、22、23、24、25、26 所描述的装配式混凝土预制基础与塔桅式机械设备塔身垂直定位连接的垂直连接螺栓的模块定位构造及相互关系。

定位连接座构造 200 的装配：

在预制混凝土独立基础结构 1 的混凝土基础梁 22 或混凝土基础 2 的平面十字轴线上设定的位置，定位并锚固螺栓 1 号 4 的下端，将圈 13 和承压板 12 和垂直管 11 的组合件垂直提起，使螺栓 1 号 4 上端对准承压板 12 的孔 1 号 23，下降承压板 12 使承压板 12 的下平面落于混凝土基础梁 22 或混凝土基础 2 的混凝土上平面之上；以各承压板 12 的螺栓 4 号 44 与孔 6 号 43 配合，旋转各螺栓 4 号 44 配合水平仪测控使各圈 13 的上面水平并使承压板 12 的下面与混凝土基础梁 22 或混凝土基础 2 的上面之间有间隙，装垫圈 10 和螺母 1 号 5，以旋转螺母 1 号 5 紧固定位连接座构造 200；然后在承压板 12 和混凝土基础梁 22 或混凝土基础 2 之间的间隙中嵌入高强度水泥砂浆 15。

垂直连接螺栓的模块定位构造的装配：

垂直连接构造 1 号 101：按已知拟装配的塔桅式机械设备的塔身与基础的垂直定位连接螺栓的数量、直径和位置要求，制作模块 1 号 17，以螺栓端头锚固孔 2 号 46 在模块 1 号 17 的纵轴上的位置来调控各螺栓 3 号 8 与模块 1 号 17 中心的距离，适应不同的螺栓位置和螺栓直径；根据螺栓 3 号 8 的数量和位置，选用平面横轴或纵轴的螺栓 2 号 6，装模块 1 号 17 与定位板 1 号 14 组合使模块 1 号 17 的上、下平面与定位板 1 号 14 的上、下平面相平；装螺栓 3 号 8，使螺栓 3 号 8 的下端六角头与模块 1 号 17 的螺栓锚固槽 1 号 18 配合，且使六角头的下端平面不凸出于模块 1 号 17 的下平面；装各螺栓 2 号 6，使螺栓 2 号 6 的上端六角头与螺栓端头锚固孔 2 号 46 的螺栓锚固槽 2 号 28 配合且使螺栓 2 号 6 的六角头上端面不凸出于定位板 1 号 14 上平面；将各螺栓 2 号 6 垂直向下对正圈 13 的孔 4 号 26 使螺栓 2 号 6 向下穿过孔 4 号 26，以螺母 2 号 7 的内螺纹与螺栓 2 号 6 的下端外螺纹配合紧固；将各螺栓 3 号 8 的上端同时垂直对正吊起的与塔身主弦杆 21 连接的各套筒 20 的孔 2 号 24，垂直下降塔身，使套筒 20 的下端面与定位板 1 号 14 的上端面之间无间隙，以螺母 3 号 9 的内螺纹与螺栓 3 号 8 上端外螺纹配合紧固，如图 1、2、3、4、5、15、16、17 所示。

垂直连接构造 2 号 102：垂直连接构造 2 号 102 的装配程序与垂直连接构造 1 号 101 的区别在于，以制作适应不同直径的螺栓 3 号 8 的结构要求的模块 2 号 32 来满足螺栓 3 号 8 的直径变化要求；以调控各模块 2 号 32 的螺栓端头锚固孔 2 号 46 在模块 1 号 17 纵轴上的位置实现螺栓端头锚固孔 2 号 46 与定位板 2 号 19 平面中心的距离变化来实现变换各螺栓 3 号 8 的位置需要；如图 6、7、8、18、19、20 所示。

垂直连接构造 3 号 103：垂直连接构造 3 号 103 的装配程序与垂直连接构造 1 号 101 的区别在于：以水平旋转模块 3 号 36 来改变螺栓端头锚固孔 2 号 46 与定位板 3 号 30 中心的距离，满足各螺栓 3 号 8 的位置变化要求；如图 9、10、11、21、22、23 所示。

垂直连接构造 4 号 104：垂直连接构造 4 号 104 的装配程序与垂直连接构造 3 号 103 的区别在于：以各模块 4 号 41 的外螺纹与模块定位孔 4 号 40 的内螺纹配合，旋转模块 4 号 41，来改变螺栓端头锚固孔 2 号 46 与定位板 4 号 39 中心的距离，满足各螺栓 3 号 8 的位置变化要求，如图 12、13、14、24、25、26 所示。

说明书附图

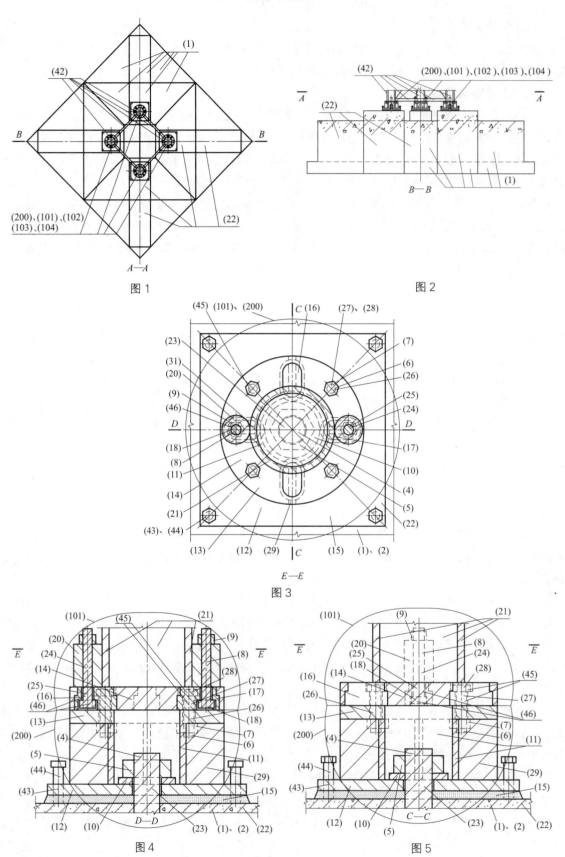

图 1

图 2

图 3

图 4

图 5

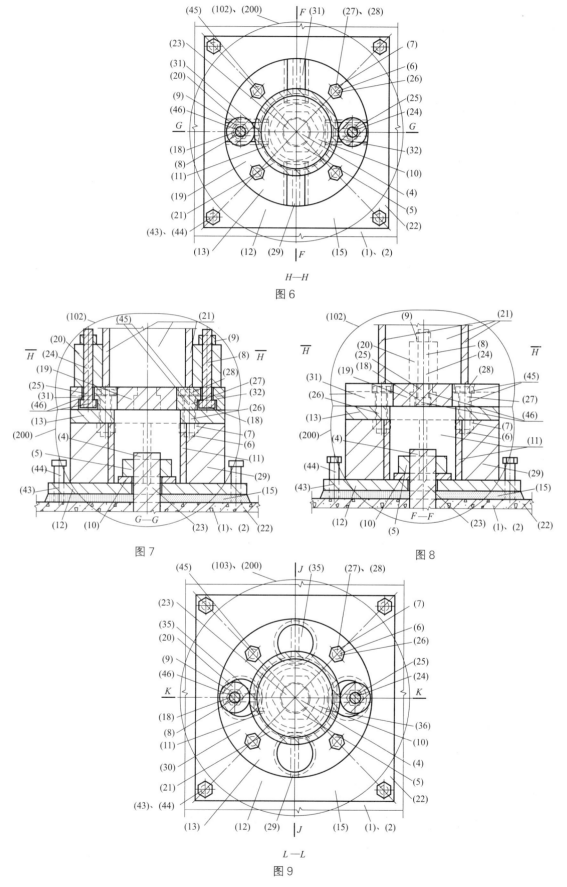

H—H

图 6

图 7

G—G

图 8

F—F

L—L

图 9

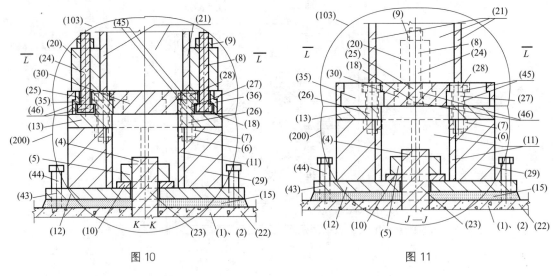

图 10　　　　　　　　　　　　　图 11

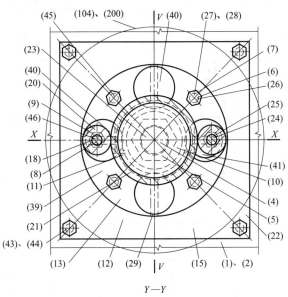

图 12

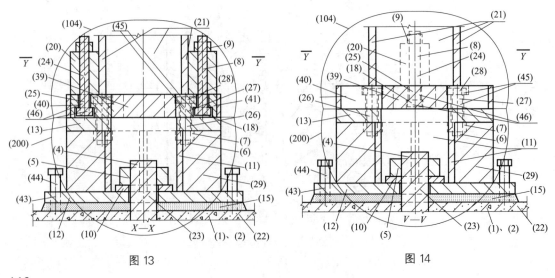

图 13　　　　　　　　　　　　　图 14

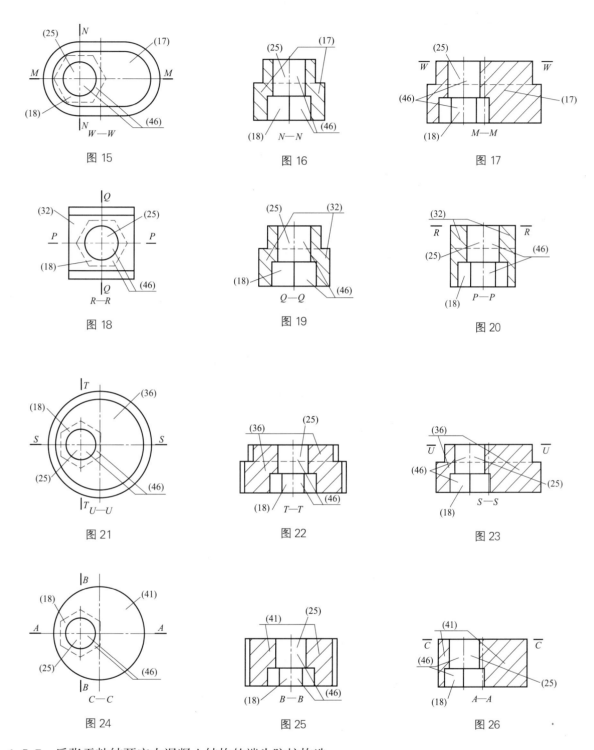

图 15　　　　图 16　　　　图 17

图 18　　　　图 19　　　　图 20

图 21　　　　图 22　　　　图 23

图 24　　　　图 25　　　　图 26

1.5.7　后张无粘结预应力混凝土结构的端头防护构造

（专利号：ZL201210000393.7，申请日：2012 年 1 月 4 日，授权公告日：2015 年 9 月 2 日）

说明书摘要

后张无粘结预应力混凝土结构的端头防护构造包括后张法无粘结预应力混凝土结构的预应力构造的张拉端和固定端的防护构造，该构造适用于反复重复使用的预制装配式混凝土结构如装配式预制混凝土塔机基础的预应力构造必须满足反复装卸要求的构造端头的封闭和防护，在确保预应力构造结构安全的同时，减少端头构造锈蚀，以增加材料使用次数从而降低使用成本。

摘 要 附 图

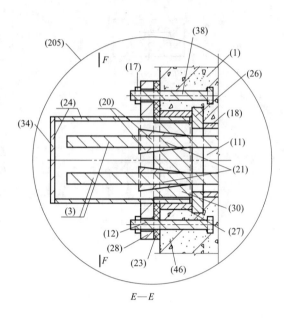

E—E

权利要求书

1. 后张无粘结预应力混凝土结构的端头防护构造，包括与反复装卸的后张无粘结预应力构造相配合的由固定端防护构造形式和张拉端防护构造形式共同构成的后张无粘结预应力构造的端头防护构造；固定端构造形式为固定端防护构造形式1号（101）或固定端防护构造形式2号（102）或固定端防护构造形式3号（103）或固定端防护构造形式4号（104）或固定端防护构造形式5号（105）或固定端防护构造形式6号（106）或固定端防护构造形式7号（107）；张拉端构造形式为张拉端防护构造形式1号（201）或张拉端防护构造形式2号（202）或张拉端防护构造形式3号（203）或张拉端防护构造形式4号（204）或张拉端防护构造形式5号（205）或张拉端防护构造形式6号（206）或张拉端防护构造形式7号（207）或张拉端防护构造形式8号（208）或张拉端防护构造形式9号（209），其特征在于：

固定端防护构造形式1号（101）：供预应力钢筋（3）穿过并置于其中的孔道1号（11）设于混凝土预制构件（46）水平组合而成的装配式后张无粘结预应力混凝土结构的混凝土（1）中，孔道1号（11）的剖面为多边形或圆形，孔道1号（11）的纵向轴心与装配式后张无粘结预应力混凝土结构的平面轴线重合或平行，孔道1号（11）的孔壁由预应力钢筋孔道管（18）的内壁构成，预应力钢筋孔道管（18）的材料为钢或塑料或混凝土（1）；与同一装配式后张无粘结预应力混凝土结构的同一平面轴线平行的各孔道1号（11）的纵向轴心在同一横剖面并列水平成一组设置，孔道1号（11）的数量为n，该n为大于等于1的整数；孔道1号（11）与混凝土预制构件（46）的混凝土（1）的垂直外立面交会处设有锚板1号（2），锚板1号（2）的正立面为多边形或圆形，锚板1号（2）上设有孔7号（15），孔7号（15）的数量与同一组预应力钢筋孔道管（18）的数量相同，孔7号（15）的外立面与混凝土预制构件（46）的混凝土（1）的垂直外立面相平，孔7号（15）与孔道1号（11）的剖面为全等的多边形或圆形，且纵向轴心重合，锚板1号（2）的内立面与孔道1号（11）的外端面之间无间隙且连接，在锚板1号（2）上设有孔4号

（14）m个，该m为大于等于2的整数；孔4号（14）的内径面上设有内螺纹与螺栓1号（7）的外螺纹配合；锚板1号（2）的内立面上设或不设锚筋1号（10）与锚板1号（2）连接；预应力钢筋（3）的外端与锚头（4）组合为一体，锚头（4）的外径大于孔7号（15）的内径；圈1号（9）的外缘为多边形或圆形，圈1号（9）的内孔剖面为多边形或圆形；保护套筒1号（5）的内缘剖面为与圈1号（9）的内孔剖面图形全等的筒口朝向混凝土结构中心的封闭套筒，保护套筒1号（5）的外端筒底1号（16）的内立面与预应力钢筋（3）的外端之间有间隙，保护套筒1号（5）的内端面与圈1号（9）的外端面连接；圈1号（9）上设有数量与设于锚板1号（2）上的孔4号（14）相同的孔2号（12），且孔2号（12）与孔4号（14）的水平纵向轴心重合，孔2号（12）的内径大于螺栓1号（7）的外径并与螺栓1号（7）外径配合；在锚板1号（2）的外立面与圈1号（9）的内立面之间设有封闭圈1号（8），封闭圈1号（8）上有孔3号（13）供螺栓1号（7）穿过；

固定端防护构造形式2号（102）与固定端防护构造形式1号（101）的区别在于：锚板1号（2）设有的孔1号（6）的内径大于螺栓1号（7）的外径且与螺栓1号（7）的外径配合，螺栓1号（7）的有外螺纹的一端朝外，螺栓1号（7）的六角头的外侧环形垂直面与锚板1号（2）的内立面之间无间隙；或以螺柱的有螺纹一端朝外，无螺纹一端朝内且将螺柱内向端面与锚板1号（2）的外立面连接，并使螺柱的纵轴心与孔2号（12）的纵轴重合；以螺母1号（17）与螺栓1号（7）或螺柱的外端螺纹配合，紧固圈1号（9）和封闭圈1号（8）且使保护套筒1号（5）定位；

固定端防护构造形式3号（103）与固定端防护构造形式1号（101）的区别在于：以锚板2号（37）替代锚板1号（2），锚板2号（37）的立面外缘图形为小于锚板1号（2）外缘图形的多边形或圆形，锚板2号（37）的内孔剖面与孔道1号（11）的内孔剖面为全等的多边形或圆形，锚板2号（37）的外立面与混凝土预制构件（46）的混凝土（1）的垂直外立面相平；套筒1号（35）为剖面为环形的管，套筒1号（35）的水平圆形内孔的内径面上设有内螺纹与螺栓1号（7）的外螺纹配合，套筒1号（35）的内孔的纵向轴心与设于圈1号（9）的孔2号（12）的纵轴心重合，套筒1号（35）的外向端面与混凝土预制构件（46）的混凝土（1）的垂直外立面相平，设有或不设锚筋2号（36）与套筒1号（35）连接；以螺栓1号（7）的内向端的螺纹与套筒1号（35）的内螺纹配合紧固圈1号（9）和封闭圈1号（8）且使保护套筒1号（5）定位；

固定端防护构造形式4号（104）与固定端防护构造形式3号（103）的区别在于：螺栓2号（38）的水平纵轴心与设于圈1号（9）的孔2号（12）的纵轴心重合，螺栓2号（38）的有螺纹的外端头朝外、六角头朝内设置于混凝土预制构件（46）的混凝土（1）内，以螺母1号（17）的内螺纹与螺栓2号（38）的外螺纹配合紧固圈1号（9）和封闭圈1号（8）且使保护套筒1号（5）定位；

固定端防护构造形式5号（105）：构成孔道1号（11）的预应力钢筋孔道管（18）的外向端垂直面与圈4号（29）的垂直内立面无间隙且连接，圈4号（29）的剖面外缘为多边形或圆形，圈4号（29）的内孔剖面为与孔道1号（11）剖面全等的多边形或圆形且纵向轴心重合，管2号（32）的内向端面与圈4号（29）的外向面连接，管2号（32）的水平纵轴心与圈4号（29）的纵轴心重合，管2号（32）的剖面为多边形或圆形的环，管2号（32）的内径大于孔道1号（11）的内径，在管2号（32）的外向端之外设有管4号（47），管4号（47）内向端面与管2号（32）的外向端面全等且重合并无间隙配合连接，管2号（32）和管4号（47）的材料为钢或与混凝土预制构件（46）的混凝土（1）相同；管4号（47）的外向端垂直面与混凝土预制构件（46）的混凝土（1）的垂直外立面相平，管4号（47）内包的封闭橡胶塞（33）为截头角锥体或截头圆锥体，封闭橡胶塞（33）与管4号（47）的内壁无间隙配合；封闭橡胶塞（33）的外向端垂直平面与混凝土预制构件（46）的混凝土（1）的垂直外立面相平，封闭橡胶塞（33）的内向面与预应力钢筋（3）的外端之间有间隙；锚板 3 号（52）的剖面为多边形或圆形的柱体，锚板 3 号（52）的外径小于管 2 号（32）的内径且大于孔道 1 号（11）的内径，锚板 3 号（52）上设有孔 5 号（48）n 个，该 n 为大于等于 1 的整数；孔 5 号（48）的内径大于预应力钢筋（3）的外径供预应力钢筋（3）穿过；预应力钢筋（3）的外向端部与锚头（4）组合为一体，锚头（4）的内向端面与锚板 3 号（52）的外向面之间无间隙；在锚板 3 号（52）的内向立面和圈 4 号（29）的外向面之间设有承压管（41），承压管（41）的各部位剖面为全等的环形，承压管（41）的外径小于管 2 号（32）的内径，承压管（41）的内径大于等于孔道 1 号（11）的内径，承压管（41）的件数为 0 或大于 0 的整数；

固定端防护构造形式 6 号（106）与固定端防护构造形式 5 号（105）的区别在于：圈 7 号（44）的内孔剖面与管 2 号（32）的剖面外缘全等且纵向轴心重合，圈 7 号（44）和圈 6 号（43）的剖面外缘图形全等且重合，圈 7 号（44）的外向面与管 2 号（32）的外向面齐平连接且与圈 6 号（43）的内向面之间无间隙并连接，圈 6 号（43）的孔剖面为圆形，圈 6 号（43）的孔径大于管 2 号（32）的内径，圈 6 号（43）孔的内径面设有内螺纹与设于封口塞（45）的外径面上的外螺纹配合；封口塞（45）为剖面为圆形的圆柱体，封口塞（45）的外向面与圈 6 号（43）的外向面和混凝土预制构件（46）的混凝土（1）的垂直外立面相平，封口塞（45）的内向面与圈 7 号（44）和管 2 号（32）的外向端面之间无间隙配合；

固定端防护构造形式 7 号（107）：圈 9 号（49）的剖面为 L 形，圈 9 号（49）的孔 9 号（60）内径和孔道 1 号（11）内径相同，圈 9 号（49）的孔 9 号（60）的纵向轴心与孔道 1 号（11）的纵轴心重合，圈 9 号（49）的内向面与预应力钢筋孔道管（18）的外向端无间隙配合并连接，圈 9 号（49）的外向面与混凝土预制构件（46）的混凝土（1）的垂直外立面相平，在圈 9 号（49）的外向面上设有剖面为矩形的圆环形凹槽（59），圆环形凹槽（59）的外向面与圈 9 号（49）的外向面相平，圆环形凹槽（59）的内径与孔 9 号（60）的内径相同，且圆环形凹槽（59）的纵向轴心与孔 9 号（60）的纵向轴心重合，圆环形凹槽（59）的外径大于锚板 4 号（53）的外径，锚板 4 号（53）为圆柱体，锚板 4 号（53）上设有水平的孔 5 号（48）n 个，该 n 为大于等于 1 的整数；锚板 4 号（53）的外径面上设有外螺纹，锚板 4 号（53）的内向面与圆环形凹槽（59）的槽底外向面配合无间隙，孔 5 号（48）的圆形剖面的内径大于预应力钢筋（3）的外径且小于锚头（4）的外径；圈 10 号（51）的内径面上设有内螺纹与锚板 4 号（53）的外径面上的外螺纹配合，在圈 10 号（51）的内向面与混凝土预制构件（46）的混凝土（1）和圈 9 号（49）的垂直外立面之间设有封闭圈 3 号（50）；保护套筒 3 号（54）为剖面为圆形或多边形且筒口朝向混凝土结构中心的封闭套筒，保护套筒 3 号（54）的内径大于锚板 4 号（53）的外径且小于圈 10 号（51）的外径，保护套筒 3 号（54）的内向端面与圈 10 号（51）的外向面连接；保护套筒 3 号（54）的筒底 3 号（55）的内向面与预应力钢筋（3）的外向端之间有间隙；

张拉端防护构造形式 1 号（201）与固定端防护构造形式 1 号（101）的区别在于：以锚环 2 号（31）和夹片（20）替换锚头（4），锚环 2 号（31）为剖面外缘为圆形的圆柱体，锚环 2 号（31）的外径大于孔道 1 号（11）的内径且小于圈 1 号（9）的内孔径，锚环 2 号（31）上设有外径大、内径小的截头圆锥体孔 8 号（39），孔 8 号（39）的内向小孔径大于预应力钢筋（3）的外径供预应力钢筋（3）穿过，在孔 8 号（39）的内孔壁与预应力钢筋（3）的外径面之间设有夹片（20）；

张拉端防护构造形式 2 号（202）与固定端防护构造形式 2 号（102）的区别和张拉端防护构造形式 1 号（201）与固定端防护构造形式 1 号（101）的区别完全相同；

张拉端防护构造形式 3 号（203）与固定端防护构造形式 3 号（103）的区别和张拉端防护构

造形式 1 号（201）与固定端防护构造形式 1 号（101）的区别完全相同；

张拉端防护构造形式 4 号（204）与固定端防护构造形式 4 号（104）的区别和张拉端防护构造形式 1 号（201）与固定端防护构造形式 1 号（101）的区别完全相同；

张拉端防护构造形式 5 号（205）：构成孔道 1 号（11）的预应力钢筋孔道管（18）的外向端面与圈 8 号（26）的内向立面无间隙配合且连接，圈 8 号（26）的孔剖面与孔道 1 号（11）的剖面全等且纵向轴心重合，管 1 号（27）的剖面为圆环形，管 1 号（27）的内径大于孔道 1 号（11）的内径且与保护套筒 2 号（24）的外径配合，筒底 2 号（34）为圆形板，筒底 2 号（34）的外缘剖面图形与保护套筒 2 号（24）的外缘剖面图形全等，且筒底 2 号（34）的内立面与保护套筒 2 号（24）的外端面无间隙并连接使保护套筒 2 号（24）成外端封闭的筒；圈 3 号（28）的立面外缘为多边形或圆形，圈 3 号（28）的圆孔内径与保护套筒 2 号（24）的外径相配合并连接，且保护套筒 2 号（24）的内向端凸出于圈 3 号（28）内立面的长度小于圈 3 号（28）内立面与圈 8 号（26）外立面之间的距离；在圈 3 号（28）上设有 n 个孔 2 号（12），该 n 为大于等于 2 的整数，孔 2 号（12）的剖面为内径大于螺栓 2 号（38）外径的圆形并与螺栓 2 号（38）外径配合，各孔 2 号（12）的纵向轴心与螺栓 2 号（38）的纵向轴心重合，螺栓 2 号（38）的六角头朝内、有螺纹一端朝外设于混凝土预制构件（46）的混凝土（1）中，且使螺栓 2 号（38）的有螺纹一端凸出于混凝土（1）的垂直外立面，在圈 3 号（28）的内立面与混凝土（1）的外立面之间设有封闭圈 2 号（23），以螺母 1 号（17）的内螺纹与螺栓 2 号（38）的外螺纹配合紧固圈 3 号（28）和封闭圈 2 号（23）且使保护套筒 2 号（24）定位；锚环 1 号（30）的内向立面与圈 8 号（26）的外向立面之间无间隙配合，以夹片（20）置于设在锚环 1 号（30）上的孔径外大内小的孔 6 号（21）的孔壁和穿过孔 6 号（21）的预应力钢筋（3）的外径面之间；预应力钢筋（3）的外端头与筒底 2 号（34）的内立面之间有间隙；

张拉端防护构造形式 6 号（206）与张拉端防护构造形式 5 号（205）的区别和固定端防护构造形式 4 号（104）与固定端防护构造形式 3 号（103）的区别完全相同；

张拉端防护构造形式 7 号（207）与张拉端防护构造形式 6 号（206）的区别和固定端防护构造形式 2 号（102）与固定端防护构造形式 1 号（101）的区别完全相同；且以圈 2 号（22）替代套筒 1 号（35），圈 2 号（22）的内径大于保护套筒 2 号（24）外径并与保护套筒 2 号（24）的外径配合，圈 2 号（22）的外径面与混凝土预制构件（46）的混凝土（1）的垂直外立面齐平，圈 2 号（22）的内向面与管 1 号（27）的外向面无间隙配合并连接，圈 2 号（22）上设有孔 1 号（6），孔 1 号（6）的内径与设于圈 3 号（28）上的孔 2 号（12）相同且纵向轴心重合，螺栓 1 号（7）的有螺纹一端朝外穿过圈 2 号（22）、封闭圈 2 号（23）和孔 2 号（12），以螺母 1 号（17）的内螺纹与螺栓 1 号（7）的外向端外螺纹配合；

张拉端防护构造形式 8 号（208）与张拉端防护构造形式 7 号（207）的区别和固定端防护构造形式 1 号（101）与固定端防护构造形式 2 号（102）的区别完全相同；且以圈 11 号（42）替代圈 2 号（22），圈 11 号（42）与圈 2 号（22）的区别在于：圈 11 号（42）上设有与设于圈 3 号（28）的孔 2 号（12）纵轴心重合的孔 10 号（40），孔 10 号（40）的内径面上设有内螺纹与螺栓 1 号（7）的外螺纹配合；

张拉端防护构造形式 9 号（209）：圈 9 号（49）的剖面为 L 形，圈 9 号（49）的孔 9 号（60）的内径与孔道 1 号（11）内径相同，圈 9 号（49）的孔 9 号（60）的纵向轴心与孔道 1 号（11）的纵轴心重合，圈 9 号（49）的内向面与预应力钢筋孔道管（18）的外向端无间隙配合并连接，圈 9 号（49）的外向面与混凝土预制构件（46）的混凝土（1）的垂直外立面相平，在圈 9 号（49）的外向面上设有剖面为矩形的圆环形凹槽（59），圆环形凹槽（59）的外向面与圈 9 号（49）的外向面相平，圆环形凹槽（59）的内径与孔 9 号（60）的内径相同，且圆环形凹槽

（59）的纵向轴心与孔 9 号（60）的纵向轴心重合，圆环形凹槽（59）的外径大于锚环 3 号（56）的外径，锚环 3 号（56）为圆柱体，锚环 3 号（56）的外径面上设有外螺纹，锚环 3 号（56）上设有直径外大内小的截头圆锥体孔 6 号（21）n 个，该 n 为大于等于 1 的整数，孔 6 号（21）剖面较小的一端内径大于预应力钢筋（3）的外径并相互配合，在孔 6 号（21）的孔壁与预应力钢筋（3）的外径面之间设有夹片（20），锚环 3 号（56）的内向面与圆环形凹槽（59）的槽底外向面配合无间隙，圈 10 号（51）的内径与锚环 3 号（56）的外径相同，圈 10 号（51）的内径面上设有内螺纹与锚环 3 号（56）的外径面上的外螺纹配合，保护套筒 4 号（57）为剖面为圆形或多边形且筒口朝向混凝土结构中心的封闭套筒，保护套筒 4 号（57）的内径大于锚环 3 号（56）的外径且小于圈 10 号（51）的外径，保护套筒 4 号（57）的内向端面与圈 10 号（51）的外向面连接，保护套筒 4 号（57）的筒底 4 号（58）的内向面与预应力钢筋（3）的外向端之间有间隙，在圈 10 号（51）的内向面与混凝土预制构件（46）的混凝土（1）和圈 9 号（49）的垂直外立面之间设有封闭圈 3 号（50）；

后张无粘结预应力混凝土结构的端头防护构造的安装程序：

将整个后张无粘结预应力装配式混凝土结构的各混凝土预制构件（46）安装就位后，将预应力钢筋（3）无锚头（4）的一端从固定端穿入孔道 1 号（11），使预应力钢筋（3）从张拉端穿出，装锚环 1 号（30）或锚环 2 号（31），以张拉机按规定应力值对预应力钢筋（3）进行张拉，同时以夹片（20）对预应力钢筋（3）进行定位；然后进行：

固定端防护构造的安装：

固定端防护构造形式 1 号（101）：以各螺栓 1 号（7）的有螺纹一端朝内，穿过圈 1 号（9）的孔 2 号（12），再穿过封闭圈 1 号（8）的孔 3 号（13）后，使各螺栓 1 号（7）对正锚板 1 号（2）的各孔 4 号（14），使各螺栓 1 号（7）的螺纹与锚板 1 号（2）的各孔 4 号（14）的内螺纹配合，旋转各螺栓 1 号（7），使圈 1 号（9）的内立面与封闭圈 1 号（8）的外立面、封闭圈 1 号（8）的内立面与锚板 1 号（2）的外立面之间无间隙；

固定端防护构造形式 2 号（102）：将封闭圈 1 号（8）的各孔 3 号（13）对正各螺栓 1 号（7）后，使封闭圈 1 号（8）的内立面靠近锚板 1 号（2）的外立面，以圈 1 号（9）的各孔 2 号（12）水平对正螺栓 1 号（7）的外向端后，将圈 1 号（9）水平向内推使圈 1 号（9）的内立面靠近封闭圈 1 号（8）的外立面，以各螺母 1 号（17）与螺栓 1 号（7）的外螺纹配合，旋紧各螺母 1 号（17）使圈 1 号（9）的内立面与封闭圈 1 号（8）的外立面之间和封闭圈 1 号（8）的内立面与锚板 1 号（2）的外立面之间无间隙；

固定端防护构造形式 3 号（103）：将各螺栓 1 号（7）的有螺纹一端向内穿过圈 1 号（9）的各孔 2 号（12）后，把各螺栓 1 号（7）的内向端穿过封闭圈 1 号（8）的各孔 3 号（13），将各螺栓 1 号（7）的有螺纹一端与各套筒 1 号（35）的内孔对正，使各螺栓 1 号（7）的外螺纹与套筒 1 号（35）的内螺纹配合，旋转各螺栓 1 号（7），使圈 1 号（9）的内立面与封闭圈 1 号（8）的外立面和封闭圈 1 号（8）的内立面与混凝土（1）的外立面之间无间隙；

固定端防护构造形式 4 号（104）：同固定端防护构造形式 2 号（102），以螺栓 2 号（38）替代螺栓 1 号（7）与螺母 1 号（17）配合；

固定端防护构造形式 5 号（105）：把封闭橡胶塞（33）的小径面朝内用力推，使封闭橡胶塞（33）与管 4 号（47）配合紧密无间隙；

固定端防护构造形式 6 号（106），以封口塞（45）的外螺纹与圈 6 号（43）的内螺纹配合，旋转紧固封口塞（45），使封口塞（45）的内立面与圈 7 号（44）和管 2 号（32）的外立面之间无间隙；

固定端防护构造形式 7 号（107）：将封闭圈 3 号（50）的内孔与锚板 4 号（53）外径面配合

并使封闭圈 3 号（50）的内向面与混凝土预制构件（46）的混凝土（1）或圆环形凹槽（59）的垂直外立面之间无间隙，将保护套筒 3 号（54）水平对正锚板 4 号（53），并使圈 10 号（51）的内螺纹与锚板 4 号（53）的外螺纹配合，旋进圈 10 号（51）使圈 10 号（51）的内向面与封闭圈 3 号（50）的外向面之间和封闭圈 3 号（50）的内向面与混凝土（1）或圆环形凹槽（59）的外向面之间密闭无间隙；

张拉端防护构造的安装：

张拉端防护构造形式 1 号（201）与固定端防护构造形式 1 号（101）的安装程序相同；

张拉端防护构造形式 2 号（202）与固定端防护构造形式 2 号（102）的安装程序相同；

张拉端防护构造形式 3 号（203）与固定端防护构造形式 3 号（103）的安装程序相同；

张拉端防护构造形式 4 号（204）与固定端防护构造形式 4 号（104）的安装程序相同；

张拉端防护构造形式 5 号（205）与固定端防护构造形式 5 号（105）的安装程序相同；须同时将保护套筒 2 号（24）的内向端的外径面与管 1 号（27）的内径面配合；

张拉端防护构造形式 6 号（206）与固定端防护构造形式 3 号（103）的安装程序相同；须同时将保护套筒 2 号（24）的内向端的外径面与管 1 号（27）的内径面配合；

张拉端防护构造形式 7 号（207）与固定端防护构造形式 2 号（102）的安装程序相同；须同时将保护套筒 2 号（24）的内向端的外径面与管 1 号（27）的内径面配合；

张拉端防护构造形式 8 号（208）与固定端防护构造形式 1 号（101）的安装程序相同；须同时将保护套筒 2 号（24）的内向端的外径面与管 1 号（27）的内径面配合；

张拉端防护构造形式 9 号（209）：将封闭圈 3 号（50）的内孔与锚环 3 号（56）外径面配合并使封闭圈 3 号（50）的内向面与混凝土预制构件（46）的混凝土（1）或圆环形凹槽（59）的垂直外立面之间无间隙，将保护套筒 4 号（57）水平对正锚环 3 号（56）并使圈 10 号（51）的内螺纹与锚环 3 号（56）的外螺纹配合，旋进圈 10 号（51）使圈 10 号（51）的内向面与封闭圈 3 号（50）的外向面之间和封闭圈 3 号（50）的内向面与混凝土（1）或圆环形凹槽（59）的垂直外立面之间无间隙。

说　明　书

后张无粘结预应力混凝土结构的端头防护构造

技术领域　本发明涉及周期移位重复使用的后张无粘结预应力预制装配式混凝土结构的预应力构造。

背景技术　目前已有的周期移位重复使用的预制装配式混凝土结构如装配式混凝土预制塔机基础的预应力构造的端头——张拉端和固定端的构造，一般都采用与建筑结构的张拉端和固定端相类似的构造，但因整体混凝土结构重复使用的需要，造成张拉端和固定端构造不能像建筑工程中的后张无粘结预应力构造的张拉端和固定端那样进行永久封闭，造成张拉端和固定端有一部分构造必须暴露于混凝土结构之外，因而对结构整体安全形成隐患；并且由于端头构造外露而直接处于自然潮湿环境造成端头构造锈蚀加快，对预应力构造的安装、拆解和重复使用形成不利影响，加快了预应力构造的损坏和报废速度而增加使用成本。因此，设计配备一种与现有的后张无粘结装配式混凝土预制结构的预应力构造的端部构造——张拉端和固定端相匹配的防护和封闭构造，就成为后张无粘结装配式预制混凝土结构保证结构安全并延长端头构造使用寿命从而降低使用成本的关键技术。

发明内容　本发明的目的和任务是提供一种与装配式后张无粘结预应力混凝土结构的端头构造——固定端和张拉端构造相匹配的、可与固定端和张拉端构造组合、分解的防护和封闭构造，该构造既能使固定端和张拉端得到有效防护，又实现固定端和张拉端构造与外部的自然潮湿环境隔绝封闭，同时拆、装简便。为确保结构整体安全、增加构造使用寿命、降低使用成本提供技术条件。

技术方案 本发明包括与反复装卸的后张无粘结预应力构造相配合的由 7 种固定端防护构造形式和 9 种张拉端防护构造形式共同构成的后张无粘结预应力构造的端头防护构造；本发明的固定端构造形式为固定端防护构造形式 1 号（101）或固定端防护构造形式 2 号（102）或固定端防护构造形式 3 号（103）或固定端防护构造形式 4 号（104）或固定端防护构造形式 5 号（105）或固定端防护构造形式 6 号（106）或固定端防护构造形式 7 号（107）；本发明的张拉端构造形式为张拉端防护构造形式 1 号（201）或张拉端防护构造形式 2 号（202）或张拉端防护构造形式 3 号（203）或张拉端防护构造形式 4 号（204）或张拉端防护构造形式 5 号（205）或张拉端防护构造形式 6 号（206）或张拉端防护构造形式 7 号（207）或张拉端防护构造形式 8 号（208）或张拉端防护构造形式 9 号（209）。

固定端防护构造形式 1 号（101）：供预应力钢筋（3）穿过并置于其中的孔道 1 号（11）设于混凝土预制构件（46）水平组合而成的装配式后张无粘结预应力混凝土结构的混凝土（1）中，孔道 1 号（11）的剖面为多边形或圆形，孔道 1 号（11）的纵向轴心与装配式后张无粘结预应力混凝土结构的平面轴线重合或平行，孔道 1 号（11）的孔壁由预应力钢筋孔道管（18）的内壁构成，预应力钢筋孔道管（18）的材料为钢或塑料或混凝土（1）；与同一装配式后张无粘结预应力混凝土结构的同一平面轴线平行的各孔道 1 号（11）的纵向轴心在同一横剖面并列水平成一组设置，孔道 1 号（11）的数量为 n，该 n 为大于等于 1 的整数；孔道 1 号（11）与混凝土预制构件（46）的混凝土（1）的垂直外立面交会处设有锚板 1 号（2），锚板 1 号（2）的正立面为多边形或圆形，锚板 1 号（2）上设有孔 7 号（15），孔 7 号（15）的数量与同一组预应力钢筋孔道管（18）的数量相同，孔 7 号（15）的外立面与混凝土预制构件（46）的混凝土（1）的垂直外立面相平，孔 7 号（15）与孔道 1 号（11）的剖面为全等的多边形或圆形，且纵向轴心重合，锚板 1 号（2）的内立面与孔道 1 号（11）的外端面之间无间隙且连接，在锚板 1 号（2）上设有孔 4 号（14）m 个，该 m 为大于等于 2 的整数；孔 4 号（14）的内径面上设有内螺纹与螺栓 1 号（7）的外螺纹配合；锚板 1 号（2）的内立面上设或不设锚筋 1 号（10）与锚板 1 号（2）连接；预应力钢筋（3）的外端与锚头（4）组合为一体，锚头（4）的外径大于孔 7 号（15）的内径；圈 1 号（9）的外缘为多边形或圆形，圈 1 号（9）的内孔剖面为多边形或圆形；保护套筒 1 号（5）的内缘剖面为与圈 1 号（9）的内孔剖面图形全等的筒口朝向混凝土结构中心的封闭套筒，保护套筒 1 号（5）的外端筒底 1 号（16）的内立面与预应力钢筋（3）的外端之间有间隙，保护套筒 1 号（5）的内端面与圈 1 号（9）的外端面连接；圈 1 号（9）上设有数量与设于锚板 1 号（2）上的孔 4 号（14）相同的孔 2 号（12），且孔 2 号（12）与孔 4 号（14）的水平纵向轴心重合，孔 2 号（12）的内径大于螺栓 1 号（7）的外径并与螺栓 1 号（7）外径配合；在锚板 1 号（2）的外立面与圈 1 号（9）的内立面之间设有封闭圈 1 号（8），封闭圈 1 号（8）上有孔 3 号（13）供螺栓 1 号（7）穿过；如图 1、2、3、4 所示。

固定端防护构造形式 2 号（102）与固定端防护构造形式 1 号（101）的区别在于：锚板 1 号（2）设有的孔 1 号（6）的内径大于螺栓 1 号（7）的外径且与螺栓 1 号（7）的外径配合，螺栓 1 号（7）的有外螺纹的一端朝外，螺栓 1 号（7）的六角头的外侧环形垂直面与锚板 1 号（2）的内立面之间无间隙；或以螺柱的有螺纹一端朝外，无螺纹一端朝内且将螺柱内向端面与锚板 1 号（2）的外立面连接，并使螺柱的纵轴心与孔 2 号（12）的纵轴重合；以螺母 1 号（17）与螺栓 1 号（7）或螺柱的外端螺纹配合，紧固圈 1 号（9）和封闭圈 1 号（8）且使保护套筒 1 号（5）定位；如图 1、2、5、6、3、4 所示。

固定端防护构造形式 3 号（103）与固定端防护构造形式 1 号（101）的区别在于：以锚板 2 号（37）替代锚板 1 号（2），锚板 2 号（37）的立面外缘图形为小于锚板 1 号（2）外缘图形的多边形或圆形，锚板 2 号（37）的内孔剖面与孔道 1 号（11）的内孔剖面为全等的多边形或圆形，锚板 2 号（37）的外立面与混凝土预制构件（46）的混凝土（1）的垂直外立面相平；套筒 1 号（35）为剖面为环形的管，套筒 1 号（35）的水平圆形内孔的内径面上设有内螺纹与螺栓 1 号（7）的外螺纹配合，套筒 1 号（35）的内孔的纵向轴心与设于圈 1 号（9）的孔 2 号（12）的纵轴心重合，套筒 1 号（35）的外向端面与混凝土预制构件（46）的混凝土（1）的垂直外立面相平，设有或不设锚筋 2 号（36）与套筒 1 号（35）连接；以螺栓 1 号（7）的内向端的螺纹与套筒 1 号（35）的内螺纹配合紧固圈 1 号（9）和封闭圈 1 号（8）且使保护套筒 1 号（5）定位；如图 1、2、7、8、3、4 所示。

固定端防护构造形式 4 号（104）与固定端防护构造形式 3 号（103）的区别在于：螺栓 2 号（38）的水平纵轴心与设于圈 1 号（9）的孔 2 号（12）的纵轴心重合，螺栓 2 号（38）的有螺纹的外端头朝外、六角头朝内设置于混凝土预制构件（46）的混凝土（1）内，以螺母 1 号（17）的内螺纹与螺栓 2 号（38）的外螺纹配合紧固圈 1 号（9）和封闭圈 1 号（8）且使保护套筒 1 号（5）定位；如图 1、2、9、10、7、8 所示。

固定端防护构造形式 5 号（105）：构成孔道 1 号（11）的预应力钢筋孔道管（18）的外向端垂直面与圈 4 号（29）的垂直内立面无间隙且连接，圈 4 号（29）的剖面外缘为多边形或圆形，圈 4 号（29）的内孔剖面为与孔道 1 号（11）剖面全等的多边形或圆形且纵向轴心重合，管 2 号（32）的内向端面与圈 4 号（29）的外向面连接，管 2 号（32）的水平纵轴心与圈 4 号（29）的纵轴心重合，管 2 号（32）的剖面为多边形或圆形的环，管 2 号（32）的内径大于孔道 1 号（11）的内径，在管 2 号（32）的外向端之外设有管 4 号（47），管 4 号（47）内向端面与管 2 号（32）的外向端面全等且重合并无间隙配合连接，管 2 号（32）和管 4 号（47）的材料为钢或与混凝土预制构件（46）的混凝土（1）相同；管 4 号（47）的外向端垂直面与混凝土预制构件（46）的混凝土（1）的垂直外立面相平，管 4 号（47）内包的封闭橡胶塞（33）为截头角锥体或截头圆锥体，封闭橡胶塞（33）与管 4 号（47）的内壁无间隙配合；封闭橡胶塞（33）的外向端垂直平面与混凝土预制构件（46）的混凝土（1）的垂直外立面相平，封闭橡胶塞（33）的内向面与预应力钢筋（3）的外端之间有间隙；锚板 3 号（52）的剖面为多边形或圆形的柱体，锚板 3 号（52）的外径小于管 2 号（32）的内径且大于孔道 1 号（11）的内径，锚板 3 号（52）上设有孔 5 号（48）n 个，该 n 为大于等于 1 的整数；孔 5 号（48）的内径大于预应力钢筋（3）的外径供预应力钢筋（3）穿过；预应力钢筋（3）的外向端部与锚头（4）组合为一体，锚头（4）的内向端面与锚板 3 号（52）的外向面之间无间隙；在锚板 3 号（52）的内向立面和圈 4 号（29）的外向面之间设有承压管（41），承压管（41）的各部位剖面为全等的环形，承压管（41）的外径小于管 2 号（32）的内径，承压管（41）的内径大于等于孔道 1 号（11）的内径，承压管（41）的件数为 0 或大于 0 的整数；如图 1、2、11、12 所示。

固定端防护构造形式 6 号（106）与固定端防护构造形式 5 号（105）的区别在于：圈 7 号（44）的内孔剖面与管 2 号（32）的剖面外缘全等且纵向轴心重合，圈 7 号（44）和圈 6 号（43）的剖面外缘图形全等且重合，圈 7 号（44）的外向面与管 2 号（32）的外向面齐平连接且与圈 6 号（43）的内向面之间无间隙并连接，圈 6 号（43）的孔剖面为圆形，圈 6 号（43）的孔径大于管 2 号（32）的内径，圈 6 号（43）孔的内径面设有内螺纹与设于封口塞（45）的外径面上的外螺纹配合；封口塞（45）为剖面为圆形的圆柱体，封口塞（45）的外向面与圈 6 号（43）的外向面和混凝土预制构件（46）的混凝土（1）的垂直外立面相平，封口塞（45）的内向面与圈 7 号（44）和管 2 号（32）的外向端面之间无间隙配合；如图 1、2、13、14、11、12 所示。

固定端防护构造形式 7 号（107）：圈 9 号（49）的剖面为 L 形，圈 9 号（49）的孔 9 号（60）内径和孔道 1 号（11）内径相同，圈 9 号（49）的孔 9 号（60）的纵向轴心与孔道 1 号

（11）的纵轴心重合，圈 9 号（49）的内向面与预应力钢筋孔道管（18）的外向端无间隙配合并连接，圈 9 号（49）的外向面与混凝土预制构件（46）的混凝土（1）的垂直外立面相平，在圈 9 号（49）的外向面上设有剖面为矩形的圆环形凹槽（59），圆环形凹槽（59）的外向面与圈 9 号（49）的外向面相平，圆环形凹槽（59）的内径与孔 9 号（60）的内径相同，且圆环形凹槽（59）的纵向轴心与孔 9 号（60）的纵向轴心重合，圆环形凹槽（59）的外径大于锚板 4 号（53）的外径，锚板 4 号（53）为圆柱体，锚板 4 号（53）上设有水平的孔 5 号（48）n 个，该 n 为大于等于 1 的整数；锚板 4 号（53）的外径面上设有外螺纹，锚板 4 号（53）的内向面与圆环形凹槽（59）的槽底外向面配合无间隙，孔 5 号（48）的圆形剖面的内径大于预应力钢筋（3）的外径且小于锚头（4）的外径；圈 10 号（51）的内径面上设有内螺纹与锚板 4 号（53）的外径面上的外螺纹配合，在圈 10 号（51）的内向面与混凝土预制构件（46）的混凝土（1）和圈 9 号（49）的垂直外立面之间设有封闭圈 3 号（50）；保护套筒 3 号（54）为剖面为圆形或多边形且筒口朝向混凝土结构中心的封闭套筒，保护套筒 3 号（54）的内径大于锚板 4 号（53）的外径且小于圈 10 号（51）的外径，保护套筒 3 号（54）的内向端面与圈 10 号（51）的外向面连接；保护套筒 3 号（54）的筒底 3 号（55）的内向面与预应力钢筋（3）的外向端之间有间隙；如图 1、2、15、16 所示。

张拉端防护构造形式 1 号（201）与固定端防护构造形式 1 号（101）的区别在于：以锚环 2 号（31）和夹片（20）替换锚头（4），锚环 2 号（31）为剖面外缘为圆形的圆柱体，锚环 2 号（31）的外径大于孔道 1 号（11）的内径且小于圈 1 号（9）的内孔径，锚环 2 号（31）上设有外径大、内径小的截头圆锥体孔 8 号（39），孔 8 号（39）的内向小孔径大于预应力钢筋（3）的外径供预应力钢筋（3）穿过，在孔 8 号（39）的内孔壁与预应力钢筋（3）的外径面之间设有夹片（20）；如图 1、2、17、18、3、4 所示。

张拉端防护构造形式 2 号（202）与固定端防护构造形式 2 号（102）的区别和张拉端防护构造形式 1 号（201）与固定端防护构造形式 1 号（101）的区别完全相同；如图 1、2、19、20、5、6、17、18、3、4 所示。

张拉端防护构造形式 3 号（203）与固定端防护构造形式 3 号（103）的区别和张拉端防护构造形式 1 号（201）与固定端防护构造形式 1 号（101）的区别完全相同；如图 1、2、21、22、7、8、17、18、3、4 所示。

张拉端防护构造形式 4 号（204）与固定端防护构造形式 4 号（104）的区别和张拉端防护构造形式 1 号（201）与固定端防护构造形式 1 号（101）的区别完全相同；如图 1、2、23、24、9、10、17、18、3、4 所示。

张拉端防护构造形式 5 号（205）：构成孔道 1 号（11）的预应力钢筋孔道管（18）的外向端面与圈 8 号（26）的内向立面无间隙配合且连接，圈 8 号（26）的孔剖面与孔道 1 号（11）的剖面全等且纵向轴心重合，管 1 号（27）的剖面为圆环形，管 1 号（27）的内径大于孔道 1 号（11）的内径且与保护套筒 2 号（24）的外径配合，筒底 2 号（34）为圆形板，筒底 2 号（34）的外缘剖面图形与保护套筒 2 号（24）的外缘剖面图形全等，且筒底 2 号（34）的内立面与保护套筒 2 号（24）的外端面无间隙并连接使保护套筒 2 号（24）成外端封闭的筒；圈 3 号（28）的立面外缘为多边形或圆形，圈 3 号（28）的圆孔内径与保护套筒 2 号（24）的外径相配合并连接，且保护套筒 2 号（24）的内向端凸出于圈 3 号（28）内立面的长度小于圈 3 号（28）内立面与圈 8 号（26）外立面之间的距离；在圈 3 号（28）上设有 n 个孔 2 号（12），该 n 为大于等于 2 的整数，孔 2 号（12）的剖面为内径大于螺栓 2 号（38）外径的圆形并与螺栓 2 号（38）外径配合，各孔 2 号（12）的纵向轴心与螺栓 2 号（38）的纵向轴心重合，螺栓 2 号（38）的六角头朝内、有螺纹一端朝外设于混凝土预制构件（46）的混凝土（1）中，且使螺栓 2 号（38）的有螺纹一端凸出于混凝土（1）的垂直外立面，在圈 3 号（28）的内立面与混凝土（1）的外立面之间设有封闭圈 2 号（23），以螺母 1 号（17）的内螺纹与螺栓 2 号（38）的外螺纹配合紧固圈 3 号（28）和封闭圈 2 号（23）且使保护套筒 2 号（24）定位；锚环 1 号（30）的内向立面与圈 8 号（26）的外向立面之间无间隙配合，以夹片（20）置于设在锚环 1 号（30）上的孔径外大内小的孔 6 号（21）的孔壁和穿过孔 6 号（21）的预应力钢筋（3）的外径面之间；预应力钢筋（3）的外端头与筒底 2 号（34）的内立面之间有间隙；如图 1、2、25、26 所示。

张拉端防护构造形式 6 号（206）与张拉端防护构造形式 5 号（205）的区别和固定端防护构造形式 4 号（104）与固定端防护构造形式 3 号（103）的区别完全相同；如图 1、2、27、28、9、10、7、8 所示。

张拉端防护构造形式 7 号（207）与张拉端防护构造形式 6 号（206）的区别和固定端防护构造形式 2 号（102）与固定端防护构造形式 1 号（101）的区别完全相同；且以圈 2 号（22）替代套筒 1 号（35），圈 2 号（22）的内径大于保护套筒 2 号（24）外径并与保护套筒 2 号（24）的外径配合，圈 2 号（22）的外径面与混凝土预制构件（46）的混凝土（1）的垂直外立面齐平，圈 2 号（22）的内向面与管 1 号（27）的外向面无间隙配合并连接，圈 2 号（22）上设有孔 1 号（6），孔 1 号（6）的内径与设于圈 3 号（28）上的孔 2 号（12）相同且纵向轴心重合，螺栓 1 号（7）的有螺纹一端朝外穿过圈 2 号（22）、封闭圈 2 号（23）和孔 2 号（12），以螺母 1 号（17）的内螺纹与螺栓 1 号（7）的外向端外螺纹配合；如图 1、2、29、30、5、6、3、4 所示。

张拉端防护构造形式 8 号（208）与张拉端防护构造形式 7 号（207）的区别和固定端防护构造形式 1 号（101）与固定端防护构造形式 2 号（102）的区别完全相同；且以圈 11 号（42）替代圈 2 号（22），圈 11 号（42）与圈 2 号（22）的区别在于：圈 11 号（42）上设有与设于圈 3 号（28）的孔 2 号（12）纵轴心重合的孔 10 号（40），孔 10 号（40）的内径面上设有内螺纹与螺栓 1 号（7）的外螺纹配合；如图 1、2、31、32、3、4、5、6 所示。

张拉端防护构造形式 9 号（209）：圈 9 号（49）的剖面为 L 形，圈 9 号（49）的孔 9 号（60）的内径与孔道 1 号（11）内径相同，圈 9 号（49）的孔 9 号（60）的纵向轴心与孔道 1 号（11）的纵轴心重合，圈 9 号（49）的内向面与预应力钢筋孔道管（18）的外向端无间隙配合并连接，圈 9 号（49）的外向面与混凝土预制构件（46）的混凝土（1）的垂直外立面相平，在圈 9 号（49）的外向面上设有剖面为矩形的圆环形凹槽（59），圆环形凹槽（59）的外向面与圈 9 号（49）的外向面相平，圆环形凹槽（59）的内径与孔 9 号（60）的内径相同，且圆环形凹槽（59）的纵向轴心与孔 9 号（60）的纵向轴心重合，圆环形凹槽（59）的外径大于锚环 3 号（56）的外径，锚环 3 号（56）为圆柱体，锚环 3 号（56）的外径面上设有外螺纹，锚环 3 号（56）上设有直径外大内小的截头圆锥体孔 6 号（21）n 个，该 n 为大于等于 1 的整数，孔 6 号（21）剖面较小的一端内径大于预应力钢筋（3）的外径并相互配合，在孔 6 号（21）的孔壁与预应力钢筋（3）的外径面之间设有夹片（20），锚环 3 号（56）的内向面与圆环形凹槽（59）的槽底外向面配合无间隙，圈 10 号（51）的内径与锚环 3 号（56）的外径相同，圈 10 号（51）的内径面上设有内螺纹与锚环 3 号（56）的外径面上的外螺纹配合，保护套筒 4 号（57）为剖面为圆形或多边形且筒口朝向混凝土结构中心的封闭套筒，保护套筒 4 号（57）的内径大于锚环 3 号（56）的外径且小于圈 10 号（51）的外径，保护套筒 4 号（57）的内向端面与圈 10 号（51）的外向面连接，保护套筒 4 号（57）的筒底 4 号（58）的内向面与预应力钢筋（3）的外向端之间有间隙，在圈 10 号（51）的内向面与混凝土预制构件（46）的混凝土（1）和圈 9 号（49）的垂直外立面之间设有封闭圈 3 号（50）；如图 1、2、33、34 所示。

有益效果 1. 实现了后张无粘结预应力装配式预制混凝土结构的核心构造——预应力构造的张拉端和固定端的封闭并与外界隔绝，消除了结构安全的隐患，为结构的安全提供了技术保证。

2. 为预应力构造提供了减少锈蚀的技术条件，为重复使用的装卸提供便利。

3. 延长了预应力构造的寿命,增加了预应力构造的重复使用次数,从而降低整个结构的运行成本。

附图说明 下面结合附图和具体实施方式对本发明作进一步详细的说明。

图1——后张无粘结预应力混凝土结构的端头防护构造的总平面图

图2——后张无粘结预应力混凝土结构的端头防护构造的总剖面图

图3——固定端防护构造形式1号(101)的横向剖面图

图4——固定端防护构造形式1号(101)的纵向剖面图

图5——固定端防护构造形式2号(102)的横向剖面图

图6——固定端防护构造形式2号(102)的纵向剖面图

图7——固定端防护构造形式3号(103)的横向剖面图

图8——固定端防护构造形式3号(103)的纵向剖面图

图9——固定端防护构造形式4号(104)的横向剖面图

图10——固定端防护构造形式4号(104)的纵向剖面图

图11——固定端防护构造形式5号(105)的横向剖面图

图12——固定端防护构造形式5号(105)的纵向剖面图

图13——固定端防护构造形式6号(106)的横向剖面图

图14——固定端防护构造形式6号(106)的纵向剖面图

图15——固定端防护构造形式7号(107)的横向剖面图

图16——固定端防护构造形式7号(107)的纵向剖面图

图17——张拉端防护构造形式1号(201)的横向剖面图

图18——张拉端防护构造形式1号(201)的纵向剖面图

图19——张拉端防护构造形式2号(202)的横向剖面图

图20——张拉端防护构造形式2号(202)的纵向剖面图

图21——张拉端防护构造形式3号(203)的横向剖面图

图22——张拉端防护构造形式3号(203)的纵向剖面图

图23——张拉端防护构造形式4号(204)的横向剖面图

图24——张拉端防护构造形式4号(204)的纵向剖面图

图25——张拉端防护构造形式5号(205)的横向剖面图

图26——张拉端防护构造形式5号(205)的纵向剖面图

图27——张拉端防护构造形式6号(206)的横向剖面图

图28——张拉端防护构造形式6号(206)的纵向剖面图

图29——张拉端防护构造形式7号(207)的横向剖面图

图30——张拉端防护构造形式7号(207)的纵向剖面图

图31——张拉端防护构造形式8号(208)的横向剖面图

图32——张拉端防护构造形式8号(208)的纵向剖面图

图33——张拉端防护构造形式9号(209)的横向剖面图

图34——张拉端防护构造形式9号(209)的纵向剖面图

具体实施方式 图1、2所描述的本发明的防护构造设置的位置,图3、4、5、6、7、8、9、10、11、12、13、14、15、16详细描述了固定端防护构造的7种不同构造形式;图17、18、19、20、21、22、23、24、25、26、27、28、29、30、31、32、33、34详细描述了张拉端防护构造的9种不同构造形式;

本发明的安装程序:

将整个后张无粘结预应力装配式混凝土结构的各混凝土预制构件 46 安装就位后，将预应力钢筋 3 无锚头 4 的一端从固定端穿入孔道 1 号 11，使预应力钢筋 3 从张拉端穿出，装锚环 1 号 30 或锚环 2 号 31，以张拉机按规定应力值对预应力钢筋 3 进行张拉，同时以夹片 20 对预应力钢筋 3 进行定位；然后进行：

固定端防护构造的安装：

固定端防护构造形式 1 号 101：以各螺栓 1 号 7 的有螺纹一端朝内，穿过圈 1 号 9 的孔 2 号 12，再穿过封闭圈 1 号 8 的孔 3 号 13 后，使各螺栓 1 号 7 对正锚板 1 号 2 的各孔 4 号 14，使各螺栓 1 号 7 的螺纹与锚板 1 号 2 的各孔 4 号 14 的内螺纹配合，旋转各螺栓 1 号 7，使圈 1 号 9 的内立面与封闭圈 1 号 8 的外立面、封闭圈 1 号 8 的内立面与锚板 1 号 2 的外立面之间无间隙。

固定端防护构造形式 2 号 102：将封闭圈 1 号 8 的各孔 3 号 13 对正各螺栓 1 号 7 后，使封闭圈 1 号 8 的内立面靠近锚板 1 号 2 的外立面，以圈 1 号 9 的各孔 2 号 12 水平对正螺栓 1 号 7 的外向端后，将圈 1 号 9 水平向内推使圈 1 号 9 的内立面靠近封闭圈 1 号 8 的外立面，以各螺母 1 号 17 与螺栓 1 号 7 的外螺纹配合，旋紧各螺母 1 号 17 使圈 1 号 9 的内立面与封闭圈 1 号 8 的外立面之间和封闭圈 1 号 8 的内立面与锚板 1 号 2 的外立面之间无间隙。

固定端防护构造形式 3 号 103：将各螺栓 1 号 7 的有螺纹一端向内穿过圈 1 号 9 的各孔 2 号 12 后，把各螺栓 1 号 7 的内向端穿过封闭圈 1 号 8 的各孔 3 号 13，将各螺栓 1 号 7 的有螺纹一端与各套筒 1 号 35 的内孔对正，使各螺栓 1 号 7 的外螺纹与套筒 1 号 35 的内螺纹配合，旋转各螺栓 1 号 7，使圈 1 号 9 的内立面与封闭圈 1 号 8 的外立面和封闭圈 1 号 8 的内立面与混凝土 1 的外立面之间无间隙。

固定端防护构造形式 4 号 104：同固定端防护构造形式 2 号 102，以螺栓 2 号 38 替代螺栓 1 号 7 与螺母 1 号 17 配合。

固定端防护构造形式 5 号 105：把封闭橡胶塞 33 的小径面朝内用力推，使封闭橡胶塞 33 与管 4 号 47 配合紧密无间隙。

固定端防护构造形式 6 号 106，以封口塞 45 的外螺纹与圈 6 号 43 的内螺纹配合，旋转紧固封口塞 45，使封口塞 45 的内立面与圈 7 号 44 和管 2 号 32 的外立面之间无间隙。

固定端防护构造形式 7 号 107：将封闭圈 3 号 50 的内孔与锚板 4 号 53 外径面配合并使封闭圈 3 号 50 的内向面与混凝土预制构件 46 的混凝土 1 或圆环形凹槽 59 的垂直外立面之间无间隙，将保护套筒 3 号 54 水平对正锚板 4 号 53，并使圈 10 号 51 的内螺纹与锚板 4 号 53 的外螺纹配合，旋进圈 10 号 51 使圈 10 号 51 的内向面与封闭圈 3 号 50 的外向面之间和封闭圈 3 号 50 的内向面与混凝土 1 或圆环形凹槽 59 的外向面之间密闭无间隙。

张拉端防护构造的安装：

张拉端防护构造形式 1 号 201 与固定端防护构造形式 1 号 101 的安装程序相同。

张拉端防护构造形式 2 号 202 与固定端防护构造形式 2 号 102 的安装程序相同。

张拉端防护构造形式 3 号 203 与固定端防护构造形式 3 号 103 的安装程序相同。

张拉端防护构造形式 4 号 204 与固定端防护构造形式 4 号 104 的安装程序相同。

张拉端防护构造形式 5 号 205 与固定端防护构造形式 5 号 105 的安装程序相同；须同时将保护套筒 2 号 24 的内向端的外径面与管 1 号 27 的内径面配合。

张拉端防护构造形式 6 号 206 与固定端防护构造形式 3 号 103 的安装程序相同；须同时将保护套筒 2 号 24 的内向端的外径面与管 1 号 27 的内径面配合。

张拉端防护构造形式 7 号 207 与固定端防护构造形式 2 号 102 的安装程序相同；须同时将保护套筒 2 号 24 的内向端的外径面与管 1 号 27 的内径面配合。

张拉端防护构造形式 8 号 208 与固定端防护构造形式 1 号 101 的安装程序相同；须同时将保

护套筒 2 号 24 的内向端的外径面与管 1 号 27 的内径面配合。

张拉端防护构造形式 9 号 209：将封闭圈 3 号 50 的内孔与锚环 3 号 56 外径面配合并使封闭圈 3 号 50 的内向面与混凝土预制构件 46 的混凝土 1 或圆环形凹槽 59 的垂直外立面之间无间隙，将保护套筒 4 号 57 水平对正锚环 3 号 56 并使圈 10 号 51 的内螺纹与锚环 3 号 56 的外螺纹配合，旋进圈 10 号 51 使圈 10 号 51 的内向面与封闭圈 3 号 50 的外向面之间和封闭圈 3 号 50 的内向面与混凝土 1 或圆环形凹槽 59 的垂直外立面之间无间隙。

本发明的拆解程序为与上述安装程序的逆操作。

说明书附图

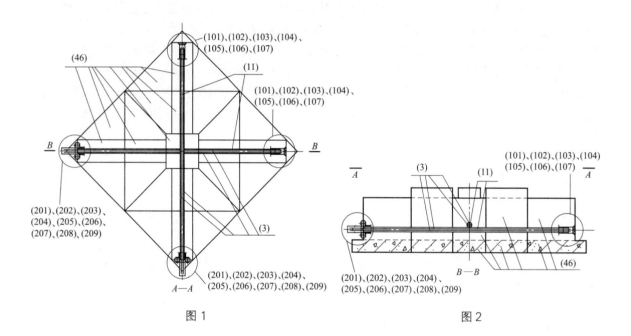

图 1　　　　　　　　　　　　　　图 2

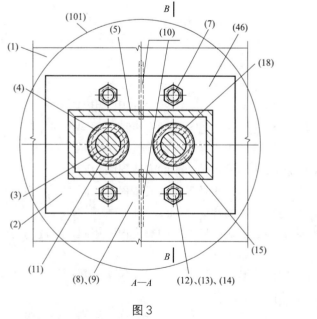

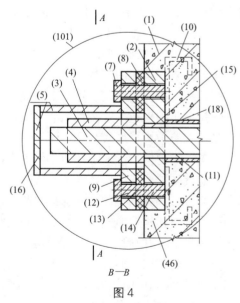

图 3　　　　　　　　　　　　　　图 4

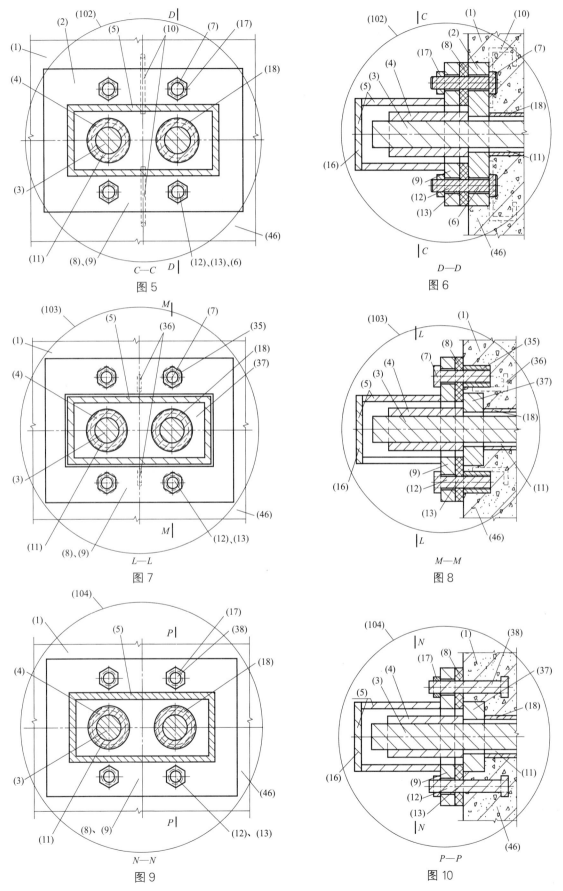

图5

图6
D—D

图7
L—L

图8
M—M

图9
N—N

图10
P—P

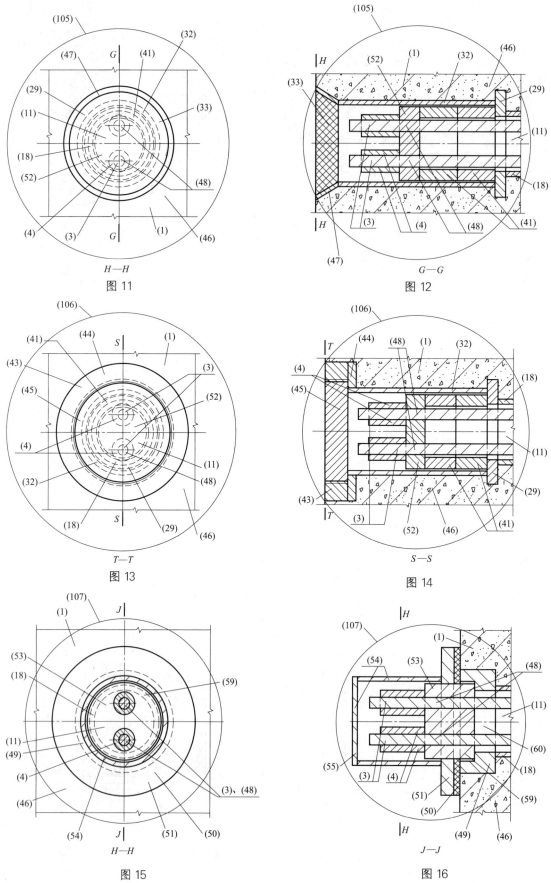

图 11

图 12

图 13

图 14

图 15

图 16

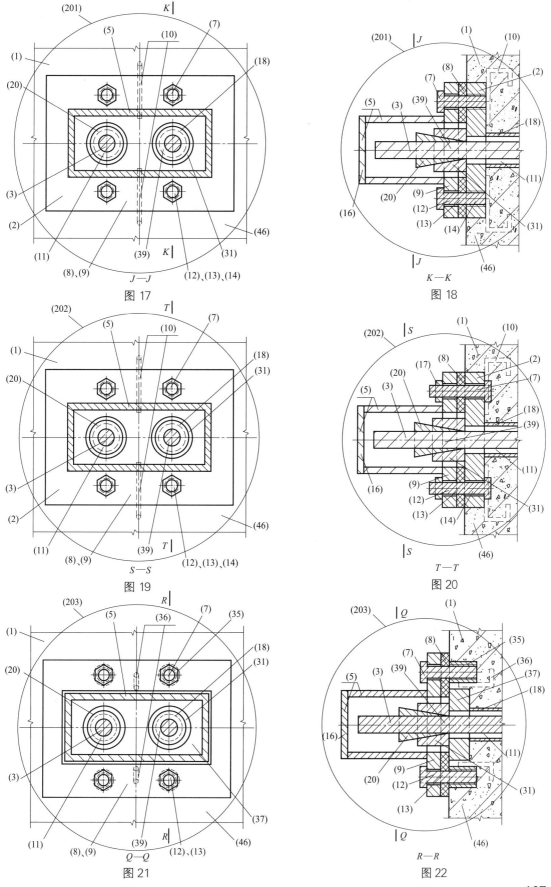

图 17

$J-J$

图 18

$K-K$

图 19

$S-S$

图 20

$T-T$

图 21

$Q-Q$

图 22

$R-R$

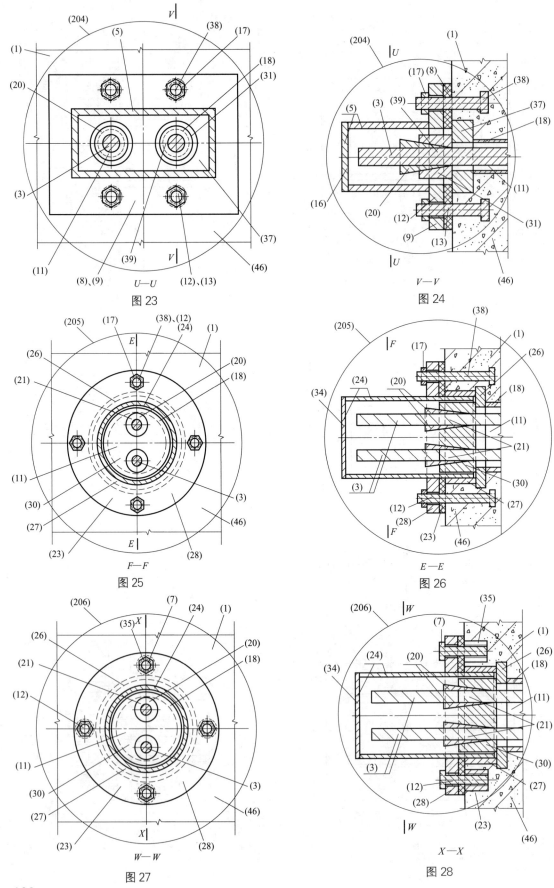

图 23

图 24

图 25

图 26

图 27

图 28

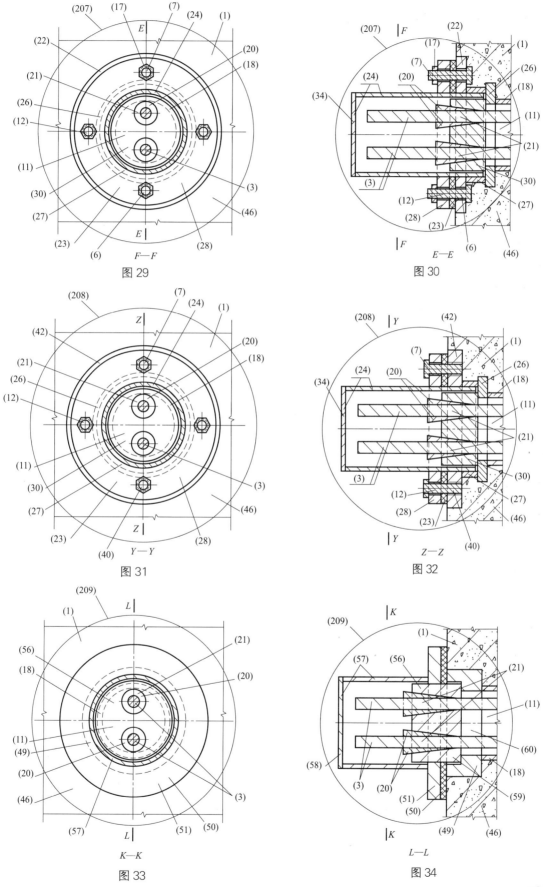

图 29

图 30

图 31

图 32

图 33

图 34

1.5.8 塔机与基础的垂直连接构造

（专利号：ZL201410345723.5，申请日：2014年7月15日，申请公布日：2016年2月3日）

说明书摘要

塔机与基础的垂直连接构造包括以预制混凝土构件内预埋可与混凝土组合、分解的地脚螺栓的下部锚固构造和混凝土外的地脚螺栓与塔机底架或基础节垂直连接的上部构造，实现了地脚螺栓与混凝土预制构件的组合或分解，进而实现了混凝土预制构件的重复使用不受地脚螺栓的使用寿命制约和对于不同厂家生产的同型号塔机的底架或基础节与基础的不同垂直连接构造的广泛适用性，从而减少制作和使用的工艺程序、节约钢材、降低成本，为固定式塔机混凝土预制构件装配式基础的产业化提供了技术条件。

摘 要 附 图

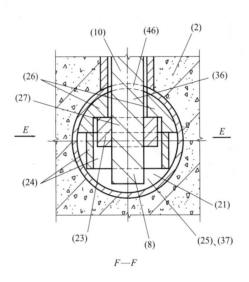

F—F

权利要求书

1. 塔机与基础的垂直连接构造包括固定式塔机的底架或塔身基础节与混凝土基础以垂直螺栓进行垂直连接的设于基础混凝土外的垂直连接上部构造和设于基础混凝土中的垂直连接下部构造，其特征在于：

垂直连接上部构造1号（101）的构造：2根垂直螺栓（8）从设于混凝土基础梁（2）内的垂直螺栓管道（10）中向上伸出且对称地置于塔机底架（3）的纵向外立面之外，2根垂直螺栓（8）的垂直纵向轴线在塔机底架（3）的横向垂直剖面上；2根垂直螺栓（8）的上端部设有与螺母1号（14）的内螺纹配合的外螺纹，横梁（15）上设有2个垂直孔1号（42）供垂直螺栓（8）向上穿过，横梁（15）的下平面与塔机底架（3）的上平面之间无间隙；螺母1号（14）的下平面与横梁（15）的上平面之间无间隙；垫板1号（17）下平面与混凝土基础梁（2）上平面之间有高强度水泥砂浆（18）；在垂直螺栓管道（10）上端的混凝土基础梁（2）上面之上设有封闭圈1号（19），封闭圈1号（19）的孔径小于垂直螺栓（8）的直径并与垂直螺栓（8）的外径面配合；

垂直连接上部构造2号（102）的构造：与设于固定式塔机的塔身基础节（7）正方形平面4个角亦即塔身垂直主弦杆（39）下端的垂直连接构造进行垂直连接的塔身柱脚（9）的下平面，与柱脚底座板（20）的上平面无间隙配合并连接且柱脚底座板（20）的平面十字轴线中心与塔身柱脚（9）的垂直纵轴心重合，柱脚底座板（20）的平面十字轴线中的一条与混凝土基础梁（2）的平面十字轴线垂直重合；在柱脚底座板（20）平面上设有垂直孔2号（43）n组，该n为大于等于1的整数，1组垂直孔2号（43）的个数为大于等于1的整数，且同1件柱脚底座板（20）上各组的垂直孔2号（43）的数量相同；各垂直螺栓（8）从垂直螺栓管道（10）中向上伸出，垂直螺栓（8）上端的外螺纹与螺母1号（14）的内螺纹配合；柱脚底座板（20）下平面与混凝土基础梁（2）上平面之间设有高强度水泥砂浆（18）；在垂直螺栓管道（10）上端的混凝土基础梁（2）上面之上设有封闭圈1号（19），封闭圈1号（19）的孔径小于垂直螺栓（8）的直径并与垂直螺栓（8）的外径面配合；

垂直连接上部构造3号（103）与垂直连接上部构造2号（102）的区别在于：设于柱脚底座板（20）平面上的且纵轴线位于混凝土基础梁（2）同一横剖面上的各组垂直孔2号（43）的数量不同；

垂直连接上部构造4号（104）的构造：位于塔身基础节（7）下端的塔身垂直主弦杆（39）的下端部设有螺栓套筒（40）m个，该m为不大于4的整数，螺栓套筒（40）的内孔径大于垂直螺栓（8）的外径并与垂直螺栓（8）的外径配合，螺栓套筒（40）的垂直外径面与塔身垂直主弦杆（39）的垂直外立面相切并连接，螺栓套筒（40）的下平面与塔身垂直主弦杆（39）的下平面相平且与垫板2号（41）上平面之间无间隙，垫板2号（41）的平面上设有数量与螺栓套筒（40）相同的垂直孔3号（44），垂直螺栓（8）从各垂直螺栓管道（10）中向上伸出，垂直螺栓（8）上端的外螺纹与螺母1号（14）的内螺纹配合，螺母1号（14）下平面与螺栓套筒（40）上平面之间无间隙；垫板2号（41）下平面与混凝土基础梁（2）上平面之间设有高强度水泥砂浆（18）；在垂直螺栓管道（10）上端的混凝土基础梁（2）上面之上设有封闭圈1号（19），封闭圈1号（19）的孔径小于垂直螺栓（8）的直径并与垂直螺栓（8）的外径面配合；

垂直连接下部构造1号（201）的构造：设于混凝土基础梁（2）内的水平管道1号（11）的横剖面为多边形，水平管道1号（11）的水平纵向轴线与混凝土基础梁（2）的横剖面重合，水平管道1号（11）的上方设有垂直孔4号（45）n个与垂直螺栓管道（10）贯通，该n为大于等于1的整数，垂直孔4号（45）的水平剖面与垂直螺栓管道（10）的管道内空间剖面图形全等，且各垂直螺栓管道（10）的垂直纵轴线与水平管道1号（11）的水平纵轴线位于混凝土基础梁（2）的同一垂直剖面上；水平管道1号（11）的2个外向端为垂直剖面与水平管道1号（11）的横剖面相似的多边形的水平管道外向端凹槽1号（35），水平管道外向端凹槽1号（35）的较大底面朝外并与混凝土基础梁（2）的侧向外立面相平，水平管道外向端凹槽1号（35）的较小底面与水平管道1号（11）的横剖面全等并与水平管道1号（11）的外端连接；水平管道外端封闭件1号（12）与水平管道外向端凹槽1号（35）形状尺寸全等并无间隙配合；垫圈1号（22）的平面中心设有垂直螺栓孔（36），垫圈1号（22）的上面与水平管道1号（11）内壁的上面无间隙配合，垫圈1号（22）的下平面以上设有或不设开口朝下的凹槽（27），凹槽（27）的朝下底面为与螺母2号（23）上面无间隙配合的平面，凹槽（27）制约螺母2号（23）的水平旋转；设于垂直螺栓管道（10）内的垂直螺栓（8）的下端有外螺纹与设于凹槽（27）和螺母定位管（24）内的螺母2号（23）的内螺纹配合；或垂直螺栓（8）下端的外螺纹与位于垫圈1号（22）下方的螺母2号（23）的内螺纹配合，螺母定位管（24）的内孔水平剖面与凹槽（27）的水平剖面全等且垂直重合，螺母定位管（24）的上端面与垫圈1号（22）的下面之间无间隙并连接，或不设螺母定位管（24）；

垂直连接下部构造2号（202）的构造：设于混凝土基础梁（2）内的水平管道2号（21）的横剖面为圆形，水平管道2号（21）的水平纵向轴线与混凝土基础梁（2）的横剖面重合，水平管道 2 号（21）的上方设有垂直孔 5 号（46）n 个与垂直螺栓管道（10）贯通，该 n 为大于等于 1 的整数，垂直孔 5 号（46）的水平剖面与垂直螺栓管道（10）的管道内空间剖面图形全等，且各垂直螺栓管道（10）的垂直纵轴线与水平管道 2 号（21）的水平纵轴线位于混凝土基础梁（2）的同一垂直剖面上；水平管道 2 号（21）的 2 个外向端为垂直剖面与水平管道 2 号（21）的横剖面相似的圆形的水平管道外向端凹槽 2 号（37），水平管道外向端凹槽 2 号（37）的较大底面朝外并与混凝土基础梁（2）的侧向外立面相平，水平管道外向端凹槽 2 号（37）的较小底面与水平管道 2 号（21）的横剖面全等并与水平管道 2 号（21）的外端连接；水平管道外端封闭件 2 号（25）与水平管道外向端凹槽 2 号（37）形状尺寸全等并无间隙配合；垫圈 2 号（26）的平面中心设有垂直螺栓孔（36），垫圈 2 号（26）的上面与水平管道 2 号（21）内壁的上面无间隙配合，垫圈 2 号（26）的下平面以上设有或不设开口朝下的凹槽（27），凹槽（27）的朝下底面为与螺母 2 号（23）上面无间隙配合的平面，凹槽（27）制约螺母 2 号（23）的水平旋转；设于垂直螺栓管道（10）内的垂直螺栓（8）的下端有外螺纹与设于凹槽（27）和螺母定位管（24）内的螺母 2 号（23）的内螺纹配合；或垂直螺栓（8）下端的外螺纹与位于垫圈 2 号（26）下方的螺母 2 号（23）的内螺纹配合，螺母定位管（24）的内孔水平剖面与凹槽（27）的水平剖面全等且垂直重合，螺母定位管（24）的上端面与垫圈 2 号（26）的下面之间无间隙并连接，或不设螺母定位管（24）；

垂直连接下部构造 3 号（203）与垂直连接下部构造 1 号（201）的区别在于：水平管道 1 号（11）的一端为水平管道外向端凹槽 1 号（35）并以水平管道外端封闭件 1 号（12）封闭，另一端以水平管道堵头板 1 号（38）与水平管道 1 号（11）的外向端连接而封堵；

垂直连接下部构造 4 号（204）与垂直连接下部构造 2 号（202）的区别在于：水平管道 2 号（21）的一端为水平管道外向端凹槽 2 号（37）并以水平管道外端封闭件 2 号（25）封闭，另一端以水平管道堵头板 2 号（6）与水平管道 2 号（21）的外向端连接而封堵；

塔机与基础的垂直连接构造的装配程序：

[1] 垂直连接上部构造 1 号（101）的装配程序：

垂直连接下部构造 1 号（201）的装配程序：将垂直连接下部构造 1 号（201）或垂直连接下部构造 2 号（202）或垂直连接下部构造 3 号（203）或垂直连接下部构造 4 号（204）或垂直连接下部构造 5 号（205）或垂直连接下部构造 6 号（206）预置于混凝土基础梁（2）的混凝土中；

将螺母 2 号（23）装入垫圈 1 号（22）的螺母定位管（24）内，使六方头或四方头（13）与螺母定位管（24）配合将垫圈 1 号（22）与螺母 2 号（23）的组合件水平装入水平管道 1 号（11），使垫圈 1 号（22）的垂直螺栓孔（36）与垂直螺栓管道（10）垂直对正；将垂直螺栓（8）下端朝下自垂直螺栓管道（10）穿入水平管道 1 号（11），穿过垫圈 1 号（22）的垂直螺栓孔（36）后使垂直螺栓（8）下端的外螺纹与螺母 2 号（23）的内螺纹配合，以搬手控制垂直螺栓（8）上端的六方头或四方头（13）或螺杆，使垂直螺栓（8）旋转致螺母 2 号（23）的上面与凹槽（27）的朝下底面之间无间隙，同时使垫圈 1 号（22）的上面与水平管道 1 号（11）的内壁上面之间无间隙，且垂直螺栓（8）的下端与水平管道 1 号（11）的下面之间无间隙止；装封闭圈 1 号（19）与垂直螺栓（8）配合，使封闭圈 1 号（19）的下平面与混凝土基础梁（2）的上平面之间无间隙；铺设高强度水泥砂浆（18），在高强度水泥砂浆（18）上面装垫板 1 号（17），使同一座基础的各垫板 1 号（17）上面水平；吊装塔机底架（3）；装横梁（15）使垂直螺栓（8）上端从横梁（15）的垂直孔 1 号（42）向上穿出，以螺母 1 号（14）的内螺纹与垂直螺栓（8）上端的外螺纹配合紧固使塔机底架（3）与混凝土基础梁（2）垂直连接；装水平管道外端封闭件 1 号（12）于水平管道外向端凹槽 1 号（35），使水平管道 1 号（11）封闭；或装水平管道外端封闭件 2 号（25）于水平管道外向端凹槽 2 号（37），使水平管道 2 号（21）封闭；

垂直连接下部构造 2 号（202）、垂直连接下部构造 3 号（203）、垂直连接下部构造 4 号（204）的装配程序与垂直连接下部构造 1 号（201）同；

垂直连接下部构造 5 号（205）、垂直连接下部构造 6 号（206）的装配程序除最后的水平管道外端封闭构造外与垂直连接下部构造 1 号（201）同；

垂直连接下部构造 5 号（205）的封闭构造装配程序：将封闭圈 2 号（16）装入封口管 1 号（29），以封闭板 1 号（30）与封口管 1 号（29）、封闭圈 2 号（16）配合封闭水平管道 1 号（11）；

垂直连接下部构造 6 号（206）的封闭构造装配程序与垂直连接下部构造 5 号（205）同；

[2] 垂直连接上部构造 2 号（102）、垂直连接上部构造 3 号（103）的装配程序：选用垂直连接下部构造 1 号（201）或垂直连接下部构造 2 号（202）或垂直连接下部构造 3 号（203）或垂直连接下部构造 4 号（204）或垂直连接下部构造 5 号（205）或垂直连接下部构造 6 号（206）并预置于混凝土基础梁（2）的混凝土中；以垂直连接下部构造 1 号（201）的装配程序为基本程序完成各垂直螺栓（8）的下部构造装配；装封闭圈 1 号（19）与各垂直螺栓（8）配合，使封闭圈 1 号（19）下平面与混凝土基础梁（2）的上平面之间无间隙；铺设高强度水泥砂浆（18）使同一座基础的各高强度水泥砂浆（18）上面水平；装柱脚底座板（20）与塔身柱脚（9）的组合体，使各垂直螺栓（8）的上端从各柱脚底座板（20）的各垂直孔 2 号（43）中向上穿出；装配各塔身柱脚（9）与塔身基础节（7）的垂直连接构造；装螺母 1 号（14）与垂直螺栓（8）上端螺纹配合，使各塔身柱脚（9）与基础连接定位；装水平管道外端封闭件 1 号（12）于水平管道外向端凹槽 1 号（35），使水平管道 1 号（11）封闭；或装水平管道外端封闭件 2 号（25）于水平管道外向端凹槽 2 号（37），使水平管道 2 号（21）封闭；

[3] 垂直连接上部构造 4 号（104）的装配程序与垂直连接上部构造 2 号（102）、垂直连接上部构造 3 号（103）的区别在于：将柱脚底座板（20）换为垫板 2 号（41），将垂直孔 2 号（43）换为垂直孔 3 号（44）；且在垂直螺栓（8）上端穿过垂直孔 3 号（44）和螺栓套筒（40）的内孔之后，安装螺母 1 号（14）使垂直螺栓（8）上端螺纹配合，紧固各螺母 1 号（14），使各螺栓套筒（40）和塔身垂直主弦杆（39）与基础垂直连接定位；装水平管道外端封闭件 1 号（12）于水平管道 1 号（11）外端的水平管道外向端凹槽 1 号（35），使水平管道 1 号（11）封闭；或装水平管道外端封闭件 2 号（25）于水平管道外向端凹槽 2 号（37），使水平管道 2 号（21）封闭。

2. 如权利要求 1 所述的塔机与基础的垂直连接构造，其特征在于：

垂直连接下部构造 5 号（205）与垂直连接下部构造 1 号（201）的区别在于：设于水平管道 1 号（11）2 个外端的水平管道外向端凹槽 1 号（35）和水平管道外端封闭件 1 号（12）的封闭构造改为：封口管 1 号（29）的内径大于水平管道 1 号（11）的外径，封口管 1 号（29）的水平纵轴与水平管道 1 号（11）的水平纵轴重合且外立面与混凝土基础梁（2）的外立面相平，封口管 1 号（29）的内径面上设有与封闭板 1 号（30）的外径面上的外螺纹相配合的内螺纹，封闭板 1 号（30）的外立面与封口管 1 号（29）的外立面相平，封闭圈 2 号（16）的外径与封口管 1 号（29）的内径相等，封闭圈 2 号（16）的外立面与封闭板 1 号（30）的内立面之间无间隙，圈 1 号（28）的外立面与封闭圈 2 号（16）的内立面之间无间隙，圈 1 号（28）的外径与封口管 1 号（29）的内径相同并连接，且圈 1 号（28）的内孔形状尺寸与水平管道 1 号（11）的空间剖面全等并连接；

垂直连接下部构造 6 号（206）与垂直连接下部构造 2 号（202）的区别在于：设于水平管道 2 号（21）2 个外端的水平管道外向端凹槽 2 号（37）和水平管道外端封闭件 2 号（25）的封闭构造改为：封口管 2 号（4）的内径与水平管道 2 号（21）的内径相同，封口管 2 号（4）的内立面与水平管道 2 号（21）的外端面无间隙配合并连接，封闭板 2 号（33）的外径面上设有外螺纹与设于封口管 2 号（4）内径面上的内螺纹配合，封闭板 2 号（33）的外立面与封口管 2 号（4）和混凝土基础梁（2）的外立面相平；圈 2 号（31）的外径与封口管 2 号（4）的内径配合并连接；

垂直螺栓管道（10）、水平管道 1 号（11）、水平管道 2 号（21）、水平管道外向端凹槽 1 号（35）、水平管道外向端凹槽 2 号（37）、水平管道堵头板 1 号（38）、水平管道堵头板 2 号（6）的材料为钢或塑料或与混凝土基础梁（2）融为一体的混凝土。

说　明　书

塔机与基础的垂直连接构造

技术领域　本发明涉及周期移动使用的固定式塔式起重机的混凝土基础与机械设备的垂直连接构造。

背景技术　目前，建筑、电力、石油、信息、地矿、军事各领域的周期移动使用的建筑固定式塔机的基础，大都采用整体现浇混凝土基础，其明显弊端在于，资源利用率极低、施工周期长，寒冷地区制作周期更长，干旱地区施工困难，不能重复使用，同时造成大量资源浪费和环境污染。近年来已有混凝土预制构件装配式塔机基础问世，开辟了塔机基础装配式、重复使用、基础混凝土预制构件轻量化的方向和道路。但针对固定式塔机装配式基础重复使用和轻量化两大技术经济目标，存在基础结构定型设计受塔机原有的塔身底架或塔身基础节与基础的垂直连接构造的差异制约造成的浪费和通用性差的情况；已有的一些非一次性筑死的地脚螺栓垂直定位连接构造虽然解决了地脚螺栓与基础混凝土构件的可装配、分解和重复使用的技术难题，但构造复杂，尤其材料用量大造成制作和使用成本大，装配式基础的产业化实践证明，这是必须突破的影响固定式塔机装配式基础加快实现产业化的技术瓶颈问题。

发明内容　本发明的目的和任务是提供一种能满足固定式塔机原有的底架或基础节与塔身基础预制混凝土构件的垂直连接的构造要求，在需要底架或塔身基础节与基础混凝土垂直连接时在设定的位置使地脚螺栓与基础混凝土组合锚固定位，在要求底架或塔身基础节与基础分离时使地脚螺栓与基础混凝土分离的垂直连接系统构造，该系统构造的特点是构造简化、节省钢材且不削弱混凝土结构的整体强度，制作和使用工艺程序减少，并实现制作和使用成本低的目标，为固定式塔机混凝土预制构件装配式基础的产业化提供技术条件。

技术方案　本发明包括固定式塔机的底架或塔身基础节与混凝土基础以垂直螺栓进行垂直连接的设于基础混凝土外的垂直连接上部构造 1 号（101）或垂直连接上部构造 2 号（102）或垂直连接上部构造 3 号（103）或垂直连接上部构造 4 号（104）和设于基础混凝土中的垂直连接下部构造 1 号（201）或垂直连接下部构造 2 号（202）或垂直连接下部构造 3 号（203）或垂直连接下部构造 4 号（204）或垂直连接下部构造 5 号（205）或垂直连接下部构造 6 号（206）。

垂直连接上部构造 1 号（101）的构造：固定式塔机的塔机底架（3）的平面十字轴线与由混凝土预制构件水平组合而成的混凝土独立基础梁板结构（1）的混凝土基础梁（2）的平面十字轴线垂直并重合，2 根垂直螺栓（8）从设于混凝土基础梁（2）内的垂直螺栓管道（10）中向上伸出且对称地置于塔机底架（3）的纵向外立面之外，2 根垂直螺栓（8）的垂直纵向轴线在塔机底架（3）的横向垂直剖面上；2 根垂直螺栓（8）的上端部设有与螺母 1 号（14）的内螺纹配合的外螺纹，垂直螺栓（8）的上端设或不设六方头或四方头（13）；横梁（15）上设有 2 个内径大于垂直螺栓（8）直径并与垂直螺栓（8）外径配合的垂直孔 1 号（42）供垂直螺栓（8）向上穿过，横梁（15）的横剖面为矩形或"□"形或"Ⅰ"形或"Ⅱ"形，横梁（15）的下平面与塔机底架

（3）的上平面之间无间隙；螺母1号（14）的下平面与横梁（15）的上平面之间无间隙；垫板1号（17）下平面与混凝土基础梁（2）上平面之间有高强度水泥砂浆（18）；在垂直螺栓管道（10）上端的混凝土基础梁（2）上面之上设有封闭圈1号（19），封闭圈1号（19）的孔径小于垂直螺栓（8）的直径并与垂直螺栓（8）的外径面配合，封闭圈1号（19）的下平面与混凝土基础梁（2）的上平面之间无间隙；如图1、2、9所示；

　　垂直连接上部构造2号（102）的构造：与设于固定式塔机的塔身基础节（7）正方形平面4个角亦即塔身垂直主弦杆（39）下端的垂直连接构造进行垂直连接的塔身柱脚（9）的下平面，与柱脚底座板（20）的上平面无间隙配合并连接且柱脚底座板（20）的平面十字轴线中心与塔身柱脚（9）的垂直纵轴心重合，柱脚底座板（20）的平面为多边形或圆形，柱脚底座板（20）的平面十字轴线中的一条与混凝土基础梁（2）的平面十字轴线垂直重合；在柱脚底座板（20）平面上设有垂直纵轴心位于混凝土基础梁（2）的同一横剖面上的垂直孔2号（43）n组，该n为大于等于1的整数，1组垂直孔2号（43）的个数为大于等于1的整数，且同1件柱脚底座板（20）上设有的各组垂直孔2号（43）的数量相同；各垂直螺栓（8）从设于混凝土基础梁（2）内的纵轴心与柱脚底座板（20）上的各垂直孔2号（43）的纵轴心垂直重合的垂直螺栓管道（10）中向上伸出，垂直螺栓（8）上端的外螺纹与螺母1号（14）的内螺纹配合；柱脚底座板（20）下平面与混凝土基础梁（2）上平面之间设有高强度水泥砂浆（18）；在垂直螺栓管道（10）上端的混凝土基础梁（2）上面之上设有封闭圈1号（19），封闭圈1号（19）的孔径小于垂直螺栓（8）的直径并与垂直螺栓（8）的外径面配合，封闭圈1号（19）的下平面与混凝土基础梁（2）的上平面之间无间隙；如图3、4、10所示；

　　垂直连接上部构造3号（103）与垂直连接上部构造2号（102）的区别在于：设于柱脚底座板（20）平面上的且纵轴线位于混凝土基础梁（2）同一横剖面上的各组垂直孔2号（43）的数量不同；如图5、6、11所示；

　　垂直连接上部构造4号（104）的构造：位于塔身基础节（7）下端的塔身垂直主弦杆（39）的下端部设有螺栓套筒（40）m个，该m为不大于4的整数，螺栓套筒（40）为圆管，螺栓套筒（40）的内孔径大于垂直螺栓（8）的外径并与垂直螺栓（8）的外径配合，螺栓套筒（40）的外径大于螺母1号（14）的外径，螺栓套筒（40）的垂直外径面与塔身垂直主弦杆（39）的垂直外立面相切并连接，螺栓套筒（40）的下平面与塔身垂直主弦杆（39）的下平面相平且与垫板2号（41）上平面之间无间隙，垫板2号（41）平面为多边形或圆形，垫板2号（41）的平面上设有数量与螺栓套筒（40）相同的垂直孔3号（44），且垂直孔3号（44）的纵轴与螺栓套筒（40）纵轴垂直重合，垂直螺栓（8）从设于混凝土基础梁（2）内的纵轴心与垫板2号（41）上的各垂直孔3号（44）纵轴心垂直重合的各垂直螺栓管道（10）中向上伸出，垂直螺栓（8）上端的外螺纹与螺母1号（14）的内螺纹配合，螺母1号（14）下平面与螺栓套筒（40）上平面之间无间隙；垫板2号（41）下平面与混凝土基础梁（2）上平面之间设有高强度水泥砂浆（18）；在垂直螺栓管道（10）上端的混凝土基础梁（2）上面之上设有封闭圈1号（19），封闭圈1号（19）的孔径小于垂直螺栓（8）的直径并与垂直螺栓（8）的外径面配合，封闭圈1号（19）的下平面与混凝土基础梁（2）的上平面之间无间隙；如图7、8、12所示；

　　垂直连接下部构造1号（201）的构造：设于混凝土基础梁（2）内的水平管道1号（11）的横剖面为多边形，水平管道1号（11）的水平纵向轴线与混凝土基础梁（2）的横剖面重合，水平管道1号（11）的上方设有垂直孔4号（45）n个与垂直螺栓管道（10）贯通，该n为大于等于1的整数，垂直孔4号（45）的水平剖面与垂直螺栓管道（10）的管道内空间剖面图形全等，且各垂直螺栓管道（10）的垂直纵轴线与水平管道1号（11）的水平纵轴线位于混凝土基础梁（2）的同一垂直剖面上；水平管道1号（11）的2个外向端为垂直剖面与水平管道1号（11）

的横剖面相似的多边形的水平管道外向端凹槽1号（35），水平管道外向端凹槽1号（35）为底面垂直且外大内小的棱台体，水平管道外向端凹槽1号（35）的较大底面朝外并与混凝土基础梁（2）的侧向外立面相平，水平管道外向端凹槽1号（35）的较小底面与水平管道1号（11）的横剖面全等并与水平管道1号（11）的外端连接；使水平管道外向端凹槽1号（35）与水平管道1号（11）连通，水平管道外端封闭件1号（12）为与水平管道外向端凹槽1号（35）形状尺寸全等的棱台体，且水平管道外端封闭件1号（12）与水平管道外向端凹槽1号（35）的环形内壁无间隙配合；垫圈1号（22）的外缘垂直投影为多边形或圆形，垫圈1号（22）的平面中心设有垂直螺栓孔（36），垂直螺栓孔（36）的内径大于垂直螺栓（8）的外径并与垂直螺栓（8）的外径相配合，垫圈1号（22）的上面与水平管道1号（11）内壁的上面无间隙配合，垫圈1号（22）的下平面以上设有或不设开口朝下的凹槽（27），凹槽（27）的水平剖面为与螺母2号（23）外缘水平剖面相似的正六角形或四方形，凹槽（27）的朝下底面为与螺母2号（23）上面无间隙配合的平面，凹槽（27）的垂直纵轴与垂直螺栓孔（36）的垂直纵轴重合；凹槽（27）的水平剖面内径大于螺母2号（23）的外径且制约螺母2号（23）的水平旋转；设于垂直螺栓管道（10）内的垂直螺栓（8）的下端有外螺纹与设于凹槽（27）和螺母定位管（24）内的螺母2号（23）的内螺纹配合；或垂直螺栓（8）下端的外螺纹与位于垫圈1号（22）下方的螺母2号（23）的内螺纹配合，且螺母2号（23）的上平面与垫圈1号（22）的下平面之间无间隙；螺母定位管（24）的内孔水平剖面与凹槽（27）的水平剖面全等且垂直重合，螺母定位管（24）的上端面与垫圈1号（22）的下面之间无间隙并连接，或不设螺母定位管（24）；如图13、14、15所示；

垂直连接下部构造2号（202）的构造：设于混凝土基础梁（2）内的水平管道2号（21）的横剖面为圆形，水平管道2号（21）的水平纵向轴线与混凝土基础梁（2）的横剖面重合，水平管道2号（21）的上方设有垂直孔5号（46）n个与垂直螺栓管道（10）贯通，该n为大于等于1的整数，垂直孔5号（46）的水平剖面与垂直螺栓管道（10）的管道内空间剖面图形全等，且各垂直螺栓管道（10）的垂直纵轴线与水平管道2号（21）的水平纵轴线位于混凝土基础梁（2）的同一垂直剖面上；水平管道2号（21）的2个外向端为垂直剖面与水平管道2号（21）的横剖面相似的圆形的水平管道外向端凹槽2号（37），水平管道外向端凹槽2号（37）为底面垂直且外大内小的圆台体，水平管道外向端凹槽2号（37）的较大底面朝外并与混凝土基础梁（2）的侧向外立面相平，水平管道外向端凹槽2号（37）的较小底面与水平管道2号（21）的横剖面全等并与水平管道2号（21）的外端连接；使水平管道外向端凹槽2号（37）与水平管道2号（21）连通，水平管道外端封闭件2号（25）为与水平管道外向端凹槽2号（37）形状尺寸全等的圆台体，且水平管道外端封闭件2号（25）与水平管道外向端凹槽2号（37）的圆环形内壁无间隙配合；垫圈2号（26）的外缘垂直投影为多边形或圆形，垫圈2号（26）的平面中心设有垂直螺栓孔（36），垂直螺栓孔（36）的内径大于垂直螺栓（8）的外径并与垂直螺栓（8）的外径相配合，垫圈2号（26）的上面与水平管道2号（21）内壁的上面无间隙配合，垫圈2号（26）的下平面以上设有或不设开口朝下的凹槽（27），凹槽（27）的水平剖面为与螺母2号（23）水平剖面相似的正六角形或四方形，凹槽（27）的朝下底面为与螺母2号（23）上面无间隙配合的平面，凹槽（27）的垂直纵轴与垂直螺栓孔（36）的垂直纵轴重合；凹槽（27）的水平剖面内径大于螺母2号（23）的外径且制约螺母2号（23）的水平旋转；设于垂直螺栓管道（10）内的垂直螺栓（8）的下端有外螺纹与设于凹槽（27）和螺母定位管（24）内的螺母2号（23）的内螺纹配合；或垂直螺栓（8）下端的外螺纹与位于垫圈2号（26）下方的螺母2号（23）的内螺纹配合，且螺母2号（23）的上平面与垫圈2号（26）的下平面之间无间隙；螺母定位管（24）的内孔水平剖面与凹槽（27）的水平剖面全等且垂直重合，螺母定位管（24）的上端面与垫圈2号（26）的下面之间无间隙并连接，或不设螺母定位管（24）；如图16、17、18所示；

　　垂直连接下部构造 3 号（203）与垂直连接下部构造 1 号（201）的区别在于：水平管道 1 号（11）的一端为水平管道外向端凹槽 1 号（35）并以水平管道外端封闭件 1 号（12）封闭，水平管道 1 号（11）的另一端以水平管道堵头板 1 号（38）与水平管道 1 号（11）的外向端连接而封堵水平管道 1 号（11），水平管道堵头板 1 号（38）为与水平管道 1 号（11）内部空间剖面全等的多边形板；如图 19 所示；

　　垂直连接下部构造 4 号（204）与垂直连接下部构造 2 号（202）的区别在于：水平管道 2 号（21）的一端为水平管道外向端凹槽 2 号（37）并以水平管道外端封闭件 2 号（25）封闭，水平管道 2 号（21）的另一端以水平管道堵头板 2 号（6）与水平管道 2 号（21）的外向端连接而封堵水平管道 2 号（21），水平管道堵头板 2 号（6）为与水平管道 2 号（21）内部空间剖面全等的圆形板；如图 20 所示；

　　垂直连接下部构造 5 号（205）与垂直连接下部构造 1 号（201）的区别在于：设于水平管道 1 号（11）2 个外端的水平管道外向端凹槽 1 号（35）和水平管道外端封闭件 1 号（12）的封闭构造改为：封口管 1 号（29）的内径大于水平管道 1 号（11）的外径，封口管 1 号（29）的水平纵轴与水平管道 1 号（11）的水平纵轴重合且外立面与混凝土基础梁（2）的外立面相平，封口管 1 号（29）为剖面为圆环形的管，封口管 1 号（29）的内径面上设有与封闭板 1 号（30）的外径面上的外螺纹相配合的内螺纹，封闭板 1 号（30）为圆形板，封闭板 1 号（30）的外立面与封口管 1 号（29）的外立面相平，封闭圈 2 号（16）的外径与封口管 1 号（29）的内径相等，封闭圈 2 号（16）的外立面与封闭板 1 号（30）的内立面之间无间隙，圈 1 号（28）的外立面与封闭圈 2 号（16）的内立面之间无间隙，圈 1 号（28）的剖面为圆环形，圈 1 号（28）的外径与封口管 1 号（29）的内径相同并连接，且圈 1 号（28）的内孔形状尺寸与水平管道 1 号（11）的空间剖面全等并连接；如图 21、22 所示；

　　垂直连接下部构造 6 号（206）与垂直连接下部构造 2 号（202）的区别在于：设于水平管道 2 号（21）2 个外端的水平管道外向端凹槽 2 号（37）和水平管道外端封闭件 2 号（25）的封闭构造改为：封口管 2 号（4）为剖面为圆环形的管，封口管 2 号（4）的内径与水平管道 2 号（21）的内径相同，封口管 2 号（4）的内立面与水平管道 2 号（21）的外端面无间隙配合并连接，封闭板 2 号（33）为圆形板，封闭板 2 号（33）的外径面上设有外螺纹与设于封口管 2 号（4）内径面上的内螺纹配合，封闭板 2 号（33）的外立面与封口管 2 号（4）和混凝土基础梁（2）的外立面相平；封闭圈 3 号（32）的外径与封口管 2 号（4）的内径相等，封闭圈 3 号（32）的外立面与封闭板 2 号（33）内立面之间无间隙，圈 2 号（31）的外立面与封闭圈 3 号（32）的内立面之间无间隙，圈 2 号（31）的外径与封口管 2 号（4）的内径配合并连接；如图 23、24 所示；

　　垂直螺栓管道（10）、水平管道 1 号（11）、水平管道 2 号（21）、水平管道外向端凹槽 1 号（35）、水平管道外向端凹槽 2 号（37）、水平管道堵头板 1 号（38）、水平管道堵头板 2 号（6）的材料为钢或塑料或与混凝土基础梁（2）融为一体的混凝土；如图 9、10、11、12、13、16、19、20、22、24 所示。

　　有益效果　本发明简化了地脚螺栓在混凝土中的锚固构造，增强了基础混凝土结构的强度和整体刚度，减少了制作和使用的工艺程序，节约了钢材并降低了混凝土预制构件装配式基础的垂直定位连接构造的制作和使用成本，同时相应地延长了混凝土预制构件的寿命，增加了地脚螺栓的重复使用次数，节资节能环保和经济效益明显。

　　附图说明　下面结合附图和具体实施方式对本发明作进一步详细的说明。

　　图 1——塔机与基础的垂直连接构造形式一的总平面图

　　图 2——塔机与基础的垂直连接构造形式一的 A—A 剖面图

图 3——塔机与基础的垂直连接构造形式二的总平面图
图 4——塔机与基础的垂直连接构造形式二的 B—B 剖面图
图 5——塔机与基础的垂直连接构造形式三的总平面图
图 6——塔机与基础的垂直连接构造形式三的 N—N 剖面图
图 7——塔机与基础的垂直连接构造形式四的总平面图
图 8——塔机与基础的垂直连接构造形式四的 W—W 剖面图
图 9——垂直连接上部构造 1 号（101）的 M—M 剖面图
图 10——垂直连接上部构造 2 号（102）的 L—L 剖面图
图 11——垂直连接上部构造 3 号（103）的 P—P 剖面图
图 12——垂直连接上部构造 4 号（104）的 U—U 剖面图
图 13——垂直连接下部构造 1 号（201）的 R—R 剖面图
图 14——垂直连接下部构造 1 号（201）的 D—D 剖面图
图 15——垂直连接下部构造 1 号（201）的 C—C 剖面图
图 16——垂直连接下部构造 2 号（202）的 Q—Q 剖面图
图 17——垂直连接下部构造 2 号（202）的 F—F 剖面图
图 18——垂直连接下部构造 2 号（202）的 E—E 剖面图
图 19——垂直连接下部构造 3 号（203）的 S—S 剖面图
图 20——垂直连接下部构造 4 号（204）的 T—T 剖面图
图 21——垂直连接下部构造 5 号（205）的 J—J 剖面图
图 22——垂直连接下部构造 5 号（205）外向端的 K—K 剖面图
图 23——垂直连接下部构造 6 号（206）的 H—H 剖面图
图 24——垂直连接下部构造 6 号（206）外向端的 G—G 剖面图

具体实施方式 本发明塔机与基础的垂直连接构造如图 1、2、3、4、5、6、7、8、9、10、11、12、13、14、15、16、17、18、19、20、21、22、23、24 所示。

塔机与基础的垂直连接构造的装配程序：

1. 垂直连接上部构造 1 号 101 的装配程序：按固定式塔机使用说明书中规定的塔机底架 3 与基础的垂直连接平面位置和垂直螺栓 8 的数量在混凝土基础梁 2 中设置垂直连接下部构造 1 号 201 或垂直连接下部构造 2 号 202 或垂直连接下部构造 3 号 203 或垂直连接下部构造 4 号 204 或垂直连接下部构造 5 号 205 或垂直连接下部构造 6 号 206；

垂直连接下部构造 1 号 201 的装配程序：将根据垂直连接上部构造 1 号 101 的垂直螺栓 8 的平面位置要求选用的垂直连接下部构造 1 号 201 或垂直连接下部构造 2 号 202 或垂直连接下部构造 3 号 203 或垂直连接下部构造 4 号 204 或垂直连接下部构造 5 号 205 或垂直连接下部构造 6 号 206 预置于混凝土基础梁 2 的混凝土中；

将螺母 2 号 23 装入垫圈 1 号 22 的螺母定位管 24 内，使六方头或四方头 13 与螺母定位管 24 配合将垫圈 1 号 22 与螺母 2 号 23 的组合件水平装入水平管道 1 号 11，使垫圈 1 号 22 的垂直螺栓孔 36 与垂直螺栓管道 10 垂直对正；将垂直螺栓 8 下端朝下自垂直螺栓管道 10 穿入水平管道 1 号 11，穿过垫圈 1 号 22 的垂直螺栓孔 36 后使垂直螺栓 8 下端的外螺纹与螺母 2 号 23 的内螺纹配合，以扳手控制垂直螺栓 8 上端的六方头或四方头 13 或螺杆，使垂直螺栓 8 旋转致螺母 2 号 23 的上面与凹槽 27 的朝下底面之间无间隙，同时使垫圈 1 号 22 的上面与水平管道 1 号 11 的内壁上面之间无间隙，且垂直螺栓 8 的下端与水平管道 1 号 11 的下面之间无间隙止；装封闭圈 1

号 19 与垂直螺栓 8 配合，使封闭圈 1 号 19 的下平面与混凝土基础梁 2 的上平面之间无间隙；铺设高强度水泥砂浆 18，在高强度水泥砂浆 18 上面装垫板 1 号 17，使同一座基础的各垫板 1 号 17 上面水平；吊装塔机底架 3；装横梁 15 使垂直螺栓 8 上端从横梁 15 的垂直孔 1 号 42 向上穿出，以螺母 1 号 14 的内螺纹与垂直螺栓 8 上端的外螺纹配合紧固使塔机底架 3 与混凝土基础梁 2 垂直连接；待各垂直螺栓 8 与螺母 1 号 14 全部紧固后，装水平管道外端封闭件 1 号 12 于水平管道 1 号 11 外端的水平管道外向端凹槽 1 号 35，使水平管道 1 号 11 封闭；或装水平管道外端封闭件 2 号 25 于水平管道 2 号 21 外端的水平管道外向端凹槽 2 号 37，使水平管道 2 号 21 封闭；如图 1、2、9、13、16 所示。

垂直连接下部构造 2 号 202、垂直连接下部构造 3 号 203、垂直连接下部构造 4 号 204 的装配程序与垂直连接下部构造 1 号 201 同；如图 16、19、20 所示。

垂直连接下部构造 5 号 205、垂直连接下部构造 6 号 206 的装配程序除最后的水平管道外端封闭构造外与垂直连接下部构造 1 号 201 同；

垂直连接下部构造 5 号 205 的封闭构造装配程序：将封闭圈 2 号 16 装入封口管 1 号 29，使封闭圈 2 号 16 的内立面与圈 1 号 28 的外立面之间无间隙，以设于封闭板 1 号 30 外径面上的外螺纹与封口管 1 号 29 内径面上的内螺纹配合，旋转封闭板 1 号 30，使封闭板 1 号 30 的内立面与封闭圈 2 号 16 的内立面之间无间隙；如图 22 所示；

垂直连接下部构造 6 号 206 的封闭构造装配程序与垂直连接下部构造 5 号 205 同；如图 24 所示；

2. 垂直连接上部构造 2 号 102、垂直连接上部构造 3 号 103 的装配程序：按固定式塔机的塔身基础节 7 与基础垂直连接的构造要求，设定柱脚底座板 20 平面形状、尺寸及垂直螺栓 8 的分布，据此选用垂直连接下部构造 1 号 201 或垂直连接下部构造 2 号 202 或垂直连接下部构造 3 号 203 或垂直连接下部构造 4 号 204 或垂直连接下部构造 5 号 205 或垂直连接下部构造 6 号 206 并预置于混凝土基础梁 2 的混凝土中；以垂直连接下部构造 1 号 201 的装配程序为基本程序完成各垂直螺栓 8 的下部构造装配；装封闭圈 1 号 19 与各垂直螺栓 8 配合，使封闭圈 1 号 19 下平面与混凝土基础梁 2 的上平面之间无间隙；铺设高强度水泥砂浆 18 使同一座基础的各高强度水泥砂浆 18 上面水平；装柱脚底座板 20 与塔身柱脚 9 的组合体，使各垂直螺栓 8 的上端从各柱脚底座板 20 的各垂直孔 2 号 43 中向上穿出；装配各塔身柱脚 9 与塔身基础节 7 的垂直连接构造；装螺母 1 号 14 与垂直螺栓 8 上端螺纹配合，使各塔身柱脚 9 与基础连接定位；待各垂直螺栓 8 与螺母 1 号 14 全部紧固后，装水平管道外端封闭件 1 号 12 于水平管道 1 号 11 外端的水平管道外向端凹槽 1 号 35，使水平管道 1 号 11 封闭；或装水平管道外端封闭件 2 号 25 于水平管道 2 号 21 外端的水平管道外向端凹槽 2 号 37，使水平管道 2 号 21 封闭；如图 3、4、10、5、6、11、13、16 所示。

3. 垂直连接上部构造 4 号 104 的装配程序与垂直连接上部构造 2 号 102、垂直连接上部构造 3 号 103 的区别在于：将柱脚底座板 20 换为垫板 2 号 41，将垂直孔 2 号 43 换为垂直孔 3 号 44；且在垂直螺栓 8 上端穿过垂直孔 3 号 44 和螺栓套筒 40 的内孔之后，安装螺母 1 号 14 使垂直螺栓 8 上端螺纹配合，紧固各螺母 1 号 14，使各螺栓套筒 40 和塔身垂直主弦杆 39 与基础垂直连接定位；待各垂直螺栓 8 与螺母 1 号 14 全部紧固后，装水平管道外端封闭件 1 号 12 于水平管道 1 号 11 外端的水平管道外向端凹槽 1 号 35，使水平管道 1 号 11 封闭；或装水平管道外端封闭件 2 号 25 于水平管道 2 号 21 外端的水平管道外向端凹槽 2 号 37，使水平管道 2 号 21 封闭；如图 7、8、12、13、16 所示。

说明书附图

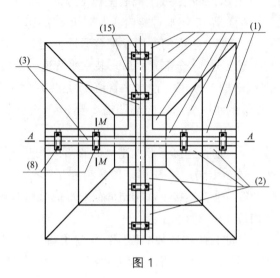

图 1

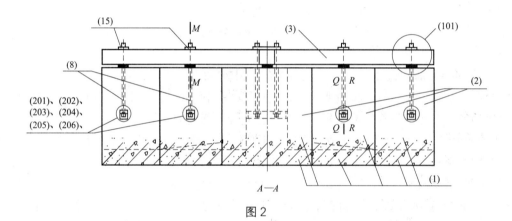

图 2

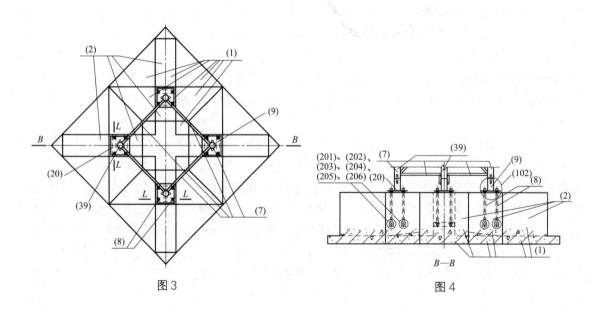

图 3　　　　　　　　　　　　　　图 4

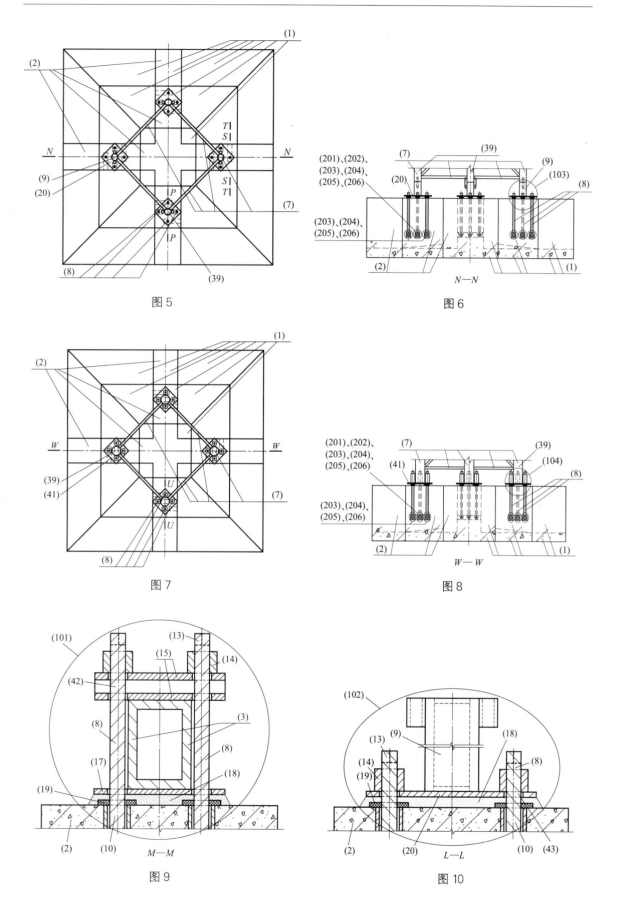

图5

图6

图7

图8

图9

图10

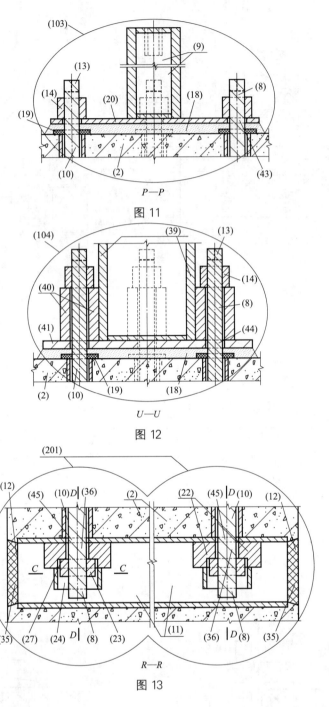

图 11

图 12

图 13

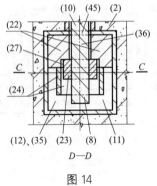

图 14

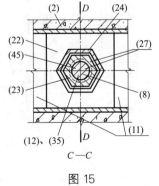

图 15

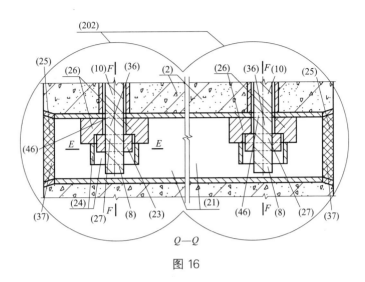

图 16

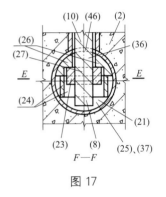

图 17

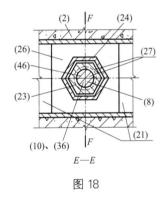

图 18

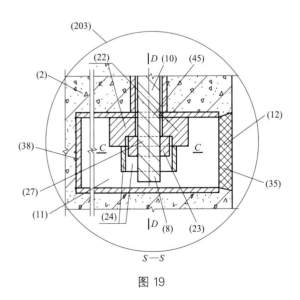

图 19

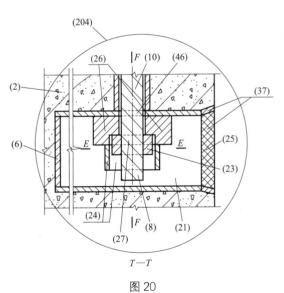

图 20

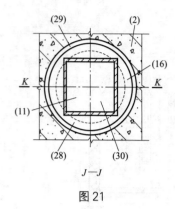

J—J

图 21

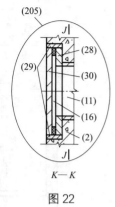

K—K

图 22

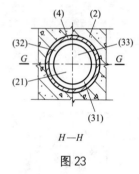

H—H

图 23

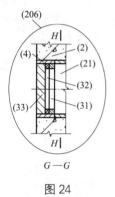

G—G

图 24

2 关于装配式混凝土塔机基础的技术规程（一）

《大型塔式起重机混凝土基础工程技术规程》JGJ/T301—2013 节选

2013 年 6 月 24 日，中华人民共和国住房和城乡建设部第 65 号公告："现批准《大型塔式起重机混凝土基础工程技术规程》为行业标准，编号为 JGJ/T 301—2013，自 2014 年 1 月 1 日起实施。本规程由中华人民共和国住房和城乡建设部标准定额研究所组织中国建筑工业出版社出版发行。"

前　　言

根据中华人民共和国住房和城乡建设部《关于印发<2012 年工程建设标准规范制订、修订计划>的通知》（建标［2012］5 号）的要求，规程编制组经广泛调查研究，认真总结实践经验，参考有关国际标准和国外先进标准，并在广泛征求意见的基础上，制定本规程。

本规程的主要技术内容是：1. 总则；2. 术语；3. 基本规定；4. 设计；5. 构件制作及装配与拆卸；6. 检查验收与报废。

本规程由中华人民共和国住房和城乡建设部负责管理，由北京九鼎同方技术发展有限公司负责具体技术内容的解释。执行过程中如有意见或建议，请寄送北京九鼎同方技术发展有限公司（地址：北京市昌平区昌平北站广场西侧，邮政编码：102200）。

本规程主编单位：北京九鼎同方技术发展有限公司、国强建设集团有限公司。

本规程参编单位：中国建筑科学研究院建筑机械化研究分院、清华大学、同济大学、北京工业大学、北京起重运输机械设计研究院。

本规程主要起草人员：赵正义、路全满、陈希、杨亦贵、李守林、钱稼茹、薛伟辰、彭凌云、赵春晖、果刚、郝雨辰、王兴玲、杨宏建、罗刚、王银可。

本规程主要审查人员：杨嗣信、钱力航、魏吉祥、徐克诚、孙宗辅、惠跃荣、华锦耀、熊学玉、郑念中、黄轶逸、施锦飞。

2.1　总则

2.1.1　为规范大型塔式起重机混凝土基础工程的技术要求，做到技术先进、安全适用、节能环保和保证质量，制定本规程。

2.1.2　本规程适用于建筑工程施工中额定起重力矩 400kN·m～3000kN·m 的固定式塔式起重机装配式混凝土基础（简称"装配式塔机基础"）的设计、构件制作、装配与拆卸、检查与验收。

2.1.3　装配式塔机基础的设计、构件制作、装配与拆卸、检查与验收，除应符合本规程外，尚应符合国家现行有关标准的规定。

2.2　术语

2.2.1　大型塔式起重机混凝土基础

设于额定起重力矩 400kN·m～3000kN·m 的固定式塔式起重机之下，并与其垂直连接的、由一组截面为倒 T 形预制混凝土构件水平组合装配而成、可重复装配使用的梁板结构。

2.2.2 中心件

位于装配式塔机基础平面中心部位的预制混凝土构件。

2.2.3 过渡件

位于装配式塔机基础中心件与端件之间，并沿基础梁平面十字轴线对称设置的其外立面与中心件和端件的外立面之间紧密配合的预制混凝土构件。

2.2.4 端件

位于装配式塔机基础外端，其外立面与过渡件的外立面紧密配合的预制混凝土构件。

2.2.5 基础梁

位于装配式塔机基础底板之上并与底板连成一体的、平面为十字形的混凝土结构。

2.2.6 混凝土抗剪件

设于装配式塔机基础预制混凝土构件相邻立面上紧密配合的钢筋混凝土凹凸键。

2.2.7 钢定位键

设于装配式塔机基础预制混凝土构件相邻立面上紧密配合的钢质凹凸键。

2.2.8 水平连接构造

设于装配式塔机基础的预制混凝土构件中，能使预制混凝土构件水平连接成整体、能承受塔机荷载的构造。

2.2.9 垂直连接构造

设于装配式塔机基础的预制混凝土构件的上部，能使塔机与装配式塔机基础垂直连接、保证塔机稳定及安全使用的构造。

2.2.10 压重件

设于装配式塔机基础底板上能补足基础预制混凝土构件的总重力与基础设计总重力的差额的预制混凝土配重件或固体散料。

2.2.11 散料仓壁板

设于装配式塔机基础外缘与基础梁板结构连接的、防止固体散料移动的预制混凝土板或钢板。

2.2.12 转换件

能使一种型式的装配式塔机基础与多种型式的塔机垂直连接并可重复使用的构件。

2.3 基本规定

2.3.1 装配式塔机基础的地基应符合现行国家标准《高耸结构设计规范》GB 50135、《建筑地基基础设计规范》GB 50007 和《建筑地基基础工程施工质量验收规范》GB 50202 的规定。

2.3.2 装配式塔机基础的水平组合形式应为倒 T 形截面的各预制混凝土构件通过十字交叉无粘结预应力钢绞线水平连接成底板平面为正方形，与其上的十字形基础梁为一体可重复装配的梁板结构，该十字形基础梁的中心与基础底板中心重合（图 2-1、图 2-2），并应在底板上设置压重件；同一套装配式塔机基础的各预制混凝土构件的平面位置及方向应固定，且不得换位装配；非同一套装配式塔机基础的预制混凝土构件不得混合装配。

2.3.3 装配式塔机基础预制混凝土构件的连接面上应设置混凝土抗剪件，预制混凝土构件连接后混凝土抗剪件应吻合，在预制混凝土构件连接面上并应设置钢定位键。

2.3.4 在装配式塔机基础上，应设置能与塔机进行垂直连接的转换件（图 2-3～图 2-6）。

2.3.5 塔身基础节的底面形心应与基础平面形心及基础垂直连接系统的中心相重合。

2.3.6 装配式塔机基础与无底架的塔身基础节连接，在基础梁上预留垂直连接螺栓孔应符合下列规定：

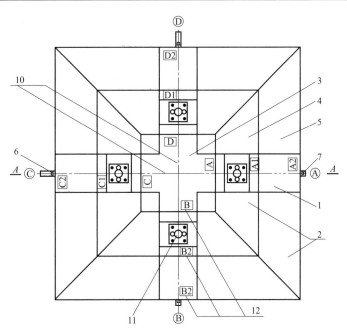

图 2-1 装配式塔机基础的平面示意图

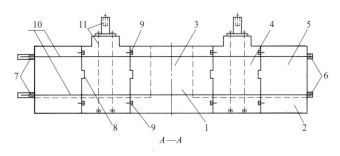

图 2-2 装配式塔机基础的剖面示意图

1—基础梁；2—底板；3—中心件；4—过渡件；5—端件；6—固定端；

7—张拉端；8—混凝土抗剪件；9—钢定位键；10—钢绞线束及预埋孔道；

11—垂直连接构造；12—预制混凝土构件安装方位编号

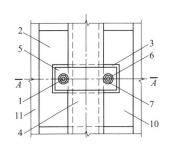

图 2-3 基础与有底架的塔机垂直
连接构造平面示意图

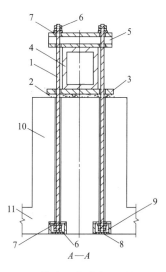

图 2-4 基础与有底架的塔机垂直
连接构造剖面示意图

147

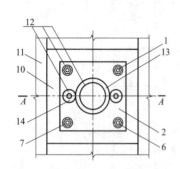

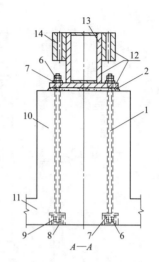

图 2-5　基础与无底架的塔机垂直
连接构造平面示意图

图 2-6　基础与无底架的塔机
垂直连接构造剖面示意图

1—垂直连接螺栓；2—高强度水泥砂浆；3—垫板；4—塔机底架梁；5—横梁；

6—螺母；7—垫圈；8—封闭塞；9—垂直连接螺栓下端构造盒；10—基础梁；

11—底板；12—转换件；13—垂直连接管；14—垂直连接螺栓连接套筒

1. 在基础梁的平面中心至梁外端的范围内，预留垂直连接螺栓孔的组数不应多于 3 组，且严禁与水平孔道相互贯通。

2. 垂直连接螺栓孔中心与梁外立面的距离不应小于 100mm，同 1 组 2 个垂直连接螺栓中心的距离不应小于 200mm。

3. 1 组垂直连接螺栓孔的数量不应多于 2 个。

4. 2 个垂直连接螺栓孔为 1 组的 2 组垂直连接螺栓孔之间的纵向距离不应小于 400mm。

5. 1 个垂直连接螺栓孔为 1 组的与 2 个垂直连接螺栓孔为 1 组的 2 组垂直连接螺栓孔之间的纵向距离不应小于 200mm。

6. 垂直连接螺栓孔径不应大于梁宽的 1/15。

2.3.7 装配式塔机基础与有底架的塔身基础节连接，在基础梁上预留垂直连接螺栓孔应符合下列规定：

1. 在基础梁的平面中心至梁外端的范围内，预留垂直连接螺栓孔的组数不应多于 4 组，且严禁与水平孔道相互贯通。

2. 垂直连接螺栓孔中心与梁外立面的距离不应小于 100mm，同 1 组 2 个垂直连接螺栓孔中心的距离不应小于 120mm。

3. 1 组垂直连接螺栓孔的数量不应多于 2 个。

4. 2 个垂直连接螺栓孔为 1 组的 2 组垂直连接螺栓孔之间的纵向距离不应小于 700mm。

5. 1 个垂直连接螺栓孔为 1 组的与 2 个垂直连接螺栓孔为 1 组的 2 组垂直连接螺栓孔之间的纵向距离不应小于 200mm。

6. 垂直连接螺栓孔径不应大于梁宽的 1/12。

2.3.8 装配式塔机基础所用的材料应符合下列规定：

1. 装配式塔机基础的预制混凝土构件的混凝土材料应符合现行国家标准《混凝土结构工程施工质量验收规范》GB 50204 的相关规定，预制混凝土构件强度等级不应低于 C40，附属件混凝土强度等级不应低于 C30，并应符合现行国家标准《混凝土结构设计规范》GB 50010 的相关规定。

2. 基础水平组合连接用钢绞线应选用 1×7 型直径 15.2mm 极限强度标准值为 1860N/mm^2 或

1960N/mm² 的钢绞线，并应符合现行国家标准《预应力混凝土用钢绞线》GB/T 5224 的相关规定。

3. 装配式塔机基础的垂直连接螺栓的材料和物理力学性能应符合现行国家标准《紧固件机械性能　螺栓、螺钉和螺柱》GB/T 3098.1 和《紧固件机械性能　螺母　粗牙螺纹》GB/T 3098.2 的规定，并应符合塔机使用说明书的规定。

4. 装配式塔机基础的水平连接构造所用的锚环、锚片和连接器应符合现行国家标准《预应力筋用锚具、夹具和连接器》GB/T 14370 的规定。

5. 装配式塔机基础的预制混凝土构件的受力筋宜选用 HRB400 级钢筋，也可采用 HRB335 级钢筋，其屈服强度标准值、极限强度标准值和工艺性能应符合现行国家标准《混凝土结构设计规范》GB 50010 的规定。

6. 装配式塔机基础使用的预埋件、承压板宜采用 Q295、Q345、Q390 和 Q420 级钢，其屈服强度标准值、极限强度标准值和工艺性能应符合现行国家标准《低合金高强度结构钢》GB/T 1591 的规定。

2.4 设计

2.4.1　一般规定

1. 装配式塔机基础的设计计算应符合现行国家标准《建筑地基基础设计规范》GB 50007 和《高耸结构设计规范》GB 50135 的规定。

2. 装配式塔机基础设计时应具备与其装配的固定式塔机的技术性能和荷载资料，技术性能和荷载资料并应符合国家现行标准《塔式起重机设计规范》GB/T 13752 和《塔式起重机混凝土基础工程技术规程》JGJ/T 187 的相关规定。

3. 装配式塔机基础的地基承载力特征值不宜低于 120kPa。地基承载力特征值可根据勘察报告、载荷试验或原位测试等并结合工程实践经验综合确定，地基承载力验算应符合国家现行相关标准的规定。

4. 装配式塔机基础的预制混凝土构件设计应符合下列规定：

（1）构造宜简单、耐用、便于制作、运输和周转使用。

（2）截面尺寸宜符合建筑模数，单件重量宜为 2t～4t。

5. 装配式塔机基础性能的计算与验算应包括下列内容：

（1）装配式塔机基础的地基承载力验算。

（2）装配式塔机基础的地基稳定性验算。

（3）预制混凝土构件水平连接钢绞线的计算与配置。

（4）塔机与基础垂直连接构造的计算与配置。

（5）预制混凝土构件钢筋的计算与配置。

6. 绘制装配式塔机基础施工图，并应符合下列要求：

（1）装配式塔机基础的平、立、剖面及节点详图，应按建筑制图标准绘制。

（2）预制混凝土构件在平、立、剖面图上应标注垂直连接构造、水平连接构造和各种埋件的位置和尺寸。

（3）装配式塔机基础预制混凝土构件的模板图和装配图应符合现行国家标准《混凝土结构工程施工规范》GB 50666 的规定。

7. 应编写装配式塔机基础的装配说明书。

2.4.2　结构设计计算

1. 装配式塔机基础应按塔机独立状态的工作状态和非工作状态时的荷载效应组合进行设计计算，并符合现行国家标准《塔式起重机设计规范》GB/T 13752 的相关规定，验算地基承载力时，传至基础底面上的作用效应应采用正常使用极限状态下作用的标准组合。相应的抗力应采用地基承载力特征值或单桩承载力特征值；验算基础截面、确定配筋和材料强度时，应按承载能力极限状态下作用的基本组合，并应采用相应的分项系数。

2. 作用在装配式塔机基础上的荷载及其荷载效应组合应符合下列规定：

（1）作用在装配式塔机基础顶面的荷载应由塔机生产厂家按现行国家标准《塔式起重机设计规范》GB/T 13752 提供。作用于基础的荷载应包括塔机作用于基础顶面的垂直荷载标准值（F_k）、水平荷载标准值（F_n）、力矩标准值（M_k）、扭矩标准值（T_k），以及基础的自重及压重的标准值（F_g）。当塔机现场风荷载的基本风压值大于现行国家标准《塔式起重机设计规范》GB/T 13752 或塔机使用说明书的规定时，应按实际的基本风压值进行荷载组合和计算见图 2-7、图 2-8。

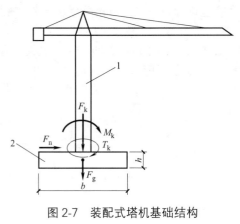

图 2-7　装配式塔机基础结构
受力简图（剖面）

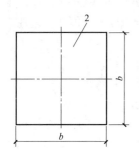

图 2-8　基础平面示意图

1—塔机；2—装配式塔机基础

（2）相应于作用的基本组合下塔机作用于基础顶面的垂直荷载应按下式计算：

$$F_v = 1.35F_k \tag{2-1}$$

式中　F_v——相应于作用的基本组合下塔机作用于基础顶面的垂直荷载（kN）；

F_k——相应于作用的标准组合下塔机作用于基础顶面上的垂直荷载标准值（kN）。

（3）相应于作用的基本组合下塔机作用于基础底面的倾覆力矩值应按下式计算：

$$M = 1.4(M_k + F_n \cdot h) \tag{2-2}$$

式中　M——相应于作用的基本组合下塔机作用于基础底面的倾覆力矩值（kN·m）；

M_k——相应于作用的标准组合下塔机作用于基础顶面的力矩标准值（kN·m）；

F_n——相应于作用的标准组合下塔机作用于基础顶面的水平荷载标准值（kN）；

h——基础的高度（m）。

3. 装配式塔机基础抗倾覆稳定性应符合下式的要求：

$$M_D \geqslant k_1 M \tag{2-3}$$

式中　M_D——装配式塔机基础抗倾覆力矩值（kN·m）；

k_1——安全系数，应取 1.2。

4. 装配式塔机基础受弯承载力计算应符合现行国家标准《混凝土结构设计规范》GB 50010 的规定。

2.4.3　地基承载力

1. 装配式塔机基础的地基承载力应符合下列规定：

（1）当轴心荷载作用时：

$$p_k \leqslant f_a \tag{2-4}$$

式中　p_k——相应于作用的标准组合下基础底面的平均压力值（kPa）；

f_a——修正后的地基承载力特征值（kPa），应按现行国家标准《建筑地基基础设计规范》GB 50007 的规定采用。

（2）当偏心荷载作用时，除应符合式（2-4）的要求外，尚应符合下式要求：

$$p_{k,max} \leqslant 1.2f_a \tag{2-5}$$

式中 $p_{k,max}$——相应于作用的标准组合下基础底面边缘的最大压力值（kPa）。

（3）当基础承受偏心荷载作用时，基础底面脱开地基土的面积不应大于底面全面积的1/4。

2. 当轴心荷载和合力作用点在基础核心区内时，基础底面压力可按下列公式计算：

（1）当轴心荷载作用时：

$$p_k = \frac{F_k + F_g}{A} \tag{2-6}$$

式中 A——基础底面面积（m²）；

F_g——基础的自重及压重的标准值（kN）。

（2）当偏心荷载作用时（$p_{k,min} \geqslant 0$）：

$$p_{k,max} = \frac{F_k + F_g}{A} + \frac{M_k + F_n \cdot h}{W} \tag{2-7}$$

$$p_{k,min} = \frac{F_k + F_g}{A} - \frac{M_k + F_n \cdot h}{W} \tag{2-8}$$

式中 W——基础底面的抵抗矩（m³）；

$p_{k,min}$——相应于作用的标准组合下基础底面边缘的最小压力值（kPa）。

（3）当双向偏心荷载作用时（$p_{k,min} \geqslant 0$）：

$$p_{k,max} = \frac{F_k + F_g}{A} + \frac{M_{kx}}{W_x} + \frac{M_{ky}}{W_y} \tag{2-9}$$

$$p_{k,min} = \frac{F_k + F_g}{A} - \frac{M_{kx}}{W_x} - \frac{M_{ky}}{W_y} \tag{2-10}$$

式中 M_{kx}、M_{ky}——相应于作用的标准组合下塔机传给基础对 x 轴和 y 轴的力矩值（kN·m）；

W_x、W_y——基础底面对 x 轴、y 轴的抵抗矩（m³）。

3. 当在核心区外承受偏心荷载时，偏心距可按下式计算：

$$e = \frac{M_k + F_n \cdot h}{F_k + F_g} \tag{2-11}$$

式中 e——偏心距（m），应小于或等于基础宽度的1/4。

4. 当偏心荷载作用在核心区外时，基础底面压力可按下列公式确定：

（1）正方形基础承受单向偏心荷载作用时（图2-9、图2-10）：

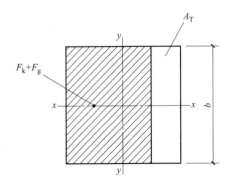

图2-9 在单向偏心荷载作用下，正方形基础底面部分脱开时的基底压力示意图（平面）

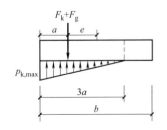

图2-10 在单向偏心荷载作用下，正方形基础底面部分脱开时的基底压力示意图（剖面）

A_T——基底脱开面积；e—偏心距

$$p_{k,max} = \frac{2(F_k + F_g)}{3ab}$$ (2-12)

$$3a \geqslant 0.75b$$ (2-13)

式中　b——正方形基础边长（m）；

　　　a——合力作用点至基础底面最大压力边缘的距离（m）。

（2）正方形基础承受双向偏心荷载，塔机倾覆力矩的作用方向在基础对角线方向时（图 2-11）：

$$p_{k,max} = \frac{F_k + F_g}{3a_x a_y}$$ (2-14)

$$a_x a_y \geqslant 0.101b^2$$ (2-15)

$$a_x = \frac{b}{2} - e_x$$ (2-16)

$$a_y = \frac{b}{2} - e_y$$ (2-17)

$$e_x = \frac{M_{kx}}{F_k + F_g}$$ (2-18)

$$e_y = \frac{M_{ky}}{F_k + F_g}$$ (2-19)

式中　a_x——合力作用点至 e_x 一侧基础边缘的距离（m）；

　　　a_y——合力作用点至 e_y 一侧基础边缘的距离（m）；

　　　e_x——x 方向的偏心距（m）；

　　　e_y——y 方向的偏心距（m）。

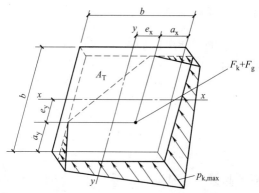

图 2-11　在双向偏心荷载作用下，正方形基础底面部分脱开时的基底压力示意图

5. 当正方形基础承受单向或双向偏心荷载时，应以计算得出的基础底面边缘 2 个最大的压力值（$p_{k,max}$）中的较大值作为计算基础底面的平均压力值（p_k）的依据，并应进行验算。

2.4.4　地基稳定性

1. 装配式塔机基础底面边缘到坡顶的水平距离 c（图 2-12）应符合下式要求，但不得小于 2.5m：

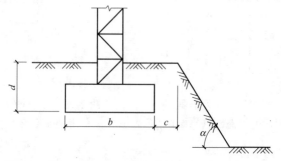

图 2-12　基础底面外边缘线至坡顶的水平距离示意图

$$c \geqslant 2.5b - \frac{d}{\tan\alpha} \tag{2-20}$$

式中　c——基础边缘至坡顶的水平距离（m）；

　　　d——基础埋置深度（m）；

　　　a——边坡坡角（°）。

2. 当装配式塔机基础处于边坡内且不符合本规程第 2.4.1 条的规定时，应根据现行国家标准《建筑地基基础设计规范》GB 50007 的规定，采用圆弧滑动面法进行边坡稳定验算。最危险滑动面上的全部力对滑动中心产生的抗滑动力矩与滑动力矩应符合下式规定：

$$\frac{M_R}{M_H} \geqslant 1.2 \tag{2-21}$$

式中　M_R——抗滑力矩（kN·m）；

　　　M_H——滑动力矩（kN·m）。

2.4.5　剪切承载力

1. 基础梁的受剪承载力应符合下列公式的要求：

$$V_D \leqslant 0.75(V_{cs} + 0.8f_y A_{sb} \sin\theta) \tag{2-22}$$

$$V_{cs} = 0.7f_t b'h_0 + 1.0f_{yv}\frac{A_{sv}}{s}h_0 \tag{2-23}$$

式中　V_D——配置斜筋处剪力设计值（kN）；

　　　V_{cs}——构件斜截面上混凝土和箍筋的受剪承载力的设计值（kN）；

　　　f_{yv}——箍筋的抗拉强度设计值（N/mm²）；

　　　f_y——斜筋的抗拉强度设计值（N/mm²）；

　　　A_{sb}——同一截面内斜筋的截面面积（mm²）；

　　　θ——斜筋的倾斜角度（°）；

　　　A_{sv}——同一截面内各肢箍筋的全部截面面积（mm²）；

　　　f_t——混凝土轴心抗拉强度设计值（N/mm²）；

　　　h_0——基础梁截面的有效高度（m）；

　　　s——基础梁纵向的箍筋间距（m）；

　　　b'——基础梁截面的宽度（m）。

2. 基础梁连接面的抗剪件承载力应符合下式要求见图 2-13、图 2-14：

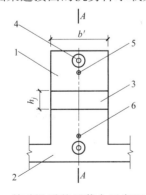

图 2-13　基础梁受剪承载力示意图（立面）　　图 2-14　基础梁受剪承载力示意图（剖面）

1—基础梁；2—底板；3—混凝土抗剪件；4—钢定位键；5—上部钢绞线束；6—下部钢绞线束

$$V_Q \leqslant 0.75(n_1 f_{v1} A_{so} + 0.25n_2 f_c b'h_j) \tag{2-24}$$

式中　V_Q——混凝土抗剪件截面剪力设计值（kN）；

　　　f_{v1}——钢定位键的抗剪强度设计值（N/mm²）；

f_c——混凝土轴心抗压强度设计值（N/mm²）；

h_j——混凝土抗剪件的截面高度（m）；

A_{so}——钢定位键的截面面积（mm²）；

n_1——钢定位键的件数；

n_2——混凝土抗剪件的件数。

2.4.6 非预应力钢筋

1. 装配式塔机基础的预制混凝土构件的非预应力受力钢筋计算，应按基础最不利荷载效应基本组合下承受的力矩分配到预制混凝土构件各部位，分别计算，并应符合现行国家标准《混凝土结构设计规范》GB 50010 关于预应力混凝土构件中的普通受力钢筋的设计计算和纵向钢筋最小配筋率的规定。预制混凝土构件的底板下层受力主筋和上层受力主筋应分别按底板承受的地基反力和压重件的重力计算所得的弯矩进行计算；在复核截面受压区强度时，不应将下层或上层受力钢筋作为受压钢筋纳入计算；基础梁内的上、下纵向非预应力钢筋不应作为受压区钢筋纳入基础梁的抗弯强度计算。

2. 装配式塔机基础的预制混凝土构件的构造配筋应符合现行国家标准《混凝土结构设计规范》GB 50010 中受扭构件配置的纵向、横向、构造钢筋和箍筋的规定，并应符合现行国家标准《建筑地基基础设计规范》GB 50007 有关扩展基础的规定。

2.4.7 预应力筋和连接螺栓

1. 当基础梁内设置上、下各 1 束钢绞线作为水平连接时，钢绞线应符合下列规定；并应对基础梁混凝土受压区强度按现行国家标准《混凝土结构设计规范》GB 50010 的相关规定进行验算见图 2-15。

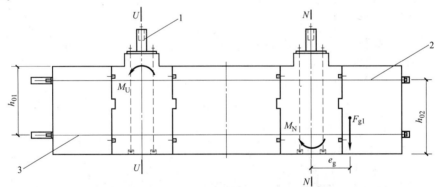

图 2-15 配置上、下两束钢绞线基础梁剖面示意图

1—转换件；2—上部钢绞线束；3—下部钢绞线束

（1）下部钢绞线束的截面面积和根数应按下列公式计算：

$$A_{p1} = \frac{M_U}{0.875 \beta \sigma_{pe} h_{01}} \tag{2-25}$$

$$\sigma_{pe} = \sigma_{con} - \sigma_l \tag{2-26}$$

$$\lambda_1 = \frac{A_{p1}}{A_0} \tag{2-27}$$

式中　β——折减系数，应取 0.85；

σ_{pe}——钢绞线的有效预应力（N/mm²）；

σ_{con}——钢绞线的张拉控制应力设计值，可取（0.45～0.55）f_{ptk}（N/mm²）；

σ_l——钢绞线的全部预应力损失值，当计算值小于或等于 80N/mm² 时，σ_l 取 80N/mm²；当计算值大于 80N/mm² 时，按现行国家标准《混凝土结构设计规范》GB 50010 规定中各种条件引起的损失值计算取值；

A_{p1}——下部预应力钢绞线束的总截面面积（mm²）；

A_0——单根预应力钢绞线的截面面积（mm^2）；

M_U——作用于基础梁 U-U 截面的弯矩设计值（kN·m）；

λ_1——下部使用钢绞线数量（根）；

h_{01}——下部钢绞线束计算的截面有效高度（m）。

（2）上部预应力钢绞线束的截面面积和根数应按下列公式计算：

$$A_{p2} \geqslant \frac{M_N}{0.9\beta\sigma_{pe}h_{02}} \qquad (2\text{-}28)$$

$$M_N = F_{g1} \cdot e_g \qquad (2\text{-}29)$$

$$\lambda_2 = \frac{A_{p_2}}{A_0} \qquad (2\text{-}30)$$

式中　M_N——作用于基础梁 N-N 截面的弯矩设计值（kN·m）；

A_{p2}——上部预应力钢绞线束的总截面面积（mm^2）；

F_{g1}——N-N 截面以外的基础的自重及压重（kN）；

e_g——N-N 截面以外的基础重力合力点到 N-N 截面的距离（mm）；

λ_2——上部使用钢绞线数量（根）；

h_{02}——上部钢绞线束计算的截面有效高度（mm）。

2. 当基础梁内设置一束钢绞线连接时，计算上部正弯矩 M_Q 时，应符合本规程公式（2-25）的规定；验算下部负弯矩 M_P 时，应符合本规程公式（2-28）的规定，取其中的大值作为一束钢绞线的设计值；并应按现行国家标准《混凝土结构设计规范》GB 50010 的相关规定对基础梁混凝土上部受压区面积进行验算，见图 2-16。

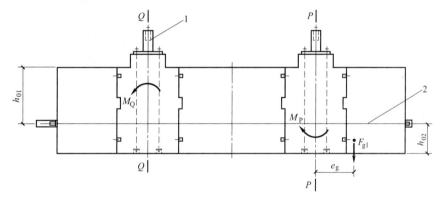

图 2-16　配置一束钢绞线基础梁剖面示意图

1—转换件；2—钢绞线束

3. 装配式塔机基础的垂直连接螺栓的最大容许作用力不应小于装配式塔机基础与之装配的塔机使用说明书要求配置的塔机与基础的垂直连接螺栓的最大容许作用力，并应按下列公式进行验算，取二者中较大值来配置装配式塔机基础与塔机连接的垂直连接螺栓：

$$F_L = \frac{M_k}{2l} \cdot \frac{1}{n} \qquad (2\text{-}31)$$

$$F = 1.35F_L \qquad (2\text{-}32)$$

$$F \leqslant [F] \qquad (2\text{-}33)$$

式中　F_L——单根垂直连接螺栓的承载力标准值（kN）；

F——单根垂直连接螺栓的承载力设计值（kN）；

n——塔身与基础的每个垂直连接点的螺栓数量（根）；

l——塔身的宽度（m）；

$[F]$——垂直连接螺栓的最大容许作用力（kN），应按现行国家标准《紧固件机械性能　螺栓、螺钉和螺柱》GB/T 3098.1的规定取值。

2.4.8 构造要求

1. 装配式塔机基础的预制混凝土构件的水平连接应使用钢绞线。钢绞线应设于预制混凝土构件中的水平预留通轴线长度的孔道中。当装配式塔机基础截面高度不小于1.5m时，应沿梁轴线在梁的上、下部分别设置钢绞线束。上部钢绞线束的合力点至基础梁上表面的距离不宜小于250mm，且钢绞线不应少于2根；下部钢绞线束合力点至基础底面的距离不宜小于300mm。当需设置双束钢绞线时，可在基础梁截面轴线两侧水平对称设置。当基础截面高度小于1.5m时，应设一束钢绞线，钢绞线束合力点位置应在与基础底面的距离应为1/4～1/3基础高范围内，平面位置应与预制混凝土构件轴线重合。

2. 装配式塔机基础的预制混凝土构件的配筋除应按梁、板分别计算配置外，纵向非预应力受力钢筋配筋率不应小于0.15%，且配置的钢筋应符合下列规定：

（1）受力筋直径不应小于10mm，梁的箍筋直径不应小于8mm。

（2）压重件应按双排双向配置纵向受力筋，其直径宜为10mm～16mm。

（3）基础梁截面高度大于700mm时，应在梁的两侧设置直径不小于10mm、间距不大于200mm的纵向构造钢筋，并以直径不小于8mm、间距不大于300mm的单肢箍筋相连。

（4）在预制混凝土构件基础梁内应纵向成排设置2根直径大于14mm、强度等级为HRB335或HRB400的斜筋，通梁高设置，其倾斜度宜为60°或45°。

（5）混凝土底板上部宜双向单排配置主筋，其直径宜为8mm～12mm。

（6）预制混凝土构件的其他部位宜配置构造钢筋，其直径宜为6mm～8mm。

（7）预制混凝土构件应设置足够的预埋件，预埋件及其锚筋的设置方法、位置、尺寸长度和锚固形式应符合现行国家标准《混凝土结构设计规范》GB 50010的相关规定。

3. 当基础梁截面宽度不大于300mm时，宜采用双肢箍筋；当基础梁截面宽度大于300mm时，宜采用四肢箍筋。

4. 装配式塔机基础垂直连接螺栓孔的内壁应设置钢管，钢管壁厚不应小于2.5mm，且应以与钢管焊接的间距不大于200mm、直径不小于8mm的HPB300钢筋环与混凝土锚固。

5. 装配式塔机基础的预制混凝土构件的连接面应设置不少于1组混凝土抗剪件和1组钢定位键。混凝土抗剪件应按构造要求配置钢筋，并应按混凝土抗剪件外形配置弯曲钢筋，钢筋宜选用直径5mm的预应力钢丝，间距不宜大于100mm，横向分布筋的间距不宜大于100mm，混凝土抗剪件混凝土保护层应为15mm；钢定位键宜选用定型的定位键，截面形状应为正多边形或圆形，最小截面积不应小于700mm²，并应焊接经计算后配置的锚固钢筋。

6. 当预制混凝土构件连接面的梁上设置的混凝土抗剪件的抗剪力低于设计要求时，应在预制混凝土构件底板相邻连接面上增设混凝土抗剪件，其截面高度不应小于90mm。

7. 预制混凝土构件和其他附属件钢筋混凝土保护层厚度应符合表2-1的规定。

预制混凝土构件和其他附属件钢筋混凝土保护层厚度（mm）　　　　　表2-1

构件及附件	上面	底面	侧立面
基础构件	40	40	40
压重件	35	35	35
散料仓壁板	25	25	15

8. 钢绞线在基础梁中应呈十字交叉布置，中心件之外的预制混凝土构件内预留钢绞线的孔道中心高差不应大于2mm。

9. 钢绞线的固定端和张拉端部件宜采用定型的钢制产品。

10. 装配式塔机基础底板的边缘厚度不应小于200mm。

11. 当塔机与装配式塔机基础垂直连接时，宜在预制混凝土构件中设置垂直螺栓孔和螺栓下端的螺栓锚固构造盒与螺栓套管焊接，形成封闭盒，在螺栓锚固构造盒内应设有可反复装配的垂直连接螺栓（图2-4）。

12. 在预制混凝土构件的两侧立面上应对称设置预留吊装销孔。

13. 装配式塔机基础可设置在桩基础上，基础桩和承桩台的设计、施工及验收应符合国家现行标准《建筑地基基础设计规范》GB 50007 和《建筑桩基技术规范》JGJ 94 的规定，并应符合装配式塔机基础的使用要求。

14. 装配式塔机基础在装配时应按塔机使用说明书的要求设置规定电阻值的避雷接地设施，且应符合现行国家标准《塔式起重机》GB/T 5031 的有关规定。

2.5 构件制作及装配与拆卸

2.5.1 构件制作

1. 预制混凝土构件的制作应符合下列规定：

（1）预制混凝土构件的制作应执行现行国家标准《混凝土结构设计规范》GB 50010、《混凝土结构工程施工规范》GB 50666 和《混凝土结构工程施工质量验收规范》GB 50204 的相关规定。

（2）制作构件用的原材料、预埋件、零部件及模板均应经过检查和验收，并应符合相关质量标准和验收标准。

（3）预制混凝土构件应在加工平台上由具备专业生产能力和生产条件的企业制作。

（4）在预制混凝土构件制作过程中，应由技术部门对施工程序进行监督和指导。

2. 预埋件和零部件的制作应符合下列规定：

（1）预埋件和零部件应按设计要求加工制作，焊接的部件应符合现行国家标准《钢结构工程施工质量验收规范》GB 50205 的相关规定。

（2）预制混凝土构件的铸钢预埋件和钢定位键应按设计要求由专业厂家铸造，并应按设计要求焊接锚固钢筋。

（3）橡胶封闭圈应现场制作或选购，其材质和强度应符合现行国家标准《工业用橡胶板》GB/T 5574 的规定。

3. 装配式塔机基础的预制混凝土构件出厂前应进行编号后试装配，并应按现行国家标准《混凝土结构工程施工规范》GB 50666 和《混凝土结构工程施工质量验收规范》GB 50204 的相关规定进行检查验收，合格后方可出厂。

2.5.2 装配与拆卸

1. 装配式塔机基础装配前应检查基础的装配条件，并应符合下列规定：

（1）装配式塔机基础设置的环境条件应符合下列规定：

1）基坑的定位应符合塔机使用方的要求，基坑的深度、四壁和基底的土质应达到设计要求；

2）基底的地基承载力应经检测，并应达到设计要求；

3）在季节性冻土层上不得装配基础；

4）垫层下方 1.5m 深度范围内有水、油、气、电等管线设备的地基严禁装配基础；

5）基坑外缘 3m 范围内有积水不得装配基础；

6）垫层的几何尺寸、水平度和平整情况应达到设计要求。

（2）装配条件应符合下列规定：

1）应由具有专业装配技能的人员从事装配和拆卸工作；

2）应配备装配用的各种仪器和仪表及工具，仪器和仪表应经校核，并应在有效使用期内；

3）应配备满足吊装作业条件的起重机械；

4）在端件垫层以外应留有 1.5m×1.5m 的工作空间；

5）在压重件安装完成前，不得安装塔身基础节之上的任何塔机结构。

2. 对装配式塔机基础预制混凝土构件的检查，应按新出厂的或多次重复使用的两种情况分别检查，新出厂的基础构件有产品合格证的可进行安装，重复使用的构件装配前应对构件和配套的零部件逐一进行检查和检测，达到装配要求和使用条件后进行装配。

3. 预制混凝土构件装配时应在混凝土垫层上铺设厚度为 20mm 的中砂层，装配的顺序、方法及要求应符合装配说明书的有关规定。

4. 预制混凝土构件的装配与钢绞线张拉应符合现行行业标准《无粘结预应力混凝土结构技术规程》JGJ 92 的规定，钢绞线张拉应控制张拉应力值和伸长值，二者均应符合设计要求，且应单向张拉钢绞线。在张拉时应使用带顶压器的千斤顶或安装防松退构造，并应按本规程表 2-2 填写记录。

5. 在装配水平连接构造张拉钢绞线时，当钢绞线水平位置在自然地坪以上时，在钢绞线轴线外固定端和张拉端外侧 10m×3m 范围内严禁非操作人员通过和逗留，并应设专人看护；操作人员不得在钢绞线轴线方向进行操作。

6. 装配式塔机基础的水平连接构造的固定端和张拉端，必须置于封闭的防护构造内，并应符合现行行业标准《无粘结预应力混凝土结构技术规程》JGJ 92 的规定（图 2-17～图 2-20）。

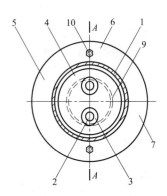

图 2-17　固定端示意图（立面）

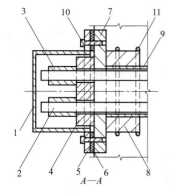

图 2-18　固定端示意图（剖面）

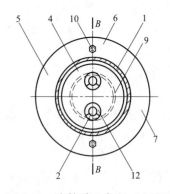

图 2-19　张拉端示意图（立面）

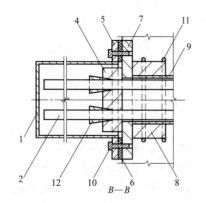

图 2-20　张拉端示意图（剖面）

1—封闭套筒；2—钢绞线；3—挤压锚头；4—承压板；5—套筒封口圈；
6—橡胶封闭圈；7—承压圈；8—肋板；9—钢绞线预埋孔道管；
10—固定连接螺栓；11—附加筋；12—锚片

7. 装配式塔机基础的预制混凝土构件装配完成后，应及时装配压重件。当采用散料时，上表面应以水泥砂浆或细石混凝土保护层覆盖。保护层的厚度宜为 20mm，且应从中心向外侧做成 2% 的坡度。

8. 当装配式塔机基础装配在室外地坪垫层上时，预制混凝土构件和水平连接构造装配完成后应在混凝土板的外边缘与垫层之间做高度和宽度不小于 100mm、坡度为 45° 的细石混凝土封闭护角见图 2-21。

9. 有底架的塔机与基础装配时，应在塔机与基础连接处设钢垫板，垫板厚度不应小于 10mm，长度应大于塔机底架宽度，宽度不应小于 100mm，钢垫板与基础梁上表面之间的缝隙应采用强度等级不小于 M15 的干硬性水泥砂浆填充密实。

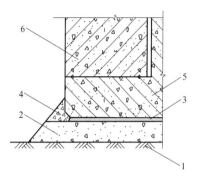

图 2-21　基础设置方式为全露式
的护角构造示意图
1—室外地坪；2—混凝土垫层；
3—中砂垫层；4—豆石混凝土护角；
5—预制混凝土构件；6—压重件

10. 装配式塔机基础的拆卸应符合下列规定：

（1）塔机结构应全部拆除。

（2）压重件与基础应分离，或散料压重件已经清除且散料仓壁板已与基础分离，预制混凝土构件已全部暴露后方可拆卸。

（3）装配式塔机基础的固定端和张拉端外应有 1.5m×1.5m 可供退张操作的空间。

（4）应采用与张拉相同的方法逐根退张，钢绞线退张时的控制应力不应大于 $0.75f_{ptk}$。

（5）应按装配说明书中的装配顺序相反的顺序吊装拆卸构件。

（6）钢绞线退张后从固定端孔道内抽出，应检查伤损情况，涂抹保护层卷成直径 1.5m 的圆盘绑扎牢固后方可入库。

（7）回填基坑应至原地坪。

2.6　检查验收与报废

2.6.1　检验与验收

1. 装配式塔机基础的预制混凝土构件的检验、检测与验收应符合下列规定：

（1）对新出厂的预制混凝土构件应检验产品合格证，在运输和装配过程中严重伤损的预制混凝土构件，不应使用。

（2）重复使用的预制混凝土构件，每次装配前应按现行国家标准《混凝土结构工程施工质量验收规范》GB 50204 的相关规定对预制混凝土构件进行鉴定验收，并应符合下列规定：

1）装配条件和环境条件应达到装配要求；

2）装配式塔机基础型号规格应与塔机匹配；

3）预制混凝土构件的数量、几何尺寸和强度应达到设计要求；

4）水平连接构造和垂直连接构造应达到设计要求和使用要求。

（3）预制混凝土构件装配后的检验与验收应符合现行国家标准《混凝土结构工程施工质量验收规范》GB 50204 的有关规定，并应按本规程表 2-4 的内容检查与验收。

2. 装配式塔机基础零部件的检验与验收应符合下列规定：

（1）垂直连接螺栓的强度等级、直径和最大容许作用力及使用次数的检查，应符合现行国家标准《紧固件机械性能　螺栓、螺钉和螺柱》GB/T 3098.1 和《紧固件机械性能　螺母　粗牙螺纹》GB/T 3098.2 的相关规定；当垂直连接螺栓为高强度螺栓，以最大容许载荷紧固时使用次数不应多于 2 次；有底架塔机与装配式塔机基础连接的螺栓，按不大于最大容许载荷 50% 紧固时，使用次数不应多于 8 次；且使用总年限不应多于 5 年，可根据施工记录或使用标记进行查验。在使用中应按塔机使用说明书规定，应定期对螺栓的紧固进行复验，并应按本规程表 2-3 填写记录。

（2）钢绞线的型号、直径、极限强度标准值和锚环、锚片的检查应符合现行国家标准《预应力混凝土用钢绞线》GB/T 5224 和《预应力筋用锚具、夹具和连接器》GB/T 14370 的有关规定；钢绞线的同一夹持区可重复夹持 4 次，钢绞线重复使用总次数不应多于 16 次，使用总年限不应多于 8 年，可根据施工记录或使用标记进行查验。

（3）钢制零部件的检查与验收，应符合现行国家标准《钢结构工程施工质量验收规范》GB 50205 的相关规定。

3. 装配式塔机基础和塔机组合连接的整体检验与验收应符合下列规定：

（1）应检查塔机的垂直度，并应符合现行国家标准《塔式起重机》GB/T 5031 的有关规定。

（2）应检验塔机的绝缘接地设备和绝缘电阻值，并应符合现行国家标准《塔式起重机》GB/T 5031 的相关规定。

（3）装配式塔机基础和塔机装配组合连接的整体在使用中遇 6 级以上大风（20m/s）、暴雨等特殊情况时应立即停止工作，塔机的回转机构应处于自由状态，大风、暴雨过后应及时对基础的沉降进行观测，对装配式塔机基础和塔身的垂直度进行测量，并应符合现行国家标准《塔式起重机》GB/T 5031 的有关规定，应对垂直连接螺栓的紧固力矩值进行复查，并应按本规程表 2-3 和表 2-4 填写记录。

2.6.2 报废条件

1. 装配式塔机基础的预制混凝土构件符合下列条件之一时应报废：

（1）预制混凝土构件质量有严重外形缺陷，不能继续使用的。

（2）预制混凝土构件的各种技术性能，未达到设计要求的。

（3）预制混凝土构件主要连接面不能紧密配合的。

（4）预制混凝土构件装配组合后，装配式塔机基础与塔机不能配套使用的。

2. 一套装配式塔机基础的预制混凝土构件总件数中有 40% 达到报废条件的应整体报废。

3. 钢绞线符合下列条件之一时应报废：

（1）存在对装配后的水平连接构造功能产生不利影响的破损和变形。

（2）有断丝、裂纹或严重锈蚀的。

（3）受力后产生塑性变形或在张拉过程中发生单根钢丝脆断的。

（4）钢绞线重复使用次数达到 16 次的或使用年限达到 8 年的。

4. 锚环出现裂纹、变形或不能继续使用的应报废。

5. 锚片有裂痕和损坏的，或齿槽出现变形而丧失夹持钢绞线功能的应报废。

6. 垂直连接螺栓符合下列条件之一时应报废：

（1）螺纹出现变形或螺杆产生塑性变形的。

（2）当高强螺栓承受最大容许载荷，使用次数达到 2 次的，或有底架塔机与装配式塔机基础连接的螺栓在承受不超过最大容许载荷 50% 的条件下使用次数达到 8 次的，或使用年限达到 5 年的。

7. 转换件或其他垂直连接构造的零部件出现裂纹、变形或磨损后，不符合设计要求或现行国家标准《钢结构工程施工质量验收规范》GB 50205 的有关规定时应报废。

8. 当散料仓壁板符合下列条件之一时应报废：

（1）钢制散料仓在使用过程中严重变形不能再修复的。

（2）钢制散料仓严重锈蚀，强度和刚度不符合设计要求的。

（3）混凝土散料仓壁板变形大于现行国家标准《混凝土结构工程质量验收规范》GB 50204 有关规定的。

2.7 检验及验收表

钢绞线张拉力施工记录表见表 2-2。

钢绞线张拉力施工记录表 表 2-2

工程名称：				装配式塔机基础型号：			
装配式塔机基础使用单位：				施工地点：			
张拉单位：				张拉日期：		年 月 日	
张拉机型号：				钢绞线型号：			
钢绞线张拉力设计值(kN/根)：				设计压力表显示值(MPa)：			
部位		钢绞线编号	已使用年限	使用次数	压力表显示值（MPa）	允许偏差	评定结果
上部	AC轴	1					
		2					
		3					
	BD轴	1					
		2					
		3					
下部	AC轴	1					
		2					
		3					
		4					
		5					
		6				3%	
		7					
		8					
		9					
		10					
	BD轴	1					
		2					
		3					
		4					
		5					
		6					
		7					
		8					
		9					
		10					

记录人员＿＿＿＿＿＿＿＿ 基础使用单位验收负责人＿＿＿＿＿＿＿＿

施工负责人＿＿＿＿＿＿＿＿ 年 月 日

注：（1）钢绞线十字交叉以 AC 和 BD 各为钢绞线轴线顺序；
（2）压力表显示值为对所使用的压力表的性能和张拉设计值换算所得；
（3）填写"评定结果"项时，在允许偏差范围内的用"√"表示；在允许偏差范围外的用"×"表示；
（4）当"评定结果"项出现"×"时评定结果为不合格。

垂直连接螺栓的紧固记录表见表 2-3。

垂直连接螺栓的紧固记录表　　　　　　　　　　　　　　　　表 2-3

工程名称：	装配式塔机基础型号：	装配式塔机基础安装单位：	装配紧固日期：
施工地点：	与基础配套的塔机型号：	力矩扳手型号：	复测紧固日期：

基础使用说明书规定的单根螺栓的紧固力矩值：　　　　　　　　(kN・m)

项目		已使用年限				使用次数				装配紧固值				复测紧固值				允许偏差				评定结果			
编号 组		1	2	3	4	1	2	3	4	1	2	3	4	1	2	3	4	1	2	3	4	1	2	3	4
A	左																								
	右																								
B	左																								
	右																								
C	左																								
	右																								
D	左																								
	右																								

评定结果：

记录人员_____　施工负责人_____　基础使用单位验收负责人_____

　　　　　　　　　　　　　　　　　　　　　　　　　　　年　月　日

注：(1) 有底架的塔机与装配式塔机基础垂直连接 4 个方向（A、B、C、D），每个方向限定 4 组垂直连接螺栓；"左、右"（相对基础轴线而言，顺时针为右侧、逆时针为左侧）表示 1 组 2 根螺栓沿基础梁设置的横向位置，单根螺栓填在左、右之间的横线上；"编号"（编号顺序自基础中心向外纵向排序）表示每组左、右侧连接螺栓纵向点位；

　　(2) 无底架的塔机与装配式塔机基础垂直连接 4 个方向（A、B、C、D），每个方向限定 3 组垂直连接螺栓；"左、右"表示 1 组 2 根螺栓沿基础梁设置的横向位置，单根螺栓填在左、右之间的横线上；"编号"表示每组连接螺栓点数；

　　(3) 根据螺栓已使用时间和次数，填写"已使用年限"项和"使用次数"项；填写"评定结果"项时，在允许偏差范围内的用"√"表示；在允许偏差范围外的用"×"表示；

　　(4) 当"评定结果"项出现"×"时评定结果为不合格。

装配式塔机基础的装配质量验收单见表 2-4。

装配式塔机基础的装配质量验收单
表 2-4

工程名称：			装配式塔机基础型号：			
施工地点：			与基础配套的塔机型号：			

	序号	项　　目	允许偏差值	实测值	评定结果	检验人员签字
检查验收内容	1	地基承载力 使用说明书规定值(kPa)	≥设计值			
	2	基础轴线	2mm			
	3	垂直连接螺栓间的距离尺寸	±2mm			
	4	回填散料密度 使用说明书规定值(g/cm³)	≥设计值			
		或混凝土压重件位移	4mm			
	5	单根钢绞线张拉力 使用说明书规定的张拉设计值(kN)	+3%			
	6	垂直连接螺栓紧固力矩值 使用说明书规定值(N·m)	+2%			
	7	轴线为同一直线的基础梁 两端上面高差	6mm			
	8	防雷接地电阻值	不大于4Ω			
	9	塔机垂直度	<4/1000			

判定结果：

装配式塔机基础安装单位(盖章)
施工负责人(签字)：
年　　月　　日

验收结论：

建筑行政主管部门负责人(签字)：
塔机使用单位验收代表(签字)：
年　　月　　日

注：(1) 填写"评定结果"项时，在允许偏差范围内的用"√"表示；在允许偏差范围外的用"×"表示；

　　(2) 当"评定结果"项出现"×"时评定结果为不合格。

2.8　本规程用词说明

1. 为便于在执行本规程条文时区别对待，对要求严格程度不同的用词说明如下：

(1) 表示很严格，非这样做不可的：正面词采用"必须"，反面词采用"严禁"。

(2) 表示严格，在正常情况下均应这样做的：正面词采用"应"，反面词采用"不应"或"不得"。

（3）表示允许稍有选择，在条件许可时首先应这样做的：正面词采用"宜"，反面词采用"不宜"。

（4）表示有选择，在一定条件下可以这样做的，采用"可"。

2. 条文中指明应按其他有关标准执行的写法为："应符合……的规定"或"应按……执行"。

2.9 引用标准名录

1.《建筑地基基础设计规范》GB 50007

2.《混凝土结构设计规范》GB 50010

3.《高耸结构设计规范》GB 50135

4.《建筑地基基础工程施工质量验收规范》GB 50202

5.《混凝土结构工程施工质量验收规范》GB 50204

6.《钢结构工程施工质量验收规范》GB 50205

7.《混凝土结构工程施工规范》GB 50666

8.《低合金高强度结构钢》GB/T 1591

9.《紧固件机械性能　螺栓、螺钉和螺柱》GB/T 3098.1

10.《紧固件机械性能 螺母 粗牙螺纹》GB/T 3098.2

11.《塔式起重机》GB/T 5031

12.《预应力混凝土用钢绞线》GB/T 5224

13.《工业用橡胶板》GB/T 5574

14.《塔式起重机设计规范》GB/T 13752

15.《预应力筋用锚具、夹具和连接器》GB/T 14370

16.《无粘结预应力混凝土结构技术规程》JGJ 92

17.《建筑桩基技术规范》JGJ 94

18.《塔式起重机混凝土基础工程技术规程》JGJ/T 187

2.10 《大型塔式起重机混凝土基础工程技术规程》JGJ/T 301—2013 的条文说明

（本"条文说明"的条目序列编号与《大型塔式起重机混凝土基础工程技术规程》

JGJ/T 301—2013 正文对应）

2.10.1 《大型塔式起重机混凝土基础工程技术规程》JGJ/T 301—2013 正文之"2.1 总则"部分的条文说明

2.1.1　本条说明制定本规程的目的、意义和指导思想。装配式塔机基础技术是一项由我国独立自主研发的新技术体系，适用于建筑工程使用的固定式塔式起重机。在现有材料条件下，实现了基础的重复使用，并在节约资源、节能环保基础上明显提高了综合经济效益和社会效益。已在国内 21 个省、市、自治区推广应用，配套国内外 115 个厂家生产的 87 个不同型号的固定式塔式起重机 15.8 万台，共完成单项工程 26.71 万项，总建筑面积 12.67 亿平方米。为适应装配式塔机基础新技术在我国建筑行业全面迅速推广应用保证其安全和综合效益的实现，并为其拓展应用积累经验，创造条件，制定本规程。

2.1.2　本条说明本规程的适用范围。对国内建筑施工市场调查表明，建筑行业实际使用的固定式塔式起重机的额定起重力矩绝大多数 400kN·m～3000kN·m，故本规程对装配式塔机基础的设计原则、计算公式、制作与装配和使用作出的规定均针对额定起重力矩不大于4000kN·m的固定式塔式起重机。

2.1.3 本规程主要针对由倒T形截面的预制混凝土构件水平组合装配而成的混凝土底板平面形状为正方形的独立梁板结构基础。其他截面、平面形式的装配式塔机基础，除应执行本规程以外，尚应符合国家现行有关标准的规定。

2.10.2 《大型塔式起重机混凝土基础工程技术规程》JGJ/T 301—2013正文之"2.2 术语"部分的条文说明

本规程列出了12个术语，所用的术语是参照我国现行国家标准《塔式起重机》GB/T 5031、《工程结构设计基本术语和通用符号》GBJ 132和《建筑结构设计术语和符号标准》GB/T 50083的规定编写的，并从装配式塔机基础的角度赋予其特定的含义。

2.10.3 《大型塔式起重机混凝土基础工程技术规程》JGJ/T 301—2013正文之"2.3 基本规定"部分的条文说明

2.3.1 塔式起重机的结构属于高耸结构，适用于建筑工程，所以装配式塔机基础的设计与施工除应符合本规程外，尚应符合现行国家标准《高耸结构设计规范》GB 50135、《建筑地基基础设计规范》GB50007和《建筑地基基础工程施工质量验收规范》GB 50202的相关规定。

2.3.2 本条规定了本规程的标准化对象——装配式塔机基础的特点、结构形式和水平组合时各构件位置，及整体平面形状。本规程选用基础混凝土底板组合后平面为正方形的形式，其目的是最大限度的优化基础平面图形，充分发挥地基承载力。针对目前建筑工程所使用的固定式塔机的塔身平面为正方形的情况，在基础设计抗倾覆力矩和地基承载力标准值相同的条件下，基础底面为正方形比三角形、正多边形和圆形的占地面积都小，而基础占地面积大小对建筑施工是有多方面影响的，所以，装配式塔机基础的优化始于平面图形的优化。

2.3.3 基础构件的连接面上应设置混凝土抗剪件和钢定位键，目的在于提高预制混凝土构件相邻连接面的抗剪切防位移能力，混凝土抗剪件和钢定位键在预制混凝土构件重复组合或分解时应具有吻合或分离的功能。

2.3.4 本条规定了装配式塔机基础能匹配多种同性能、不同连接构造形式的塔机，实现"一基配多机"的要求，是预制的装配式塔机基础工厂化、产业化的重要技术条件之一。

2.3.5 本条规定是为了将固定式塔机的荷载按设计要求传给装配式塔机基础，保证装配式塔机基础各部件承受的荷载与设计计算一致，以保证装配式塔机基础整体的安全稳定。

2.3.6、2.3.7 规定基础梁上预留垂直连接螺栓孔洞数量、直径和位置。装配式塔机基础在塔机荷载作用下要具备抗弯、剪、扭的综合承载力，而装配式塔机基础的一个主要构造特征是在基础梁集中承受最大弯矩、最大剪力和最大扭矩的区段设置垂直连接构造的预留垂直连接螺栓孔，因此必须对垂直连接螺栓孔的组数、内径，沿基础梁纵向、横向的距离进行严格控制以及严禁垂直连接螺栓孔与水平孔洞相互贯通，以确保装配式塔机基础的结构稳定性和耐久性。

条文中"同1组2个垂直连接螺栓孔中心的距离"，是沿基础梁平面纵轴线对称设置的2个垂直连接螺栓孔中心的距离；"纵向距离"是沿基础梁平面纵轴线方向的距离。

2.3.8 本条对装配式塔机基础的以下内容作出规定：预制混凝土构件的材料、混凝土强度等级；水平连接构造的预应力材料的型号、规格和极限标准强度；垂直连接螺栓的材料、物理力学性能；水平连接构造的主要零部件的性能；混凝土预制构件内的钢筋的型号、强度标准值和工艺性能；钢预埋件、承压板和钢材型号、强度标准和工艺性能等作出规定。其目的在于确保装配式塔机基础整体构造的质量、装配式塔机基础与塔机垂直连接构造的安全稳定，从而为装配式塔机基础的耐久和重复使用提供物质条件。

2.10.4 《大型塔式起重机混凝土基础工程技术规程》JGJ/T 301—2013正文之"2.4 设计"部

分的条文说明

2.4.1 一般规定

1. 装配式塔机基础是构筑物基础，属于建筑工程的一部分；装配式塔机基础是专为固定式塔机提供稳定支撑作用的，而固定式塔机的结构特征属于高耸结构；故装配式塔机基础的设计应符合现行国家标准《建筑地基基础设计规范》GB 50007 和《高耸结构设计规范》GB 50135 的规定，装配式塔机基础整体刚度较大，装配在地基土质均匀、承载力达到设计要求的地基承载力特征值的地基上时可不做地基变形验算。

2. 与装配式塔机基础装配的固定式塔机的技术性能和工作性能数据应从塔机出厂时的随机的塔机使用说明书中查找，装配式塔机基础所受各种荷载与现行行业标准《塔式起重机混凝土基础工程技术规程》JGJ/T 187 的规定一致。

3. 装配式塔机基础的地基承载力可通过工程地质勘测报告取得，当地质条件复杂没有勘测资料时，应通过原位测试确定。当地基承载力特征值小于 120kPa 时，可按相关标准的规定对地基进行处理，达到要求后，用作装配式塔机基础的地基。

4. 本条规定了装配式塔机基础的预制混凝土构件的几何形状的特征，应符合装配式塔机基础生产、装配、运输和重复使用的要求；并为最大限度的缩小基础占地面积提供条件。

5～7. 本条规定了确保实现装配式塔机基础各项技术经济指标的主要设计内容和制作、装配和使用的必要技术条件的资料内容。

2.4.2 结构设计计算

1. 本条对装配式塔机基础的设计计算和验算的规则作出规定。固定式塔式起重机在工作状态下和非工作状态下对装配式塔机基础产生的作用力不同，对地基产生的作用也不同，因此，计算装配式塔机基础强度和地基承载力的荷载取值方法不同。本规程在进行荷载效应组合计算时的取值方法执行现行国家标准《塔式起重机设计规范》GB/T 13752 和现行行业标准《塔式起重机混凝土基础工程技术规程》JGJ/T 187 的规定；在进行基础结构设计计算时应符合现行国家标准《塔式起重机设计规范》GB/T 13752、《建筑地基基础设计规范》GB 50007 和《混凝土结构设计规范》GB 50010 的规定；只有这样装配式塔机基础的设计才有科学依据并保证装配式塔机基础结构稳定安全。

2. (1) 本条规定了作用于装配式塔机基础上的荷载及其荷载效应组合取值项目和取值依据：

1) 作用于基础顶面的垂直荷载标准值 (F_k)；

2) 作用于基础顶面的水平荷载标准值 (F_n)；

3) 作用于基础顶面的力矩荷载标准值 (M_k)；

4) 作用于基础顶面的水平扭矩荷载标准值 (T_k)；

5) 基础的自重及压重的标准值 (F_g)。

上列 5 种取值项目是装配式塔机基础设计所需要的。

(2) 由于固定式塔式起重机为适应不同的施工作用要求，有不同的高度和不同的臂架长度及不同的配重，造成塔机的垂直荷载的变化，因此，要对塔机的垂直荷载的计算取值进行综合考量并作出了相关规定。

(3) 固定式塔式起重机作用于装配式塔机基础底面的倾覆力矩值是装配式塔机基础的地基承载力计算的关键内容，装配式塔机基础的抗倾覆力矩能力更是基础稳定的关键因素之一，因此对作用于装配式塔机基础底面的倾覆力矩值的取值，应在荷载效应标准组合条件下形成的作用于装配式塔机基础顶面上的力矩荷载值与作用在基础顶面上的水平力所产生的扭矩值之和的基础上附加一个组合安全系数 1.4 后共同构成装配式塔机基础承受的倾覆力矩的取值，既保证装配式塔机基础的安全稳定，又不会造成大的设计浪费。

3. 本条公式（2-3）规定了装配式塔机基础的抗倾覆力矩设计值的取值依据；限定了装配式塔机基础的稳定条件。

4. 装配式塔机基础是由预应力混凝土构件组成，本条规定了装配式塔机基础的抗弯承载力的计算应符合现行国家标准《混凝土结构设计规范》GB 50010 的规定。

2.4.3 地基承载力

1～2. 装配式塔机基础地基承载力公式（2-4）～公式（2-8）与现行国家标准《高耸结构设计规范》GB 50135 和《建筑地基基础设计规范》GB 50007 的规定和要求一致，公式（2-9）和公式（2-10）与现行国家标准《高耸结构设计规范》GB 50135 的规定和要求一致。

3. 装配式塔机基础地基底面出现零应力，且基底脱开地基土面积不大于全部面积的 1/4 时，装配式塔机基础底面应力合力点至基础中心的距离（偏心距）计算公式（2-11）与现行行业标准《塔式起重机混凝土基础工程技术工程》JGJ/T 187 的规定一致。

公式（2-11）作为装配式塔机基础承受偏心荷载的合力点位于基础的核心区外，且基底脱开地基土面积不大于全部面积的 1/4 时，偏心距（e）的计算公式，也是现行国家标准《塔式起重机设计规范》GB/T 13752 中基础的抗倾覆稳定性验算公式。本规程对偏心距（e）取值做了相应的规定，控制了偏心荷载的偏心距，也就保证了基础的稳定性。

4. 基础在核心区外承受单向偏心荷载，且基底脱开地基土面积不大于全部面积的 1/4 时，验算地基承载力的基础底面压力公式（2-12）和公式（2-13）与现行国家标准《高耸结构设计规范》GB 50135 规定一致。基础在核心区外承受双向偏心荷载，且基底脱开地基土面积不大于全部面积的 1/4 时，塔机倾覆力矩的作用方向在基础对角线方向时，验算地基承载力的基础底面压力公式（2-14）与现行国家标准《高耸结构设计规范》GB 50135 规定一致，正方形基础平面是矩形平面中的一个特例，公式（2-15）"$a_x a_y \geqslant 0.101b^2$" 限定了正方形基础承受双向偏心荷载时偏心距的最大值，使 360° 任意方向偏心距的 "$F_k + F_g$" 的合力点处于地基压力合力点之内，从而确保了地基稳定性。

5. 正方形基础在核心区以外承受单向偏心荷载与双向偏心荷载的基础边缘最大压力值（$p_{k,max}$）是不同的。理论计算和实践证明，正方形基础承受双向偏心荷载时，基础承受的倾覆力矩方向与正方形的平面对角线重合，在基底脱开地基土面积不大于全部面积 1/4 条件下，基础边缘最大压应力值（$p_{k,max}$），要大于基础承受的相同值的倾覆力矩方向与正方形的平面十字轴线重合，且基底脱开地基土面积不大于全部面积 1/4 条件下，基础边缘最大压应力值，取两种验算方法中的基础边缘压力值中的大值作为基础设计的荷载效应标准组合下基础底面的平均压力值（p_k）的计算依据，可以保证基础承受 360° 任意方向的偏心荷载。

2.4.4 地基稳定性

1～2. 基础处在边坡范围内时稳定条件计算和有关基础稳定性的规定对基础进行稳定性计算应符合现行国家标准《建筑地基基础设计规范》GB 50007 的有关规定。

2.4.5 剪切承载力

1. 装配式塔机基础梁任意截面的抗剪承载力：基础梁抗剪切承载力计算公式（2-22）和公式（2-23）是国家标准《混凝土结构设计规范》GB 50010 的计算公式（6.3.8-1）和公式（6.3.4-2）的基础上进行微调，去掉了 $V_P = 0.05N_{P0}$，V_P 是由预加钢绞线张拉时提高构件截面抗剪承载力，$0.05N_{P0}$ 很小可以忽略不计，另增加了装配式塔机基础梁截面抗剪的折减系数（参考美国公路桥梁规范《节段式混凝土桥梁设计和施工指导性规范》AASHOT 表 5.5.4.2.2-1 的规定，折减系数取 0.75）。

2. 装配式塔机基础的预制混凝土构件连接面设置抗剪构造的受剪承载力公式（2-24），在连接面上设置了混凝土抗剪件和钢定位键，加强了连接面的抗剪切能力，均按混凝土抗剪件和钢定位键的受剪面积乘以混凝土抗剪件和钢定位键剪切容许应力和混凝土抗剪件和钢定位键的数量计算，但考虑到抗剪件和定位件不同时工作和其材料强度的差异，增加折减系数 0.75。装配式塔机基础的预制混凝土构件的连接面不是绝对的平面，在水平连接构造的预应力作用下，预制混凝土构件的连接面上会产生很大的摩擦力作为连接面处的抗剪切内力储备，混凝土抗剪件中配置钢筋增加的剪切承载力未纳入计算，提高了连接面处的抗剪切承载力。

2.4.6 非预应力钢筋

1～2. 装配式塔机基础的预制混凝土构件的非预应力受力钢筋设计计算，最主要的是底板的受力钢筋设计计算。底板的下层受力钢筋的计算应符合现行国家标准《建筑地基基础设计规范》GB 50007 扩展基础的底板下层受力主筋计算的规定，但应注意地基压应力沿基础梁自外向内的递减分布的情况，底板混凝土受压区应配置经计算的受力钢筋以承受抗压板自重和底板上承载的压重件的重力总和；但下层或上层受力主筋不作为相应的上部或下部受压钢筋纳入受压区强度计算；因为装配式塔机基础底板所承受的正、负弯矩是随着塔机传给基础的倾覆力矩的方向变化而变化的，所以在计算底板的下层和上层受力钢筋时，只对计算截面进行混凝土受压区的复核计算，目的在于提高底板在频繁承受正、负弯矩过程中的抗弯强度和构件的耐久性。

基础梁中设置的上、下非预应力钢筋因在各预制混凝土构件的连接面处断开，无法实现力的有效传递，故基础梁中配置的纵向非预应力钢筋应按构件的构造配筋配置。

装配式塔机基础的各预制混凝土构件的构造配筋应按现行国家标准《混凝土结构设计规范》GB 50010 中抗剪扭矩构件的要求并应符合最小配筋率的规定。

2.4.7 预应力筋和连接螺栓

1. 装配式塔机基础水平连接钢绞线的计算分为两种情况设置，当基础梁内设置上、下各 1 束钢绞线作水平连接的预应力受力筋时：

（1）按装配式塔机基础的基础梁承受塔机传给的倾覆力矩的受力分析，基础梁内下部设置的钢绞线的最大应力区段位于塔机与装配式塔机基础预制混凝土构件的基础梁上的垂直连接构造中心，即基础梁的 U-U 截面。

公式（2-26）符合现行国家标准《混凝土结构设计规范》GB 50010 关于预应力混凝土结构构件最小预应力张拉控制值 $0.40f_{ptk}$ 和最大值 $0.75f_{ptk}$ 的规定；由于各种不利条件造成的预应力损失，为了提高张拉控制应力规定允许提高 $0.05f_{ptk}$；钢绞线在退张时是在原张拉的基础上对钢绞线再次张拉使钢绞线再度伸长，才能实现退张，应在实际张拉控制应力与允许最大张拉应力之间留有钢绞线退张时的附加应力，所以钢绞线控制应力设计值取 $(0.45～0.55)f_{ptk}$，σ_l 预应力总损失值，经过多项工程实践计算的总结均为 $170N/mm^2 ～210N/mm^2$ 取 $\sigma_l = 210N/mm^2$；σ_{pe} 是钢绞线张拉时的有效应力控制值；由于装配式塔机基础是多件组合而成，公式（2-25）考虑到构件连接时的折减，参考美国公路桥梁规范《节段式混凝土桥梁设计和施工指导性规范》AASHOT 的规定，折减系数取 0.85。

0.875 是钢绞线的内力臂系数（按现行国家标准《混凝土结构设计规范》GB 50010 的公式计算，临界高度为 0.311，$\gamma_s = 1 - 0.5 \times 0.311 = 0.8445$，考虑到钢绞线重复使用的不利因素，取内力臂系数为 0.875），$0.875h_0$ 值限定了基础梁上部受压区的高度，在复核上部受压区面积时，实际上是复核梁的宽度。

（2）在基础梁的 U-U 截面承受塔机传给基础的最大正弯矩（M_U）的同时，基础梁的 N-N 截面承受截面以外的基础自重和重重对 N-N 截面形成的最大负弯矩（M_N）。公式（2-28）中 $0.9h_0$ 与公式（2-25）的 $0.875h_0$ 的区别之根据在于，对 N-N 截面的上部钢绞线束这一受拉钢筋而言，复核其对应的混凝土受压区面积时，基础梁和底板形成的倒 T 形下翼缘的受压区面积显然大于同样高度的基础梁上部受压区面积，再者，基础梁的 N-N 截面所承受的负弯矩要比 U-U

截面承受的正弯矩小了很多，因此上部钢绞线束的内力臂系数定为 0.9，公式（2-27）和公式（2-30）中的 n_1 和 n_2 应采用小数进位整数取值。

2. 基础梁内配置一束钢绞线时，基础梁 Q-Q 截面承受塔机传给装配式塔机基础的最大弯矩，钢绞线根数应按公式（2-25）～公式（2-27）计算，基础梁承受 P-P 截面以外的基础自重和压重对 P-P 截面产生的负弯矩所需的钢绞线的根数，以公式（2-28）～公式（2-30）进行验算；取对基础梁的 Q-Q 和 P-P 两个截面的钢绞线计算结果中的大值作为钢绞线的配置根数。

3. 本条规定了装配式塔机基础垂直连接螺栓的配置与设计，首先应符合与之装配的固定式塔机使用说明书关于垂直连接螺栓的力学性能的要求，并且以公式（2-31）～公式（2-33）进行验算，取二者中较大值作为装配式塔机基础的垂直连接螺栓力学性能的要求。垂直连接螺栓的最大容许载荷按现行国家标准《紧固件机械性能　螺栓、螺钉和螺柱》GB/T 3098.1 规定取值，以保证垂直连接螺栓的力学性能。

鉴于装配式塔机基础的每个垂直连接构造在承受塔机对基础的倾覆力矩、水平扭矩在不同方向上的不同和垂直连接螺栓特定的平面位置的不同及紧固预紧力的差值，也就产生了同一组连接螺栓中各螺栓受力的不均匀性，为防止由于受力不均造成的应力集中，引起个别垂直连接螺栓的载荷超过设计值，以公式（2-32）给按 M_k 计算的垂直连接螺栓的承载力附加一个不均匀系数 1.35。

2.4.8 构造要求

1. 对于装配式塔机基础的水平连接构造系统的预应力主筋的束数和预埋水平孔道位置的规定，是根据大量工程实践和长时间积累的经验做出的。

当装配式塔机基础高度大于等于 1.5m 时，基础梁高决定装配式塔机基础承受的倾覆力矩相对较大，根据装配式塔机基础稳定性、耐久性要求，将承受倾覆力矩的梁的受拉主筋钢绞线设置于基础梁的下端部，以实现 h_{01} 的最大化和结构内力的最大化，从而最大限度地节约受力筋；将针对基础整体性和基础重力产生的力矩而设置的预应力主筋设置于基础梁的上端部，也可以实现 h_{02} 的最大化，从而最大限度地节约预应力主筋；在此基础上进一步增加结构的整体性和控制基础的高度。为了给梁上部混凝土受压区施加预应力，以减少梁在承受最大弯矩时的变形，且增加梁的整体性和刚度，规定梁上部钢绞线束的钢绞线数量至少为 2 根，作为上部钢绞线束的钢绞线的最少根数；当设于基础梁下端部的下部钢绞线束的钢绞线数量大于 10 根时宜分为 2 束，水平对称于基础梁轴线设置，并使 2 束钢绞线的合力点距离在 200mm～300mm，作为防止应力集中的构造措施。位于基础梁上端部或下端部的钢绞线束的部位应符合预应力筋固定端和张拉端的构造要求，并应对该部位混凝土的集中受压荷载进行验算，以确保装配式塔机基础的结构稳定性和耐久性。

当装配式塔机基础高度小于 1.5m 时，基础梁高决定的装配式塔机基础承受的倾覆力矩相对较小，而水平连接构造的功能更多地偏重于装配式塔机基础的整体性，在基础梁截面形心点偏下的部位设置，一束钢绞线即可满足装配式塔机基础结构承受的正、负弯矩，也能满足基础整体性的要求，同时减少了预埋孔道和固定端、张拉端构造的数量而明显提高装配式塔机基础的抗压剪扭强度和整体稳定性，该钢绞线束预埋孔道在基础梁高的设置位置应按对基础的受力分析计算确定，以确保装配式塔机基础的结构安全和重复使用效果。

2. 本条规定了装配式塔机基础配置的部分构造钢筋和受力筋的型号和布置要求，及锚固钢筋的设置方法、位置、长度尺寸及锚固形式的具体要求，定型预埋件可按设计施工图进行定型加工制作后按受力情况增加焊接一定数量锚固筋。

3. 根据装配式塔机基础的预制混凝土构件的受力复杂情况，对于大于300mm宽的梁宜采用四肢箍作为梁的箍筋。以提高混凝土结构的抗剪扭能力。

4. 装配式塔机基础与塔机的垂直连接螺栓孔垂直贯穿了基础梁，且设置垂直连接螺栓孔的位置又是基础梁剪扭受力集中的部位，垂直连接螺栓孔的设置无疑会对基础梁的抗剪扭内力产生十分不利的影响，且垂直连接螺栓孔更是应力集中部位，因此，应对垂直连接螺栓孔采取加固措施，可避免这一构造薄弱环节在剪扭的集中作用下成为基础梁破坏的根源和突破口。

5. 本条规定了在预制混凝土构件的连接面上，在不影响水平连接构造的空间部位设置混凝土抗剪件和钢定位键，但不少于各1组，对混凝土抗剪件和钢定位键分别作了规定，这对预制混凝土构件的安装定位、基础结构的整体性和抗剪切性能具有关键作用。

6. 在基础梁上设置的混凝土抗剪件和钢制定位键的抗剪强度达不到设计值的，应在底板的相邻连接面上增设混凝土抗剪件补充抗剪力的不足。

7. 针对装配式塔机基础的使用环境和附属件的特定位置，本条规定了预制混凝土构件及附属件的钢筋混凝土保护层厚度，这对结构安全和延长装配式塔机基础的使用寿命有重要作用。

8. 中心件之外的钢绞线水平预埋孔道纵向轴心的标高位置决定了装配式塔机基础水平连接钢绞线的中心位置和抗倾覆内力的大小，四个方向的预埋孔道的纵向轴心若水平高差超过本规程规定的±2mm时，其直接的后果是造成装配式塔机基础抵抗各个方向的倾覆力矩的内力差别明显加大，使装配式塔机基础的结构产生不同方向的显著内力差，这对于承受水平360°任意方向的倾覆力矩和垂直力、水平力和水平扭矩的共同作用，对装配式塔机基础的稳定性有重要影响。因此，对各水平预埋件孔道的水平高差进行严格控制对结构安全十分重要。

9. 水平连接构造的固定端的构造和张拉端的构造，宜优选采用铸造厂按设计生产的定型产品，也可以自行加工和焊接，但应保证产品的质量要求和工作性能要求。

10. 基础构件的底板厚度应大于或等于200mm，与现行国家标准《建筑地基基础设计规范》GB 50007的规定一致。

11. 在垂直连接螺栓套管下端设置与预制混凝土构件既可锚固又能分解的封闭构造，应满足垂直连接螺栓重复使用、可更换的装配式塔机基础的特殊构造要求。

12. 设计装配式塔机基础的预制混凝土构件的预留吊装孔和与之配合的专用吊装构造设施，而不采用传统的预制混凝土构件上预埋钢筋吊环的做法，因为预制混凝土构件长期处于潮湿的地下或露天环境，吊环锈蚀严重，不符合装配式塔机基础重复使用和耐久性要求，故针对装配式塔机基础特点，专设了吊装构造设施，以保证预制混凝土构件吊装的方便和安全。

13. 装配式塔机基础装配到湿陷地基上，或地基承载力达不到装配式塔机基础的装配条件时，可采用桩基础，承桩台的设计应按桩基础的位置条件和构件的桩数并符合相关的规范和规定，因地制宜的进行设计和施工，并应符合相关要求。在承桩台上装配基础，桩基础的规定和要求应执行国家现行标准《建筑地基基础设计规范》GB 50007和《建筑地基处理技术规范》JGJ 79的桩基础的要求。

14. 固定式塔机属于高耸结构，避免雷击是其安全的重要内容之一，在装配式塔机基础的装配过程中，应按《塔式起重机》GB/T 5031的规定做好防雷接地设施，并对接地电阻值进行检测，使其符合要求。

《大型塔式起重机混凝土基础工程技术规程》JGJ/T 301—2013正文之"2.5 构件制作及装配与拆卸"部分的条文说明

2.5.1 构件制作

1. 本规程规定了装配式塔机基础制作的适合条件和技术条件。

（1）装配式塔机基础的各预制混凝土构件属于预应力构件，其组合后能承受塔机的荷载和倾覆力矩，本规程规定各预制混凝土构件制作应执行现行国家施工规范和验收标准的规定。

（2）在制作预制混凝土构件的过程中预埋受力的定型的钢制埋件，应提前采购或加工，并且要在预埋件上焊接符合设计要求的锚固钢筋作为埋件的锚固件，并按相关的标准进行检查和验收。

（3）、（4）装配式塔机基础是由各预制混凝土构件加工后通过十字空间交叉无粘接预应力水平连接构造，把各预制混凝土构件组合成一个底平面为正方形的并能与塔机结构连接的独立梁板式结构；由于各预制混凝土构件为预应力构件，为满足重复装配的要求，对预制混凝土构件的几何形状尺寸和材料要求严格，预制混凝土构件的制作应由具有相当的生产设备条件、专业技能、人员素质、管理水平符合生产要求的企业来加工制作。

2. 预埋件和零部件制作的要求。

（1）由于各预埋件和零部件对基础结构的重要性，在制作时应遵照设计图和施工图的要求制作和焊接，且应符合相关的技术标准和验收标准的要求。

（2）规定铸钢预埋件和钢定位键由专业生产厂家按设计要求制作，既可保证质量又能节约成本。

（3）装配式塔机基础各预制混凝土构件预留有钢绞线的孔道，在预制混凝土构件的连接面的孔道口端部和固定端、张拉端的零件配合部位设置橡胶封闭圈为防水、防潮，本规程要求橡胶封闭圈的材质应符合相关国家标准的要求，目的是保证连接构造的密封性，实现构造的耐久性。

3. 装配式塔机基础各预制混凝土构件的制作是一个复杂的系统工程，各预制混凝土构件制作完成后是否达到设计要求，水平连接构造和垂直连接构造的配合程度是否符合设计要求，应通过试装配进行检验，在装配过程中发现问题进行处理，最终应经过相关技术人员的鉴定合格后才允许出厂装配。

2.5.2 装配与拆卸

1. 本规程对装配式塔机基础在装配前对装配条件提出了要求。

（1）环境条件：

1）基坑条件：对基础的定位和基坑四壁的防护（直接影响到塔机的使用）和稳定及安装过程的安全具有十分重要的意义；

2）地基承载力对基础的安全和稳定具有决定性的作用，装配式塔机基础装配前应对地基承载力经过确认；

3）在季节性冻土层上装配装配式塔机基础是造成装配式塔机基础沉降不均以致倒塔事故的重要隐患；

4）装配式塔机基础设置的位置下方1.5m深度范围内是地基持力层，在此深度范围内埋有水、油、气和电的管线，在塔机作用下会产生地基不均匀受力，会对管线的安全造成不利影响，以致发生损坏管线的重大事故；

5）基坑外缘3m范围内有积水存在会对地基产生影响，造成基础不均匀下沉；

6）垫层的几何尺寸、水平度和平整情况对装配式塔机基础的装配和稳定性有重要影响。

（2）装配条件：

1）装配式塔机基础的装配具有特殊的工艺流程和专业技术要求，应由掌握装配式塔机基础技能的技术工人进行操作，否则会对装配式塔机基础的装配质量乃至塔机的安全产生重大隐患；

2）装配式塔机基础的装配应有必要的专用仪器、工具，否则无法控制装配式塔机基础的装配质量，会给塔机安全留下重大隐患；

3）根据现场情况不同，装配式塔机基础对起重机械的要求也不同，应使用满足吊装条件的起重机械，才能保证预制混凝土构件的装配顺利；

4）装配式塔机基础的预制混凝土构件的端件上应设置水平连接构造的固定端构造和张拉端

构造，对钢绞线进行张拉和固定端、张拉端的装配应有一定的工作空间；

5）固定式塔机在安装过程中会产生相当大的倾覆力矩，只有装配式塔机基础的预制混凝土构件和压重件全部装配完毕应达到基础的重力要求，才能抵抗塔机装配过程中产生的倾覆力矩，确保塔机安装的顺利和安全。

2. 装配式塔机基础的重复使用的特点，决定了预制混凝土构件的多次移位和重复装配，预制混凝土构件及配件的完好是装配式塔机基础安全稳定的前提条件。

3. 本条规定在装配式塔机基础的底板的下面与混凝土垫层上面之间设置中砂垫层，其作用是使地基承载力均匀的传给底板，这对防止装配式塔机基础的不均匀沉降有重要作用。

4. 严格有效地控制钢绞线的张拉力符合设计要求，单向张拉钢绞线并采取锚片防脱退措施，可防止由塔机工作过程的振动造成锚片的松退，对保证装配式塔机基础的抗倾覆能力符合设计要求至关重要。

5. 在装配式塔机基础的水平连接构造对钢绞线张拉或退张的过程中应设置安全防护区域，操作人员不得违规操作，是确保水平连接构造装配全过程人员安全的重要措施。

6. 装配式塔机基础的水平连接构造的固定端和张拉端是水平连接构造的关键构造，将其置于可装配的封闭构造内的意义一是确保装配式塔机基础的结构安全，二是防水、防锈，延长构造的使用寿命，满足装配式塔机基础重复使用和降低成本的要求。

7. 本条规定了使用散料压重件时，应在散料上面设保护层，以防散料流失，造成压重件重力达不到设计要求，给装配式塔机基础的安全稳定造成隐患。

8. 本条规定了在装配式塔机基础的设置方式为全露时，防止底板边缘之下的中砂垫层移位流失致使装配式塔机基础出现不均匀沉降，同时防止装配式塔机基础在塔机传来的水平扭矩作用下出现基础整体水平位移。

9. 本条规定了有底架的塔机与装配式塔机基础进行垂直连接时，底架与基础梁之间设置垫板，并在垫板下面与基础梁上面之间设干硬性水泥砂浆垫层，通过调整水泥砂浆垫层厚度来控制垫板上面水平并使底架的垂直力均匀地传给基础梁，这是保证装配式塔机基础结构稳定的重要措施。

10. 本条规定了装配式塔机基础拆卸的条件。

（1）塔机结构未全部拆除不得进行预制混凝土构件的分解，否则会造成垂直拆除作业出现安全事故。

（2）装配式塔机基础的预制混凝土构件未全部暴露，会影响预制混凝土构件的分解和吊移。

（3）装配式塔机基础的固定端、张拉端之外没有足够的操作空间，无法进行水平连接构造的拆卸工作，且会造成安全事故。

（4）退张控制拉力超过 $0.75f_{ptk}$，会造成钢绞线的断丝或整根拉断，造成安全事故，又使钢绞线无法重复使用。

（5）装配式塔机基础的预制混凝土构件是定位的，应按装配时的安装顺序的逆顺序进行拆卸。

（6）钢绞线是易损零件，本款规定了应及时对拆卸下来的钢绞线采取保护措施，以备重复使用。

（7）装配式塔机基础的预制混凝土构件吊移后，回填基坑，以防人员跌入造成安全事故。

2.10.6 《大型塔式起重机混凝土基础工程技术规程》JGJ/T 301—2013 正文之"2.6 检查验收与报废"部分的条文说明

2.6.1 检查与验收

1. 本条对装配式塔机基础的预制混凝土构件的检查、检测与验收的方法和标准作出了规定。

（1）对新出厂的装配式塔机基础的预制混凝土构件的检验。

（2）对重复使用装配前的装配式塔机基础的预制混凝土构件的检验。

（3）对重复使用装配后的装配式塔机基础的预制混凝土构件的检验。

通过严格的检验程序和检验内容，保证装配式塔机基础的装配程序顺利和装配式塔机基础的结构稳定安全。

2. 本条规定了装配式塔机基础的零部件的检验方法与标准。

（1）根据有关标准的规定，高强度螺栓按最大允许载荷紧固时，允许使用次数不得多于 2 次；根据长时间和大量使用实践，规定有底架的塔机的垂直连接螺栓在不大于最大允许载荷 50％紧固时，垂直连接螺栓的使用次数可以增加到 8 次，但又同时规定了使用年限不得超过 5 年，因为垂直连接螺栓长期暴露于自然环境，锈蚀无法避免，使用时间过久，对螺栓的截面和配合都会产生不利影响。

（2）由于装配式塔机基础的钢绞线设计拉力值（0.45～0.55）f_{ptk}，远低于 0.75f_{ptk} 的最高限值，造成钢绞线的疲劳有限，且造成锚片与钢绞线的咬合力较低，这为钢绞线的重复使用创造了条件，大量工程实践证明，钢绞线与锚片在同一夹持区段内重复夹持次数不多于 4 次，只要在固定端和张拉端的两个锚固夹持区之间的钢绞线受力区段，钢绞线的截面上设有受过夹持的刻痕，钢绞线的张拉端锚固是可靠的；对钢绞线调换锚片夹持区的次数限定为 4 次，其结果是限定钢绞线在规定的使用条件下可以重复使用不多于 16 次；同时限定了钢绞线的总使用年限，为防止钢绞线超长时间的使用造成疲劳影响钢绞线的力学性能。

（3）钢制零部件是水平连接构造和垂直连接构造的重要组成部分，严格的检查与验收，对保证装配式塔机基础的结构安全和重复使用有重要意义。

3. 本条规定了装配式塔机基础与塔机组合连接后，在塔机作业前及作业中进行检验的内容。

（1）塔机装配后垂直度是保证塔机安全作业的重要指标，塔机垂直度在现行国家标准规定的范围内，塔机方可作业。

（2）塔机的接地设施安装和电阻值应符合现行国家标准的要求，以保证塔机和驾驶员在雷雨天的安全。

（3）塔机在作业工程中突遇 6 级以上大风、暴雨等天气情况，使塔机的回转机构处于自主状态，可防止臂架在大风作用下转动时产生的水平扭矩造成对塔的扭伤；大风暴雨过后及时检测塔机的垂直度以保证塔机安全；大风、暴雨造成对塔机的不定向不定量的推力使塔机受力振动，容易使装配式塔机基础与塔机的垂直连接螺栓出现松动，及时的检查紧固，对塔机的安全有重要意义。

2.6.2 报废条件

1. 本条规定了装配式塔机基础的预制混凝土构件的报废条件；预制混凝土构件是装配式塔机基础的结构主体，预制混凝土构件的质量直接关系到装配式塔机基础的结构性能，所以应认真执行本规程规定的预制混凝土构件的报废标准，杜绝预制混凝土构件"带病作业"造成基础整体功能的"短板效应"，给装配式塔机基础的性能带来隐患。

2. 根据装配式塔机基础的预制混凝土构件水平组合后整体受力的结构特点，装配式塔机基础的预制混凝土构件总数中有 40％的预制混凝土构件达到报废条件会对装配式塔机基础的整体功能产生难以预测的不利影响，给基础安全造成重大隐患，应整体报废。

3. 本条规定了钢绞线的报废条件，从而保证装配式塔机基础的水平连接构造的功能达到设计要求，保证装配式塔机基础的整体性和抗倾覆内力符合设计要求。

4～5. 对水平连接构造的主要配件锚环和锚片的报废，作出了明确规定，保证了装配式塔机基础水平连接构造的整体功能，从而消除了水平连接构造的功能因配件质量问题而达不到设计要求的可能。

6. 垂直连接螺栓的功能是装配式塔机基础与塔机进行组合连接、荷载传递的关键零部件。

严格执行垂直连接螺栓报废标准，是保证塔机安全稳定的重要环节，杜绝功能达不到标准要求的垂直连接螺栓进入装配环节，是关乎塔机安全的一项十分重要的工作。

7. 本条明确了转换件和其他垂直连接构造的零部件的报废条件。为保证装配式塔机基础与塔机的垂直连接构造的整体功能符合设计要求，提供了质量保证的前提条件。

8. 本条明确了散料仓壁板的报废条件；散料压重件的稳定是装配式塔机基础的重力稳定的前提条件之一，会对装配式塔机基础的抗倾覆稳定性产生决定性作用，所以散料仓壁板的功能得到保证，须要报废的应报废。

3 关于装配式混凝土塔机基础的技术规程（二）（修订稿）

前　言

本规程修订稿是在《混凝土预制拼装塔机基础技术规程》JGJ/T 197 和《大型塔式起重机混凝土基础工程技术规程》JGJ/T 301 的基础上修订而成的。《混凝土预制拼装塔机基础技术规程》JGJ/T 197—2010 和《大型塔式起重机混凝土基础工程技术规程》JGJ/T 301 的发布实施，对推动装配式塔机基础在我国的推广应用发挥了重要作用，但在工程实践中也发现了在安全和质量管理方面存在的漏洞、不足等缺陷。装配式塔机基础新技术是由中国人独创的新技术领域，在应用实践中不断深化并完善对其规律性认识的过程是必然的，总结装配式塔机基础十几年推广应用实践的经验，进一步深入调查，针对《混凝土预制拼装塔机基础技术规程》JGJ/T 197—2010 和《大型塔式起重机混凝土基础工程技术规程》JGJ/T 301 中存在的缺陷和不足进行深入的研究的基础上，不失时机地对上述两部规程进行修订。在本规程的修订过程中，修订组进行了广泛的调研，全面吸收了相关的国家标准、行业标准的内容，并参考国外先进法规、技术标准，进行了大量的卓有成效的试验研究，为本次修订工作提供了极有价值的参考资料。

为了便于广大装配式塔机基础技术的设计、施工、使用、管理及有关人员在使用本规程时能正确理解和执行条文规定，《固定式塔机装配式混凝土基础技术规程》修订组按章、节、条顺序编制了本规程的条文说明，对条文规定的目的、依据、意义以及执行中需注意的有关事项进行了说明，还着重对涉及安全的部分作了较详细的解释。但条文说明不具备与规程正文同等的效力，仅供使用者作为理解和把握本规程规定的参考。

本规程的主要技术内容是：1. 总则；2. 术语；3. 基本规定；4. 设计；5. 构件制作及装配与拆卸；6. 检查验收与报废。

3.1　总则

3.1.1　为规范固定式塔机装配式混凝土基础的技术要求，做到技术先进、安全适用、节能环保和保证质量制定本规程。

3.1.2　本规程适用于建筑工程施工中额定起重力矩不大于 4000kN·m 的装配式混凝土固定式塔机基础（简称装配式塔机基础）的设计、构件制作、装配与拆卸、检查验收与报废。

3.1.3　装配式塔机基础的设计、构件制作、装配与拆卸、检查验收与报废，除应符合本规程外，尚应符合国家现行有关标准的规定。

3.2　术语

3.2.1　固定式塔机装配式混凝土基础

设于固定式塔式起重机与地基之间并与塔身基础节垂直连接的，由一组预制基础混凝土构件水平组合装配而成，辅以重力件弥补基础重力的不足，能确保塔机稳定可重复使用的独立式梁板结构。

3.2.2 预制基础混凝土构件

构成固定式塔机装配式混凝土基础的预制的独立式基础梁板结构的混凝土构件，包括中心件、过渡件及端件。

3.2.3 中心件

位于装配式塔机基础平面中心部位的预制混凝土构件。

3.2.4 过渡件

位于装配式塔机基础中心件与端件之间，并沿基础平面十字轴线对称设置的其两个轴向外立面分别与中心件和端件的外立面紧密配合的预制混凝土构件。

3.2.5 端件

位于装配式塔机基础外端，其一个轴向外立面与过渡件的外立面紧密配合的预制混凝土构件。

3.2.6 基础梁

其下部与基础底板相互连接为一体，其底面与基础底板下面相平，其上部位于装配式塔机基础底板之上，平面为十字形、剖面为矩形或 T 形或工字形的混凝土结构。

3.2.7 底板

其底面与塔机基础的基础梁底面相平并与基础梁连接为一体的能把基础梁承受的各种力传递给地基并能承托基础压重的混凝土板。

3.2.8 混凝土抗剪件

设于装配式塔机基础的预制基础混凝土构件的相邻立面上紧密配合的具有防构件相互位移功能的钢筋混凝土凹凸键。

3.2.9 钢定位键

设于装配式塔机基础的预制基础混凝土构件相邻立面上紧密配合的具有装配定位和防位移功能的钢质凹凸键。

3.2.10 水平连接构造

设于装配式塔机基础的预制基础混凝土构件中，使预制基础混凝土构件水平连接成整体，使其能承受塔机荷载的构造。

3.2.11 垂直连接构造

其下部锚固于装配式塔机基础的基础梁中，其上部与塔机基础节连接，保证塔身定位并将塔身基础节承受的各种力传递给基础梁的构造。

3.2.12 重力件

设于装配式塔机基础底板上能补足预制基础混凝土构件的总重力与基础设计总重力的差额的预制混凝土配重件或固体材料。

3.2.13 转换件

设于固定式塔机的塔身基础节下端和装配式塔机基础的基础梁之间，能使一种型式的装配式塔机基础的垂直连接构造与多种型式的塔机垂直连接构造连接并可重复使用的机械构件。

3.2.14 无底架的塔机

塔身基础节直接与基础连接的固定式塔式起重机。

3.2.15 有底架的塔机

塔身基础节下部与底架和塔身撑杆连接并使底架与基础连接的固定式塔式起重机。

3.2.16 固定式塔机

塔身基础节与定位的混凝土基础垂直连接的、工作状态时其臂架位于保持垂直的塔身顶部，由动力驱动的回转臂架型起重机。

3.3 基本规定

3.3.1 装配式塔机基础的地基应符合现行国家标准《高耸结构设计规范》GB 50135、《建筑地基基础设计规范》GB 50007、《建筑地基基础工程施工质量验收规范》GB 50202、《塔式起重机》GB/T 5031 和《塔式起重机设计规范》GB/T 13752 的规定。

3.3.2 装配式塔机基础的水平组合形式为倒 T 形截面的各预制混凝土构件通过水平十字空间交叉后张法预应力构造连接组合，底板与其上的十字形基础梁为一体可重复装配的独立式梁板结构；平面图形为正方形、十字风车形、双哑铃形、十字形；十字形基础梁的平面中心与基础底板的平面中心重合，并能在端件或过渡件底板上设置混凝土重力件；同一套装配式塔机基础的各预制基础混凝土构件的位置及方向固定，不得换位装配；非同一套装配式塔机基础的预制基础混凝土构件不得混合装配（图 3-1～图 3-8）。

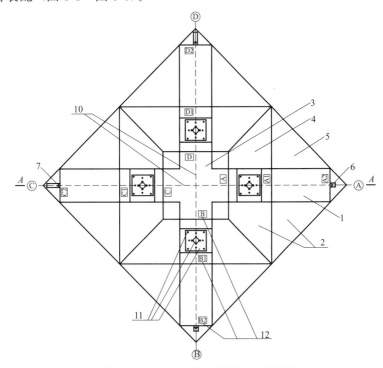

图 3-1 平面为正方形的装配式塔机基础的平面示意

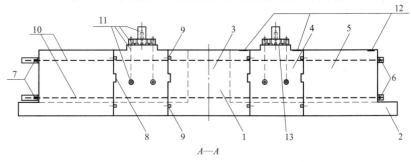

图 3-2 平面为正方形的装配式塔机基础的剖面示意

1—基础梁；2—底板；3—中心件；4—过渡件；5—端件；6—固定端；7—张拉端；8—混凝土抗剪件；9—钢定位键；10—钢绞线及预埋孔道；11—垂直连接构造；12—基础预制混凝土构件方位编号；13—高强度水泥砂浆

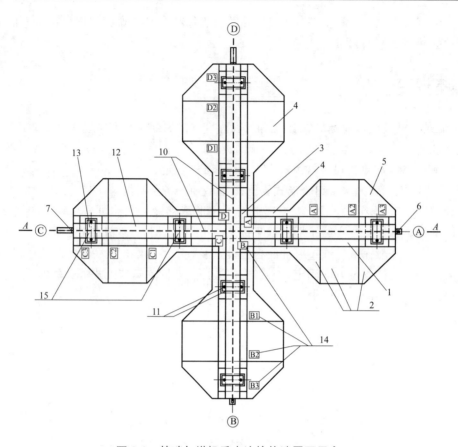

图 3-3 基础与塔机垂直连接构造平面示意

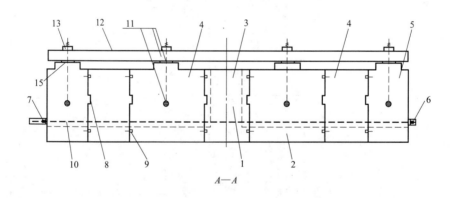

图 3-4 基础与塔机垂直连接构造剖面示意

1—基础梁；2—底板；3—中心件；4—过渡件；5—端件；6—固定端；7—张拉端；8—混凝土抗剪件；
9—钢定位键；10—钢绞线及预埋孔道；11—垂直连接构造；12—塔机底架；13—横梁；
14—基础预制混凝土构件方位编号；15—钢垫板和高强度水泥砂浆

3.3.3 与四种不同平面图形的装配式塔机基础装配的固定式塔机的额定起重力矩应符合下列规定（图 3-9）：

1. 十字形平面适用于额定起重力矩不大于 315kN·m 的固定式塔机。

2. 双哑铃形平面适用于额定起重力矩 315kN·m～630kN·m 的固定式塔机。

3. 风车形平面适用于额定起重力矩 400kN·m～1000kN·m 的固定式塔机。

4. 正方形平面适用于额定起重力矩不小于 1000kN·m 的固定式塔机。

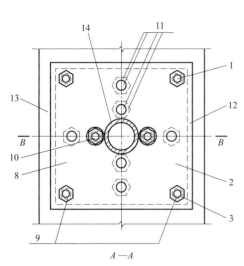

图 3-5 装配式塔机基础与无底架的
固定式塔机垂直连接构造平面示意

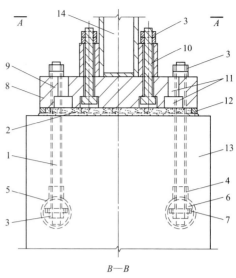

图 3-6 装配式塔机基础与无底架的
固定式塔机垂直连接构造剖面示意

1—连接螺栓；2—高强度水泥砂浆；3—螺母；4—垂直螺栓孔道下端钢套管；5—水平孔道套管；
6—异型垫圈；7—螺母防转件；8—垂直连接转换件；9—地脚螺栓孔；10—垂直连接螺栓；11—垂直连接
螺栓下端锚固孔；12—水泥砂浆挡件；13—基础梁；14—塔身基础节主弦杆

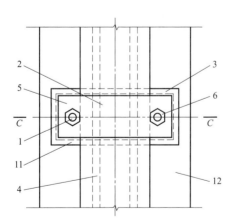

图 3-7 装配式塔机基础与有底架的固定
式塔机垂直连接构造平面示意

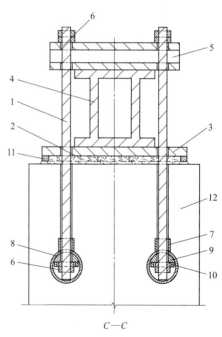

图 3-8 装配式塔机基础与有底架的固定
式塔机垂直连接构造剖面示意

1—连接螺栓；2—高强度水泥砂浆；3—垫板；4—塔机底架；5—横梁；6—螺母；7—垂直螺
栓孔道下端钢套管；8—水平孔道套管；9—异型垫圈；
10—螺母防转件；11—水泥砂浆挡件；12—基础梁；

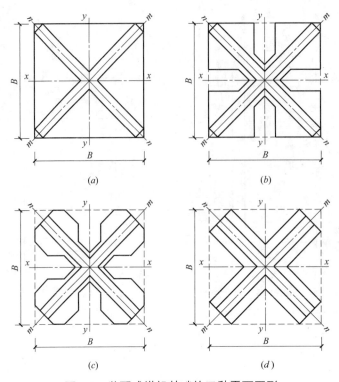

图 3-9　装配式塔机基础的四种平面图形

（a）正方形；（b）风车形；（c）双哑铃形；（d）十字形

3.3.4　在保证装配式塔机基础的安全稳定前提下选择装配式塔机基础的型号时同时注意减少基础占地面积和最大限度的降低地基承载力条件，节约生产及使用成本。

3.3.5　装配式塔机基础的独立梁板结构的十字形基础梁的平面轴线与固定式塔机的塔身基础节底平面正方形的对角线重合。

3.3.6　装配式塔机基础的相邻的两件预制基础混凝土构件的无间隙配合的垂直连接面上必须设置分别锚固于两件预制基础混凝土构件内由凹、凸件相配合构成的混凝土抗剪件和钢定位键。当两件预制基础混凝土构件的垂直连接面无间隙配合时，分设于两件预制基础混凝土构件上的混凝土抗剪件的凹、凸件和钢制定位键的凹、凸键也同时实现无间隙配合；当相邻的两件预制基础混凝土构件水平分离时，分设于两件预制基础混凝土构件上的混凝土抗剪件的凹、凸件和钢制定位键的凹、凸键也同时分离。

3.3.7　装配式塔机基础的预制基础混凝土构件垂直连接面上设置的钢定位键和混凝土抗剪件应符合下列规定：

　　1. 与额定起重力矩不大于 1000kN·m 的固定式塔机配合使用的装配式塔机基础，在预制基础混凝土构件连接面上设置不少于 2 组钢制定位键（上、下各一组，位于连接面轴线上）和 1 组混凝土抗剪件（位于连接面的中心）。

　　2. 与额定起重力矩大于 1000kN·m 的固定式塔机配合使用的装配式塔机基础，在预制基础混凝土构件连接面上设置不少于 2 组钢制定位键和 2 组混凝土抗剪件。

3.3.8　在装配式塔机基础的预制基础混凝土构件的基础梁中设置可装配的水平连接构造。一根钢绞线的两端不宜同为张拉端，钢绞线的两端——固定端和张拉端构造的承压件必须锚入基础梁的混凝土中，不得与混凝土分离，其外平面不得凸出基础梁外立面，并且固定端、张拉端的钢绞线、锚环、夹片不得外露，必须置于可装配的封闭构造内；并应符合现行国家行业标准《无粘结预应力混凝土结构技术规程》JGJ 92 规定；且固定端和张拉端所在的基础梁外端部构造应符合现行国家标准《混凝土结构设计规范》GB 50010 的"预应力混凝土的构造规定"（图 3-10、图 3-11）。

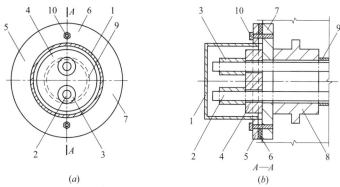

图 3-10 装配式塔机基础的水平连接构造的固定端的构造示意

（a）平面示意；（b）剖面示意

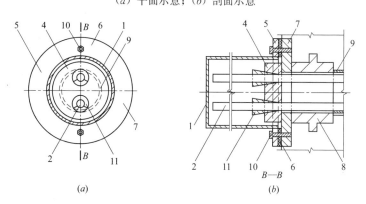

图 3-11 装配式塔机基础的水平连接构造的张拉端的构造示意

（a）平面示意；（b）剖面示意

1—封闭套筒；2—钢绞线；3—锚头；4—承压板；5—套筒封口圈；6—橡胶封闭圈；7—承压圈；
8—承压管；9—预制钢绞线孔道管；10—连接螺栓；11—锚片

3.3.9 与额定起重力矩不大于 800kN·m 的有底架固定式塔机或额定起重力矩不大于 630kN·m 的无底架固定式塔机装配的装配式塔机基础，应在基础梁的截面上设置水平连接构造的钢绞线一组；不符合上述规定条件的装配式塔机基础，均应在基础梁的截面上设置上、下各一组水平连接构造的钢绞线。

3.3.10 装配式塔机基础的预制基础混凝土构件内设置垂直连接螺栓孔道和后张法预应力连接构造的钢绞线水平孔道应符合下列规定：

1. 在基础梁的同一截面上所设 1 组地脚螺栓垂直孔道，不得超过 2 个，与 1 组垂直孔道连通的水平孔道不得超过 1 个。

2. 与有底架的固定式塔机装配的装配式塔机基础沿基础梁纵向任意 1m 的区段内设置垂直孔道不得多于 5 组，垂直孔道中心沿基础梁轴线方向的间距不小于基础梁宽度的 1/4 并不得小于 120mm。

3. 与无底架的固定式塔机装配的装配式塔机基础沿基础梁纵向任意 1m 的区段内设置垂直孔道不得多于 4 组，垂直孔道中心沿基础梁轴线方向的间距不小于基础梁宽度的 1/4 并不得小于 130mm。

4. 基础梁同一横向截面内设置的 1 组地脚螺栓垂直孔道的内径之和与基础梁宽度之比不得大于 1/7，垂直孔道与基础梁外缘的净距离不得小于 70mm。

5. 装配式塔机基础与固定式塔机的垂直连接构造的地脚螺栓垂直孔道剖面应为圆孔或正多边形，垂直孔道的内径不大于地脚螺栓直径的 1.3 倍，垂直孔道的长度不小于基础梁高度的 0.4，且不小于 500mm。地脚螺栓垂直孔道在与水平孔道交会时，下端部应设钢套管，钢套管内径与地脚螺栓垂直孔道内径相同且其长度不小于地脚螺栓垂直孔道的内径（图 3-12、图 3-13）。

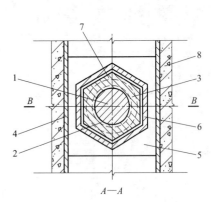

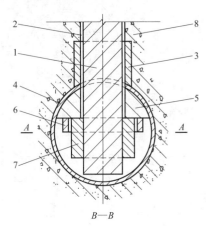

图 3-12　装配式塔机基础的垂直连接构造的　　　　图 3-13　装配式塔机基础的垂直连接构造的
　　　地脚螺栓下端锚固构造水平剖面示意　　　　　　　地脚螺栓下端锚固构造垂直剖面示意

1—连接螺栓；2—垂直螺栓孔道；3—垂直螺栓孔道下端钢套管；4—水平孔道套管；5—异型垫圈；
6—螺母防转件；7—螺母；8—混凝土

6. 水平孔道在与地脚螺栓垂直孔道交会处应设置钢套管，套管长度不宜小于与之连通的垂直孔道内径的 3 倍，水平孔道剖面宜为圆形或正多边形。水平孔道的钢套管与设于地脚螺栓下端并与之配合的螺母之间应设置异形垫圈，异形垫圈的上面与钢套管内壁无间隙配合，异形垫圈的垂直投影面积不小于螺母横截面积的 1.6 倍且厚度不小于地脚螺栓直径的 2/5。与设于地脚螺栓下端配合的螺母必须设有防旋转的构造。

3.3.11　固定式塔机与装配式塔机基础的垂直连接构造的转换件或垫板的底面与基础梁上面之间必须设置厚度 8mm～18mm 的高强度干硬性水泥砂浆（M15），其材料宜使用 R525 的硅酸盐水泥或普通硅酸盐水泥和粒径不大于 4mm 的中砂，冬期施工时应加早强剂和防冻剂。

3.3.12　设于塔机底架下的钢垫板材料为 Q295，其厚度不小于 12mm、宽度不小于 120mm；设于塔身基础节与装配式塔机垂直连接构造之间的转换件材料应为 40Cr，其高度不小于 80mm。

3.3.13　装配式塔机基础所用的材料应符合下列规定：

1. 装配式塔机基础的预制基础混凝土构件的混凝土材料应符合现行国家标准《混凝土结构工程施工质量验收规范》GB 50204 的相关规定。预制基础混凝土构件的混凝土强度等级不低于 C40，重力件混凝土强度等级不低于 C30，并应符合现行国家标准《混凝土结构设计规范》GB 50010 的相关规定。以砂、石、土等固体散料替代预制混凝土重力件时，应对配置的固体散料做容重试验，并根据试验的数据按本规程公式（3-13）计算固体散料体积。

2. 装配式塔机基础的水平连接构造预应力筋采用的钢绞线应选用 1×7 型直径 15.2mm、17.8mm 或 21.6mm 极限强度标准值为 1860N/mm² 或 1960N/mm² 的钢绞线，并应符合现行国家标准《预应力混凝土用钢绞线》GB/T 5224 的相关规定。

3. 装配式塔机基础的水平连接构造配置的锚环、锚片和连接器应符合现行国家标准《预应力筋用锚具、夹具和连接器》GB/T 14370 的规定。

4. 装配式塔机基础的地脚螺栓或垂直连接螺栓材质宜为 30CrMo、35CrMo、40CrV、30CrMnS 或 40Cr，强度等级宜为 10.9 级或 8.8 级，其物理力学性能应符合现行国家标准《紧固

件机械性能　螺栓、螺钉和螺柱》GB/T 3098.1 和《紧固件机械性能 螺母 细牙螺纹》GB/T 3098.4 的规定，并应符合塔机使用说明书的相关规定。

5. 装配式塔机基础的预制基础混凝土构件的受力筋宜选用 HRB400 级、HRBF400 级或 HRB335 级、HRBF335 级的钢筋；基础梁的箍筋宜采用 HRB335 级或 HRB400 级的钢筋；其他构造钢筋宜选用 HPB300 级的钢筋；其力学性能和工艺性能应符合现行国家标准《钢筋混凝土用热轧带肋钢筋》GB 1499.2 和《钢筋混凝土用热轧光圆钢筋》GB 1499.1 的规定。

6. 装配式塔机基础配置的预埋件、承压垫板宜采用 Q295 或 Q345，其力学性能和工艺性能应符合现行国家标准《低合金高强度结构钢》GB/T 1591 的规定。

7. 装配式塔机基础使用的铸钢件强度应符合设计强度并应符合《低合金高强度结构钢》GB/T 1951 和《一般工程用铸造碳钢件》GB 11352 的规定。

8. 装配式塔机基础配置的橡胶垫圈和橡胶封闭件等的质量应符合设计要求并符合现行的国家标准《工业用橡胶板》GB/T 5574 的规定。

9. 装配式塔机基础配置的钢制零件的材料和制作工艺均应符合设计要求。

3.4　设计

3.4.1　一般规定

1. 装配式塔机基础设计应符合现行国家标准《高耸结构设计规范》GB 50135、《建筑地基基础设计规范》GB 50007 及《混凝土结构设计规范》GB 50010 的规定。

2. 装配式塔机基础的设计原则是将利于起重运输装配的多件预制混凝土构件以无粘结预应力水平连接构造组合为一体，以重力件为辅助重力，并以可与预制基础混凝土构件装配的垂直连接构造和固定式塔机的塔身相连接的装配式独立式梁板结构为基础。该基础能替代整体现浇混凝土基础承受塔机传给的各种作用力，使塔机稳定，并具有重复装配的技术性能。

装配式塔机基础宜在基坑深度不超过 3m 且地基持力层无地下水的环境中设置使用，不适宜在深基坑内设置使用。

3. 装配式塔机基础的预制基础混凝土构件应按反复施加预应力的要求进行设计计算，并符合现行国家标准《混凝土结构设计规范》GB 50010 中关于"预应力混凝土结构构件"的规定。

4. 装配式塔机基础设计应具备与其装配的固定式塔机的各项技术性能和荷载资料，且技术性能和荷载资料应符合国家现行标准《高耸结构设计规范》GB 50135、《建筑地基基础设计规范》GB 50007 及《塔式起重机设计规范》GB/T 13752 的规定。

5. 装配式塔机基础的地基承载力设计应符合下列要求：

（1）构造宜简单、耐用、便于制作、运输和周转使用；与额定起重力矩不大于 500kN·m 的固定式塔机装配时，地基承载力特征值不宜低于 80kPa。

（2）与额定起重力矩大于 500kN·m 且不大于 1000kN·m 的固定式塔机装配时，地基承载力特征值不宜低于 100kPa。

（3）与额定起重力矩大于 1000kN·m 且不大于 2000kN·m 的固定式塔机装配时，地基承载力特征值不宜低于 160kPa。

（4）与额定起重力矩大于 2000kN·m 且不大于 4000kN·m 的固定式塔机装配时，地基承载力特征值不宜低于 200kPa。

（5）装配式塔机基础安装场地的地基承载力特征值低于上述规定时应对地基进行处理或增设扩展基础底面积的构造措施，地基承载力特征值应根据勘察报告、载荷试验或原位测试等并结合工程实践经验综合确定，并对基础设置场地进行轻型动力触探，触探深度不小于 1.5m，探点间距不大于 1.5m，确认装配式混凝土塔机基础的地基持力层中没有坟、井、坑之类的隐患。地基承载力验算应符合现行国家标准《建筑地基基础设计规范》GB 50007 和《高耸结构设计规范》GB 50135 的规定。

6. 装配式塔机基础的预制基础混凝土构件设计应符合下列规定：

（1）构造宜简单、耐用，便于制作、运输和装配及重复使用。

（2）几何尺寸宜符合建筑模数，单件重量宜为 2t～5t，构件的体积和重量应符合公路运输和吊装的要求，为提高效率、降低成本创造条件。

（3）装配式塔机基础的预制基础混凝土构件的混凝土强度应执行本规程 3.3.13 条的规定，钢筋宜采用 HRB335、HRB400 或 HRB500，在不重要的部位宜为 HRB300。

（4）装配式塔机基础的预制基础混凝土构件的底板边缘厚度不得小于 200mm，基础梁宽度不得小于 400mm，基础梁的高宽比不得大于 2.5。

7. 装配式塔机基础的技术性能设计计算与验算应包括下列内容：

（1）装配式塔机基础的抗倾覆力矩计算与验算应符合现行国家标准《高耸结构设计规范》GB 50135 和《塔式起重机设计规范》GB/T 13752 的规定。

（2）装配式塔机基础的设计地基承载力计算与验算应符合现行国家标准《高耸结构设计规范》GB 50135 和《建筑地基基础设计规范》GB 50007 的规定。

（3）装配式塔机基础地基的稳定性计算与验算应符合现行国家标准《高耸结构设计规范》GB 50135、《塔式起重机设计规范》GB/T 13752 和《建筑地基基础设计规范》GB 50007 的规定。

（4）装配式塔机基础的基础重力计算与验算应符合现行国家标准《高耸结构设计规范》GB 50135、《塔式起重机设计规范》GB/T 13752 和《建筑地基基础设计规范》GB 50007 的规定。

（5）装配式塔机基础的预制基础混凝土构件的结构设计计算应符合下列规定：

1）基础梁正截面承载力的计算（包括预应力筋和非预应力筋的计算和配置及混凝土强度的验算）；

2）基础底板正截面承载力的计算（包括非预应力筋的计算和配置及混凝土强度的验算）；

3）基础底板承受的剪切力和抗剪切内力的计算与验算：

① 基础底板承受的地基压应力计算与基础底板截面抗地基压应力的剪切力的内力验算；

② 基础底板承受的重力件重力计算与基础底板截面抗重力件的剪切力的内力验算。

（6）装配式塔机基础的水平连接构造设计计算与验算应包括下列内容：

1）预应力筋（钢绞线）的计算；

2）预应力筋的配置原则和设置方法；

3）预制基础混凝土构件相邻连接面承受的最大剪切力计算；

4）预制基础混凝土构件相邻连接面的抗剪切内力验算；

5）基础梁承受的水平分力计算；

6）基础梁抗水平分力的内力验算。

（7）装配式塔机基础的垂直连接构造设计计算与验算应包括下列内容：

1）地脚螺栓的拉力值设计计算；

2）地脚螺栓的性能材质和配置方法；

3）塔机底架承受的水平分力计算；

4）垂直连接构造的抗水平分力的内力验算。

（8）装配式塔机基础的地基处理计算：

1）扩展基础底面积的构造计算；

2）桩基的设计计算。

8. 绘制装配式塔机基础施工图，并应符合下列要求：

（1）装配式塔机基础的平、立、剖面及节点详图，应按现行国家标准《建筑结构制图标准》GB 50105 绘制。

（2）装配式塔机基础的预制基础混凝土构件在平、立、剖面图上应标注垂直连接构造、水平连接构造和各种埋件的位置，并在预制基础混凝土构件的基础梁上面标注构件定位编号，在基础梁侧立面标注基础序列号，在混凝土重力件的外立面上标注分组序列号并应在施工说明中标注符合本规程 3.3.2 条规定的预制基础混凝土构件和重力件的混凝土强度等级以及粗骨料粒径要求。

（3）设于装配式塔机基础的预制基础混凝土构件中的各种埋件和孔洞的位置应在预制基础混凝土构件的详图中标注，并提供埋件的详图及质量标准。

（4）装配式塔机基础的预制基础混凝土构件的模板图和模板装配图，需在模板图上标注预设孔洞的模具定位孔和预埋件的定位螺栓孔，材料和加工装配工艺应符合现行国家标准《混凝土结构工程施工规范》GB 50666 的规定并符合重复使用的要求。

（5）装配式塔机基础的预制基础混凝土构件的钢筋图应符合现行国家标准《建筑结构制图标准》GB 50105，钢筋加工工艺应符合现行国家标准《混凝土结构工程施工规范》GB 50666 的规定。

（6）装配式塔机基础的水平连接构造的总平面图、剖面图、钢绞线水平孔道位置图，应符合现行国家标准《建筑结构制图标准》GB 50105、《无粘结预应力混凝土结构技术规程》JGJ 92 的规定，并提供固定端、张拉端构造详图、零部件详图及质量标准。

（7）装配式塔机基础的垂直连接构造的总平面图、剖面图、各不同厂家生产的同型号同类垂直连接构造（有底架或无底架）的垂直连接构造位置图和机械零部件详图，应符合现行国家标准《建筑结构制图标准》GB 50105 和《塔式起重机设计规范》GB/T 13752，属于机械零部件的详图应符合现行国家的机械制图标准。

9. 编写装配式塔机基础的装配说明书，装配说明书应包括下列主要内容：

（1）装配式塔机基础的环境条件、现场条件（主要是地基承载力、基坑几何尺寸、垫层上面平整度）和装配条件（人员、构件、材料、机具、运输、构件吊装的场地、装配式塔机基础的装配总平面图）的具体质量、数量要求。

（2）装配式塔机基础的预制基础混凝土构件的装配顺序、工艺流程和质量标准。

（3）装配式塔机基础的水平连接构造的装配工艺流程和质量标准。

（4）装配式塔机基础的垂直连接构造的装配工艺流程和质量标准。

（5）装配式塔机基础的基坑排水措施。

（6）装配式塔机基础的拆除条件、顺序及拆除工艺的质量标准和对基坑的处理。

（7）装配式塔机基础的装配与拆除过程中的安全注意事项。

（8）装配式塔机基础工作中的检查和维护。

（9）装配式塔机基础的装配、拆卸施工中配合作业的汽车起重机的技术性能要求。

（10）装配式塔机基础的预制基础混凝土构件运输的经济车型及构件装载平面图。

3.4.2　基础抗倾覆力

1. 装配式塔机基础承受塔机传给的倾覆力矩应分别按塔机独立状态（最大独立高度时）的工作状态和非工作状态时的荷载和塔机说明书中给出的倾覆力矩进行效应组合设计计算，取其中较大值，并符合现行国家标准《塔式起重机设计规范》GB/T 13752 的相关规定，验算地基承载力时，传至基础底面上的作用效应应采用正常使用极限状态下作用的标准值进行效应组合。相应的抗力应采用地基承载力特征值；设计计算基础重力、基础截面、确定配筋和材料强度时，应按承载能力极限状态下作用的基本组合，并应采用相应的分项系数。

2. 作用在装配式塔机基础上的荷载及其荷载效应组合应符合下列规定见图 3-14：

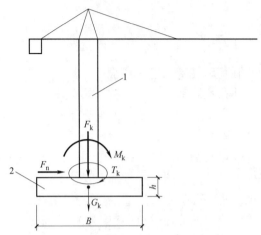

图 3-14　装配式塔机基础结构受力简图
1—塔机；2—装配式塔机基础

（1）作用在装配式塔机基础顶面的荷载应由塔机生产厂家按现行国家标准《塔式起重机设计规范》GB/T 13752 提供。作用于基础的荷载应包括塔机作用于基础顶面的垂直荷载标准值（F_k）、水平荷载标准值（F_n）、力矩标准值（M_k）、扭矩标准值（T_k），以及基础的自重及压重的标准值（G_k）。当塔机现场风荷载的基本风压值大于现行国家标准《塔式起重机设计规范》GB/T 13752 或塔机使用说明书的规定时，应按实际的基本风压值进行荷载组合和计算。

（2）相应于作用的基本组合下塔机作用于基础底面的倾覆力矩值应按下式计算：

$$M = k_{h1} \cdot (M_k + F_n \cdot h) \tag{3-1}$$

式中　M——相应于荷载效应的标准组合下塔机作用于基础底面的倾覆力矩值（kN·m）；

　　k_{h1}——荷载分项系数，$k_{h1} = 1.4$；

　　M_k——相应于荷载效应的标准组合下塔机作用于基础顶面的力矩标准值（kN·m）；

　　F_n——相应于荷载效应的标准组合下塔机作用于基础顶面的水平荷载标准值（kN）；

　　h——固定式塔机基础的高度（m）。

3. 根据与装配式塔机基础装配的固定式塔机的额定起重力矩选取与其适合的本规程所列的四种装配式塔机基础平面图形中的一种进行基础平面设计，并应符合本规程第 3.3.3 条的规定。

4. 装配式塔机基础抗倾覆稳定性应符合下式的要求：

$$M_d \geqslant k_1 \cdot M \tag{3-2}$$

式中　M_d——装配式塔机基础抗倾覆力矩设计值（kN·m）；

　　k_1——装配式塔机基础抗倾覆力矩的设计安全系数，根据对施工质量、装配工艺质量的控制水平取 1.1～1.2。

3.4.3　地基承载力

1. 装配式塔机基础的地基承载力应符合下列规定：

（1）当轴心荷载作用时：

$$p_k \leqslant f_a \tag{3-3}$$

式中　p_k——相应于荷载效应的标准组合下基础底面的平均压力值（kPa）；

　　f_a——修正后的地基承载力特征值（kPa）；应按现行国家标准《建筑地基基础设计规范》GB 50007 的规定采用。

（2）当偏心荷载作用时，除应符合公式（3-3）要求外，尚应符合下式要求：

$$p_{k,max} \leqslant 1.2 f_a \tag{3-4}$$

式中　$p_{k,max}$——相应于荷载效应的标准组合下基础底面边缘的最大压力值（kPa）。

（3）当装配式塔机基础（平面图形为正方形、风车形、双哑铃形、十字形）承受倾覆力矩作用时且倾覆力矩方向与基础平面图形的 n（或 m）轴垂直重合时，基础底面脱开地基土的面积应不大于基础底面全面积的 1/4；倾覆力矩方向与基础平面图形的 x（或 y）轴垂直重合时，基础底面脱开地基土的面积应不大于基础底面全面积的 1/3。

2. 当装配式塔机基础承受轴心荷载和在核心区内承受偏心荷载时，基础底面的压力可按下列公式计算：

$$P_k = \frac{F_k + G_k}{A} \tag{3-5}$$

式中　F_k——相应于荷载效应的标准组合下塔机作用于基础顶面的垂直荷载标准值（kN）；

　　　G_k——装配式塔机基础的预制基础混凝土构件和重力件的总重力（kN）；

　　　A——基础底面面积（m²）。

3. 当装配式塔机基础（平面图形为正方形、风车形、双哑铃形、十字形）在核心区外承受的偏心荷载不大于基础抗倾覆力矩设计值（M_d）时，基础底面的压力值应同时符合公式（3-4）和（3-6）的规定见图 3-15～图 3-22。

$$\sum f_{an} e_{fan} \geqslant M_{fan} \geqslant M_d \geqslant k_1 M \tag{3-6}$$

式中　e_{fan}——装配式塔机基础承受的倾覆力矩方向与基础平面的 n（或 m）轴垂直重合时，且基础底面脱开地基土的面积不大于基础底面积的 1/4，地基压应力的合力点至基础平面中心即全部地基压应力的偏心距（m）；

　　$\sum f_{an}$——装配式塔机基础承受的倾覆力矩方向与基础平面的 n（或 m）轴垂直重合时，且基础底面脱开地基土的面积不大于基础底面积的 1/4 的全部地基压应力（kN）；

　　M_{fan}——装配式塔机基础承受倾覆力矩方向与基础平面图形的 n（或 m）轴垂直重合，且基底脱开地基土面积与基底面积之比为 1/4，基底承受的地基压应力的抗倾覆力矩（kN·m）。

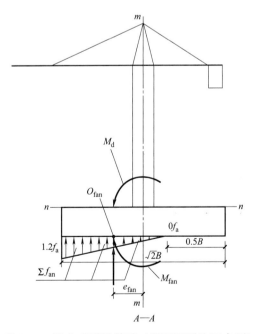

图 3-15　固定式塔机基础（平面图形为正方形）承受的倾覆力矩方向与基础平面的 n（或 m）轴垂直重合时的受力简图（剖面）

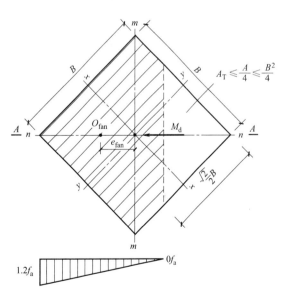

图 3-16　固定式塔机基础（平面图形为正方形）承受的倾覆力矩方向与基础平面的 n（或 m）轴垂直重合时的受力简图（平面）

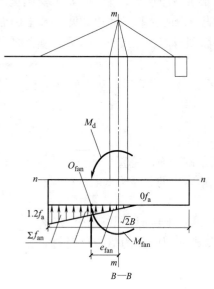

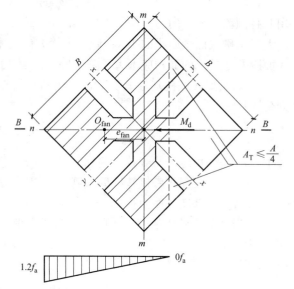

图 3-17　固定式塔机基础（平面图形为风车形）
承受的倾覆力矩方向与基础平面的 n（或 m）
轴垂直重合时的受力简图（剖面）

图 3-18　固定式塔机基础（平面图形为风车形）
承受的倾覆力矩方向与基础平面的 n（或 m）
轴垂直重合时的受力简图（平面）

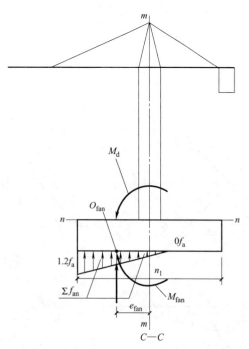

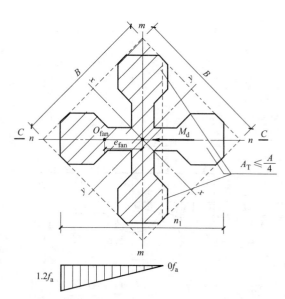

图 3-19　固定式塔机基础（平面图形为双哑铃形）
承受的倾覆力矩方向与基础平面的 n（或 m）
轴垂直重合时的受力简图（剖面）

图 3-20　固定式塔机基础（平面图形为双哑铃形）
承受的倾覆力矩方向与基础平面的 n（或 m）
轴垂直重合时的受力简图（平面）

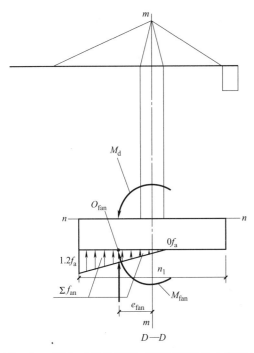

图 3-21 固定式塔机基础（平面图形为十字形）
承受的倾覆力矩方向与基础平面的 n（或 m）
轴垂直重合时的受力简图（剖面）

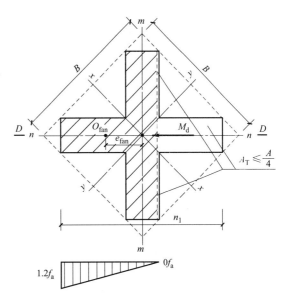

图 3-22 固定式塔机基础（平面图形为十字形）
承受的倾覆力矩方向与基础平面的 n（或 m）
轴垂直重合时的受力简图（平面）

3.4.4 基础稳定性

1. 装配式塔机基础的稳定条件必须符合下列规定：

基础承受设计倾覆力矩的方向分别与基础的平面图形的 x（或 y）轴或 n（或 m）轴垂直重合时，基础底面承受的全部垂直力（F_k+G_k）、全部地基压应力（Σf_a）、地基压应力合力点至基础中心的距离即全部地基压应力的偏心距（e_f）与设计抗倾覆力矩（M_d）、相当于荷载效应的标准组合下塔机作用于基础底面的倾覆力矩（M）之间的关系，必须同时符合公式（3-7）～公式（3-10）的规定见图 3-23～图 3-26。

$$(F_k+G_{kn}) \cdot e_{fan} \geqslant \Sigma f_{an} \cdot e_{fan} \geqslant M_{fan} \geqslant M_d \geqslant k_1 \cdot M \tag{3-7}$$

$$(F_k+G_{kx}) \cdot e_{fax} \geqslant \Sigma f_{ax} \cdot e_{fax} \geqslant M_{fax} \geqslant M_d \geqslant k_1 \cdot M \tag{3-8}$$

若公式（3-8）中的 e_{fax} 值不小于公式（3-7）中的 e_{fan} 值，则公式（3-8）中的 G_{kx} 值的设计计算应符合下式规定：

$$G_{kx} \geqslant G_{kn} \tag{3-9}$$

若公式（3-8）中的 e_{fax} 值小于公式（3-7）中的 e_{fan} 值，则公式（3-8）中的 G_{kx} 值的设计计算应符合下式规定：

$$(F_k+G_{kx}) \geqslant \frac{\Sigma f_{an} \cdot e_{fan}}{e_{fax}} \tag{3-10}$$

式中 G_{kn}——装配式塔机基础承受的倾覆力矩方向与基础平面的 n（或 m）轴垂直重合时的基础重力（kN）；

G_{kx}——装配式塔机基础承受的倾覆力矩方向与基础平面的 x（或 y）轴垂直重合时的基础重力（kN）；

e_{fax}——装配式塔机基础承受的倾覆力矩方向与基础平面的 x（或 y）轴垂直重合时，且基础底面脱开地基土的面积不大于基础底面积的 1/3，地基压应力的合力点至基础平面中心的距离即全部地基压应力的偏心距（m）；

Σf_{ax}——装配式塔机基础承受的倾覆力矩方向与基础平面的 x（或 y）轴垂直重合时，且基础底面脱开地基土的面积不大于基础底面积的 1/3 的全部地基压应力（kN）；

M_{fax}——装配式塔机基础承受倾覆力矩方向与基础平面图形的 x（或 y）轴垂直重合，且基底脱开地基土面积与基底面积之比为 1/3，基底承受的地基压应力的抗倾覆力矩（kN·m）。

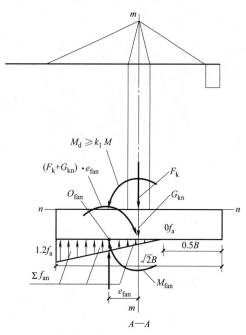

图 3-23　基础承受的倾覆力矩与基础平面的 n（或 m）轴垂直重合时的受力简图（剖面）

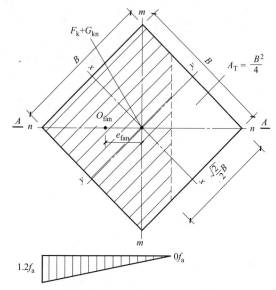

图 3-24　基础承受的倾覆力矩与基础平面的 n（或 m）轴垂直重合时的受力简图（平面）

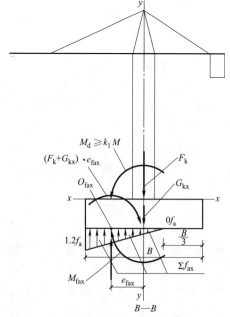

图 3-25　基础承受的倾覆力矩与基础平面的 x（或 y）轴垂直重合时的受力简图（剖面）

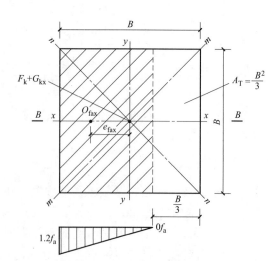

图 3-26　基础承受的倾覆力矩与基础平面的 x（或 y）轴垂直重合时的受力简图（平面）

2. 基础重力计算应符合下列规定：

（1）装配式塔机基础包括预制基础混凝土构件和重力件（混凝土或其他固体散料）的基础总重力计算，应符合下列公式的要求：

$$G_{kx} \geq \frac{\Sigma f_{an} \cdot e_{fan} - F_k \cdot e_{fax}}{e_{fax}} \tag{3-11}$$

（2）基础重力件的重力计算：

1）预制混凝土重力件的重力计算应符合下式的规定：

$$G_y \geq G_k - G_c \tag{3-12}$$

式中　G_y——装配式塔机基础的重力件总重力（kN）；

　　　G_c——装配式塔机基础的预制基础混凝土构件总重力（kN）。

2）固体散料重力件的重力计算应符合下式的规定：

$$G_s \geq \left(G_k - \frac{G_c}{1.2}\right) \tag{3-13}$$

式中　G_s——置于装配式塔机基础的底板上的（垂直投影位于装配式塔机基础的底板范围内的）固体散料（砂、石子、土）的重力（kN）；

　　　1.2——固体散料的容重偏差系数。

3. 装配式塔机基础的地基稳定除满足上述规定外，尚应符合下列规定：

（1）装配式塔机基础座落在有斜坡的地基时见图3-27。

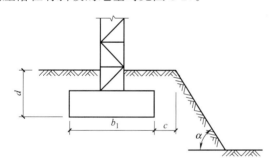

图 3-27　基础底面外边缘线至坡顶的水平距离示意

$$c \geq 2.5b' - \frac{d}{\tan\alpha} \tag{3-14}$$

式中　c——基础边缘至坡顶的水平距离（m）；

　　　b'——垂直于坡顶边缘线的基础底面边长（m）；

　　　d——基础埋置深度（m）；

　　　α——边坡坡角（°）。

（2）当装配式塔机基础处于边坡内且不符合本规程3.4.4-3条的规定时应根据现行国家标准《建筑地基基础设计规范》GB 50007 的规定，采用圆弧滑动面法进行边坡稳定验算，滑动力矩与滑抗力矩应符合下式规定：

$$\frac{M_R}{M_H} \geq 1.2 \tag{3-15}$$

式中　M_R——抗滑力矩（kN·m）；

　　　M_H——滑动力矩（kN·m）。

3.4.5　预制混凝土构件

1. 装配式塔机基础的基础梁正截面承载力计算应符合现行国家标准《混凝土结构设计规范》GB 50010 关于"矩形截面或翼缘位于受拉区的倒 T 形截面受弯构件的正截面受弯承载力的设计

计算"的规定，并应符合本规程3.3.13条的规定。

2. 装配式塔机基础的基础梁板结构斜截面承载力计算应符合现行国家标准《混凝土结构设计规范》GB 50010关于"矩形、T形和I形截面受弯构件的受剪截面的承载力的设计计算"的有关规定。

3. 基础底板正截面承载力计算，应沿基础梁纵向轴线以计算区段底板下面在设计倾覆力矩作用下承受的地基压应力及其合力点对基础梁侧立面的$N—N$截面的弯矩计算该截面的承载力，配置受力钢筋（板下受力主筋）应符合下式要求见图3-28、图3-29。

$$k_{h1} \cdot (\sum f'_a \cdot e_{fa} - M_l) \leqslant 0.875h_{0n} \cdot f_y \cdot A_s \tag{3-16}$$

式中　k_{h1}——荷载分项系数，取$k_{h1}=1.4$；

　　　$\sum f'_a$——在设计最大倾覆力矩作用下，计算区段底板承受的全部地基压应力（kN）；

　　　e_{fa}——计算底板区段承受的全部地基压应力点至$N—N$截面的距离（m）；

　　　M_l——基础预制混凝土构件的"l'段"$N—N$截面承受的由底板自重和重力件的重力产生的负弯矩（kN·m）；

　　　h_{on}——$N—N$截面的截面计算有效高度（m）；

　　　A_s——受拉区的普通钢筋的截面面积（mm²）；

　　　f_y——普通钢筋抗拉强度设计值（N/mm²）。

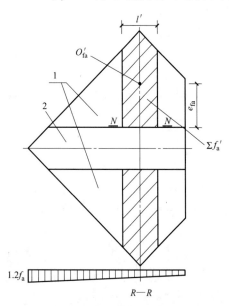

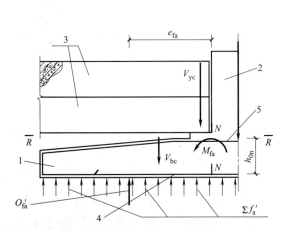

图3-28　基础底板结构计算简图（平面）　图3-29　基础底板$N—N$截面正截面承载力计算简图（剖面）

1—基础底板；2—基础梁；3—重力件；4—板下受力主筋；5—板
上受力主筋；O'_{fa}—底板计算区段地基压应力合力点

此外，尚应对基础底板承受由底板自重和重力件造成的对$N—N$截面的负弯矩（图3-30）的承载力和配筋进行验算：

$$k_{h2} \cdot (G'_k \cdot l_y + G'_c \cdot l_g) \leqslant 0.875h_0 \cdot f_y \cdot A_s \tag{3-17}$$

式中　k_{h2}——荷载分项系数，取$k_{h2}=1.35$；

　　　G'_k——基础底板的"l'段"的自重（kN）；

　　　l_y——基础底板的"l'段"的重心至$N—N$截面的距离（m）；

　　　G'_c——重力件使底板的"l'段"承受的重力（kN）；

　　　l_g——$N_1—N_1$或$N_2—N_2$截面以外的基础重力合力点到$N_1—N_1$或$N_2—N_2$截面的距

离（m）。

4. 基础底板的受压区混凝土强度按现行国家标准《混凝土结构设计规范》GB 50010 的有关规定进行验算。

5. 基础底板抗剪切内力计算：

（1）基础底板的 $N—N$ 垂直截面抗地基压应力的剪切力的内力计算应符合下式的规定见图 3-29。

$$(f_v h' l' + f_{yk} A'_s) \geqslant k_{h2}(V_{fa} - V_{yc} - V_{bc}) \tag{3-18}$$

式中　f_v——混凝土抗剪强度设计值，取 $f_v = 1.71$（N/mm²）；

　　　　h'——基础底板计算抗剪切 $N—N$ 截面的高度（mm）；

　　　　l'——基础底板计算抗剪切 $N—N$ 截面的长度（mm）；

　　　　f_{yk}——方向与基础底板计算抗剪切 $N—N$ 截面垂直的混凝土内钢筋（包括板上、下受力主筋）的抗剪强度设计值，取 $f_{yk} = \dfrac{f_y}{\sqrt{3}}$（N/mm²）；

　　　　A'_s——方向与基础底板的 $N—N$ 截面垂直的混凝土内钢筋的总截面面积（mm²）；

　　　　V_{fa}——基础底板 $N—N$ 截面计算区段承受的最大剪应力（kN）；

　　　　V_{yc}——重力件重力对基础构件的 $N—N$ 截面的沿基础梁纵向计算区段的总剪切力（kN）；

　　　　V_{bc}——基础底板重力对 $N—N$ 截面计算区段的剪力（kN）。

（2）基础底板抗重力件的剪切力的内力验算应符合下式的规定见图 3-30。

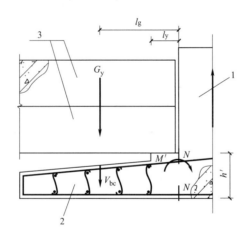

图 3-30　装配式塔机基础底板抗重力件的剪切力的受力简图
1—基础梁；2—底板；3—重力件

$$(f_v \cdot h' \cdot l' + f_{yk} \cdot A'_s) \geqslant k_{h2} \cdot (V_{yc} + V_{bc}) \tag{3-19}$$

此外，尚应对基础底板的 $N—N$ 截面的抗底板和重力件造成的剪切力的内力进行验算。

3.4.6　水平连接构造

1. 预应力钢筋的计算：预应力筋即无粘结预应力钢绞线对装配式塔机基础的结构整体性和抵抗塔机传给基础的各种外力的内力形成至关重要，其设计计算应符合下列规定：

按本规程 3.3.9 条规定，与无底架的固定式塔机装配的装配式塔机基础的基础梁内上、下各设一组或只在下部设一组水平钢绞线（作用于同一合力点的单孔道内设单根钢绞线、单孔道内设多根钢绞线或多孔道内设单根钢绞线、多孔道内设多根钢绞线为一组）见图 3-31、图 3-32，其设计计算应符合下列规定：

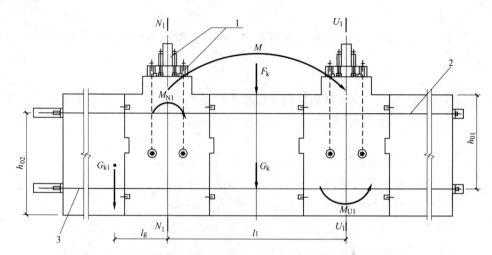

图 3-31　装配式塔机基础配置上、下两组钢绞线基础梁剖面示意
1—转换件；2—上部钢绞线束；3—下部钢绞线束

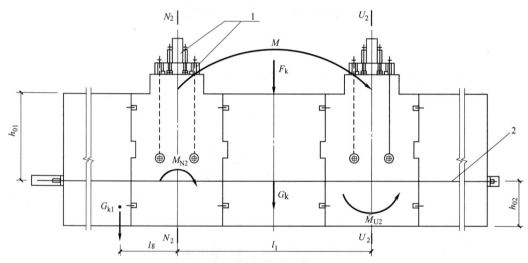

图 3-32　装配式塔机基础配置一组钢绞线基础梁剖面示意
1—转换件；2—钢绞线束

（1）装配式混凝土塔机基础的基础梁截面承受的最大正、负弯矩的计算应符合下列规定：

1）与无底架的固定式塔机装配的装配式混凝土塔机基础的基础梁的 U_1—U_1 或 U_2—U_2 截面承受最大正弯矩 M_{U1} 或 M_{U2}（图 3-31、图 3-32）计算应符合下式要求：

$$M_{U1}、M_{U2} \geqslant k_{h1} \left[M - (F_k + G_k) \cdot \frac{\sqrt{2}}{2} l_1 \right] \tag{3-20}$$

式中　M_{U1}、M_{U2}——无底架固定式塔机与装配式塔机基础的垂直连接构造的合力点位于基础梁的 U_1—U_1、U_2—U_2 截面承受的最大正弯矩值（kN·m）；

l_1——轴线为同一直线的基础梁上的垂直连接构造的两个合力点的距离（m）。

2）与无底架的固定式塔机装配的装配式混凝土塔机基础的基础梁的 N_1—N_1 或 N_2—N_2 截面承受最大负弯矩 M_{N1} 或 M_{N2}（图 3-31、图 3-32）计算应符合下式要求：

$$M_{N1}、M_{N2} \geqslant k_{h2} \cdot G_{k1} \cdot l_g \tag{3-21}$$

式中　M_{N1}、M_{N2}——无底架固定式塔机与装配式塔机基础的垂直连接构造的合力点位于基础梁的 N_1—N_1 或 N_2—N_2 截面承受的最大负弯矩值（kN·m）；

k_{h2}——荷载分项系数，取 $k_{h2} = 1.35$；

G_{k1}——无底架的固定式塔机与装配式混凝土塔机基础的垂直连接构造的合力点 N_1 或 N_2 以外的基础预制混凝土构件和重力件的总重力（kN）；

l_g——N_1—N_1 或 N_2—N_2 截面以外的基础重力合力点到 N_1—N_1 或 N_2—N_2 截面的距离（mm）。

3）与有底架的固定式塔机装配的装配式混凝土塔机基础的基础梁的 U_3—U_3 截面承受的最大正弯矩 M_{U3}（见图 3-41）计算应符合下式要求：

$$M_{U3} \geq k_{h3} \cdot k_{h1} \left[M - (F_k + G_k) \cdot \frac{\sqrt{2}}{2} l_1 \right] \tag{3-22}$$

式中　M_{U3}——无底架固定式塔机与装配式塔机基础的垂直连接构造的合力点位于基础梁的 U_3—U_3 截面承受的最大正弯矩值（kN·m）；

k_{h3}——底架对基础梁承受弯矩的分解系数，取 $k_{h3} = 2/3$。

4）与有底架的固定式塔机装配的装配式混凝土塔机基础的基础梁的 N_3 截面承受的最大负弯矩 M_{N3}（图 3-41）计算应符合下式要求：

$$M_{N3} \geq k_{h3} \cdot k_{h2} \cdot G_{k2} \cdot l_g \tag{3-23}$$

式中　M_{N3}——无底架固定式塔机与装配式塔机基础的垂直连接构造的合力点位于基础梁的 N_3—N_3 截面承受的最大负弯矩值（kN·m）；

G_{k2}——有底架的固定式塔机与装配式混凝土塔机基础的垂直连接构造的合力点（N_3）以外的预制混凝土构件和重力件的总重力（kN）。

（2）计算为基础梁截面承受正、负弯矩配置的钢绞线的截面积应符合下列各式的规定：

$$A_{p1} \geq \frac{k_3 \cdot (M_{U1}、M_{U2}、M_{U3})}{0.875\beta \cdot \sigma_{pe} \cdot h_{01}} \tag{3-24}$$

$$A_{p2} \geq \frac{k_3 \cdot (M_{N1}、M_{N2}、M_{N3})}{0.9\beta \cdot \sigma_{pe} \cdot h_{02}} \tag{3-25}$$

式中　A_{p1}——下一组钢绞线的总截面面积（mm²）；

A_{p2}——上一组钢绞线的总截面面积（mm²）；

k_3——钢绞线拉力不均匀系数，取 1.25；

0.875——承受正弯矩的钢绞线内力臂系数；

β——装配式塔机基础的水平连接构造装配后钢绞线的预应力折减系数，取 0.85；

σ_{pe}——钢绞线的有效应力（N/mm²），取钢绞线单根张拉端应力 900N/mm²；

h_{01}——下一组钢绞线合力点的截面计算有效高度（mm）；

0.9——承受负弯矩的钢绞线内力臂系数；

h_{02}——上一组钢绞线合力点的截面计算有效高度（mm）。

（3）为基础截面承受正、负弯矩配置的钢绞线的根数应符合下列各式的规定：

$$n_1 = \frac{A_{p1}}{A_0} \tag{3-26}$$

$$n_2 = \frac{A_{p2}}{A_0} \tag{3-27}$$

式中　n_1——承受正弯矩的钢绞线数量（根）；

A_0——单根钢绞线的截面面积（mm²）；

n_2——承受负弯矩的钢绞线数量（根）。

2. 装配式塔机基础水平连接构造的钢绞线设置，与额定起重力矩不大于 800kN·m 的有底架固定式塔机的或额定起重力矩不大于 630kN·m 无底架固定式塔机装配的装配式塔机基础宜在基础梁的中下部设置 1 组钢绞线；不符合上述条件的基础均应按上、下各一组设置钢绞线，并应符合本规程的相关构造要求。在基础梁中设置一组钢绞线的合力点位置——与无底架的固定式塔机装配时，装配式塔机基础的水平连接构造的钢绞线合力点宜在基础梁高的下部 $1/5 \sim 1/4$；与有底架的固定式塔机装配时，装配式塔机基础的水平连接构造的钢绞线合力点宜在基础梁高的下部 $1/4 \sim 1/3$。装配式塔机基础的水平连接构造的钢绞线合力点应与基础梁平面垂直重合。

3. 装配式塔机基础的各预制基础混凝土构件相邻连接面承受的最大剪切力计算应符合下式的规定：

$$V_1 \leqslant \sum f_{a1} \tag{3-28}$$
$$V_2 \leqslant k_{h4} \cdot \sum f_{a1} \tag{3-29}$$

式中　V_1——与无底架固定式塔机装配的装配式混凝土塔机基础相邻预制混凝土构件的连接面承受的最大剪切力（kN）；

　　　V_2——与有底架固定式塔机装配的装配式混凝土塔机基础相邻预制混凝土构件的连接面承受的最大剪切力（kN）；

　　　k_{h4}——塔机底架对装配式混凝土塔机基础的预制混凝土构件的相邻连接面承受的剪切力的分解系数，取 $k_{h4} = 1/2$；

　　　$\sum f_{a1}$——基础承受最大倾覆力矩时，相邻预制基础混凝土构件的连接面以外的基础底面承受的全部地基压应力（kN）。

4. 预制基础混凝土构件相邻连接面的抗剪切内力应按下列公式计算见图 3-33、图 3-34。

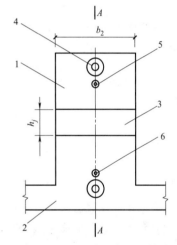

图 3-33　装配式塔机基础的基础梁
受剪承载力示意（立面）

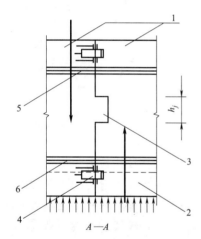

图 3-34　装配式塔机基础的基础梁
受剪承载力示意（剖面）

1—基础梁；2—底板；3—混凝土抗剪件；4—钢定位键；5—上部钢绞线束；6—下部钢绞线束

$$k_{h2}V \leqslant (V_{jg} + V_k + F_t) \tag{3-30}$$
$$V_{jg} = n_3 \cdot f_t \cdot A_{sj} \tag{3-31}$$
$$V_k = f_{cd} \cdot A_c \tag{3-32}$$
$$F_t = 0.3 n_4 \cdot \sigma_{pc} \tag{3-33}$$

式中　V_{jg}——钢定位键的设计抗剪力（kN）；

　　　V_k——混凝土抗剪件的设计抗剪力（kN）；

　　　F_t——相邻预制基础混凝土构件的连接面的摩擦力（kN）；

　　　f_t——钢的剪切强度，按现行国家标准《钢结构设计规范》GB 50017 计取 $f_t = 160\text{N/mm}^2$；

　　　f_{cd}——混凝土（剪切面配置钢筋）抗剪切强度设计值，取 $f_{cd} = 4\text{N/mm}^2$；

A_{sj}——单个钢定位键截面面积（mm^2）；

A_c——混凝土抗剪键截面总面积（mm^2）；

σ_{pc}——单根钢绞线的有效拉力值（kN）；

0.3——预制基础混凝土构件表面摩擦系数；

n_3——预制基础混凝土构件的相邻连接面上设有的钢定位键的个数；

n_4——基础梁截面上设有的钢绞线的根数。

5. 装配式塔机基础的基础（包括风车形、双哑铃形、十字形的十字形平面）结构承受的水平分力计算应符合下列要求见图 3-35、图 3-36。

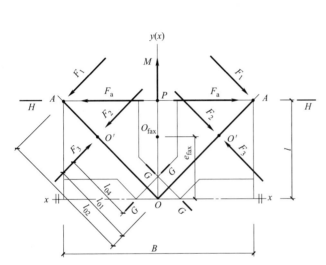

图 3-35　装配式塔机基础的基础
梁抗水平分力计算简图（平面）

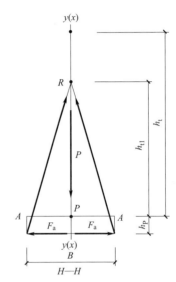

图 3-36　装配式塔机基础的基础
梁抗水平分力计算简图（垂直剖面）

$$p \geqslant \frac{k_{h1} \cdot M}{L} \tag{3-34}$$

$$F_a \geqslant \frac{B \cdot p}{4(h_{t1} + h_p)} \tag{3-35}$$

$$F_1 \geqslant \frac{\sqrt{2}}{2} F_a \tag{3-36}$$

$$F_2 \geqslant \frac{F_1 \cdot l_{02}}{l_{01}} \tag{3-37}$$

$$F_3 \geqslant k_2 \cdot F_2 \tag{3-38}$$

式中　p——在设计倾覆力矩方向与基础平面的 x（或 y）轴垂直重合时，相当于 P 点承受的垂直力（kN）；

L——p 点到基础中心的距离（m）；

F_a——在设计倾覆力矩作用下，基础构件底面上的 p 点承受 A 方向的水平分力（kN）；

h_{t1}——装配式塔机基础的预制基础混凝土构件顶面至塔机承受的水平力合力点 R 的距离（根据固定式塔机的实际结构以《高耸结构设计规范》GB 50135 和《塔式起重机设计规范》GB/T 13752 的规则合成计算）（m）；

h_t——塔机吊重臂下平面至装配式混凝土塔机基础上面的高度（m）；

h_p——装配式塔机基础的高度（m）；

F_1——预制基础混凝土构件底面的 A 点承受的与 OA 轴垂直的水平分力（kN）；

F_2——设计倾覆力矩方向与基础平面的 x（或 y）轴垂直重合时，基础承受最大的地基压应力的合力点 o' 承受的方向与 OA 轴垂直的水平分力（kN）；

l_{02}——与装配式塔机基础平面外缘线重合的正方形角点 A 至基础中心的距离（m）；

l_{01}——基础中心至基础承受的最大地基压应力合力点 o' 的距离（m）；

F_3——基础抗水平分力的内力（kN）；

k_2——基础抗水平分力的内力安全系数，取 $k_2=1.5$。

6. 装配式塔机基础的基础结构抗水平分力的内力受力简图见图 3-35～图 3-37，计算应符合下列各式：

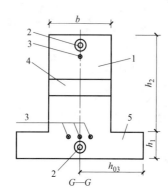

图 3-37　装配式塔机基础的结构抗水平分力的内力计算简图

1—中心件的基础梁；2—钢定位键；3—钢绞线；4—混凝土抗剪件；5—基础抗压板

$$F_3 \geqslant [n_5 + (n_6 \text{ 或 } n_6' \text{ 中的较小值})] \tag{3-39}$$

$$n_5 \geqslant \frac{k_4 \cdot k_{cm} \cdot \sum f_{ax}}{2k_2} \tag{3-40}$$

$$n_6 \geqslant \frac{0.875n \cdot \sigma_{pc} \cdot h_{03}}{k_2 \cdot l_{04}} \tag{3-41}$$

$$n_6' \geqslant \frac{0.875(h_{03})^2 \cdot h_1 \cdot f_y}{4k_2 \cdot l_{04}} + \frac{0.875\left(\dfrac{b}{2}\right)^2 \cdot h_2 \cdot f_y}{4k_2 \cdot l_{04}} \tag{3-42}$$

式中　n_5——装配式塔机基础的 OA 轴基础底面的水平摩擦力（kN）；

n_6——预制基础混凝土构件水平连接系统构造的抗水平分力的内力（kN）；

k_{cm}——混凝土表面摩擦系数（基础底面与砂层之间），取 $k_{cm}=0.2$；

k_4——摩擦力不均匀系数，取 $k_4=0.7$；

n——中心件与过渡件连接面上设有的水平连接钢绞线的根数；

h_{03}——位于装配式塔机基础的中心件与过渡件连接面上的钢绞线合力点到预制基础混凝土构件的底板外缘的水平距离（m）；

l_{04}——装配式混凝土塔机基础中心件外立面至基础承受的最大地基压应力合力点 O_{fan} 的距离（m）；

h_2——中心件基础底板以上的基础梁高（m）。

7. 对预制基础混凝土构件的中心件的垂直连接面的底板混凝土强度验算应符合现行国家标准《混凝土结构设计规范》GB 50010 的规定，在此基础上得出关于结构稳定性的结论。

结论：当 $F_3 \geqslant k_2 F_2$ 时，可不设防止基础构件水平位移构造；当 $F_3 < k_2 F_2$ 时，必须设防止预制基础混凝土构件水平位移的构造。

3.4.7　垂直连接构造

1. 装配式塔机基础的基础梁与无底架的固定式塔机的塔身基础节垂直连接构造的地脚螺栓

承受的拉力值按下式计算见图 3-38、图 3-39。

$$k_{hl} \cdot M \leqslant 2F_{sp} \cdot f_m \cdot l_{sp} \tag{3-43}$$

式中 F_{sp}——单根地脚螺栓的容许载荷，按《紧固件机械性能 螺栓、螺钉和螺柱》GB/T 3098.1 的规定（kN）；

     f_m——塔机与基础的单个垂直连接构造的垂直连接螺栓根数；

     l_{sp}——无底架的固定式塔机的塔身与基础的垂直连接构造与 x 轴或 y 轴平行的合力点之间的最小距离（m）。

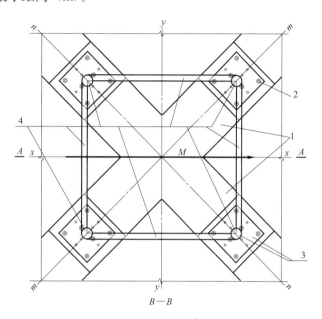

图 3-38 装配式塔机基础与无底架的固定式塔机的垂直连接构造的地脚螺栓受力简图（平面）

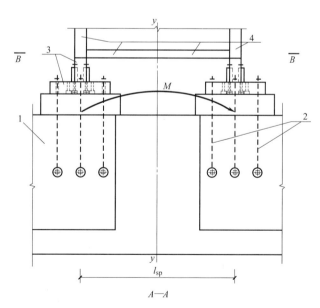

图 3-39 装配式塔机基础与无底架的固定式塔机的垂直连接构造的地脚螺栓受力简图（剖面）

1—基础梁；2—地脚螺栓；3—转换装置；4—塔身基础节

2. 装配式塔机基础与有底架的固定式塔机的垂直连接构造的地脚螺栓最大容许载荷计算应符合下式的要求见图 3-40、图 3-41。

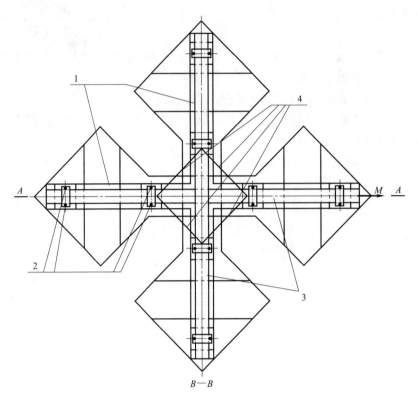

图 3-40　装配式塔机基础与有底架的固定式塔机的垂直连接构造的地脚螺栓受力简图（平面）

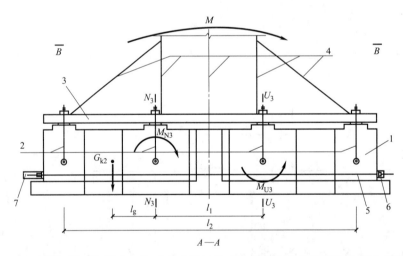

图 3-41　装配式塔机基础与有底架的固定式塔机的垂直连接构造的地脚螺栓受力简图（剖面）

1—基础梁；2—地脚螺栓；3—转换装置；4—塔身基础节；5—钢绞线；6—固定端；7—张拉端

$$k_{h1} \cdot M_{U3} \leqslant \frac{F_{sp} \cdot f_m \cdot (l_1 + l_2)}{k_d} \tag{3-44}$$

式中　l_1——轴线为同一直线的塔机底架梁内端的 2 组地脚螺栓合力点的距离（m）；

l_2——轴线为同一直线的塔机底架梁外端的 2 组地脚螺栓合力点的距离（m）。

3. 按上述两条中地脚螺栓拉力值计算规定设置的地脚螺栓的强度等级应为 8.8 级或 10.9 级，选用比符合拉力值要求的螺栓直径大一级直径的地脚螺栓，以符合本规程第 3.6.1-2 条中对地脚螺栓重复使用次数的规定。

4. 塔机底架侧立面与地脚螺栓的净距超过 20mm 时，应对塔机底架的垂直连接构造的抗水平分力进行验算见图 3-42～图 3-44。

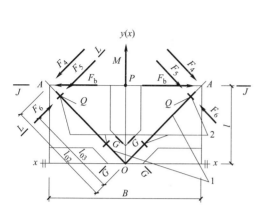

图 3-42 装配式塔机基础的垂直连接构造抗
固定式塔机底架的水平分力的计算简图（平面）

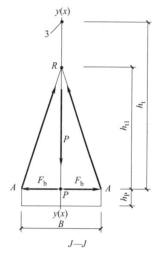

图 3-43 装配式塔机基础的垂直连接构造抗
固定式塔机底架的水平分力的计算简图（剖面 1）

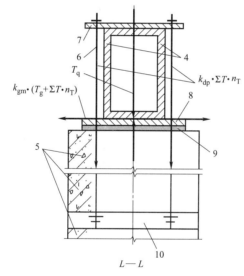

图 3-44 装配式塔机基础的垂直连接构造抗固定式塔机底架的水平分力的计算简图（剖面 2）

1—塔机底架；2—塔机底架与基础的垂直连接点；3—塔机起重臂下面；4—塔机底架；5—基础梁；6—地脚螺栓；
7—横梁；8—垫板；9—高强度水泥砂浆；10—水平孔道；Q—位于塔机底架外端的与基础垂直连接构造的中心

$$F_b \geqslant \frac{B \cdot p}{4h_{t1}} \left[p \text{ 值按公式(3-34)计算} \right] \tag{3-45}$$

$$F_4 \geqslant \frac{\sqrt{2}}{2} F_b \tag{3-46}$$

$$F_5 \geqslant \frac{F_4 \cdot l_{02}}{l_{03}} \tag{3-47}$$

式中 F_b——在设计倾覆力矩作用下，与塔机底架底面相平的 P 点承受 A 方向的水平分力（kN）；

B——能覆盖基础平面图形的面积最小的正方形的边长（m）；

F_4——相当于塔机底架的底面在 A 点承受的与 OA 轴垂直的水平分力（kN）；

F_5——位于塔机底架最外端的一组垂直连接构造的合力点承受的与 OA 轴垂直的水平分

力（kN）；

l_{03}——塔机底架最外端的一组垂直连接构造的合力点至基础中心的距离（m）。

5. 装配式塔机基础的垂直连接构造的抗塔机底架的水平分力的内力验算应符合下列公式：

$$k_{gm} \cdot (T_q + \sum T \cdot n_7) \geqslant k_{dp} \cdot F_5 \tag{3-48}$$

式中 k_{gm}——塔机底架上、下面与横梁和垫板之间的摩擦系数，取 $k_{gm} = 0.15$；

T_q——位于塔机底架外端的与基础垂直连接构造的中心的底架下面，在设计倾覆力矩作用下承受的最大压力值（kN）；

$\sum T$——垂直连接构造的地脚螺栓承受的拉力总值（kN）；

n_7——塔机底架的摩擦面数量；

k_{dp}——垂直连接构造抗水平分力的内力不均匀系数，取 $k_{dp} = 1.5$。

当 $k_{gm} \cdot \sum T \cdot n_7 \geqslant k_{dp} \cdot F_5$ 时，可不设防止底架水平位移构造，当 $k_{gm} \cdot \sum T \cdot n_7 < k_{dp} \cdot F_5$ 时，必须设防止底架水平位移构造。

3.4.8 桩基设计计算

装配式塔机基础的地基承载力特征值未达到设计要求的应首先选择按《建筑地基处理技术规范》JGJ 79 规定的方法进行地基处理，软弱土层较厚或湿陷性地基可采用预制混凝土桩代替地基处理，必须由具有设计资质的建筑结构专业技术人员按《建筑地基基础设计规范》GB 50007 关于桩基础设计的规定进行设计，并应符合下列规定见图 3-45、图 3-46。

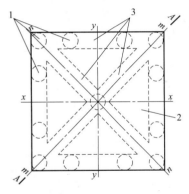

图 3-45 桩基平面布置示意

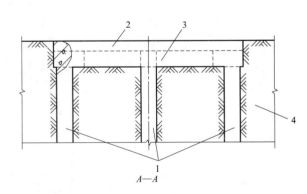

图 3-46 桩基、承台梁、承台板剖面示意

1—桩基；2—承台板；3—塔机起重臂下面；4—地基

（1）桩的平面位置：4 根桩顶中心位于装配式塔机基础平面的 n、m 轴上，且各桩中心与装配式塔机基础平面中心的距离相等，围绕这 4 根桩对称布置桩基成为 4 组，并使各桩平面中心位于边长为比装配式塔机基础的外缘轮廓线的正方形边长短一个桩基直径的正方形边线上，每组桩基的总承载力不小于 1.5 倍的装配式塔机基础的全部地基压应力（$\sum f_a$）。与额定起重力矩大于 630kN·m 的固定式塔机装配的装配式塔机基础的桩基在装配式塔机基础的中心位置增加一根桩基。

（2）各桩基上设有承台梁，承台梁的十字轴线与装配式塔机基础平面的 n、m 轴重合，且承台梁的正方形轴线与桩基的正方形轴线重合；承台梁的宽度与桩基直径相等，承台梁的高度为宽度的 1.2～1.5 倍，桩顶的主筋锚入承台梁内 35d，承台梁的主筋不少于上、下各 3 根 ϕ20，混凝土强度不低于 C25。

（3）承台板与承台梁的上面相平，承台板厚度不小于 250mm，承台板上面水平度、平整度均不大于 4mm，承台板配筋不小于双排双向 ϕ12@250，混凝土强度等级不低于 C25。

3.4.9 构造要求

1. 基础底面扩展板的构造平面、局部剖面见图 3-47～图 3-49，以扩展后的基础底面图形和面积，按本规程公式（3-6）计算地基承载力，并使降低后的设计地基承载力与装配式塔机基础的设计地基承载力之比不小于 0.7，且按现行国家标准《混凝土结构设计规范》GB 50010 的有关规定进行截面强度计算及配筋计算。基础底面扩展板的悬挑长度（l_{k1}）与厚度之比不大于 2，且厚度不得小于 200mm，平衡长度（l_{k2}）与悬挑长度之比不得小于 2。

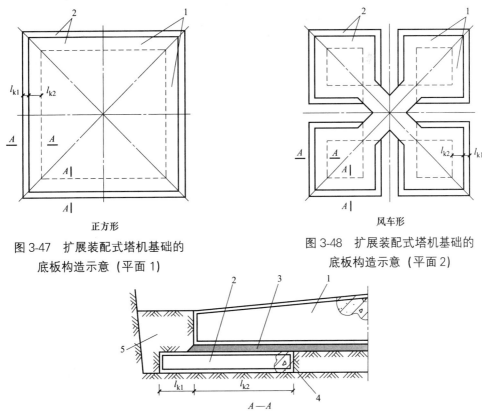

图 3-47 扩展装配式塔机基础的
底板构造示意（平面 1）

图 3-48 扩展装配式塔机基础的
底板构造示意（平面 2）

图 3-49 扩展装配式塔机基础的底板构造示意（剖面）
1—基础底板；2—基础底面积扩展板；3—砂层；4—地基；5—回填土

2. 根据结构受力要求，装配式塔机基础的水平连接构造的一组钢绞线的预留孔道可为单根钢绞线配单孔道、多根钢绞线配多孔道，或多根钢绞线配单孔道、多根钢绞线配多孔道。按本规程 3.3.9 条规定，须在基础梁内设上、下 2 组钢绞线的，上一组钢绞线的合力点至基础梁上面的距离不宜小于 200mm，下一组钢绞线的合力点至基础底面的距离不宜小于 220mm，当围绕一个合力点设有多根钢绞线时，应对称设置。

在装配式塔机基础的预制基础混凝土构件中钢绞线的预设孔道宜采用耐挤压的塑料管做内衬管，单根钢绞线的预设孔道的内衬管内径应不小于钢绞线的直径的 1.3 倍；孔道之间水平净距、垂直净距均不宜小于 35mm，且不应小于混凝土粗骨料粒径的 1.25 倍；孔道至预制基础混凝土构件的边缘净距不宜小于 80mm；预设孔道的外壁与基础梁上、下面的距离不应小于 150mm、200mm。

3. 钢绞线在装配式塔机基础的基础梁中，平面应呈十字形空间交叉布置，中心件之外的钢绞线的预留孔道轴纵向轴心高差不得大于 2mm。

4. 装配式塔机基础的预制基础混凝土构件的配筋除应按梁、板分别计算配置受力钢筋外，纵向非预应力受力钢筋配筋率不应小于0.15%。且配置的钢筋应符合下列规定：

（1）受力筋直径不应小于10mm，梁的箍筋直径不应小于8mm。

（2）重力件应按双排双向配置纵向受力筋，其直径宜为10mm～16mm。

（3）基础梁截面高度大于700mm时，应在梁的两侧设置直径不小于10mm、间距不大于200mm的纵向构造钢筋，并应以直径不小于8mm、间距不大于300mm的单肢箍筋相连。

（4）在预制基础混凝土构件的基础梁内应纵向设置2根直径大于14mm强度等级为HRB335或HRB400的斜筋，通梁高设置，其倾斜度宜为60°或45°。

（5）当基础梁截面宽度大于400mm时，宜采用四肢箍筋，基础梁的箍筋宜采用Ⅱ级或Ⅲ级带肋钢筋。

（6）底板的上、下受力主筋应设直径不小于8mm的分布钢筋，并以直径不小于8mm的单肢箍筋连系定位上、下受力主筋。

装配式塔机基础的预制基础混凝土构件的钢筋保护层厚度应符合表3-1规定：

预制基础混凝土构件钢筋的混凝土保护层厚度（mm）　　　　　　　　　　　表3-1

构件及附件	上面	底面	侧立面
预制基础混凝土构件	30	30	30
预制基础混凝土重力件	30	30	30
预制地基扩展板	45	45	45

5. 钢定位凸键的截面宜为正多边形或圆形，凸键与凹键应在相邻预制混凝土构件的连接面实现无间隙配合的同时实现无间隙配合，其凸键截面积不小于700mm²，并有锚筋与混凝土锚固。钢定位键应设于基础梁剖面的轴线上；钢定位键的中心距基础梁上、下面应不小于180mm。

6. 装配式塔机基础的混凝土抗剪件的剖面形状应为多边形或弓形，其构造配筋纵向筋宜选用直径不小于5mm的中强度预应力钢丝，间距不大于80mm，横向分布筋的间距不大于80mm，钢筋的混凝土保护层15mm。单个混凝土抗剪件沿基础梁纵轴线方向的截面积不应小于100cm²，其凸键截面的高度与厚度之比应在3～4，且凸键截面高度应不小于180mm。

7. 与有底架的固定式塔机装配的装配式塔机基础，在底架的下面与基础梁上面之间设有钢垫板，钢垫板的两端有圆孔供地脚螺栓穿过，其厚度不小于12mm、宽度不小于120mm，位于同一台固定式塔机底架下的各钢垫板上面的水平高差不大于4mm，在钢垫板下面和基础梁上面之间的8mm～18mm的缝隙以强度等级不低于M15的高强度干硬性水泥砂浆填充密实，并有防止水泥砂浆水平移位的构造措施，且不得以不同厚度的钢板嵌入基础梁与底梁之间的缝隙之中。

与无底架的固定式塔机装配的装配式塔机基础，在塔身基础节下面与基础梁之间设有垂直连接构造的转换件，转换件的底板下面与基础梁上面之间的8mm～18mm的缝隙以强度等级不低于M15的高强度干硬性水泥砂浆填充密实，并设有防止水泥砂浆水平位移的构造措施，不得以不同厚度的钢板嵌入基础梁与底架之间的缝隙之中。

8. 在装配式塔机基础的预制基础混凝土构件的基础梁的两个侧立面上应预设对称于预制基础混凝土构件重心的2个（或4个）吊装销孔，以和起重机吊钩连接的吊装销子与吊装销孔配合实施构件的吊装作业。预制混凝土重力件垂直码放设置，其上面高度超过基础梁上面时，应设预制混凝土重力件的防水平位移的定位构造。

9. 散料重力件的装填工作必须在装配式混凝土塔机基础的水平连接构造和垂直连接构造的基础梁内部分装配完成后方可进行。散料重力件上面应有防散料流失和雨水渗入的技术措施。

10. 装配式塔机基础设于基坑内，必须采用两项防雨水浸泡地基的技术措施见图3-50。

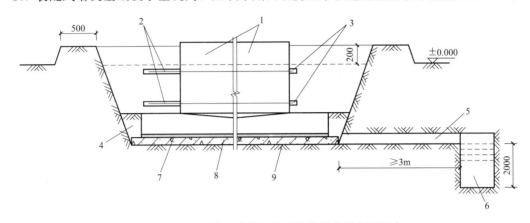

图 3-50　设置装配式塔机基础的基坑构造剖面示意
1—装配式塔机基础的预制混凝土构件；2—张拉端；3—固定端；4—回填土；5—排水管；
6—集水井；7—砂层；8—混凝土垫层；9—地基土

（1）基坑边缘应设高于室外地坪不小于200mm、宽度不小于500mm的土埂，以防雨水流入基坑。

（2）在装配式塔机基础平面外缘的3m以外，设深度不小于2m（从基坑内垫层上面计算）、容积不少于5m³的集水井，以内径不小于200mm的排水管连接集水井与基坑。

3.5　构件制作及装配与拆卸

3.5.1　构件制作

1. 一般规定：

（1）装配式塔机基础的预制基础混凝土构件的制作应实行工厂化生产，应执行现行国家标准《混凝土结构工程施工规范》GB 50666，并应对其进行验收执行《混凝土结构工程施工质量验收规范》GB 50204 的相关规定。

（2）装配式塔机基础的预制基础混凝土构件的原材料和预埋件（包括铸钢件）零部件及模板和模板上附带的配件等均应经过检查和验收，并应符合设计要求和验收标准。

（3）装配式塔机基础的预制基础混凝土构件应在符合生产条件（边长为拟生产的装配式塔机基础的平面正方形轮廓线边长的1.1～1.2倍，水平度、平整度不大于4mm，表面为C30以上的高强度混凝土或钢）的加工平台上由具备专业生产能力和设备条件的专业人员制作。

（4）在预制基础混凝土构件生产过程中，应由技术质量部门对施工全过程进行指导监督。

2. 预埋件和零部件（铸钢件或机加工件）应符合下列要求：

（1）铸钢件应按设计图纸规定的材料和质量、工艺要求进行铸造，并严格按设计图纸规定的质量标准、工艺要求进行验收。

（2）机加工件应按设计图纸的质量、工艺要求进行加工，符合《钢结构工程施工质量验收规范》GB 50205 的规定，并严格按设计图纸规定的材料、质量标准进行验收。

（3）装配式塔机基础使用的橡胶封闭圈、橡胶塞等橡胶制品，材料和质量应符合现行国家标准《工业用橡胶板》GB/T 5574 的相关规定，并严格按设计图纸规定的材料、质量、工艺进行验收。

3. 装配式塔机基础的预制基础混凝土构件制作：

（1）在平台上弹好基础偏差不大于1mm的十字轴线、外轮廓线及各构件的位置线，严格按位置线装配定位预制混凝土构件的模板。

（2）施工时应遵守钢筋、模板、混凝土各分项工程的工艺流程和工艺标准的要求，并注意各分项工程之间的衔接配合。

（3）装配式塔机基础的制作过程中应注意及时对已浇筑完成的预制基础混凝土构件的产品保护和浇水养护；冬季施工应采取符合《混凝土结构工程施工规范》GB 50666规定的冬季施工技术措施，并加强对预制基础混凝土构件的防冻保护。

（4）预制基础混凝土构件的强度达到设计强度的80%以上时才能允许拆模。

（5）在一套装配式塔机基础的预制基础混凝土构件上做好同型号基础的序列编号，以防不同序列编号的同型号同方位的构件互换。

（6）基础预制混凝土构件强度达到100%的设计强度后，按构件制作的逆顺序从端件开始分解各构件，并在现场重新装配后对基础进行包括水平连接构造、垂直连接构造的全面检查验收、填写验收单，验收合格后签发合格证出厂，或移出制作平台存放。

3.5.2 构件装配

1. 装配式塔机基础的装配条件应符合装配式塔机基础的装配说明书的要求并符合下列规定：

（1）环境条件：

1）装配式塔机基础的基坑或坐落位置应符合塔机作业与塔身升降及附着的要求，基坑的深度和四壁（松软土应有效支护）达到设计要求。

2）基底的地基承载力应经检测并达到设计要求。

3）装配式塔机基础应在混凝土垫层上装配，垫层的平面几何尺寸、水平度和平整度应达到设计要求；设于基坑内的装配式塔机基础，基坑正方形平面角点以外应有从事水平连接构造装配的工作空间1.5m×1.5m。

4）垫层下方1.5m深度范围内有水、油、气、电等管线和设备的地基，未经产权方同意并加固地基，不得装配装配式塔机基础。

5）在季节性冻土上不得装配装配式塔机基础。

6）基础外缘3m范围内长期有积水，不得装配装配式塔机基础。

7）符合装配式塔机基础的预制基础混凝土构件运输及吊装作业的场地道路条件。

（2）装配条件：

1）必须由经过专业技术培训合格的专业人员从事装配式塔机基础的装配和拆卸工作。

2）必须配备专用的装配工具和仪器，仪器、仪表应经过校核，并应在有效使用期内，与装配工具使用的电压相一致的电源接到装配场地。

3）应配备符合预制基础混凝土构件装配作业技术要求的起重机械。

4）各种预制基础混凝土构件和配件经过检查符合装配标准后全部到场。

5）备齐各种装配时参考查证资料及填写的检查记录表等技术资料及检查验收表格。

2. 装配式塔机基础的装配施工应符合装配式塔机基础的装配说明书的要求并符合下列规定：

（1）预制基础混凝土构件装配前的检查：新出厂的预制基础混凝土构件应检查出厂合格证或验收单，有出厂合格证或验收单的，经检查确认运输过程中预制基础混凝土构件未受损坏后可以装配，重复使用的预制基础混凝土构件和配件，应按本规程3.6.2报废条件的标准进行检验，符合质量标准的方可进行装配。

（2）应按照装配式塔机基础的"使用说明书"的要求和程序进行装配。

（3）装配式塔机基础的底板与垫层之间设有厚度为15mm～20mm中砂垫层，其上面水平度和平整度均不大于4mm。

（4）预制基础混凝土构件吊装时应按构件上打印的编号和方位序号自中心件向外辐射吊装，不可错位；缓慢地水平对口装配钢定位键的凹凸键，并使相邻预制基础混凝土构件的间隙不大于15mm。

（5）钢绞线张拉前应认真检查并清除相邻预制基础混凝土构件间缝隙内的一切杂物；钢绞线张拉宜采用单根张拉，并应严格按水平连接构造的装配工艺说明要求控制张拉力，张拉时应使用带顶压器的千斤顶或安装防夹片松退构造，在张拉过程中应作记录并填写张拉记录表。

（6）张拉钢绞线时，在基础梁的固定端、张拉端之外的10m×3m范围内严禁人员进入，工作人员不得正对钢绞线轴线方向操作。

（7）钢绞线张拉完成后，应及时装配固定端和张拉端的保护构造，并在固定端、张拉端的保护套管筒内放置生石灰粉500g～1000g。

（8）配置重力件的装配式塔机基础，在完成地脚螺栓位于水平孔道内的下端部构造的装配工艺后，应及时装配重力件，采用混凝土重力件的应在重力件的底面与承台上面之间设长度与承台等长，宽×厚＝（60mm～100mm）×（10mm～20mm）的木垫板，并以基坑土回填基坑，使回填土上面与底板边缘上面相平并夯实。

采用散料做重力件时，应按装配式塔机基础的"装配说明书"的要求进行操作。

装配式塔机基础的水平连接构造和重力件未全部装配完成以前，不得安装塔身基础节以上的塔机结构。

（9）装配垂直连接构造的高强度干硬性水泥砂浆层时，应严格按设计要求的材料品种、质量标准配料，严格控制砂浆的含水量；冬季施工时，应按规定比例加入早强剂、防冻剂、减水剂。

（10）当装配式塔机基础装配在室外地坪垫层上时，预制基础混凝土构件和水平连接构造装配完成后应在混凝土底板的外边缘与垫层之间作高度和宽度不小于100mm、坡度为45°的细石混凝土封闭护角（图3-51）。

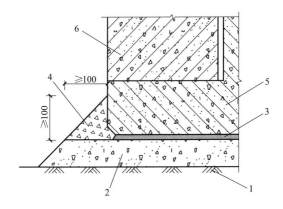

图3-51 装配式塔机基础设置方式为全露式的封闭护角构造示意

1—地基；2—混凝土垫层；3—中砂砂层；4—豆石混凝土护角；5—预制基础混凝土构件；6—重力件

3.5.3 拆卸

1. 装配式塔机基础的拆卸条件应符合装配式塔机基础的装配说明书的要求并符合下列规定：

（1）塔机结构全部拆除。

（2）基坑内的回填土全部清理干净使预制基础混凝土构件全部裸露并在固定端和张拉端有工

作空间 1.5m×1.5m。

（3）与装配式塔机基础拆卸施工的机械电压匹配的电源引入拆卸现场。

（4）与预制基础混凝土构件的拆卸运输配合的吊装运输机械和满足作业要求的场地。

2. 应采用与张拉钢绞线的相同方法退张，应控制退张应力不大于 $0.75f_{ptk}$，同时控制钢绞线伸长不小于 15mm 不大于 25mm。钢绞线退张操作时，在固定端、张拉端以外 10m×3m 范围内严禁人员进入，并应设专人看护；操作人员不得正对钢绞线轴线方向操作。

3. 按与使用说明书的安装顺序的逆顺序作业起吊拆除预制基础混凝土构件。

4. 钢绞线退张后应从固定端抽出同时经检查无损伤后涂抹保护层卷成直径不小于 1.5m 圆盘绑扎牢固并入库保存；其他零件应及时回收、清点、检查保养、入库，以备再用，并及时做好钢绞线、地脚螺栓副的使用次数标记。

5. 回填基坑至原地坪。

3.6 检查验收与报废

3.6.1 检验与验收

1. 装配式塔机基础的预制基础混凝土构件的检查与验收应符合下列规定：

（1）新出厂的预制基础混凝土构件应检验产品合格证，在运输和装配过程中外形损伤的构件不得使用。

（2）重复装配的预制基础混凝土构件，每次装配前应按现行国家标准《混凝土结构工程施工质量验收规范》GB 50204 和《混凝土结构工程施工规范》GB 50666 的相关规定对预制基础混凝土构件和装配条件进行鉴定验收，并符合下列规定：

1）装配条件和环境条件应符合本规程第 3.5.2 条的规定；

2）装配式塔机基础的型号、性能应与塔机匹配，预制基础混凝土构件的数量，几何尺寸、强度和重量应与基础使用说明书相符；

3）水平连接构造和垂直连接构造应符合设计和塔机的垂直连接构造要求。

（3）预制基础混凝土构件装配后应进行全面的质量检查及验收，并应符合现行国家标准《混凝土结构工程施工质量验收规范》GB 50204 的有关规定，填写检查表 3-4。

2. 装配式塔机基础配套的零部件及铸钢件的检验与验收应符合下列规定：

（1）对垂直连接构造的地脚螺栓强度等级、直径和最大允许应力及使用次数的检查应符合现行国家标准《紧固件机械性能 螺栓、螺钉和螺柱》GB/T 3098.1 和《紧固件机械性能 螺母 细牙螺纹》GB/T 3098.4 的相关规定。当地脚螺栓和连接螺栓为高强度螺栓：设计预紧力达到容许应力的 100％时，其重复使用次数不多于 2 次；设计预紧力与容许应力之比大于 50％不大于 75％时，且每次重复使用的应力范围一致，其重复使用次数不多于 5 次；设计预紧力与容许应力之比不大于 50％时，且每次重复使用的应力范围一致，其重复使用次数不多于 10 次；重复使用的高强螺栓从第一次装配之日起最长使用时间为 5 年，应使用力矩扳手按紧固力矩的设计值进行操作，且紧固力矩值的偏差不得大于设计紧固力矩值的 2％，应用相同的方法在塔机工作的过程中定期进行检测，建立台账并填写表 3-3，在螺栓上做好使用次数的标记。地脚螺栓或连接螺栓的材料应符合本规程 3.3.13 条的规定，制作螺纹应为滚丝工艺。

（2）钢绞线的型号、直径、极限强度标准值和锚环、锚片的检查应符合现行国家标准《预应力混凝土用钢绞线》GB/T 5224 和《预应力筋用锚具、夹具和连接器》GB/T 14370 的有关规定。钢绞线张拉完成后计入台账并填写表 3-2；钢绞线的同一夹持区可重复使用 4 次，钢绞线重复使用次数不多于 10 次，且从第一次张拉之日起的使用总年限为 5 年。

（3）钢制零部件的检查、验收应符合设计要求和现行国家标准《钢结构工程施工质量验收规范》GB 50205 的相关规定。

（4）橡胶封闭件的检查、验收应符合设计要求的材料和质量标准，重点检查其弹性和封闭效果。

3. 装配式塔机基础和塔机垂直连接构造装配完成后对整体基础检验与验收应符合下列规定：

（1）塔机的垂直度应符合现行国家标准《塔式起重机》GB/T 5031 的规定。

（2）装配式塔机基础的水平度不超过 1.5‰。

（3）塔机进行静荷载试验或动荷载试验后，基础未出现沉降不均现象。

（4）绝缘接地设备和绝缘电阻值应符合现行国家标准《塔式起重机》GB/T 5031 的有关规定要求。

（5）装配式塔机基础与塔机装配组合后，塔机在作业中遇 6 级及以上大风、暴雨等特殊情况应立即停止工作，塔机的转换机构应处于自由状态并切断电源，大风、暴雨后应及时检查并排除基坑内的积水，对基础的环境进行检查并对基础沉降进行观测，对塔身进行垂直测量应符合国家标准《塔式起重机》GB/T 5031 的有关规定，同时应对垂直连接构造的地脚螺栓及其他连接螺栓的紧固力矩进行复查，并应按检查表填写记录。

3.6.2 报废条件

1. 装配式塔机基础的预制基础混凝土构件符合下列条件之一时应报废：

（1）预制基础混凝土构件的重量经过磅计量，未达到设计要求的。

（2）预制基础混凝土构件的各种技术性能未达到设计要求的。

（3）预制基础混凝土构件有严重外形缺陷，不能继续使用的。

（4）预制基础混凝土构件的垂直连接面磨损严重不能无间隙配合的。

（5）预制基础混凝土构件的钢定位键损坏、变形、移位，失去定位功能的。

（6）预制基础混凝土构件的混凝土抗剪件严重损坏，降低抗剪能力的。

（7）预制基础混凝土构件的垂直连接构造损坏，不能与塔机有效连接并保证塔机正常工作的。

2. 一套装配式塔机基础的预制基础混凝土构件总件数中有 1/3 达到报废条件的应整套报废。

3. 钢绞线及与钢绞线配合使用的锚环、锚片有下列条件之一时应报废：

（1）钢绞线破损变形的，锈蚀严重的。

（2）钢丝出现断丝或裂纹的。

（3）重复使用达到规定年限的。

（4）锚环出现裂纹、变形不能继续使用的。

（5）锚片有裂痕或损坏、齿槽出现变形的。

4. 垂直连接螺栓副符合下列条件之一的应报废：

（1）螺栓材质不符合设计要求或未经调质的。

（2）螺纹的加工工艺不是滚丝工艺的。

（3）螺纹出现变形的。

（4）螺栓达到规定使用次数或使用年限的。

（5）螺杆弯曲、塑性变形或锈蚀严重的。

5. 转换件或其他垂直连接构造的零部件出现裂纹、变形或磨损，不符合设计要求或不符合现行国家标准《钢结构工程施工质量验收规范》GB 50205 的有关规定时应报废。

6. 橡胶封闭件失去弹性或弹性减退未能达到构造封闭要求的应予报废。

3.7 检验及验收表

钢绞线张拉力施工记录表

表 3-2

工程名称：				装配式塔机基础型号：		
装配式塔机基础使用单位：				施工地点：		
张拉单位：				张拉日期：		年　月　日
张拉机型号：				钢绞线型号：		
钢绞线张拉力设计值(kN/根)：				设计压力表显示值(MPa)：		
部位		钢绞线编号	已使用年限	使用次数第（　）次	压力表显示值(MPa)	允许偏差
上部	AC轴	1				
		2				
		3				
	BD轴	1				
		2				
		3				
下部	AC轴	1				
		2				
		3				
		4				
		5				
		6				
		7				
		8				
		9				
		10				
		11				
		12				3%
		13				
		14				
		15				
	BD轴	1				
		2				
		3				
		4				
		5				
		6				
		7				
		8				
		9				
		10				
		11				
		12				
		13				
		14				
		15				

记录人员：_____

施工负责人：_____

年　月　日

注：（1）钢绞线十字交叉以 AC 和 BD 各为钢绞线轴线顺序；

（2）压力表显示值为对所使用的压力表的性能和张拉设计值换算所得。

垂直连接螺栓的紧固记录表

表 3-3

工程名称：	装配式塔机基础型号：	装配式塔机基础安装单位：	装配紧固日期：
施工地点：	与基础配套的塔机型号：	力矩扳手型号：	复测紧固日期：

基础使用说明书规定的单根螺栓的紧固力矩值：　　　　　　　（kN·m）

项目		已使用年限				使用次数				装配紧固值				复测紧固值				允许偏差				评定结果			
组	编号	1	2	3	4	1	2	3	4	1	2	3	4	1	2	3	4	1	2	3	4	1	2	3	4
A	左																								
A	右																								
B	左																								
B	右																								
C	左																								
C	右																								
D	左																								
D	右																								

评定结果：

记录人员＿＿＿＿＿＿＿＿＿＿　　施工负责人＿＿＿＿＿＿＿＿＿＿

年　月　日

注：（1）有底架的塔机与装配式塔机基础垂直连接四个方向（A、B、C、D），每个方向限定 4 组垂直连接螺栓；
　　　　"左、右"（相对基础轴线而言，顺时针为右侧、逆时针为左侧）表示 1 组 2 根螺栓沿基础梁设置的横向位置，单根螺栓填在左、右之间的横线上；"编号"（编号顺序自基础中心向外纵向排序）表示每组左、右侧连接螺栓纵向点位；
　　（2）无底架的塔机与装配式塔机基础垂直连接四个方向（A、B、C、D），每个方向限定 3 组垂直连接螺栓；"左、右"表示 1 组 2 根螺栓沿基础梁设置的横向位置，单根螺栓填在左、右之间的横线上；"编号"表示每组连接螺栓点数；
　　（3）根据螺栓已使用时间和次数，填写"已使用年限"项和"使用次数"项；填写"评定结果"项时，在允许偏差范围内的用"√"表示；在允许偏差范围外的用"×"表示；
　　（4）当"评定结果"项出现"×"时评定结果为不合格。

装配式塔机基础的装配质量验收单

表 3-4

工程名称:			装配式塔机基础型号:			
施工地点:			与基础配套的塔机型号:			

	序号	项目	允许偏差值	实测值	评定结果	检验人员签字
检查验收内容	1	地基承载力 使用说明书规定值(kPa)	≥设计值			
	2	基础轴线	2mm			
	3	垂直连接螺栓间的距离尺寸	±2mm			
	4	回填散料密度 使用说明书规定值(g/cm³)	≥设计值			
		混凝土重力件位移	4mm			
	5	单根钢绞线张拉力 使用说明书规定的张拉设计值(kN)	+3%			
	6	垂直连接螺栓紧固力矩值 使用说明书规定值(N·m)	+2%			
	7	轴线为同一直线的基础梁 两端上面高差	6mm			
	8	防雷接地电阻值	不大于4Ω			
	9	塔机垂直度	<4/1000			

判定结果:

装配式塔机基础安装单位(盖章)
施工负责人(签字):

年　月　日

验收结论:

工程监理单位负责人(签字):
塔机使用单位验收代表(签字):

年　月　日

注:(1) 填写"评定结果"项时,在允许偏差范围内的用"√"表示;在允许偏差范围外的用"×"表示;
　　(2) 当"评定结果"项出现"×"时评定结果为不合格。

3.8 本规程用词说明

1. 为便于在执行本规程条文时区别对待，对要求严格程度不同的用词说明如下：

（1）表示很严格，非这样做不可的：正面词采用"必须"，反面词采用"严禁"。

（2）表示严格，在正常情况下均应这样做的：正面词采用"应"，反面词采用"不应"或"不得"。

（3）表示允许稍有选择，在条件许可时首先应这样做的：正面词采用"宜"，反面词采用"不宜"。

（4）表示有选择，在一定条件下可以这样做的，采用"可"。

2. 条文中指明应按其他有关标准执行的写法为："应符合……的规定"或"应按……执行"。

3.9 引用标准名录

1. 《建筑地基基础设计规范》GB 50007
2. 《建筑结构荷载规程》GB 50009
3. 《混凝土结构设计规范》GB 50010
4. 《建筑结构制图标准》GB/T 50105
5. 《高耸结构设计规范》GB 50135
6. 《建筑地基基础工程施工质量验收规范》GB 50202
7. 《混凝土结构工程施工质量验收规范》GB 50204
8. 《钢结构工程施工质量验收规范》GB 50205
9. 《混凝土结构工程施工规范》GB 50666
10. 《低合金高强度结构钢》GB/T 1591
11. 《紧固件机械性能　螺栓、螺钉和螺柱》GB/T 3098.1
12. 《紧固件机械性能　螺母　粗牙螺纹》GB/T 3098.2
13. 《塔式起重机》GB/T 5031
14. 《预应力混凝土用钢绞线》GB/T 5224
15. 《工业用橡胶板》GB/T 5574
16. 《塔式起重机设计规范》GB/T 13752
17. 《预应力筋用锚具、夹具和连接器》GB/T 14370
18. 《无粘结预应力混凝土结构技术规程》JGJ 92
19. 《建筑桩基技术规程》JGJ 94

3.10 《固定式塔机装配式混凝土基础技术规程》（修订稿）的条文说明

（本"条文说明"的条目序列编号与《固定式塔机装配式
混凝土基础技术规程》（修订本建议稿）正文对应）

3.10.1 《固定式塔机装配式混凝土基础技术规程》（修订本建议稿）正文之"3.1　总则"部分的条文说明

3.1.1 本次修订根据近年来对装配式塔机基础新技术的深入探索研究和工程实践，并总结了《混凝土预制拼装塔机基础技术规程》JGJ/T 197 和《大型塔式起重机混凝土基础技术规程》

JGJ/T 301 存在的缺陷与不足，贯彻国家最新的科技政策，针对近年来装配式塔机基础新技术在各地应用实践中提出的新情况、新要求，把经过验证的装配式塔机基础新技术的最新研究成果纳入其中，并对其内容进行了大量补充和调整，使其真正体现我国在这一全新技术领域的主导地位。

尤其是针对本规程的装配式塔机基础的基本规定、设计计算和构造要求三项核心内容，在进一步深入研究的基础上，增加了许多新的更加明确的规定，为装配式塔机基础的安全使用和经济社会效益的实现，提供了更加科学的形成完整技术体系的可操作的技术标准。

在"基本规定"中，增加了经过理论计算和实践验证的装配式塔机基础的水平连接构造和垂直连接构造的基本结构形式的内容；增加了装配式塔机基础各组成部分的更加详细明确的材料要求。

在"设计"的"一般规定"中，增加了与不同额定起重力矩的固定式塔机装配的装配式塔机基础的地基承载力条件、规定了装配式塔机基础的技术性能计算与验算应包括的内容，其中，在"水平连接构造"中增加了"预制基础混凝土构件相邻连接面的抗剪切内力计算"和十字形平面的装配式塔机基础的"基础梁抗水平分力的内力计算"，在"垂直连接构造"中增加了"垂直连接构造抗水平分力计算"、"固定式塔机与基础的不同的垂直连接构造的地脚螺栓的拉力值设计计算"，在"预制基础混凝土构件的结构设计计算"中增加了"基础底板的抗剪切内力计算"，在"地基处理"中增加了"桩基的设计计算"，并规定了装配说明书应包括的内容。

在"设计"的"构造要求"中，明确了装配式塔机基础的水平连接构造的预应力筋分组设置与固定式塔机的额定起重力矩和塔身与基础的连接构造形式的关系；增加了垂直连接构造的应力集中部位的结构强化措施、装配式塔机基础的地基防浸泡措施。

在"构件装配"中，进一步全面规定了装配式塔机基础的装配条件、装配程序、质量标准和成品保护。

在"检查验收与报废"中，对预制混凝土构件、水平连接构造和垂直连接构造的零部件的质量和报废标准提出了更严格的要求。

3.1.2 本款说明本规程的适用范围。对国内建筑施工市场的最新调查表明，建筑行业实际使用的固定式塔式起重机的额定起重力矩绝大多数在 400kN·m～4000kN·m，故本规程对装配式塔机基础的设计原则、计算公式、制作与装配和使用做出的规定均针对额定起重力矩 400kN·m～4000kN·m 的固定式塔式起重机。

3.1.3 本规程主要针对由倒 T 形截面的预制混凝土构件水平组合装配而成的混凝土底板平面形状为正方形、十字风车形、双哑铃形和十字形的独立梁板结构基础。其他截面、平面形状的装配式塔机基础，除应执行本规程以外，尚应符合国家现行有关标准的规定。

3.10.2 《固定式塔机装配式混凝土基础技术规程》（修订本建议稿）正文之"3.2 术语"部分的条文说明

本规程列出了 16 个术语，所用的术语是参照我国现行国家标准《塔式起重机》GB/T 5031、《工程结构设计基本术语和通用符号》GBJ 132 和《建筑结构设计术语和符号标准》GB/T 50083 的规定编写的，并从装配式塔机基础的角度赋予其特定的含义。

3.10.3 《固定式塔机装配式混凝土基础技术规程》（修订本建议稿）正文之"3.3 基本规定"部分的条文说明

3.3.1 塔式起重机的结构属于高耸结构，适用于建筑工程，所以装配式塔机基础的设计与施工除应符合本规程外，尚应符合现行国家标准《高耸结构设计规范》GB 50135、《建筑地基基础设计规范》GB 50007、《塔式起重机》GB/T 5031、《塔式起重机设计规范》GB/T 13752 和《建筑地基基础工程施工质量验收规范》GB 50202 的相关规定。

3.3.2　本条规定了本规程的标准化对象——装配式塔机基础的特点、结构形式和水平组合时各预制基础混凝土构件位置及整体平面形状。本规程选用预制混凝土构件组合后平面为正方形、十字风车形、双哑铃形、十字形四种平面图形，其目的是针对固定式塔机基础的受力特点和使用环境、最大限度地优化基础的平面图形、充分利用地基承载力，最大限度地减少基础占地面积。针对目前建筑工程施工中使用的固定式塔机的塔身平面为正方形、塔机底架为十字形的情况，在基础设计抗倾覆力矩和地基承载力标准值相同的条件下，基础底面为正方形时比正多边形或圆形的占地面积都小，而装配式塔机基础的占地面积大小对建筑施工是有多方面影响的，同时还要考虑装配式塔机基础与建筑物基础之间的关系以及对塔身与建筑物附着的技术要求等因素，所以，装配式塔机基础的优化始于基础平面的优化。

　　针对固定式塔机的额定起重力矩的不同和塔身与基础的垂直连接构造形式的不同，本规程把装配式塔机基础的基础平面图形优选为正方形、十字风车形、双哑铃形和十字形，以实现装配式塔机基础与固定式塔机的塔身结构、受力特点相匹配并最大限度地减少装配式塔机基础的占地面积，为建筑施工提供空间便利。

3.3.3　本条规定了装配式塔机基础的四种优选平面图形与固定式塔机的额定起重力矩之间的优选匹配关系，为设计装配式塔机基础时选择基础平面图形提供参考。

3.3.4　本条规定了选取适宜固定式塔机工作条件的装配式塔机基础的主要原则。

3.3.5　提出本条规定的目的是，固定式塔机的正方形塔身的边和与装配式塔机基础平面外缘线重合的正方形边平行，使基础的外边缘与建筑物基础的外边缘平行，利于缩短固定式塔机的塔身与建筑物的距离，并且使固定式塔机的起重臂方向与建筑物外墙方向平行，从而使塔身升降不受建筑物影响，为拆除塔机时提供起重臂和平衡臂下降的空间。

3.3.6　装配式塔机基础的相邻的预制基础混凝土构件的连接面上设置钢定位键的目的和意义在于使预制基础混凝土构件相邻的两个垂直外立面在无间隙配合时其位置关系不变，因为分别埋置于两件预制基础混凝土构件相邻的垂直外立面以内的钢定位凹凸键的配合是无间隙的，这就为两件相邻的预制基础混凝土构件的垂直连接面在重复使用中确保连接面相对位置关系不变而实现无间隙配合提供了技术条件；光靠设于两件相邻的预制基础混凝土构件垂直连接面上的钢定位凹凸键无法抵抗在固定式塔机的倾覆力矩作用下相邻的预制基础混凝土构件的连接面承受的巨大剪切力，必须以在相邻的预制基础混凝土构件的连接面上设置的混凝土抗剪件来承担，且分设于相邻的预制基础混凝土构件的两个垂直外立面上的钢定位键和混凝土抗剪件在预制基础混凝土构件的重复组合分解过程中，必须具有合则定位无间隙，分则互不相干的功能。这是实现由多件预制基础混凝土构件组合而成的装配式塔机基础整体承受固定式塔机传给的各种作用力的与整体现浇混凝土基础结构功能相同的核心技术条件之一。

3.3.7　本条规定了装配式塔机基础的预制基础混凝土构件的相邻连接面上设置的钢定位键和混凝土抗剪件的数量、位置与固定式塔机的额定起重力矩的关系，因为固定式塔机的额定起重力矩对装配式塔机基础的预制基础混凝土构件的相邻连接面承受的剪切力有直接的影响，规定钢定位键和混凝土抗剪件数量的目的在于确保相邻的预制基础混凝土构件的连接面具有足够的抗剪切内力。

3.3.8　装配式塔机基础的多件预制基础混凝土构件水平组合成为独立式混凝土梁板结构，其水平连接构造是技术条件之一。本条规定了装配式塔机基础的预制基础混凝土构件的水平组合连接构造采用后张法无粘结预应力结构，为了确保水平连接构造系统的重复使用，装配式塔机基础的水平连接构造必须采用利于重复张拉组合、退张分解的预应力钢绞线；因为装配式塔机基础的钢绞线长度一般不超过10m，所以无须两端同时张拉，且张拉端要比固定端的防护封闭构造复杂、装配工作和成本增加；装配式塔机基础的水平连接构造优选一端固定，一端张拉，可以节约材料、机械、减少人员操作；无粘结预应力结构的固定端和张拉端是应力集中的部位，固定端和张拉端的承压件必须锚固于基础梁的混凝土中，不得与混凝土分离，使承压件的承压面与混凝土无间隙配合，实现面受力，避免了点受力（混凝土与钢的抗压强度之比约为1/20，点受力极易造成混凝土的破坏）如此才能确保装配式塔机基础的多次重复使用过程中水平连接构造系统的可靠性；且固定端、张拉端是水平连接构造系统的关键部位，直接关系到装配式塔机基础的整体受力和安全，必须对固定端、张拉端构造进行有效的封闭防护，为了适应装配式塔机基础的重复使用特点，固定端、张拉端的封闭防护构造又必须具有可装配的特性而明显区别于永久性建筑的无粘结预应力混凝土结构的固定端、张拉端永久性封闭的作法。

3.3.9 本条规定了装配式塔机基础的水平连接构造系统的钢绞线设置的组数、位置与固定式塔机的额定起重力矩的关系。对于与有底架的额定起重力矩大于800kN·m和无底架的额定起重力矩大于630kN·m的固定式塔机装配的装配式塔机基础而言，在基础梁上分上、下部设置两组钢绞线的意义在于，随着固定式塔机的额定起重力矩值的加大，基础梁承受的倾覆力矩值也越来越大，在基础梁承受最大的倾覆力矩时，基础梁的上部承受的压力也最大，因此，设在基础梁上半部的钢绞线首先给基础梁的受压区施加了预应力，这对减少基础的压缩变形和提高装配式塔机基础的整体刚度无疑是有重要意义的；同时，这对基础梁另一侧承受的负弯矩也是有增加抗弯矩内力的作用。

而对于与有底架且额定起重力矩不大于800kN·m和无底架且额定起重力矩不大于630kN·m的固定式塔机装配的装配式塔机基础而言，基础梁承受的正、负力矩相对要小得多，只在基础梁的中下部设一组钢绞线就足以在一个截面对基础梁上端部的力矩承受正弯矩，同时在另一个截面对基础梁下端部的力矩承受负弯矩，其作用主要在于形成装配式塔机基础的预制基础混凝土构件的整体性和刚度。如此，设置一组钢绞线可以满足结构受力要求，就无须设置上、下二组，这对节约成本，减少水平连接构造的工作量有利。

3.3.10 装配式塔机基础的基础梁是保证基础整体刚性和承受各种力的核心构件，在基础梁上又不可避免地要设置水平连接构造系统的水平钢绞线孔道和垂直连接构造系统的地脚螺栓垂直孔道交会，这对基础梁的正截面强度、斜截面强度的综合内力无疑会造成直接的削弱，尤其是基础梁上部受压区的垂直连接构造的下部锚固区，基础梁受力集中再加上大量预埋孔道，等于切断基础梁，为了确保装配式塔机基础的混凝土结构强度，必须根据无底架的固定式塔机和有底架的固定式塔机的基础梁承受的力矩和剪切力的大小和受力部位的不同，对基础梁同一截面内的地脚螺栓垂直孔道的截面形状、数量、内径、长度、间距，以及与地脚螺栓垂直孔道相连通的水平孔道的截面形状和内径，集中受力区段的内壁材料做出不同的规定，这对于装配式塔机基础的结构安全是至关重要的。

地脚螺栓垂直孔道下端与水平孔道交会处是基础梁混凝土承受地脚螺栓集中应力的部位，地脚螺栓垂直孔道下端部的混凝土内壁极易在地脚螺栓的反复装配拆解和承受变化的集中作用力的过程中疲劳破坏，等于地脚螺栓下端螺母没有稳固的支座和锚固区，所以，必须对地脚螺栓垂直孔道与水平孔道交会处的孔道局部进行加固，以保证垂直连接构造的安全；同时也必须对地脚螺栓组的下端螺母的垫圈构造、面积、厚度做出规定，以确保有效扩散地脚螺栓组下端的巨大应力。地脚螺栓组下端螺母置于水平孔道内，在固定式塔机的作业振动下，会产生松退，且无法进行定期检查紧固，所以必须设置防螺母旋转松退的构造，以确保装配式混凝土塔机基础在工作过程中垂直连接构造各部位的应力保持稳定。

限定垂直孔道的长度的最小值，等于将水平孔道位置设于受力较小的基础梁中部，同时减小了基础梁箍筋承受的拉力，防止基础梁出现中腰部的水平裂缝，这对确保装配式混凝土塔机基础的整体强度十分有益。

3.3.11 在装配式塔机基础的垂直连接构造的基础梁以上部分与基础梁的上面之间设置高强度干硬性水泥砂浆是保证基础梁上面混凝土的面受力，是垂直连接构造的重要组成部分之一，因为装配式塔机基础的垂直连接构造装配完成后24h内就可以开始塔机吊装作业，所以高强度干硬性水泥砂浆必须在24h内形成强度，也就决定了选用水泥品种和强度等级的重要性；高强度干硬性水泥砂浆超过了规定厚度，过薄，无法保证均匀受力；过厚，容易破坏，都会对垂直连接构造的结构稳定性造成隐患。

3.3.12 本条规定了装配式塔机基础的垂直连接构造的重要部件的材料及几何尺寸，以确保垂直连接构造的安全和耐疲劳。

3.3.13 本条对装配式塔机基础的预制基础混凝土构件的混凝土强度等级、钢筋强度等级、水平连接构造的预应力筋的规格和强度等级、锚环、夹片的质量、垂直连接构造的地脚螺栓、螺母的材质和强度等级、预埋件、承压板的材质、橡胶封闭件的材质作出明确规定，为装配式塔机基础的整体结构性能可靠稳定和重复使用提供材料保证。

包括装配式塔机基础的钢定位键、固定端、张拉端的埋件、垂直连接构造的预制件都必须使用符合设计要求的铸钢件，以确保其强度和耐锈蚀，这对装配式混凝土塔机基础的结构稳定性和延长装配式塔机基础的使用寿命意义重大。

3.10.4 《固定式塔机装配式混凝土基础技术规程》（修订本建议稿）正文之"3.4 设计"部分的条文说明

3.4.1 一般规定

1. 装配式塔机基础是构筑物基础，属于建筑工程的一部分；装配式塔机基础是专为固定式塔机提供稳定结构支撑作用的，而固定式塔机的结构特征属于高耸结构，装配式塔机基础物质构成的主体为混凝土，其结构形式为装配式预应力混凝土结构，属于混凝土结构，故装配式塔机基础的设计应符合现行国家标准《建筑地基基础设计规范》GB 50007、《高耸结构设计规范》GB 50135 和《混凝土结构设计规范》GB 50010 的规定。

2. 本款规定了装配式塔机基础的设计原则，规定了装配式塔机基础的结构形式，明确了装配式塔机基础必须具有满足固定式塔机稳定支撑作用要求的所有力学性能和易位重复装配的结构特性，同时也就决定了装配式塔机基础与固定式塔机的垂直连接构造和装配式塔机基础的预制基础混凝土构件的水平连接构造的重复装配特性和预制基础混凝土构件利于运输、吊装的几何形状和重量范围。

本款规定了装配式塔机基础的适用场地的环境条件，以利于装配式塔机基础的预制基础混凝土构件的吊装运输和减少地基和基坑处理的成本，使装配式塔机基础的技术经济特点更加突出。

3. 装配式塔机基础的主要技术先进性能之一是具有重复易位装配使用的功能，所以装配式塔机基础的预制基础混凝土构件必然是在反复多次的装配、拆解过程中被施加预应力，这就决定了装配式塔机基础的预制基础混凝土构件的设计计算应符合《混凝土结构设计规范》GB 50010 中关于"预应力混凝土结构构件"的相关规定。

4. 装配式塔机基础的配套服务对象是固定式塔机，固定式塔机的各项技术性能和荷载资料是装配式塔机基础设计的重要技术前提条件。《塔式起重机设计规范》GB/T 13752 规定，固定式塔机的技术性能和工作性能数据尤其是装配式塔机基础设计的核心依据——基础承受的最大工作力矩、最大非工作力矩、水平力、水平扭矩和最大独立高度时的垂直重力等应在塔机的使用说明书中提供，在设计装配式塔机基础之前应认真审查这些技术参数，必要时应对这些数据按《高耸结构设计规范》GB 50135 的规定进行复核。

5. 本款规定了装配式塔机基础的设计地基承载力与固定式塔机的主要技术性能——额定起重力矩之间的关系，明确了与不同技术性能级别的固定式塔机装配的装配式塔机基础的设计地基承载力的区别，可以针对固定式塔机的技术性能级别，选用适合的地基承载力条件，从而避免了大量的地基处理工作，同时节约了施工成本，缩短了装配式塔机基础的施工周期。

装配式塔机基础的安装场地的地基条件低于本款规定的应对地基进行处理，或按本规程3.4.9条第1款规定设置基础底面扩展板，需要设置桩基的应按本规程3.4.8条"桩基设计计算"的要求设置桩基，并符合《建筑地基基础设计规范》GB 50007和《建筑地基处理技术规范》JGJ 79-91的规定。

装配式塔机基础安装场地的地基承载力特征值必须由地基勘察部门出具勘察报告、当地质条件复杂没有勘察报告时，应通过原位测试确定。装配式塔机基础的地基承载力特征值应得到工程施工单位、工程监理单位和装配式塔机基础的装配单位共同确认。

装配式混凝土塔机基础的地基，尤其是基础外缘的地基承受的压应力最大且不停地变化，因此，对装配式混凝土塔机基础的地基要求比一般建筑物更为严格，不但要有地基勘察报告，还要对地基进行认真的触探检验，目的在于排除坟、井、坑等存在于持力层的安全隐患，防止地基的不均匀沉降造成塔机倾覆。

6. 本款规定了装配式塔机基础的预制基础混凝土构件设计的主要技术经济要求：

（1）构造简单、耐用、便于制作、运输和重复使用，利于装配式塔机基础的降低生产、使用成本。

（2）几何尺寸符合建筑模数，利于施工；单件重量限定在2t～4t，利于吊装、运输、降低装配式塔机基础的制作、装配及运输成本。

（3）装配式塔机基础的预制基础混凝土构件属于预应力混凝土预制构件，混凝土强度不得低于C40，装配式塔机基础的预制基础混凝土构件承受的外力较一般建筑结构构件要复杂得多且无规律地变化，因此，要求预制基础混凝土构件的梁、板控制裂缝比一般建筑结构构件更小，包括基础梁的箍筋和连系筋、构造筋都要求使用HRB335或HRB400的钢筋，其目的是增加预制基础混凝土构件的整体强度和刚度，减少受力后的变形，提高抗疲劳强度。

（4）本款规定了装配式塔机基础的预制基础混凝土构件的基础梁的最小宽度和最大高度比，其目的在于，装配式混凝土塔机基础的水平连接构造和垂直连接构造都设于基础梁内，基础梁上端部承受最大压应力，没有足够的宽度不可能满足上述诸多特殊的构造要求；规定了基础底板的外边缘最小厚度，目的是基于装配式塔机基础的受力特点，确保装配式塔机基础的整体刚度和承受弯矩、扭矩、地基压应力的综合内力及构件多次移位不变形。

7. 本款规定了装配式塔机基础的技术性能设计计算和验算的必要内容，目的是确保装配式塔机基础设计形成安全和实现技术经济目标的技术条件完整的体系。

（1）确定装配式塔机基础的设计抗倾覆力矩是装配式塔机基础设计的前提条件和主要技术参数，必须符合相关国家标准《高耸结构设计规范》GB 50135和《建筑地基基础设计规范》GB 50007的规定。

（2）装配式塔机基础的设计地基承载力条件，是装配式塔机基础安全稳定的两个重要技术前提条件之一。装配式塔机基础是高耸结构的基础，具有承受水平360°任意方向的变向变量的力矩的主要特点，所以必须首先符合《高耸结构设计规范》GB 50135中关于基础的设计规定，同时，装配式塔机基础又是构筑物基础的一种，也必须符合《建筑地基基础设计规范》GB 50007的规定。

（3）装配式塔机基础的稳定性是设计目的之核心内容之一，对装配式塔机基础的稳定性验算是对设计数据的复核，是对装配式混凝土塔机基础承受的倾覆力矩、地基承载力、垂直力和基础自重的综合相互作用的平衡关系的考核确认。必须符合《高耸结构设计规范》GB 50135、《塔式起重机设计规范》GB/T 13752和《建筑地基基础设计规范》GB 50007的规定。

（4）装配式塔机基础承受的垂直力（固定式塔机结构总重力）和基础重力的设计计算是装配式塔机基础的基础抗倾覆稳定性的两个必要技术条件之一，在地基稳定的条件下，装配式混凝土塔机基础承受的垂直力和基础重力之合的不足是造成装配式混凝土塔机基础整体倾覆失稳的最重要条件。对装配式塔机基础承受的垂直力和基础重力的设计计算必须符合相关国家标准《高耸结构设计规范》GB 50135、《塔式起重机设计规范》GB/T 13752 和《建筑地基基础设计规范》GB 50007 的规定。

（5）本款规定了装配式塔机基础的预制基础混凝土构件的结构设计计算的项目和内容，预制基础混凝土构件是构成装配式塔机基础的结构主体，预制基础混凝土构件的结构设计直接关系到装配式塔机基础的安全和使用寿命，必须针对为预制基础混凝土构件承受的各种外力进行构件的内力设计计算，以确保预制基础混凝土构件的安全和使用寿命。

（6）装配式塔机基础的水平连接构造是装配式塔机基础的预制基础混凝土构件水平组合成结构整体的技术方法和手段，作为一个装配式塔机基础的主要构造系统，垂直连接构造的技术性能是装配式塔机基础整体承受固定式塔机传给的各种外力的基本条件，直接关系到装配式塔机基础的安全稳定和重复使用，相关的项目内容必须纳入设计计算。

（7）本款规定了装配式塔机基础的垂直连接构造设计计算的项目内容。装配式塔机基础与固定式塔机的垂直连接构造，直接关系到固定式塔机的安全稳定，关系到装配式塔机基础的重复使用性能，关系到同一型号的装配式塔机基础与不同厂家生产的同型号的固定式塔机的垂直连接构造的兼容通用，必须确保设计计算的项目和内容对垂直连接构造安全、兼容、重复使用要求的全覆盖。

（8）本款规定了装配式塔机基础安装场地的地基承载力条件未达到设计要求须要对地基进行处理时，附加装配"地基扩展板"或采用"桩基"时的设计计算项目内容，以确保"地基扩展板"和"桩基"的使用能确保装配式塔机基础的地基稳定。

8. 本款规定了装配式塔机基础的施工图的绘制要求。

（1）装配式混凝土塔机基础属于混凝土结构物，本款明确了装配式塔机基础的施工图应执行《建筑结构制图标准》GB/T 50105 的规定。

（2）同一座装配式塔机基础的各预制基础混凝土构件具有"对号入座，不可互换"，同时不同序列编号的同型号的装配式塔机基础的预制基础混凝土构件不得互换装配的独有特点，要使装配式塔机基础的预制基础混凝土构件真正实现"对号入座"，必须在施工过程中严格按施工图标注的编号做好预制基础混凝土构件的座位编号标记工作，这是保证装配式塔机基础的结构安全和重复使用的重要措施。

预制基础混凝土构件的混凝土强度等级是与装配式塔机基础承受的综合外力的强度和重复使用的要求相匹配的，其粗骨料的粒径是直接与预制基础混凝土构件的配筋密度和预埋件设置及混凝土构件的结构密实度有关的，这些都会对装配式塔机基础的结构安全和寿命产生重要影响。

（3）设于装配式塔机基础的预制基础混凝土构件的各部位的埋件和孔洞的精确设置，对装配式塔机基础的技术性能作用十分重要，且对施工中各工程交叉作业有重要影响，必须在预制基础混凝土构件的施工图中标注明确，并使各分项工程互不冲突。

（4）装配式塔机基础的预制基础混凝土构件的模板图和模板装配图是保证预制基础混凝土构件的几何尺寸、质量、制作、装配、降低生产成本的重要因素，预制基础混凝土构件上预设孔洞的模具和埋件的定位螺栓位置决定了装配式塔机基础的垂直连接构造和水平连接构造的位置精准度，模板的材质和施工工艺是决定模板的质量和重复使用及寿命的关键，必须符合设计要求，且符合《混凝土结构工程施工规范》GB 50666 的规定。

（5）本款对装配式塔机基础的预制基础混凝土构件的钢筋图和钢筋加工工艺提出明确的标准，钢筋配置应以设计计算书的相关内容为依据。

（6）装配式塔机基础的水平连接构造是一个独立的构造系统，其无粘结后张法预应力结构和重复使用的特点，决定了水平连接构造的特殊性，所以必须提供水平连接构造的总平面、剖面图、钢绞线水平孔道的位置图、固定端、张拉端的构造详图、零部件详图，以利于预制基础混凝土构件的生产和装配式塔机基础的装配。

（7）装配式塔机基础的垂直连接构造也是一个独立的构造系统，其与多个不同厂家生产的同型号塔机与基础的不同的垂直连接构造的通用和重复使用的特点，决定了垂直连接构造的特殊性，所以必须提供垂直连接构造的总平面、剖面图、各不同厂家生产的同型号同类垂直连接构造（有底架或无底架）的垂直连接构造的位置图、零部件详图，以利于预制基础混凝土构件的生产和装配式塔机基础的装配。

9. 本款规定了装配式塔机基础的装配说明书的主要内容。

（1）本款规定了装配式塔机基础装配的基本条件，不具备本款规定的条件就无法进行装配式塔机基础的装配。

（2）、（3）、（4）装配式塔机基础的预制基础混凝土构件和重力件是有固定的装配顺序的，违反了规定的装配顺序，则装配式塔机基础的装配无法完成。包括装配式塔机基础的预制基础混凝土构件的装配、水平连接构造、垂直连接构造的装配都是有特定工艺要求和质量标准的，不明确规定各分部装配工程的工艺标准和质量标准，会给装配式塔机基础的安全和使用寿命造成直接的负面影响，所以，装配式塔机基础的预制基础混凝土构件、水平连接构造、垂直连接构造的装配顺序、工艺流程和质量标准对于装配式塔机基础的整体性能至关重要，各分部工程的相互交叉衔接，对装配进度和质量也有重大关系。必须在装配式塔机基础的装配说明书中交代清楚。

（5）装配式塔机基础大多数都设于基坑之内，基坑的排水措施至关重要。人们往往只重视地基承载力是基础稳定性的关键之一，却忽视了暴雨导致的基坑内积水未能及时排出对装配式塔机基础的地基造成的极其重大的危害。基坑内一旦有大量积水不能及时排出，短时间内就会渗透到地基执力层，在塔机倾覆力矩作用下，会迅速造成地基结构变形，直接导致装配式塔机基础的失稳；一旦出现这种情况，短时间内无法补救，造成塔机无法作业，施工进度受到意外影响的重大损失的严重后果。所以，在装配式塔机基础的装配说明书中，基坑排水是重要内容之一。

（6）本款规定了装配式塔机基础的拆除条件、工艺顺序、质量标准和拆除装配式塔机基础后对基坑的处理要求。这为装配式塔机基础的顺利拆解和重复装配提供条件。

（7）本款明确规定装配式塔机基础的装配与拆解工作中的安全注意事项，目的在于确保施工人员、设备和装配式塔机基础的零部件的安全。

（8）本款规定了装配式塔机基础装配完成交付使用后的检查与维护的具体要求，这对装配式塔机基础的安全稳定十分重要，也是确保固定式塔机正常工作的重要保障。

（9）根据装配式塔机基础装配的现场场地条件，明确配合预制基础混凝土构件吊装作业的汽车起重机的技术性能要求，如额定起重力矩、最大工作幅度的最小起重量等以保证吊装作业安全、顺利、节约。

（10）装配式塔机基础的重复使用造成了一个预制基础混凝土构件的移位、运输环节，根据装配式塔机基础的预制基础混凝土构件的单件几何尺寸和重量选配适当运输车辆，并提供预制基础混凝土构件在运输车厢内的平面位置图，对降低装配式塔机基础的使用成本、提高运输效率十分重要，所以要预先选定运输车型。

3.4.2 基础抗倾覆力

1. 基础设计抗倾覆力矩是装配式塔机基础的设计的核心技术内容，因为装配式塔机基础承受的倾覆力矩、垂直力、水平力和水平扭矩这四种外力中最重要最具代表性的是它的抗倾覆力矩的性能，所以，一座装配式塔机基础的技术性能参数首先是它的抗倾覆力。

装配式塔机基础的设计抗倾覆的内力取决于与其装配组合的固定式塔机的最大独立高度的工作状态或非工作状态的倾覆力矩的外力。要科学准确地确定固定式塔机传给基础的综合外力，是装配式塔机基础设计的技术前提条件之一，就必须严格执行《塔式起重机设计规范》GB/T 13752 的规定。

本款同时规定了装配式塔机基础的地基承载力、基础重力、预制基础混凝土构件的截面强度、配筋的设计计算的基本准则。

2. 本款对装配式塔机基础的荷载和效应组合作出规定。

（1）本款对作用于装配式塔机基础上的荷载及荷载效应组合的项目及其数据来源，并对装配式塔机基础安装现场的实际风压取值做出明确规定。

（2）公式（3-1）规定了"M——相应于荷载效应的标准组合下塔机作用于基础底面的倾覆力矩值（kN·m）"这个决定装配式塔机基础的抗倾覆力的最重要数据的计算规则。根据《建筑结构荷载规范》GB 50009 关于荷载分项系数的规定，"可变荷载的分项系数，一般情况下应取 1.4"；M_k 应取荷载效应的标准组合下塔机作用于基础顶面的工作状态和非工作状态下的力矩标准值中的最大值。

3. 本规程 3.3.3 条规定了装配式塔机基础的四种平面图形与固定式塔机的优选匹配关系。在确定了固定式塔机的 M 值之后，接着首先按本规程 3.3.3 条的规定选择装配式塔机基础的总平面图形，从而为充分发挥装配式塔机基础的平面图形综合优势和充分利用地基承载力作用，为减少装配式塔机基础的占地面积创造了条件。

4. 本款规定了装配式塔机基础的抗倾覆稳定性即装配式塔机基础的抗倾覆力矩的设计取值规则，在荷载分项系数 1.4 的基础上，再附加一个对施工质量、装配工艺质量的"保险系数 k_1，取 $k_1 = 1.1 \sim 1.2$"，从而进一步确保了装配式塔机基础在结构整体协同作用和施工装配质量的综合安全度。

3.4.3 地基承载力

1. 地基承载力的设计计算是装配式塔机基础设计计算的最重要部分之一，装配式塔机基础的地基承载力条件是装配式塔机基础的抗倾覆力的基本条件。

（1）、（2）本款规定了装配式塔机基础的地基承载力在轴心荷载作用时和偏心荷载作用时的计算规则，并按《建筑地基基础设计规范》GB 50007 规定限定了"$p_{k,max}$——相应于荷载效应的标准组合下基础底面边缘的最大压应力值（kPa）"与"p_k——相应于荷载效应的标准组合下基础底面的平均压力值（kPa）"或"f_a——修正后的地基承载力特征值（kPa）"的关系，为装配式塔机基础的地基承载力条件提供了安全的前提。

装配式塔机主要承受倾覆力矩，装配式塔机基础边缘的地基承受在一定范围内的不规则变量周期荷载，对基础底面边缘的最大压应力（$p_{k,max}$）与基础的底面的平均压力值（f_a）的比值限定为不大于 1.2，则确保了地基在承受不规则的变量周期荷载时的稳定性；因为试验表明，地基土的弹性模量[正应力与弹性（即可恢复）正应变的比值]要比变形模量和压缩模量大得多。

（3）在大小相同的倾覆力矩作用下，当装配式塔机基础（平面图形为正方形、风车形、双哑铃形、十字形）承受倾覆力矩的方向与基础平面图形的 n（或 m）轴垂直重合，且基础底面脱开地基土面积不大于基础底面 1/4 时，基础边缘承受的地基压应力（$p_{k,max}$）在基础底面承受的倾覆力矩的水平 360°变向中最大；因此，限定了装配式塔机基础"承受倾覆力矩的方向与基础平面图形的 n（或 m）轴垂直重合，且基础底面脱开地基土的面积应不大于基础底面积 1/4"（不但限制了地基压应力面积的最小值，且限制了地基压应力合力点至基础中心的距离亦即限制了地基压应力偏心距的最大值）这两个条件，同时符合本规程的公式（3-4）的规定，装配式塔机基础的地基承载力设计值（f_a）必然是安全的。

计算和实验表明，在大小相同的倾覆力矩作用下，装配式塔机基础承受倾覆力矩方向与基础平面图形的 x（或 y）轴垂直重合，且基础底面积脱开地基土的面积不大于基础底面积 1/3，同时符合本规程的公式（3-4）的规定条件下，其地基承载力设计值（f_a）仍然低于装配式塔机基础承受倾覆力矩的方向与基础平面图形的 n（或 m）轴垂直重合，且基础底面脱开地基土的面积不大于基础底面积 1/4 条件下的地基承载力设计值（f_a）；并且，此时的地基压应力偏心距（e_{faxb}）比装配式塔机基础承受倾覆力矩的方向与基础平面图形的 x（或 y）轴垂直重合，且基础底面脱开地基土的面积应不大于基础底面积 1/4 条件下的地基压应力偏心距（e_{faxa}）增大，这为降低装配式塔机基础在承受倾覆力矩方向与基础平面图形的 x（或 y）轴垂直重合条件下的基础重力（G_{kx}）提供了技术条件；因为在大小相同的倾覆力矩作用下，地基压应力偏心距（e_{fax}）的增大，必然导致基础重力（G_{kx}）的缩小。而基础重力（G_{kx}）的缩小有利于装配式塔机基础的预制混凝土构件的体积缩小，从而在保证基础稳定的前提下，实现减轻基础预制构件的重量，为减少装配式塔机基础的制作、运输、安装、使用成本提供了技术条件。

2. 本款对装配式塔机基础承受轴心荷载和在核心区内承受偏心荷载时的基础底面压应力计算作出规定。

在某种特定条件下，装配式塔机基础可能承受轴心荷载和在核心区内承受偏心荷载，本款规定了装配式塔机基础在这种特定条件下的地基压应力值的计算规则，此时排除了基础承受倾覆力矩，基础底面的地基压应力近似于平均值，因此，其地基压应力之和与基础上面承受的垂直力（F_k）和基础重力（G_k）之和相等。

3. 装配式塔机基础的地基承载力设计的两个基本条件——装配式塔机基础的倾覆力矩设计值（M_d）和基础的平面图形（正方形、风车形、双哑铃形、十字形）。有了"装配式塔机基础的倾覆力矩设计值（M_d）"，就有了不小于"装配式塔机基础的倾覆力矩设计值（M_d）"的"装配式塔机基础承受倾覆力矩方向与基础平面图形的 n（或 m）轴垂直重合，且基底脱开地基土面积与基底面积之比为 1/4，基底承受的地基压应力的抗倾覆力矩（M_{fan}）"，在同时符合公式（3-4）规定和本规程 3.4.3 条第 1 款要求的条件下，计算出"装配式塔机基础承受的倾覆力矩方向与基础平面的 n（或 m）轴垂直重合时，且基础底面脱开地基土的面积不大于基础底面积的 1/4，地基压应力的合力点至基础平面中心即全部地基压应力的偏心距（e_{fan}）"和"装配式塔机基础承受的倾覆力矩方向与基础平面的 n（或 m）轴垂直重合时，且基础底面脱开地基土的面积不大于基础底面积的 1/4 的全部地基压应力（$\sum f_{an}$）"，也顺理成章地得到了修正后的地基承载力特征值（f_{a1}），至此，能确保装配式塔机基础在承受倾覆力矩设计值（M_d）时的地基承载力特征值（f_{a1}）被确定，因为依照上述规定和程序计算出的地基承载力特征值（f_{a1}）是装配式塔机基础的倾覆力矩方向水平 360° 中的最大值，所以无须再进行装配式塔机基础的倾覆力矩设计值（M_d）与基础平面的其他任何方向垂直重合条件下的验算。

3.4.4　基础稳定性

1. 公式（3-7）、（3-8）、（3-9）、（3-10）明确规定了装配式塔机基础承受单向或双向偏心荷载时，装配式塔机基础的基础底面承受的全部垂直力（F_k+G_k）、全部地基压应力（$\sum f_a$）、地基压应力合力点至基础中心的距离即全部地基压应力的偏心距（e_f）、地基压应力抗倾覆力矩（M_{fa}）、设计抗倾覆力矩（M_d）、相当于荷载效应组合下作用于基础底面的倾覆力矩（M）之间的关系，这就决定了装配式塔机基础在确定设计地基承载力（f_a）时应以公式（3-7）的"$\sum f_{an}$"即"M_d——装配式塔机基础抗倾覆力矩"的作用方向与装配式塔机基础平面的 n 或 m 轴垂直重合时的"$p_{k,max}$"值为条件，该值是两个公式（3-7）、（3-8）中的两个不同轴线（x、n）方向的

"$p_{k,max}$"中的较大值；且在倾覆力矩方向与n（或m）轴垂直重合、基础底面与地基土脱开面积不大于基础底面积$1/4$，和倾覆力矩方向与x（或y）轴垂直重合、基础底面与地基土脱开面积不大于基础底面积$1/3$的条件下求得的"$\sum f_{an}$"值是两个公式（3-7）、（3-8）中的两个"$\sum f_a$"中的较小值；也决定了装配式塔机基础在确定基础底面承受的设计全部垂直力（F_k+G_k）时应以公式（3-8）的"(F_k+G_{kx})"即"M_d——装配式塔机基础抗倾覆力矩"的作用方向与装配式塔机基础的平面的x（或y）轴垂直重合时的"(F_k+G_{kx})"值，是两个公式（3-7）、（3-8）中的两个不同轴线（x、n）方向的"(F_k+G_k)"中的较大值；选用两个公式（3-7）、（3-8）中的"$p_{k,max}$"和"(F_k+G_k)"中的较大值做为装配式塔机基础的最小的地基承载力（f_a）和基础总重力（G_k）设计值条件，就能保证装配式塔机基础设计的安全。

可以参考借鉴的是风力发电机的基础，因为风力发电机和固定式塔机的结构重要性等级都为二级。在欧洲标准——《Design of offshore wind turbine structures》（DNV-OS-J101）中关于"风电场设计"的规定——"基础底面脱开地基土面积不大于基础底面积的$1/3$"；我国标准《塔式起重机设计规范》GB/T 13752在对平面为正方形的固定式塔机基础的抗倾翻稳定性验算列出的公式：

$$e=\frac{M+F_h \cdot h}{F_v+F_g}\leqslant\frac{b}{3}$$

上列公式中规定了$e\leqslant\frac{b}{3}$，亦即本规程中的$B/3$，而当装配式塔机基础承受设计倾覆力矩方向与基础平面的x（或y）轴垂直重合时，在基础底面脱开地基土面积不大于基础底面积$1/3$条件下，其全部地基压应力的合力点至基础平面中心的距离即地基压应力的"偏心距（e_{fax}）"值——$0.277778B$，远未达到$B/3$。据此，采用该"偏心距（e_{fax}）"值与当装配式塔机基础承受倾覆力矩方向与基础平面的n（或m）轴垂直重合时，在基础底面脱开地基土面积不大于基础底面积$1/4$条件下的地基压应力的"偏心距（e_{fax}）"值的比例关系，按公式（3-9）和（3-10）的规定最终确定装配式塔机基础的基础总重力设计值（G_{kx}），是完全可以确保基础总重力（G_k）在装配式塔机基础承受水平$360°$任意方向的设计倾覆力矩（M_d）时的稳定性。以装配式塔机基础的基础平面图形正方形、风车形为例，当基础承受的倾覆力矩方向与x（或y）轴垂直重合时，且基础底面脱开地基土面积不大于基础底底面积的$1/3$条件下，地基压应力的偏心距（e_{fax}）分别为$0.277778B$和$0.289468B$，该值大于基础承受倾覆力矩方向与基础平面的n（或m）轴垂直重合时，且基础底面脱开地基土面积不大于基础底面积$1/4$条件下的地基压应力偏心距（e_{fan}）分别为$0.258417B$和$0.281137B$；并且地基承载力抗倾覆力矩（M_{fa}）在倾覆力矩方向与x（或y）轴垂直重合时的值分别为$0.111111B^3 f_a$和$0.089908B^3 f_a$；在地基承载力抗倾覆力矩（M_{fa}）方向与n（或m）轴垂直重合时的值分别为$0.084384B^3 f_a$和$0.064867B^3 f_a$；这证明，以地基承载力抗倾覆力矩（M_{fa}）方向与n（或m）轴方向垂直重合时，且基础底面与地基土脱开面积不大于基础底面积$1/4$条件下的地基边缘最大压力值（$p_{k,max}$）和地基压应力偏心距值（e_{fan}）为条件的地基承载力设计值（f_a）和基础底面承受的总重力值（F_k+G_{kn}）做为装配式塔机基础的稳定条件是可靠的。

即便是装配式塔机基础的平面图形为双哑铃形和十字形，按上述对比方式，也只是出现了倾覆力矩作用方向与x（或y）轴垂直重合时的地基压应力偏心距（e_{fax}）小于倾覆力矩作用方向与n（或m）轴垂直重合时的地基压应力偏心距（e_{fan}），只需根据e_{fan}与e_{fax}的比值按公式（3-10）的规定调整增大基础底面承受的总重力（F_k+G_{kn}）为（F_k+G_{kx}），就可以确保装配式塔机基础的总重力（F_k+G_k）在承受水平$360°$任意方向的设计倾覆力矩时的平衡稳定状态。

综上所述，装配式塔机基础的稳定性的两个条件——"设计地基承载力条件（f_a）"和"设计基础重力条件（G_k）"必须同时符合（3-7）、（3-8）、（3-9）、（3-10）四个公式的规定，不能同时符合四个公式的规定，装配式塔机基础必然存在失稳的重大隐患。

本规程根据装配式塔机基础的四种平面图形的特点，采用针对不同轴线（x、n）方向规定不同的基础底面脱开地基土面积与基底面积的比例 1/3、1/4，其结果是实现了在保证装配式塔机基础的稳定前提下的基础重力的相对降低。达到了既能保证装配式塔机基础的结构安全，又避免了基础材料的不必要的生产和使用成本的浪费，完全符合本规程 3.4.1 条第 6 款的要求。

本规程的公式（3-7、3-8）所规定的各项技术参数的关系，也是装配式塔机基础设计必须严格遵守的，符合其顺序和要求的，装配式塔机基础的主要设计内容就有了安全和经济的保证。

2. 装配式塔机基础的基础重力计算关系到预制基础混凝土构件的几何尺寸，更关系到装配式塔机基础的安全稳定。

（1）本款规定了装配式塔机基础重力设计值（G_{kx}）包括预制基础混凝土构件和置于预制基础混凝土构件之上的重力件的重力计算规则。

（2）本款规定了装配式塔机基础的重力件采用固体散料时，重力件的重力计算规则，由于固体散料的密实度存在不确定性，所以在现场进行固体散料的容重试验之后，再用"1.2——固定散料的容重偏差系数"确保重力件的实际重力符合设计要求。

3. 本款对装配式塔机基础坐落于有斜坡的地基上时的地基稳定和装配式塔机基础的地基土抗滑移条件做出符合《建筑地基基础设计规范》GB 50007 的规定，确保装配式塔机基础处于有斜坡的地基上的稳定性。

3.4.5 预制混凝土构件

1. 装配式塔机基础的预制基础混凝土构件属于预制混凝土构件，它的结构设计计算必须符合《混凝土结构设计规范》GB 50010 的规定，并且符合本规程 3.3.13 条关于预制基础混凝土构件的材料的规定。

2. 装配式塔机基础的预制基础混凝土构件的基础梁是装配式塔机基础结构的骨架，装配式塔机基础承受的倾覆力矩、垂直力、水平力、水平扭矩首先是由基础梁承受传递的，基础梁在承受最大弯矩的区段又同时承受最大剪切力，这就决定了在进行基础梁正截面强度计算的基础上还要进行基础梁的斜截面强度计算。

3. 装配式塔机基础的预制基础混凝土构件的底板正截面承载力设计计算应沿基础梁轴线方向分"区段"计算，因为各"区段"的地基压应力值不同且横向长度也不同。公式（3-16）中的"$k_{h1}=1.4$"和公式（3-17）中的"$k_{h2}=1.35$"是按《建筑结构荷载规范》GB 50009 关于"荷载分项系数"的规定附加的；"0.875"是基础底板截面计算的内力臂相对于板厚（h'）的计算系数，相对《混凝土结构设计规范》GB 50010 而言是比较保守的，因基础底板承受不定量的无固定周期的正、负弯矩，以策安全。

4. 除了对基础底板的受拉区要进行配筋设计计算之外，还要对底板截面受压区进行混凝土的强度验算，以确保底板受压区的安全。

5. 基础底板与基础梁交接的垂直截面的抗剪切内力计算应符合下列公式的规定：

（1）、（2）在基础底板的正截面强度设计计算的基础上，还要对截面的抗剪切力进行计算验算，底板抗剪切的外力有两种；一种是地基压应力形成的剪切力，另一种是底板自重和底板上承载的基础重力件的重力形成的剪切力，须分别进行计算。基础底板混凝土抗剪强度设计值（f_v）取值的依据是试验证明，混凝土的抗剪强度约与抗拉强度相等，取 $f_v=1.71N/mm^2$（C40）。

3.4.6 水平连接构造

1. 装配式塔机基础的水平连接构造是保证装配式塔机基础的整体性和结构性能的重要构造，而预应力钢筋的设计计算又是水平连接构造的核心内容。

（1）本款规定了与无底架的固定式塔机装配的装配式混凝土塔机基础的基础梁内按本规程3.3.9条规定，其水平连接构造需设置上、下各一组或只设一组钢绞线计算的前提条件——基础梁承受的最大正、负弯矩计算的规定：

1）与无底架的固定式塔机装配的装配式混凝土塔机基础的水平连接构造在基础梁内设置上、下二道或只设一道钢绞线，其作用在于抵抗基础梁承受的正弯矩 M_{U1} 或 M_{U2}，M_{U1} 或 M_{U2} 应按公式（3-20）计算。显而易见，M_{U1} 或 M_{U2} 是在倾覆力矩方向与基础平面的 n 或 m 轴垂直重合条件下，以基础梁承受最大正弯矩所在的位置——位于固定式塔机与装配式混凝土塔机基础的垂直连接构造合力点（U_1 或 U_2）的基础梁截面承受的由倾覆力矩形成的全部正弯矩与由（F_k+G_k）对 U_1 或 U_2 截面形成的负弯矩的差值，并附加荷载分项系数 $k_{h1}=1.4$ 来确定的。

2）与无底架的固定式塔机装配的装配式混凝土塔机基础的水平连接构造在基础梁内设置上、下二道或只设一道钢绞线，其作用在于抵抗基础梁承受的负弯矩 M_{N1} 或 M_{N2}，M_{N1} 或 M_{N2} 应按公式（3-21）计算。而 M_{N1} 或 M_{N2} 是在倾覆力矩方向与基础平面的 n 或 m 轴垂直重合条件下，装配式混凝土塔机基础的基础梁承受最大负弯矩的位置——位于固定式塔机与装配式混凝土塔机基础的垂直连接构造的合力点之一的（N_1 或 N_2）的基础梁截面上承受的由 N_1 或 N_2 截面以外的基础重力（G_{kx}）对 N_1 或 N_2 截面形成的负弯矩并附以荷载分项系数 $k_{h2}=1.35$，以策安全。

3）本款确定了与有底架的固定式塔机装配的装配式混凝土塔机基础的基础的 U_3 截面所承受正弯矩 M_{U3} 的计算公式（3-22），公式（3-22）与公式（3-20）的区别在于，固定式塔机的底架对基础梁承受的弯矩具有明显的减弱分解作用，公式（3-22）中的 $k_{h3}=2/3$，取值是保守的，意在使固定式塔机的底架构造与基础梁共同受力，以基础梁承担的1/3负弯矩减少底架承受的负弯矩，会使固定式塔机的底架与基础的组合结构更安全可靠。

4）与有底架的固定式塔机装配的装配式混凝土塔机基础的基础梁的 N_3 截面承受的最大负弯矩的计算公式（3-23）是在公式（3-21）的基础上附加了固定式塔机的底架构造对基础梁承受的负弯矩的1/3分解作用。

（2）、（3）在本规程3.4.6条第1款的设计计算基础上，本款规定了固定式塔机与装配式混凝土塔机基础的水平连接构造的钢绞线的根数计算的前提条件——钢绞线的截面积 A_{P1} 或 A_{P2} 的计算规定，其中公式（3-25）与公式（3-24）的区别在于，公式（3-25）中的梁截面内力臂系数0.9大于公式（3-24）中的梁截面内力臂系数0.875，是因为 h_{02} 所在的混凝土受压区位于底板下缘，其受压区的宽度大于 h_{01} 所在的混凝土受压区的基础梁上缘的宽度，适当放大内力臂系数是有结构安全保证的。

在公式（3-24）和（3-25）中分别附加了 k_3（钢绞线拉力不均匀系数，取 $k_3=1.25$）是因为一组钢绞线往往有多根，其间距比较大，基础承受水平360°任意方向的倾覆力矩作用，各钢绞线应力也会不同，因此附加一个拉力不均匀系数对基础结构安全无疑是有益的。

2. 本款规定了在基础梁的中下部只设一组或上、下各一组水平钢绞线的技术条件，并规定了钢绞线合力点在基础梁中垂直方向的位置，从而使钢绞线在发挥最大效力的同时也能保证基础梁的结构安全。

3. 装配式塔机基础的水平连接构造产生的各预制基础混凝土构件的相邻连接面的抗剪切力是装配式塔机基础的水平连接构造的技术性能的核心内容，装配式塔机基础的各预制基础混凝土构件的相邻连接面的抗剪切性能直接关系到装配式塔机基础承受水平360°任意方向的变向变量的倾覆力矩和水平力、垂直力、水平扭矩的变向变量组合的各种外力的能力，同时又直接关系到装配式塔机基础的重复使用，所以准确把握装配式塔机基础的各预制基础混凝土构件的相邻连接面承受的剪切力是设计装配式塔机基础的预制基础混凝土构件的相邻连接面上的抗剪切构造的依据。

4. 在获得按本规程 3.4.6 条第 3 款规定的装配式塔机基础的预制基础混凝土构件的相邻连接面的最大剪切力值以后，按本款规定即可计算出该连接面的抗剪切内力。在公式（3-30）中的 1.35 是按《建筑结构荷载规范》GB 50009 的规定的荷载分项系数取值以确保装配式塔机基础的预制基础混凝土构件的相邻连接面有足够的抗剪切力。

5. 除正方形平面以外的其他三种平面图形如风车形、又哑铃形、十字形平面的装配式塔机基础在承受倾覆力矩时，同时要承受由倾覆力矩造成的相邻的两条轴线上的基础梁的水平分力，在装配式塔机基础的水平连接构造的设计计算中，往往只注重基础梁的正截面和斜截面计算，也会十分注意预制基础混凝土构件的相邻连接面的抗剪切内力计算，而忽视了倾覆力矩造成的基础梁的水平分力计算，这会给装配式塔机基础的结构安全留下重大隐患，必须引起重视。因为平面为正方形的装配式塔机基础的底板是一个整体，相邻预制混凝土构件的底板的侧立面之间为无间隙配合，足以抵抗倾覆力矩造成的水平分力，所以无须验算。

6. 在本规程 3、4、6 条第 5 款的基础上，以公式（3-39）、（3-40）、（3-41）计算得出装配式塔机基础的基础梁抗水平分力的内力的方法和步骤。

7. 在对预制基础混凝土构件的中心件的底板按《混凝土结构设计规范》GB 50010 的规定进行验算，合格的条件下，可以得知装配式塔机基础结构抗水平分力的内力能否承受倾覆力矩造成的水平分力。当 $F_3 < F_2$ 时，必须在装配式塔机基础的端件的基础梁外端设置水平拉结构造以防水平分力对装配式塔机基础的结构破坏。

3.4.7 垂直连接构造

垂直连接构造是固定式塔机与装配式塔机基础垂直连接定位的结构构造，垂直连接构造是固定式塔机传给装配式塔机基础的垂直力、倾覆力矩、水平力、水平扭矩进行传递的关键构造，垂直连接构造又是实现装配式塔机基础的重复使用的决定性条件。

1. 装配式塔机基础与无底架的固定式塔机进行垂直连接时，装配式塔机基础的基础梁与塔身基础节进行垂直连接的地脚螺栓承受的最大设计拉力值是该类垂直连接构造设计计算的核心内容，最大倾覆力矩作用于装配式塔机基础的 x 或 y 轴方向时，地脚螺栓承受的拉力最大（图 3-38、图 3-39）。

2. 装配式塔机基础与有底架的固定式塔机进行垂直连接时，按固定式塔机的"使用说明书"中给出的垂直连接构造的地脚螺栓位置设置地脚螺栓组，单根的地脚螺栓最大设计应力值按公式（3-44）进行计算。因有底架的固定式塔机与基础的垂直连接螺栓组之间的距离较大，会造成地脚螺栓的受力不均，所以附加了地脚螺栓应力不均系数，以策安全。

3. 本款对装配式塔机基础的地脚螺栓的强度等级作出规定，因为装配式塔机基础的垂直连接构造的地脚螺栓承受的应力较大，又有重复使用的要求，必须使用高强度等级的螺栓，螺纹的制作工艺必须是滚丝工艺，因为以滚丝工艺生产的同型号螺栓副比用切削工艺制作的螺栓副的抗拉极限值大 30% 左右，这对地脚螺栓的强度和使用寿命有重要影响，还应选用细牙螺纹，其优点，一是便于螺栓的力矩精细调节，二是同直径同强度等级的螺栓，细牙螺纹比粗牙螺纹的应力值大 10% 左右。

4. 装配式塔机基础的地脚螺栓组的预设垂直孔道要适应多个不同厂家生产的固定式塔机的底架宽度，其结果必然会使某些底架宽度较窄的地脚螺栓与底架侧立面之间的净距离大于 15mm，这就为底架在倾覆力矩作用产生的水平分力作用下，给底架的水平位移提供了可能，所以必须对底架在额定最大倾覆力矩作用下产生的水平分力能否导致底架的水平位移进行设计验算。

5. 本款规定了装配式塔机基础的垂直连接构造的结构抗固定式塔机底架在倾覆力矩作用下产生的水平分力的内力的计算规则。本款是在按本规程 3、4、6 条的第 7 和第 8 款规定，经计算确认或采取结构措施确保装配式塔机基础的预制基础混凝土构件在倾覆力矩作用下不会出现水平位移的基础上进行的。装配式塔机基础的预制基础混凝土构件的结构内力或采取的结构措施不能确保足以抵抗塔机倾覆力矩造成的水平分力而处于稳定状态，验算生根于其上的垂直连接构造的抗塔机底架的水平分力也就无意义了。

3.4.8　桩基设计计算

装配式塔机基础的地基条件未达到设计要求，用一般《建筑地基处理技术规范》JGJ 79 规定仍不能达到设计要求的特殊地基条件下，应采用桩基。装配式塔机基础的地基以桩基替代有其特殊的要求：

（1）装配式塔机基础的地基以桩基替代，必须由有资质的专业技术人员根据本规程关于桩基设计的具体要求进行设计，以确保装配式塔机基础的地基安全稳定。

本款规定了桩基的平面位置布置要求，因装配式塔机基础承受倾覆力矩时，基础边缘的地基压应力最大，所以将桩基布置于基础外缘，每组桩基的根数由其单桩承载力决定。与额定起重力矩大于 630KN·m 的固定式塔机装配的装配式塔机基础底面承受的垂直力明显加大，故应在装配式塔机基础的平面中心增设 1 根桩基以减少外围桩基的压力。

（2）本款规定了桩基的承台梁的构造。设置承台梁的意义在于将各桩基上端连为一体，以更好地分解传递装配式塔机基础通过承台板传给桩基的压力，并控制了桩基的水平位移。

（3）本款规定了承台板的构造，控制承台板上面的水平度、平整度为在其上安装装配式塔机基础创造良好条件。

3.4.9　构造要求

1. 作为降低装配式塔机基础的地基承载力设计条件的技术构造措施之一，在装配式塔机基础的基础底面外边缘以下加装基础底面扩展板，可以在降低地基承载力条件不大于 30% 的范围内，免去地基处理的环节和程序，加快了装配式塔机基础的装配，使固定式塔机在更短的时间内投入使用，降低了装配式塔机基础的使用成本，提高了固定式塔机的效率。

2. 装配式塔机基础的水平连接构造系统的预应力钢筋首选钢绞线（1×7，$f_{ptk} = 1860 \mathrm{N}/\mathrm{mm}^2$），因为钢绞线利于重复使用，材料试验证明，钢绞线经过 $0 \sim 80\% f_{ptk}$ 的 50 次周期荷载试验后，其材料力学性能并未改变，并且钢绞线的构造形式利于水平连接构造的固定端、张拉端构造的重复装卸。

本款对在装配式塔机基础的基础梁上设置水平钢绞线与其孔道的配置要求作出规定，是出于对装配式塔机基础的基础梁截面承受集中预应力对结构安全的影响以及水平连接构造装配工艺所需空间的要求。

装配式塔机基础的水平连接构造的预设孔道宜用内衬管，限定单根钢绞线的预设孔道的最小内径是为钢绞线的装卸顺利，限定预留孔道的净距意义在于，防止混凝土浇筑施工时因预留孔道间隙太小，造成混凝土骨料通过困难致混凝土结构密实度无法保证。

3. 装配式塔机基础的水平连接构造的预留孔道的位置决定于钢绞线的位置，装配式塔机基础的预制基础混凝土构件的基础梁承受设计最大倾覆力矩的位置一般都在中心件之外，本款限定了装配式塔机基础的水平连接构造在基础梁十字轴线上预设的钢绞线孔道的高差，也就保证了倾覆力矩作用方向与基础梁十字轴线（n、m）的任意方向重合时，基础梁抵抗倾覆力矩的内力的"有效截面高度（h_0）"的一致，从而保证了装配式塔机基础在倾覆力矩作用下内力的各向一致。这为装配式塔机基础的结构整体性和各个方向的预制基础混凝土构件受力均匀提供了技术条件，对于装配式塔机基础的重复使用有重要意义。

4. 装配式塔机基础的预制基础混凝土构件的配筋根据其受力特点、所处自然环境与其他混凝土结构件不同，据此，本款对装配式塔机基础的预制基础混凝土构件的配筋作出了规定。装配

227

式塔机基础的预制基础混凝土构件承受倾覆力矩、垂直力、水平力、水平扭矩的无规则的变向变量的综合作用，预制基础混凝土构件的抗剪扭内力要求突出，所以必须限定预制基础混凝土构件的纵向配筋率，并对梁的箍筋直径和强度等级进行规定，因装配式混凝土塔机基础的预制混凝土构件的混凝土强度等级最低为 C40，所以用Ⅱ级、Ⅲ级钢筋做基础梁箍筋利于提高结构强度，控制变形。以确保装配式塔机基础的预制基础混凝土构件具有足够的抗综合外力的内力。

装配式塔机基础的预制基础混凝土构件装配后一般处于基坑内，但并未长期埋置于地基土中；重力件虽然置于基坑内，但处于自然环境中；预制地基扩展板在装配式塔机基础装配后，较长时间埋置于地基土中；所以本款规定了不同于一般预制混凝土构件钢筋的混凝土保护层，这对预制基础混凝土构件的强度和耐久性有重要意义。

5. 本款对钢定位键的截面形状、截面积、与预制基础混凝土构件的锚固方式、设置位置作出规定，确保了钢定位键在装配式塔机基础的重复使用过程中作用稳定，这是装配式塔机基础的预制基础混凝土构件在多次重复装配过程中保证各预制基础混凝土构件的相互位置关系不变从而使装配式塔机基础的结构整体稳定的关键。

6. 设于装配式塔机基础的预制基础混凝土构件的相邻连接面上的混凝土抗剪件是形成预制基础混凝土构件的相邻连接面的抗剪切力的关键构造，为保证其功能的实现，本款对混凝土抗剪件的截面形状、几何尺寸、配筋作出规定。

7. 在装配式塔机基础的基础梁上面与底架的下面之间自上而下设有垫板和高强度干硬性水泥砂浆，对垫板的几何尺寸、材料（已在本规程 3.3.13 条第 6 款中规定）、高强度干硬性水泥砂浆的强度作出规定，其意义在于使塔机通过底架传给基础的各种力百分之百无障碍地传递，并使基础梁上面与垫板垂直对应的面积范围内均匀地承受压力；而不同厚度的钢板嵌入基础梁与垫板之间的缝隙中的结果是基础梁和垫板的局部承受巨大压力，会造成基础梁上面局部混凝土的结构破坏，从而给塔机与基础的垂直连接构造增加不安全因素。

本款规定在有底架或无底架的固定式塔机与装配式塔机基础的垂直连接构造的垫板或转换件下面与基础梁之间设有的高强度干硬性水泥砂浆的外缘在反复变化的压力作用下会产生水平位移，进而对其结构稳定性产生负面影响，采取了防止高强度干硬性水泥砂浆外缘水平位移的构造措施，也就确保了高强度干硬性水泥砂浆的结构稳定性，从而消除了垂直连接构造不易引起重视的一个重要的安全隐患。

8. 装配式塔机基础的重复使用特点决定了它的预制基础混凝土构件的多次吊装运输，在预制基础混凝土构件上预设钢筋吊环不耐锈蚀，有安全隐患，并增加成本，采用预设吊销孔与吊销配合的构造不但保证了吊装环节的安全、也节约了装配式塔机基础的制作成本。

9. 散料重力件既不能先于水平连接构造完成也不能先于垂直连接构造的基础梁内构造完成进行填装，其目的是不能影响施工顺序，及时填装散料是为尽快装配塔机创造条件。散料表面覆盖保护层是为了防止散料的流失和雨水渗入地基。

10. 本款规定了装配式塔机基础设置于基坑内必须有防雨水浸泡地基的措施：一是不使地表雨水流入基坑的措施，二是迅速排出基坑内雨水的措施。确保基坑内无积水，才能使装配式塔机基础的地基不会受到损害，进而确保固定式塔机的安全。

3.10.5 《固定式塔机装配式混凝土基础技术规程》（修订本建议稿）正文之"3.5 构件制作及装配与拆卸"部分的条文说明

3.5.1 构件制作

1. 本款对装配式塔机基础的预制基础混凝土构件的制作的一般要求作出规定：

（1）装配式塔机基础的预制基础混凝土构件的制作属于批量生产的预制混凝土结构构件的制作，本款规定了装配式塔机基础的批量生产的预制基础混凝土构件的生产条件、施工管理应遵守国家相关技术规范的规定。

（2）生产装配式塔机基础的预制基础混凝土构件的原材料和零部件、预埋件必须是经过检查验收，符合设计要求和相关标准规定的，这为符合设计要求的装配式塔机基础的制作提供了物质保证条件。

（3）装配式塔机基础的预制基础混凝土构件的底面与垫层之间设有中粗砂垫层，为保证中粗砂垫层的厚度不超过 20mm，就必须对装配后装配式塔机基础的各预制基础混凝土构件底面和垫层上面的水平度和平整度提出要求，要保证装配式塔机基础的各预制基础混凝土构件的基础底面的水平度和平整度，就必然对装配式塔机基础的各预制基础混凝土构件底面的模具上面提出整体平面面积大于装配式塔机基础平面面积、水平度和平整度符合设计要求和相关国家标准要求的平台，为保证装配式塔机基础的预制基础混凝土构件的批量生产的产品质量，加工平台的上面必须有一定的硬度。

（4）装配式塔机基础的预制基础混凝土构件的生产及其水平连接构造和垂直连接构造的生产装配，有别于一般的混凝土结构构件的生产制作，必须配备相应的设备。装配式塔机基础的预制基础混凝土构件的生产有其特殊的技术操作、工艺流程和质量标准，必须由经过专业培训，具备专业生产能力的人员进行生产，同时必须对制作全过程进行质量监控。

2. 本款对装配式塔机基础的预埋件和零部件的质量作出规定：

（1）铸钢件是装配式塔机基础的水平连接构造和垂直连接构造中十分重要的零部件，其质量对装配式塔机基础的技术性能和安全稳定的作用重大，必须严格按设计要求和相关国家标准的规定把好质量关。

（2）机加工件是有比较精密构造和配合要求的零件，其质量对装配式塔机基础的结构安全和重复使用的意义重大，必须严格按设计和相关国家规范的要求控制其质量。

（3）用于装配式塔机基础的水平连接构造和垂直连接构造的封闭构造的橡胶制品，其质量关系到装配式塔机基础的水平连接构造和垂直连接构造的封闭，对装配式塔机基础的使用寿命和结构安全作用重大，必须认真严格控制质量。

3. 本款对装配式塔机基础的预制基础混凝土构件的制作的工艺和工艺流程做出规定：

（1）各预制基础混凝土构件的模板装配定位应符合构件位置线的要求。装配式混凝土塔机基础的平面轴线，各构件的位置线对基础受力和整体性有重要的影响，必须控制其偏差。

（2）各工种和分项工程应遵守工艺流程和工艺标准的规定，做好各工种的交叉和衔接，以保证流水线式的生产流程，提高生产效率。

（3）装配式塔机基础的预制基础混凝土构件的制作过程中必须特别注意对已浇筑完成或拆模的预制基础混凝土构件的养护，这关系到装配式塔机基础的预制基础混凝土构件的整体结构强度，个别预制基础混凝土构件的强度未达到设计要求的标准，会对整座装配式塔机基础的结构安全造成隐患，人们往往注重预制基础混凝土构件生产的拆模以前的各个环节、却容易忽视对预制基础混凝土构件的后期养护，这是必须引起高度重视的事关装配式塔机基础的结构安全和耐久性的大事。

（4）本款规定了预制基础混凝土构件的混凝土拆模强度，以确保预制基础混凝土构件在拆模过程中不因混凝土强度不够受破坏和损伤，这是生产过程中产品保护的重要措施。

（5）装配式塔机基础的各预制基础混凝土构件是"定位定号，对号入座"的结构特点的，在施工过程中，做好装配式混凝土塔机基础的序列编号和同一座基础的定位编号的永久性标注，对装配式塔机基础的预制基础混凝土构件出厂后的重复使用和入库存放有重要意义，可以避免不同序列编号的同型号基础的预制基础混凝土构件相互置换，给装配式塔机基础的装配工作和结构安全造成致命隐患。

（6）本款规定整座装配式塔机基础的预制基础混凝土构件生产完成后把各预制基础混凝土构件分离的混凝土强度，遵守这一规定就可以避免预制基础混凝土构件的损伤，防止在预制基础混凝土构件分解这一关键环节，给预制基础混凝土构件造成难以弥补的损失。

装配式塔机基础各预制混凝土构件的制作是一个复杂的系统工程，各预制混凝土构件制作完成后是否达到设计规定的质量标准，水平连接构造和垂直连接构造的配合程度是否符合设计要求，只有通过试装配进行检验，在装配过程中发现问题进行处理，最终应经过按产品标准检查验收后才允许出厂装配。

3.5.2　构件装配

1. 装配式塔机基础的装配分项工程是装配式塔机基础形成完整结构体系的重要环节，其工艺质量对装配式塔机基础的结构整体力学功能的实现具有十分重要的意义，因此，首先应使装配式塔机基础的装配条件符合装配要求。

（1）装配式塔机基础的坐落环境条件应符合装配式塔机基础的装配说明书的要求：

1）装配式塔机基础的基坑坐落位置与固定式塔机作业服务对象的建筑物的距离关系到固定式塔机与建筑物的附着构造，距离过小过大均无法顺利安装附着架，且距离过大更不利于最大限度地利用塔机的幅度为施工提供水平运输；基坑边坡不稳，无法正常进行装配式塔机基础装配作业。

2）本款对装配式塔机基础的地基条件作出规定，这是装配式混凝土塔机基础的两大稳定条件之一，地基条件未达到设计要求的不可在其上安装装配式塔机基础，否则，装配式塔机基础存在重大安全隐患。

3）本款对装配式塔机基础的装配环境作出空间几何尺寸的规定，以保证装配式塔机基础的装配有足够的操作空间，尤其是垫层的水平度和平整度必须符合设计要求，只有这样，才能保证装配式塔机基础的基底与垫层之间的砂层厚度均匀一致，这为装配式塔机基础的稳定和沉降量一致以及装配工作顺利进行提供了重要前提条件。

4）装配式塔机基础的地基持力层内有水、油、电、气的管线通过时，为确保各种管线的安全运行，必须经有关方面确认并对地基进行加固处理后，才能在其上做装配式塔机基础的垫层，进行装配式塔机基础的装配施工，以防地基受力后对管线的不利影响甚至发生安全事故。

5）季节性冻土层在其融化过程中，地基土会出现结构变形，地基承载力下降，会给装配式塔机基础的稳定性造成重大安全隐患。

6）装配式塔机基础的外缘 3mm 以内有长期的积水会对地基造成潜在的不利影响，使装配式塔机基础的地基不均匀沉降，受压后变形失稳。

7）装配式塔机基础的预制基础混凝土构件的吊装、运输需要一定的作业场地空间，如不能得到满足，装配式塔机基础的装配作业无法顺利进行，会无形中增加装配成本甚至出现安全事故。

（2）本款规定了装配式塔机基础装配的材料、设备、人员条件和技术资料准备条件：

1）装配式塔机基础的装配工作有其特殊性，只有经过专业培训合格的技术工人才能从事装配式塔机基础的装配作业，这是装配式塔机基础的结构稳定安全、重复使用、延长寿命的重要保证。

2）装配式塔机基础的装配须要专用仪器和专业设备在专业人员操作下完成，没有合格的专业设备、工具，无法进行装配式塔机基础的装配作业，更不可能达到设计要求的装配质量。

3）装配式塔机基础的预制基础混凝土构件的装配须要起重机械的配合作业，没有与预制基础混凝土构件吊装作业匹配的技术性能的起重机械不可能顺利完成预制基础混凝土构件的装配，或者造成装配式塔机基础的装配成本增大，甚或出现安全事故。

4）装配式塔机基础的预制基础混凝土构件和全部配件到达装配现场，并经进入装配现场后的质量检查，方可进行装配作业，这是确保装配式混凝土塔机基础装配后质量的重要环节。

5）装配式塔机基础装配的技术参数和检查记录表格必须齐备，以备作业时检查和装配完成后验收签字备案，这是重要的施工记录，出现问题时进行分析追溯的重要依据。

2. 本款规定了装配式塔机基础的装配作业各程序环节的技术要求：

（1）装配式塔机基础的预制基础混凝土构件进行装配前的检验，是保证装配式塔机基础的结构安全的最重要的环节之一。

（2）装配式塔机基础的装配程序必须严格按装配式塔机基础的"使用说明书"的规定程序进行。

（3）装配式塔机基础的底板与垫层之间的中砂垫层的厚度、上面水平度、平整度均不应超过设计规定，其作用是使地基压应力均匀地传给装配式塔机基础的底板，这对防止装配式塔机基础的不均匀沉降和应力集中损伤构件有重要作用。

（4）装配式塔机基础的各预制基础混凝土构件的装配位置须严格"对号入座"，移位或换号都使装配式塔机基础的装配工作无法顺利完成；相邻的预制基础混凝土构件的连接面间隙超过15mm，会给水平连接构造的装配作业增加工作量和难度。

（5）装配式塔机基础的水平连接构造装配作业前，必须认真清除各预制基础混凝土构件的间隙中的杂物，不然会使相邻的预制基础混凝土构件的连接面无法实现无间隙配合；钢绞线的单根张拉作业，有利于钢绞线的预应力控制，使钢绞线应力均匀一致，且利于退张作业。

（6）本款规定了对钢绞线的预应力作业过程中设置完全防护区域，是可靠的人员安全防护措施，必须认真执行。

（7）做好水平连接构造的固定端、张拉端的防护工作的意义在于，一是保证装配式塔机基础使用中的结构安全，二是为装配式塔机基础的水平连接构造的重复使用创造条件。在固定端、张拉端的防护套筒内放置生石灰粉，目的是吸收水平连接构造内的水汽，防止或减少水平连接构造的零部件的锈蚀，延长其使用寿命，增加重复使用次数，降低装配式塔机基础的使用成本。

（8）本款对预制混凝土重力件的支承方式和构造作出规定，目的在于防止重力件的底面边缘应力集中和在塔机作业振动下形成位移。

回填地基土至装配式塔机基础的底板上面，其意义在于，一是控制装配式塔机基础的水平位移，二是吸收少量落入基坑内的雨水，以防浸泡地基。

在装配式塔机基础的水平连接构造和重力件全部装配作业完成前进行固定式塔机的结构安装，尤其是塔机的平衡臂和平衡重的安装作业会传给装配式塔机基础以很大的倾覆力矩，只有装配式塔机基础的水平连接构造和重力件全部装配作业完成后，才能抵抗这样大的倾覆力矩。

（9）严格控制垂直连接构造的高强度干硬性水泥砂浆的质量，是保证装配式塔机基础的垂直连接构造性能稳定的关键环节之一。

（10）本款对装配式塔机基础设于地坪之上属于全露状态，本规程为防止装配式塔机基础的水平位移的构造措施作出规定，确保了装配式塔机基础的底板外缘的中砂垫层不水平移位流失而至装配式塔机基础失稳，也确保了装配式塔机基础坐落于平地之上不会在外力作用下出现水平移位。

3.5.3 拆卸

1. 本款对装配式塔机基础的拆卸条件做出规定：

（1）固定式塔机的结构必须全部拆除，否则会对装配式塔机基础的拆解造成障碍，并造成上、下垂直拆除作业的安全隐患。

（2）设于基坑内的回填土或散料重力件全部清除至预制基础混凝土构件全部裸露，目的在于分解预制基础混凝土构件时能顺利操作，固定端、张拉端的拆解须要一定的操作空间。

（3）拆卸装配式塔机基础的水平连接构造和垂直连接构造需要专用机械设备，与其匹配的电源引入现场，是顺利完成拆卸作业的前提之一。

（4）与装配式塔机基础的拆卸、运输作业相匹配的起重、运输机械是装配式塔机基础的拆卸作业顺利完成并降低成本的前提条件之一。

2. 本款规定了钢绞线的退张方法、拉力控制值和钢绞线的伸长值，其意义在于，保护钢绞线的材料力学性能不变，为重复使用、降低成本创造条件。

本款同时规定了退张钢绞线作业中的安全措施。

3. 本款规定了装配式塔机基础的预制基础混凝土构件的分解和吊运的作业顺序。

4. 本款规定了钢绞线在退张后的回收程序，为重复使用做好准备。

5. 回填基坑，将装配式塔机基础的基址复原，以防人员跌入造成安全事故，做到装配式塔机基础移走后场地平整干净，体现施工文明。

3.10.6 《固定式塔机装配式混凝土基础技术规程》（修订稿）正文之"3.6 检查验收与报废"部分的条文说明

3.6.1 检查与验收

1. 本款对装配式塔机基础的预制基础混凝土构件的检查、检测与验收的方法和标准作出了规定。

（1）对新出厂的装配式塔机基础的预制基础混凝土构件的检验。

（2）对重复使用装配前的装配式塔机基础的预制基础混凝土构件的检验。

1）装配条件和环境条件是装配式塔机基础的装配的重要前提条件；

2）装配式塔机基础是服务于固定式塔机的，其型号、技术性能，若不与固定式塔机相匹配，那么设置装配式塔机基础无意义；装配式塔机基础的使用说明书是装配式塔机基础装配的各项工艺及其技术参数的根据。

3）装配式塔机基础的垂直连接构造必须与固定式塔机的垂直连接构造相匹配，不然装配式塔机基础与固定式塔机无法垂直连接定位。

（3）进行装配式塔机基础装配后的全面检查验收，是有关各方对装配式塔机基础的装配质量的最后确认，通过严格的检查程序和验收内容确保装配式塔机基础的结构安全可靠。

2. 本款规定了装配式塔机基础的零部件的检验方法与标准。

（1）根据有关国家标准的规定，高强螺栓按最大（100%）允许载荷紧固时，其允许重复使用次数为 2 次；根据长时间和大量使用实践，本规程规定，高强螺栓预紧力与容许应力之比在大于 50% 且不大于 75% 的范围内，其重复使用次数不得多于 5 次；高强螺栓预紧力与容许应力之比不大于 50% 时，其重复使用次数不多于 10 次；作出以上高强螺栓重复使用次数规定的前提条件是"各次重复使用的应力范围一致"，就是说其中有一次超过规定应力范围时，本款规定的重复使用次数无效；其意义在于，确保高强螺栓的安全可靠。

（2）由于装配式塔机基础的钢绞线设计拉力值（$0.45 \sim 0.55$）f_{ptk}，远低于 $0.75 f_{ptk}$ 的最高限值，重复使用造成钢绞线的疲劳有限，且造成锚片与钢绞线的咬合力较小，这为钢绞线的重复使用创造了条件，大量工程实践证明，钢绞线与锚片在同一夹持区段内重复夹持次数只要不多于 4 次，只要在固定端和张拉端的两个锚固夹持区之间的钢绞线受力区段，钢绞线的截面上没有受过夹持的咬刻痕迹，钢绞线的固定端、张拉端锚固是可靠的。

限定钢绞线重复使用的次数为 10 次，同时限定从钢绞线第一次张拉之日起的总使用年限为 5 年，目的是防止钢绞线多次重复使用再叠加超长使用时间会造成钢绞线的疲劳而影响钢绞线的力学性能。

（3）钢制零部件是装配式塔机基础的水平连接构造和垂直连接构造的重要组成部分，严格的检查验收程序和标准是装配式塔机基础结构安全稳定的重要保证。

（4）本款规定了橡胶封闭件的检查验收标准和检查验收重点内容。

3. 装配式塔机基础与固定式塔机的垂直连接构造装配完成后的检查验收的意义在于，通过固定式塔机的综合技术性能检验确认装配式塔机基础的结构安全稳定性。

（1）固定式塔机的垂直度符合有关的国家标准的规定，是塔机安全作业的重要指标。

（2）装配式塔机基础的水平度不超过 1‰，证明装配式塔机基础的底面的水平度也不会超过 1.5‰，在地基承载力条件符合设计要求的条件下，这为装配式塔机基础在承受倾覆力矩作用或整体水平沉降中不出现倾斜提供了保障。

（3）在对固定式塔机进行动载或静载试验的同时观测装配式塔机基础的沉降和水平度变化，这是借以确认装配式塔机基础的稳定安全可靠的有效检测方法。

（4）固定式塔机的接地设施安装和电阻值符合现行国家标准的要求，以保证塔机和司机的安全。

（5）塔机在作业工程中突遇 6 级以上大风、暴雨等天气情况，使塔机的回转机构处于自主状态，可防止臂架在大风作用下转动时产生的水平扭矩造成对塔身的扭伤；大风暴雨过后及时检测塔身的垂直度以保证塔机安全；大风、暴雨造成对塔机的不定向、不定量的推力使塔机受力振动，容易使装配式塔机基础与塔机的垂直连接螺栓出现松动，及时检查紧固，对确保塔机的安全有重要意义。

3.6.2 报废条件

1. 本款规定了装配式塔机基础的预制基础混凝土构件的报废条件；预制基础混凝土构件是装配式塔机基础的结构主体，预制基础混凝土构件的质量直接关系到装配式塔机基础的结构性能，所以应认真执行本规程规定的预制基础混凝土构件的报废标准，杜绝个别预制基础混凝土构件"带病作业"造成基础整体功能的"短板效应"，给装配式塔机基础的性能带来隐患。

2. 根据装配式塔机基础的预制基础混凝土构件水平组合后整体受力的结构特点，装配式塔机基础的预制基础混凝土构件总数中有 1/3 的预制基础混凝土构件达到报废条件会对装配式塔机基础的整体功能产生难以预测的不利影响，给基础安全造成重大隐患，应整体报废。因为即使将这 1/3 的预制混凝土构件进行复制，也难以达到一次性整体制作的基础的整体性和受力状态。

3. 本款规定了钢绞线的报废条件，从而保证装配式塔机基础的水平连接构造的功能确保达到设计要求，保证装配式塔机基础的整体性和抗倾覆内力符合设计要求。

对水平连接构造的主要配件锚环和锚片的报废作出了明确规定，保证了装配式塔机基础水平连接构造的整体功能，从而消除了水平连接构造的功能因配件质量问题而达不到设计要求的可能。

4. 垂直连接螺栓是装配式塔机基础与塔机进行组合连接、荷载传递的关键零部件。严格执行垂直连接螺栓报废标准，是保证塔机安全稳定的重要环节，杜绝功能达不到标准要求的垂直连接螺栓进入装配环节，是关乎塔机安全的一项十分重要的工作。

5. 本款明确了转换件和垂直连接构造的其他零部件的报废条件。为保证装配式塔机基础与塔机的垂直连接构造的整体功能符合设计要求，提供了质量保证的前提条件。

6. 本款规定了橡胶封闭件的报废条件，为装配式混凝土塔机基础的固定式塔机和垂直连接构造的结构安全和重复使用提供保障。

4 装配式混凝土塔机基础设计与实施实例（一）

4.0.1 装配式混凝土塔机基础的设计计算原则：确保塔机安全，在确保安全的基础上兼顾节约、环保、延长寿命和便于重复使用及降低成本。

4.1 装配式混凝土塔机基础设计计算书（一）

（配套于有底架的 QTZ400、QTZ500、QTZ630、QTZ800 型固定式塔机）

4.1.1 地基承载力 f_a（kPa）设计计算（十字风车形基础平面，$B=6000\text{mm}$），见图 4-1～图 4-4。

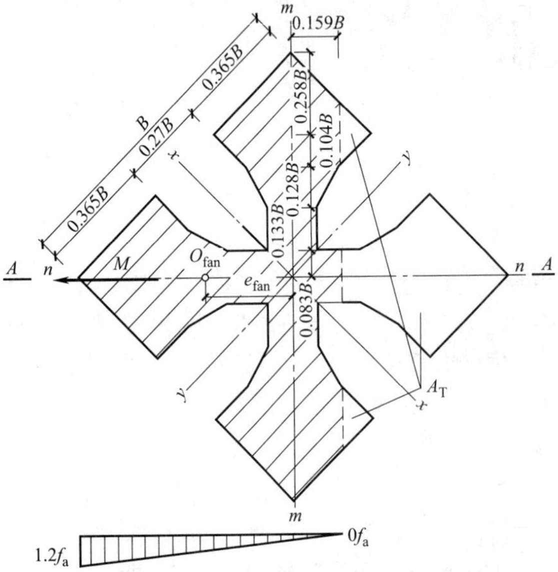

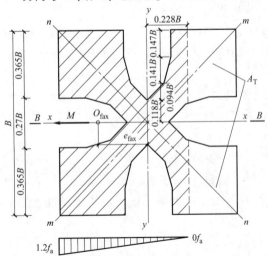

图 4-1 装配式塔基（风车形）的地基［倾覆力矩方向与 n（或 m）轴重合］受力简图（平面）

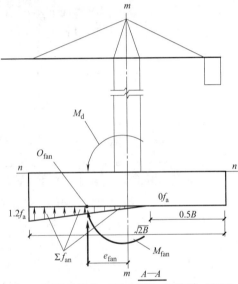

图 4-2 装配式塔基（风车形）的地基［倾覆力矩方向与 n（或 m）轴重合］受力简图（剖面）

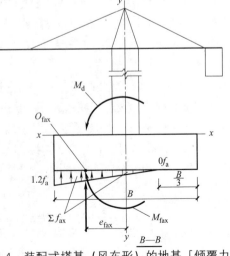

图 4-3 装配式塔基（风车形）的地基［倾覆力矩方向与 x（或 y）轴重合］受力简图（平面）

图 4-4 装配式塔基（风车形）的地基［倾覆力矩方向与 x（或 y）轴重合］受力简图（剖面）

装配式塔基的十字风车形平面地基设计的主要技术参数 表 4-1

项　目	符号	单位	风车形	
			地基土脱开面积(A_T)与 基底面积之比≤1/4 图 4-1、图 4-2	地基土脱开面积(A_T)与 基底面积之比≤1/3 图 4-3、图 4-4
地基抗倾覆力矩	$M_{fa} \leqslant nB^3 f_a$	kN·m	$n=0.0592114798$	$n=0.08379561105$
总地基压应力	$\sum f_a \leqslant mB^2 f_a$	kN	$m=0.2048923086$	$m=0.2991177737$
地基压应力偏心距	$\leqslant e(B)$	m	$e=0.2889882995$	$e=0.2801425338$

注：表中数据系根据基础的平面几何图形（图 4-1），基础承受的倾覆力矩方向，地基土脱开面积与基底面积之比的不同条件和 $p_{k,max} \leqslant 1.2 f_a$ 的规定计算得出。

1. 地基承载力的计算应符合下列要求（引自《高耸结构设计规范》GB 50135—2006）：
（1）当承受轴心荷载时：

$$p_k \leqslant f_a \qquad (4-1)$$

式中：p_k——相应于荷载效应标准组合下基础底面平均压力值（kN/m²）；

　　　f_a——修正后的地基承载力特征值，应按现行国家标准《建筑地基基础设计规范》GB 50007 的规定采用。

（2）当承受偏心荷载时：

除应符合上式的要求外，尚应满足下式要求：

$$p_{k,max} \leqslant 1.2 f_a \qquad (4-2)$$

式中：$p_{k,max}$——相应于荷载标准组合下基础边缘的最大压力代表值（kN/m²）。

（3）装配式混凝土塔机基础的预制混凝土构件的设计方案见图 4-5～图 4-7。

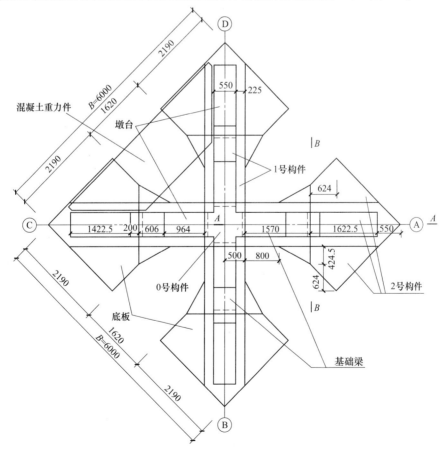

图 4-5　装配式混凝土塔机基础设计方案俯视图（$B=6000$）

235

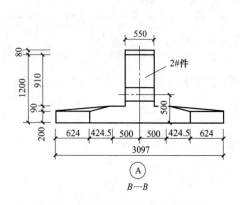

图 4-6 装配式混凝土塔机基础的
2 号构件剖面图 ($B=6000$)

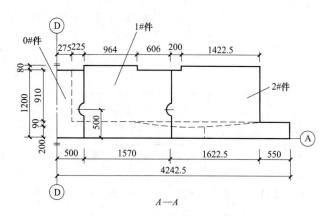

图 4-7 装配式混凝土塔机基础设计
方案剖面图 ($B=6000$)

注：1）装配式混凝土塔机基础的平面及梁板几何尺寸应符合《固定式塔机装配式混凝土基础技术规程》（修订本建议稿）的有关规定。

2）传统整体现浇混凝土固定式塔机基础预制混凝土构件的几何尺寸和重量应利于运输、吊装并经济简便。

2. 基础设计抗倾覆力矩设计值（M_d）计算：

据：塔机使用说明书 a、b、c、d 分别提供的 QTZ400、QTZ500、QTZ630、QTZ800 型固定式塔机的最大非工作力矩分别为（M）=（$M_1=804$kN·m、$M_2=963$kN·m、$M_3=1772$kN·m、$M_4=1860$kN·m）。

$$M_d = k_1 \cdot M \quad (\text{kN·m}) \tag{4-3}$$

式中：M_d——基础设计抗倾覆力矩（kN·m）；

M——塔机最大自由高度时的最大工作力矩或非工作力矩中的最大值（kN·m）；

k_1——装配式塔机基础抗倾覆力矩的设计安全系数，根据对施工质量、装配工艺质量的控制水平取 1.1～1.2，取 $k_1=1.1$；

$M_{d1}=804$kN·m×1.1=884.4kN·m；

$M_{d2}=963$kN·m×1.1=1059.3kN·m；

$M_{d3}=1772$kN·m×1.1=1949.2kN·m；

$M_{d4}=1860$kN·m×1.1=2046kN·m。

3. 设计计算地基承载力值 f_a（MPa）：

基础平面对角线与倾覆力矩方向垂直重合时的地基承载力 f_a 值计算。根据《高耸结构设计规范》GB50135—2006 关于"地基与基础"的"一般规定"——"5. 基础底面允许部分脱开地基土的面积应不大于底面全面积的 1/4"的规定：

$$M_{fa} \leqslant n \cdot B^3 \cdot f_a \quad (\text{kN·m}) \tag{4-4}$$

（1）　　　　　$M_{d1}=884.4(\text{kN·m})=0.0592114798×(6.0\text{m})^3×f_{a1}$

$$f_{a1}=69.15 \ (\text{kPa})$$

与 QTZ400 型（说明书 a）塔机配套的基础《使用说明书》中地基承载力条件（标准值）以策安全，采用 $f_{a1} \geqslant 80$（kPa）。

（2）　　　　　$M_{d2}=1059.3(\text{kN·m})=0.0592114798×(6.0\text{m})^3×f_{a2}$

$$f_{a2}=82.83 \ (\text{kPa})$$

与 QTZ500 型（说明书 b）塔机配套的基础《使用说明书》中地基承载力条件（标准值）以策安全，采用 $f_{a2} \geqslant 110$（kPa）。

（3）
$$M_{d3}=1949.2(\text{kN} \cdot \text{m})=0.0592114798 \times (6.0\text{m})^3 \times f_{a3}$$
$$f_{a3}=152.41 \ (\text{kPa})$$

与 QTZ630 型（说明书 c）塔机配套的基础《使用说明书》中地基承载力条件（标准值）以策安全，采用 $f_{a3} \geqslant 165$（kPa）。

（4）
$$M_{d4}=2046(\text{kN} \cdot \text{m})=0.0592114798 \times (6.0\text{m})^3 \times f_{a4}$$
$$f_{a4}=159.98 \ (\text{kPa})$$

与 QTZ800 型（说明书 d）塔机配套的基础《使用说明书》中地基承载力条件（标准值）以策安全，采用 $f_{a4} \geqslant 180$（kPa）。

（5）运用公式（4-4），可以在已知装配式混凝土塔机基础的基础平面图形及其几何尺寸的条件下，计算地基承载力值（f_a），也可以在已知地基承载力值（f_a）和装配式混凝土塔机基础的基础平面图形的条件下计算装配式混凝土塔机基础的平面图形的 B 值，即能覆盖装配式混凝土塔机基础平面图形的正方形的最短边长。平面为风车形的装配式混凝土塔机基础的地基承载力见表 4-2。

平面为风车形的装配式混凝土塔机基础的地基承载力设计数据表　　　　　表 4-2

塔机型号	固定式塔机最大力矩（kN·m）	基础设计抗倾覆力矩（kN·m）	计算地基承载力标准值（kPa）	实际使用地基承载力标准值（kPa）
QTZ400	804	884.4	69.15	≥80
QTZ500	963	1059.3	82.83	≥110
QTZ630	1772	1949.2	152.41	≥165
QTZ800	1860	2046	159.98	≥180

4. 装配式塔基（$B=6000$）混凝土构件设计方案图见图 4-8～图 4-13。

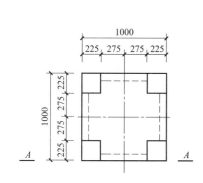

图 4-8　0 号构件俯视图

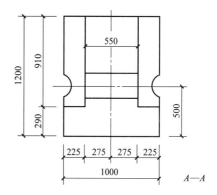

图 4-9　0 号构件立面图

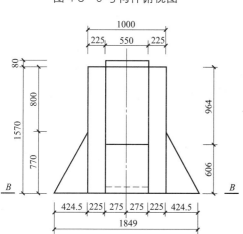

图 4-10　1 号构件俯视图

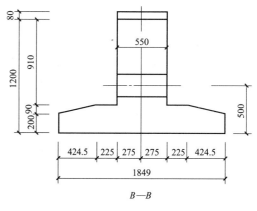

图 4-11　1 号构件立面图

237

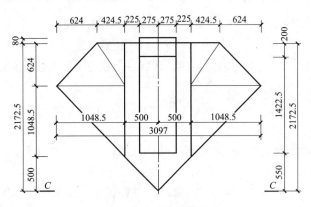

图 4-12　2 号构件俯视图

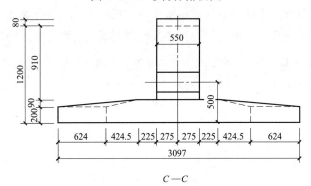

$C—C$

图 4-13　2 号构件立面图

装配式混凝土塔机基础的基础预制混凝土构件重量见表 4-3。

装配式混凝土塔机基础的基础预制混凝土构件重量　　　　　　　　表 4-3

序号	混凝土构件重量(t)		
	0 号构件(1 件)	1 号构件	2 号构件
单件重量	2.428	3.270	4.633
4 件重量		13.08	18.532
总重量	34.04		

4.1.2　基础重力设计计算

1. 根据《固定式塔机装配式混凝土基础技术规程》（修订本建议稿）的相关规定：

基础承受设计倾覆力矩的方向分别与基础的平面图形的 x（或 y）轴或 n（或 m）轴垂直重合时，基础底面承受的全部垂直力（$F_k + G_k$）、全部地基压应力（$\sum f_a$）、地基压应力合力点至基础中心的距离即全部地基压应力的偏心距（e_f）与设计抗倾覆力矩（M_d）、相当于荷载效应的标准组合下塔机作用于基础底面的倾覆力矩（M）之间的关系，见图 4-14～图 4-17 必须同时符合下列公式的规定：

$$(F_k + G_{kn}) \cdot e_{fan} \geq \sum f_{an} \cdot e_{fan} \geq M_{fan} \geq M_d \geq k_1 \cdot M \tag{4-5}$$

$$(F_k + G_{kx}) \cdot e_{fax} \geq \sum f_{ax} \cdot e_{fax} \geq M_{fax} \geq M_d \geq k_1 \cdot M \tag{4-6}$$

若公式（4-6）中的 e_{fax} 值不小于公式（4-5）中的 e_{fan} 值，则公式（4-6）中的 G_{kx} 值的设计计算应符合下式规定：

$$G_{kx} \geq G_{kn} \tag{4-7}$$

若公式（4-6）中的 e_{fax} 值小于公式（4-5）中的 e_{fan} 值，则公式（4-6）中的 G_{kx} 值的设计计算

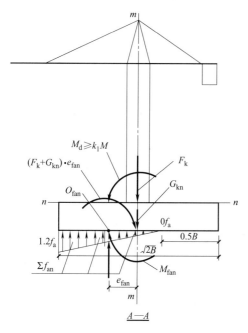

图 4-14 基础承受的倾覆力矩与基础平面的 n（或 m）轴垂直重合时的受力简图（剖面）

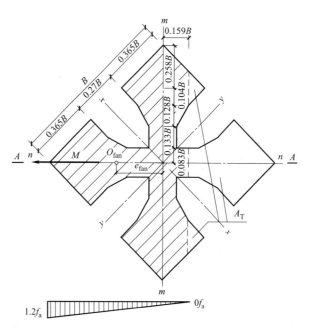

图 4-15 基础承受的倾覆力矩与基础平面的 n（或 m）轴垂直重合时的受力简图（平面）

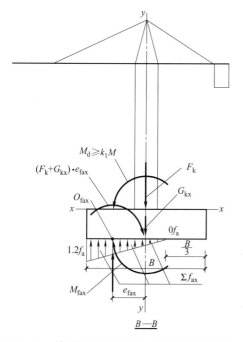

图 4-16 基础承受的倾覆力矩与基础平面的 x（或 y）轴垂直重合时的受力简图（剖面）

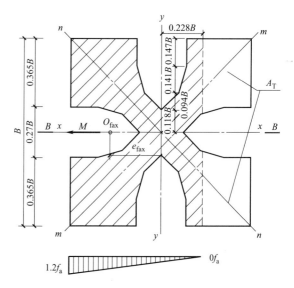

图 4-17 基础承受的倾覆力矩与基础平面的 x（或 y）轴垂直重合时的受力简图（平面）

应符合下式规定：

$$(F_k + G_{kx}) \geqslant \frac{\sum f_{an} \cdot e_{fan}}{e_{fax}} \qquad (4-8)$$

式中：G_{kn}——装配式塔机基础承受的倾覆力矩方向与基础平面的 n（或 m）轴垂直重合时的基础重力（kN）；

G_{kx}——装配式塔机基础承受的倾覆力矩方向与基础平面的 x（或 y）轴垂直重合时的基础重力（kN）；

e_{fax}——装配式塔机基础承受的倾覆力矩方向与基础平面的 x（或 y）轴垂直重合时，且基础底面脱开地基土的面积不大于基础底面积的 1/3，地基压应力的合力点至基础平面中心的距离即全部地基压应力的偏心距（m）；

$\sum f_{ax}$——装配式塔机基础承受的倾覆力矩方向与基础平面的 x（或 y）轴垂直重合时，且基础底面脱开地基土的面积不大于基础底面积的 1/3 的全部地基压应力（kN）；

M_{fax}——装配式塔机基础承受倾覆力矩方向与基础平面图形的 x（或 y）轴垂直重合，且基底脱开地基土面积与基底面积之比为 1/3，基底承受的地基压应力的抗倾覆力矩（kN·m）。

2. 基础设计重力（G_k）的计算：

（1）与塔机使用说明书 a 提供的 QTZ400 型固定式塔机装配的装配式塔机基础的重力（G_{kx}）计算：

1)
$$(F_k+G_{kn}) \cdot e_{fan} \geqslant \sum f_{an} \cdot e_{fan} \geqslant M_d$$
$$(F_k+G_{kn}) \times 0.2889882995 \times 6m \geqslant 884.4kN \cdot m$$
$$(F_k+G_{kn}) \geqslant 510.06kN$$

2) 因 e_{fax} 小于 e_{fan}（$0.2801425338B < 0.2889882995B$）
$$(F_k+G_{kx}) \geqslant \frac{\sum f_{an} \cdot e_{fan}}{e_{fax}}$$
$$(F_k+G_{kx}) \geqslant \frac{69.15kPa \times (6m)^2 \times 0.2048923086 \times 0.2889882995}{0.2801425338}$$
$$(F_k+G_{kx}) \geqslant 526.17kN$$
$$G_{kx} \geqslant 526.17kN-259.88kN$$

（塔机使用说明书提供：$F_k=26.5t \times 9.80665 \approx 259.88kN$）
$$G_{kx} \geqslant 266.29kN$$

3) 基础重力件重力计算：
$$G_y \geqslant G_k - G_c \tag{4-9}$$
$$G_y = 266.29kN - 333.82kN(34.04t \times 9.80665 \approx 333.82kN)$$
$$G_y = -67.53kN$$

结论：无须设置重力件。

（2）与塔机使用说明书 b 提供的 QTZ500 型固定式塔机装配的装配式塔机基础的重力（G_{kx}）计算：

1)
$$(F_k+G_{kn}) \cdot e_{fan} \geqslant \sum f_{an} \cdot e_{fan} \geqslant M_d$$
$$(F_k+G_{kn}) \times 0.2889882995 \times 6m \geqslant 1059.3kN \cdot m$$
$$(F_k+G_{kn}) \geqslant 715.6kN$$

2) 因 e_{fax} 小于 e_{fan}（$0.2801425338B < 0.2889882995B$）
$$(F_k+G_{kx}) \geqslant \frac{\sum f_{an} \cdot e_{fan}}{e_{fax}}$$
$$(F_k+G_{kx}) \geqslant \frac{82.83kPa \times (6m)^2 \times 0.2048923086 \times 0.2889882995}{0.2801425338}$$
$$(F_k+G_{kx}) \geqslant 630.26kN$$
$$G_{kx} \geqslant 630.26kN-304.99kN$$

（塔机使用说明书提供：$F_k=31.1t \times 9.80665 \approx 304.99kN$）

$$G_{kx} \geqslant 325.27 \text{kN}$$

3）基础重力件重力计算：

$$G_y \geqslant G_k - G_c$$

$$G_y = 325.27 \text{kN} - 333.82 \text{kN}(34.04 \text{t} \times 9.80665 \approx 333.82 \text{kN})$$

$$G_y = -8.55 \text{kN}$$

结论：无须设置重力件。

（3）与塔机使用说明书 c 提供的 QTZ630 型固定式塔机装配的装配式塔机基础的重力（G_{kx}）计算：

1）
$$(F_k + G_{kn}) \cdot e_{fan} \geqslant \sum f_{an} \cdot e_{fan} \geqslant M_d$$

$$(F_k + G_{kn}) \times 0.2889882995 \times 6 \text{m} \geqslant 1949.2 \text{kN} \cdot \text{m}$$

$$(F_k + G_{kn}) \geqslant 1124.16 \text{kN}$$

2）因 e_{fax} 小于 e_{fan}（$0.2801425338B < 0.2889882995B$）

$$(F_k + G_{kx}) \geqslant \frac{\sum f_{an} \cdot e_{fan}}{e_{fax}}$$

$$(F_k + G_{kx}) \geqslant \frac{152.41 \text{kPa} \times (6\text{m})^2 \times 0.2048923086 \times 0.2889882995}{0.2801425338}$$

$$(F_k + G_{kx}) \geqslant 1159.7 \text{kN}$$

$$G_{kx} \geqslant 1159.7 \text{kN} - 406 \text{kN}$$

（塔机使用说明书提供：$F_k = 41.4 \text{t} \times 9.80665 \approx 406 \text{kN}$）

$$G_{kx} \geqslant 753.7 \text{kN}$$

3）基础重力件重力计算：

$$G_y \geqslant G_k - G_c$$

$$G_y = 753.7 \text{kN} - 333.82 \text{kN}(34.04 \text{t} \times 9.80665 \approx 333.82 \text{kN})$$

$$G_y = 419.88 \text{kN}$$

结论：须配置总重力不小于 419.88kN 的重力件；实际配置 1 号重力件 12 件，总重力 450.6kN。

（4）与塔机使用说明书 c 提供的 QTZ800 型固定式塔机装配的装配式塔机基础的重力（G_{kx}）计算：

1）
$$(F_k + G_{kn}) \cdot e_{fan} \geqslant \sum f_{an} \cdot e_{fan} \geqslant M_d$$

$$(F_k + G_{kn}) \times 0.2889882995 \times 6 \text{m} \geqslant 2046 \text{kN} \cdot \text{m}$$

$$(F_k + G_{kn}) \geqslant 1179.98 \text{kN}$$

2）因 e_{fax} 小于 e_{fan}（$0.2801425338B < 0.2889882995B$）

$$(F_k + G_{kx}) \geqslant \frac{\sum f_{an} \cdot e_{fan}}{e_{fax}}$$

$$(F_k + G_{kx}) \geqslant \frac{159.98 \text{kPa} \times (6\text{m})^2 \times 0.2048923086 \times 0.2889882995}{0.2801425338}$$

$$(F_k + G_{kx}) \geqslant 1217.3 \text{kN}$$

$$G_{kx} \geqslant 1217.3 \text{kN} - 433.45 \text{kN}$$

（塔机使用说明书提供：$F_k = 44.2 \text{t} \times 9.80665 \approx 433.45 \text{kN}$）

$$G_{kx} \geqslant 783.85 \text{kN}$$

3）基础重力件重力计算：

$$G_y \geqslant G_k - G_c$$

$$G_y = 783.85 \text{kN} - 333.82 \text{kN}(34.04 \text{t} \times 9.80665 \approx 333.82 \text{kN})$$

$$G_y = 450.03 \text{kN}$$

结论：须配置总重力不小于450.03kN重力件；实际配置1号重力件12件，总重力450.06kN。

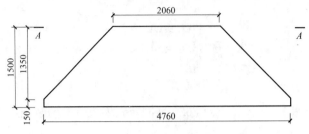

图4-18 预制混凝土重力件平面图

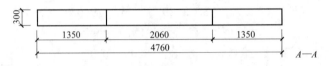

图4-19 预制混凝土重力件立面图

3. 混凝土预制重力件设计方案：

（1）单件体积：

预制混凝土重力件单件体积：

$$\left[\frac{2.06m+(4.76+0.3)m}{2}\times1.5m-(0.15m)^2\right]\times0.30m=1.59525m^3$$

（2）单件重力：

预制混凝土重力件单件重力：

$$1.59525m^3\times23.54kN/m^3=37.55kN/件$$

（3）混凝土预制重力件配置方案：

1）与QTZ630型塔机装配的装配式混凝土塔机基础配置：1号预制混凝土重力件12件。

$$37.55kN\times12=450.6kN$$

$$450.6kN>419.88kN（设计重力件总重）$$

2）与QTZ800型塔机装配的装配式混凝土塔机基础配置：1号预制混凝土重力件12件。

$$37.55kN\times12=450.6kN$$

$$450.6kN>450.4kN（设计重力件总重）$$

平面为风车形的装配式混凝土塔机基础的基础重力设计计算数据表　　表4-4

塔机型号	计算基础重力			预制基础混凝土构件重力		
	F_k+G_k (kN)	F_k (kN)	G_k (kN)	基础构件 (kN)	重力件 (kN)	总重力 (kN)
QTZ400	526.17	259.88	≥266.29	333.82	0	333.82
QTZ500	630.26	304.99	≥325.27	333.82	0	333.82
QTZ630	1159.7	406	≥753.7	333.82	450.6	784.42
QTZ800	1217.3	433.45	≥783.85	333.82	450.6	784.42

4.1.3 基础预制混凝土构件的设计计算之一——与QTZ400装配的装配式混凝土塔机基础底板下部受力钢筋截面面积设计计算

1. 根据《固定式塔机装配式混凝土基础技术规程》（修订本建议稿）的相关规定：

基础底板正截面承载力计算，应沿基础梁纵向轴线以计算区段底板下面在设计倾覆力矩作用下承受的地基压应力及其合力点对基础梁侧立面的 N-N 截面的弯矩计算该截面的承载力，配置受力钢筋（板下受力主筋）应符合下列要求见图 4-20、图 4-21。

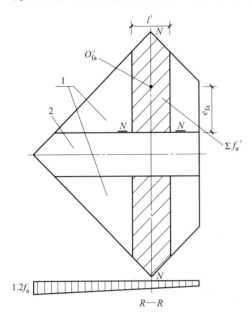

图 4-20　基础底板结构计算简图（平面）

1—基础底板；2—基础梁

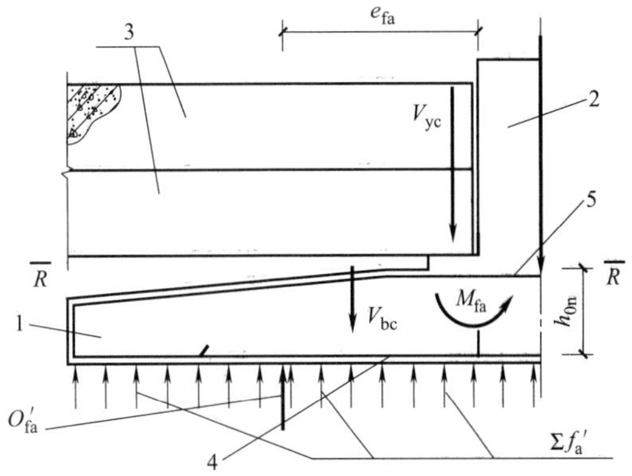

图 4-21　基础底板 N-N 截面正截面承载力计算简图（剖面）

1—基础底板；2—基础梁；3—重力件；4—板下受力主筋；

5—板上受力主筋；O'_{fa}—底板计算区段地基压应力合力点

$$k_{h1} \cdot (\sum f'_a \cdot e_{fan} - M_l) \leqslant 0.875 h_{0n} \cdot f_y \cdot A_s \tag{4-10}$$

式中：k_{h1}——荷载分项系数，取 $k_{h1}=1.4$；

$\sum f'_a$——在设计最大倾覆力矩作用下，计算区段底板承受的全部地基压应力（kN）；

e_{fa}——计算底板区段承受的全部地基压应力点至 N-N 截面的距离（m）；

M_l——基础预制混凝土构件的"l'段" N-N 截面承受的由底板自重和重力件的重力产生的负弯矩（kN·m）；

h_{0n}——N-N 截面的截面计算有效高度（m）；

A_s——受拉区的普通钢筋的截面面积（mm²）；

f_y——普通钢筋抗拉强度设计值（N/mm²）。

2. 基础底板 O'_{fa} 点地基压应力计算：

$$f_{a(O'_{fa})} = 1.2 f_a \div \left(\frac{\sqrt{2}}{2} B + 0.159B\right) \times \left(\frac{\sqrt{2}}{2} B + 0.159B - 0.365B \times \frac{\sqrt{2}}{2}\right)$$

$$f_{a(O'_{fa})} = 1.2 \times 69.15\text{kPa} \div \left(\frac{\sqrt{2}}{2} \times 6\text{m} + 0.159 \times 6\text{m}\right) \times \left(\frac{\sqrt{2}}{2} \times 6\text{m} + 0.159 \times 6\text{m} - 0.365 \times 6\text{m} \times \frac{\sqrt{2}}{2}\right)$$

$$f_{a(O'_{fa})} = 82.98\text{kPa} \div 5.1966 \times 3.648$$

$$f_{a(O'_{fa})} = 58.252\text{kPa}$$

3. l' 段（见图 4-20）（设 $l'=500$mm）的地基压应力（$\sum f'_a$）计算：

$$\sum f'_a = \left(\frac{\sqrt{2}}{2} \times 0.365B - \frac{b_2}{2} - \frac{l'}{4}\right) \times l' \times f_{a(O'_{fa})}$$

$$\sum f'_a = \left(\frac{\sqrt{2}}{2} \times 0.365 \times 6\text{m} - \frac{0.55\text{m}}{2} - \frac{0.5\text{m}}{4}\right) \times 0.5\text{m} \times 58.252\text{kPa}$$

$$\sum f'_a = 33.453\text{kN}$$

4. 基础底板配置下部受力钢筋计算：

$$k_{h1} \cdot (\sum f'_a \cdot e_{fan} - M_l) \leqslant 0.875 h_{0n} \cdot f_y \cdot A_s$$

$$1.4 \times \left[\frac{33.453\text{kN} \cdot \left(\frac{\sqrt{2}}{2} \times 0.365 \times 6\text{m} - \frac{0.55\text{m}}{2} - \frac{0.5\text{m}}{4} \right)}{2} - \right.$$

$$\left. 1.1485\text{m} \times 0.5\text{m} \times \frac{(0.2+0.29)\text{m}}{2} \times 23.54\text{kN/m}^3 \times \frac{1.1485\text{m}}{2} \right]$$

$$= 0.875 \times [290\text{mm} - (30+5)\text{mm}] \times 360\text{N/mm}^2 \times A_s$$

$$24.233\text{kN} \cdot \text{m} = 80325\text{N/mm} \cdot A_s$$

$$A_s = 301.7\text{mm}^2 (\text{Φ}10\text{-}3.96 \text{ 根，实际配置 4 根Ⅲ级-}\Phi10@130)$$

装配式混凝土塔机基础的预制混凝土构件的混凝土强度等级为C40，属于高强混凝土，所以，预制混凝土构件所配置的钢筋无论受力筋和构造筋，都宜优先选用Ⅲ级和Ⅱ级的带肋钢筋，这对控制构件的变形和裂缝有益。与QTZ500、QTZ630、QTZ800型有底架的塔机装配的装配式混凝土塔机基础的预制混凝土构件底板按上述规则程序计算的下部受力钢筋的截面面积，如表4-5：

基础底板 l' 段下部受力钢筋截面面积设计计算　　　　表 4-5

塔机型号	钢筋强度等级	设计计算截面面积(mm²)	受力钢筋实际设置			
			直径(mm)	根数	间距(mm)	总截面面积(mm²)
QTZ400	Ⅲ	301.7	10	4	130	314.16
QTZ500	Ⅲ	368	12	4	130	452.39
QTZ630	Ⅲ	606.7	14	5	100	769.69
QTZ800	Ⅲ	643.4	14	5	100	769.69

注："l' 段"为底板承受地基压应力最大区段，计算该段的受力钢筋对于基础底板的受力钢筋计算具有代表意义。

4.1.4 基础预制混凝土构件设计计算之二——与 QTZ800 型塔机装配的装配式混凝土塔机基础的基础预制混凝土构件的底板上部受力钢筋的设计计算：

1. 底板（l' 段）的垂直（N-N）截面承受的最大负弯矩计算（图 4-22）：

根据《固定式塔机装配式混凝土基础技术规程》（修订本建议稿）的相关规定：

$$M_l \geqslant k_{h2} \cdot (G'_k \cdot l_y + G'_c \cdot l_g) \tag{4-11}$$

式中：k_{h2}——荷载分项系数，取 $k_{h2} = 1.35$；

　　　G'_k——基础底板的"l' 段"的自重（kN）；

　　　l_y——基础底板的"l' 段"的重心至 N-N 截面的距离（m）；

　　　G'_c——重力件使底板的"l' 段"承受的重力（kN）；

　　　l_g——重力件支座至 N-N 截面的距离（m）。

$$M_l \geqslant k_{h2} \cdot (G'_k \cdot l_y + G'_c \cdot l_g)$$

$$M_l = 1.35 \times \left(1.1485\text{m} \times 0.5\text{m} \times \frac{(0.2+0.29)}{2}\text{m} \times 23.54\text{kN/m}^3 \times \frac{1.1485\text{m}}{2} + 37.55\text{kN} \times 3 \div 2 \div 2 \times 0.2\text{m} \right)$$

$$M_l = 10.171\text{kN} \cdot \text{m}$$

2. 底板上部受力钢筋设计计算：

$$M_l \leqslant 0.875 h_0 \cdot f_y \cdot A_s \tag{4-12}$$

$$10.171\text{kN} \cdot \text{m} \leqslant 0.875 \times [290 - (30+5)]\text{mm} \times 300\text{N/mm}^2 \times A_s$$

注：30mm——底板受力钢筋保护层厚度（mm）；

5mm——假设底板受力钢筋半径（mm）。

$$A_s = 151.95 \text{mm}^2$$

$$151.95 \text{mm}^2 \div [(4 \text{mm})^2 \times \pi] = 3.02 \text{ 根}$$

实际配置 4 根 Ⅱ 级 Φ10@125。其他与 QTZ400、QTZ500、QTZ630 型塔机装配的装配式混凝土塔机基础的基础预制混凝土构件的底板上部受力钢筋计算程序略，实际配置见表 4-6：

底板上部受力钢筋设计计算数据表 表 4-6

塔机型号	M_l	受力钢筋计算面积（mm²）	钢筋实际设置				
			强度等级	直径(mm)	根数	间距(mm)	总截面面积(mm²)
QTZ400	2.567	38.36	Ⅱ	8	4	125	201.06
QTZ500	2.567	38.36	Ⅱ	8	4	125	201.06
QTZ630	10.171	151.95	Ⅱ	8	4	125	201.06
QTZ800	10.171	151.95	Ⅱ	8	4	125	201.06

注：与 QTZ400、QTZ500 型塔机装配的装配式混凝土塔机基础的预制混凝土构件底板上部受力钢筋实际配置有对构件整体刚度的考虑。

4.1.5 基础预制混凝土构件的设计计算之三——基础底板截面混凝土强度验算：

与 QTZ800 型塔机装配的装配式混凝土塔机基础的基础预制混凝土构件的底板的截面混凝土强度验算：

$$\frac{l' \cdot h_0 \cdot f_c}{4} \geqslant f_y \cdot A_s \tag{4-13}$$

$$\frac{500 \text{mm} \times (290 - 37) \text{mm} \times 19.1 \text{N/mm}^2}{4} > 360 \text{N/mm}^2 \times 689.71 \text{mm}^2$$

（注：式中的 37mm 为钢筋保护层 30mm 底板受力主筋 Φ14 的半径之和）

$$604.037 \text{kN} > 248.296 \text{kN}$$

结论：与 QTZ800 型塔机装配的装配式混凝土塔机基础的基础预制混凝土构件底板的截面混凝土强度符合要求。其他与 QTZ400、QTZ500、QTZ630 型塔机装配的装配式混凝土塔机基础的预制混凝土构件的底板计算截面几何尺寸与 QTZ800 相同，但承受的弯矩要小，也就无须再——验算了。

装配式混凝土塔机基础的预制混凝土构件底板其他部位的下部受力钢筋设计计算的规则和程序与上述相同；有的区段底板承受的力矩值很小，可以按构造要求配筋。

4.1.6 基础预制混凝土构件的设计计算之四——与 QTZ800 型塔机装配的装配式混凝土塔机基础的基础预制混凝土构件的底板的截面抗剪切力的设计计算：

1. 根据《固定式塔机装配式混凝土基础技术规程》（修订本建议稿）的相关规定（图 4-21）：

$$(f_v \cdot h' \cdot l' + f_{yk} \cdot A_s') \geqslant k_{h2} \cdot (V_{fa} - V_{yc} - V_{bc}) \tag{4-14}$$

式中：f_v——混凝土抗剪强度设计值，取 $f_v = 1.71$（N/mm²）；

h'——基础底板计算抗剪切 N-N 截面的高度（mm）；

l'——基础底板计算抗剪切 N-N 截面的长度（mm）；

f_{yk}——方向与基础底板计算抗剪切 N-N 截面垂直的混凝土内钢筋（包括板上、下受力主筋）的抗剪强度设计值，取 $f_{yk} = \dfrac{f_y}{\sqrt{3}}$（N/mm²）；

A_s'——方向与基础底板的 N-N 截面垂直的混凝土内钢筋的总截面面积（mm²）；

V_{fa}——基础底板 N-N 截面计算区段承受的最大剪切力（kN）；

V_{yc}——重力件重力对基础构件的 N-N 截面的沿基础梁纵向计算区段的总剪切力（kN）；

V_{bc}——基础底板重力对 N-N 截面计算区段的剪力（kN）。

预制混凝土构件的底板抗地基压应力的截面强度设计计算：

$$(f_v \cdot h' \cdot l' + f_{yk} \cdot A_s') \geqslant k_{h2} \cdot (V_{fa} - V_{yc} - V_{bc})$$

$$\frac{1.71N/mm^2 \times 290mm \times 500mm}{2} + 360N/mm^2 \times 689.71mm^2 \div \sqrt{3}$$

$$\geqslant 1.35 \times (159.98kPa \div 5.1966mm \times 3.648m \times 1149mm \times 500mm - \frac{37.55kN/件 \times 3 \div 2}{3} -$$

$$1149mm \times 500mm \times \frac{(200+290)}{2}mm \times 2.354N/mm^2)$$

$$267.333kN > 57.283kN$$

结论：与 QTZ800 型塔机装配的装配式混凝土塔机基础的基础预制混凝土构件的底板垂直截面的抗地基压应力的剪切力的强度符合要求。与其他型号塔机（如：QTZ400、QTZ500、QTZ630）装配的装配式混凝土塔机基础的基础预制混凝土构件的底板比与 QTZ800 型塔机装配的装配式混凝土塔机基础的基础预制混凝土构件的底板承受的地基压应力、剪切力要小得多，而受剪截面相同、混凝土强度等级相同，所以也就无须逐一验算了。并且，底板上部承受负弯矩的受力钢筋的抗剪切力未纳入计算，以确保底板的截面抗剪切强度。

2. 与 QTZ800 型塔机装配的装配式混凝土塔机基础的基础预制混凝土构件的底板抗重力件和底板自重的剪切力的截面强度验算：

根据《固定式塔机装配式混凝土基础技术规程》（修订本建议稿）的相关规定：

基础底板抗重力件的剪切力的内力验算应符合下式的规定见图 4-22。

$$(f_v \cdot h' \cdot l' + f_{yk} \cdot A_s') \geqslant k_{h2} \cdot (V_{yc} + V_{bc}) \tag{4-15}$$

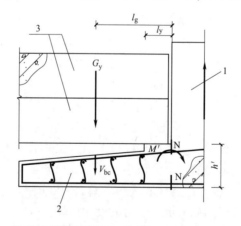

图 4-22 装配式塔机基础底板抗重力件的剪切力的受力简图

1—基础梁；2—底板；3—重力件

$$(f_v \cdot h' \cdot l' + f_{yk} \cdot A_s') \geqslant k_{h2} \cdot (V_{yc} + V_{bc})$$

$$1.71N/mm^2 \times 290mm \times 500mm + 360N/mm^2 \times 774.65mm^2 \div \sqrt{3}$$

$$\geqslant 1.35 \times (\frac{37.55kN/件 \times 3 \div 2}{3} + 1149mm \times 500mm \times \frac{(200+290)}{2}mm \times 2.354N/mm^2)$$

$$408.963kN > 29.819kN$$

结论：与 QTZ800 型塔机装配的装配式混凝土塔机基础的基础预制混凝土构件的底板抗重力件和底板自重的剪切力的截面强度符合要求，且基础底板上部受力钢筋未计在内，以确保安全。与 QTZ400、QTZ500、QTZ630 型塔机装配的装配式混凝土塔机基础的底板承受由地基压应力形成的剪切力要比与 QTZ800 型小，无须重复验算。

4.1.7 基础预制混凝土构件的设计计算之五——基础梁正截面混凝土强度验算：

根据《混凝土结构设计规范》中 6.2.10 矩形截面或翼缘位于受拉边的倒 T 形截面受弯构件，其正截面受弯承载力应符合下列规定见图 4-23、图 4-24。

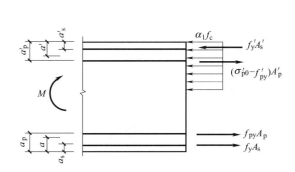

图 4-23 矩形截面受弯构件正截面
受弯承载力计算简图（纵剖面）

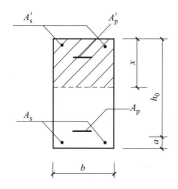

图 4-24 矩形截面受弯构件正截面
受弯承载力计算简图（横剖面）

$$k_{h1} \cdot k_{h3} \cdot M_{U3} \leqslant \frac{0.875b \cdot h_0^2 \cdot f_c}{4} \tag{4-16}$$

式中：M_{U3}——无底架固定式塔机与装配式塔机基础的垂直连接构造的合力点位于基础梁的 U$_3$-U$_3$ 截面承受的最大正弯矩值（kN·m）；

k_{h3}——底架对基础梁承受弯矩的分解系数，取 $k_{h3}=2/3$；

f_c（C40）$=19.1$N/mm^2（《混凝土结构设计规范》GB 50010—2010 中规定的关于混凝土——"C40"材料的"轴心抗压强度设计值"）。

1. 与 QTZ400 有底架的固定式塔机装配的装配式混凝土塔机基础的基础梁正截面混凝土强度验算：

$$k_{h1} \cdot k_{h3} \cdot M_{U3} \leqslant \frac{0.875b \cdot h_0^2 \cdot f_c}{4}$$

$$1.4 \times \frac{2 \times \left[804\text{kN} \cdot \text{m} - (259.88\text{kN} + 333.82\text{kN}) \times \frac{1.4\text{m} \times \sqrt{2}}{2} \right]}{3}$$

$$\leqslant \frac{0.875 \times 550\text{mm} \times (780\text{mm})^2 \times 19.1\text{N/mm}^2}{4}$$

201.85kN·m＜1398.084kN·m

2. 与 QTZ800 有底架的固定式塔机装配的装配式混凝土塔机基础的基础梁正截面混凝土强度验算：

$$k_{h1} \cdot k_{h3} \cdot M_{U3} \leqslant \frac{0.875b \cdot h_0^2 \cdot f_c}{4}$$

$$1.4 \times \frac{2 \times \left[1860\text{kN} \cdot \text{m} - (433.45\text{kN} + 783.85\text{kN}) \times \frac{1.7\text{m} \times \sqrt{2}}{2} \right]}{3}$$

$$\leqslant \frac{0.875 \times 550\text{mm} \times (900\text{mm})^2 \times 19.1\text{N/mm}^2}{4}$$

370.27kN·m＜1861.355kN·m

结论：与四种塔机型号中最大、最小的两种塔机装配的装配式混凝土塔机基础的基础梁混凝土强度满足设计要求，与其他两种型号（QTZ500、QTZ 630）塔机装配的装配式混凝土塔机基础的基础梁的混凝土强度也就无须验算。

4.1.8 基础预制混凝土构件的设计计算之六——关于装配式混凝土塔机基础的基础梁的纵筋和箍筋设计计算：

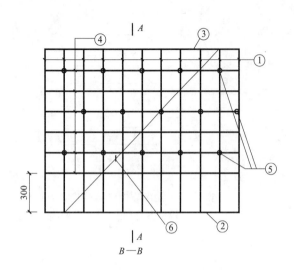

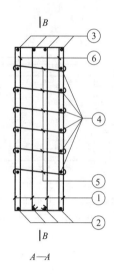

图 4-25　基础钢筋配置纵向剖面示意图　　　　图 4-26　基础钢筋配置横向剖面示意图

①—四肢箍；②—下部纵向筋；③—上部纵向筋；④—腰筋；⑤—连系筋；⑥—斜筋

　　与 QTZ400、QTZ500、QTZ630、QTZ800 型固定式塔机装配的装配式混凝土塔机基础的基础预制混凝土构件的基础梁的纵筋和箍筋的设计计算应符合《混凝土结构设计规范》GB 50010—2010 的规定，根据装配式混凝土塔机基础的基础梁承受的剪力和扭矩配置基础梁的纵向筋，因基础梁的受力钢筋已配置钢绞线代替，故基础梁的纵向钢筋按构造要求配置；箍筋宜采用Ⅱ级和Ⅲ级钢筋，4 肢箍、上下各 4 根纵向筋（采用Ⅱ级和Ⅲ级钢筋）直径 12～16（基础梁截面抗弯强度计算中并未纳入纵向筋的受压强度）；箍筋下部 300mm 高度范围已伸入底板，故底板纵向构造配筋在基础梁内由基础梁纵向筋代替，无须重叠；在基础梁箍筋的 4 肢箍外筋内侧，附加Ⅱ级 $\Phi10$～$\Phi12$ 的腰筋 2 根垂直间距 200mm，以Ⅱ级 $\Phi8$ 单肢箍连系；如果箍筋计算间距小于 100mm 时，应在梁内设 2～4 根（Ⅱ级直径 14～18）斜筋，斜筋与纵向筋的交角为 45°～60°，如图 4-25、图 4-26 所示。

　　基础梁四肢箍的间距应经验算，符合《混凝土结构验收规范》GB 50010 的相关规定，本计算书从略。

4.1.9 基础预制混凝土构件的设计计算之七——预制混凝土重力件受力钢筋设计计算：

1. 预制混凝土重力件承受的最大力矩计算：

$$M_l = \frac{2k_{h1} \cdot q \cdot l^2}{8} = \frac{2 \times 1.4 \times (1m \times 0.9m \times 0.3m) \times 23.54kN \times (4.76 - 0.2m \times 2)^2}{8}$$

$$M_l = 42.288kN \cdot m$$

（注：式中的 2 为考虑重力件 3 件重叠码放造成重力集中形成力矩加倍的可能性。）

2. 预制混凝土重力件纵向受力主筋计算：

$$A_{pl} \geqslant \frac{M_l}{0.875 \times h_{01} \cdot f_y} = \frac{42.288kN \cdot m}{0.875 \times [0.3m - (0.03m + 0.006m)] \times 300N/mm^2}$$

$$A_{pl} \geqslant 610.22mm^2（采用 6 根Ⅱ级 \Phi12，总截面面积 679mm^2。）$$

3. 验算截面 C30 混凝土强度：

$$M'_l = \frac{0.875 \times h_{01}^2 \cdot f_c}{4}$$

$$M'_l = \frac{0.875 \times [0.3\text{m} - (0.03\text{m} + 0.006\text{m})]^2 \times 0.9\text{m} \times 14.1\text{N/mm}^2}{4} = 193.47\text{kN} \cdot \text{m}$$

$$(M'_l = 193.47\text{kN} \cdot \text{m}) > (M_l = 42.288\text{kN} \cdot \text{m})$$

结论：重力件采用 C30 混凝土。预制混凝土重力件采用 II 级钢筋，直径 12，双排双向筋，间距不大于 170mm，垂直单肢箍采用 II 级钢筋，直径 8，@300。因重力件最多 3 件重叠码放，有可能出现应力集中，故重力件采用 II 级 Φ12 间距 140mm。

4.1.10 装配式混凝土塔机基础的水平连接构造系统设计计算之一——水平连接构造系统的钢绞线设计计算：（十字风车形基础平面，$B = 6000$mm，装配于有底架的 QTZ400 型固定式塔机，受力简图见图 4-27、图 4-28）

1. 根据《固定式塔机装配式混凝土基础技术规程》（修订本建议稿）的相关规定：

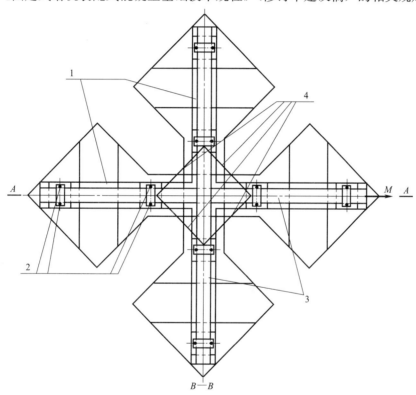

图 4-27　装配式塔机基础与有底架的固定式塔机的垂直连接构造受力简图（平面）

预应力钢筋的计算：预应力筋即无粘结预应力钢绞线对装配式塔机基础的结构整体性和抵抗塔机传给基础的各种外力的内力形成至关重要，其设计计算应符合下列规定：

按本规程 3.0.9 条规定，与无底架的固定式塔机装配的装配式塔机基础的基础梁内上、下各设一组或只在下部设一组水平钢绞线（作用于同一合力点的单孔道内设单根钢绞线、单孔道内设多根钢绞线或多孔道内设单根钢绞线、多孔道内设多根钢绞线为一组），其设计计算应符合下列规定：

1）与有底架的固定式塔机装配的装配式混凝土塔机基础的基础梁的 U_3-U_3 截面承受的最大正弯矩 M_{U3}（图 4-28）计算应符合下式要求：

$$M_{U3} \geqslant k_{h3} \cdot k_{h1} \left[M - (F_k + G_k) \cdot \frac{\sqrt{2}}{2} l_1 \right] \tag{4-17}$$

式中：l_1——轴线为同一直线的塔机底架梁内端的 2 组地脚螺栓合力点的距离（mm）。

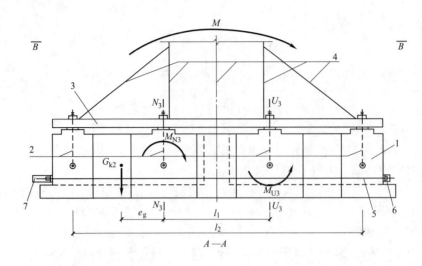

图 4-28 装配式塔机基础与有底架的固定式塔机的垂直连接构造受力简图（横剖面）

1—基础梁；2—地脚螺栓；3—转换装置；4—塔身基础节；5—钢绞线；6—固定端；7—张拉端

2）与有底架的固定式塔机装配的装配式混凝土塔机基础的基础梁的 N_3-N_3 截面承受的最大负弯矩 M_{N3}（图 4-28）计算应符合下式要求：

$$M_{N3} \geqslant k_{h3} \cdot k_{h2} \cdot G_{k2} \cdot l_g \tag{4-18}$$

式中：M_{N3}——无底架固定式塔机与装配式塔机基础的垂直连接构造的合力点位于基础梁的 N_3-N_3 截面承受的最大负弯矩值（kN·m）；

l_g——N_1-N_1 或 N_2-N_2 截面以外的基础重力合力点到 N_1-N_1 或 N_2-N_2 截面的距离（mm）。

3）计算为基础梁截面承受正、负弯矩配置的钢绞线的截面积应符合下列各式的规定：

$$A_{p1} \geqslant \frac{k_3 \cdot (M_{U1}、M_{U2}、M_{U3})}{0.875\beta \cdot \sigma_{pe} \cdot h_{01}} \tag{4-19}$$

$$A_{p2} \geqslant \frac{k_3 \cdot (M_{N1}、M_{N2}、M_{N3})}{0.9\beta \cdot \sigma_{pe} \cdot h_{02}} \tag{4-20}$$

式中：A_{p1}——下一组钢绞线的总截面面积；

A_{p2}——上一组钢绞线的总截面面积；

k_3——钢绞线拉力不均匀系数，取 1.25；

0.875——承受正弯矩的钢绞线内力臂系数；

β——装配式塔机基础的水平连接构造装配后钢绞线的预应力折减系数，取 0.85；

σ_{pe}——钢绞线的有效应力（N/mm²），取钢绞线单根张拉端应力 900N/mm²；

h_{01}——下一组钢绞线合力点的截面计算有效高度（mm）；

0.9——承受负弯矩的钢绞线内力臂系数；

h_{02}——上一组钢绞线合力点的截面计算有效高度（mm）。

4）为基础截面承受正、负弯矩配置的钢绞线的根数应符合下列各式的规定：

$$n_1 = \frac{A_{p1}}{A_0} \tag{4-21}$$

$$n_2 = \frac{A_{p2}}{A_0} \tag{4-22}$$

式中：n_1——承受正弯矩的钢绞线数量（根）；

A_0——单根钢绞线的截面面积（mm²）；

n_2——承受负弯矩的钢绞线数量（根）。

（1）基础梁的 U_3-U_3 剖面图的最大正弯矩值（M_{U3}）计算：

$$M_{U3} \geq k_{h3} \cdot k_{h1} \left[M - (F_k + G_k) \cdot \frac{\sqrt{2}}{2} l_1 \right]$$

$$M_{U3} = \frac{2}{3} \times 1.4 \times \left[804 \text{kN} \cdot \text{m} - (259.88 \text{kN} + 338.82 \text{kN}) \times \frac{\sqrt{2}}{2} \times 1.4 \text{m} \right]$$

注：1.4m 为塔身与基础垂直连接的合力点连接组成正方形的边长。

$$M_{U3} = 197.235 \text{kN} \cdot \text{m}$$

（2）钢绞线设计截面面积及根数计算：

$$A_{p1} \geq \frac{k_3 \cdot M_{U3}}{0.875 \beta \cdot \sigma_{pe} \cdot h_{01}}$$

$$A_{p1} = \frac{1.25 \times 197.235 \text{kN} \cdot \text{m}}{0.875 \times 0.85 \times 900 \text{N/mm}^2 \times (1200 - 400) \text{mm}}$$

$$A_{p1} = 460.4 \text{mm}^2$$

$$n_1 = \frac{A_{p1}}{A_0} = 460.4 \text{mm}^2 \div 139 \text{mm}^2/\text{根} = 3.32（根）（实际设置 4 根）$$

（3）承受基础梁 N_3-N_3 剖面的最大负弯矩值（M_{N3}）的钢绞线截面面积及根数计算：

N_3-N_3 截面承受的负弯矩计算：

$$M_{N3} \geq k_{h3} \cdot k_{h2} \cdot G_{k2} \cdot l_g$$

$$M_{N3} = \frac{2}{3} \times 1.35 \times 333.82 \text{kN} \div 4 \times \left(0.288988 \times 6\text{m} - \frac{\sqrt{2}}{2} \times 1.4 \text{m} \right) = 55.881 \text{kN} \cdot \text{m}$$

（4）承受 N_3-N_3 截面负弯矩的钢绞线计算：

$$A_{p2} \geq \frac{k_3 \cdot (M_{N1}、M_{N2}、M_{N3})}{0.9 \beta \cdot \sigma_{pe} \cdot h_{02}}$$

$$A_{p2} = \frac{1.25 \times 55.881 \text{kN} \cdot \text{m}}{0.9 \times 0.85 \times 900 \text{N/mm}^2 \times 400 \text{mm}}$$

$$A_{p2} = 253.64 \text{mm}^2$$

$$n_2 = \frac{A_{p2}}{A_0} = 253.64 \text{mm}^2 \div 139 \text{mm}^2/\text{根} = 1.83（根）< 4 \text{ 根}$$

结论：钢绞线在基础梁底面向上 420mm 处设置 4 根。按上列规则和程序计算，其结果如表 4-7：

装配式混凝土塔机基础水平连接构造系统钢绞线设计计算技术参数 表 4-7

装置的塔机型号	塔机最大倾覆力矩(kN·m)	钢绞线(1×7—Φ15.2—1860)设计计算			
		设置标高(mm)	承担正弯矩(根)	承担负弯矩(根)	实际设置
QTZ400	804	400	3.32	1.83	4
QTZ500	963	400	3.86	1.83	4
QTZ630	1772	340	6.2	4.09	7
QTZ800	1860	340	6.41	4.09	7

注：表中"设置标高"为钢绞线合力点至基础梁下面的距离。

4.1.11 装配式混凝土塔机基础的水平连接构造系统设计计算之二——基础预制混凝土构件垂直连接面的抗剪力设计计算：

1. 根据《固定式塔机装配式混凝土基础技术规程》（修订本建议稿）的相关规定：

$$k_{h2} \cdot V \leq (V_{jg} + V_k + V_t) \tag{4-23}$$

$$V_{jg} = n_3 \cdot f_t \cdot A_{sj} \tag{4-24}$$

$$V_k = f_{cd} \cdot A_c \tag{4-25}$$

$$F_t = 0.3 n_4 \cdot \sigma_{pc} \tag{4-26}$$

式中：V_{jg}——钢定位键的设计抗剪力（kN）；

V_k——混凝土抗剪件的设计抗剪力（kN）；

F_t——相邻预制基础混凝土构件的连接面的摩擦力（kN）；

f_t——钢的剪切强度，按现行国家标准《钢结构设计规范》GB 50017 取 $f_t = 160\text{N/mm}^2$；

f_{cd}——混凝土（剪切面配置钢筋）抗剪切强度设计值，取 $f_{cd} = 4\text{N/mm}^2$；

A_{sj}——单个钢定位键截面面积（mm^2）；

A_c——混凝土抗剪键截面总面积（mm^2）；

σ_{pc}——单根钢绞线的有效拉力值（kN）；

0.3——预制基础混凝土构件表面摩擦系数；

n_3——预制基础混凝土构件的相邻连接面上设有的钢定位键的个数；

n_4——基础梁截面上设有的钢绞线的根数。

2. 与 QTZ800 装配的装配式混凝土塔机基础的相邻基础固定式塔式起重机的垂直连接面（中心件与 1 号件连接面）的最大剪切力计算：

$$V_2 = k_{h4} \sum f_{a1} \tag{4-27}$$

式中：V_2——与有底架固定式塔机装配的装配式混凝土塔机基础相邻预制混凝土构件的连接面承受的最大剪切力（kN）；

k_{h4}——塔机底架对装配式混凝土塔机基础的预制混凝土构件的相邻连接面承受的剪切力的分解系数，取 $k_{h4} = 1/2$；

$\sum f_{a1}$——基础承受最大倾覆力矩时，相邻预制基础混凝土构件的连接面以外的基础底面承受的全部地基压应力（kN）。

$$V_2 = \frac{1}{2} \times [0.20489 \times (6\text{m})^2 \times 159.98\text{kPa}] （注：\sum f_{a1} 取值偏大，以策安全）$$

$$V_2 = 590.01\text{kN}$$

3. 相邻连接面的抗剪切力（图 4-29、图 4-30）计算：

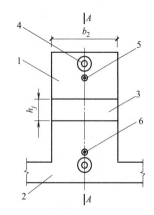

图 4-29 装配式塔机基础的基础梁
受剪承载力示意（横剖面）

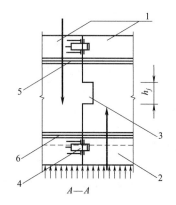

图 4-30 装配式塔机基础的基础梁
受剪承载力示意（纵剖面）

1—基础梁；2—底板；3—混凝土抗剪件；4—钢定位键；5—上部钢绞线束；6—下部钢绞线束

$$k_{h2} \cdot V_2 \leqslant (V_{jg} + V_k + F_t)$$

$1.35 \times 590.01\text{kN} \leqslant 2 \times 160\text{N/mm}^2 \times (40\text{mm})^2\pi + 4\text{N/mm}^2 \times 550\text{mm} \times 240\text{mm} + 135\text{kN/根} \times 7 \times 0.3$

$$796.52\text{kN} < 1012.56\text{kN}$$

结论：与 QTZ800 装配的装配式混凝土塔机基础的基础预制混凝土构件相邻连接面的结构抗剪切内力具有足够的抗剪切强度。其余的与 QTZ400、QTZ500、QTZ630 型塔机装配的装配式混凝土塔机基础的预制混凝土构件相邻连接面承受的剪切力都比与 QTZ800 型塔机装配的装配式混凝土塔机基础的（V）值要小，无须分别计算，故可以省略，不再重复计算。

4.1.12 装配式混凝土塔机基础的水平连接构造系统设计计算之三——以与 QTZ800 装配的装配式混凝土塔机基础的基础预制混凝土构件组合体抗水平分力设计计算：

1. 装配式混凝土塔机基础底板承受的最大水平分力计算：

根据《固定式塔机装配式混凝土基础技术规程》（修订本建议稿）相关规定：

装配式塔机基础的基础（包括风车形、双哑铃形、十字形的十字形平面）结构承受的水平分力计算应符合下列要求见图 4-31、图 4-32。

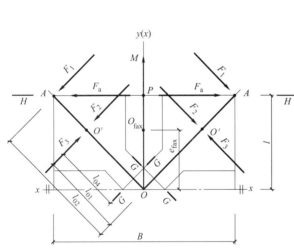

图 4-31 装配式塔机基础的基础梁抗
水平分力计算简图（平面）

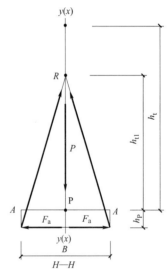

图 4-32 装配式塔机基础的基础梁抗
水平分力计算简图（立面）

$$p \geqslant \frac{k_{h1} \cdot M}{L} \tag{4-28}$$

$$F_a \geqslant \frac{B \cdot p}{4(h_{t1} + h_p)} \tag{4-29}$$

$$F_1 \geqslant \frac{\sqrt{2}}{2} F_a \tag{4-30}$$

$$F_2 \geqslant \frac{F_1 \cdot l_{02}}{l_{01}} \tag{4-31}$$

$$F_3 \geqslant k_2 \cdot F_2 \tag{4-32}$$

式中：p——在设计倾覆力矩方向与基础平面的 x（或 y）轴垂直重合时，相当于 P 点承受的垂直力（kN）；

L——P 点到基础中心的距离（m）；

F_a——在设计倾覆力矩作用下，基础构件底面上的 P 点承受 A 方向的水平分力（kN）；

h_{t1}——装配式塔机基础的预制基础混凝土构件顶面至塔机承受的水平力合力点 R 的距离

（根据固定式塔机的实际结构以《高耸结构设计规范》GB 50135 和《塔式起重机设计规范》GB/T 13752 的规则合成计算）（m）；

h_t——塔机吊重臂下平面至装配式混凝土塔机基础的高度（m）；

h_p——装配式塔机基础的高度（m）；

F_1——预制基础混凝土构件底面的 A 点承受的与 OA 轴垂直的水平分力（kN）；

F_2——设计倾覆力矩方向与基础平面的 x（或 y）轴垂直重合时，基础承受最大的地基压应力的合力点 O' 承受的方向与 OA 轴垂直的水平分力（kN）；

l_{02}——与装配式塔机基础平面外缘线重合的正方形角点 A 至基础中心的距离（m）；

l_{01}——基础中心至基础承受的最大地基压应力合力点 O' 的距离（m）；

F_3——基础抗水平分力的内力（kN）；

k_2——基础抗水平分力的内力安全系数，取 $k_2 = 1.5$。

（1）在最大倾覆力矩作用下，作用于 P 点的垂直力计算：

$$p \geqslant \frac{k_{h1} \cdot M}{L}$$

$$p = \frac{1.4 \times 1860 \text{kN} \cdot \text{m}}{3 \text{m}} = 868 \text{kN}$$

（2）在最大倾覆力矩作用下，P 点对两个 A 点的水平分力计算：

$$F_a \geqslant \frac{B \cdot p}{4(h_{t1} + h_p)} = \frac{6 \text{m} \times 868 \text{kN}}{4 \times (32 \text{m} + 1.28 \text{m})}$$

$$F_a = 39.123 \text{kN}$$

（3）A 点与基础梁轴线垂直的水平分力计算：

$$F_1 \geqslant \frac{\sqrt{2}}{2} F_a = \frac{\sqrt{2}}{2} \times 39.123 \text{kN}$$

$$F_1 = 27.664 \text{kN}$$

（4）地基压应力合力点 O' 与基础梁轴线垂直的水平分力计算：

$$F_2 \geqslant \frac{F_1 \cdot l_{02}}{l_{01}} = \frac{27.664 \text{kN} \times \left(6 \text{m} \times \frac{\sqrt{2}}{2}\right)}{(6 \text{m} \times 0.28014)}$$

$$F_2 = 69.827 \text{kN}$$

2. 装配式混凝土塔机基础的基础预制混凝土构件组合结构抗水平分力的内力计算：

根据《固定式塔机装配式混凝土基础技术规程》（修订本建议稿）相关规定：

装配式塔机基础的基础结构抗水平分力的内力受力简图见（图 4-33）计算应符合下列各式：

$$F_3 \geqslant n_5 + (n_6 \text{ 或 } n_6' \text{ 中的较小的值}) \tag{4-33}$$

$$n_5 \geqslant \frac{k_4 \cdot k_{cm} \cdot \sum f_{ax}}{2k_2} \tag{4-34}$$

$$n_6 \geqslant \frac{0.875 n \cdot \sigma_{pc} \cdot h_{03}}{k_2 \cdot l_{04}} \tag{4-35}$$

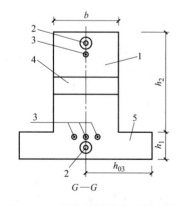

图 4-33　装配式塔机基础的结构抗水平分力的内力计算简图

1—中心件的基础梁；2—钢定位键；3—钢绞线；4—混凝土抗剪件；5—基础抗压板

式中：n_5——装配式塔机基础的 OA 轴基础底面的水平摩擦力（kN）；

n_6——预制基础混凝土构件水平连接系统构造的抗水

平分力的内力（kN）；

k_{cm}——混凝土表面摩擦系数（基础底面与砂层之间），取 $k_{cm}=0.2$；

k_4——摩擦力不均匀系数，取 $k_4=0.7$；

n——中心件与过渡件连接面上设有的水平连接钢绞线的根数；

h_{03}——位于装配式塔机基础的中心件外立面至地基压应力合力点的距离（m）；

l_{04}——装配式混凝土塔机基础中心件外立面至基础承受的最大地基压应力合力点 O_{fan} 的距离（m）。

（1）装配式混凝土塔机基础的基础预制混凝土构件底面抗水平位移的摩擦力计算：

$$n_5=\frac{k_4 \cdot k_{cm} \cdot \sum f_{ax}}{2k_2}=\frac{0.7\times0.2\times[159.98\text{kPa}\times(6\text{m})^2\times0.2991]}{2\times1.5}=80.388\text{kN}$$

（2）装配式混凝土塔机基础的基础预制混凝土构件中心件外立面的组合结构抗水平分力地基压应力合力点的内力计算：

$$n_6\geqslant\frac{0.875n \cdot \sigma_{pc} \cdot h_{03}}{k_2 \cdot l_{04}}$$

$$n_6=\frac{0.875\times7\times125\text{kN/根}\times0.5\text{m}}{1.5\times(\sqrt{2}\times6\text{m}\times0.28014-0.5\text{m})}=135.966\text{kN}$$

（3）验算中心件外立面的受压区混凝土强度的极限抗水平分力：

$$n_6'\geqslant\frac{0.875h_3^2 \cdot h_1 \cdot f_y}{4 \cdot k_2 \cdot l_{04}}+\frac{0.875\left(\frac{b}{2}\right)^2 \cdot h_2 \cdot f_y}{4 \cdot k_2 \cdot l_{04}}$$

$$n_6'\geqslant\frac{0.875\times(500\text{mm})^2\times200\text{mm}\times19.1\text{N/mm}^2}{4\times1.5\times(\sqrt{2}\times6\text{m}\times0.28014-0.5\text{m})}$$

$$+\frac{0.875\times(550\text{mm}\div2)^2\times(1200-290)\text{mm}\times19.1\text{N/mm}^2}{4\times1.5\times(\sqrt{2}\times6\text{m}\times0.28014-0.5\text{m})}$$

$$n_6'=176.324\text{kN}$$

$$(n_6'=176.324\text{kN})>(n_6=135.966\text{kN})$$

（4）装配式混凝土塔机基础的基础预制混凝土构件的组合结构倾覆力矩的水平分力计算：

$$F_3\geqslant k_2 \cdot F_2 \tag{4-36}$$

$$(n_5+n_6)\geqslant k_2 \cdot F_2 \tag{4-37}$$

$$(80.388\text{kN}+135.966\text{kN})>1.5\times69.827\text{kN}$$

$$216.354\text{kN}>104.741\text{kN}$$

结论：装配式混凝土塔机基础的基础预制混凝土构件的水平组合结构内力大于塔机倾覆力矩形成的水平分力；亦即，在最大倾覆力矩作用下，基础结构在水平方向的稳定性是可靠的，具体数据见表 4-8：

装配式混凝土塔机基础的基础预制混凝土构件组合体抗水平分力的内力验算数据表　表 4-8

塔机型号	P（kN）	F_a（kN）	F_1（kN）	F_2（kN）	n_5（kN）	n_6（kN）	n_6'（kN）	F_3（kN）	$k_2 \cdot F_2$（kN）
QTZ400	375.2	22.263	15.742	39.734	34.747	77.695	176.324	112.442	59.601
QTZ500	449.4	26.665	18.855	47.592	41.621	77.695	176.324	119.316	71.388
QTZ630	826.933	37.272	26.355	66.523	76.584	135.966	176.324	212.55	99.785
QTZ800	868	39.123	27.664	68.827	80.388	135.966	176.324	216.354	104.741

注：F_3 取值原则为（n_5+n_6）或（n_5+n_6'）中的较小值。

4.1.13 装配式混凝土塔机基础的垂直连接构造系统设计计算之一——装配式混凝土塔机基础与有底架的固定式塔机垂直连接按构造系统的垂直连接螺栓的单根最大拉力值和直径的设计计算：

1. 根据《固定式塔机装配式混凝土基础技术规程》（修订本建议稿）的相关规定：

$$k_{h1} \cdot M \leqslant \frac{f_m \cdot F_{sp} \cdot (l_1 + l_2)}{k_d} \tag{4-38}$$

式中：F_{sp}——单根地脚螺栓的容许载荷，按《紧固件机械性能 螺栓、螺钉和螺柱》GB/T 3098.1 的规定（kN）；

f_m——塔机与基础的单个垂直连接构造的垂直连螺栓根数；

l_2——轴线为同一直线的塔机底架梁外端的 2 组地脚螺栓合力点的距离（m）；

k_d——地脚螺栓受力不均匀系数，取 $k_d = 1.2$。

（1）装配式混凝土塔机基础与 QTZ400 塔机的垂直连接螺栓设计计算（图 4-27、图 4-28）：

$$k_{h1} \cdot M \leqslant \frac{f_m \cdot F_{sp} \cdot (l_1 + l_2)}{k_d}$$

$$1.4 \times 804 \text{kN} \cdot \text{m} \leqslant \frac{2 \times F_{sp} \times (1.4 \text{m} \times \sqrt{2} + 2.75 \text{m} \times 2)}{1.2}$$

$$F_{sp} = 90.29 \text{kN}$$

（2）装配式混凝土塔机基础与 QTZ500 塔机的垂直连接螺栓设计计算：

$$k_{h1} \cdot M \leqslant \frac{f_m \cdot F_{sp} \cdot (l_1 + l_2)}{k_d}$$

$$1.4 \times 963 \text{kN} \cdot \text{m} \leqslant \frac{2 \times F_{sp} (1.45 \text{m} \times \sqrt{2} + 2.78 \text{m} \times 2)}{1.2}$$

$$F_{sp} = 106.29 \text{kN}$$

（3）装配式混凝土塔机基础与 QTZ630 塔机的垂直连接螺栓设计计算：

$$k_{h1} \cdot M \leqslant \frac{f_m \cdot F_{sp} \cdot (l_1 + l_2)}{k_d}$$

$$1.4 \times 1772 \text{kN} \cdot \text{m} \leqslant \frac{2 \times F_{sp} \times (1.6 \text{m} \times \sqrt{2} + 2.9 \text{m} \times 2)}{1.2}$$

$$F_{sp} = 184.62 \text{kN}$$

（4）装配式混凝土塔机基础与 QTZ800 塔机的垂直连接螺栓设计计算：

$$k_{h1} \cdot M \leqslant \frac{f_m \cdot F_{sp} \cdot (l_1 + l_2)}{k_d}$$

$$1.4 \times 1860 \text{kN} \cdot \text{m} \leqslant \frac{2 \times F_{sp} \times (1.7 \text{m} \times \sqrt{2} + 2.9 \text{m} \times 2)}{1.2}$$

$$F_{sp} = 192.1 \text{kN}$$

按重复使用的经济要求和预紧力不大于螺栓容许拉力的 50% 的规定，装配式混凝土塔机基础与塔机底架的垂直连接螺栓的设计计算和实际设置要求如表 4-9：

装配式混凝土塔机基础与有底架的塔机垂直连接螺栓设计计算技术参数　　表 4-9

塔机型号	计算单根螺栓承受最大拉力值（kN）	设计垂直连接螺栓		
		强度等级	直径(mm)	螺栓容许拉力值(kN)
QTZ400	90.29	8.8	24	230
QTZ500	106.29	8.8	27	302

塔机型号	计算单根螺栓承受最大拉力值（kN）	设计垂直连接螺栓		
		强度等级	直径(mm)	螺栓容许拉力值(kN)
QTZ630	184.62	10.9	30	368
QTZ800	192.1	10.9	30	368

注：垂直连接螺栓的强度等级、直径的选择对塔机的抗倾覆稳定至关重要，设计选用的垂直螺栓容许拉力值（单根）与设计螺栓承受的最大拉力值之比应大于2，其预紧力应不小于计算螺栓承受的最大拉力值的1.2倍，并首选细螺纹，以策安全并利于重复使用。

2. 钢垫板与基础梁之间的高强度水泥砂浆强度验算：

（1）QTZ400塔机底架梁下设钢垫板的几何尺寸、钢垫板与基础梁上面之间的水泥砂浆面积、水泥砂浆强度：

1）垫板几何尺寸：280mm×120mm×12mm

2）垫板下水泥砂浆面积、厚度：240mm×120mm×(8－12)mm＝57600mm²

3）水泥砂浆强度：M15（抗压设计值：7.5N/mm²）

（2）垫板承受的最大压力值及垫板下水泥砂浆的稳定性：

$$\frac{k_{h1} \cdot M}{(l_1 + l_2)} \leqslant B_s \cdot M_f \tag{4-39}$$

式中：B_s——垫板下水泥砂浆面积（mm²）；

M_f——水泥砂浆设计强度值（N/mm²），取 M15 的 $M_f=7.5$N/mm²。

$$\left(\frac{1.4 \times 804 \text{kN} \cdot \text{m}}{(1.4\text{m} \times \sqrt{2} + 2.75\text{m} \times 2)}\right) \leqslant 240\text{mm} \times 120\text{mm} \times 7.5\text{N/mm}^2$$

（3）验算垫板下水泥砂浆的稳定性：

$$150.484\text{kN} < 210\text{kN}$$

结论：钢垫板与基础梁之间的高强度水泥砂浆强度符合塔机结构稳定要求。其他QTZ500、QTZ630、QTZ800塔机底架梁下设钢垫板（其面积因塔机设计倾覆力矩加大而加大）与基础梁之间的高强度水泥砂浆的强度验算规则程序同上，略。

4.1.14 装配式混凝土塔机基础的垂直连接构造系统设计计算之二——型号为QTZ800的固定式塔机底架的垂直连接定位构造的抗水平分力验算：

根据《固定式塔机装配式混凝土基础技术规程》（修订本建议稿）相关规定：

塔机底架侧立面与地脚螺栓的净距超过15mm时，应对塔机底架的垂直连接构造的抗水平分力进行验算见图4-34、图4-35。

$$P \geqslant \frac{k_{h1} \cdot M}{L}$$

$$F_b \geqslant \frac{B \cdot p}{4h_{t1}} \tag{4-40}$$

$$F_4 \geqslant \frac{\sqrt{2}}{2} F_b \tag{4-41}$$

$$F_5 \geqslant \frac{F_4 \cdot l_{02}}{l_{03}} \tag{4-42}$$

式中：F_b——在设计倾覆力矩作用下，与塔机底架底面相平的P点承受A方向的水平分力（kN）；

B——能覆盖基础平面图形的面积最小的正方形的边长（m）；

F_4——相当于塔机底架的底面在A点承受的与OA轴垂直的水平分力（kN）；

F_5——位于塔机底架最外端的一组垂直连接构造的合力点承受的与 OA 轴垂直的水平分力（kN）；

l_{03}——塔机底架最外端的一组垂直连接构造的合力点至基础中心的距离（m）。

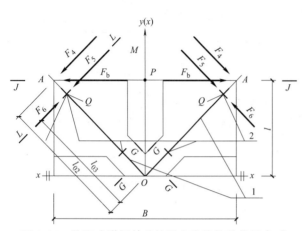

图 4-34 装配式塔机基础的垂直连接构造抗固定式
塔机底架的水平分力的计算简图（平面）
注：L-L 剖面图见图 4-36

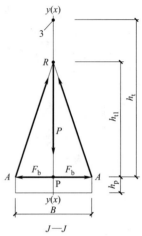

图 4-35 装配式塔机基础的垂直连接
构造抗固定式塔机底架的
水平分力的计算简图（立面）

1. 底架外端与基础的垂直连接点"Q 点"承受的与底架梁纵轴线垂直的水平分力计算：

（1）P 点向两个 A 点的水平分力计算：

$$p \geq \frac{k_{h1} \cdot M}{L} = \frac{1.4 \times 1860 \text{kN} \cdot \text{m}}{3\text{m}}$$

$$p \geq \frac{1.4 \times 1860 \text{kN} \cdot \text{m}}{3\text{m}}$$

$$p = 868 \text{kN} \cdot \text{m}$$

$$F_b \geq \frac{B \cdot p}{4h_{t1}}$$

$$F_b \geq \frac{6\text{m} \times (1860 \text{kN} \cdot \text{m} \times 1.4 \div 3\text{m})}{4 \times (40\text{m} \times 0.8)}$$

$$F_b = 40.688 \text{kN}$$

（2）A 点承受的与底架纵轴线垂直的水平分力计算：

$$F_4 \geq \frac{\sqrt{2}}{2} F_b$$

$$F_4 \geq \frac{\sqrt{2}}{2} \times 40.688 \text{kN}$$

$$F_4 = 28.77 \text{kN}$$

（3）位于 Q 点的底架与基础的垂直连接构造的与底架纵轴垂直的水平分力计算：

$$F_5 \geq \frac{F_4 \cdot l_{02}}{l_{03}}$$

$$F_5 \geq \frac{28.77 \text{kN} \times \frac{\sqrt{2}}{2} \times 6\text{m}}{2.9\text{m}}$$

$$F_5 = 42.09 \text{kN}$$

（4）装配式混凝土塔机基础的垂直连接构造的抗底架水平分力的内力验算：

根据《固定式塔机装配式混凝土基础技术规程》（修订本建议稿）相关规定：

装配式塔机基础的垂直连接构造的抗塔机底架的水平分力的内力验算（图 4-36）应符合下列公式：

$$F_6=[k_{gm} \cdot (T_q+\sum T \cdot n_7)] \geqslant k_{dp} \cdot F_5 \quad (4\text{-}43)$$

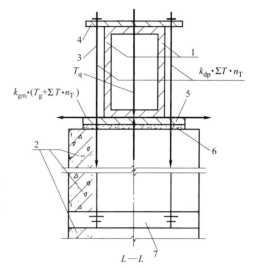

式中：F_6——位于 Q 点的装配式混凝土塔机基础的垂直连接构造的抗水平分力的结构内力（kN）；

k_{gm}——塔机底架上、下面与横梁和垫板之间的摩擦系数，取 0.15；

T_q——位于塔机底架外端的与基础垂直连接构造的中心的底架下面，在设计倾覆力矩作用下承受的最大压力值（kN）；

$\sum T$——垂直连接构造的地脚螺栓承受的拉力总值（kN）；

n_7——塔机底架的摩擦面数量；

k_{dp}——垂直连接构造抗水平分力的内力不均匀系数，取 1.5。

图 4-36 装配式塔机基础的垂直连接构造抗固定式塔机底架的水平分力的计算简图
1—塔机底架；2—基础梁；3—地脚螺栓；
4—横梁；5—垫板；
6—高强度水泥砂浆；7—水平孔道；
Q—位于塔机底架外端的与基础垂直连接构造的中心

当 $k_{gm} \cdot \sum T \cdot n_7 \geqslant k_{dp} \cdot F_5$ 时，可不设防止底架水平位移构造，当 $k_{gm} \cdot \sum T \cdot n_7 < k_{dp} \cdot F_5$ 时，必须设防止底架水平位移构造。

$$F_6=[k_{gm} \cdot (T_q+\sum T \cdot n_7)] \geqslant k_{dp} \cdot F_5$$

$$0.15 \times \left(\frac{1860 \text{kN} \cdot \text{m}}{2 \times 2.9 \text{m} \times \frac{\sqrt{2}}{2}}+192.1 \text{kN} \times 1.2 \times 2\right) \geqslant 1.5 \times 42.09 \text{kN}$$

$$137.185 \text{kN} \geqslant 63.135 \text{kN}$$

结论：装配式混凝土塔机基础与塔机的垂直连接构造垂直螺栓拉力（预紧力）和塔机最大倾覆力矩产生的底架外端下面对基础梁的压力共同形成的摩擦力足以抵抗倾覆力矩造成的底架外端的水平分力，在底架外端可以不设水平接结杆；在两根垂直螺栓与底架侧立面之间也无须设置防止底架横向位移的构造措施。其他型号的固定式塔式起重机的塔底底架与基础的垂直连接构造的抗底架水平分力的内力计算数据见表 4-10：

固定式塔机底架的垂直连接构造的抗底架水平分力设计计算数据表　　　　表 4-10

塔机型号	F_b (kN)	F_4 (kN)	F_5 (kN)	$k_{gm} \cdot (T_q+\sum T \cdot n_7)$ (kN)	$k_{dp} \cdot F_5$ (kN)
QTZ400	23.45	16.581	26.054	64.089	39.081
QTZ500	28.088	19.861	31.208	76.095	46.812
QTZ630	38.763	27.409	40.098	131.274	60.147
QTZ800	40.688	28.77	42.09	137.185	63.135

4.1.15 关于"装配式混凝土塔机基础设计计算书（一）"的实施建议

1. 模板：统一以一套装配式混凝土塔机基础的预制混凝土构件的模板制作与 QTZ400、QTZ500、QTZ630、QTZ800 型固定式塔机装配的装配式混凝土塔机基础的预制混凝土构件，可以大幅降低装配式混凝土塔机基础制作成本，简化制作程序，利于工厂化生产。

2. 装配对象相对集中：（一）、优选以与 QTZ400、QTZ500 型塔机装配的装配式混凝土塔机基础合并一个基础型号。因为二者的钢绞线配置分别为 4 根、5 根，只差 1 根。且两种型号的塔机的垂直连接构造的平面位置十分相近，可以互相借用、通用，垂直连接螺栓的型号也十分接近，如此，在垂直连接构造方面可以减少基础梁内构造的设置，实现装配式混凝土塔机基础的成本节约；二者，基础梁、底板的钢筋配置也十分接近，采取以大代小不会造成明显的成本增加；只有与 QTZ500 型塔机装配的装配式混凝土塔机基础才需要配置 4 件 2♯重力件，利于简化运输车辆的型号、降低运输成本。

3. 装配对象相对集中：（二）、优选以与 QTZ630、QTZ800 型塔机装配的装配式混凝土塔机基础合并一个基础型号。因为二者的预制混凝土构件和重力件配置相同，钢绞线配置根数相同，垂直螺栓配置直径和强度等级相同，且底架与基础的垂直连接构造的平面位置也十分相近，故此，将与 QTZ630、QTZ800 型两个型号的固定式塔机装配的装配式混凝土塔机基础相互通用的技术条件充分，且通用的益处在于：降低生产成本，简化运输车辆选型，节约运输成本。

4.2 装配式混凝土塔机基础的设计实例（一）及施工要点

（配套于有底架的 QTZ400、QTZ500、QTZ630、QTZ800 型固定式塔机）

4.2.1 装配式混凝土塔机基础（与有底架的 QTZ630 或 QTZ800 型固定式塔机装配）的预制混凝土构件设计详图

1. 装配式混凝土塔机基础的预制混凝土构件装配总图，见图 4-37～图 4-43。

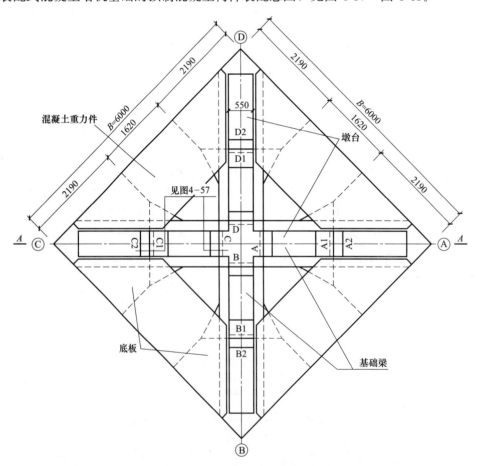

图 4-37 装配式混凝土塔机基础预制混凝土构件装配总平面图

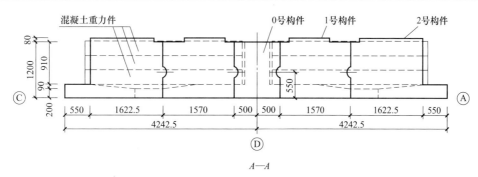

图 4-38 装配式混凝土塔机基础预制混凝土构件装配总剖面图

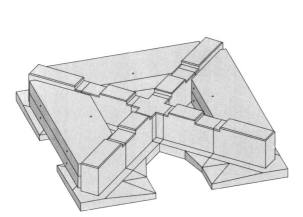

图 4-39 装配式混凝土塔机基础预制
混凝土构件装配总装配三维图

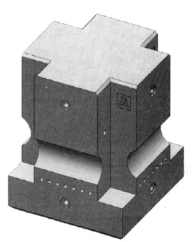

图 4-40 0号构件三维图

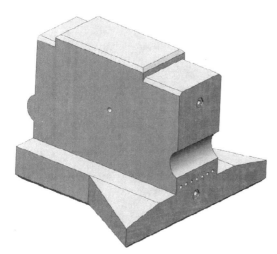

图 4-41 1号构件三维图

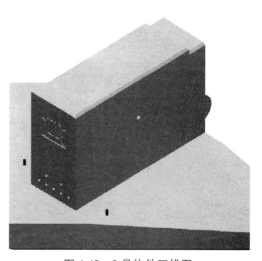

图 4-42 2号构件三维图

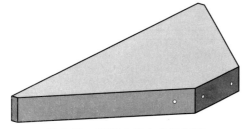

图 4-43 混凝土重力件三维图

2. 装配式混凝土塔机基础的预制混凝土构件 0 号构件详图，见图 4-44～图 4-46。

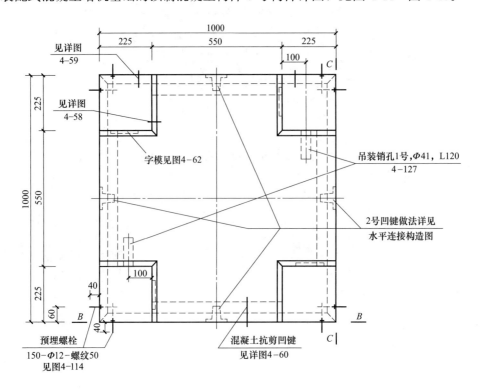

图 4-44 0 号构件俯视图

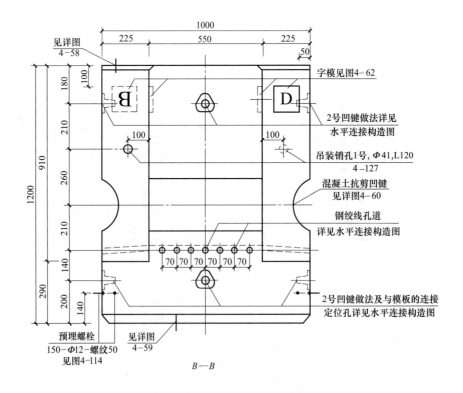

图 4-45 0 号构件正立面图

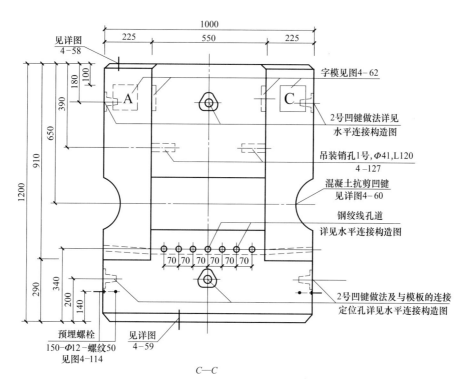

图 4-46 0 号构件侧立面图

3. 装配式混凝土塔机基础的预制混凝土构件 1 号构件详图，见图 4-47～图 4-50。

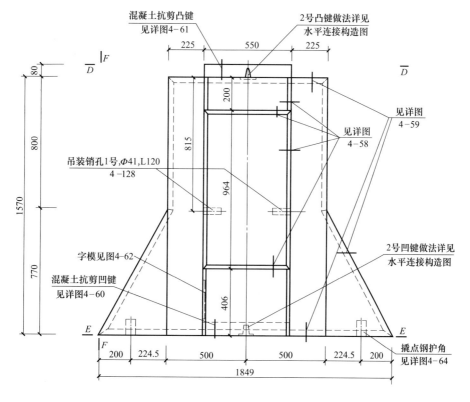

图 4-47 1 号构件俯视图

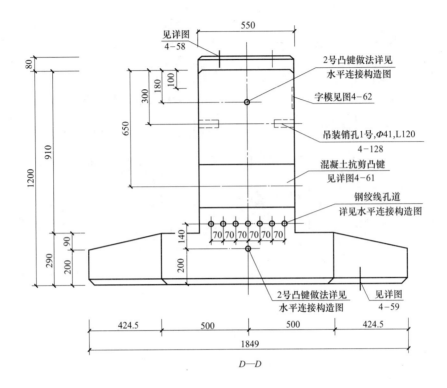

图 4-48　1号构件内向立面图

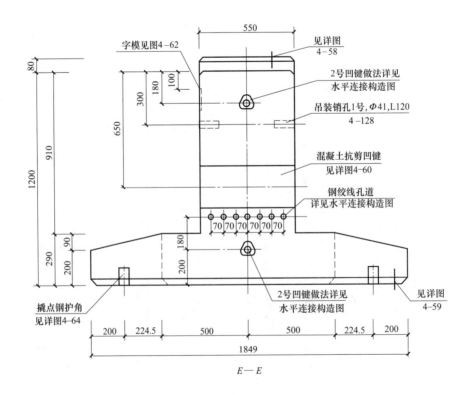

图 4-49　1号构件外向立面图

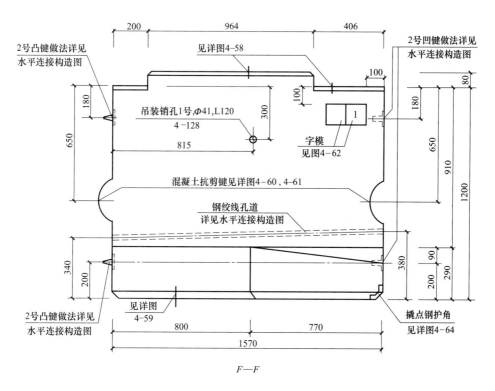

图 4-50　1 号构件侧立面图

4. 装配式混凝土塔机基础的预制混凝土构件 2 号构件详图，见图 4-51～图 4-54。

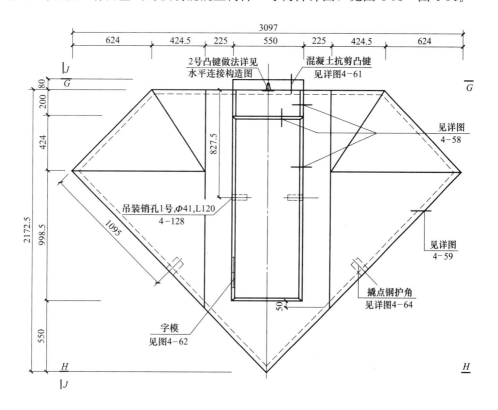

图 4-51　2 号构件俯视图

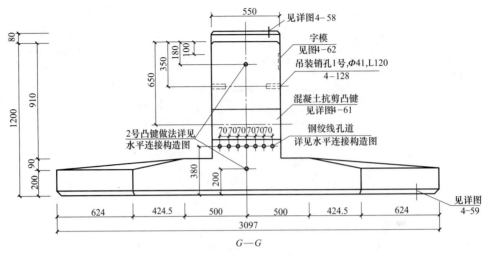

图 4-52 2 号构件内向立面图

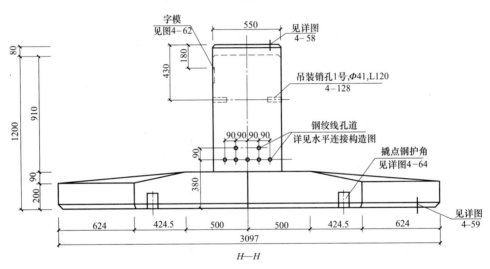

图 4-53 2 号构件外向立面图

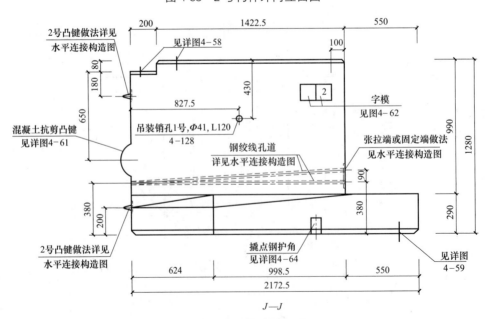

图 4-54 2 号构件侧立面图

5. 装配式混凝土塔机基础的预制混凝土压重件详图，见图 4-55、图 4-56。

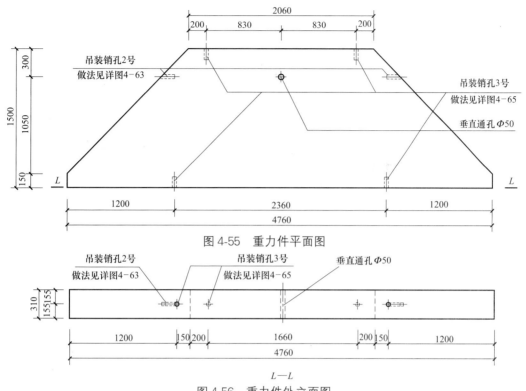

图 4-55 重力件平面图

图 4-56 重力件外立面图

6. 装配式混凝土塔机基础的预制混凝土构件详图，见图 4-57～图 4-65。

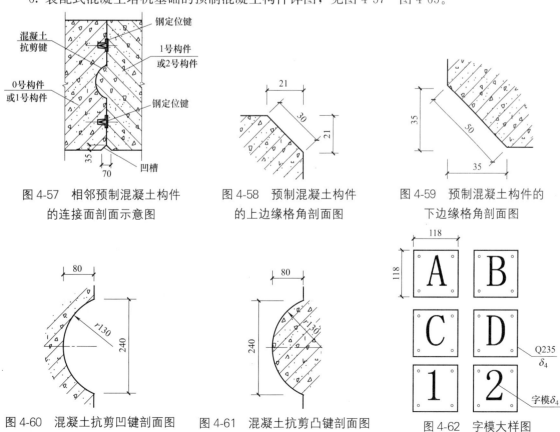

图 4-57 相邻预制混凝土构件
的连接面剖面示意图

图 4-58 预制混凝土构件
的上边缘格角剖面图

图 4-59 预制混凝土构件的
下边缘格角剖面图

图 4-60 混凝土抗剪凹键剖面图

图 4-61 混凝土抗剪凸键剖面图

图 4-62 字模大样图

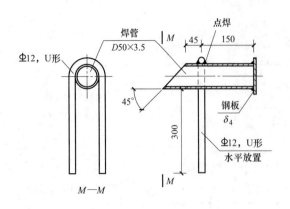

图 4-63　预制混凝土重力件的吊装销孔 2 号埋件详图

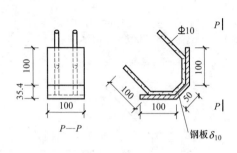

图 4-64　撬点钢护角详图

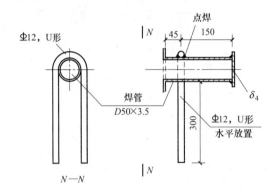

图 4-65　预制混凝土重力件的吊装销孔 3 号埋件详图

4.2.2　装配式混凝土塔机基础（与有底架的 QTZ630 或 QTZ800 型塔机装配）的预制混凝土构件钢筋设计详图

1. 装配式混凝土塔机基础的预制混凝土构件 0 号构件钢筋详图，见图 4-66～图 4-71，表 4-11。

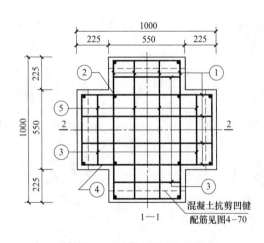

图 4-66　0 号构件梁钢筋俯视图

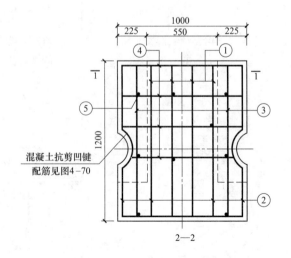

图 4-67　0 号构件梁钢筋剖面图

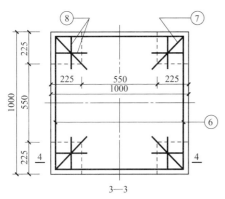

图 4-68 0 号构件底板钢筋俯视图

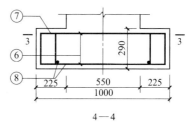

图 4-69 0 号构件底板钢筋剖面图

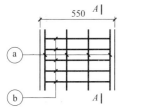

图 4-70 混凝土抗剪凹键配筋图

	0 号构件钢筋表		表 4-11
序号	型号	直径	几何形状
①	Φ	8	
②	Φ	8	
③	Φ	8	
④	Φ	8	
⑤	Φ	6	
⑥	Φ	8	
⑦	Φ	8	
⑧	Φ	8	
ⓐ	Φ	6	
ⓑ	Φ	6	
ⓐ′	Φ	6	
ⓑ′	Φ	6	
ⓒ′	Φ	8	

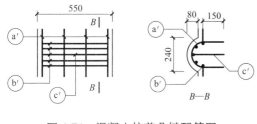

图 4-71 混凝土抗剪凸键配筋图

2. 装配式混凝土塔机基础的预制混凝土构件 1 号构件钢筋详图，见图 4-72～图 4-78，表 4-12、表 4-13。

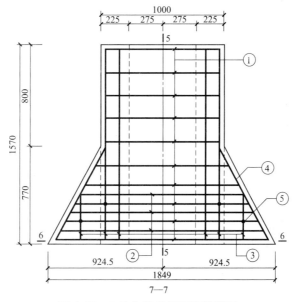

图 4-72 1 号构件底板钢筋俯视图

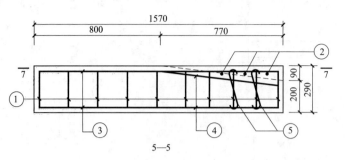

5—5

图 4-73　1号构件底板钢筋剖面图 1

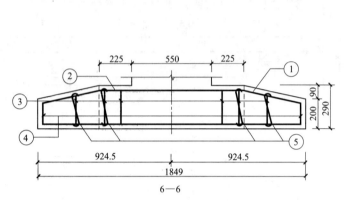

6—6

图 4-74　1号构件底板钢筋剖面图 2

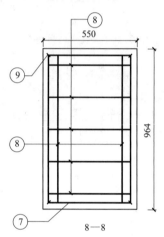

8—8

图 4-75　1号构件梁上墩台钢筋俯视图

1号构件底板钢筋表　　　　　　　　表 4-12

序号	型号	直径	几何形状	序号	型号	直径	几何形状
①	Φ	8		④	Φ	6	
②	Φ	10		⑤	Φ	6	
③	Φ	8					

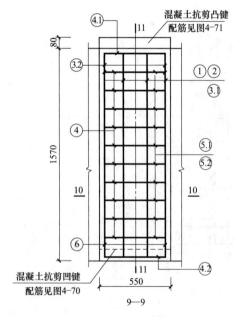

9—9

图 4-76　1号构件梁钢筋俯视图

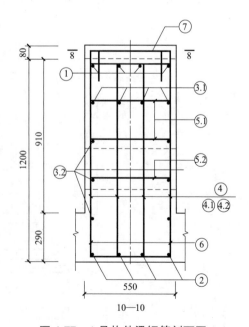

10—10

图 4-77　1号构件梁钢筋剖面图 1

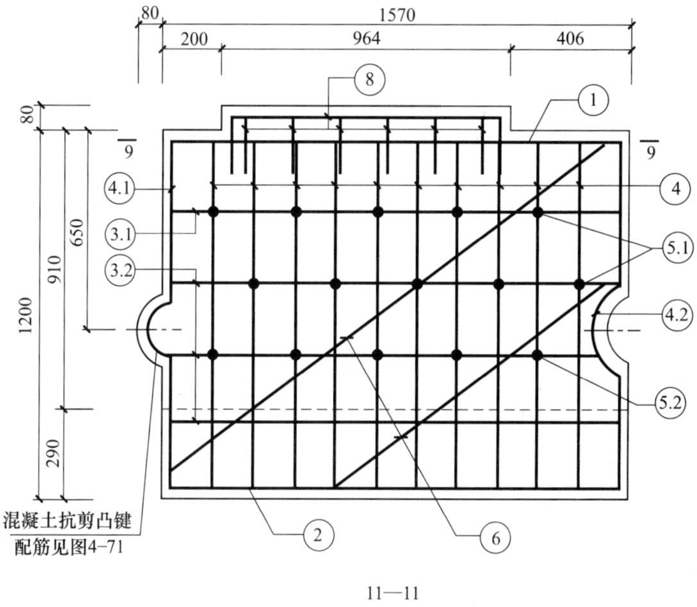

1 号构件梁钢筋表

表 4-13

序号	型号	直径	几何形状
①	Φ	8	梁纵向筋
②	Φ	8	梁纵向筋
③.1	Φ	10	梁纵向筋
③.2	Φ	8	梁纵向筋
④	Φ	8	梁横向筋
④.1	Φ	10	梁横向筋
④.2	Φ	10	梁横向筋
⑤.1	Φ	8	梁连系筋
⑤.2	Φ	8	梁连系筋
⑥	Φ	10	斜筋
⑦	Φ	6	
⑧	Φ	6	
⑨	Φ	6	

图 4-78　1 号构件梁钢筋剖面图 2

3. 装配式混凝土塔机基础的预制混凝土构件 2 号构件钢筋详图，见图 4-79～图 4-85、表 4-14、表 4-15。

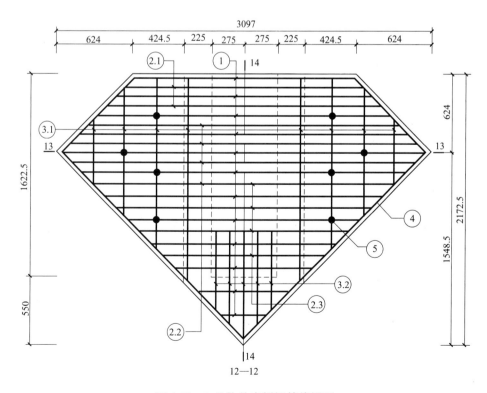

图 4-79　2 号构件底板钢筋俯视图

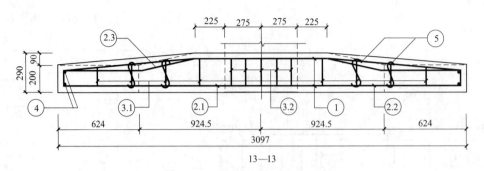

图 4-80　2 号构件底板钢筋剖面图 1

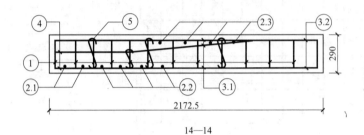

图 4-81　2 号构件底板钢筋剖面图 2

2 号构件底板钢筋表　　　　　　　　表 4-14

序号	型号	直径	几何形状	序号	型号	直径	几何形状
①	Φ	10	板横向筋	③.1	Φ	8	板纵向筋
②.1	Φ	10	板横向筋	③.2	Φ	8	板纵向筋
②.2	Φ	12	板横向筋	④	Φ	6	
②.3	Φ	8	板横向筋	⑤	Φ	6	

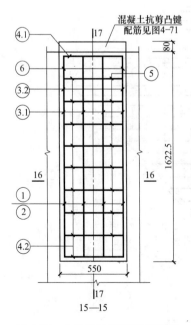

图 4-82　2 号构件梁钢筋俯视图

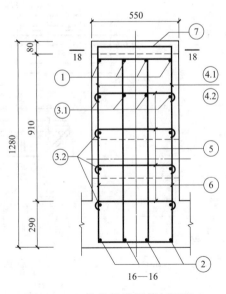

图 4-83　2 号构件梁钢筋剖面图 1

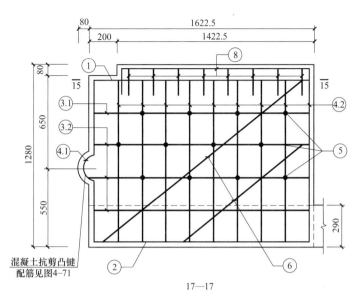

图 4-84　2 号构件梁钢筋剖面图 2

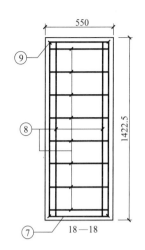

图 4-85　2 号构件梁上墩台
钢筋俯视图

2 号构件梁配筋表　　　　　　　　　　　　　　表 4-15

序号	型号	直径	几何形状	序号	型号	直径	几何形状
①	Φ	8	梁纵向筋	⑤	Φ	8	梁连系筋
②	Φ	8	梁纵向筋	⑥	Φ	12	斜筋
③.1	Φ	10	梁纵向筋	⑦	Φ	6	
③.2	Φ	8	梁纵向筋	⑧	Φ	6	
④.1	Φ	10	梁横向筋	⑨	Φ	6	
④.2	Φ	10	梁横向筋				

4. 装配式混凝土塔机基础的预制混凝土重力件钢筋详图，见图 4-86、图 4-87、表 4-16。

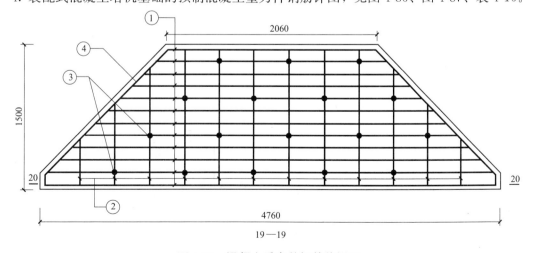

图 4-86　混凝土重力件钢筋俯视图

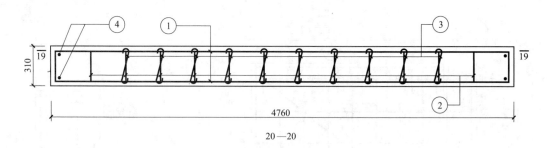

20—20

图 4-87　混凝土重力件钢筋剖面图

混凝土重力件钢筋表　　　　　　　　　　　　　　　表 4-16

序号	型号	直径	几何形状
①	Φ	12	横向筋
②	Φ	12	纵向筋
③	Φ	6	S
④	Φ	8	▱

4.2.3　装配式混凝土塔机基础（与有底架的 QTZ630 或 QTZ800 型塔机装配）的预制混凝土构件模板设计详图

1. 装配式混凝土塔机基础的预制混凝土构件 0 号构件模板详图，见图 4-88～图 4-92。

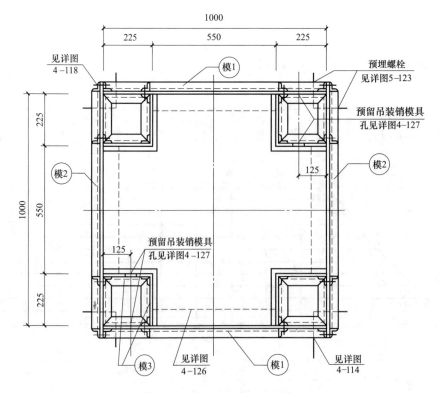

图 4-88　0 号构件模板俯视图

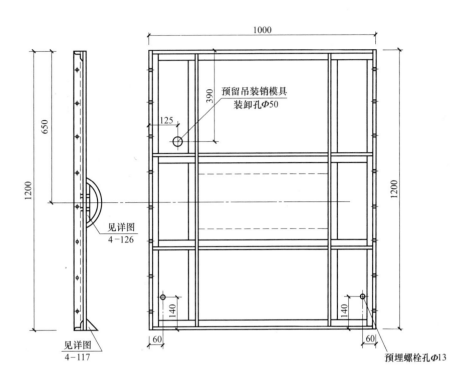

图 4-89 0 号构件模板之模 1 详图

注：装配式混凝土塔机基础的预制混凝土构件的模板除图中标注外，材料一律采用：边框、横、纵楞∠50×5，板 δ＝4。

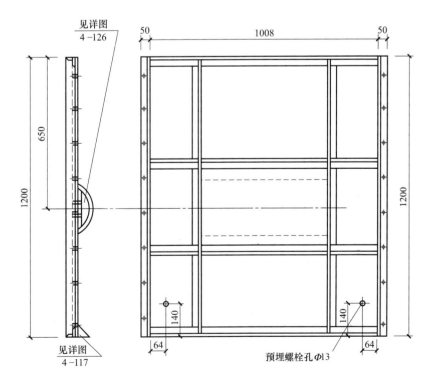

图 4-90 0 号构件模板之模 2 详图

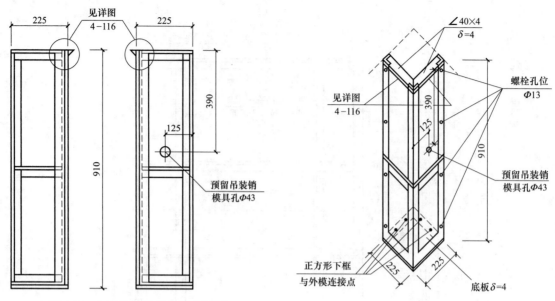

图 4-91 0号构件模板之模3详图

图 4-92 0号构件模板之模3装配图

2. 装配式混凝土塔机基础的预制混凝土构件 1 号构件模板详图，见图 4-93～图 4-99。

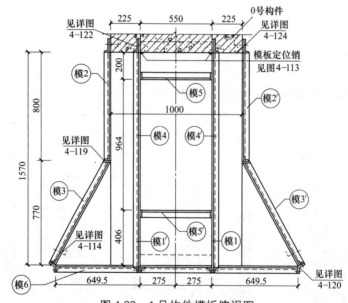

图 4-93 1号构件模板俯视图

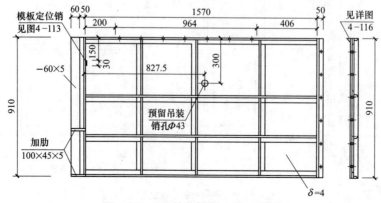

图 4-94 1号构件模板之模1详图

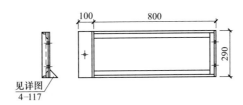

图 4-95　1 号构件模板之模 2 详图（模 2′与模 2 形状、尺寸相同、对称，略）

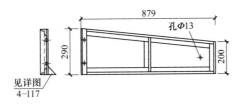

图 4-96　1 号构件模板之模 3 详图（模 3′与模 3 形状、尺寸相同、对称，略）

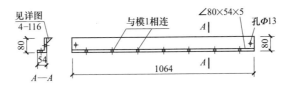

图 4-97　1 号构件模板之模 4 详图（模 4′与模 4 形状、尺寸相同、对称，略）

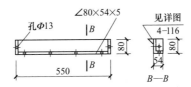

图 4-98　1 号构件模板之模 5 详图（模 5′与模 5 形状、尺寸相同、对称，略）

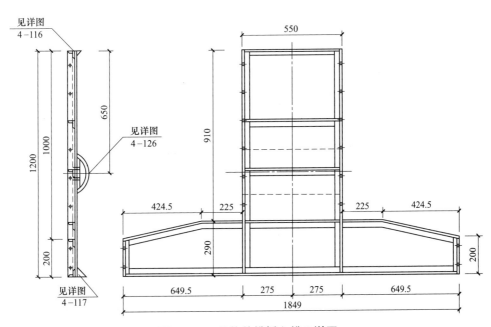

图 4-99　1 号构件模板之模 6 详图

3. 装配式混凝土塔机基础的预制混凝土构件 2 号构件模板详图，见图 4-100～图 4-107。

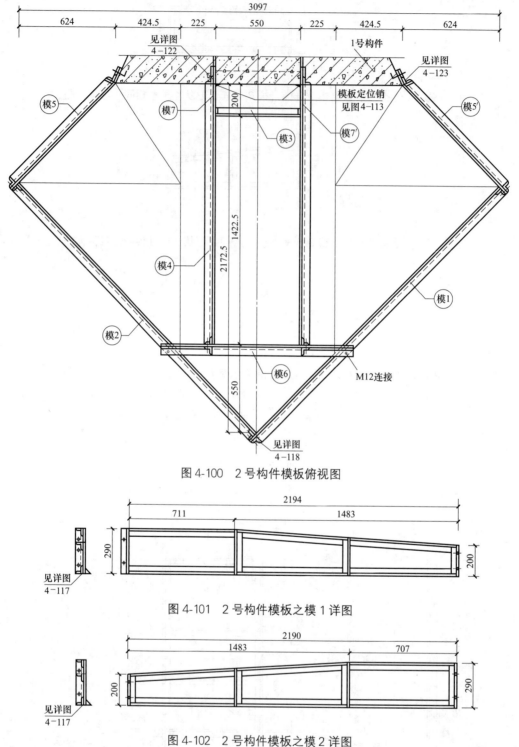

图 4-100　2 号构件模板俯视图

图 4-101　2 号构件模板之模 1 详图

图 4-102　2 号构件模板之模 2 详图

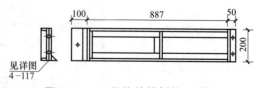

图 4-103　2 号构件模板之模 3 详图

图 4-104　2 号构件模板模 5 详图

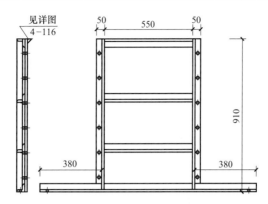

图 4-105　2 号构件模板之模 6 详图

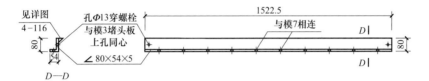

图 4-106　2 号构件模板之模 4 详图

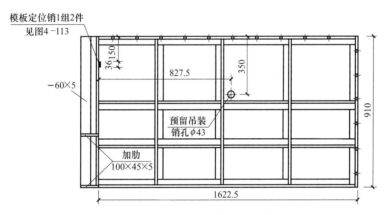

图 4-107　2 号构件模板之模 7 详图

（模 7′与模 7 形状、尺寸相同、对称，略）

4. 装配式混凝土塔机基础的预制混凝土构件重力件模板详图，见图 4-108～图 4-112。

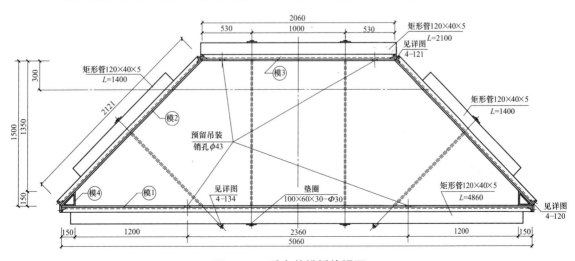

图 4-108　重力件模板俯视图

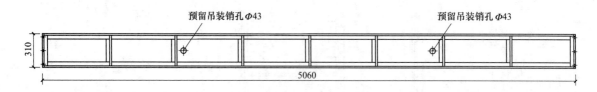

图 4-109 重力件模 1 详图

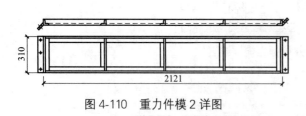

图 4-110 重力件模 2 详图

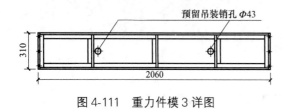

图 4-111 重力件模 3 详图

图 4-112 重力件模 4 详图

5. 装配式混凝土塔机基础的预制混凝土构件的模板局部及节点详图，见图 4-113～图 4-128。

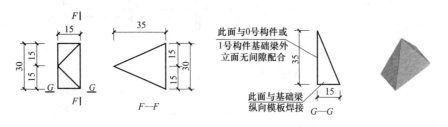

图 4-113 模板纵向定位销子

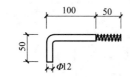

图 4-114 模板预埋螺栓详图

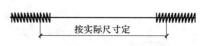

图 4-115 模板内加固连接螺杆详图

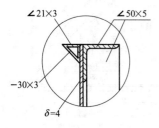

图 4-116 模板节点详图 1

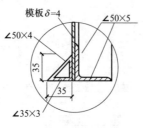

图 4-117 模板节点详图 2

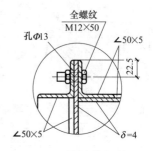

图 4-118 模板节点详图 3

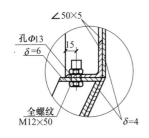

图 4-119　模板节点详图 4

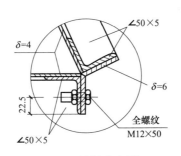

图 4-120　模板节点详图 5

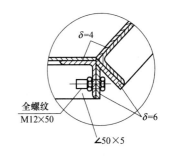

图 4-121　模板节点详图 6

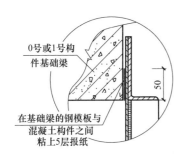

图 4-122　模板节点详图 7

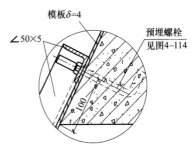

图 4-123　模板节点详图 8

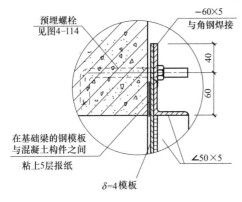

图 4-124　模板节点详图 9

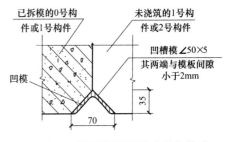

图 4-125　设于相邻装配式塔机基础
连接面下端的凹槽模剖面图

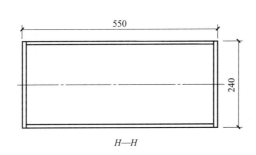

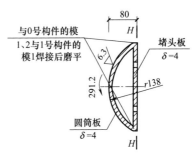

图 4-126　混凝土抗剪凹键模板

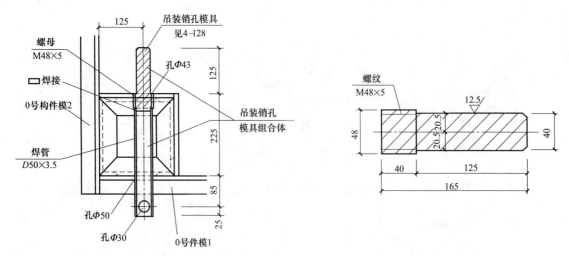

图 4-127　预留吊装销孔平面图　　　　　　图 4-128　吊装销孔模具详图

6. 装配式混凝土塔机基础的预制混凝土构件模板加固图，见图 4-129～图 4-138。

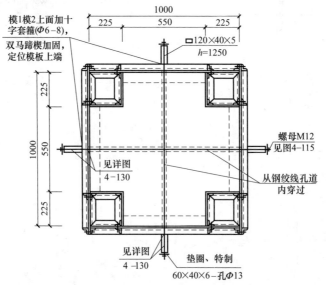

图 4-129　中心件模板加固俯视图

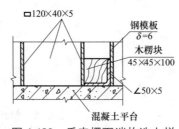

图 4-130　垂直楞下端构造大样

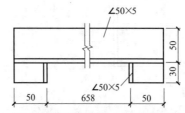

图 4-131　基础梁模板的上面宽度定位卡具

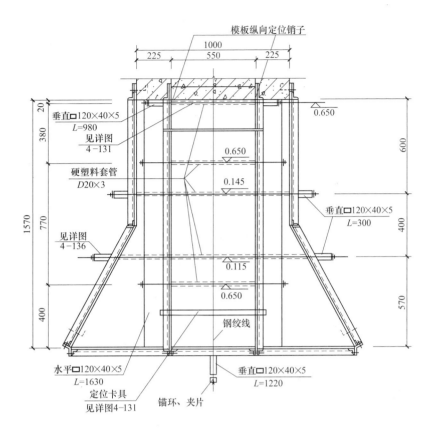

图 4-132　1号构件模板加固俯视图

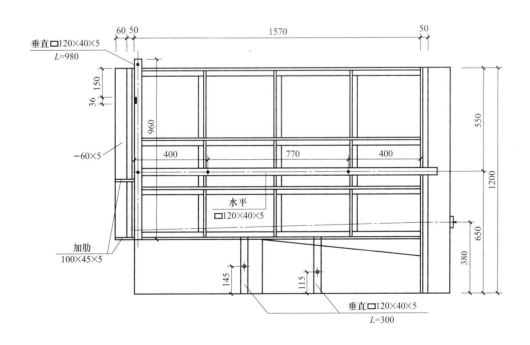

图 4-133　1号构件模板加固侧立面图

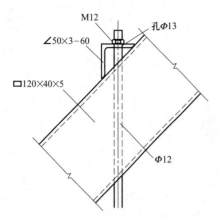

图 4-134　模板加固节点详图 1

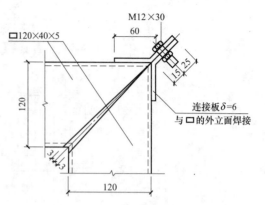

图 4-135　模板加固节点详图 2

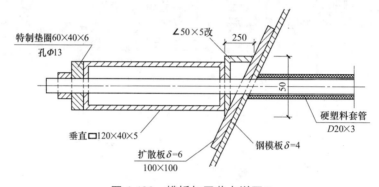

图 4-136　模板加固节点详图 3

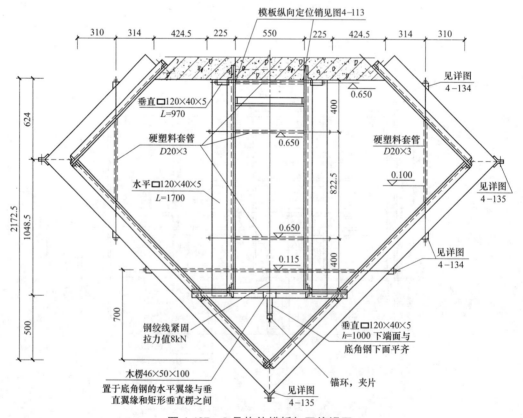

图 4-137　2 号构件模板加固俯视图

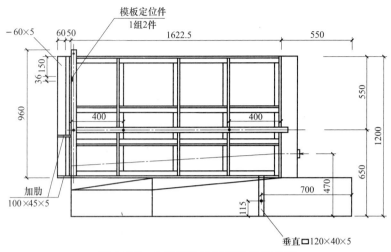

图 4-138 2 号构件模板加固侧立面图

7. 装配式混凝土塔机基础的预制混凝土构件底模（预制混凝土构件的制作平台）见图 4-139～图 4-142。

（1）装配式混凝土塔机基础的预制混凝土构件底模（整体现浇混凝土平台）详图

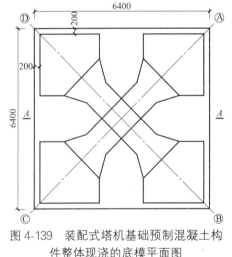

图 4-139 装配式塔机基础预制混凝土构
件整体现浇的底模平面图

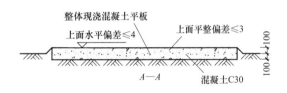

图 4-140 装配式塔机基础预制混凝土构件
整体现浇的底模剖面图

（2）装配式混凝土塔机基础的底模（预制混凝土构件拼装平台）详图

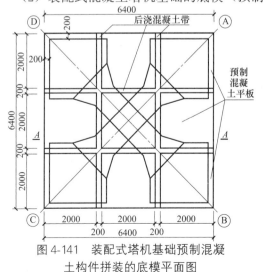

图 4-141 装配式塔机基础预制混凝
土构件拼装的底模平面图

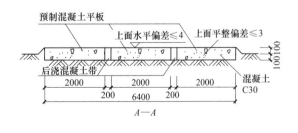

图 4-142 装配式塔机基础预制混凝土
构件拼装的底模剖面图

4.2.4 装配式混凝土塔机基础预制混凝土构件的施工工艺要点

1. 装配式混凝土塔机基础的预制混凝土构件的钢筋工程施工工艺要点

（1）装配式混凝土塔机基础的预制混凝土构件的钢筋工程施工工艺必须遵守《混凝土结构工程施工规范》GB 50666 和《混凝土结构工程施工质量验收规范》GB 50204 的有关规定。

（2）装配式混凝土塔机基础的预制混凝土构件的钢筋，必须有出厂合格证和力学性能复试报告，方可配料加工。

（3）装配式混凝土塔机基础的预制混凝土构件的钢筋施工负责人必须在掌握预制混凝土构件的钢筋工程各项技术要求的同时，明了装配式混凝土塔机基础的水平连接构造和垂直连接构造的具体要求以及各种埋件的位置，以便在钢筋工程施工中与水平连接构造和垂直连接构造的混凝土内构造安装进行协调，并为水平连接构造和垂直连接构造在混凝土内构造的设置提供空间和施工便利条件，防止互相干扰。在钢筋骨架绑扎成形前就对须要避让的水平连接构造和垂直连接构造一目了然，有具体的钢筋因避让水平连接构造和垂直连接构造在混凝土内构造而位移的方案和补强构造措施，以确保钢筋骨架符合设计的受力要求。

（4）装配式混凝土塔机基础的预制混凝土构件的钢筋配料应符合《固定式塔机装配式混凝土基础技术规程》（修订本）关于钢筋级别、直径和保护层厚度的规定。

（5）基础梁的箍筋与垂直连接构造设于混凝土内的构造位置发生冲突时可适当移位。垂直连接构造的水平孔道套管两侧应附加一组箍筋。基础梁箍筋的 135° 弯钩应全部置于基础梁下端；135° 弯钩的平直部分为箍筋直径的 10 倍。

（6）装配式混凝土塔机基础的预制混凝土构件的钢筋骨架的 Ⅱ 级和 Ⅲ 级钢筋应尽量采用绑扎成形。点焊应特别注意防止咬伤钢筋。

（7）绑扎成形的钢筋骨架就位前，应在底模的混凝土表面刷 2 道隔离剂。

（8）绑扎成形的钢筋骨架就位后应按要求设置底面保护层支块和侧面保护层支件。

2. 装配式混凝土塔机基础的模板工程施工工艺要点

（1）装配式混凝土塔机基础的模板工程应符合《混凝土结构工程施工规范》GB 50666 和《混凝土结构工程施工质量验收规范》GB 50204 的有关规定。

（2）模板制作工艺要点：

1）装配式混凝土塔机基础的预制混凝土构件的模板工程施工前，施工技术负责人必须全面阅读装配式混凝土塔机基础的预制混凝土构件及其零部件、水平连接构造及其零部件、垂直连接构造及其零部件的详图，掌握模板工程与预制混凝土构件、水平连接构造、垂直连接构造的设计要求和相互关系。并在各预制混凝土构件的模板图上标注水平连接构造、垂直连接构造混凝土内的构造的定位孔、连接螺栓孔在模板上位置，在此基础上根据模板设计图的要求设计翻样具体的模板施工图，特别须要注意避免模板上的定位螺栓孔从与钢板（δ4）垂直的角钢楞（L50×5）的翼缘上穿过，从而切断角钢楞使模板的强度和刚度受损。

2）预制混凝土构件的底模（制作平台）施工工艺要求：

装配式混凝土塔机基础的预制混凝土构件的底模（构件预制平台）采用整体现浇混凝土平台（适用于自然环境最低温度不低于−10℃的地区）如图 4-139、图 4-140 所示；或采用分件预制拼装（以 2000×2000×200 的混凝土预制板间隙 200 拼组而成，以后浇混凝土填缝；适用于最低温度低于−10℃的地区），如图 4-141、图 4-142 所示；以利于地基受冻后引起平台上面水平度和平整度超标时能对平台进行重新装配，使平台上面的水平度和平整度符合设计要求。

装配式混凝土塔机基础的预制混凝土构件的底模（构件预制平台）上面的水平度和平整度对

装配式混凝土塔机基础的预制混凝土构件的施工和产品质量影响极大，必须严格控制。在施工过程中对底模上面难免造成损伤，须在下一次施工前进行认真修补。以界面剂涂于平台受损处表面，用高强度水泥加早强剂的水泥砂浆补平。

在底模上安装预制混凝土构件的钢筋骨架之前，须在底模的混凝土表面涂 2 道隔离剂。

3）装配式混凝土塔机基础的预制混凝土构件的钢模板制作工艺要点：

各预制混凝土构件的钢模板（6）的外框和楞采用角钢（L50×5）板面采用厚度 4mm 的冷轧平板，角钢框架的平面几何尺寸偏差不大于 1mm，对角线偏差不大于 2mm；组装好的钢模板（6）平整度偏差不大于 2mm。板面的钢板（δ4）与角钢框架连接采用 M5 沉头螺钉，间距不大于 150mm，螺母紧固后与螺钉点焊防退；板面的钢板边缘与角钢以点焊连接，焊缝长度不超过 20mm，焊缝间距不大于 150mm。经过检验合格的钢模板（6）经除锈后须在背面喷防锈漆 2 道并按预制混凝土构件编号和钢模板（6）位置定位编号。

在设置方向与装配式混凝土塔机基础十字轴线垂直的各钢模板（6）的上、下两端与轴线垂直重合的点，以钢锯在角钢边框上作明显刻度，作为钢模板（6）定位的依据。

各预制混凝土构件的钢模板（6）须在制作完成后，进行包括内外加固构造的整体组装和与钢模板（6）连接定位的水平连接构造和垂直连接构造的零部件的试装配，以检查各件钢模板（6）的组合装配是否符合要求，发现问题及时修正，全部符合要求后，方可交付使用。

流水施工，生产一套装配式混凝土塔机基础的模板最少数量为，0 号构件（1）1 套、1 号构件（2）2 套、2 号构件（3）2 套、重力件（5）2 套。

4）在预制混凝土构件制作平台上弹线：

在平台上面以墨线弹好装配式混凝土塔机基础的平面十字轴线和构造轮廓线，其偏差不大于 1mm，线径不大于 1mm；须特别注意的是，将各预制混凝土构件的轮廓线向外延伸 200mm，以利于模板装配时与轮廓线校正位置；如图 4-139、图 4-141 所示。

5）在准备装配预制混凝土构件的钢筋骨架的平台上面刷 2 道隔离剂，待隔剂干燥后再开始钢筋骨架的安装就位。

（3）装配式混凝土塔机基础的预制混凝土构件的模板工程装配工艺要点：

1）0 号构件（1）的模板工程施工工艺要点：

① 根据水平连接构造和垂直连接构造的设计详图要求，画水平连接构造和垂直连接构造的零部件及其他埋件、定位件与各模板的连接定位螺栓孔的孔位、直径图；

② 将混凝土抗剪键凹键（17）的模板下料加工成形后，以螺栓组使其堵头板与"模1"、"模2"连接定位后，并以点焊加固（焊条 2.0，焊缝长 15mm～20mm，焊点间距 150mm～200mm）；如图 4-126 所示；

③ 应认真校对钢绞线孔道（27）的位置，并按设计要求的直径在钢模板上划线定位打孔，按图 4-145、图 4-146 所示，以螺栓 1 号（32）、螺母 1 号（33）将封闭环形槽模具（30）与钢模板（6）连接定位；将各定位键凹件 2 号（14）与钢模板（6）连接定位的定位螺栓孔 2 号（59）在钢模板（6）上定位打孔；将定位键凹件 2 号（14）与钢模板（6）以螺栓 1 号（32）、螺母 1 号（33）连接定位；在"模3"上按设计定位打孔 Φ43；在"模1"、"模2"上定位孔模板的外加固螺栓孔 Φ13；如图 4-89、图 4-90 所示。

④ 将吊装销孔模具的定位件螺母 M48×5 与"模3"上的孔 Φ43 对中定位焊接，如图 4-127 所示；用 2 个螺栓组先将"模3"的组合体与"模1"组合连接定位；

⑤ 将 2 件"模1"立于 0 号构件（1）的已经就位并经隐检合格的钢筋骨架（设置钢筋骨架

的下面保护层支块和侧向保护层支件）外，按构件制作平台上面的构件位置线就位并与轴线对中，穿各钢绞线孔道的塑料套管 1 号（28）和钢绞线孔道的塑料套管 2 号（29），使钢绞线孔道的塑料套管 2 号（29）外露长度符合要求，如图 4-155 所示；接着就位"模 2"，使"模 2"按制作平台上面的构件位置线就位，以螺栓组连接组合"模 1"和"模 2"后，穿通过"模 2"的钢绞线孔道的塑料套管 1 号（28）、钢绞线孔道的塑料套管 2 号（29），使两个方向的钢绞线孔道的塑料套管 1 号（28）成上下两排十字空间交叉，安装"模 3"组合体的全部连接定位螺栓组；校正"模 1"、"模 2"的位置并对中后，紧固各连接螺栓组，特别注意"模 3"组合体下端的正方形下框与"模 1"和"模 2"的连接螺栓的装配紧固。

按 0 号构件（1）模板加固图 4-129 的要求，对构件模板组合体进行整体加固，在加固过程中注意控制钢模板（6）下端与 0 号构件（1）的轮廓线对正不移位和上口方正，最后在钢绞线孔道（27）的各塑料套管 1 号（28）内穿入钢绞线（26），以防浇筑混凝土（8）的过程中挤压钢绞线孔道的塑料套管 1 号（28）造成变形。

经过 0 号构件（1）的模板、钢筋进行隐预检并确认无位移后，方可进行混凝土浇筑，在浇筑混凝土（8）过程中有专人时时注意不使模板组合体承受外力造成位移，混凝土施工中，不得以敲击模板的方式振捣混凝土，以避免模板变形不利于重复使用。

2）1 号构件模板施工工艺要点：

① 在涂刷隔离剂的制作平台的 1 号构件（2）位置上就位钢筋骨架，并支设保护层垫块；并使钢筋位置不与水平连接构造、垂直连接构造设于基础梁内构造互相冲突。

② 检查校验钢模板上的设于基础梁内的水平连接构造和垂直连接构造的零部件的定位件和预设孔的位置和装配是否符合设计要求；检查钢筋是否与水平连接构造和垂直连接构造的混凝土内构造有位置冲突并进行调整，避免合模后再调整钢筋位置。

③ 安装定位键凸件 2 号（15）与定位键凹件 2 号（14）配合，并用塑料胀卡锁紧使定位键凸件 2 号（15）与定位键凹件 2 号（14）配合无间隙；如图 4-166 所示。

④ 装封闭环形槽模具（30）于封闭环形槽（31）内，以螺栓固定并使封闭环形槽模具（30）与 0 号构件（1）外立面相平；穿钢绞线孔道的塑料套管 1 号（28）与凸出于 0 号构件（1）的钢绞线孔道的塑料套管 2 号（29）配合，使钢绞线孔道的塑料套管 1 号（28）与 0 号构件（1）的钢绞线孔道的塑料套管 1 号（28）无间隙；如图 4-156 所示。

⑤ 按规定位置就位"模 6"，使各钢绞线孔道的塑料套管 1 号（28）从定位于"模 6"上的封闭环形槽模具（30）和钢绞线孔道的塑料套管 2 号（29）中穿出；接着就位"模 1"和"模 1'"，并装设于基础梁内的垂直连接构造的水平孔道套管 1 号（65）和垂直螺栓孔道下端加固套管（66）的组合件与对称定位于"模 1"和"模 1'"上的水平孔道套管定位件 2 号（78）配合；以螺栓组"模 6"、"模 1"和"模 1'"，使焊接于"模 1"和"模 1'"上的模板纵向定位销子的内向面与 0 号构件（1）的外立面贴紧无间隙后，装矩形钢立楞以 Φ12 螺栓紧固，在"模 1"和"模 1'"的内向端的内面与 0 号构件（1）的混凝土面之间设三层牛皮纸，以防模板加固后损伤混凝土楞角；穿 Φ12 内加固全头螺栓过水平孔道套管定位件 2 号（78）和水平孔道套管 1 号（65）后以螺母紧固，并使垂直螺栓孔道下端加固套管（66）垂直；如图 4-227、图 4-228 所示。装"模 4"和"模 4'"、"模 5"和"模 5'"，最后装"模 2"和"模 2'"、"模 3"和"模 3'"，并以矩形钢管做外加固。如图 4-93、图 4-132、图 4-133 所示。

以钢绞线（26）1 根从钢绞线孔道的塑料套管 1 号（28）中穿过，将完成外加固的对称分布于 0 号构件（1）两侧的 1 号构件（2）的"模 6"以紧固钢绞线（26）进行内加固；如图 4-132、图 4-133 所示。

3）2 号构件（3）模板施工工艺要点：

① 在涂刷隔离剂的制作平台的 1 号构件（2）位置上就位钢筋骨架，并支设保护层垫块；并使钢筋位置不与水平连接构造、垂直连接构造设于基础梁内构造互相冲突。

② 检查校验钢模板上的设于基础梁内的水平连接构造和垂直连接构造的零部件的定位件和预设孔的位置和装配是否符合设计要求；检查钢筋是否与水平连接构造和垂直连接构造的混凝土内构造有位置冲突并进行调整，避免合模后再调整钢筋位置。

③ 安装定位键凸件 2 号（15）与定位键凹件 2 号（14）配合，并用塑料胀卡锁紧使定位键凸件 2 号（15）与定位键凹件 2 号（14）配合无间隙；如图 4-166 所示。

④ 装封闭环形槽模具（30）于封闭环形槽（31）内，以螺栓固定并使封闭环形槽模具（30）与 1 号构件（2）外立面相平；穿钢绞线孔道的塑料套管 1 号（28）与凸出于 1 号构件（2）的钢绞线孔道的塑料套管 2 号（29）配合，使钢绞线孔道的塑料套管 1 号（28）与 1 号构件（2）的钢绞线孔道的塑料套管 1 号（28）无间隙；如图 4-156 所示。

⑤ 首先将"模 1"与"模 2"、"模 1"与"模 5"、"模 2"与"模 5"连接，如图 4-100 所示；然后将"模 5"和"模 5′"的另一端与预设于 1 号构件（2）的混凝土抗压板外立面的预埋螺栓连接定位，并根据平台上面构件外边线校正各模板的平面位置，装"模 6"与"模 1"、"模 2"连接；装"模 7"、"模 7′"并装其两端分别与预设于 1 号构件（2）的基础梁外端侧立面内的预埋螺栓、"模 6"连接，然后装"模 3"与"模 7"、"模 7′"连接，如图 4-100 所示，并按图 4-137、图 4-138 所示进行模板的内外加固。

3. 装配式混凝土塔机基础的预制混凝土构件的混凝土施工工艺要点：

（1）混凝土的材料及其配必须符合要求。

（2）混凝土拌合物的坍落度 8cm～9cm。

（3）振捣混凝土时，振捣棒应避开水平连接构造和垂直连接构造设于预制混凝土构件内的零部件。

（4）浇筑 0 号构件（1）和 1 号构件（2）的混凝土时，第一次浇筑混凝土至底板（10）与基础梁（9）的分界线，待混凝土初凝后，再浇筑基础梁（9）并注意底板（10）上面的保护。

（5）在各预制混凝土构件的基础梁（9）的上面标注预制混凝土构件的位置编号，如图 4-37 所示，以备装配式混凝土塔机基础的预制混凝土构件装配时，对号入座，确保各预制混凝土构件的垂直连接面无间隙。

（6）常温下，对混凝土浇水养护不少于 7 天。

（7）拆除模板时，预制混凝土构件的混凝土强度不小于构件设计强度的 50%。

（8）预制混凝土构件分解时，预制混凝土构件的混凝土强度必须达到设计强度。分解顺序：从外围向中心逐件分解；首先以机械使预制混凝土构件的底面与制作平台上面分离，间隙 10mm～20mm，然后分解相邻预制混凝土构件的垂直连接面，分件吊走构件。

4.3 装配式混凝土塔机基础的水平连接构造（一）

（配套于有底架的 QTZ630、QTZ800 型固定式塔机）

4.3.1 装配式混凝土塔机基础的水平连接构造（一）的设计详图

1. 与 QTZ630 型（可与 QTZ800 型固定式塔机通用）有底架的固定式塔机装配的装配式混凝土塔机基础的水平连接构造（一）的设计详图

（1）装配式混凝土塔机基础的水平连接构造（一）的设计图

1）装配式混凝土塔机基础的水平连接构造（一）的装配总平面见图 4-143。

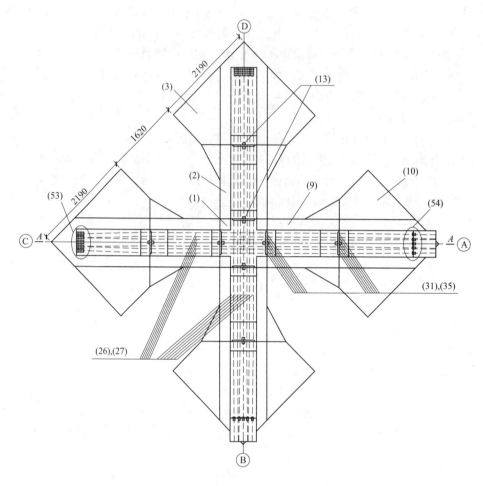

图 4-143 装配式混凝土塔机基础的水平连接构造（一）的装配总平面图

(1)—0 号构件；(2)—1 号构件；(3)—2 号构件；(13)—定位键 2 号；(10)—底板；(26)—钢绞线；(27)—钢绞线孔道；(31)—封闭环形槽；(35)—橡胶封闭圈 1 号；(53)—固定端构造；(54)—张拉端构造

2）装配式混凝土塔机基础的水平连接构造（一）的装配总剖面见图 4-144。

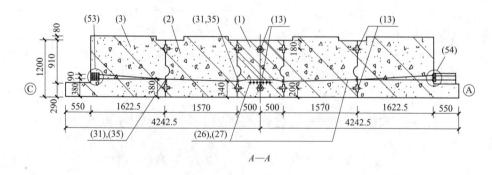

A—A

图 4-144 装配式混凝土塔机基础的水平连接构造（一）的装配总剖面图

(1)—0 号构件；(2)—1 号构件；(3)—2 号构件；(13)—定位键 2 号；(10)—底板；(26)—钢绞线；(27)—钢绞线孔道；(31)—封闭环形槽；(35)—橡胶封闭圈 1 号；(53)—固定端构造；(54)—张拉端构造

3）0 号构件的钢绞线孔道平面见图 4-145。

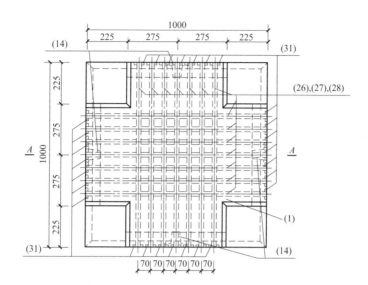

图 4-145　0 号构件的钢绞线孔道平面图

（1）—0 号构件；（14）—定位键凹件 2 号；（26）—钢绞线；（27）—钢绞线孔道；

（28）—钢绞线孔道的塑料套管 1 号；（31）—封闭环形槽

4）0 号构件的钢绞线孔道剖面见图 4-146。

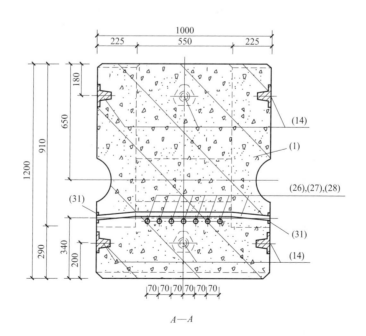

$A—A$

图 4-146　0 号构件的钢绞线孔道剖面图

（1）—0 号构件；（14）—定位键凹件 2 号；（26）—钢绞线；（27）—钢绞线孔道；

（28）—钢绞线孔道的塑料套管 1 号；（31）—封闭环形槽

5）1 号构件的钢绞线孔道平面见图 4-147。

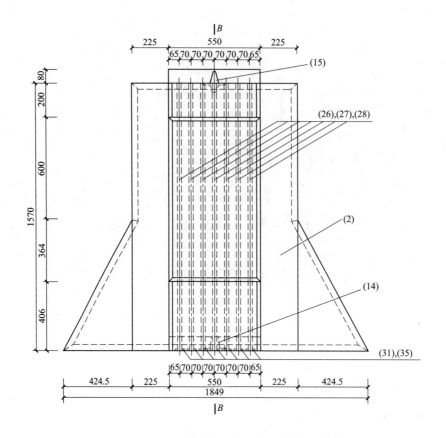

图 4-147 1 号构件的钢绞线孔道平面图

(2)—1 号构件；(14)—定位键凹件 2 号；(15)—定位键凸件 2 号；(26)—钢绞线；(27)—钢绞线孔道；
(28)—钢绞线孔道的塑料套管 1 号；(31)—封闭环形槽；(35)—橡胶封闭圈 1 号

6）1 号构件的钢绞线孔道纵向剖面见图 4-148。

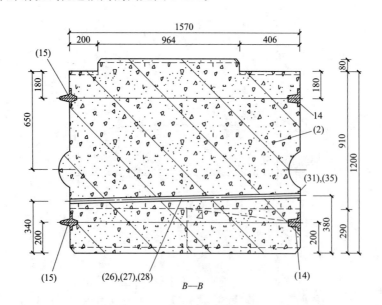

图 4-148 1 号构件的钢绞线孔道剖面图

(2)—1 号构件；(14)—定位键凹件 2 号；(15)—定位键凸件 2 号；(26)—钢绞线；(27)—钢绞线孔道；
(28)—钢绞线孔道的塑料套管 1 号；(31)—封闭环形槽；(35)—橡胶封闭圈 1 号

7）2 号构件的钢绞线孔道平面图（固定端），见图 4-149。

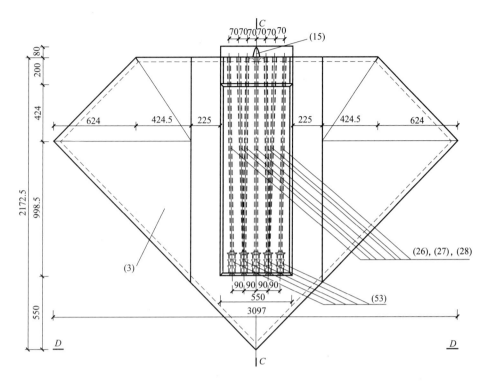

图 4-149　2 号构件的钢绞线孔道平面图（固定端）

（3）—2 号构件；（15）—定位键凸件 2 号；（26）—钢绞线；（27）—钢绞线孔道；
（28）—钢绞线孔道的塑料套管 1 号；（53）—固定端构造

8）2 号构件的钢绞线孔道纵向剖面图（固定端），见图 4-150。

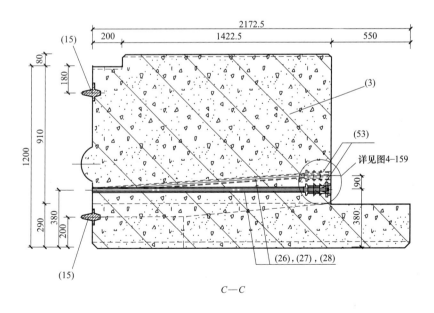

图 4-150　2 号构件的钢绞线孔道剖面图（固定端）

（3）—2 号构件；（15）—定位键凸件 2 号；（26）—钢绞线；（27）—钢绞线孔道；
（28）—钢绞线孔道的塑料套管 1 号；（53）—固定端构造

9）2 号构件的钢绞线孔道外立面图（固定端），见图 4-151。

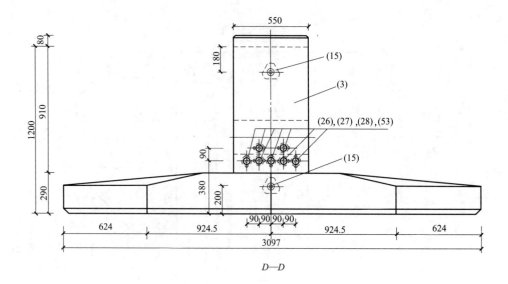

D—D

图 4-151　2 号构件的钢绞线孔道外立面图（固定端）

（3）—2 号构件；（15）—定位键凸件 2 号；（26）—钢绞线；（27）—钢绞线孔道；

（28）—钢绞线孔道的塑料套管 1 号；（53）—固定端构造

10）2 号构件的钢绞线孔道平面图（张拉端），见图 4-152。

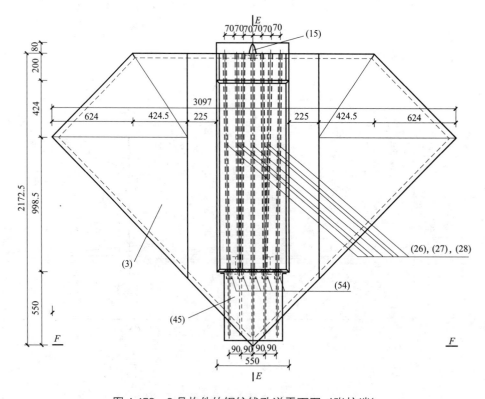

图 4-152　2 号构件的钢绞线孔道平面图（张拉端）

（3）—2 号构件；（15）—定位键凸件 2 号；（26）—钢绞线；（27）—钢绞线孔道；

（28）—钢绞线孔道的塑料套管 1 号；（45）—封闭套筒 1 号；（54）—张拉端构造

11）2 号构件的钢绞线孔道纵向剖面图（张拉端），见图 4-153。

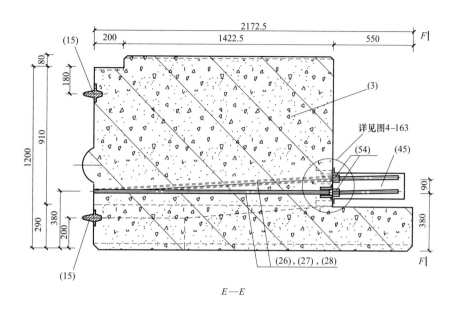

图 4-153 2 号构件的钢绞线孔道纵向剖面图（张拉端）

(3)—2 号构件；(15)—定位键凸件 2 号；(26)—钢绞线；(27)—钢绞线孔道；

(28)—钢绞线孔道的塑料套管 1 号；(45)—封闭套筒 1 号；(54)—张拉端构造

12）2 号构件的钢绞线孔道外立面图（张拉端），见图 4-154。

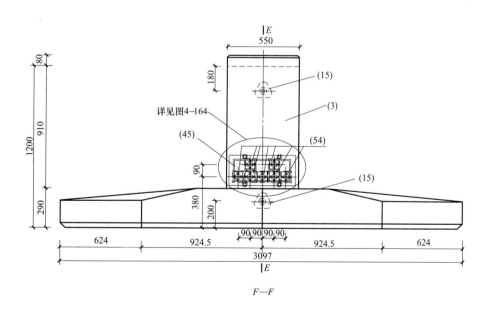

图 4-154 2 号构件的钢绞线孔道外立面图（张拉端）

(3)—2 号构件；(15)—定位键凸件 2 号；(45)—封闭套筒 1 号；(54)—张拉端构造

13）相邻预制混凝土构件的连接面的钢绞线孔道连接构造纵向剖面施工工艺图见图 4-155。

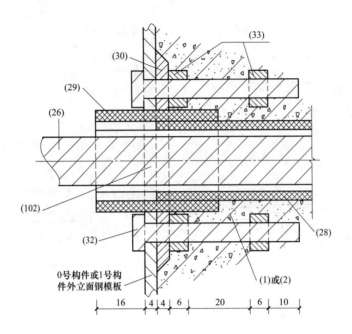

图 4-155 相邻预制混凝土构件的连接面的钢绞线孔道连接构造纵向剖面施工工艺图（一）

(1)—0 号构件；(2)—1 号构件；(26)—钢绞线；(28)—钢绞线孔道的塑料套管 1 号；(29)—钢绞线孔道的塑料套管 2 号；(30)—封闭环形槽模具；(32)—螺栓 1 号；(33)—螺母 1 号；(102)—孔 1 号

14）相邻预制混凝土构件的连接面的钢绞线孔道连接构造纵向剖面施工工艺图见图 4-156。

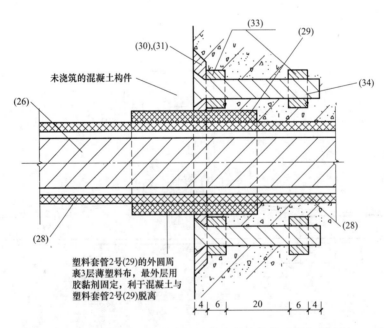

图 4-156 相邻预制混凝土构件的连接面的钢绞线孔道连接构造纵向剖面施工工艺图（二）

(26)—钢绞线；(28)—钢绞线孔道的塑料套管 1 号；(29)—钢绞线孔道的塑料套管 2 号；(30)—封闭环形槽模具；(31)—封闭环形槽；(33)—螺母 1 号；(34)—螺栓 2 号

15）相邻预制混凝土构件的钢绞线孔道连接构造装配剖面见图 4-157。

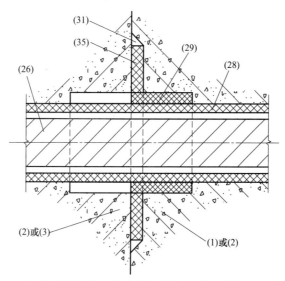

图 4-157　相邻预制混凝土构件的钢绞线孔道连接构造装配剖面图

（1）—0 号构件；（2）—1 号构件；（3）—2 号构件；（26）—钢绞线；（28）—钢绞线孔道的塑料套管 1 号；

（29）—钢绞线孔道的塑料套管 2 号；（31）—封闭环形槽；（35）—橡胶封闭圈 1 号

16）固定端置于混凝土内的零部件与模板的装配（以钢绞线内加固）定位剖面见图 4-158。

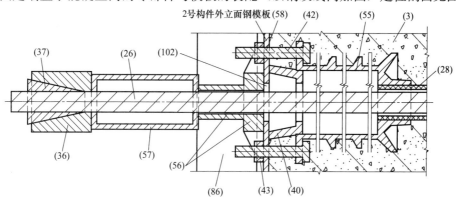

图 4-158　固定端置于混凝土内的零部件与模板的装配定位剖面图

（3）—2 号构件；（26）—钢绞线；（28）—钢绞线孔道的塑料套管 1 号；（36）—锚片；（37）—夹片；（40）—固定端外口模具；（42）—螺栓 3 号；

（43）—螺母 2 号；（55）—固定端锚件；（56）—十字垫圈；（57）—模板水平加固楞；（58）—定位螺栓孔 1 号；（86）—角钢；（102）—孔 1 号

17）固定端置于混凝土内的零部件与模板的装配定位剖面见图 4-159。

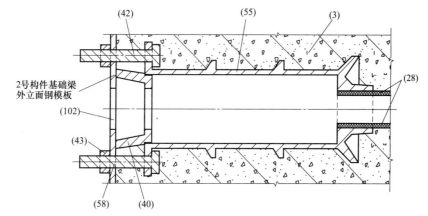

图 4-159　固定端的混凝土内零部件与模板的装配定位剖面图

（3）—2 号构件；（28）—钢绞线孔道的塑料套管 1 号；（40）—固定端外口模具；（42）—螺栓 3 号；

（43）—螺母 2 号；（55）—固定端锚件；（58）—定位螺栓孔 1 号；（102）—孔 1 号

18）固定端置于混凝土内的零部件与模板的装配立面见图 4-160。

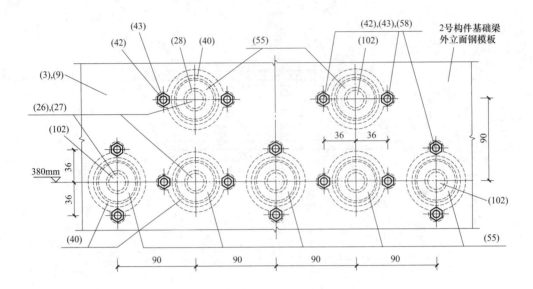

图 4-160　固定端置于混凝土内的零部件与模板的装配立面图

(3)—2 号构件；(9)—基础梁；(26)—钢绞线；(27)—钢绞线孔道；(28)—钢绞线孔道的塑料套管 1 号；

(40)—固定端外口模具；(42)—螺栓 3 号；(43)—螺母 2 号；(55)—固定端锚件；

(58)—定位螺栓孔 1 号；(102)—孔 1 号

19）张拉端的混凝土内零部件与模板的装配（以钢绞线内加固）定位剖面见图 4-161。

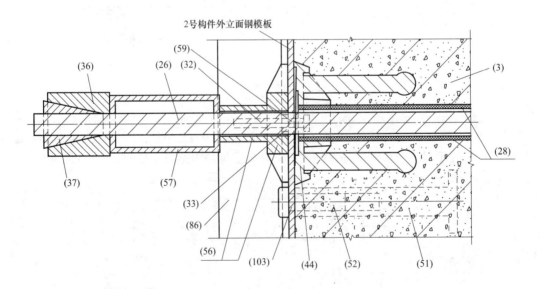

图 4-161　张拉端的混凝土内零部件与模板的装配定位剖面图

(3)—2 号构件；(26)—钢绞线；(28)—钢绞线孔道的塑料套管 1 号；(32)—螺栓 1 号；(33)—螺母 1 号；

(36)—锚环；(37)—夹片；(44)—张拉端锚件；(51)—螺栓锚件；(52)—螺栓 4 号；(56)—十字垫圈；

(57)—模板水平加固楞；(59)—定位螺栓孔 2 号；(86)—角钢；(103)—孔 2 号

20）水平连接构造（一）的固定端装配构造见图 4-162。

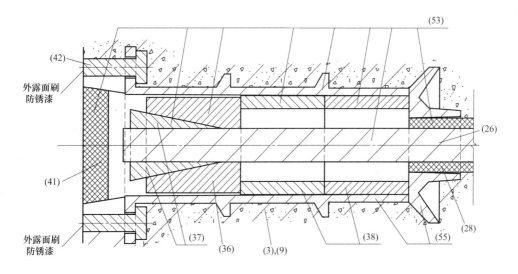

图 4-162 水平连接构造（一）的固定端装配构造图

（3）—2 号构件；（9）—基础梁；（26）—钢绞线；（28）—钢绞线孔道的塑料套管 1 号；（36）—锚环；（37）—夹片；（38）—固定端承压管；（41）—固定端外口封闭塞；（42）—螺栓 3 号；（53）—固定端构造；（55）—固定端锚件

21）装配式混凝土塔机基础的水平连接构造（一）的张拉端装配构造见图 4-163。

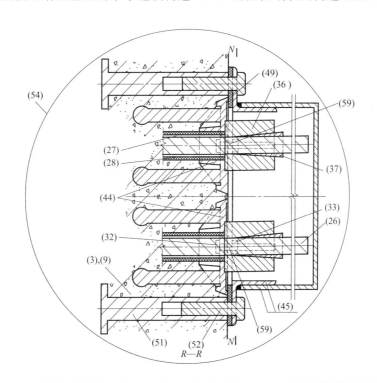

图 4-163 装配式混凝土塔机基础的水平连接构造（一）的张拉端装配构造图

（3）—2 号构件；（9）—基础梁；（26）—钢绞线；（27）—钢绞线孔道；（28）—钢绞线孔道的塑料套管 1 号；（32）—螺栓 1 号；（33）—螺母 1 号；（36）—锚环；（37）—夹片；（44）—张拉端锚件；（45）—封闭套筒 1 号；（49）—橡胶封闭垫圈 2 号；（51）—螺栓锚件；（52）—螺栓 4 号；（54）—张拉端构造；（59）—定位螺栓孔 2 号

22）水平连接构造（一）的张拉端立面见图 4-164。

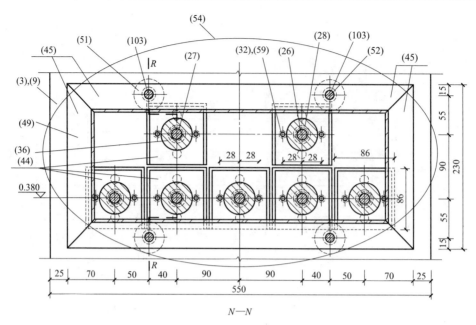

图 4-164　水平连接构造（一）的张拉端立面图

(3)—2 号构件；(9)—基础梁；(26)—钢绞线；(27)—钢绞线孔道；(28)—钢绞线孔道的塑料套管 1 号；
(32)—螺栓 1 号；(36)—锚环；(44)—张拉端锚件；(45)—封闭套筒 1 号；(49)—橡胶封闭垫圈 2 号；
(51)—螺栓锚件；(52)—螺栓 4 号；(54)—张拉端构造；(59)—定位螺栓孔 2 号；(103)—孔 2 号

23）定位键凹件 2 号与预制混凝土构件的模板连接定位构造纵向剖面见图 4-165。

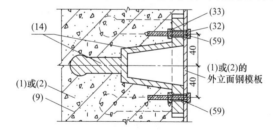

图 4-165　定位键凹件 2 号与预制混凝土构件的模板连接定位构造纵向剖面图

(1)—0 号构件；(2)—1 号构件；(9)—基础梁；(14)—定位键凹件 2 号；(32)—螺栓 1 号；
(33)—螺母 1 号；(59)—定位螺栓孔 2 号

24）定位键凸件 2 号与已锚固于预制混凝土构件内的定位键凹件 2 号连接定位构造的纵向剖面见图 4-166。

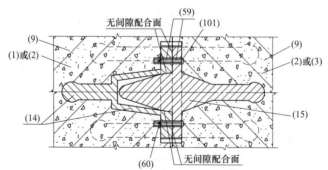

图 4-166　定位键凸件 2 号与已锚固于预制混凝土构件内的定位键凹件 2 号连接定位构造的纵向剖面图

(1)—0 号构件；(2)—1 号构件；(3)—2 号构件；(9)—基础梁；(14)—定位键凹件 2 号；(15)—定位键凸件 2 号；
(59)—定位螺栓孔 2 号；(60)—塑料胀管；(101)—十字槽圆头木螺钉

4.3.2 装配式混凝土塔机基础的水平连接构造（一）的零件详图，见图 4-167～图 4-215。

1. 水平连接构造（一）的零件详图

（1）钢绞线及孔道零件详图

1）钢绞线（26）

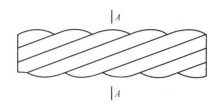

图 4-167 钢绞线（26）的纵向侧立面图

图 4-168　钢绞线（26）的剖面图

钢绞线（26）

1. 执行标准：GB/T 5224；2. 规格标准型：1×7-Φ15.2；3. 强度等级：1860。

2）钢绞线孔道的塑料套管 1 号（28）

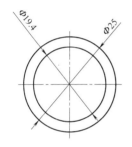

图 4-169　钢绞线孔道的塑料套管
1 号（28）的侧立面图

图 4-170　钢绞线孔道的塑料套管
1 号（28）的纵向剖面图

钢绞线孔道的塑料套管 1 号（28）

执行标准：给水用聚氯乙烯（PVC-U）管材（GB/T 1002.1—2006）。

3）钢绞线孔道的塑料套管 2 号（29）

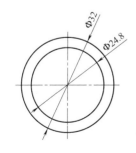

图 4-171　钢绞线孔道的塑料套
管 2 号（29）的侧立面图

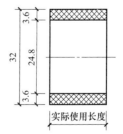

图 4-172　钢绞线孔道的塑料套管
2 号（29）的纵向剖面图

钢绞线孔道的塑料套管 2 号（29）

执行标准：给水用聚氯乙烯（PVC-U）管材（GB/T 1002.1—2006）。

4）封闭环形槽模具（30）

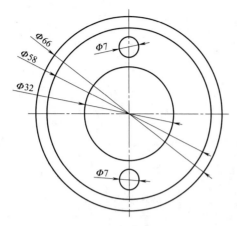

图 4-173　封闭环形槽模具（30）的立面图

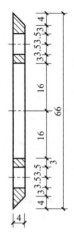

图 4-174　封闭环形槽模具（30）的剖面图

封闭环形槽模具（30）

1. 材料：钢板（Q295）或 45 号钢；　　2. 工艺：机加工，未注明倒角 45°×0.5。

5）螺栓 1 号（32）

图 4-175　螺栓 1 号（32）的横向正立面图

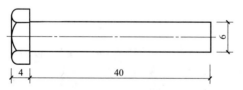

图 4-176　螺栓 1 号（32）的纵向侧立面图

螺栓 1 号（32）

1. 执行标准：GB/T 5783；　　2. 规格：M6×40，全螺纹。

6）螺母 1 号（33）

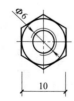

图 4-177　螺母 1 号（33）的横向正立面图　　图 4-178　螺母 1 号（33）的纵向剖面图

螺母 1 号（33）

1. 执行标准：GB/T 41；　　2. 规格：M6。

7）橡胶封闭圈 1 号（35）

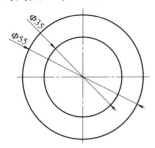

图 4-179　橡胶封闭圈 1 号（35）的立面图

图 4-180　橡胶封闭圈 1 号（35）的剖面图

橡胶封闭圈 1 号（35）

1. 材料：工业用普通橡胶板（代号 1613 或 1615）；2. 工艺：模具冲压。

（2）张拉端零件详图

1）锚环（36）

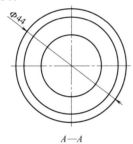

图 4-181　锚环（36）的横向正立面图

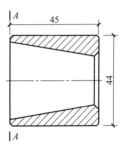

图 4-182　锚环（36）的纵向剖面图

锚环（36）

1. 型号：KM15-1860；　2. 本零件为 B&S 锚固体系部件。

2）夹片（37）

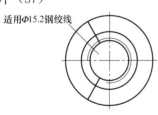

图 4-183　夹片（37）的横向立面图（1）

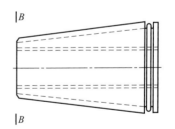

图 4-184　夹片（37）的侧面图

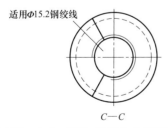

图 4-185　夹片（37）的横向立面图（2）

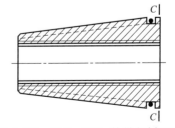

图 4-186　夹片（37）的纵向剖面图

夹片（37）

1. 型号：KM15-1860；　2. 本零件为 B&S 锚固体系部件。

3）张拉端锚件（44）

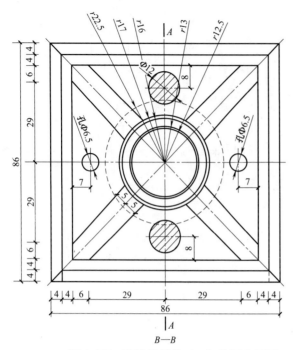

图 4-187 张拉端锚件（44）的正立面图　　　图 4-188 张拉端锚件（44）的剖面图

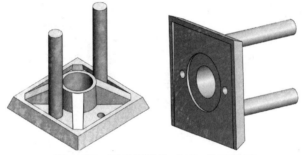

图 4-189 张拉端锚件（44）的三维图

张拉端锚件（44）

1. 图中未标明处倒角 45°×1；　2. 材质：40Cr；　3. 工艺：铸造；

4. 装配前将钢柱的端头砸扁至 8mm 厚，以增强在混凝土中的锚固作用。

4）螺栓锚件（51）

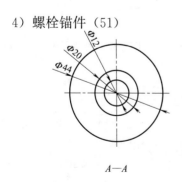

图 4-190 螺栓锚件（51）的横向正立面图

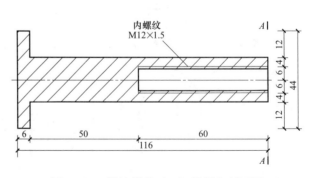

图 4-191 螺栓锚件（51）的纵向剖面图

螺栓锚件（51）

1. 材料：45 号钢或 40Cr；　2. 工艺：铸造后机加工内螺纹，或 Φ20 圆钢机加工内螺纹后焊 Φ44×6 的锚板。

5）螺栓 4 号（52）

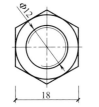

图 4-192 螺栓 4 号（52）的横向正立面图

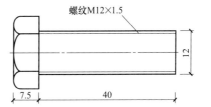

图 4-193 螺栓 4 号（52）的纵向侧立面图

螺栓 4 号（52）

1. 执行标准：GB/T 5783； 2. 规格：M12×40，全螺纹。

6）十字垫圈（56）

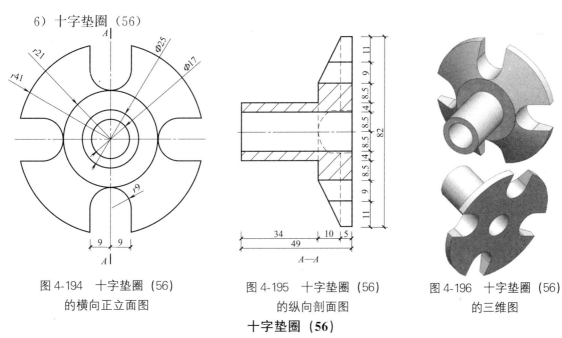

图 4-194 十字垫圈（56）
的横向正立面图

图 4-195 十字垫圈（56）
的纵向剖面图

图 4-196 十字垫圈（56）
的三维图

十字垫圈（56）

（用于固定端，张拉端钢模板外面与水平楞内面之间）

1. 图中未标明处倒角 45°×1； 2. 材质：40Cr 或 45 号钢； 3. 工艺：铸造或机加工。

7）封闭套筒 1 号（45）

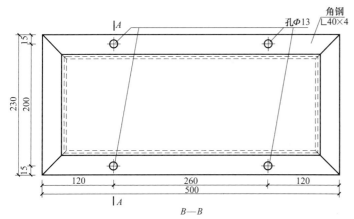

图 4-197 封闭套筒 1 号（45）的正立面图

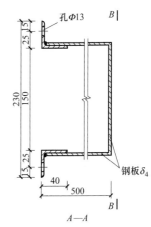

图 4-198 封闭套筒 1 号（45）的剖面图

封闭套筒 1 号（45）

1. 图中未标明处倒角 45°×1； 2. 工艺：机加工，焊接。

8）橡胶封闭垫圈 2 号（49）

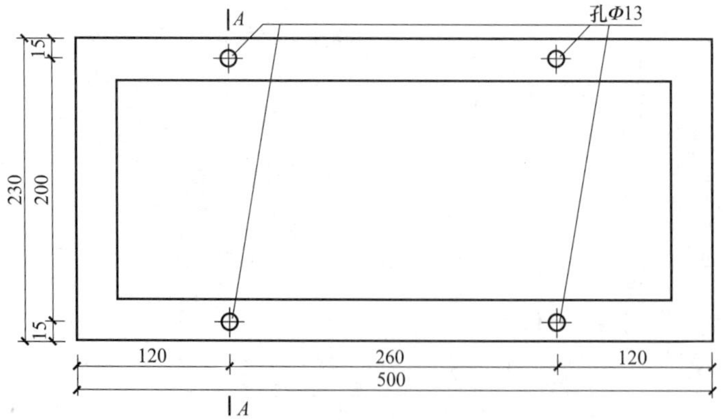

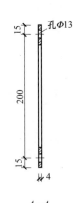

图 4-199　橡胶封闭垫圈 2 号（49）的正立面图

图 4-200　橡胶封闭垫圈
2 号（49）的剖面图

橡胶封闭垫圈 2 号（49）

1. 图中未标明处倒角 45°×1；　2. 工艺：机加工。

（3）固定端零件详图

1）固定端外口模具（40）

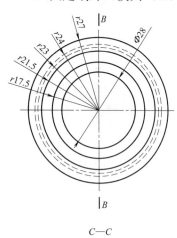

图 4-201　固定端外口模具（40）
的横向正立面图

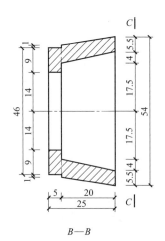

图 4-202　固定端外口模具（40）
的纵向剖面图

图 4-203　固定端外口模具
（40）的三维图

固定端外口模具（40）

1. 图中未标明处倒角 45°×1；　2. 材质：40Cr 或 45 号钢；　3. 工艺：铸造；　4. 圆周外立面以细砂纸磨光。

2）螺栓 3 号（42）

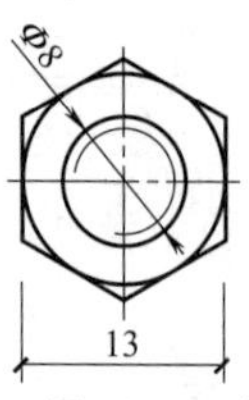

图 4-204　螺栓 3 号（42）的横向正立面图

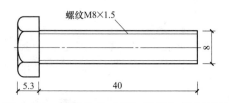

图 4-205　螺栓 3 号（42）的纵向侧立面图

螺栓 3 号（42）

1. 执行标准：GB/T 5783；2. 规格：M8×40，全螺纹。

3）螺母 2 号（43）

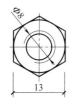

图 4-206 螺母 2 号（43）的横向正立面图

图 4-207 螺母 2 号（43）的纵向剖面图

螺母 2 号（43）

1. 执行标准：GB/T 41；2. 规格：M8。

4）固定端锚件（55）

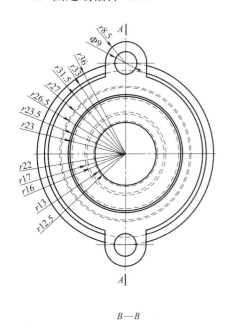

图 4-208 固定端锚件（55）的正立面图

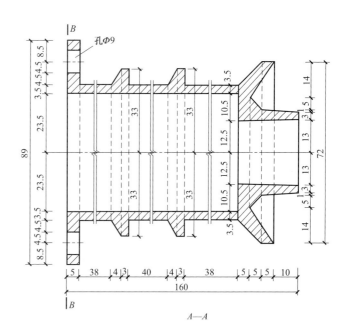

图 4-209 固定端锚件（55）的剖面图

图 4-210 固定端锚件（55）的三维图

固定端锚件（55）

1. 材质：40Cr； 2. 工艺：铸造。

5）固定端承压管（38）

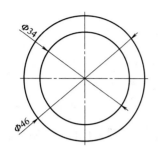

图 4-211　固定端承压管（38）
的横向正立面图

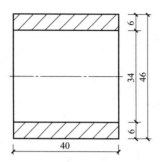

图 4-212　固定端承压管（38）
的纵向剖面图

图 4-213　固定端承压
管（38）的三维图

固定端承压管（38）

（置于固定端锚件内，第一次设 2 件，钢绞线使用 4 次后设 1 件）

1. 倒角：45°×0.5；　　2. 材料：45♯钢。

6）固定端外口封闭塞（41）

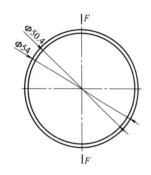

图 4-214　固定端外口封闭塞（41）的横向正立面图

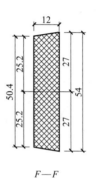

图 4-215　固定端外口封闭塞（41）的纵向剖面图

固定端外口封闭塞（41）

1. 材质：丁腈橡胶；　　2. 工艺：模铸。

2. 钢定位键详图，见图 4-216～图 4-223

（1）定位键凹件 2 号（14）

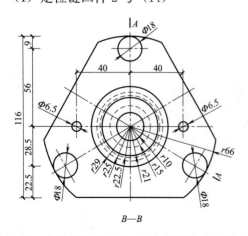

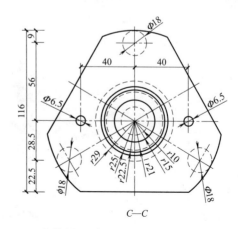

图 4-216　定位键凹件 2 号（14）的横向立面图（1）　图 4-217　定位键凹件 2 号（14）的横向立面图（2）

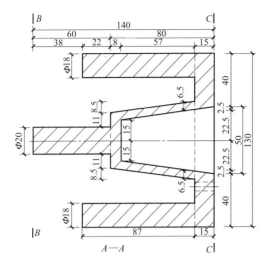

图 4-218 定位键凹件 2 号（14）的纵向剖面图

图 4-219 定位键凹件 2 号（14）的三维图

定位键凹件 2 号（14）

1. 图中未标注处均倒角 45°×1；　　2. 材质：40Cr；　　3. 工艺：铸造；

4. 施工装配前将锚筋端头砸扁至厚度 12mm，以加强锚固作用。

（2）定位键凸件 2 号（15）

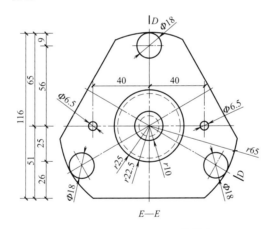

图 4-220 定位键凸件 2 号（15）的横向立面图（1）

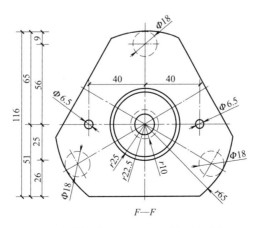

图 4-221 定位键凸件 2 号（15）的横向立面图（2）

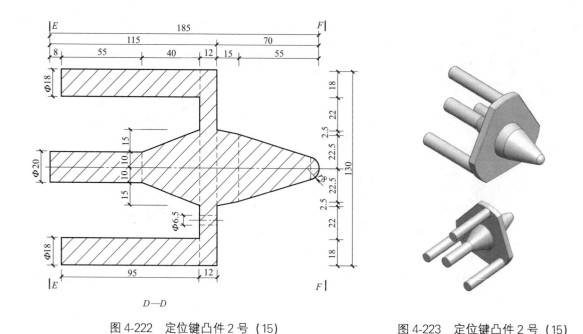

图 4-222 定位键凸件 2 号（15）
的纵向剖面图

图 4-223 定位键凸件 2 号（15）
的三维图

定位键凸件 2 号（15）

1. 图中未标注处均倒角 45°×1； 2. 材质：40Cr； 3. 工艺：铸造；

4. 施工装配前将锚筋端头砸扁至厚度 12mm，以加强锚固作用。

4.3.3 水平连接构造（一）的混凝土内构造施工工艺要点

装配式混凝土塔机基础的水平连接构造设于混凝土内的构造的装配施工与装配式混凝土塔机基础的模板工程、钢筋工程和混凝土工程的施工密不可分，所以其装配施工工艺应与相关分项工程互相协作密切配合，互相提供便利。

1. 钢绞线孔道（27）的塑料套管 1 号（28）的施工装配工艺说明

（1）按图 4-45、图 4-46、图 4-48、图 4-49、图 4-52、图 4-53、图 4-155 所示的数量和位置，分别在 0 号构件（1）、1 号构件（2）、2 号构件（3）的基础梁（9）的钢模板（6）上定位打供钢绞线孔道的塑料套管 2 号（29）穿过的孔 1 号（102）；按图 4-155 所示的构造装配位于 0 号构件（1）、1 号构件（2）的基础梁（9）的钢模板（6）上的封闭环形槽模具（30）、钢绞线孔道的塑料套管 2 号（29）、螺栓 1 号（32）、螺母 1 号（33），并使钢绞线孔道的塑料套管 1 号（28）与钢绞线孔道的塑料套管 2 号（29）装配定位，特别注意，两个与同一件螺栓 1 号（32）配合的螺母 1 号（33）的位置必须按图 4-155 规定间距装配定位，以利于 0 号构件（1）、1 号构件（2）施工时对封闭环形槽模具（30）的定位。

（2）按图 4-156 所示，在旋退螺栓 1 号（32）之后，以螺栓 2 号（34）替代螺栓 1 号（32）使封闭环形槽模具（30）的外立面与基础梁（9）外立面相平并定位；以钢绞线孔道的塑料套管 1 号（28）与凸出 0 号构件（1）、1 号构件（2）的基础梁（9）外立面的钢绞线孔道的塑料套管 2 号（29）配合；再根据钢绞线孔道的塑料套管 1 号（28）外端所处的位置，按图 4-155 所示，或图 4-156、图 4-157、图 4-158、图 4-159、图 4-161 所示，进行钢绞线孔道的塑料套管 1 号（28）的施工装配。

须要注意的是：0 号构件（1）中的两个方向的钢绞线孔道的塑料套管 1 号（28）为十字空间交叉结构，同一方向的各钢绞线孔道的塑料套管 1 号（28）须并排在上或并排在下，不得同一排各钢绞线孔道的塑料套管1号（28）有的在上、有的在下；在浇筑混凝土（8）之前，各钢绞线孔道的塑料套管1号（28）之内须有钢绞线（26）穿在其中，以免振捣混凝土（8）造成钢绞线孔道的塑料套管1号（28）截面变形，影响钢绞线（26）穿过。

2. 定位键施工装配工艺说明

（1）首先按图4-46、图4-49、图4-217的位置要求，在0号构件（1）、1号构件（2）的基础梁（9）的横向钢模板（6）上按设计要求的位置和孔径Φ7钻孔定位螺栓孔2号（59）；以螺栓1号（32）穿过钢模板（6）的定位螺栓孔2号（59）和定位键凹件2号（14）上的定位螺栓孔2号（59）后，以螺母1号（33）紧固定位，特别注意：螺栓1号（32）的六角头必须在钢模板（6）之外，而不能相反。混凝土达到拆模强度后，拆除钢模板（6）前，首先将螺栓1号（32）旋退取下，以备再用；如图4-165所示。

（2）在装配位于1号构件（2）或2号构件（3）的内立面混凝土内的定位键凸件2号（15）前，首先将定位键凸件2号（15）与定位键凹件2号（14）试配合，以两件的面板无间隙且凹凸键配合严密不松动为合格，并作成对标记备用；如果两面板之间有间隙，应以手锤轻轻振动使二者配合，并使定位键凸件2号（15）和定位键凹件2号（14）两面板配合无间隙且板上的2个定位螺栓孔2号（59）相互对正贯通，然后作成对标记备用；在1号构件（2）或2号构件（3）的钢筋骨架就位前，装配定位键凸件2号（15），使定位键凸件2号（15）与定位键凹件2号（14）的板面配合无间隙，并使位于两个板面上的Φ6.5孔对正贯通，以塑料胀管（60）（乙型，俗称塑料胀卡）Φ6×36裹1层牛皮纸后装入定位螺栓孔2号（59），然后用十字槽圆头木螺钉（101）旋入，使定位键凸件2号（15）与定位键凹件2号（14）连接定位；如图4-166所示。待基础混凝土构件分离后，将凸出于混凝土表面的塑料胀管（60）和十字槽圆头木螺钉（101）磨平即可。上述工艺及装配要求，一定要认真仔细，并注意在浇筑混凝土过程中振捣棒避开定位键凸件2号（15），以防定位键凸件2号（15）移位。否则一旦在混凝土浇筑过程中，定位键凸件2号（15）与定位键凹件2号（14）分离将造成该构件的报废以至于整套基础的报废。

3. 固定端的混凝土内预埋件的装配施工说明

（1）按设计规定的位置、数量在2号构件（3）的基础梁外端横向钢模板（6）上打定位螺栓孔1号（58）和孔1号（102），孔位见图4-160所示。

（2）合模前，将固定端外口模具（40）的大口环形外立面与钢模板（6）的内立面无间隙配合，将固定端锚件（55）的外向端与固定端外口模具（40）的内向端面配合，以螺栓3号（42）、螺母2号（43）使固定端锚件（55）、固定端外口模具（40）与钢模板（6）组合定位，并将钢绞线孔道的塑料套管1号（28）的外向端从固定端锚件（55）的内向端的孔中穿过，如图4-159所示。

（3）浇筑混凝土时，注意振捣棒避开固定端锚件（55），以防其移位。

（4）构件拆模后，将固定端外口模具（40）向外轻振取出，再将固定端锚件（55）内凸出于承压面的钢绞线孔道的塑料套管1号（28）去掉，在固定端锚件（55）空腔内面涂防锈漆；将凸出于基础梁（9）外立面的螺栓3号（42）去掉磨平，涂防锈漆。

4. 张拉端的混凝土内预埋件的装配施工工艺

（1）按设计规定的位置、数量在2号构件（3）的基础梁外端横向的钢模板（6）上打孔定位螺栓孔2号（59）和孔2号（103）；如图4-154、图4-164所示。

（2）以2件螺栓1号（32）穿过钢模板（6）上的定位螺栓孔2号（59）和位于张拉端锚件（44）外口上的Φ6.5孔与螺母1号（33）配合，使张拉端锚件（44）与钢模板（6）定位，并使张拉端锚件（44）外立面的外框与钢模板（6）之间无间隙，且并使张拉端锚件（44）的外立面上的内方槽底面向上（图4-188、图4-189）；如图4-161所示。

（3）以螺栓 4 号（52）穿过钢模板（6）上的孔 2 号（103）与螺栓锚件（51）的内螺纹配合，使螺栓锚件（51）与钢模板（6）组合定位，如图 4-161 所示。

（4）将各钢绞线孔道的塑料套管 1 号（28）的外向端从各对应的（按图 4-152、图 4-153、图 4-154 所示）位于张拉端锚件（44）内向端中央孔中穿过，切去凸出于张拉端锚件（44）底面的部分。

（5）浇筑混凝土（8）之前，在各钢绞线孔道的塑料套管 1 号（28）中穿入钢绞线（26），以防振捣混凝土（8）过程中造成钢绞线孔道的塑料套管 1 号（28）截面变形，影响钢绞线（26）的穿过。

（6）拆模后，将凸出于张拉端锚件（44）外立面的螺栓 1 号（32）切掉磨平，涂防锈漆。

4.3.4 装配式混凝土塔机基础的水平连接构造（一）装配工艺要点

1. 水平连接构造（一）的装配施工工艺

（1）清除各预制混凝土构件的各定位键凹件 2 号（14）、封闭环形槽（31）凹槽内的杂物，将橡胶封闭圈 1 号（35）以胶粘剂定位于封闭环形槽（31）内，如图 4-157 所示。

（2）混凝土预制构件全部吊装并按设计规定编号位置（严禁互换位置）装配，且使相邻的预制混凝土构件的定位键凸件 2 号（15）的凸键与定位键凹件 2 号（14）的凹键配合，同时控制混凝土预制构件的相邻垂直连接面的距离≤20mm；清除两混凝土预制构件的相邻连接面之间的缝隙内的任何杂物。

（3）将钢绞线（26）的一端与锚环（36）和夹片（37）配合夹紧；并使钢绞线（26）外露 8mm～10mm（张拉后外露 4mm～5mm）；钢绞线（26）的另一端须打磨成半球形，以利穿线施工，将钢绞线（26）的另一端自固定端穿入钢绞线孔道（27）的塑料套管 1 号（28），使位于固定端的钢绞线（26）的锚环（36）进入固定端锚件（55）并使锚环（36）的环形内立面与固定端锚件（55）的环形外立面无间隙配合。

（4）在张拉端首先以锚环（36）、夹片（37）与中间 1 根钢绞线（26）配合，最后一次检查并清理混凝土预制构件间缝隙内的杂物，以单根张拉机进行张拉，张拉力为 140kN，然后对称张拉左右相邻的 2 根，张拉力先后分别为 136kN、132kN，继而依次左右对称地张拉其余的钢绞线（26），张拉力 130kN。

为增加钢绞线（26）重复使用次数，特在锚环（36）的内立面与固定端锚件（55）的环形承压圈外立面之间增设 2 件固定端承压管（38）；当钢绞线（26）重复使用达到 4 次时，在水平连接构造（一）装配时撤去 1 件固定端承压管（38），以更换夹片（37）与锚环（36）的夹持位置，同时在张拉端将钢绞线（26）去掉 1 个锚环（36）的长度，并将钢绞线（26）端头磨成半球形，再重复使用 4 次后再重复上述操作；如图 4-162 所示。

（5）水平连接构造（一）的封闭构造的装配工艺

1）固定端封闭：水平连接构造（一）的钢绞线（26）张拉工作全部完成后，即可将固定端外口封闭塞（41）与固定端外口（39）配合向里推进并轻振，使固定端封闭；如图 4-162 所示。

2）张拉端封闭：

① 封闭套筒 1 号（45）内外面刷防腐漆 2 道。

② 钢绞线（26）张拉工作全部完成后，以胶粘剂将橡胶封闭垫圈 2 号（49）按图 4-163、图 4-164 规定的位置与基础梁（9）的混凝土外立面粘结定位，使橡胶封闭垫圈 2 号（49）上的螺栓孔与螺栓锚件（51）上的螺栓孔对正贯通，把用布袋包裹的 0.5kg～1kg 生石灰粉装入封闭套筒 1 号（45）（用于吸收水平连接构造内的潮气，达到防锈目的），将位于封闭套筒 1 号（45）角钢框上的螺栓孔与螺栓锚件（51）上的螺栓孔对正贯通，以螺栓 4 号（52）与螺栓锚件（51）的内螺纹配合，旋紧各螺栓 4 号（52），使张拉端构造（54）封闭；如图 4-163 所示。

2. 水平连接构造（一）的拆解工艺

（1）塔身及底架（71）拆除之前不得拆解水平连接构造（一）。

（2）以与水平连接构造（一）装配工艺操作的逆操作，拆除水平连接构造（一）；注意退张钢绞线（26）时，张拉机不得加力过快，以免损伤钢绞线（26）；应特别注意，在退张过程中，夹片（37）应及时与锚环（36）分离，尽量不使钢绞线（26）达到应力极限，避免损伤钢绞线（26）。

（3）钢绞线（26）退张后，将钢绞线（26）从张拉端用力向固定端推出固定端外口封闭塞（41），逐根检查钢绞线（26），将可以继续重复使用的钢绞线（26）盘成直径不小于1.5m的圆盘，做好使用次数标记后收入库房。

（4）将拆下的水平连接构造（一）的其他零部件清点检查后，入库备用，尤其锚环（36）、夹片（37）须经认真检查，确认可以重复使用与须要报废的应严格分类，须要报废的不得入库与备用件混放。

3. 水平连接构造（一）的装配拆解施工中的安全注意事项

（1）张拉机等电机设备须有漏电保护。

（2）张拉或退张钢绞线（26）时，操作人员不得正对钢绞线（26），固定端以外10米长、2米宽的范围以内不得有人在操作过程中停留。

（3）严禁在拆除塔身基础节及底架的同时拆除水平连接构造（一），上下立体同时拆除作业存在重大安全隐患。

4.4 装配式混凝土塔机基础与有底架的固定式塔机的垂直连接构造（一）

（配套于有底架的 QTZ630、QTZ800 型固定式塔机）

4.4.1 装配式混凝土塔机基础与有底架的固定式塔机的垂直连接构造（一）的设计

1. 装配式混凝土塔机基础与有底架的固定式塔机的垂直连接构造（一）的主要技术参数见表 4-17、表 4-18。

有底架的固定式塔机（原设计）的垂直连接构造的主要技术参数表　　表 4-17

塔机生产厂家	塔机型号	塔机最大非工作力矩 $M(kN \cdot m)$	塔机与基础的垂直连接构造的中心与基础中心的距离(mm)		垂直螺栓强度等级／直径(mm)
			第1组	第2组	
A	QTZ800	1776	1306	2910	3.6 / 30
B	QTZ5015	1805	1480	3180	5.8 / 30
C	QTZ5514	1841	1330	3362	6.8 / 30
D	QTZ5610	1653	1316	2900	5.8 / 27
E	QTZ630	1728	1450	3350	6.8 / 27
F	QTZ5013	1690	1310	2916	6.8 / 27

注：表中所列"塔机最大非工作力矩"一栏内的数据为塔机自由高度40m的倾覆力矩。

装配式混凝土塔机基础与有底架的固定式塔机
的垂直连接构造（一）的主要设计技术参数表　　　表 4-18

塔机生产厂家	塔机型号	塔机最大非工作力矩 M(kN·m)	设计地基承载力 (MPa)	设计基础总重力 (kN)	设计水平连接构造的钢绞线根数	垂直连接构造的中心与基础中心的距离(mm)		垂直螺栓强度等级 直径(mm)
						第1组	第2组	
A	QTZ800	1776	180	784.42	7	1316	2910	10.9 / 30
B	QTZ5015	1805	180	784.42	7	1465	3180	10.9 / 30
C	QTZ5514	1841	180	784.42	7	1316	3356	10.9 / 30
D	QTZ5610	1653	165	784.42	7	1316	2910	10.9 / 27
E	QTZ630	1728	165	784.42	7	1465	3356	10.9 / 27
F	QTZ5013	1690	165	784.42	7	1316	2910	10.9 / 27

2. 装配式混凝土塔机基础与有底架的固定式塔机的垂直连接构造（一）的设计详图

（1）装配式混凝土塔机基础与有底架的固定式塔机的垂直连接构造（一）的装配总平面见图 4-224。

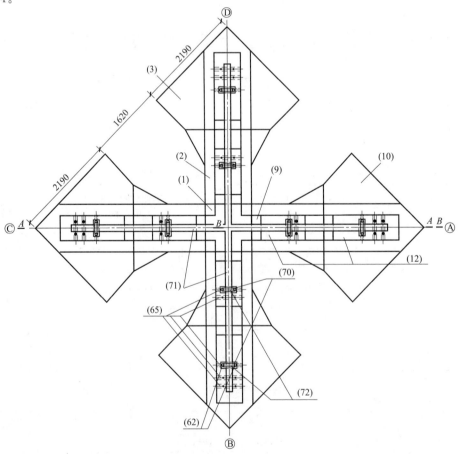

图 4-224　装配式混凝土塔机基础的垂直连接构造（一）的装配总平面图

（1）—0 号构件；（2）—1 号构件；（3）—2 号构件；（9）—基础梁；（10）—底板；（12）—墩台；
（62）—螺母 3 号；（65）—水平孔道套管 1 号；（70）—垫板 1 号；（71）—底架；（72）—横梁

（2）装配式混凝土塔机基础与有底架的固定式塔机的垂直连接构造（一）的装配总剖面见图4-225。

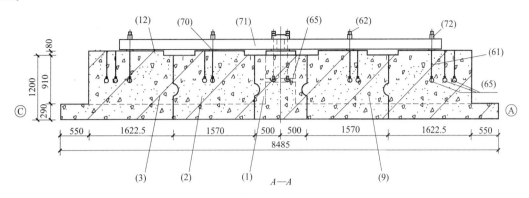

图4-225　装配式混凝土塔机基础的垂直连接构造（一）的装配总剖面图

(1)—0号构件；(2)—1号构件；(3)—2号构件；(9)—基础梁；(12)—墩台；(61)—垂直连接螺栓1号；
(62)—螺母3号；(65)—水平孔道套管1号；(70)—垫板1号；(71)—底架；(72)—横梁

（3）装配式混凝土塔机基础与有底架的固定式塔机的垂直连接构造（一）的装配的纵向侧立面见图4-226。

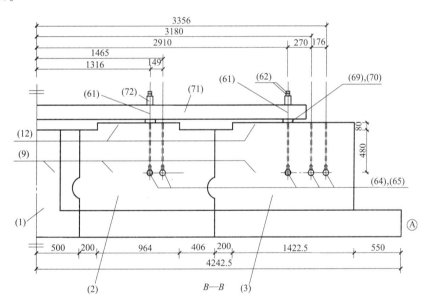

图4-226　装配式混凝土塔机基础与有底架的固定式塔机的垂直
连接构造（一）的装配的纵向侧立面图

(1)—0号构件；(2)—1号构件；(3)—2号构件；(9)—基础梁；(12)—墩台；(61)—垂直连接螺栓1号；
(62)—螺母3号；(64)—垂直螺栓下端水平孔道1号；(65)—水平孔道套管1号；(69)—高强度水泥砂浆；
(70)—垫板1号；(71)—底架；(72)—横梁

（4）装配式混凝土塔机基础与有底架的固定式塔机的垂直连接构造（一）设于基础梁（9）内构造的设计详图

1）与有底架的固定式塔机的垂直连接构造（一）设于基础梁（9）内构造的横向剖面图见图4-227。

2）与有底架的固定式塔机的垂直连接构造（一）设于基础梁（9）内构造的纵向剖面图见图4-228。

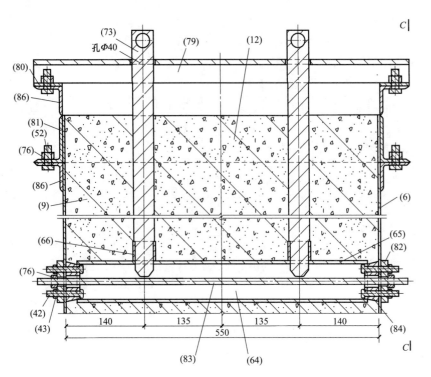

图 4-227　与有底架的固定式塔机的垂直连接构造（一）设于基础梁（9）内构造的横向剖面图

（6）—钢模板；（9）—基础梁；（12）—墩台；（42）—螺栓 3 号；（43）—螺母 2 号；（52）—螺栓 4 号；（64）—垂直螺栓下端水平孔道 1 号；（65）—水平孔道套管 1 号；（66）—垂直螺栓孔道下端加固套管；（73）—垂直螺栓孔道模具；（76）—螺母 4 号；（79）—槽钢；（80）—扁钢；（81）—异形角钢；（82）—异形垫圈 2 号；（83）—模板加固螺栓；（84）—水平孔道套管定位件；（86）—角钢

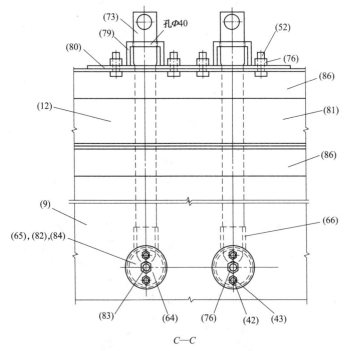

图 4-228　与有底架的固定式塔机的垂直连接构造（一）设于基础梁（9）内构造的纵向剖面图

（9）—基础梁；（12）—墩台；（42）—螺栓 3 号；（43）—螺母 2 号；（52）—螺栓 4 号；

（64）—垂直螺栓下端水平孔道 1 号；（65）—水平孔道套管 1 号；（66）—垂直螺栓孔道下端加固套管；

（73）—垂直螺栓孔道模具；（76）—螺母 4 号；（79）—槽钢；（80）—扁钢；（81）—异形角钢；（82）—异形垫圈 2 号；

（83）—模板加固螺栓；（84）—水平孔道套管定位件；（86）—角钢

（5）与有底架的固定式塔机的垂直连接构造（一）的装配构造详图

1）装配式混凝土塔机基础与有底架的固定式塔机的垂直连接构造（一）的装配构造横向剖面图，见图4-229。

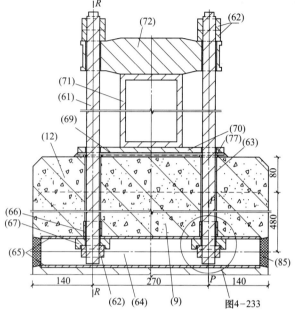

图4-229 装配式混凝土塔机基础与有底架的固定式塔机的垂直连接构造（一）的装配构造横向剖面图

（9）—基础梁；（12）—墩台；（61）—垂直连接螺栓1号；（62）—螺母3号；（63）—垂直螺栓孔道；（64）—垂直螺栓下端水平孔道1号；（65）—水平孔道套管1号；（66）—垂直螺栓孔道下端加固套管；（67）—异形垫圈1号；（69）—高强度水泥砂浆；（70）—垫板1号；（71）—底架；（72）—横梁；（77）—橡胶封闭圈4号；（85）—水平管端头橡胶封闭塞

2）装配式混凝土塔机基础与有底架的固定式塔机的垂直连接构造（一）的装配构造纵向剖面图，见图4-230。

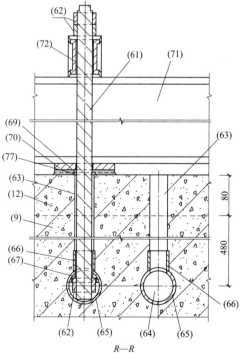

R—R

图4-230 装配式混凝土塔机基础与有底架的固定式塔机的垂直连接构造（一）的装配构造纵向剖面图

（9）—基础梁；（12）—墩台；（61）—垂直连接螺栓1号；（62）—螺母3号；（63）—垂直螺栓孔道；（64）—垂直螺栓下端水平孔道1号；（65）—水平孔道套管1号；（66）—垂直螺栓孔道下端加固套管；（67）—异形垫圈1号；（69）—高强度水泥砂浆；（70）—垫板1号；（71）—底架；（72）—横梁；（77）—橡胶封闭圈4号

3）垂直连接构造（一）设于基础梁（9）内构造之下端部设计详图，见图 4-231～图 4-233。

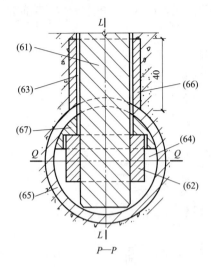

图 4-231　垂直连接构造（一）设于基础梁
（9）内构造之下端部纵向剖面图

(61)—垂直连接螺栓 1 号；(62)—螺母 3 号；(63)—垂
直螺栓孔道；(64)—垂直螺栓下端水平孔道 1 号；
(65)—水平孔道套管 1 号；(66)—垂直螺栓
孔道下端加固套管；(67)—异形垫圈 1 号

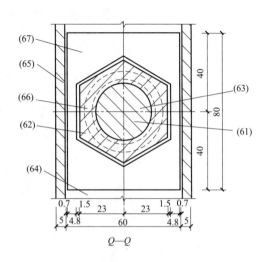

图 4-232　垂直连接构造（一）设于基础梁
（9）内构造之下端部水平剖面图

(61)—垂直连接螺栓 1 号；(62)—螺母 3 号；(63)—垂
直螺栓孔道；(64)—垂直螺栓下端水平孔道 1 号；
(65)—水平孔道套管 1 号；(66)—垂直螺栓孔
道下端加固套管；(67)—异形垫圈 1 号

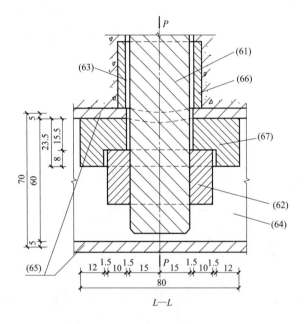

图 4-233　垂直连接构造（一）设于基础梁（9）内构造之下端部横向剖面图

(61)—垂直连接螺栓 1 号；(62)—螺母 3 号；(63)—垂直螺栓孔道；(64)—垂直螺栓下端水平孔道 1 号；
(65)—水平孔道套管 1 号；(66)—垂直螺栓孔道下端加固套管；(67)—异形垫圈 1 号

3. 装配式混凝土塔机基础与有底架的固定式塔机的垂直连接构造（一）的零件详图，见图 4-234～图 4-274

（1）垂直连接螺栓 1 号（61）

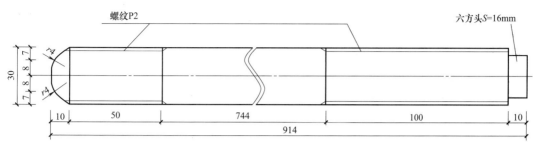

图 4-234　垂直连接螺栓 1 号（61）的纵向剖面图

图 4-235　垂直连接螺栓 1 号（61）的三维图

垂直连接螺栓 1 号（61）

1. 材料：35CrMo；　2. 规格：M30×2（10.9 级）；　3. 工艺：冲压，滚丝工艺；

4. 螺杆顺直偏差≤2；　5. 未注明处倒角 45%×1。

（2）螺母 3 号（62）

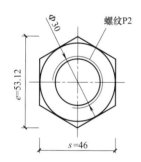

图 4-236　螺母 3 号（62）的横向正立面图

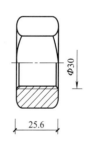

图 4-237　螺母 3 号（62）的纵向剖面图

螺母 3 号（62）

1. 执行标准：GB/T 41；　2. 规格：M30；　3. 螺纹 P2；　4. 强度等级：10 级。

（3）水平孔道套管 1 号（65）

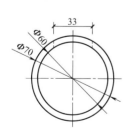

图 4-238　水平孔道套管 1 号（65）的侧立面图

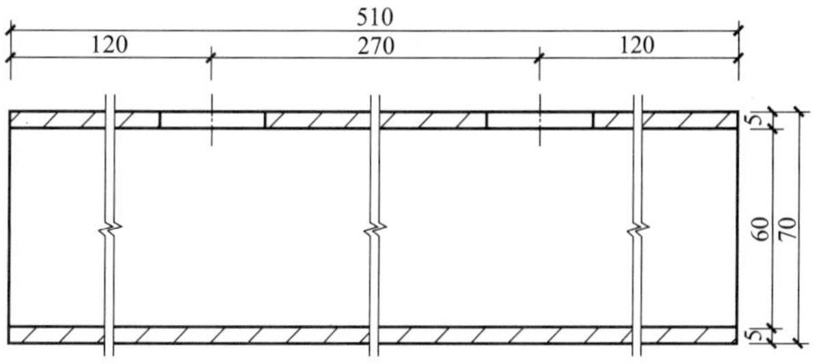

图 4-239　水平孔道套管 1 号（65）的纵向剖面图

水平孔道套管 1 号（65）

（无缝钢管 D70×5）

1. 倒角：0.5×45°；　2. 材料：45 号钢。

（4）垂直螺栓孔道下端加固套管（66）

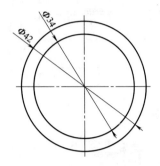

图 4-240　垂直螺栓孔道下端加
固套管（66）的侧立面图

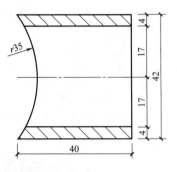

图 4-241　垂直螺栓孔道下端加
固套管（66）的纵向剖面图

图 4-242　垂直螺栓孔道下端
加固套管（66）的三维图

垂直螺栓孔道下端加固套管（66）

1. 倒角：0.5×45°；　　2. 材料：45 号钢。

（5）异形垫圈 1 号（67）

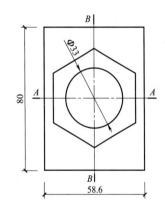

图 4-243　异形垫圈 1 号（67）
的横向正立面图

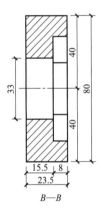

图 4-244　异形垫圈 1 号（67）
的纵向剖面图

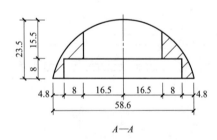

图 4-245　异形垫圈 1 号（67）
的横向剖面图

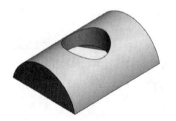

图 4-246　异形垫圈 1 号（67）
的三维图

异形垫圈 1 号（67）

1. 材料：40Cr；　　2. 工艺：机加工或铸造；　　3. 未注明处倒角 45°×1。

（6）垫板（70）

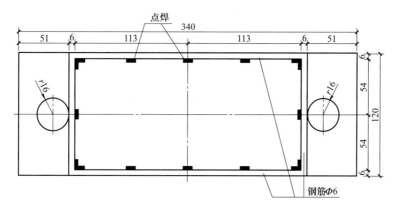

图 4-247　垫板（70）的横向正立面图

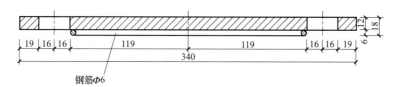

图 4-248　垫板（70）的横向剖面图

垫板（70）

1. 材料：Q235；　2. 工艺：机加工；　3. 配螺栓 M30×2，10.9 级；　4. 未注明处倒角 45°×1。

（7）横梁（72）

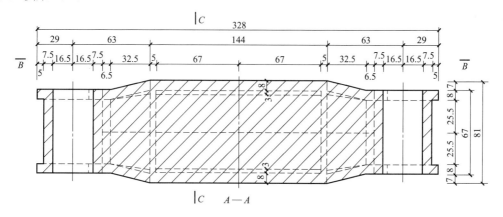

图 4-249　横梁（72）的横向正立面图

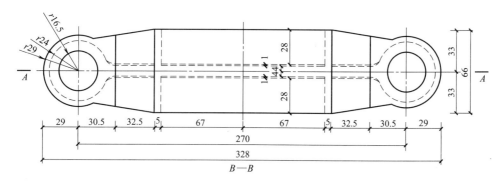

图 4-250　横梁（72）的纵向剖面图

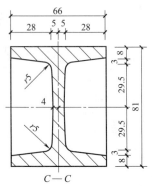

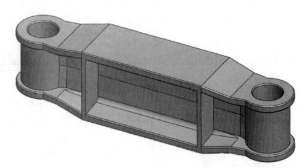

图 4-252　横梁（72）的三维图

图 4-251　横梁（72）的横向剖面图

横梁（72）

　　1. 材料：40Cr；　　2. 工艺：铸造；　　3. 未注明的倒角是 45°×1。

（8）垂直螺栓孔道模具 1 号（73）

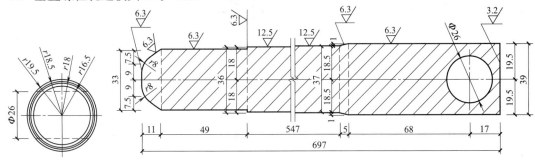

图 4-253　垂直螺栓孔道模具
1 号（73）的侧立面图

图 4-254　垂直螺栓孔道模具
1 号（73）的纵向剖面图

图 4-255　垂直螺栓孔道模具（73）三维图

垂直螺栓孔道模具 1 号（73）

（适用于 M30 垂直连接螺栓）

　　1. 材料：45 号钢或 40Cr；　　2. 工艺：机加工；　　3. 倒角：45°×1。

（9）螺母 4 号（76）

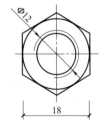

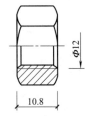

图 4-256　螺母 4 号（76）的横向正立面图

图 4-257　螺母 4 号（76）的纵向剖面图

螺母 4 号（76）

　　1. 执行标准：GB/T 41；　　2. 规格：M12；　　3. 螺纹 P1.5。

（10）橡胶封闭圈4号（77）

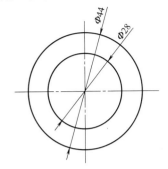

图 4-258　橡胶封闭圈4号（77）
的横向正立面图

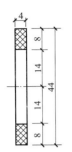

图 4-259　橡胶封闭圈4号（77）
的纵向剖面图

橡胶封闭垫圈4号（77）

1. 材质：丁腈橡胶；　2. 规格：M30；　3. 工艺：模铸或选规格相同的商品购入；
4. 未注明的倒角是 45°×1。

（11）槽钢2号（79）

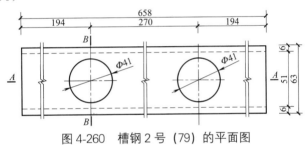

图 4-260　槽钢2号（79）的平面图

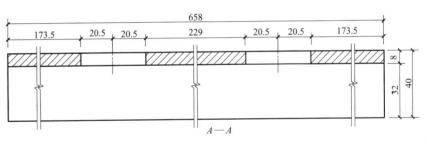

图 4-261　槽钢2号（79）的纵向剖面图

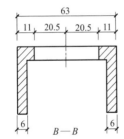

图 4-262　槽钢2号（79）
的横向正立面图

槽钢2号（79）

1. 材料：Q235～Q295；　2. 工艺：机加工；　3. 可以用槽钢6.3号替代；
4. 未标明处倒角：0.5×45°。

（12）扁钢（80）

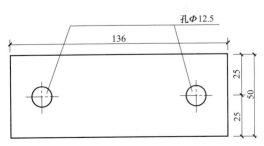

图 4-263　扁钢（80）的平面图

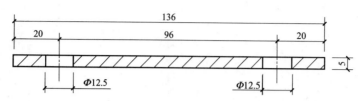

图 4-264　扁钢（80）的纵向剖面图

扁钢（80）

1. 材料：Q235；　　2. 工艺：机加工；　　3. 未标明处倒角：45°×0.5。

（13）异形垫圈 2 号（82）

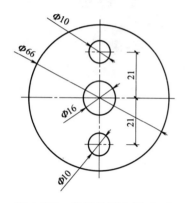

图 4-265　异形垫圈 2 号（82）
的横向正立面图

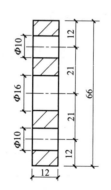

图 4-266　异形垫圈 2 号（82）
的纵向剖面图

图 4-267　异形垫圈 2 号
（82）的三维图

异形垫圈 2 号（82）

1. 材料：45 号钢；　　2. 工艺：机加工；　　3. 未注明处倒角 45°×1。

（14）模板加固螺栓（83）

图 4-268　模板加固螺栓（83）的横向正立面图

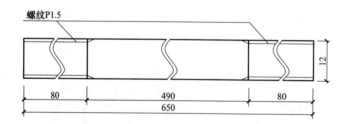

图 4-269　模板加固螺栓（83）的纵向侧立面图

模板加固螺栓（83）

1. 材料：35CrMo；　　2. 工艺：机加工；　　3. 未注明处倒角 45°×0.5。

（15）水平孔道套管定位件（84）

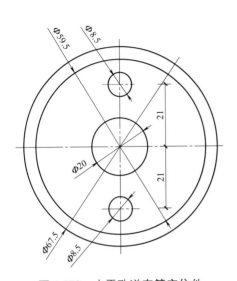

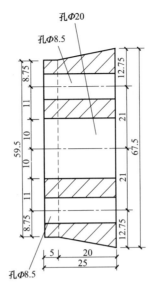

图 4-270　水平孔道套管定位件
（84）的横向正立面图

图 4-271　水平孔道套管定位件
（84）的纵向剖面图

图 4-272　水平孔道套管定
位件（84）的三维图

水平孔道套管定位件（84）

1. 材料：45 号钢；　　2. 工艺：机加工或铸造；　　3. 未注明处倒角 45°×1。

（16）水平管端头橡胶封闭塞（85）

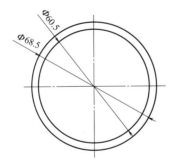

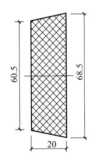

图 4-273　水平管端头橡胶封闭塞（85）
的横向正立面图

图 4-274　水平管端头橡胶封闭
塞（85）的纵向剖面图

水平管端头橡胶封闭塞（85）

1. 材质：丁腈橡胶；　　2. 工艺：模铸或选规格相同的商品购入；　　3. 未注明的倒角是 45°×1。

4.4.2　垂直连接构造（一）在混凝土内构造施工工艺要点

1. 总要求

装配式混凝土塔机基础与有底架的固定式塔机垂直连接构造（一）关系基础与塔机安全与重复使用，必须高度重视，严格把关，认真操作。

（1）认真阅读"垂直连接构造（一）"的详图，了解构造的特点、技术要求和质量要求。

（2）垂直连接构造（一）的零部件在装配施工前须经认真的检验、核对，绝不允许将不合格的零件埋入混凝土内，造成不可修补的技术缺陷而报废混凝土构件。

（3）严格按垂直连接构造（一）要求的程序和技术标准由经过专业培训的人进行操作。

2. 装配工作

（1）零件、工具的准备，按垂直连接构造（一）的基础零配件和施工工具及规定的件数，按零件详图的技术要求配备零件和专用工具。

1）在基础梁（9）的纵向垂直模板上，按设计规定的位置打孔，将水平孔道套管定位件（84）以螺栓3号（42）和螺母2号（43）与基础梁钢模板（6）组合定位；如图4-227、图4-228所示。

2）将水平孔道套管1号（65）与垂直螺栓孔道下端加固套管（66）进行组合连接，使垂直螺栓孔道下端加固套管（66）的垂直纵轴心与水平孔道套管1号（65）的水平纵轴心交会并相互垂直。

3）将垂直螺栓孔道模具1号（73）的圆柱杆精车面以细水砂纸进一步磨光后备用。

（2）技术准备。认真阅读垂直连接构造（一）的系统图、混凝土构件及配筋图、核对垂直连接构造（一）与混凝土、钢筋、模板及水平连接构造系统的配合关系及施工顺序。

在设有水平孔道套管1号（65）的位置，在绑扎钢筋骨架时，特别注意箍筋和纵向筋的位置须避开水平孔道套管1号（65）的位置，避免在合模时重新调整钢筋位置（钢筋应预先按水平孔道套管1号（65）的设计位置计算好箍筋和纵向筋的位置）。

（3）操作程序及质量控制：

1）严格按设计详图的要求在1号构件（2）或2号构件（3）的基础梁（9）的纵向钢模板（6）立面上定位设置水平孔道套管1号（65）的中心点，也就是首先确定水平孔道套管1号（65）的中心位置（允许偏差0.5mm）；特别是水平孔道套管定位件（84）与钢模板（6）连接的各螺栓孔$\Phi9$的位置关系到垂直螺栓的结构安全、使用寿命和装配施工顺利，且关系到水平孔道套管1号（65）与混凝土的配合锚固关系，若不符合技术要求，则使整件混凝土预制件报废，应特别精细，反复测量核对。模板上钻孔定位由技术主管亲自复核，无误后方可钻孔。

将角钢（86）与异形角钢（81）连接，如图4-227、图4-228所示。

首先在模板上确定水平孔道套管定位件（84）的中心位置和2个孔$\Phi9$的位置，尤其须要注意2个孔$\Phi9$在模板上的定位（位置偏差≯0.5mm）；以2付螺栓3号（42）、螺母2号（43）将水平孔道套管定位件（84）与钢模板（6）连接定位，并使螺母2号（43）位于基础梁（9）的钢模板（6）的外侧，且使螺母2号（43）稍有松动即可，以利于水平孔道套管定位件（84）与水平孔道套管1号（65）的配合，将水平孔道套管1号（65）的两端分别与水平孔道套管定位件（84）的内向端配合严密，以模板加固螺栓（83）与异形垫圈2号（82）配合紧固定位，同时紧固螺母2号（43），如图4-227、图4-228所示；

1号构件（2）或2号构件（3）的基础梁（9）钢模板（6）合模后，检测基础梁（9）钢模板（6）侧立面的垂直度和上面的水平度允许偏差1mm，之后，方可在混凝土墩台（12）的钢模上按设计位置安装槽钢2号（79）与墩台（12）纵向模板上连接定位角钢（86），其横、纵两个方向定位允许偏差1mm，以2组螺栓4号（52）、螺母4号（76）定位；如图4-227、图4-228所示。

2）1号构件（2）或2号构件（3）上的混凝土墩台（12）的钢模板（6）与基础梁（9）钢模板（6）装配及加固全部完成并经检查校核后，接着装配扁钢（80）与槽钢2号（79）的组合件与槽钢2号（79）、墩台（12）的纵向模板连接定位角钢（86）连接定位，定位后复测槽钢2号（79）上$\Phi40$孔中心至基础中心的水平距离和同一槽钢上2个$\Phi40$孔的中心与基础轴线的距离，允许偏差1mm，无误后，以螺栓4号（52）、螺母4号（76）与混凝土墩台（12）的模板上的异形角钢（81）连接紧固，然后装配各垂直螺栓孔道模具1号（73），以隔离剂2遍涂于垂直螺栓孔道模具 1 号（73）的圆柱体表面，待隔离剂干燥后，将垂直螺栓孔道模具 1 号（73）有孔 $\Phi26$ 的一端朝上，另一端朝下从槽钢 2 号（79）的孔 $\Phi40$ 中向下穿过，使垂直螺栓孔道模具 1 号（73）的下端头垂直进入与水平孔道套管 1 号（65）的垂直螺栓孔道下端加固套管（66）内，使垂直螺栓孔道模具 1 号（73）下端的环形台阶与垂直螺栓孔道下端加固套管（66）的上端面配合无间隙；如图 4-227 所示。

垂直连接构造（一）的混凝土内构造装配完成后，必须经过与模板一起共同的预检，确认无误后方可浇筑混凝土，在浇筑中有专人检查垂直连接构造（一）是否出现移位，发现移位，应及时处理。

浇筑混凝土，将墩台（12）上面混凝土抹平压光，在混凝土初凝后至终凝前，穿入垂直螺栓孔道模具 1 号（73）的上端水平孔内，水平旋转垂直螺栓孔道模具 1 号（73）后将其提升拔出；随后拆卸槽钢 2 号（79）等混凝土墩台（12）以上的模具构造；接着以充分浸水的麻绳穿入垂直螺栓孔养护孔壁。应特别注意：在施工中垂直螺栓孔道模具 1 号（73）应轻拿轻放，避免碰撞敲击，以防变形，保持表面的光洁度，一旦变形则只能报废。

1 号构件（2）或 2 号构件（3）的强度达到 200MPa 以后，可以拆模，首先松退并拆除各水平孔道套管 1 号（65）上的模板加固螺栓（83），使混凝土基础梁（9）的钢模板（6）与混凝土分离；收集检查模具及零件，统一入库保管，以备再用。

4.4.3　垂直连接构造（一）装配工艺要点

1. 装配条件

（1）装配式混凝土塔机基础和预制混凝土构件装配和水平连接构造（一）装配完毕。

（2）混凝土重力件（5）的侧立面不得挡住垂直连接构造（一）的垂直螺栓下端水平孔道 1 号（64）在混凝土基础梁（9）的侧立面的外端口，以免影响垂直连接螺栓 1 号（61）的下端构造的装配。

（3）垂直连接构造（一）装配的准备完毕：

1）拟装配塔机的特点——垂直连接构造（一）选用的位置、垂直连接螺栓 1 号（61）的长度，由塔机底架（71）的高度决定，使装配后的垂直连接螺栓 1 号（61）上端配有双螺母 3 号（62）后仍有 1~2 个螺纹外露，如图 4-229 所示；

2）拌制干硬性高强度水泥砂浆（69）的砂（中粗砂、粒径不大于 4mm，忌用细粉砂）、水泥（选用强度等级 42.5~52.5 的快硬水泥或硅酸盐水泥或普通硅酸盐水泥、冬季装配须按规定比例掺入早强剂、抗冻剂）、水；垫板（70）等；

3）装配工具——螺母托具（87）、套筒扳手和"电动扭矩扳手"等。

2. 垂直连接螺栓 1 号（61）及其下端构造的装配

（1）参照图 4-226 选用拟装配的塔机底架（71）与装配式混凝土塔机基础的垂直连接构造（一）的垂直位置和垂直连接螺栓 1 号（61）的长度型号。

（2）首先清除垂直螺栓下端水平孔道 1 号（64）内的杂物，将螺母 3 号（62）与异形垫圈 1 号（67）配合后，以装手柄的螺母托具（87）与螺母 3 号（62）配合，水平将螺母 3 号（62）和异形垫圈 1 号（67）推入垂直螺栓下端水平孔道 1 号（64），并使螺母 3 号（62）与垂直连接螺栓 1 号（61）下端螺纹配合，如图 4-229、图 4-230 所示；将橡胶封闭圈 4 号（77）与垂直连接螺栓 1 号（61）配合后，将垂直连接螺栓 1 号（61）无六方头一端朝下穿入垂直螺栓孔道（63）使垂直连接螺栓 1 号（61）下端的螺纹与螺母 3 号（62）内螺纹配合，以套筒扳手旋转垂直连接螺栓 1 号（61）使螺母 3 号（62）上升至垂直连接螺栓 1 号（61）不能旋转为止（使螺母 3 号（62）不能旋转并使螺母 3 号（62）的上平面与异形垫圈 1 号（67）的朝下平面之间无间隙，并使异形垫圈 1 号（67）上面与水平孔道套管 1 号（65）内壁无间隙），之后，反向旋转垂直连接螺栓1号（61）360°，使垂直连接螺栓1号（61）在垂直螺栓孔道（63）内有自由活动量。

3. 垂直连接螺栓1号（61）上部构造的装配

（1）装垫板（70），首先使橡胶封闭圈4号（77）的下平面与混凝土墩台（12）的上面之间无间隙，铺干硬性高强度水泥砂浆（69）之前，夏天要在设有垫板（70）的混凝土墩台（12）上面浇水2遍，做为干硬性高强度水泥砂浆（69）的养护用水。接着铺干硬性高强度水泥砂浆（69）（干硬性高强度水泥砂浆（69）的配比：水泥：中粗砂＝1：1；其含水量比砌筑砂浆要少50%，比管道捻口灰要多15%～20%，拌好后的砂浆，轻攥成团且不析出水来为度）厚度10mm～15mm，抹平上面，以水平尺配合水平仪测控各干硬性高强度水泥砂浆（69）上面的水平横向和标高的偏差均小于1mm后，装垫板（70）使垫板（70）上的 $\Phi 32$ 孔与垂直连接螺栓1号（61）配合，并使垫板（70）的下面与干硬性高强度水泥砂浆（69）的上面之间无间隙，同时以水平仪测控各垫板（70）上面水平偏差不大于1mm。

（2）吊装塔机底架（71），校正塔机底架（71）十字轴线与混凝土基础梁（9）平面轴线相重合；塔机底架（71）底面与垫板（70）上面的缝隙超过10mm的，则必须以同样面积的钢板填充缝隙，并与垫板（70）点焊固定。

（3）按设计要求装横梁（72），将横梁（72）两端的垂直孔同时对正2根垂直连接螺栓1号（61）上端，下降横梁（72）使横梁（72）底面与塔机底架（71）上面无间隙；装与横梁（72）配合的第一个螺母3号（62）；接着装第2个螺母3号（62），以为防松退（上端的2个螺母3号（62）的紧固应按设计规定的力矩用力矩扳手操作，以保证各螺母3号（62）的紧固力矩均匀一致）。

（4）复查，塔机作业1天，须由专业技术人员检查一次，发现螺母3号（62）松动，及时紧固调整；以后每7天检查一次，直到拆除塔机；同时，塔吊司机必须在班前班后认真检查各螺母3号（62），发现松退，及时紧固。

4. 垂直连接构造（一）的拆卸

与上述垂直连接构造（一）装配程序相反的逆程序为垂直连接构造（一）的拆卸程序。注意事项：

（1）塔机底架（71）以上的塔身未拆除前，不准拆卸垂直连接构造（一）。

（2）拆卸后的垂直连接螺栓1号（61）和螺母3号（62）应检查螺纹完好状况，达到报废标准的（必须严格执行有关高强螺栓的报废标准），挑出另放；可以重复使用的应入库上油防锈保管；及时清除干净垫板（70）下面的干硬性高强度水泥砂浆（69），垫板（70）应在入库前刷防锈漆1道且每年不少于1次。

（3）垂直连接构造（一）的零件应及时收集清点入库保管。

（4）垂直连接构造（一）拆卸后，每年至少将混凝土基础构件内预设的钢件外露接触空气的表面刷防锈漆1道。

4.5 有底架的固定式塔机的装配式混凝土塔机基础的使用说明书要点

4.5.1 装配式混凝土塔机基础的制作、安装、使用除严格执行技术文件的规定外，尚须严格执行国家行业标准《大型塔式起重机混凝土基础工程技术规程》（JGJ/T 301）的规定

4.5.2 装配式混凝土塔机基础"六不准"

1. 不准在未经检测并确认达到设计要求的地基上安装基础。
2. 不准基础坐落在冻土地基上。
3. 不准在压重散料全部填装完毕前安装塔身基础节以上的结构。
4. 不准在基础外缘3米以内有积水浸泡地基。

5. 不准未经培训的非专业人员安装拆卸基础。

6. 不准超越"组合式塔基构件配件报废标准"的规定使用应予报废的构件配件。

负责基础的安装、拆解人员必须认真阅读并认真执行使用说明书要点的全部内容方可上岗操作。

4.5.3　概况

1. 装配式混凝土塔机基础 TZJ$_a$—4800（B＝4800）适用于甲方所提供的有底架的固定式塔机，其与基础相关的主要技术参数见表 4-19。

有底架的固定式塔机（原设计）的垂直连接构造的主要技术参数　　　　4-19

塔机生产厂家	塔机型号	塔机最大非工作力矩（kN·m）	塔机与基础的垂直连接构造中心与基础中心的距离（mm）		垂直连接螺栓强度等级　直径（mm）
			第 1 组	第 2 组	
A	QTZ400	818	1210	2895	3.6　24
B	QTZ4010	780	1200	2910	3.6　27
C	QTZ5013	1653	1435	3350	6.8　27
D	QTZ630	1728	1450	3362	6.8　27
E	QTZ5015	1805	1463	3150	6.8　27

2. 装配式混凝土塔机基础的预制混凝土构件的数量与重量见表 4-20。

装配式混凝土塔机基础的预制混凝土构件重量一览表　　　　表 4-20

	预制混凝土构件的重量（t）			
	0 号构件	1 号构件	2 号构件	重力件
单件重量	2.428	3.270	4.633	3.829
件数	1	4	4	12
合计重量	2.428	13.08	18.532	45.948
总重量	34.04			45.948

3. 装配式混凝土塔机基础的地基承载力条件、预制混凝土构件和钢绞线配置见表 4-21。

装配式混凝土塔机基础的地基承载力条件、预制混凝土构件和钢绞线配置　　表 4-21

塔机生产厂家	塔机型号	预制混凝土构件配置（件）		钢绞线（1×7，Φ15.2-1860）设置根数、位置		地基承载力条件（kPa）
		基础构件	重力件	根数	设置标高（mm）	
A	QTZ400	9	—	4	340	≥80
B	QTZ4010	9	—	4	340	≥80
C	QTZ5013	9	12	7	340	≥165
D	QTZ630	9	12	7	340	≥165
E	QTZ5015	9	12	7	340	≥180

注：表中"设置标高"为钢绞线合力点至基础梁下面的距离。

4. 装配式混凝土塔机基础的垂直连接构造（一）的设置见表4-22。

装配式混凝土塔机基础的垂直连接构造（一）的设置 　　　　表4-22

塔机生产厂家	塔机型号	塔机与基础的垂直连接构造中心与基础中心的距离（mm）		垂直连接螺栓强度等级 直径(mm)
		第1组	第2组	
A	QTZ400	1205	2900	8.8 　 24
B	QTZ4010	1205	2900	8.8 　 24
C	QTZ5013	1450	3355	10.9 　 30
D	QTZ630	1450	3355	10.9 　 30
E	QTZ5015	1450	3150	10.9 　 30

4.5.4 重要提示：以下任何一种情况都会造成基础失稳、倾翻

1. 地基承载力未达到设计要求。

2. 积水浸泡地基致使地基承载力降低。

3. 基础坐落在冻土地基上。

4. 未按本说明规定要求回填压重散料，致使回填材料总重量未达到设计要求。

5. 未按本说明书规定的程序、方法、张拉力要求进行构件组装。

6. 未按"组合式塔基构件配件报废标准"的规定，使用应予报废的构件配件。

4.5.5 装配式混凝土塔机基础安装前的准备工作

1. 达到规定的基坑及场地条件（见4.5.10——装配式混凝土塔机基础装配的基坑及场地条件）。

2. 对基础混凝土构件配件按"装配式混凝土塔机基础构件配件报废标准"的规定进行检查，达到报废条件的应予报废。

3. 人员、机具、工具、材料的准备：

（1）人员：力工5名，预应力钢绞线张拉工2名（专业培训人员）。

（2）汽车吊1台（8t～16t），视现场吊装场地条件而定。

（3）工具：张拉机具、千斤顶、油泵、力矩扳手（1000N·m～1500N·m）、水平仪、水平尺、铁锹、锤、铣、小线、墨斗、合尺等。

（4）材料：中粗砂0.5m³，42.5♯～52.5♯（普通或硅酸盐）水泥15kg。

4. 装配式混凝土塔机基础安装的技术资料表格。

4.5.6 装配式混凝土塔机基础的安装步骤

1. 清理预制混凝土构件垂直连接面，使连接面上无任何附着物，清理定位凹件的凹槽，使凹槽内没有任何存留物，钢绞线管道内不能有任何杂物，否则都会给装配工作造成障碍。

2. 在定位构造凹槽内注满槽深1/3高的黄油，以防组合后的定位构造锈蚀。

3. 在已做好基础垫层上弹塔机基础十字轴线。

4．在垫层上均匀地铺设厚度 20mm 的中细砂刮平，以水平仪测控砂垫层上面高差≤4mm，平整度≤4mm。基坑内操作人员须注意在吊装预制混凝土构件前，禁止在检查合格的砂层上行走。

5．开始吊装 0 号构件，按基础的十字轴线就位（注意，要使 C、D 两轴线与拟建建筑物的外墙面呈 45°角）。

6．吊装 1 号构件，依次装 A_1、B_1、C_1、D_1 四件就位，使各吊装件的定位凸键与中心件的定位凹键相互吻合，允许留有小于 15mm 的缝隙。

7．吊装 2 号构件，按 A_2、B_2、C_2、D_2 不同的构件编号对号就位，同样，吊装件的定位凸键与 1 号构件连接面上的定位凹键相吻合，并留有不大于 15mm 的缝隙。吊装及定位键的对位安装必须人、机配合，动作小、轻、稳、准，以免损伤预制混凝土构件。

8．装配式混凝土塔机基础的水平连接构造（一）的装配参见 4.3.4。

9．装配式混凝土塔机基础的垂直连接构造（一）的装配参见 4.4.3。

4.5.7 装配式混凝土塔机基础的拆卸

当塔机结构全部拆卸完毕之后，方可进行装配式混凝土塔机基础的拆卸。

有重力件时，首先吊拆重力件，使基础底板全部露出，再按如下步骤拆卸。

拆除预制混凝土构件前，应以人工清理出固定端构造（53）、张拉端构造（54）的操作空间（并特别注意不要损伤张拉端构造（54）的外部构造），然后把张拉端构造（54）的封闭套筒拆下后用千斤顶进行退张，使钢绞线（26）完全卸荷，当钢绞线（26）全部卸荷之后，以锚环（36）的外向力将固定端外口封闭塞（41）顶出，从固定端构造（53）把钢绞线（26）抽出，单根卷成直径大于 1.5m 的圆盘，用铁丝绑牢，涂上油入库。其他配件（如锚环、夹片、垫板及螺栓、封闭垫圈等）清点数目，清理后入库，以备再用，预制混凝土构件分解顺序与安装完全相反，不可颠倒。

预制混凝土构件装车运走之后，对基坑回填，恢复原来地貌。至此基础拆除工作全部结束。

4.5.8 装配式混凝土塔机基础在工作中的检查

1. 基础外缘 3m 以内的室外地坪无积水。

2. 基础标高符合规定。

3. 垂直连接构造：

（1）垂直连接螺栓紧固情况每 2 周查看一次。

（2）垂直连接螺栓的紧固情况由司机每天查看一次，发现松动及时紧固。

（3）横梁（72）不得有弯曲变形，出现变形须及时停机更换。

4.5.9 预制混凝土构件的运输与保管

1. 预制混凝土构件运输不得超宽，不准重叠码放，以免损坏构件。

2. 预制混凝土构件吊装时要轻起、轻落，严防碰撞。

3. 预制混凝土构件应存放在有排水设施的场地上，整套编号集中码放，严防错号。

4. 预制混凝土构件中外露的钢制埋件每年至少刷 2 次防锈漆。

5. 其他须入库保管的零件、配件，应及时上油注意防锈蚀；钢绞线（26）应分套成捆码放并有标签以变配套使用。

4.5.10 装配式混凝土塔机基础装配的基坑及场地条件

1. 基坑位置尺寸：

（1）装配式混凝土塔机基础型号：TZJ_a—4800。

（2）基坑底面积：$6400 \times 6400 \text{mm}^2$，附加 $4 \times 1000 \times 1400$（$\text{mm}^2$）装配操作空间。

（3）基坑深：$H = 0.900\text{m}$。

装配式混凝土塔机基础装配式的基坑及场地条件平面图，见图 4-275、图 4-276。

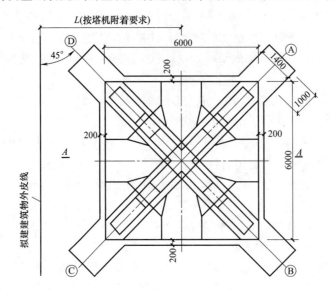

图 4-275　装配式混凝土塔机基础装配的基坑及场地条件平面图

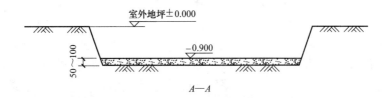

图 4-276　装配式混凝土塔机基础装配的基坑及场地条件剖面图

基坑挖至设计深度后，按人工钎探的要求对基坑进行钎探并作钎探记录，确认地基承载力。地基承载力达不到设计要求应对地基进行处理后再复验。当地基承载力确认达到设计要求后方可浇筑混凝土垫层。

（4）混凝土垫层厚度：50mm～100mm。

（5）混凝土垫层表面平整度≤4mm；高差≤4mm。

（6）垫层材料：C10。

（7）基坑中心与建筑物距离 L 按要求尺寸留置。

装配式混凝土塔机基础装配的平面示意图见图 4-277。

2. 地基承载力条件（按表 4-21 的规定），由施工单位负责进行触探试验后确认并负责。未达到规定地基承载力的由施工单位负责处理，并确保达到。

3. 地基防水浸面积：预制混凝土构件外缘线 3m 内不得有积水，以防地基沉降造成装配式混凝土塔机基础倾覆。

4. 场地要求：满足对装配式混凝土塔机基础和塔机安装的施工要求。

4.5.11 装配式混凝土塔机基础装配的平面及剖面示意图

4.5.12 装配式混凝土塔机基础设于基坑内，必须采取防雨水浸泡地基的技术措施，参见 3.4.9-10。

4.5.13 装配式混凝土塔机基础装配在室外地坪垫层上时，应设装配式混凝土塔机基础的防水平位移构造，参见 3.5.2-10。

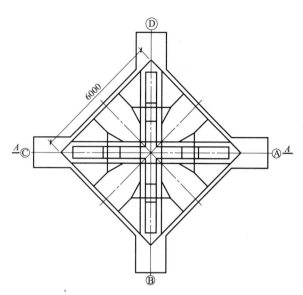

图 4-277　装配式混凝土塔机基础装配的平面示意图

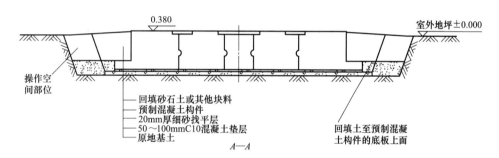

图 4-278　装配式混凝土塔机基础装配的剖面示意图

5 装配式混凝土塔机基础设计与实施实例（二）

5.0.1 装配式混凝土塔机基础的设计计算原则：确保塔机安全，在确保安全的基础上兼顾节约、环保、延长寿命和便于重复使用及降低成本。

5.1 装配式混凝土塔机基础设计计算书（二）

（配套于无底架的 QTZ400、QTZ500、QTZ630、QTZ800 型固定式塔机）

5.1.1 地基承载力（f_a）（kPa）设计计算（正方形平面，$B=5600$mm）见图 5-1～图 5-4、表 5-1。

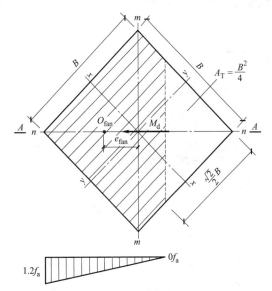

图 5-1 装配式混凝土塔机基础承受的倾覆力矩方向与基础平面的 n（或 m）轴垂直重合时的受力简图（平面）

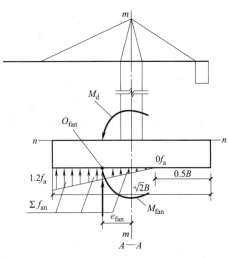

图 5-2 装配式混凝土塔机基础承受的倾覆力矩方向与基础平面的 n（或 m）轴垂直重合时的受力简图（剖面）

装配式混凝土塔机基础（正方形平面）地基设计的主要技术参数 　表 5-1

序号	技术参数		图 5-1、图 5-2	图 5-3、图 5-4
	名称	公式	系数(n)	系数(n)
1	基底脱开地基土面积与基底面积之比		1/4	1/3
2	基础承受的全部地基压应力(kN)	$\sum f_a \geqslant (nB^2 f_a)$	0.326541	0.4
3	地基压应力的偏心距(m)	$e_{fa} \leqslant (nB)$	0.258417	0.277778
4	地基抗倾覆力矩(kN·m)	$M_{fa} \leqslant (nB^3 f_a)$	0.084384	0.111111

注：表中数据系根据基础的平面几何图形（图 5-1、图 5-3），基础承受的倾覆力矩方向，地基土脱开面积与基底面积之比的不同条件和 $p_{k,max} \leqslant 1.2 f_a$ 的规定计算得出。

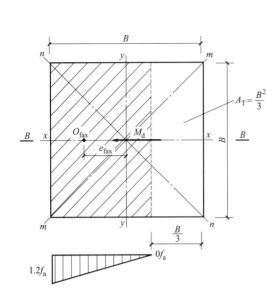

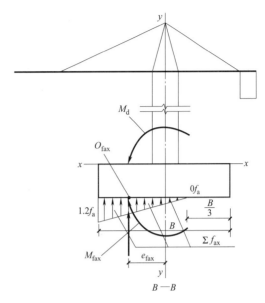

图 5-3　装配式混凝土塔机基础承受的倾覆
力矩方向与基础平面的 x（或 y）轴
垂直重合时的受力简图（平面）

图 5-4　装配式混凝土塔机基础承受的倾覆
力矩方向与基础平面的 x（或 y）轴
垂直重合时的受力简图（平面）

1. 地基承载力的计算应符合下列要求（引自《高耸结构设计规范》GB 50135）

（1）当承受轴心荷载时：

$$p_k \leqslant f_a \tag{5-1}$$

式中：p_k——相应于荷载效应标准组合下基础底面平均压力值（kN/m²）；

f_a——修正后的地基承载力特征值，应按现行国家标准《建筑地基基础设计规范》GB 50007 的规定采用。

（2）当承受偏心荷载时：

除应符合上式的要求外，尚应满足下式要求：

$$p_{k,max} \leqslant 1.2 f_a \tag{5-2}$$

式中：$p_{k,max}$——相应于荷载标准组合下基础边缘的最大压力代表值（kN/m²）。

（3）装配式混凝土塔机基础的垂直连接构造的设计方案图（平、剖面）共分 3 件见图 5-5～图 5-7。

2. 基础设计抗倾覆力矩值（M_d）计算：

据塔机使用说明书 e、f、g、h 分别提供的 QTZ400、QTZ500、QTZ630、QTZ800 型固定式塔机的最大非工作力矩分别为：（M）=（M_1=780kN·m、M_2=898kN·m、M_3=1706 kN·m、M_4=1784kN·m）。

$$M_d = k_1 \cdot M (kN \cdot m) \tag{5-3}$$

式中：M_d——基础设计抗倾覆力矩（kN·m）；

M——塔机最大自由高度时的最大工作力矩或非工作力矩中的最大值（kN·m）；

k_1——装配式塔机基础抗倾覆力矩的设计安全系数，根据对施工质量、装配工艺质量的控制水平取 1.1～1.2，取 k_1=1.1。

$M_{d1} = 780kN \cdot m \times 1.1 = 858kN \cdot m$

$M_{d2} = 898kN \cdot m \times 1.1 = 987.8kN \cdot m$

$M_{d3} = 1706kN \cdot m \times 1.1 = 1876.6kN \cdot m$

$M_{d4} = 1784kN \cdot m \times 1.1 = 1962.4kN \cdot m$

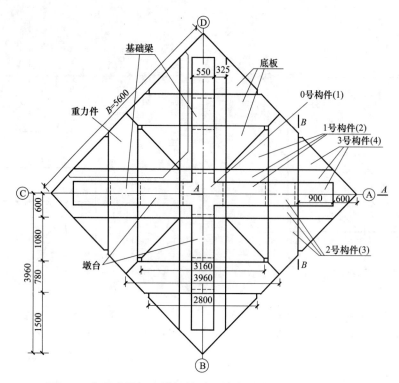

图 5-5 装配式混凝土塔机基础设计方案俯视图 ($B = 5600$)

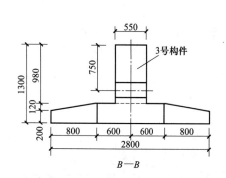

图 5-6 装配式混凝土塔机基础的预制混凝土构件之 3 号构件剖面图 ($B = 5600$)

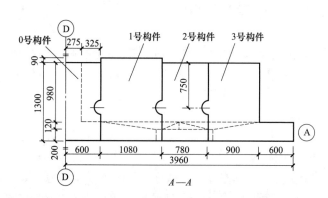

图 5-7 装配式混凝土塔机基础设计方案剖面图 ($B = 5600$)

3. 设计计算地基承载力值 f_a(MPa)：

基础平面对角线与倾覆力矩方向垂直重合时的地基承载力 f_a 值计算。根据《高耸结构设计规范》GB 50135 关于"地基与基础"的"一般规定"——"5. 基础底面允许部分脱开地基土的面积应不大于底面全面积的 1/4"的规定：

$$M_{fa} \leqslant n \cdot B^3 \cdot f_a (\text{kN} \cdot \text{m}) \tag{5-4}$$

（1） $(M_{d1} = 858\text{kN} \cdot \text{m}) = [0.084384 \times (5.6\text{m})^3 \times f_{a1}]$

$$f_{a1} = 57.898 \ (\text{kPa})$$

与 QTZ400 型（说明书 e）塔机配套的基础《使用说明书》中地基承载力条件（标准值）以策安全，采用 $f_{a1} \geqslant 80$（kPa）。

（2） $(M_{d2} = 987.8\text{kN} \cdot \text{m}) = [0.084384 \times (5.6\text{m})^3 \times f_{a2}]$

$$f_{a2} = 66.657 \ (\text{kPa})$$

与 QTZ500 型 (说明书 f) 塔机配套的基础《使用说明书》中地基承载力条件 (标准值) 以策安全,采用 $f_{a2} \geqslant 90$ (kPa)。

(3) $$(M_{d3} = 1876.6 \text{kN} \cdot \text{m}) = [0.084384 \times (5.6\text{m})^3 \times f_{a3}]$$
$$f_{a3} = 126.633 \text{ (kPa)}$$

与 QTZ630 型 (说明书 g) 塔机配套的基础《使用说明书》中地基承载力条件 (标准值) 以策安全,采用 $f_{a3} \geqslant 150$ (kPa)。

(4) $$(M_{d4} = 1962.4 \text{kN} \cdot \text{m}) = [0.084384 \times (5.6\text{m})^3 \times f_{a4}]$$
$$f_{a4} = 132.423 \text{ (kPa)}$$

与 QTZ800 型 (说明书 h) 塔机配套的基础《使用说明书》中地基承载力条件 (标准值) 以策安全,采用 $f_{a4} \geqslant 160$ (kPa)。

(5) 运用公式 (5-4),可以在已知装配式混凝土塔机基础的基础平面图形及其几何尺寸的条件下,计算地基承载力值 (f_a),也可以在已知地基承载力值 (f_a) 和装配式混凝土塔机基础的基础平面图形的条件下计算装配式混凝土塔机基础的平面图形的 B 值,即能覆盖装配式混凝土塔机基础平面图形的正方形的最短边长,见表 5-2。

平面为正方形的装配式混凝土塔机基础的地基承载力设计数据表   表 5-2

装配塔机型号	M (kN·m)	M_d (kN·m)	设计计算地基承载力标准值 (f_a)(kPa)	实际使用地基承载力标准值 (f_a)(kPa)
QTZ400	780	858	57.898	≥80
QTZ500	898	987.8	66.657	≥90
QTZ630	1706	1876.6	126.633	≥150
QTZ800	1784	1962.4	132.423	≥160

4. 装配式混凝土塔机基础 ($B = 5600$) 的预制混凝土构件设计方案图见图 5-8～图 5-15、表 5-3

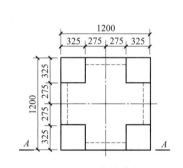

图 5-8 0 号构件俯视图

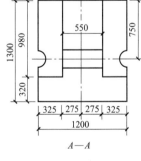

图 5-9 0 号构件立面图

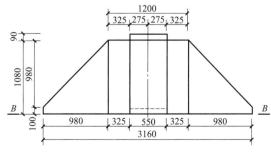

图 5-10 1 号构件俯视图

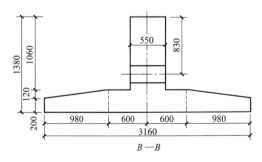

图 5-11 1 号构件立面图

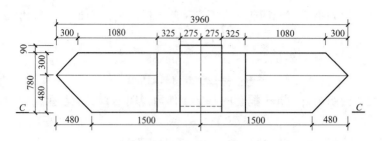

图 5-12 2 号构件俯视图

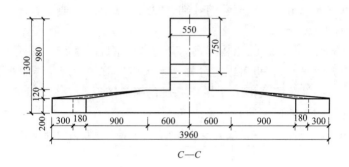

图 5-13 2 号构件立面图

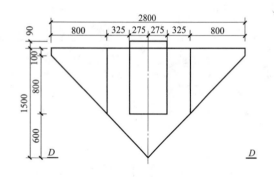

图 5-14 3 号构件俯视图

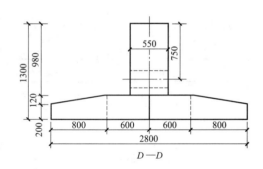

图 5-15 3 号构件立面图

装配式混凝土塔机基础的预制混凝土构件重量 　　　　　　　　表 5-3

序号	混凝土构件重量(t)			
	0 号	1 号	2 号	3 号
单件重量	3.415	3.274	2.871	2.820
4 件重量		13.096	11.484	11.28
总重量	39.275			

5.1.2 装配式混凝土塔机基础的基础重力设计计算

1. 根据《固定式塔机装配式混凝土基础技术规程》(修订稿)的相关规定,见图 5-16~图 5-19。

基础承受设计倾覆力矩的方向分别与基础的平面图形的 x(或 y)轴或 n(或 m)轴垂直重合时,基础底面承受的全部垂直力 (F_k+G_k)、全部地基压应力 ($\sum f_a$)、地基压应力合力点至基础中心的距离即全部地基压应力的偏心距 (e_f)与设计抗倾覆力矩 (M_d)、相当于荷载效应的标准组合下塔机作用于基础底面的倾覆力矩 (M)之间的关系,必须同时符合下列公式的规定:

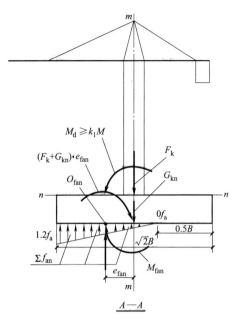

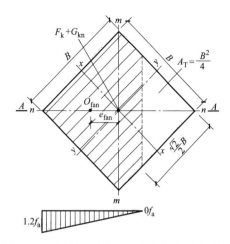

图 5-16　基础承受的倾覆力矩与基础平面的
n（或 m）轴垂直重合时的受力简图（剖面）

图 5-17　基础承受的倾覆力矩与基础平面的
n（或 m）轴垂直重合时的受力简图（平面）

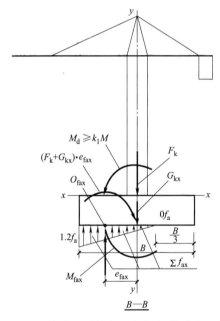

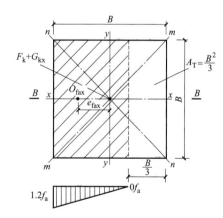

图 5-18　基础承受的倾覆力矩与基础平面的
x（或 y）轴垂直重合时的受力简图（剖面）

图 5-19　基础承受的倾覆力矩与基础平面的
x（或 y）轴垂直重合时的受力简图（平面）

$$(F_k + G_{kn}) \cdot e_{fan} \geqslant \sum f_{an} \cdot e_{fan} \geqslant M_{fan} \geqslant M_d \geqslant k_1 \cdot M \tag{5-5}$$

$$(F_k + G_{kx}) \cdot e_{fax} \geqslant \sum f_{ax} \cdot e_{fax} \geqslant M_{fax} \geqslant M_d \geqslant k_1 \cdot M \tag{5-6}$$

若公式（4-6）中的 e_{fax} 值不小于公式（4-5）中的 e_{fan} 值，则公式（4-6）中的 G_{kx} 值的设计计算应符合下式规定：

$$G_{kx} \geqslant G_{kn} \tag{5-7}$$

若公式（4-6）中的 e_{fax} 值小于公式（4-5）中的 e_{fan} 值，则公式（4-6）中的 G_{kx} 值的设计计算应符合下式规定：

$$(F_k+G_{kx}) \geqslant \frac{\sum f_{an} \cdot e_{fan}}{e_{fax}} \tag{5-8}$$

式中：G_{kn}——装配式塔机基础承受的倾覆力矩方向与基础平面的 n（或 m）轴垂直重合时的基础重力（kN）；

G_{kx}——装配式塔机基础承受的倾覆力矩方向与基础平面的 x（或 y）轴垂直重合时的基础重力（kN）；

e_{fax}——装配式塔机基础承受的倾覆力矩方向与基础平面的 x（或 y）轴垂直重合时，且基础底面脱开地基土的面积不大于基础底面积的 1/3，地基压应力的合力点至基础平面中心的距离即全部地基压应力的偏心距（m）；

$\sum f_{ax}$——装配式塔机基础承受的倾覆力矩方向与基础平面的 x（或 y）轴垂直重合时，且基础底面脱开地基土的面积不大于基础底面积的 1/3 的全部地基压应力（kN）；

M_{fax}——装配式塔机基础承受倾覆力矩方向与基础平面图形的 x（或 y）轴垂直重合，且基底脱开地基土面积与基底面积之比为 1/3，基底承受的地基压应力的抗倾覆力矩（kN·m）。

2. 基础设计重力（G_k）的计算：

(1) 与塔机使用说明书 e 提供的 QTZ400 型固定式塔机装配的装配式混凝土塔机基础的重力（G_{kx}）计算：

1)
$$(F_k+G_{kn}) \cdot e_{fan} \geqslant \sum f_{an} \cdot e_{fan} \geqslant M_d$$
$$(F_k+G_{kn}) \times 0.258417 \times 5.6m \geqslant 858kN \cdot m$$
$$(F_k+G_{kn}) = 592.896kN$$

2) 因（$e_{fax}=0.277778B$）>（$e_{fan}=0.258417B$）

$$G_{kx} \geqslant G_{kn}$$
$$(F_k+G_{kn}) \geqslant 592.896kN$$
$$G_{kx} \geqslant G_{kn} \geqslant (592.896kN-255.954kN) = 336.942kN$$

（塔机使用说明书提供：$F_k=26.1t \times 9.80665 \approx 255.954kN$）

3) 基础重力件重力计算：
$$G_y \geqslant G_k-G_c \tag{5-9}$$
$$G_y=(G_k=336.942kN)-[G_c=(39.275t \times 9.80665=385.156kN)]$$
$$G_y=-48.214kN$$

结论：无须设置重力件。

(2) 与塔机使用说明书 f 提供的 QTZ500 型固定式塔机装配的装配式塔机基础的重力（G_{kx}）计算：

1)
$$(F_k+G_{kn}) \cdot e_{fan} \geqslant \sum f_{an} \cdot e_{fan} \geqslant M_d$$
$$(F_k+G_{kn}) \times 0.258417 \times 5.6m \geqslant 987.8kN \cdot m$$
$$(F_k+G_{kn}) \geqslant 682.59kN$$

2) 因（$e_{fax}=0.277778B$）>（$e_{fan}=0.258417B$）

$G_{kx} \geqslant G_{kn}$

$G_{kx} \geqslant G_{kn} = (682.59kN-308.125kN)$

（塔机使用说明书提供：$F_k=31.42t \times 9.80665 \approx 308.125kN$）

$G_{kx} \geqslant G_{kn} = 374.465kN$

3) 基础重力件重力计算：
$$G_y \geqslant G_k-G_c$$

$G_y \geqslant (G_k = 374.465\text{kN}) - [G_c = (39.275\text{t} \times 9.80665 = 385.156\text{kN})]$

$G_y = -10.691\text{kN}$

结论：无须配置重力件。

（3）与塔机使用说明书 g 提供的 QTZ630 型固定式塔机装配的装配式塔机基础的重力（G_{kx}）计算：

1) $$(F_k + G_{kn}) \cdot e_{fan} \geqslant \sum f_{an} \cdot e_{fan} \geqslant M_d$$
$$(F_k + G_{kn}) \times 0.258417 \times 5.6\text{m} \geqslant 1876.6\text{kN} \cdot \text{m}$$
$$(F_k + G_{kn}) \geqslant 1296.769\text{kN}$$

2) 因（$e_{fax} = 0.277778B$）＞（$e_{fan} = 0.258417B$）

$G_{kx} \geqslant G_{kn}$

$G_{kx} \geqslant G_{kn} = (1296.769\text{kN} - 414.821\text{kN})$

（塔机使用说明书提供：$F_k = 42.3\text{t} \times 9.80665 \approx 414.821\text{kN}$）

$G_{kx} \geqslant G_{kn} = 881.948\text{kN}$

3) 基础重力件重力计算：

$$G_y \geqslant G_k - G_c$$

$G_y \geqslant (G_k = 881.948\text{kN}) - [G_c = (39.275\text{t} \times 9.80665 = 385.156\text{kN})]$

$G_y = 496.792\text{kN}$

结论：须配置总重力不小于 496.792kN 的重力件。

（4）与塔机使用说明书 h 提供的 QTZ800 型固定式塔机装配的装配式塔机基础的重力（G_{kx}）计算：

1) $$(F_k + G_{kn}) \cdot e_{fan} \geqslant \sum f_{an} \cdot e_{fan} \geqslant M_d$$
$$(F_k + G_{kn}) \times 0.258417 \times 5.6\text{m} \geqslant 1962.4\text{kN} \cdot \text{m}$$
$$(F_k + G_{kn}) \geqslant 1356.059\text{kN}$$

2) 因（$e_{fax} = 0.277778B$）＞（$e_{fan} = 0.258417B$）

$G_{kx} \geqslant G_{kn}$

$G_{kx} \geqslant G_{kn} = (1356.059\text{kN} - 438.455\text{kN})$

（塔机使用说明书提供：$F_k = 44.71\text{t} \times 9.80665 \approx 438.455\text{kN}$）

$G_{kx} \geqslant G_{kn} = 917.604\text{kN}$

3) 基础重力件重力计算：

$$G_y \geqslant G_k - G_c$$

$G_y \geqslant (G_k = 917.604\text{kN}) - [G_c = (39.275\text{t} \times 9.80665 = 385.156\text{kN})]$

$G_y = 532.448\text{kN}$

结论：须配置总重力不小于 532.448kN 的重力件。

3. 预制混凝土重力件设计方案：

（1）预制混凝土重力件几何图形，见图 5-20、图 5-21：

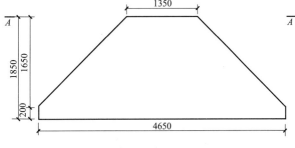

图 5-20 预制混凝土重力件平面图

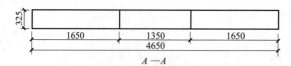

图 5-21 预制混凝土重力件立面图

（2）预制混凝土重力件单件体积：

$$(4.65m \times 1.8m - 1.65m \times 1.65m) \times 0.325m = 1.911m^3/件$$

（3）预制混凝土重力件单件重力：

$$1.911m^3 \times 2.4t/m^3 \times 9.80665 = 44.985kN/件$$

（4）基础构件和预制重力件配置方案，见表 5-4：

装配式混凝土塔机基础的基础重力设计计算数据表　　　　　　表 5-4

塔机型号	计算基础重力			预制基础混凝土构件重力		
	$F_k + G_k$ (kN)	F_k (kN)	G_k (kN)	基础构件 (kN)	重力件 (kN)	总重力 (kN)
QTZ400	592.896	255.954	336.942	385.156	—	385.156
QTZ500	682.59	308.125	374.465	385.156	—	385.156
QTZ630	1296.769	414.821	881.948	385.156	（12件）539.819	924.975
QTZ800	1356.059	438.455	917.604	385.156	（12件）539.819	924.975

5.1.3 基础预制混凝土构件的设计计算之一——与 QTZ400 装配的装配式混凝土塔机基础底板下部受力钢筋截面面积设计计算

1. 根据《固定式塔机装配式混凝土基础技术规程》（修订稿）的相关规定：

基础底板正截面承载力计算，应沿基础梁纵向轴线以计算区段底板下面在设计倾覆力矩作用下承受的地基压应力及其合力点对基础梁侧立面的 N-N 截面的弯矩计算该截面的承载力，配置受力钢筋（板下受力主筋）应符合下列要求见图 5-22、图 5-23：

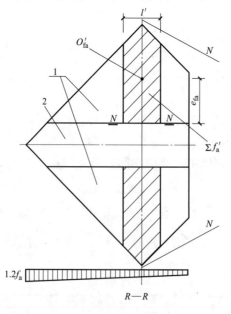

图 5-22 基础底板结构计算简图（平面）

1—基础底板；2—基础梁

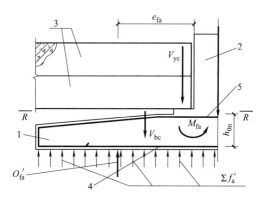

图 5-23　基础底板 *N-N* 截面正截面承载力计算简图（剖面）

1—基础底板；2—基础梁；3—重力件；4—板下受力主筋；

5—板上受力主筋；O'_{fa}—底板计算区段地基压应力合力点

$$k_{h1} \cdot (\sum f'_a \cdot e_{fa} - M_l) \leqslant 0.875 h_{on} \cdot f_y \cdot A_s \qquad (5\text{-}10)$$

式中：k_{h1}——荷载分项系数，取 $k_{h1} = 1.4$；

$\sum f'_a$——在设计最大倾覆力矩作用下，计算区段底板承受的全部地基压应力（kN）；

e_{fa}——计算底板区段承受的全部地基压应力点至 *N-N* 截面的距离（m）；

M_l——基础预制混凝土构件的"l' 段" *N-N* 截面承受的由底板自重和重力件的重力产生的负弯矩（kN·m）；

h_{on}—— *N-N* 截面的截面计算有效高度（m）；

A_s——受拉区的普通钢筋的截面面积（mm²）；

f_y——普通钢筋抗拉强度设计值（N/mm²）。

2. 底板 O'_{fa} 点地基压应力计算：

$$f_{a(O'_{fa})} = 1.2 f_a \div \left[\sqrt{2}B - \left(\frac{\sqrt{2}}{2}\right)^2 B \right] \times \left[\frac{\sqrt{2}}{2}B - \left(\frac{\sqrt{2}}{2}\right)^2 B + \left(\frac{1.2m}{2} + 1.08m + 0.3m\right) \right]$$

$$f_{a(O'_{fa})} = 1.2 f_a \div \left(\sqrt{2} \times 5.6m - \frac{5.6m}{2}\right) \times \left[3.95976m - \frac{5.6m}{2} + 1.98m \right]$$

$$f_{a(O'_{fa})} = 1.2 \times 57.898\text{kPa} \div 5.11952m \times 3.13976m$$

$$f_{a(O'_{fa})} = 42.610\text{kPa}$$

3. l' 段（图 5-22）（设 $l' = 500$mm）的地基压应力（$\sum f'_a$）计算：

$\sum f'_a = 1.58\text{m} \times 0.5\text{m} \times 42.610\text{kPa}$

$\sum f'_a = 33.662\text{kN}$

4. 底板配置受力钢筋计算：

$$k_{h1} \cdot (\sum f'_a \cdot e_{fa} - M_l) \leqslant 0.875 h_{0n} \cdot f_y \cdot A_s$$

$$1.4 \times \left[33.66\text{kN} \times \frac{1.58\text{m}}{2} - 1.58\text{m} \times 0.5\text{m} \times \frac{(0.2 + 0.32)\text{m}}{2} \times 23.54\text{kN/m}^3 \times \frac{1.58\text{m}}{2} \right]$$

$$= 0.875 \times [320\text{mm} - (30 + 5)\text{mm}] \times 360\text{N/mm}^2 \times A_s$$

$A_s = 355.3$mm²（Φ12-3.14 根，实际配置 4 根Ⅲ级-Φ12@125）

装配式混凝土塔机基础的预制混凝土构件的混凝土强度等级为 C40，属于高强混凝土，所以，预制混凝土构件所配置的钢筋无论受力筋和构造筋，都宜优先选用Ⅲ级和Ⅱ级的带肋钢筋，这对控制构件的变形和裂缝有益。与 QTZ500、QTZ630、QTZ800 型有底架的塔机装配的装配式混凝土塔机基础的预制混凝土构件底板按上述规则程序计算的下部受力钢筋的截面面积，如表 5-5：

基础底板 l' 段下部受力钢筋截面面积设计计算   表 5-5

塔机型号	钢筋强度等级	设计计算截面面积 (mm^2)	受力钢筋实际设置			
			直径 (mm)	根数	间距 (mm)	总截面面积 (mm^2)
QTZ400	Ⅲ	355.3	12	4	125	452.39
QTZ500	Ⅲ	417.9	12	4	125	452.39
QTZ630	Ⅲ	742.2	16	4	125	804.25
QTZ800	Ⅲ	783.7	16	4	125	804.25

注："l' 段"为底板承受地基压应力最大区段，计算该段的受力钢筋对于基础底板的受力钢筋计算具有代表意义。

5.1.4 基础预制混凝土构件设计计算之二——与 QTZ800 型塔机装配的装配式混凝土塔机基础的基础预制混凝土构件的底板上部受力钢筋的设计计算

1. 底板（l' 段）的垂直（N-N）截面承受的最大负弯矩计算（图 5-24）：

根据《固定式塔机装配式混凝土基础技术规程》（修订本建议稿）的相关规定：

$$M_l \geq k_{h2} \cdot (G'_k \cdot l_y + G'_c \cdot l_g) \tag{5-11}$$

式中：M_l——基础预制混凝土构件的"l' 段" N-N 截面承受的由底板自重和重力件的重力产生的负弯矩（kN·m）；

G'_k——底板的"l' 段"的自重（kN）；

l_y——底板的"l' 段"的重心至 N-N 截面的距离（m）；

G'_c——重力件使底板的"l' 段"承受的重力（kN）；

l_g——重力件支座至 N-N 截面的距离（m）。

$$M_l \geq k_{h2} \cdot (G'_k \cdot l_y + G'_c \cdot l_g)$$

$$M_l \geq 1.35m \times (1.58m \times 0.5m \times \frac{(0.2+0.32)m}{2} \times 23.54kN/m^3 \times$$

$$\frac{1.58m}{2} + 44.985kN \times 3 \div 2 \div 2 \times 0.2m)$$

$$M_l \geq 14.266kN \cdot m$$

2. 底板上部受力钢筋设计计算：

$$M_l \leq 0.875 h_0 \cdot f_y \cdot A_s$$

$$14.266kN \cdot m \leq 0.875 \times (0.32-0.03-0.005)m \times 0.3kN/mm^2 \times A_s$$

$$A_s = 190.69mm^2$$

$$190.69mm^2 \div [(4mm)^2 \times \pi] = 3.794 \text{ 根}$$

实际配置 4 根Ⅱ级 Φ8@125。其他与 QTZ400、QTZ500、QTZ630 型塔机装配的装配式混凝土塔机基础的基础预制混凝土构件的底板上部受力钢筋计算程序略，计算数据和实际配置见表 5-6：

底板上部受力钢筋计算数据表   表 5-6

塔机型号	M'_m	受力钢筋计算面积 (mm^2)	钢筋实际设置				
			强度等级	直径 (mm)	根数	间距(mm)	总截面面积 (mm^2)
QTZ400	5.157	68.93	Ⅱ	8	4	125	201.06
QTZ500	5.157	68.93	Ⅱ	8	4	125	201.06
QTZ630	11.677	156.08	Ⅱ	8	4	125	201.06
QTZ800	11.677	156.08	Ⅱ	8	4	125	201.06

注：与 QTZ400、QTZ500 型塔机装配的装配式混凝土塔机基础的预制混凝土构件的底板上部受力钢筋实际配置有对构件整体刚度的考虑。

5.1.5 基础预制混凝土构件的设计计算之三——底板截面混凝土强度验算

与 QTZ800 型塔机装配的装配式混凝土塔机基础的基础预制混凝土构件的底板的截面混凝土强度验算：

$$\frac{l \cdot h_0 \cdot f_c}{4} \geqslant f_y \cdot A_s \tag{5-12}$$

$$\frac{500\text{mm} \times (290-38)\text{mm} \times 19.1\text{N/mm}^2}{4} > 360\text{N/mm}^2 \times 755.56\text{mm}^2$$

注：38mm——底板受力钢筋保护层厚度加底板下部配筋的半径（mm）。

$$601.65\text{kN} > 272.002\text{kN}$$

结论：与 QTZ800 型塔机装配的装配式混凝土塔机基础的基础预制混凝土构件底板的截面混凝土强度符合要求。其他与 QTZ400、QTZ500、QTZ630 型塔机装配的装配式混凝土塔机基础的预制混凝土构件的底板计算截面几何尺寸与 QTZ800 相同，但承受的弯矩要小，也就无须再一一验算了。

装配式混凝土塔机基础的预制混凝土构件底板其他部位的下部受力钢筋设计计算的规则和程序与上述相同；有的区段底板承受的力矩值很小，可以按构造要求配筋。

5.1.6 基础预制混凝土构件的设计计算之四——与 QTZ800 型塔机装配的装配式混凝土塔机基础的基础预制混凝土构件的底板的截面抗剪切力的设计计算

1. 根据《固定式塔机装配式混凝土基础技术规程》（修订本建议稿）的相关规定（图 4-21）：

$$(f_v \cdot h' \cdot l' + f_{yk} \cdot A'_s) \geqslant k_{h2} \cdot (V_{fa} - V_{yc} - V_{bc}) \tag{5-13}$$

式中：k_{h2}——荷载分项系数，取 $k_{h2} = 1.35$；

　　　f_v——混凝土抗剪强度设计值，取 $f_v = 1.71$（N/mm²）；

　　　h'——基础底板计算抗剪切 N-N 截面的高度（mm）；

　　　l'——基础底板计算抗剪切 N-N 截面的长度（mm）；

　　　f_{yk}——方向与基础底板计算抗剪切 N-N 截面垂直的混凝土内钢筋（包括板上、下受力主筋）的抗剪强度设计值，取 $f_{yk} = \dfrac{f_y}{\sqrt{3}}$（N/mm²）；

　　　A'_s——方向与基础底板的 N-N 截面垂直的混凝土内钢筋的总截面面积（mm²）；

　　　V_{fa}——基础底板 N-N 截面计算区段承受的最大剪应力（kN）；

　　　V_{yc}——重力件重力对基础构件的 N-N 截面的沿基础梁纵向计算区段的总剪切力（kN）；

　　　V_{bc}——基础底板重力对 N-N 截面计算区段的剪力（kN）。

（1）预制混凝土构件的底板抗地基压应力的截面强度设计计算：

$$(f_v \cdot h' \cdot l' + f_{yk} \cdot A'_s) \geqslant k_{h2} \cdot (V_{fa} - V_{yc} - V_{bc})$$

$$\left(\frac{1.71\text{N/mm}^2 \times 320\text{mm}^2 \times 500\text{mm}}{2} + \frac{360\text{N/mm}^2 \times 804.25\text{mm}^2}{\sqrt{3}} \right)$$

$$\geqslant \left[1.35 \times \left(132.423\text{kPa} \div 5.11952\text{m} \times 3.13952\text{m} \times 1.58\text{m} \times 0.5\text{m} - \frac{44.985\text{kN} \times 3 \div 2}{3} \right. \right.$$

$$\left. \left. - 1.58\text{m} \times 0.5\text{m} \times \frac{(0.2+0.32)\text{m}}{2} \times 23.54\text{kN/m}^3 \right) \right]$$

$$303.965\text{kN} > 36.827\text{kN}$$

结论：与 QTZ800 型塔机装配的装配式混凝土塔机基础的基础预制混凝土构件的底板垂直截面的抗地基压应力的剪切力的强度符合要求。与其他型号塔机（如：QTZ400、QTZ500、QTZ630）装配的装配式混凝土塔机基础的基础预制混凝土构件的底板比与 QTZ800 型塔机装配的装配式混凝土塔机基础的基础预制混凝土构件的底板承受的地基压应力、剪切力要小得多，而受剪截面相同、混凝土强度等级相同，所以也就无须逐一验算了。并且，底板上部承受负弯矩的受力钢筋的抗剪切力未纳入计算，以确保底板的截面抗剪切强度。

2. 与 QTZ800 型塔机装配的装配式混凝土塔机基础的基础预制混凝土构件的底板抵抗重力件和底板自重的剪切力的截面强度验算：

根据《固定式塔机装配式混凝土基础技术规程》（修订本建议稿）的相关规定：

基础底板抗重力件的剪切力的内力验算应符合下式的规定见图 5-24。

$$(f_v \cdot h' \cdot l' + f_{yk} \cdot A_s') \geqslant k_{h2} \cdot (V_{yc} + V_{bc}) \tag{5-14}$$

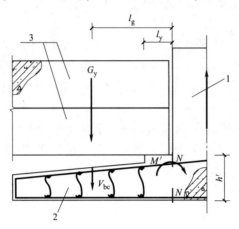

图 5-24 装配式塔机基础底板抗重力件的剪切力的受力简图

1—基础梁；2—底板；3—重力件

$$\left(\frac{1.71 \text{N/mm}^2 \times 320 \text{mm} \times 500 \text{mm}}{2} + \frac{360 \text{N/mm}^2 \times 804.25 \text{mm}^2}{\sqrt{3}} \right)$$

$$\geqslant 1.35 \times \left(44.985 \text{kN} \times 3 \div 2 + 1.58 \text{m} \times 0.5 \text{m} \times \frac{(0.2 + 0.32) \text{m}}{2} \times 23.54 \text{kN/m}^3 \right)$$

$$303.965 \text{kN} > 72.313 \text{kN}$$

结论：与 QTZ800 型塔机装配的装配式混凝土塔机基础的基础预制混凝土构件的底板抗重力件和底板自重的剪切力的截面强度符合要求，且基础底板上部受力钢筋未计在内，以确保安全。与 QTZ400、QTZ500、QTZ630 型要比与 QTZ800 型塔机的装配的装配式混凝土塔机基础的底板承受的由地基压应力形成的剪切力小，无须重复验算。

5.1.7 基础预制混凝土构件的设计计算之五——基础梁混凝土强度验算

根据《混凝土结构设计规范》中 6.2.10 矩形截面或翼缘位于受拉边的倒 T 形截面受弯构件，其正截面受弯承载力应符合下列规定见图 5-25、图 5-26。

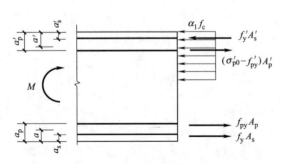

图 5-25 矩形截面受弯构件正截面
受弯承载力计算简图（纵剖面）

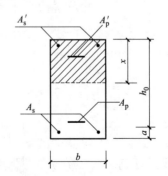

图 5-26 矩形截面受弯构件正截面
受弯承载力计算简图（横剖面）

$$k_{h1} \cdot M_a \leqslant \frac{0.875b \cdot h_0^2 \cdot f_c}{4} \tag{5-15}$$

式中：M_a——基础梁 N-N 截面（图 5-26）承受的最大正弯矩值（kN·m）。

f_c(C40) $= 19.1 \text{N/mm}^2$（《混凝土结构设计规范》GB 50010 中规定的关于混凝土——"C40"材料的"轴心抗压强度设计值"。）

1. 与 QTZ400 无底架的固定式塔机装配的装配式混凝土塔机基础的基础梁正截面混凝土强度验算：

$$k_{h1} \cdot \left[M - (F_k + G_k) \cdot \frac{l_1}{2} \right] \leqslant \frac{0.875b \cdot h_0^2 \cdot f_c}{4}$$

$$1.4 \times \left[780 \text{kN·m} - (255.954 \text{kN} + 336.942 \text{kN}) \times \frac{1.4 \text{m} \times \sqrt{2}}{2} \right]$$

$$\leqslant \frac{0.875 \times 550 \text{mm} \times (900 \text{mm})^2 \times 19.1 \text{N/mm}^2}{4}$$

$$270.296 \text{kN·m} < 1861.355 \text{kN·m}$$

2. 与 QTZ800 无底架的固定式塔机装配的装配式混凝土塔机基础的基础梁正截面混凝土强度验算：

$$k_{h1} \cdot \left[M - (F_k + G_k) \cdot \frac{l_1}{2} \right] \leqslant \frac{0.875b \cdot h_0^2 \cdot f_c}{4}$$

$$1.4 \times \left[1784 \text{kN·m} - (438.455 \text{kN} + 917.604 \text{kN}) \times \frac{1.7 \text{m} \times \sqrt{2}}{2} \right]$$

$$\leqslant \frac{0.875 \times 550 \text{mm} \times (1300 - 250)^2 \text{mm} \times 19.1 \text{N/mm}^2}{4}$$

$$215.49 \text{kN·m} < 2533.51 \text{kN·m}$$

结论：与四种塔机型号中最大、最小的两种塔机装配的装配式混凝土塔机基础的基础梁混凝土强度满足设计要求，与其他两种型号（QTZ500、QTZ630）塔机装配的装配式混凝土塔机基础的基础梁的混凝土强度也就无须验算。

5.1.8 基础预制混凝土构件的设计计算之六——关于装配式混凝土塔机基础的基础梁的纵筋和箍筋设计计算，见图 5-27、图 5-28

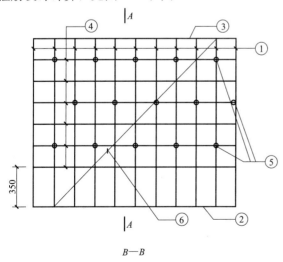

图 5-27 基础钢筋配置纵向剖面示意图

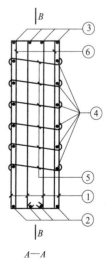

图 5-28 基础钢筋配置横向剖面示意图

①—四肢箍；②—下部纵向筋；③—上部纵向筋；④—腰筋；⑤—连系筋；⑥—斜筋

与 QTZ400、QTZ500、QTZ630、QTZ800 型固定式塔机装配的装配式混凝土塔机基础的基础预制混凝土构件的基础梁的纵筋和箍筋的设计计算应符合《混凝土结构设计规范》(GB 50010—2010)的规定,根据装配式混凝土塔机基础的基础梁承受的剪力和扭矩配置基础梁的纵向筋,因基础梁的受力钢筋已配置钢绞线代替,故基础梁的纵向钢筋按构造要求配置;箍筋宜采用Ⅱ级和Ⅲ级钢筋,4肢箍、上下各4根纵向筋(采用Ⅱ级和Ⅲ级钢筋)直径12~16(基础梁截面抗弯强度计算中并未纳入纵向筋的受压强度);箍筋下部300mm高度范围已伸入底板,故底板纵向构造配筋在基础梁内由基础梁纵向筋代替,无须重叠;在基础梁箍筋的4肢箍外筋内侧,附加Ⅱ级 ϕ10~12 的腰筋2根垂直间距200mm,以Ⅱ级 ϕ8 单肢箍连系;如果箍筋计算间距小于100mm时,应在梁内设 2~4 根(Ⅱ级直径 14~18)斜筋,斜筋与纵向筋的交角为 45°~60°。

基础梁4肢箍的间距应经验算,符合《混凝土结构验收规范》GB 50010 的相关规定,本计算书从略。

5.1.9 基础预制混凝土构件的设计计算之七——预制混凝土重力件受力钢筋设计计算

1. 预制混凝土重力件承受的最大力矩计算:

$$M_{la} = \frac{2k_{h2} \cdot q \cdot l^2}{8}$$

(式中之2是出于重力件3件垂直码放有应力集中的可能的安全考量。)

式中:M_{la}——预制混凝土重力件单件自重形成的最大正弯矩(kN·m)。

$$M_{la} = \frac{2 \times 1.35 \times (1m \times \frac{1.85m}{2} \times 0.325m) \times 23.54kN/m^3 \times (4.65 - 0.2 \times 2)^2 m}{8}$$

$$M_{la} = 43.14kN \cdot m$$

2. 预制混凝土重力件纵向受力主筋计算:

$$A_{pl} \geqslant \frac{M_l}{0.875 \times h_{01} \cdot f_y}$$

$$A_{pl} \geqslant \frac{43.14kN \cdot m}{0.875 \times (0.325m - 0.03m - 0.005m) \times 300N/mm^2}$$

$$A_{pl} \geqslant 566.7mm^2 \quad (每1m宽度采用8根Ⅱ级 \phi10@140)$$

3. 验算预制混凝土重力件正截面混凝土强度(C30):

$$M'_{la} \leqslant \frac{0.875 \times h_{01}^2 \cdot f_c}{4}$$

式中:M'_{la}——预制混凝土重力件混凝土受压区承受轴心抗压强度设计值的截面抵抗弯矩值(kN·m)。

$$M'_{la} \leqslant \frac{0.875 \times (0.325 - 0.03 - 0.005)^2 m \times \frac{1.85}{2} m \times 14.1N/mm^2}{4}$$

$$M'_{la} = 239.941kN \cdot m$$

$$(M'_{la} = 239.941kN \cdot m) > (M_{la} = 43.14kN \cdot m)$$

结论:预制混凝土重力件采用双排双向筋,Ⅱ级 ϕ10@140,垂直单肢箍 ϕ8@300;在计算中已将重力件3件重叠码放会造成力矩增加的因素考虑在内。

5.1.10 装配式混凝土塔机基础的水平连接构造(二)设计计算之一——水平连接构造(二)的钢绞线设计计算:(正方形基础平面,B=5600mm,装配于无底架的固定式塔机,受力简图见图5-29、图5-30)

根据《固定式塔机装配式混凝土基础技术规程》(修订本建议稿)的相关规定:

预应力钢筋的计算：预应力筋即无粘结预应力钢绞线对装配式塔机基础的结构整体性和抵抗塔机传给基础的各种外力的内力形成的条件，其设计计算应符合下列规定：

1. 与无底架的固定式塔机装配的装配式塔机基础的基础梁内设置上一组、下一组水平钢绞线连接（作用于同一合力点的单孔道内设单根钢绞线、单孔道内设多根钢绞线或多孔道内设单根钢绞线、多孔道内设多根钢绞线为一组）见图5-29、图5-30：

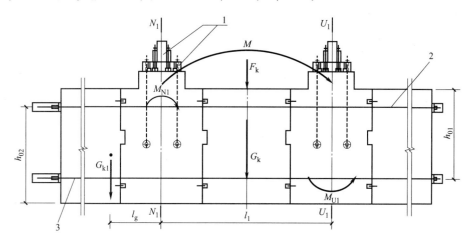

图 5-29　装配式塔机基础配置上下两组钢绞线基础梁剖面示意
1—转换件；2—上部钢绞线束；3—下部钢绞线束

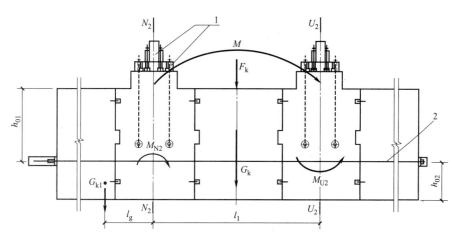

图 5-30　装配式塔机基础配置一组钢绞线基础梁剖面示意
1—转换件；2—钢绞线

（1）装配式混凝土塔机基础的基础梁截面承受的最大正、负弯矩的计算应符合下列规定：

1）与无底架的固定式塔机装配的装配式混凝土塔机基础的基础梁的 U_1-U_1 或 U_2-U_2 截面承受最大正弯矩 M_{U1} 或 M_{U2}（图5-29、图5-30）计算应符合下式要求：

$$M_{U1}、M_{U2} \geq k_{h1} \cdot \left[M-(F_k+G_k) \cdot \frac{\sqrt{2}}{2}l_1 \right] \tag{5-16}$$

式中：M_{U1}、M_{U2}——装配式混凝土塔机基础与无底架固定式塔机的垂直连接构造位于合力点的基础梁的 U_1-U_1 或 U_2-U_2 截面承受的最大正弯矩值（kN·m）；

l_1——轴线为同一直线的基础梁上的垂直连接构造的两个合力点的距离（m）。

2）与无底架的固定式塔机装配的装配式混凝土塔机基础的基础梁的 N_1-N_1 或 N_2-N_2 截面承受最大负弯矩 M_{N1} 或 M_{N2}（图5-29、图5-30）计算应符合下式要求：

$$M_{N1} 、M_{N2} \geqslant k_{h2} \cdot G_{k1} \cdot l_g \tag{5-17}$$

式中：M_{N1}、M_{N2}——基础梁 U_1-U_1 或 U_2-U_2 截面承受最大正弯矩作用时，基础梁的 N_1-N_1 或 N_2-N_2 截面承受的负弯矩值（kN·m）；

k_{h2}——荷载分项系数，取 $k_{h2}=1.35$；

G_{k1}——N_1-N_1 或 N_2-N_2 截面以外的预制基础混凝土构件和重力件的总重力（kN）；

l_g——N_1-N_1 或 N_2-N_2 截面以外的基础重力合力点到 N_1-N_1 或 N_2-N_2 截面的距离（mm）。

（2）计算为基础梁截面承受正、负弯矩配置的钢绞线的截面积应符合下列各式的规定：

$$A_{p1} \geqslant \frac{k_3 \cdot (M_{U1} 、M_{U2})}{0.875\beta \cdot \sigma_{pe} \cdot h_{01}} \tag{5-18}$$

$$A_{p2} \geqslant \frac{k_3 \cdot (M_{N1} 、M_{N2})}{0.9\beta \cdot \sigma_{pe} \cdot h_{02}} \tag{5-19}$$

式中：A_{p1}——承受正弯矩的钢绞线的总截面面积；

A_{p2}——承受负弯矩的钢绞线的总截面面积；

k_3——钢绞线拉力不均匀系数，取 $k_3=1.25$；

0.875——承受负弯矩的钢绞线的内力臂系数；

β——装配式塔机基础的水平连接构造装配后钢绞线的预应力折减系数，取 $\beta=0.85$；

σ_{pe}——钢绞线的有效应力（N/mm²），取钢绞线单根张拉应力 $\sigma_{pe}=900$N/mm²。

h_{01}——承受负弯矩的钢绞线合力点的截面计算有效高度（mm）；

0.9——承受正弯矩的钢绞线的内力臂系数；

h_{02}——承受正弯矩的钢绞线合力点的截面计算有效高度（mm）。

（3）为基础截面承受正、负弯矩配置的钢绞线的根数应符合下列各式的规定：

$$n_1 = \frac{A_{p1}}{A_0} \tag{5-20}$$

$$n_2 = \frac{A_{p2}}{A_0} \tag{5-21}$$

式中：n_1——承受正弯矩的钢绞线的数量（根）；

A_0——单根钢绞线的截面面积（mm²）；

n_2——承受负弯矩的钢绞线的数量（根）。

2. 与塔机使用说明书 a 提供的 QTZ400 型固定式塔机装配的装配式塔机基础的水平连接构造（二）的钢绞线（与额定起重力矩不大于 500kN·m 的无底架固定式塔机装配的装配式混凝土塔机基础，可在基础梁的下部 1/3～1/4 范围内设一组钢绞线）（Φ15.2-1×7-1860N/mm²）计算：

（1）基础梁的 U_2-U_2 剖面图的最大正弯矩值（M_{U2}）计算：

$$M_{U2} \geqslant k_{h1} \cdot \left[M - (F_k + G_k) \cdot \frac{\sqrt{2}}{2} l_1 \right] \tag{5-22}$$

$$M_{U2} \geqslant 1.4 \times \left[780\text{kN} \cdot \text{m} - (255.954\text{kN} + 385.156\text{kN}) \times \frac{1.35\text{m} \times \sqrt{2}}{2} \right]$$

（注：式中 1.4m 为塔身与基础的垂直连接构造合力点组成正方形的边长。）

$$M_{U2} \geqslant 235.208\text{kN} \cdot \text{m}$$

（2）钢绞线设计截面面积及根数计算：

$$A_{p1} = \frac{k_3 \cdot M_{U2}}{0.875\beta \cdot \sigma_{pe} \cdot h_{01}} \tag{5-23}$$

$$A_{p1} = \frac{1.25 \times 235.208 \text{kN} \cdot \text{m}}{0.875 \times 0.85 \times 900 \text{N/mm}^2 \times 900 \text{mm}}$$

（注：式中 900mm 为 h_{01}——（1300－400）mm；900N/mm^2 为单根钢绞线张拉应力。）

$A_{p1} = 488.04 \text{mm}^2$

$n_1 = \dfrac{A_{p1}}{A_0} = 488.04 \text{mm}^2 \div 139 \text{mm}^2 / \text{根} = 3.51$（根）（实际设置 4 根）

（3）承受基础梁 $N_1 - N_1$ 剖面的最大负弯矩值（M_{N1}）的钢绞线截面面积及根数计算：

1）基础梁 $N_1 - N_1$ 截面承受的最大负弯矩计算：

$$M_{N2} \geqslant k_{h2} \cdot G_{k1} \cdot l_g$$

$$M_{N2} \geqslant 1.35 \times \frac{385.156 \text{kN}}{4} \times \left(5.6 \text{m} \times 0.258417 - \frac{1.35 \text{m} \times \sqrt{2}}{2}\right)$$

$$M_{N2} \geqslant 64.027 \text{kN} \cdot \text{m}$$

3. 承受基础梁 $N_2 - N_2$ 剖面负弯矩的钢绞线计算：

$$A_{p2} = \frac{k_3 \cdot M_{N2}}{0.9\beta \cdot \sigma_{pe} \cdot h_{02}} \tag{5-24}$$

$$A_{p2} = \frac{1.25 \times 64.027 \text{kN} \cdot \text{m}}{0.9 \times 0.85 \times 900 \text{N/mm}^2 \times 400 \text{mm}}$$

$$A_{p2} = 290.61 \text{mm}^2$$

$$n_2 = \frac{A_{p2}}{A_0} = 290.61 \text{mm}^2 \div 139 \text{mm}^2 / \text{根} = 2.1 \text{（根）} < 4 \text{ 根}$$

结论：钢绞线在基础梁底面以上 400mm 处设置 5 根。按上述规则和程序计算，与 QTZ500、QTZ630、QTZ800 型塔机装配的装配式混凝土塔机基础的水平连接构造的钢绞线设计计算如表 5-7：

（与无底架的固定式塔机装配的装配式混凝土塔机基础水平连接构造（二））

钢绞线设计计算技术参数　　　　　　　　　　　　　表 5-7

装配的塔机型号	塔机最大倾覆力矩（kN·m）	钢绞线（1×7-Φ15.2-1860）线设计计算			实际设置（根）
		设置标高（mm）	承担正弯矩（根）	承担负弯矩（根）	
QTZ400	780	400	3.51	2.1	4
QTZ500	898	400	4.43	1.94	5
QTZ630	1706	300	4.47	3.53	5
QTZ800	1784	下 300，上 200	下部 4.47	上部 1.17	上 2，下 5

注：表中"设置标高"为钢绞线合力点至基础梁上、下面的距离。

5.1.11 装配式混凝土塔机基础的水平连接构造（二）设计计算之二——基础预制混凝土构件垂直连接面的抗剪力设计计算见图 5-31、图 5-32

1. 根据《固定式塔机装配式混凝土基础技术规程》（修订本建议稿）的相关规定：

$$k_{h2} \cdot V \leqslant (V_{jg} + V_k + V_t) \tag{5-25}$$

$$V_{jg} = n_3 \cdot f_t \cdot A_{sj} \tag{5-26}$$

$$V_k = f_{cd} \cdot A_c \tag{5-27}$$

$$F_t = 0.3 n_4 \cdot \sigma_{pc} \tag{5-28}$$

式中：V_{jg}——钢定位键的设计抗剪力（kN）；

　　　V_k——混凝土抗剪件的设计抗剪力（kN）；

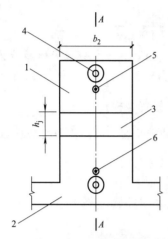
图 5-31　装配式塔机基础的基础梁
受剪承载力示意（横剖面）

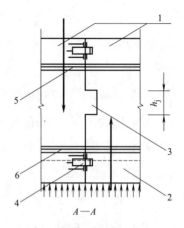
图 5-32　装配式塔机基础的基础梁
受剪承载力示意（纵剖面）

1—基础梁；2—底板；3—混凝土抗剪件；4—钢定位键；5—上部钢绞线束；6—下部钢绞线束

F_t——相邻预制基础混凝土构件的连接面的摩擦力（kN）；

f_t——钢的剪切强度，按现行国家标准《钢结构设计规范》GB 50017 取 $f_t=160 N/mm^2$；

f_{cd}——混凝土（剪切面配置钢筋）抗剪切强度设计值，取 $f_{cd}=4 N/mm^2$；

A_{sj}——单个钢定位键截面面积（mm^2）；

A_c——混凝土抗剪键截面总面积（mm^2）；

σ_{pc}——单根钢绞线的有效拉力值（kN）；

0.3——预制基础混凝土构件表面摩擦系数；

$\overset{.}{n_3}$——预制基础混凝土构件的相邻连接面上设有的钢定位键的个数；

n_4——基础梁截面上设有的钢绞线的根数。

2. 与 QTZ800 装配的装配式混凝土塔机基础的相邻基础固定式塔式起重机的垂直连接面（1号构件与 2 号构件连接面）的最大剪切力计算：

$$V=0.429\sum f_a（注：式中 0.429 是计算的结果）$$
$$V=0.429\times[0.326541\times(5.6m)^2\times132.423MPa]$$
$$V=581.748kN$$

3. 基础预制混凝土构件相邻连接面的抗剪切力计算：

$$k_{h2}\cdot V\leqslant(V_{jg}+V_k+F_t) \tag{5-29}$$
$$1.35\times581.748kN\leqslant[(25mm)^2\pi\times2\times199N/mm+4N/mm^2\times550mm$$
$$\times240mm+125kN\times7\times0.3]$$
$$785.359kN<1181.237kN$$

（注：式中 199N/mm 为 45# 钢的抗剪设计强度值；$4N/mm^2$ 为基础梁的相邻连接面上设置的配筋混凝土凸凹键的截面抗剪切设计值。）

结论：与 QTZ800 装配的装配式混凝土塔机基础的基础预制混凝土构件相邻连接面的结构抗剪切内力具有足够的抗剪切强度。其余的与 QTZ400、QTZ500、QTZ630 型塔机装配的装配式混凝土塔机基础的预制混凝土构件相邻连接面承受的剪切力都比与 QTZ800 型塔机装配的装配式混凝土塔机基础的（V）值要小，无须分别计算，故可以省略，不再重复计算。

5.1.12 装配式混凝土塔机基础的垂直连接构造（二）设计计算之一——装配式混凝土塔机基础与塔机垂直连接按构造系统的垂直连接螺栓的单根最大拉力值和直径的设计计算：

1. 根据《固定式塔机装配式混凝土基础技术规程》（修订本建议稿）的相关规定：

（1）装配式塔机基础的基础梁与无底架的固定式塔机的塔身基础节垂直连接构造（二）的地脚螺栓承受的拉力值按下式计算见图 5-33、图 5-34：

$$k_{h1} \cdot M \leqslant 2F_{sp} \cdot F_n \cdot l_{sp} \tag{5-30}$$

式中：F_{sp}——单根地脚螺栓的容许载荷，按《紧固件机械性能 螺栓、螺钉和螺柱》GB/T 3098.1 的规定（kN）；

F_n——塔机与基础的单个垂直连接构造的垂直连接螺栓根数；

l_{sp}——无底架的固定式塔机的塔身与基础的垂直连接构造与 x 轴或 y 轴平行的合力点之间的最小距离（m）。

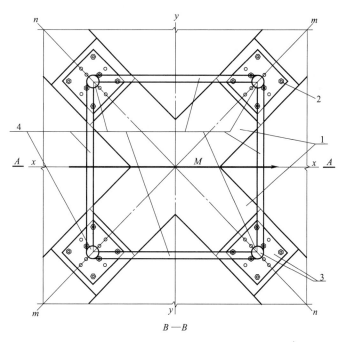

图 5-33 装配式塔机基础与无底架的固定式塔机的垂直连接构造
（二）的地脚螺栓受力简图（平面）

1）与无底架的 QTZ400 型塔机装配的装配式混凝土塔机基础的垂直连接构造（二）的垂直连接螺栓的计算：

$$k_{h1} \cdot M \leqslant 2F_{sp} \cdot F_n \cdot l_{sp} \tag{5-31}$$

$$1.4 \times 780 \text{kN} \cdot \text{m} \leqslant 2 \times F_{sp} \times 2 \times 1.4 \text{m}$$

$$F_{sp} \geqslant 195 \text{kN}$$

2）与无底架的 QTZ500 型塔机装配的装配式混凝土塔机基础的垂直连接构造（二）的垂直连接螺栓的计算：

$$k_{h1} \cdot M \leqslant 2F_{sp} \cdot F_n \cdot l_{sp}$$

$$1.4 \times 898 \text{kN} \cdot \text{m} \leqslant 2 \times F_{sp} \times 2 \times 1.45 \text{m}$$

$$F_{sp} \geqslant 216.76 \text{kN}$$

3）与无底架的 QTZ630 型塔机装配的装配式混凝土塔机基础的垂直连接构造（二）的垂直连接螺栓的计算：

$$k_{h1} \cdot M \leqslant 2F_{sp} \cdot F_n \cdot l_{sp}$$

$$1.4 \times 1706 \text{kN} \cdot \text{m} \leqslant 2 \times F_{sp} \times 2 \times 1.65 \text{m}$$

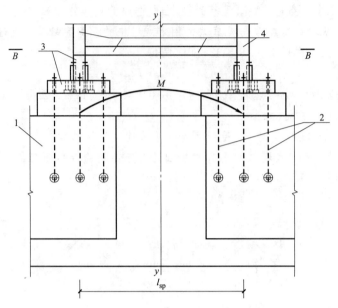

图 5-34 装配式塔机基础与无底架的固定式塔机的垂直连接构造
(二) 的地脚螺栓受力简图 (剖面)

1—基础梁；2—地脚螺栓；3—转换装置；4—塔身基础节

$$F_{sp} \geqslant 361.9kN$$

4) 与无底架的 QTZ800 型塔机装配的装配式混凝土塔机基础的垂直连接构造（二）的垂直连接螺栓的计算：

$$k_{h1} \cdot M \leqslant 2F_{sp} \cdot F_n \cdot l_{sp}$$
$$1.4 \times 1784kN \cdot m \leqslant 2 \times F_{sp} \times 3 \times 1.65m$$
$$F_{sp} \geqslant 252.283kN$$

按重复使用的经济要求和预紧力不大于螺栓容许拉力的 50% 的规定，装配式混凝土塔机基础与塔机底架的垂直连接螺栓的设计计算和实际设置要求如表 5-8：

与无底架的固定式塔机装配的装配式混凝土塔机基础的垂直连接构造(二)的
垂直连接螺栓设计计算数据表　　　　　　　　　　　　　　　表 5-8

塔机型号	计算单根螺栓承受最大拉力值 (kN)	设计垂直连接螺栓			
		强度等级	直径 (mm)	根数	螺栓容许拉力值 (kN)
QTZ400	195	10.9	24~27	8	230~302
QTZ500	216.76	10.9	24~27	8	230~302
QTZ630	361.9	10.9	30	8	368
QTZ800	252.283	10.9	30	12	368

注：垂直连接螺栓的强度等级、直径的选择对固定式塔机的安全至关重要，必须严格执行国家相关标准的使用次数和报废标准，并优选细螺纹和力矩扳手紧固。

5.1.13 无底架的 QTZ400 型固定式塔机与装配式混凝土塔机基础的垂直连接构造 （二） 的转换件下面的水泥砂浆面积设计计算

1. 单个转换件承受的最大压应力计算

$$N_s \leqslant \frac{k_{h1} \cdot M}{2l_{sp}}$$　　　　　　　　　　　　　（5-32）

式中：N_s——单个转换件下面承受的最大压应力（kN）。

$$N_s \leqslant \frac{1.4 \times 780 \text{kN} \cdot \text{m}}{2 \times 1.4 \text{m}} = 390 \text{kN}$$

2. 转换件底面的水泥砂浆面积计算：

$$A_s \geqslant \frac{N_s}{M_{sf}} \tag{5-33}$$

式中：A_s——转换件下面设置的水泥砂浆面积（mm^2）；

M_{sf}——水泥砂浆设计抗压强度，设 M15 = 7.5N/mm^2。

$$A_s \geqslant \frac{390 \text{kN}}{7.5 \text{N}/\text{mm}^2} = 52000 \text{mm}^2$$

结论：QTZ400 型无底架的固定式塔机与装配式混凝土塔机基础的垂直连接构造（二）的转换件下面的水泥砂浆强度为 M15，在厚度为 8mm～15mm，砂浆处于钢板和强度等级为 C40 的混凝土基础梁上面之间，其设计强度为 7.5N/mm^2，是比较保守的。在这样的条件下，转换件的底板接触水泥砂浆的面积不应小于 52000mm^2，并且，在转换件底板的底面外缘应有防止水泥砂浆受压后水平位移的构造，以策安全。

无底架固定式塔机与装配式混凝土塔机基础的垂直连接构造（二）的单个转换件
底板下的高强度水泥砂浆面积设计计算表　　　　　　　　　　表 5-9

塔机型号	单个转换件承受最大压力值（kN）	水泥砂浆标准值（M）	水泥砂浆设计抗压强度（N/mm^2）	单个转换件底板下水泥砂浆最小面积（mm^2）
QTZ400	390	M15	7.5	52000
QTZ500	433.52	M15	7.5	57803
QTZ630	746.38	M15	7.5	99518
QTZ800	756.85	M15	7.5	100914

注：转换件底板下面与基础梁上面之间的缝隙只有用高强度水泥砂浆填充才能实现无间隙配合，从而达到力的直接传递；水泥砂浆宜用硅酸盐水泥或普通硅酸盐水泥，其强度等级不低于 42.5N/mm^2，并按规定比例加入早强剂，冬季施工应按规定比例加入抗冻剂，中砂最大粒径 4mm，水泥与砂的体积比 2：3；常温下应先在基础梁上洒水以为水泥砂浆的养护用水；紧固垂直连接螺栓时应顺时针方向循环渐进加载，不要单根螺栓一紧到位。

5.1.14　关于装配式混凝土塔机基础设计计算书（二）的实施建议

1. 模板、统一以一套装配式混凝土塔机基础的预制混凝土构件的模板制作与 QTZ400、QTZ500、QTZ630、QTZ800 型固定式塔机装配的装配式混凝土塔机基础的预制混凝土构件，可以大幅降低装配式混凝土塔机基础制作成本，简化制作程序，利于工厂化生产。

2. 装配对象相对集中：（一）、优选以与 QTZ400、QTZ500 型塔机装配的装配式混凝土塔机基础合并一个基础型号。因为二者的钢绞线配置分别为 4 根、5 根，只差 1 根。且两种型号的塔机的垂直连接构造（二）的平面位置十分相近，可以互相借用、通用，垂直连接螺栓的型号也十分接近，如此，在垂直连接构造（二）方面可以减少基础梁内构造的设置，实现装配式混凝土塔机基础的成本节约；二者，基础梁、底板的钢筋配置也十分接近，采取以大代小不会造成明显的成本增加；利于简化运输车辆的型号、降低运输成本。

3. 装配对象相对集中：（二）、优选以与 QTZ630、QTZ800 型塔机装配的装配式混凝土塔机基础合并一个基础型号。因为二者的预制混凝土构件和重力件配置相同，垂直螺栓配置直径和强度等级相同，且底架与基础的垂直连接构造（二）的平面位置也十分相近，仅需以上、下部两组共7根替代中下部一组5根钢绞线，故此，将与 QTZ630、QTZ800 型两个型号的固定式塔机装配的装配式混凝土塔机基础相互通用的技术条件充分，且通用的益处在于：降低生产成本，简化运输车辆选型，节约运输成本。

5.2 装配式混凝土塔机基础的设计实例（二）及施工要点

（配套于无底架的 QTZ400、QTZ500、QTZ630、QTZ800 型固定式塔机）

5.2.1 装配式混凝土塔机基础（与无底架的 QTZ630 或 QTZ800 型固定式塔机装配）的预制混凝土构件设计详图

1. 装配式混凝土塔机基础的预制混凝土构件装配总图，见图 5-35～图 5-42。

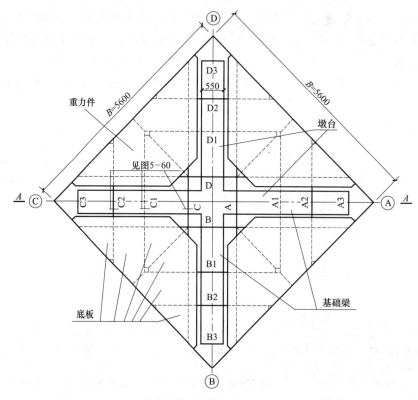

图 5-35 装配式塔机基础预制混凝土构件装配总平面图

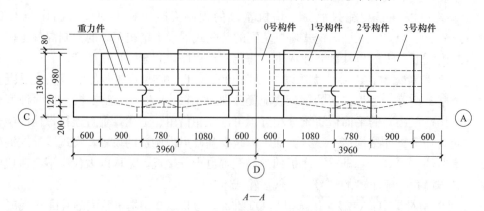

图 5-36 装配式塔机基础预制混凝土构件装配总剖面图

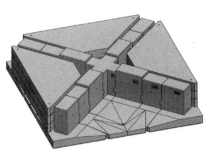

图 5-37 装配式塔机基础预制混凝土构件总装配三维图

图 5-38 0 号构件三维图

图 5-39 1 号构件三维图

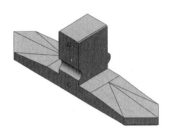

图 5-40 2 号构件三维图

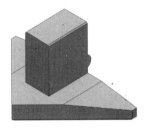

图 5-41 3 号构件三维图

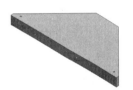

图 5-42 基础重力件三维图

2. 装配式混凝土塔机基础的预制混凝土构件 0 号构件详图，见图 5-43～图 5-45。

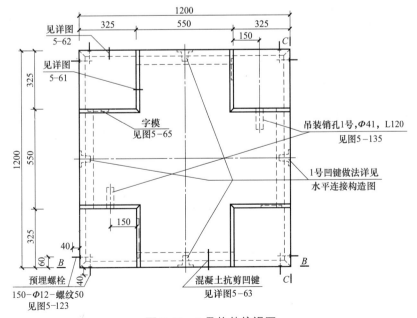

图 5-43 0 号构件俯视图

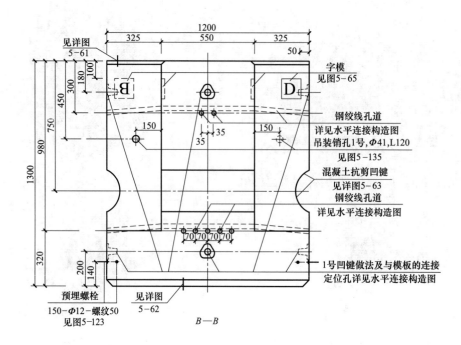

图 5-44 0 号构件正立面图

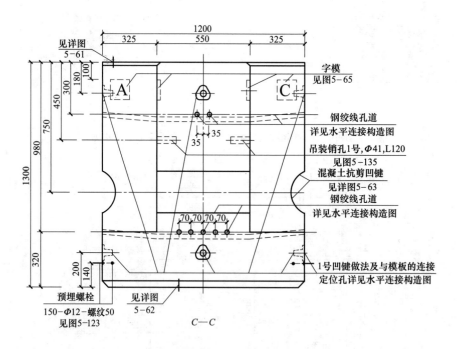

图 5-45 0 号构件侧立面图

3. 装配式混凝土塔机基础的预制混凝土构件 1 号构件详图,见图 5-46～图 5-49。

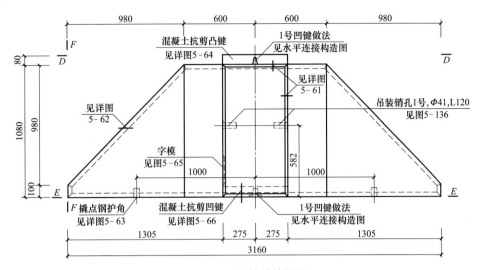

图 5-46　1号构件俯视图

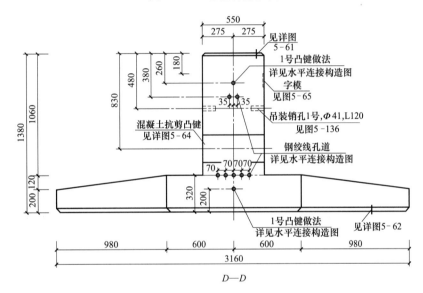

D—D

图 5-47　1号构件内向立面图

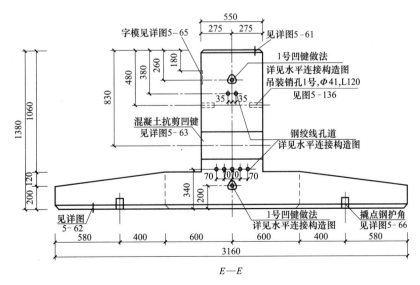

E—E

图 5-48　1号构件外向立面图

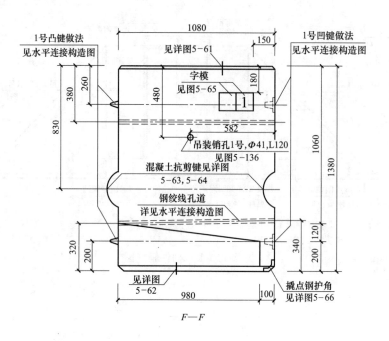

图 5-49　1号构件侧立面图

4. 装配式混凝土塔机基础的预制混凝土构件 2 号构件详图，见图 5-50～图 5-53。

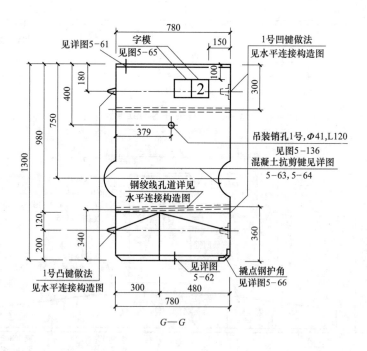

图 5-50　2号构件侧立面图

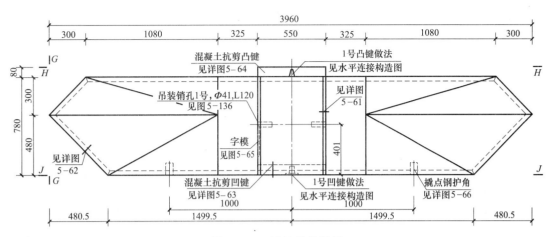

图 5-51　2 号构件俯视图

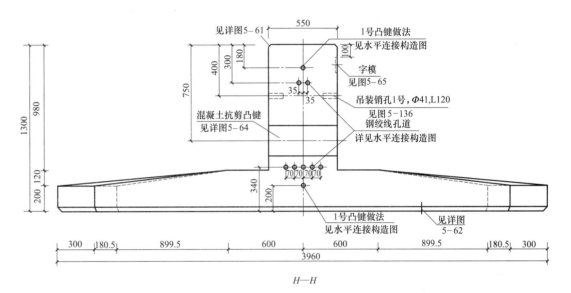

H—H

图 5-52　2 号构件内向立面图

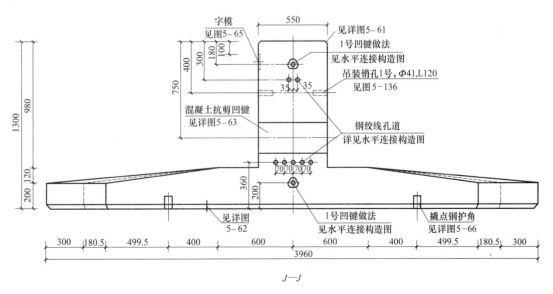

J—J

图 5-53　2 号构件外向立面图

5. 装配式混凝土塔机基础的预制混凝土构件 3 号构件详图，见图 5-54～图 5-57。

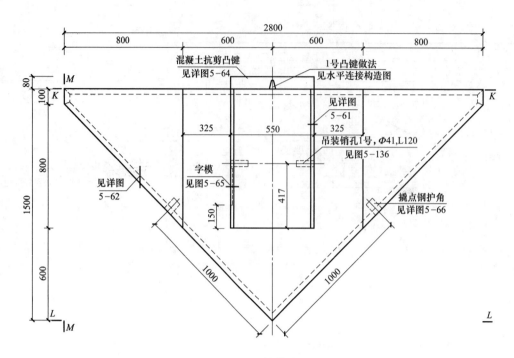

图 5-54 3 号构件俯视图

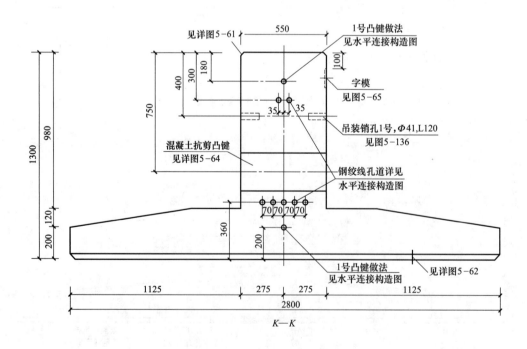

图 5-55 3 号构件内向立面图

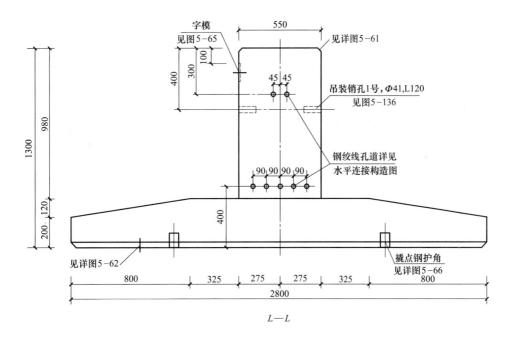

图 5-56 3 号构件外向立面图

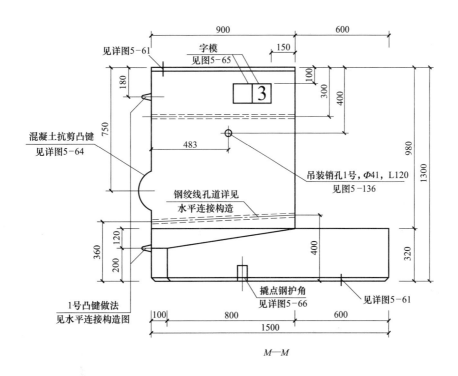

图 5-57 3 号构件侧立面图

6. 装配式混凝土塔机基础的预制混凝土重力件详图

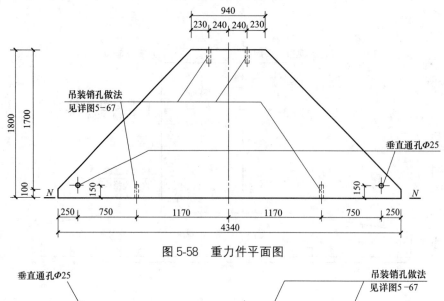

图 5-58　重力件平面图

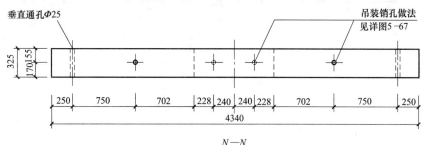

$N—N$

图 5-59　重力件立面图

7. 装配式混凝土塔机基础的预制混凝土构件局部详图，见图 5-60～图 5-67。

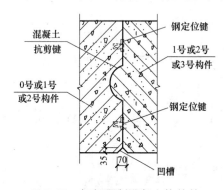

图 5-60　相邻预制混凝土构件的
连接面剖面示意图

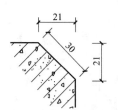

图 5-61　预制混凝土构件的
上边缘格角剖面图

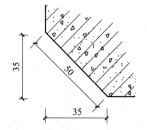

图 5-62　预制混凝土构件的
下边缘格角剖面图

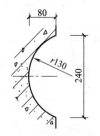

图 5-63　混凝土抗剪
凹键剖面图

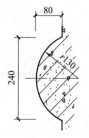

图 5-64　混凝土抗剪
凸键剖面图

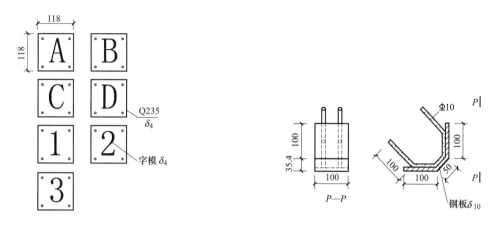

图 5-65　字模大样图　　　　　　　　　图 5-66　撬点钢护角详图

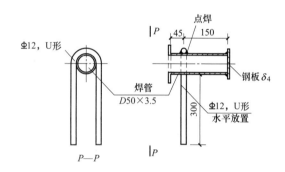

图 5-67　预制混凝土重力件的吊装销孔 3 号埋件详图

5.2.2　装配式混凝土塔机基础（与无底架的 QTZ630 或 QTZ800 型塔机装配）的预制混凝土构件钢筋设计详图

1. 装配式混凝土塔机基础的预制混凝土构件 0 号构件钢筋详图，见图 5-68～图 5-71，见表 5-10。

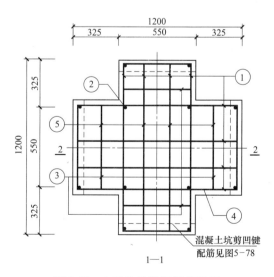

图 5-68　0 号构件梁钢筋俯视图

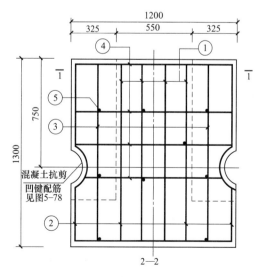

图 5-69　0 号构件梁钢筋剖面图

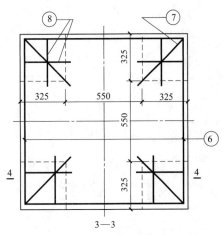

图 5-70　0 号构件底板钢筋俯视图

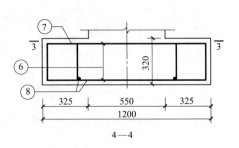

图 5-71　0 号构件底板钢筋剖面图

0 号构件钢筋表　　　　　　　　　　　　　　　　　表 5-10

序号	型号	直径	几何形状	序号	型号	直径	几何形状
①	Φ	8		⑤	Φ	6	
②	Φ	8		⑥	Φ	8	
③	Φ	8		⑦	Φ	8	
④	Φ	8		⑧	Φ	8	

2. 装配式混凝土塔机基础的预制混凝土构件 1 号构件钢筋详图，见图 5-72～图 5-79，见表 5-11、表 5-12。

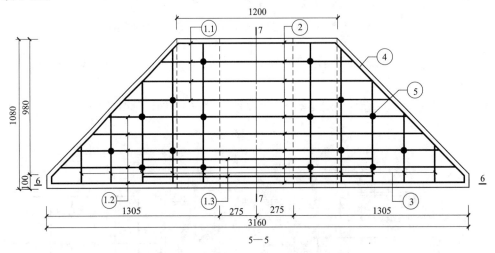

5—5

图 5-72　1 号构件底板钢筋俯视图

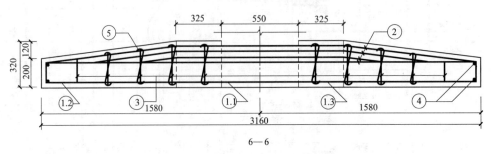

6—6

图 5-73　1 号构件底板钢筋剖面图 1

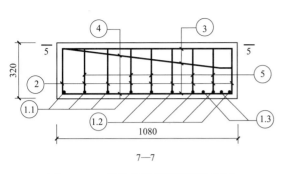

图 5-74 1号构件底板钢筋剖面图 2

1号构件底板钢筋表　表 5-11

序号	型号	直径	几何形状
①.1	Φ	8	
①.2	Φ	12	
①.3	Φ	12	
②	Φ	10	
③	Φ	8	
④	Φ	6	
⑤	Φ	6	

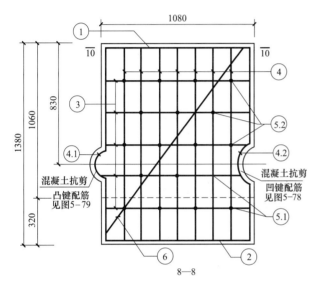

图 5-75 1号构件的基础梁钢筋剖面图 1

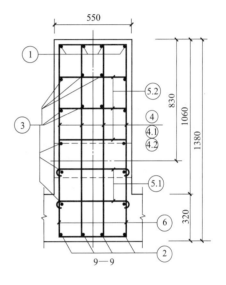

图 5-76 1号构件的基础梁钢筋剖面图 2

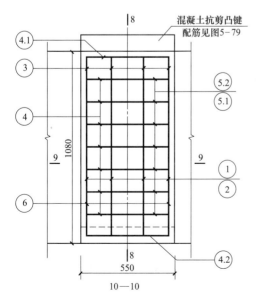

图 5-77 1号构件的基础梁钢筋俯视图

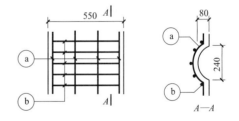

图 5-78 混凝土抗剪凹键配筋图

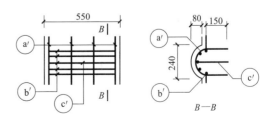

图 5-79 混凝土抗剪凸键配筋图

1号构件的基础梁钢筋表 表 5-12

序号	型号	直径	成型尺寸与形状	序号	型号	直径	成型尺寸与形状
①	Φ	8	梁纵向筋	ⓐ	Φ	6	
②	Φ	8	梁纵向筋	ⓑ	Φ	6	
③	Φ	8	梁纵向筋	ⓐ'	Φ	6	
④	Φ	10	中部 其它部位 梁横向筋	ⓑ'	Φ	6	
④.1	Φ	10	梁横向筋	ⓒ'	Φ	8	
④.2	Φ	10	梁横向筋	⑤.2	Φ	8	梁连系筋
⑤.1	Φ	6	梁连系筋	⑥	Φ	12	斜筋

3. 装配式混凝土塔机基础的预制混凝土构件 2 号构件钢筋详图,见图 5-80～图 5-85、表 5-13、表 5-14。

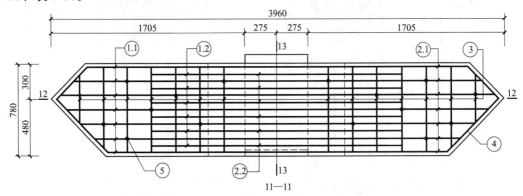

图 5-80　2号构件底板钢筋俯视图

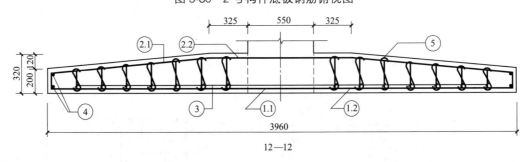

图 5-81　2号构件底板钢筋剖面图 1

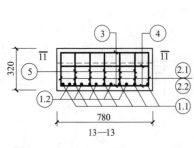

图 5-82　2号构件底板钢筋剖面图 2

2号构件底板钢筋表 表 5-13

序号	型号	直径	成型尺寸与形状
①.1	Φ	14	板横向筋
①.2	Φ	10	板横向筋
②.1	Φ	10	板横向筋
②.2	Φ	8	板横向筋
③	Φ	8	板纵向筋
④	Φ	6	
⑤	Φ	6	

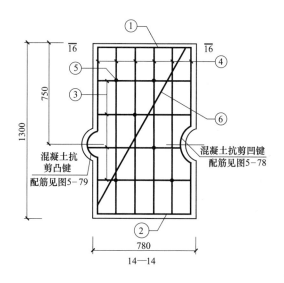

图 5-83　2号构件的基础梁钢筋剖面图 1

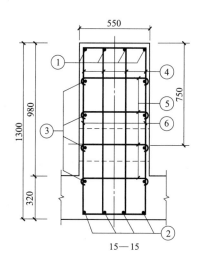

图 5-84　2号构件的基础梁钢筋剖面图 2

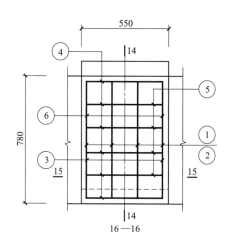

图 5-85　2号构件的基础梁钢筋俯视图

2号构件的基础梁钢筋表　表 5-14

序号	型号	直径	成型尺寸与形状
①	Φ	8	梁纵向筋
②	Φ	8	梁纵向筋
③	Φ	8	梁纵向筋
④	Φ	8	首中尾部 其它部位 且首尾部带弧形
⑤	Φ	6	梁连系筋
⑥	Φ	8	斜筋

4. 装配式混凝土塔机基础的预制混凝土构件 3 号构件钢筋详图，见图 5-86～图 5-91、见表 5-15～表 5-17。

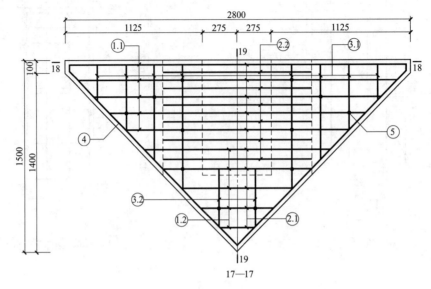

图 5-86 3 号构件底板钢筋俯视图

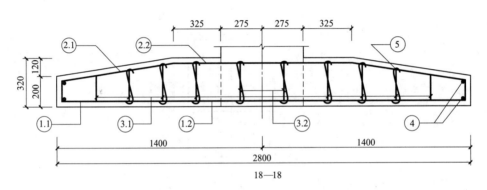

图 5-87 3 号构件底板钢筋剖面图 1

3 号构件底板钢筋表

表 5-15

序号	型号	直径	几何形状
⑴.1	Φ	12	⌐_⌐
⑴.2	Φ	8	⌐_⌐
⑵.1	Φ	8	⌒
⑵.2	Φ	8	—
⑶.1	Φ	8	◹
⑶.2	Φ	8	◹
④	Φ	6	⌐
⑤	Φ	6	C

图 5-88 3 号构件底板钢筋剖面图 2

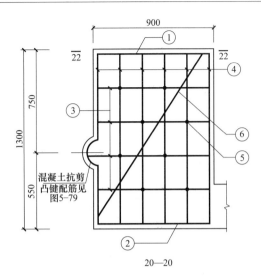

图5-89 3号构件的基础梁钢筋剖面图1

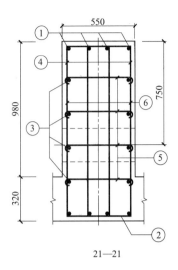

图5-90 3号构件的基础梁
钢筋剖面图2

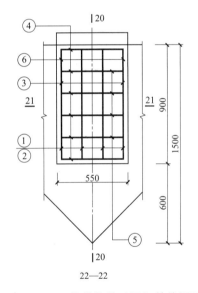

图5-91 3号构件的基础梁钢筋俯视图

3号构件的基础梁钢筋表 表5-16

序号	型号	直径	几何尺寸
①	Φ	8	梁纵向筋
②	Φ	8	梁纵向筋
③	Φ	8	梁纵向筋
④	Φ	8	首中尾部 梁横向筋 / 其它部位 且首部带弧形
⑤	Φ	6	梁连系筋
⑥	Φ	8	斜筋

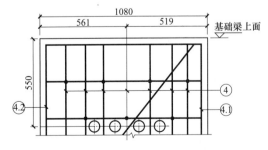

图5-92 1号构件的基础梁局部钢筋位置图
（严格按此图要求定位钢筋可避免与水平
管的冲突，反复绑扎钢筋）

3号构件的基础梁钢筋表 表5-17

序号	型号	直径	成型尺寸与形状
④	Φ	10	梁横向筋
④.1	Φ	10	梁横向筋
④.2	Φ	10	梁横向筋

371

5. 装配式混凝土塔机基础的预制混凝土重力件钢筋详图，见图5-93、图5-94、表5-18。

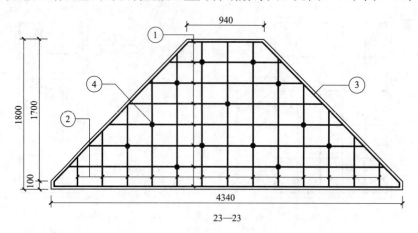

图5-93 重力件钢筋俯视图

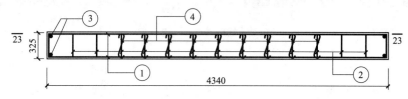

图5-94 重力件钢筋剖面图

重力件钢筋表 　　　　　　　　　　　表 5-18

序号	型号	直径	成型尺寸与形状	序号	型号	直径	成型尺寸与形状
①	Φ	8	横向筋	③	Φ	6	
②	Φ	8	纵向筋	④	Φ	6	

5.2.3 装配式混凝土塔机基础（与无底架的 QTZ630 或 QTZ800 型塔机装配）的预制混凝土构件模板设计详图

1. 装配式混凝土塔机基础的预制混凝土构件 0 号构件模板详图，见图5-95～图5-99。

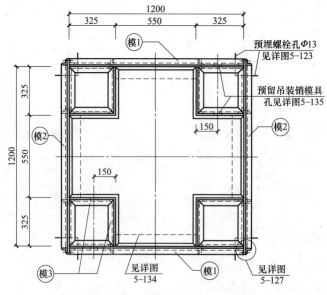

图 5-95　0 号构件模板俯视图

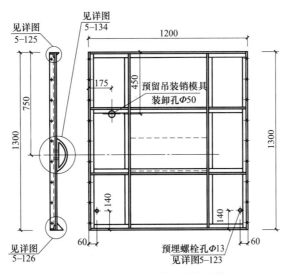

图 5-96　0 号构件模板之模 1 详图

注：装配式混凝土塔机基础的预制混凝土构件的模板除图中标注外，材料一律采用：边框、横、纵楞∠50×5，板 $\delta = 4$。

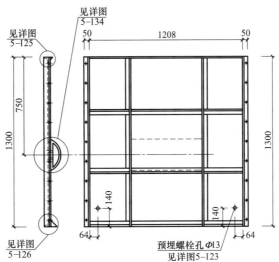

图 5-97　0 号构件模板之模 2 详图

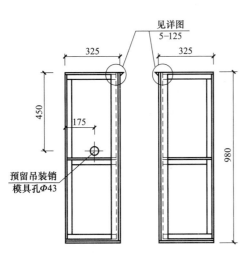

图 5-98　0 号构件模板之模 3 详图

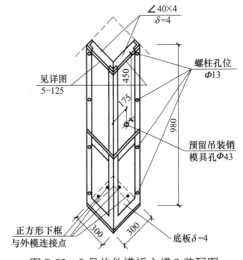

图 5-99　0 号构件模板之模 3 装配图

2. 装配式混凝土塔机基础的预制混凝土构件 1 号构件模板详图，见图 5-100～图 5-105。

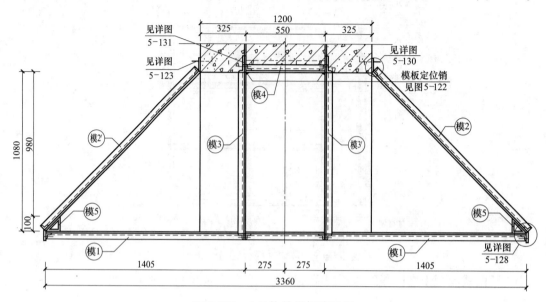

图 5-100　1 号构件模板俯视图

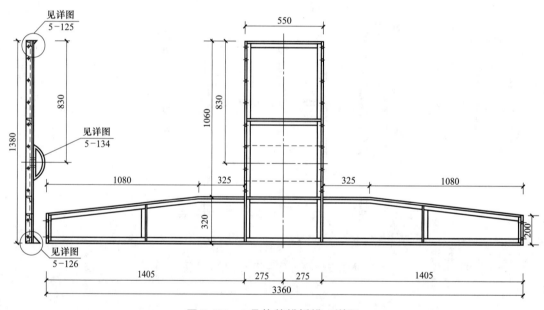

图 5-101　1 号构件模板模 1 详图

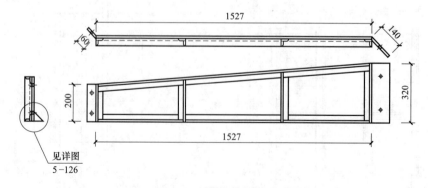

图 5-102　1 号构件模板模 2 详图

（模 2′与模 2 形状、尺寸相同、对称，略）

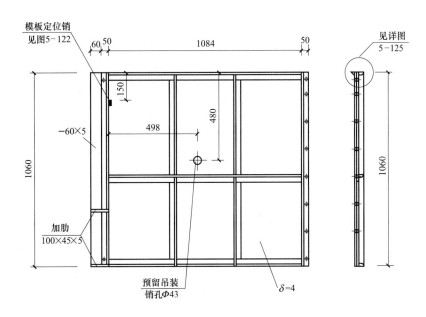

图 5-103 1号构件模板模3详图
（模3′与模3形状、尺寸相同、对称，略）

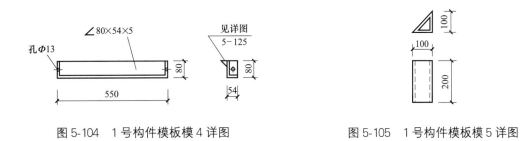

图 5-104 1号构件模板模4详图

图 5-105 1号构件模板模5详图

3. 装配式混凝土塔机基础的预制混凝土构件2号构件模板详图，见图5-106～图5-110。

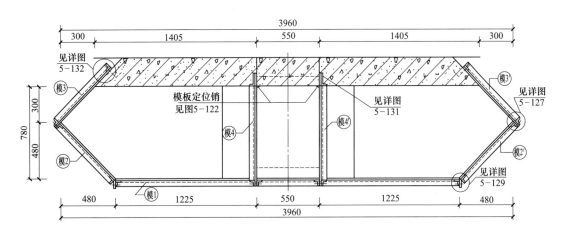

图 5-106 2号构件模板俯视图

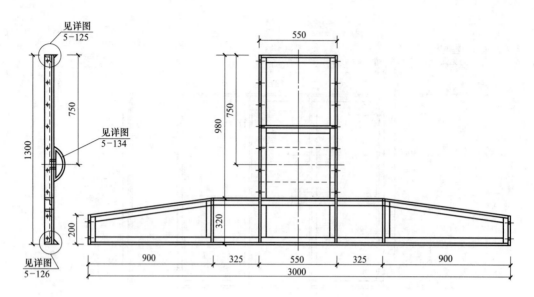

图 5-107　2 号构件模板模 1 详图

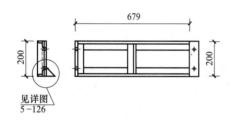

图 5-108　2 号构件模板模 2 详图
（模 2′与模 2 形状、尺寸相同、对称，略）

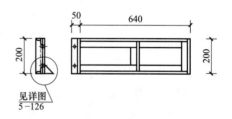

图 5-109　2 号构件模板模 3 详图
（模 3′与模 3 形状、尺寸相同、对称，略）

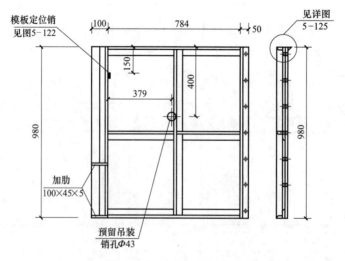

图 5-110　2 号构件模板模 4 详图
（模 4′与模 4 形状、尺寸相同、对称，略）

4. 装配式混凝土塔机基础的预制混凝土构件 3 号构件模板详图，见图 5-111～图 5-116。

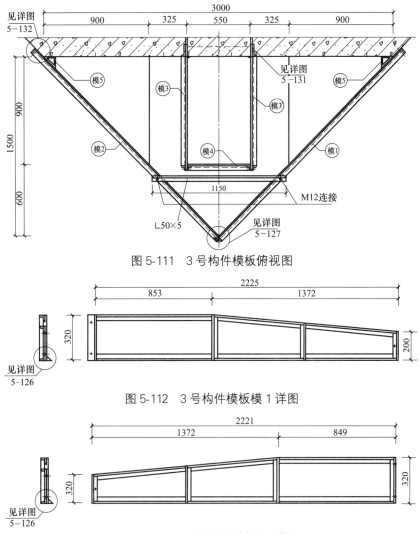

图 5-111　3 号构件模板俯视图

图 5-112　3 号构件模板模 1 详图

图 5-113　3 号构件模板模 2 详图

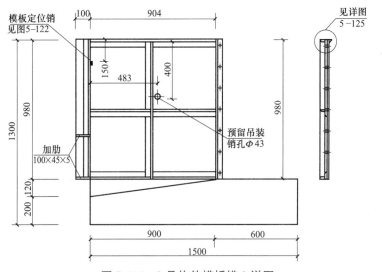

图 5-114　3 号构件模板模 3 详图

（模 3′与模 3 形状、尺寸相同、对称，略）

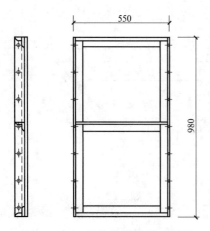

图 5-115　3 号构件模板模 4 详图

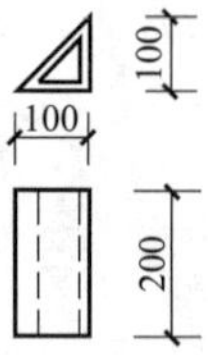

图 5-116　3 号构件模板模 5 详图

5. 装配式混凝土塔机基础的预制混凝土构件重力件模板详图，见图 5-117～图 5-138。

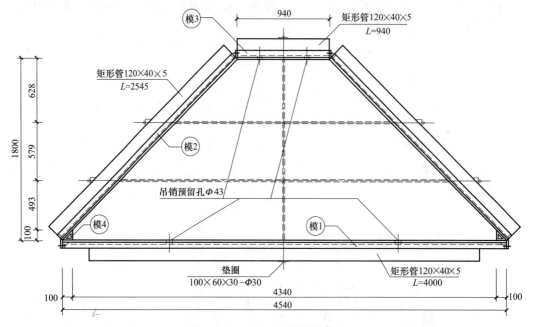

图 5-117　重力件模板俯视图

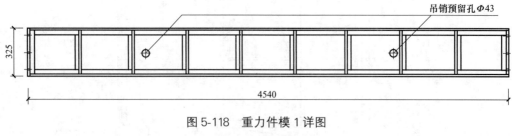

图 5-118　重力件模 1 详图

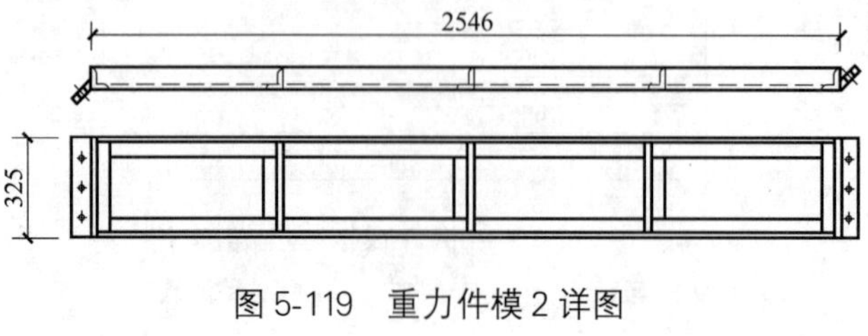

图 5-119　重力件模 2 详图

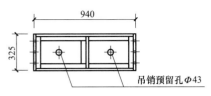

图 5-120 重力件模 3 详图

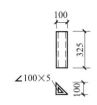

图 5-121 重力件模 4 详图

6. 装配式混凝土塔机基础的预制混凝土构件的模板局部及节点详图

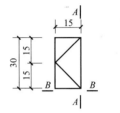 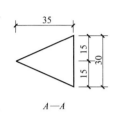 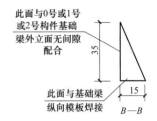

图 5-122 模板纵向定位销子

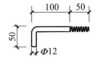

图 5-123 模板预埋螺栓详图

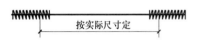

图 5-124 模板内加固连接螺杆详图

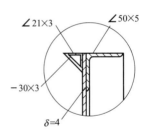

图 5-125 模板节点详图 1

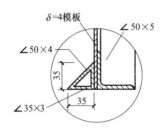

图 5-126 模板节点详图 2

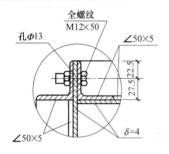

图 5-127 模板节点详图 3

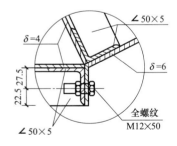

图 5-128 模板节点详图 4

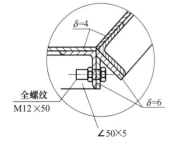

图 5-129 模板节点详图 5

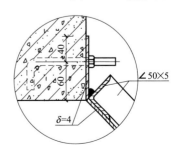

图 5-130 模板节点详图 6

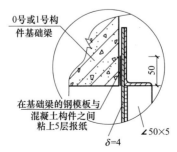

图 5-131 模板节点详图 7

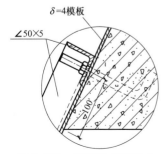

图 5-132 模板节点详图 8

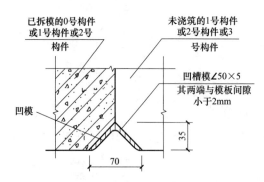

图 5-133 设于相邻装配式塔机基础连接面下端的凹槽模剖面图

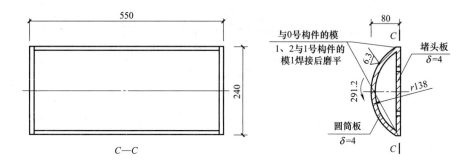

图 5-134 混凝土抗剪凹键模板

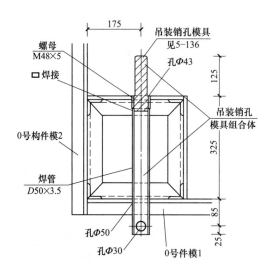

图 5-135 预留吊装销孔 1 号平面图

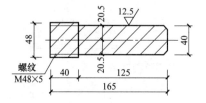

图 5-136 吊装销孔 1 号模具详图

7. 装配式混凝土塔机基础的预制混凝土构件模板局部加固图，见图 5-137、图 5-138。

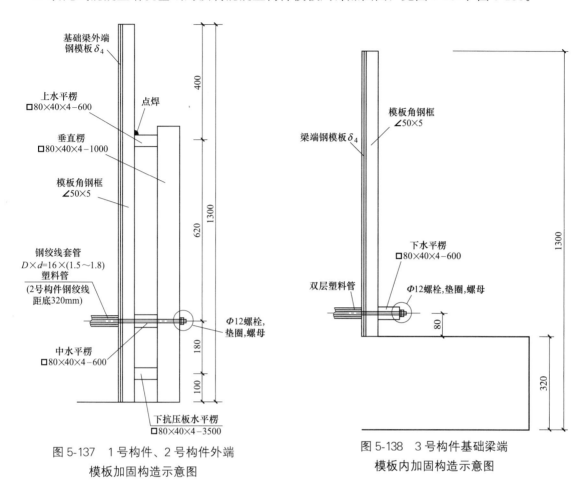

图 5-137　1 号构件、2 号构件外端
模板加固构造示意图

图 5-138　3 号构件基础梁端
模板内加固构造示意图

8. 装配式混凝土塔机基础的预制混凝土构件底模（预制混凝土构件的制作平台）详图

（1）装配式混凝土塔机基础的预制混凝土构件底模（整体现浇混凝土平台）见图 5-139、图
5-140。

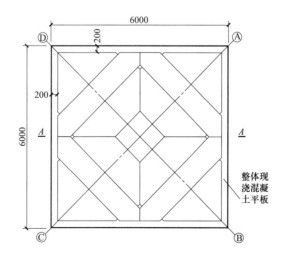

图 5-139　装配式混凝土塔机基础的预制
混凝土构件整体现浇的底模平面图

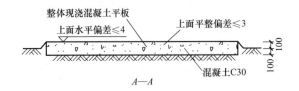

图 5-140　装配式混凝土塔机基础的预制
混凝土构件整体现浇的底模剖面图

（2）装配式混凝土塔机基础的预制混凝土构件底模（预制混凝土构件拼装平台）见图 5-141、图 5-142。

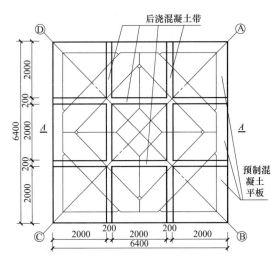

图 5-141　装配式混凝土塔机基础的预
制混凝土构件拼装的底模平面图

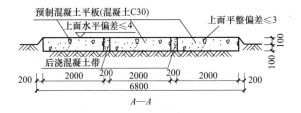

图 5-142　装配式混凝土塔机基础的预
制混凝土构件拼装的底模剖面图

5.2.4　装配式混凝土塔机基础预制混凝土构件的施工工艺要点参阅本书第 4.2.4 条

5.3　装配式混凝土塔机基础的水平连接构造（二）

（配套于无底架的 QTZ630 、 800 型固定式塔机）

5.3.1　装配式混凝土塔机基础的水平连接构造（二）的设计详图

与 QTZ630 型（可与 QTZ800 型固定式塔机通用）无底架的固定式塔机装配的装配式混凝土塔机基础的水平连接构造（二）的设计详图（基础重力件配置参见表 5-4，钢绞线配置参见表 5-7）

（1）装配式混凝土塔机基础的水平连接构造（二）的装配总平面图，见图 5-143。

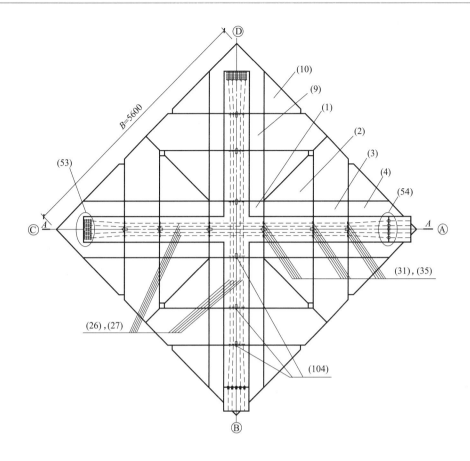

图 5-143 装配式混凝土塔机基础的水平连接构造（二）的装配总平面图

（1）—0 号构件；（2）—1 号构件；（3）—2 号构件；（4）—3 号构件；（9）—基础梁；（10）—底板；

（26）—钢绞线；（27）—钢绞线孔道；（31）—封闭环形槽；（35）—橡胶封闭圈 1 号；

（53）——固定端构造；（54）—张拉端构造；（104）—定位键 1 号

（2）装配式混凝土塔机基础的水平连接构造（二）的装配总剖面见图 5-144。

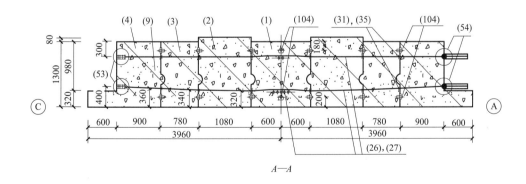

$A—A$

图 5-144 装配式混凝土塔机基础的水平连接构造（二）的装配总剖面图

（1）—0 号构件；（2）—1 号构件；（3）—2 号构件；（4）—3 号构件；（9）—基础梁；

（26）—钢绞线；（27）—钢绞线孔道；（31）—封闭环形槽；（35）—橡胶封闭圈 1 号；

（53）—固定端构造；（54）—张拉端构造；（104）—定位键 1 号

（3）0号构件的钢绞线孔道平面见图5-145、图5-146。

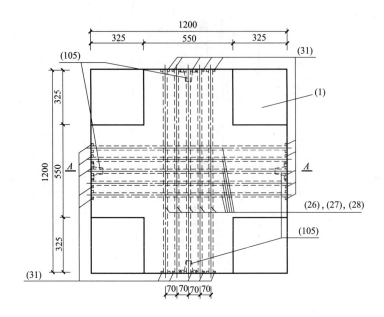

图5-145 0号构件的下部钢绞线孔道平面图

(1)-0号构件；(26)—钢绞线；(27)—钢绞线孔道；(28)—钢绞线孔道的塑料套管1号；

(31)—封闭环形槽；(105)—定位键凹件1号

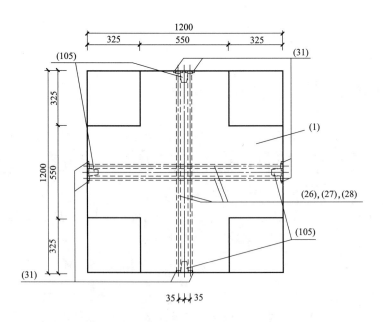

图5-146 0号构件的上部钢绞线孔道平面图

(1)—0号构件；(26)—钢绞线；(27)—钢绞线孔道；(28)—钢绞线孔道的塑料套管1号；

(31)—封闭环形槽；(105)—定位键凹件1号

（4）0号构件的钢绞线孔道剖面见图5-147。

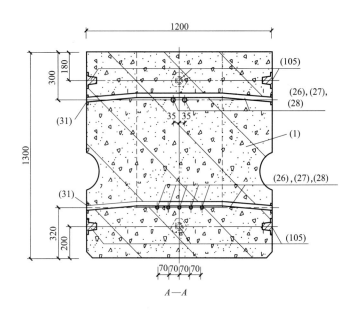

图5-147　0号构件的钢绞线孔道剖面图

(1)—0号构件；(26)—钢绞线；(27)—钢绞线孔道；(28)—钢绞线孔道的塑料套管1号；
(31)—封闭环形槽；(105)—定位键凹件1号

（5）1号构件的钢绞线孔道平面见图5-148、图5-149。

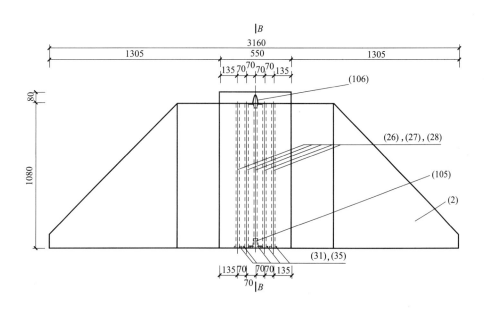

图5-148　1号构件的下部钢绞线孔道平面图

(2)—1号构件；(26)—钢绞线；(27)—钢绞线孔道；(28)—钢绞线孔道的塑料套管1号；
(31)—封闭环形槽；(35)—橡胶封闭圈1号；(105)—定位键凹件1号；(106)—定位键凸件1号

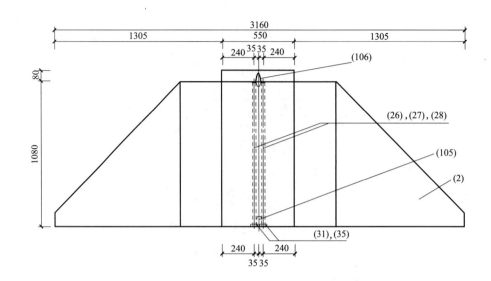

图 5-149　1 号构件的上部钢绞线孔道平面图

(2)—1 号构件；(26)—钢绞线；(27)—钢绞线孔道；(28)—钢绞线孔道的塑料套管 1 号；
(31)—封闭环形槽；(35)—橡胶封闭圈 1 号；(105)—定位键凹件 1 号；(106)—定位键凸件 1 号

（6）1 号构件的钢绞线孔道纵向剖面见图 5-150。

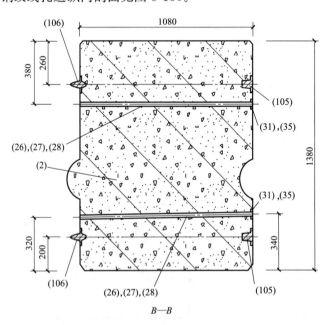

B—B

图 5-150　1 号构件的钢绞线孔道纵向剖面图

(2)—1 号构件；(26)—钢绞线；(27)—钢绞线孔道；(28)—钢绞线孔道的塑料套管 1 号；
(31)—封闭环形槽；(35)—橡胶封闭圈 1 号；(105)—定位键凹件 1 号；(106)—定位键凸件 1 号

（7）2 号构件的钢绞线孔道平面见图 5-151、图 5-152。

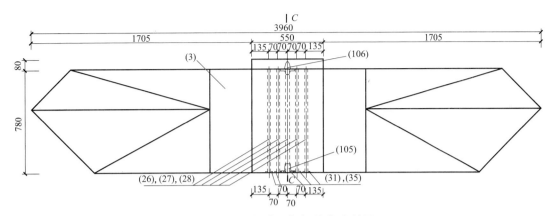

图 5-151　2 号构件的下部钢绞线孔道平面图

（3）—2 号构件；（26）—钢绞线；（27）—钢绞线孔道；（28）—钢绞线孔道的塑料套管 1 号；（31）—封闭环形槽；（35）—橡胶封闭圈 1 号；（105）—定位键凹件 1 号；（106）—定位键凸件 1 号

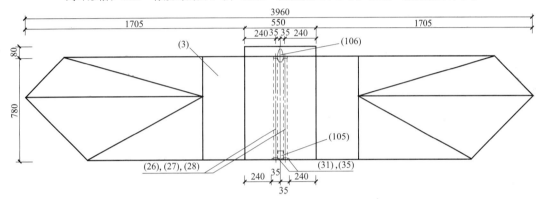

图 5-152　2 号构件的上部钢绞线孔道平面图

（3）—2 号构件；（26）—钢绞线；（27）—钢绞线孔道；（28）—钢绞线孔道的塑料套管 1 号；（31）—封闭环形槽；（35）—橡胶封闭圈 1 号；（105）—定位键凹件 1 号；（106）—定位键凸件 1 号

（8）2 号构件的钢绞线孔道纵向剖面见图 5-153。

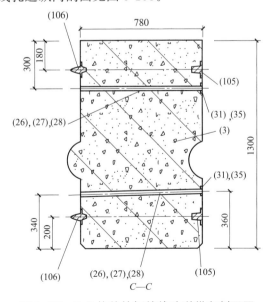

图 5-153　2 号构件的钢绞线孔道纵向剖面图

（3）—2 号构件；（26）—钢绞线；（27）—钢绞线孔道；（28）—钢绞线孔道的塑料套管 1 号；（31）—封闭环形槽；（35）—橡胶封闭圈 1 号；（105）—定位键凹件 1 号；（106）—定位键凸件 1 号

（9）3号构件的钢绞线孔道平面图（固定端），见图5-154、图5-155。

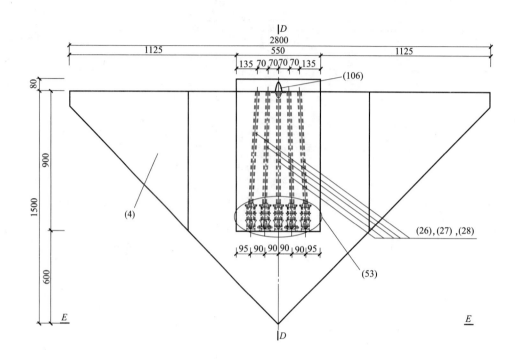

图5-154　3号构件的下部钢绞线孔道平面图（固定端）

（4）—3号构件；（26）—钢绞线；（27）—钢绞线孔道；（28）—钢绞线孔道的塑料套管1号；
（53）—固定端构造；（106）—定位键凸件1号

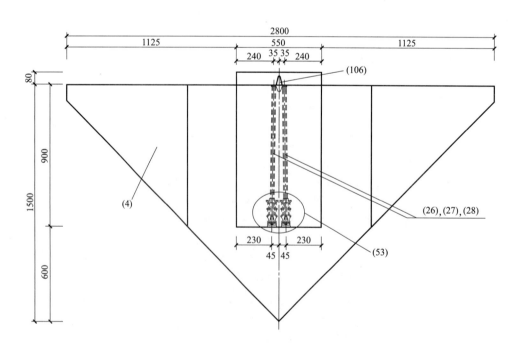

图5-155　3号构件的上部钢绞线孔道平面图（固定端）

（4）—3号构件；（26）—钢绞线；（27）—钢绞线孔道；（28）—钢绞线孔道的塑料套管1号；
（53）—固定端构造；（106）—定位键凸件1号

（10）3号构件的钢绞线孔道纵向剖面图（固定端），见图5-156。

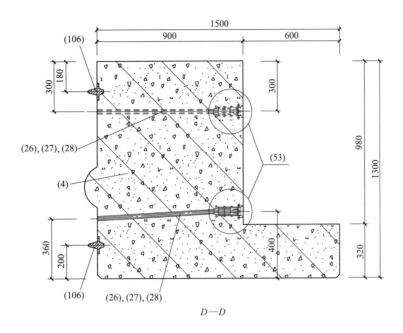

图5-156　3号构件的钢绞线孔道纵向剖面图（固定端）

（4）—3号构件；（26）—钢绞线；（27）—钢绞线孔道；（28）—钢绞线孔道的塑料套管1号；
（53）—固定端构造；（106）—定位键凸件1号

（11）3号构件的钢绞线孔道外立面图（固定端），见图5-157。

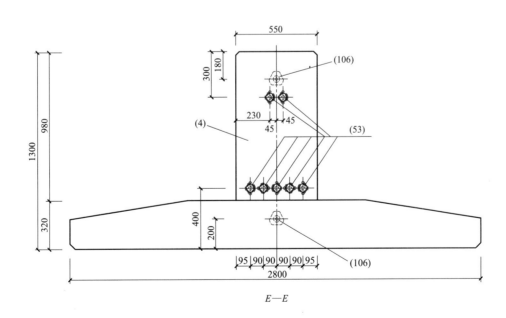

图5-157　3号构件的钢绞线孔道外立面图（固定端）

（4）—3号构件；（53）—固定端构造；（106）—定位键凸件1号

（12）3 号构件的钢绞线孔道平面图（张拉端），见图 5-158、图 5-159。

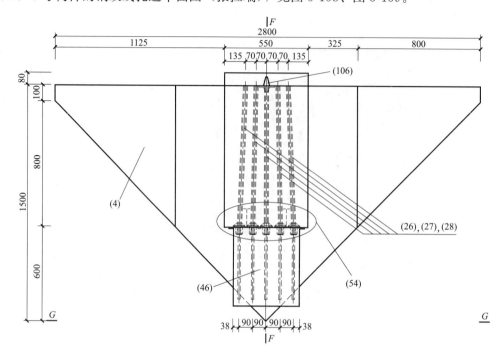

图 5-158　3 号构件的下部钢绞线孔道平面图（张拉端）

(4)—3 号构件；(26)—钢绞线；(27)—钢绞线孔道；(28)—钢绞线孔道的塑料套管 1 号；

(46)—封闭套筒 2 号；(54)—张拉端构造；(106)—定位键凸件 1 号

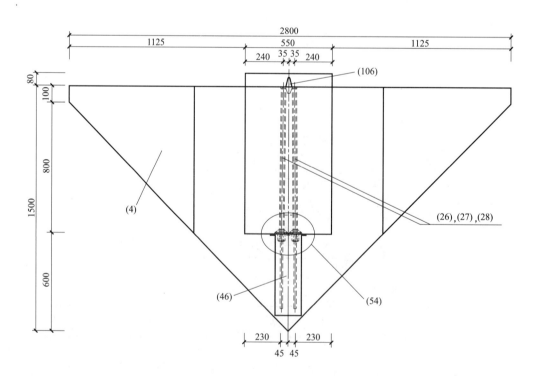

图 5-159　3 号构件的上部钢绞线孔道平面图（张拉端）

(4)—3 号构件；(26)—钢绞线；(27)—钢绞线孔道；(28)—钢绞线孔道的塑料套管 1 号；

(46)—封闭套筒 2 号；(54)—张拉端构造；(106)—定位键凸件 1 号

（13）3号构件的钢绞线孔道纵向剖面图（张拉端），见图5-160。

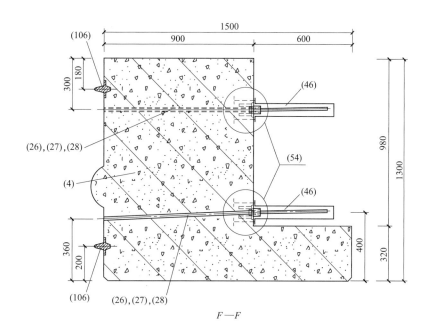

F—F

图 5-160 3号构件的钢绞线孔道纵向剖面图（张拉端）

（4）—3号构件；（26）—钢绞线；（27）—钢绞线孔道；（28）—钢绞线孔道的塑料套管1号；
（46）—封闭套筒2号；（54）—张拉端构造；（106）—定位键凸件1号

（14）3号构件的钢绞线孔道外立面图（张拉端），见图5-161。

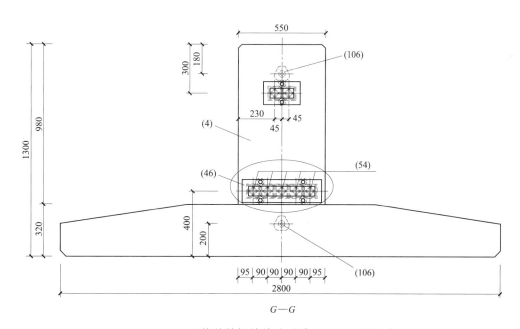

G—G

图 5-161 3号构件的钢绞线孔道外立面图（张拉端）

（4）—3号构件；（46）—封闭套筒2号；（54）—张拉端构造；（106）—定位键凸件1号

（15）相邻预制混凝土构件的连接面的钢绞线孔道连接构造纵向剖面施工工艺图（一），见图5-162。

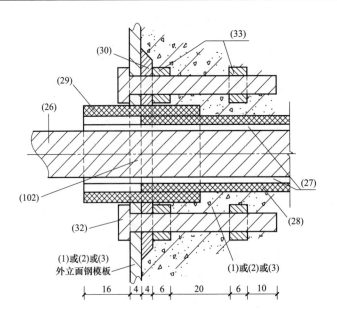

图 5-162 相邻预制混凝土构件的连接面的钢绞线孔道连接构造纵向剖面施工工艺图（一）

(1)—0 号构件；(2)—1 号构件；(3)—2 号构件；(26)—钢绞线；(27)—钢绞线孔道；
(28)—钢绞线孔道的塑料套管 1 号；(29)—钢绞线孔道的塑料套管 2 号；(30)—封闭环形槽模具；
(32)—螺栓 1 号；(33)—螺母 1 号；(102)—孔 1 号

（16）相邻预制混凝土构件的连接面的钢绞线孔道连接构造纵向剖面施工工艺图（二），见图5-163。

（17）相邻预制混凝土构件的钢绞线孔道连接构造装配剖面图，见图5-164。

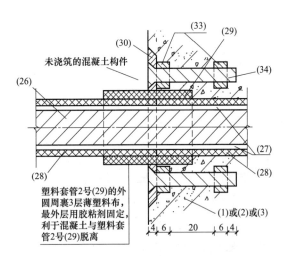

图 5-163 相邻预制混凝土构件的连接面的钢绞线孔
道连接构造纵向剖面施工工艺图（二）

(1)—0 号构件；(2)—1 号构件；(3)—2 号构件；
(26)—钢绞线；(27)—钢绞线孔道；
(28)—钢绞线孔道的塑料套管 1 号；(29)—钢绞
线孔道的塑料套管 2 号；(30)—封闭环形槽模具；
(33)—螺母 1 号；(34)—螺栓 2 号

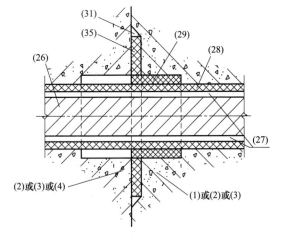

图 5-164 相邻预制混凝土构件的钢绞
线孔道连接构造装配剖面图

(1)—0 号构件；(2)—1 号构件；(3)—2 号构件；
(4)—3 号构件；(26)—钢绞线；(27)—钢绞线孔道；
(28)—钢绞线孔道的塑料套管 1 号；(29)—钢绞
线孔道的塑料套管 2 号；(31)—封闭环形槽；
(35)—橡胶封闭圈 1 号

（18）固定端置于混凝土内的零件与模板的装配（以钢绞线内加固）定位剖面图，见图5-165。

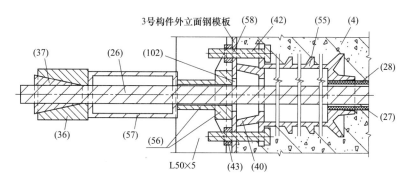

图 5-165 固定端置于混凝土内的零件与模板的装配定位剖面图

(4)—3号构件；（26）—钢绞线；（27）—钢绞线孔道；（28）—钢绞线孔道的塑料套管1号；（36）—锚片；
(37)—夹片；（40）—固定端外口模具；（42）—螺栓3号；（43）—螺母2号；（55）—固定端锚件；
(56)—十字垫圈；（57）—模板水平加固楞；（58）—定位螺栓孔1号；（102）—孔1号

（19）固定端置于混凝土内的零件与模板的装配定位剖面图，见图5-166。

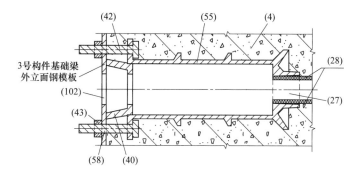

图 5-166 固定端置于混凝土内的零件与模板的装配定位剖面图

(4)—3号构件；（27）—钢绞线孔道；（28）—钢绞线孔道的塑料套管1号；（40）—固定端外口模具；
(42)—螺栓3号；（43）—螺母2号；（55）—固定端锚件；（58）—定位螺栓孔1号；（102）—孔1号

（20）固定端置于混凝土内的零件与模板的装配立面图（一），见图5-167。

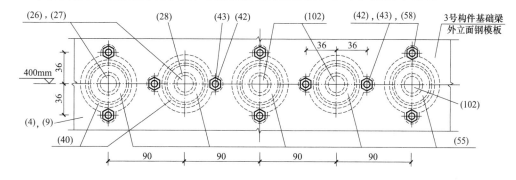

图 5-167 固定端置于混凝土内的零件与模板的装配立面图（一）

(4)—3号构件；（9）—基础梁；（26）—钢绞线；（27）—钢绞线孔道；（28）—钢绞线孔道的塑料套管1号；
(40)—固定端外口模具；（42）—螺栓3号；（43）—螺母2号；（55）—固定端锚件；
(58)—定位螺栓孔1号；（102）—孔1号

（21）固定端置于混凝土内的零件与模板的装配立面图（二），见图 5-168。

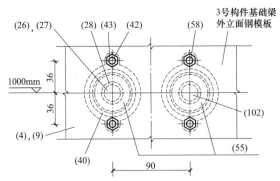

图 5-168 固定端置于混凝土内的零件与模板的装配立面图（二）

（4）—3 号构件；（9）—基础梁；（26）—钢绞线；（27）—钢绞线孔道；（28）—钢绞线孔道的塑料套管 1 号；（40）—固定端外口模具；（42）—螺栓 3 号；（43）—螺母 2 号；（55）—固定端锚件；（58）—定位螺栓孔 1 号；（102）—孔 1 号

（22）张拉端的混凝土内零件与模板的装配（以钢绞线内加固）定位剖面图，见图 5-169。

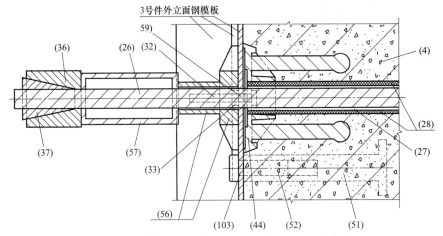

图 5-169 张拉端的混凝土内零件与模板的装配定位剖面图

（4）—3 号构件；（26）—钢绞线；（27）—钢绞线孔道；（28）—钢绞线孔道的塑料套管 1 号；（32）—螺栓 1 号；（33）—螺母 1 号；（36）—锚环；（37）—夹片；（44）—张拉端锚件；（51）—螺栓锚件；（52）—螺栓 4 号；（56）—十字垫圈；（57）—模板水平加固楞；（59）—定位螺栓孔 2 号；（103）—孔 2 号

（23）水平连接构造（二）的固定端装配构造图，见图 5-170。

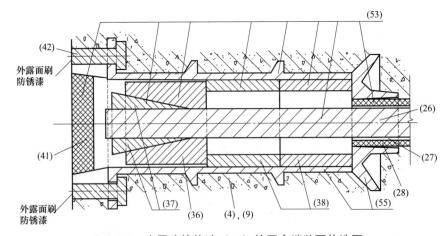

图 5-170 水平连接构造（二）的固定端装配构造图

（4）—3 号构件；（9）—基础梁；（26）—钢绞线；（27）—钢绞线孔道；（28）—钢绞线孔道的塑料套管 1 号；（36）—锚环；（37）—夹片；（38）—固定端承压管；（41）—固定端外口封闭塞；（42）—螺栓 3 号；（53）—固定端构造；（55）—固定端锚件

（24）装配式混凝土塔机基础的水平连接构造（二）的张拉端装配构造图，见图 5-171。

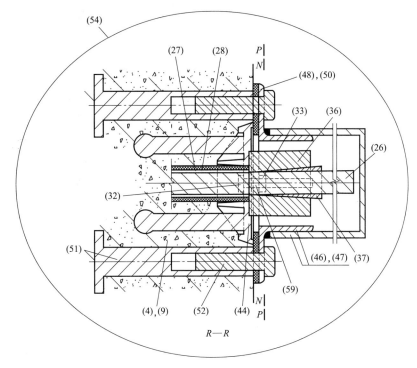

图 5-171 装配式混凝土塔机基础的水平连接构造（二）的张拉端装配构造图

（4）—3 号构件；（9）—基础梁；（26）—钢绞线；（27）—钢绞线孔道；（28）—钢绞线孔道的塑料套管 1 号；

（32）—螺栓 1 号；（33）—螺母 1 号；（36）—锚环；（37）—夹片；（44）—张拉端锚件；（46）—封闭套筒 2 号；

（47）—封闭套筒 3 号；（48）—橡胶封闭垫圈 1 号；（50）—橡胶封闭垫圈 3 号；（51）—螺栓锚件；

（52）—螺栓 4 号；（54）—张拉端构造；（59）—定位螺栓孔 2 号

（25）水平连接构造（二）的张拉端立面图（一），见图 5-172。

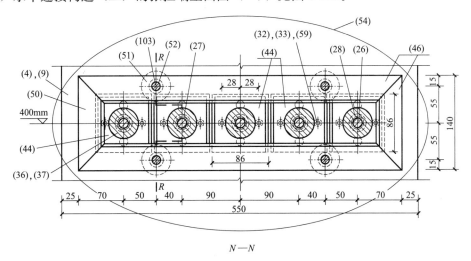

图 5-172 水平连接构造（二）的张拉端立面图（一）

（4）—3 号构件；（9）—基础梁；（26）—钢绞线；（27）—钢绞线孔道；（28）—钢绞线孔道的塑料套管 1 号；

（32）—螺栓 1 号；（33）—螺母 1 号；（36）—锚环；（37）—夹片；（44）—张拉端锚件；（46）—封闭套筒 2 号；

（50）—橡胶封闭垫圈 3 号；（51）—螺栓锚件；（52）—螺栓 4 号；（54）—张拉端构造；

（59）—定位螺栓孔 2 号；（103）—孔 2 号

（26）水平连接构造（二）的张拉端立面图（二），见图5-173。

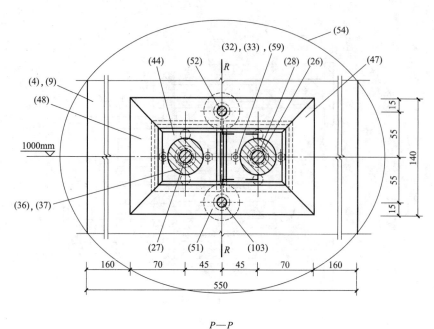

$P—P$

图5-173 水平连接构造（二）的张拉端立面图（二）

（4）—3号构件；（9）—基础梁；（26）—钢绞线；（27）—钢绞线孔道；（28）—钢绞线孔道的塑料套管1号；
（32）—螺栓1号；（33）—螺母1号；（36）—锚环；（37）—夹片；（44）—张拉端锚件；（47）—封闭套筒3号；
（48）—橡胶封闭垫圈1号；（51）—螺栓锚件；（52）—螺栓4号；（54）—张拉端构造；
（59）—定位螺栓孔2号；（103）—孔2号

（27）定位键凹件1号与预制混凝土构件的模板连接定位构造纵向剖面图，见图5-174。

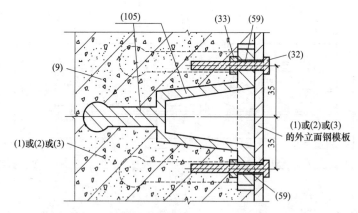

图5-174 定位键凹件1号与预制混凝土构件的模板连接定位构造纵向剖面图

（1）—0号构件；（2）—1号构件；（3）—2号构件；（9）—基础梁；（32）—螺栓1号；
（33）—螺母1号；（59）—定位螺栓孔2号；（105）—定位键凹件1号

（28）定位键凸件1号与已锚固于预制混凝土构件内的定位键凹件1号连接定位构造的纵向剖面图，见图5-175。

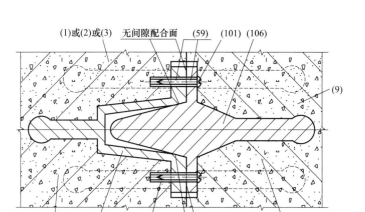

图 5-175　定位键凸件 1 号与已锚固于预制混凝土构件内的定位键凹件 1 号连接定位构造的纵向剖面图

（1）—0 号构件；（2）—1 号构件；（3）—2 号构件；（4）—3 号构件；（9）—基础梁；（59）—定位螺栓孔 2 号；

（60）—塑料胀管；（101）—十字槽圆头木螺钉；（105）—定位键凹件 1 号；（106）—定位键凸件 1 号

5.3.2　装配式混凝土塔机基础的水平连接构造（二）的零件详图

1. 水平连接构造（二）的零件详图

（1）钢绞线及孔道零件详图

1）钢绞线（26），见图 5-176、图 5-177。

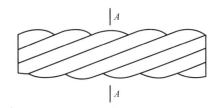

图 5-176　钢绞线（26）的纵向侧立面图

图 5-177　钢绞线（26）的剖面图

钢绞线（26）

1. 执行标准：GB/T 5224；2. 规格标准型：1×7-ϕ15.2；3. 强度等级：1860。

2）钢绞线孔道的塑料套管 1 号（28），见图 5-178、图 5-179。

图 5-178　钢绞线孔道的塑料套
管 1 号（28）的侧立面图

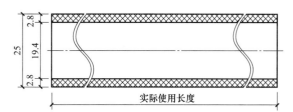

图 5-179　钢绞线孔道的塑料套
管 1 号（28）的纵向剖面图

钢绞线孔道的塑料套管 1 号（28）

执行标准：给水用聚氯乙烯（PVC-U）管材（GB/T 1002.1）。

397

3) 钢绞线孔道的塑料套管 2 号（29）、见图 5-180、图 5-181。

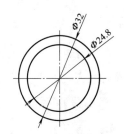

图 5-180　钢绞线孔道的塑料套
管 2 号（29）的侧立面图

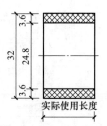

图 5-181　钢绞线孔道的塑料套
管 2 号（29）的纵向剖面图

钢绞线孔道的塑料套管 2 号（29）

执行标准：给水用聚氯乙烯（PVC-U）管材（GB/T 1002.1）。

4) 封闭环形槽模具（30），见图 5-182、图 5-183。

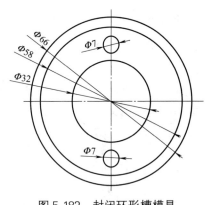

图 5-182　封闭环形槽模具
（30）的立面图

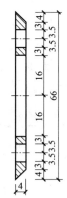

图 5-183　封闭环形槽模
具（30）的剖面图

封闭环形槽模具（30）

1. 材料：钢板（Q295）或 45 号钢；　2. 工艺：机加工，未注明倒角 45°×0.5。

5) 螺栓 1 号（32），见图 5-184、图 5-185。

图 5-184　螺栓 1 号（32）
的横向正立面图

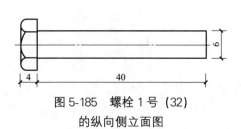

图 5-185　螺栓 1 号（32）
的纵向侧立面图

螺栓 1 号（32）

1. 执行标准：GB/T5783；　2. 规格：M6×40，全螺纹。

6）螺母1号（33），见图5-186、图5-187。

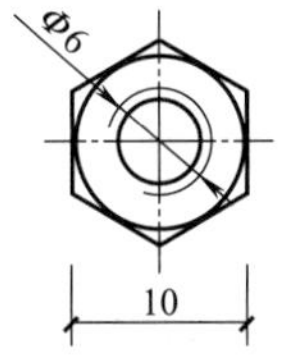

图 5-186 螺母1号（33）的横向正立面图

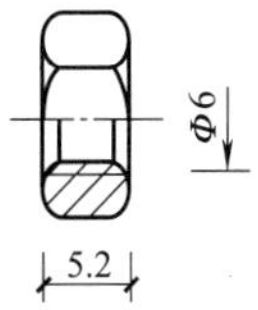

图 5-187 螺母1号（33）的纵向剖面图

螺母1号（33）

1. 执行标准：GB/T 41； 2. 规格：M6。

7）橡胶封闭圈1号（35），见图5-188、图5-189。

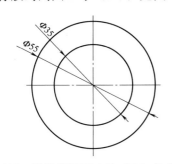

图 5-188 橡胶封闭圈1号（35）的立面图

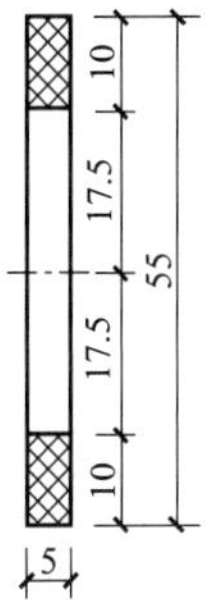

图 5-189 橡胶封闭圈1号（35）的剖面图

橡胶封闭圈1号（35）

1. 材料：工业用普通橡胶板（代号1613或1615）； 2. 工艺：模具冲压。

（2）张拉端零件详图

1）锚环（36），见图5-190、图5-191。

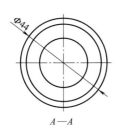

图 5-190 锚环（36）的横向正立面图

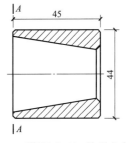

图 5-191 锚环（36）的纵向剖面图

锚环（36）

1. 型号：KM15-1860； 2. 本零件为B&S锚固体系部件。

2）夹片（37），见图5-192～图5-195。

适用Φ15.2钢绞线

图 5-192 夹片（37）的横向立面图（1）

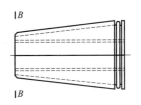

图 5-193 夹片（37）的侧面图

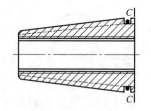

图 5-194　夹片（37）的横向立面图（2）　　　　图 5-195　夹片（37）的纵向剖面图

夹片（37）

1. 型号：KM15-1860；　　2. 本零件为 B&S 锚固体系部件。

3）张拉端锚件（44），见图 5-196～图 5-198。

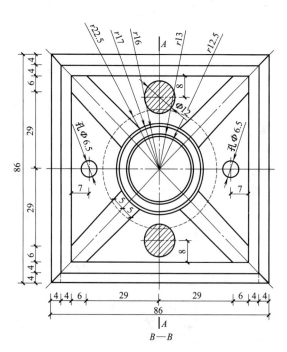

图 5-196　张拉端锚件（44）的正立面图

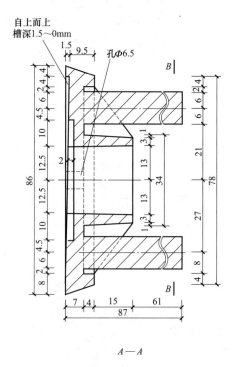

图 5-197　张拉端锚件（44）的剖面图

图 5-198　张拉端锚件（44）的三维图

张拉端锚件（44）

1. 图中未标明处倒角 45°×1；　　2. 材质：40Cr；　　3. 工艺：铸造；

4. 装配前将钢柱的端头砸扁至 8mm 厚，以增强在混凝土中的锚固作用。

4) 螺栓锚件（51），见图 5-199、图 5-200。

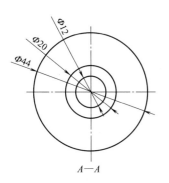

图 5-199 螺栓锚件（51）
的横向正立面图

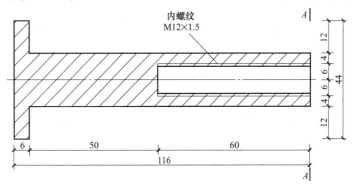

图 5-200 螺栓锚件（51）的纵向剖面图

螺栓锚件（51）

1. 材料：45 号钢或 40Cr； 2. 工艺：铸造后机加工内螺纹，或 Φ20 圆钢机加工内螺纹后焊 Φ44×6 的锚板。

5) 螺栓 4 号（52），见图 5-201、图 5-202。

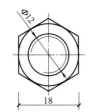

图 5-201 螺栓 4 号（52）的横向正立面图

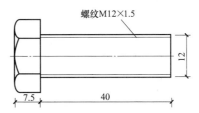

图 5-202 螺栓 4 号（52）的纵向侧立面图

螺栓 4 号（52）

1. 执行标准：GB/T 5783； 2. 规格：M12×40，全螺纹。

6) 十字垫圈（56），见图 5-203～图 5-205。

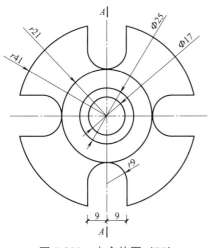

图 5-203 十字垫圈（56）
的横向正立面图

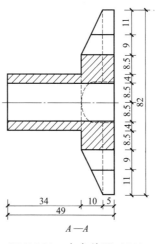

图 5-204 十字垫圈（56）
的纵向剖面图

图 5-205 十字垫圈
（56）的三维图

十字垫圈（56）

（用于固定端，张拉端钢模板外面与水平楞内面之间）

1. 图中未标明处倒角 45°×1； 2. 材质：40Cr 或 45 号钢； 3. 工艺：铸造或机加工。

7）封闭套筒 2 号（46），见图 5-206、图 5-207。

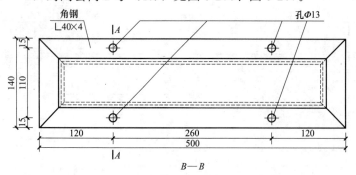
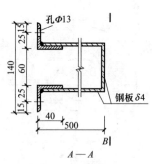

图 5-206　封闭套筒 2 号（46）的正立面图　　　图 5-207　封闭套筒 2 号
（46）的剖面图

封闭套筒 2 号（46）

　　1. 图中未标明处倒角 $45°×1$；　　2. 工艺：机加工，焊接。

8）封闭套筒 3 号（47），见图 5-208、图 5-209。

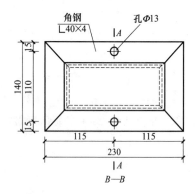
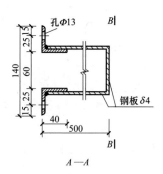

图 5-208　封闭套筒 3 号（47）的正立面图　　图 5-209　封闭套筒 3 号（47）的剖面图

封闭套筒 3 号（47）

　　1. 图中未标明处倒角 $45°×1$；　　2. 工艺：机加工，焊接。

9）橡胶封闭垫圈 1 号（48），见图 5-210、图 5-211。

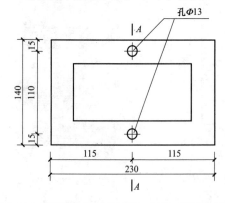
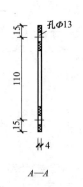

图 5-210　橡胶封闭垫圈 1 号（48）的正立面图　　图 5-211　橡胶封闭垫圈 1 号（48）的剖面图

橡胶封闭垫圈 1 号（48）

　　1. 图中未标明处倒角 $45°×1$；　　2. 工艺：机加工。

10）橡胶封闭垫圈 3 号（50），见图 5-212、图 5-213。

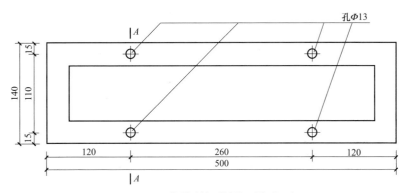

图 5-212　橡胶封闭垫圈 3 号（50）
的正立面图

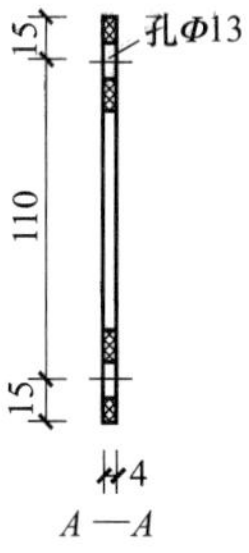

图 5-213　橡胶封闭垫圈
3 号（50）的剖面图

橡胶封闭垫圈 3 号（50）

1. 图中未标明处倒角 45°×1；　2. 工艺：机加工。

（3）固定端零件详图

1）固定端外口模具（40），见图 5-214～图 5-216。

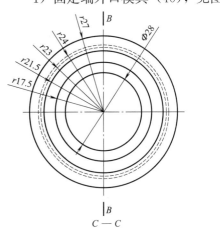

图 5-214　固定端外口模具（40）
的横向正立面图

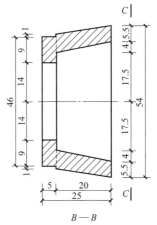

图 5-215　固定端外口模具（40）
的纵向剖面图

图 5-216　固定端外口模
具（40）的三维图

固定端外口模具（40）

1. 图中未标明处倒角 45°×1；　2. 材质：40Cr 或 45 号钢；　3. 工艺：铸造；　4. 圆周外立面以细砂纸磨光。

2）螺栓 3 号（42），见图 5-217、图 5-218。

图 5-217　螺栓 3 号（42）的横向正立面图

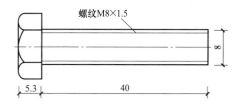

图 5-218　螺栓 3 号（42）的纵向侧立面图

螺栓 3 号（42）

1. 执行标准：GB/T 5783；　2. 规格：M8×40，全螺纹。

3）螺母 2 号（43），见图 5-219、图 5-220。

图 5-219　螺母 2 号（43）
的横向正立面图

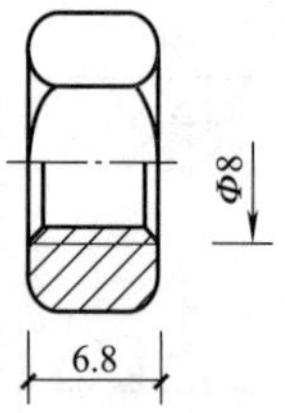

图 5-220　螺母 2 号（43）
的纵向剖面图

螺母 2 号（43）

1. 执行标准：GB/T 41；　2. 规格：M8。

4）固定端锚件（55），见图 5-221～图 5-223。

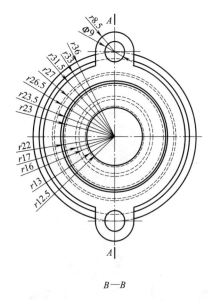

图 5-221　固定端锚件（55）的正立面图

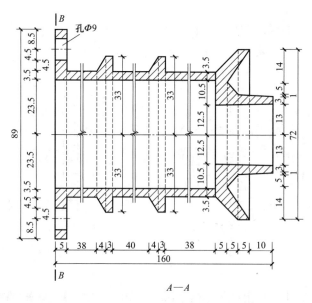

图 5-222　固定端锚件（55）的剖面图

图 5-223　固定端锚件（55）的三维图

固定端锚件（55）

1. 材质：40Cr；　2. 工艺：铸造。

5）固定端承压管（38），见图 5-224～图 5-226。

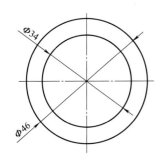

图 5-224　固定端承压管（38）
的横向正立面图

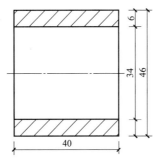

图 5-225　固定端承压管（38）
的纵向剖面图

图 5-226　固定端承压管（38）
的三维图

固定端承压管（38）

（置于固定端锚件内，第一次设 2 件，钢绞线使用 4 次后设 1 件）

1. 倒角：45°×0.5；　2. 材料：45 号钢。

6）固定端外口封闭塞（41），见图 5-227、图 5-228。

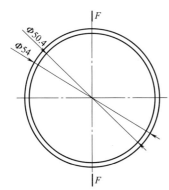

图 5-227　固定端外口封闭塞（41）
的横向正立面图

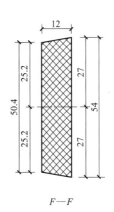

图 5-228　固定端外口封闭塞（41）
的纵向剖面图

固定端外口封闭塞（41）

1. 材质：丁腈橡胶；　2. 工艺：模铸。

2. 钢定位键详图

（1）定位键凹件 1 号（105），见图 5-229～图 5-232。

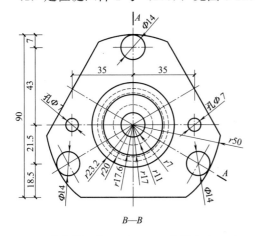

图 5-229　定位键凹件 1 号（105）的横向立面图（1）

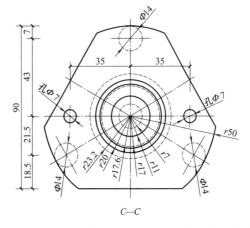

图 5-230　定位键凹件 1 号（105）的横向立面图（2）

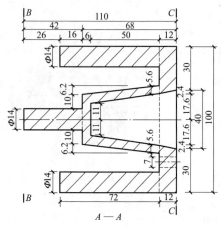

图 5-231　定位键凹件 1 号（105）的纵向剖面图　　图 5-232　定位键凹件 1 号（105）的三维图

定位键凹件 1 号（105）

1. 图中未标注处均倒角 45°×1；　　2. 材质：40Cr；　　3. 工艺：铸造；
4. 施工装配前将锚筋端头砸扁至厚度 12mm，以加强锚固作用。

（2）定位键凸件 1 号（106），见图 5-233～图 5-236。

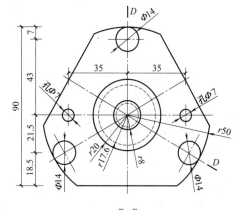

图 5-233　定位键凸件 1 号（106）的横向立面图（1）　　图 5-234　定位键凸件 1 号（106）的横向立面图（2）

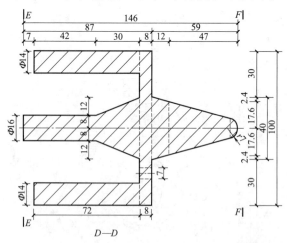

图 5-235　定位键凸件 1 号（106）的纵向剖面图

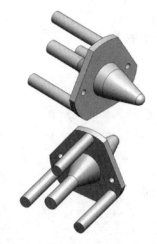

图 5-236　定位键凸件 1 号（106）的三维图

定位键凸件 1 号（106）

1. 图中未标注处均倒角 45°×1；　　2. 材质：40Cr；　　3. 工艺：铸造；
4. 施工装配前将锚筋端头砸扁至厚度 12mm，以加强锚固作用。

5.3.3 水平连接构造（二）的混凝土内构造施工工艺要点

1. 装配式混凝土塔机基础的水平连接构造（二）设于混凝土内的构造的装配施工与装配式混凝土塔机基础的模板工程、钢筋工程和混凝土工程的施工密不可分，所以其装配施工工艺应与相关分项工程互相协作密切配合，互相提供便利。

2. 钢绞线孔道（27）的塑料套管1号（28）的施工装配工艺说明：

（1）按图5-44、图5-45、图5-47、图5-48、图5-52、图5-53、图5-55、图5-56所示的数量和位置，分别在0号构件（1）、1号构件（2）、2号构件（3）、3号构件（4）的基础梁（9）的钢模板（6）上定位打供钢绞线孔道的塑料套管2号（29）穿过的孔1号（102）；按图5-162所示的构造装配于0号构件（1）、1号构件（2）、2号构件（3）的基础梁（9）的钢模板（6）上的封闭环形槽模具（30）、钢绞线孔道的塑料套管2号（29）、螺栓1号（32）、螺母1号（33），并使钢绞线孔道的塑料套管1号（28）与钢绞线孔道的塑料套管2号（29）装配定位，特别注意，两个与同一件螺栓1号（32）配合的螺母1号（33）的位置必须按图5-162规定间距装配定位，以利于0号构件（1）、1号构件（2）、2号构件（3）施工时对封闭环形槽模具（30）的定位。

（2）按图5-162所示，在旋退螺栓1号（32）之后，以螺栓2号（34）替代螺栓1号（32）使封闭环形槽模具（30）的外立面与基础梁（9）外立面相平并定位；以钢绞线孔道的塑料套管1号（28）与凸出0号构件（1）、1号构件（2）、2号构件（3）的基础梁（9）外立面的钢绞线孔道的塑料套管2号（29）配合；再根据钢绞线孔道的塑料套管1号（28）外端所处的位置，按图5-163、图5-164、图5-165、图5-166、图5-169所示，进行钢绞线孔道的塑料套管1号（28）的施工装配。

须要注意的是：0号构件（1）中的两个方向的钢绞线孔道的塑料套管1号（28）为十字空间交叉结构，同一方向的各钢绞线孔道的塑料套管1号（28）须并排在上或并排在下，不得同一排各钢绞线孔道的塑料套管1号（28）有的在上、有的在下；在浇筑混凝土（8）之前，各钢绞线孔道的塑料套管1号（28）之内须有钢绞线（26）穿在其中，以免振捣混凝土（8）造成钢绞线孔道的塑料套管1号（28）截面变形，影响钢绞线（26）穿过。

3. 定位键施工装配工艺说明

（1）首先按图5-44、图5-45、图5-48、图5-53、图5-174的位置要求，在0号构件（1）、1号构件（2）、2号构件（3）基础梁（9）的横向钢模板（6）上按设计要求的位置和孔径Φ7钻孔定位螺栓孔2号（59）；以螺栓1号（32）穿过钢模板（6）的定位螺栓孔2号（59）和定位键凹件1号（105）上的定位螺栓孔2号（59）后，以螺母1号（33）紧固定位，特别注意：螺栓1号（32）的六角头必须在钢模板（6）之外，而不能相反。混凝土达到拆模强度后，拆除钢模板（6）前，首先将螺栓1号（32）旋退取下，以备再用；如图5-174所示。

（2）在装配位于1号构件（2）或2号构件（3）的内立面混凝土内的定位键凸件1号（106）前，首先将定位键凸件1号（106）与定位键凹件1号（105）试配合，以两件的面板无间隙且凹凸键配合严密不松动为合格，并作成对标记备用；如果两面板之间有间隙，应以手锤轻轻振动使二者配合，并使定位键凸件1号（106）和定位键凹件1号（105）两面板配合无间隙且板上的2个定位螺栓孔2号（59）相互对正贯通，然后作成对标记备用；在1号构件（2）或2号构件（3）的钢筋骨架就位前，装配定位键凸件1号（106），使定位键凸件1号（106）与定位键凹件1号（105）的板面配合无间隙，并使位于两个板面上的Φ7孔对正贯通，以塑料胀管（60）（乙型，俗称塑料胀卡）Φ6×36裹1层牛皮纸后装入定位螺栓孔2号（59），然后用十字槽圆头木螺钉（101）旋入，使定位键凸件1号（106）与定位键凹件1号（105）连接定位；如图5-175所示。待基础混凝土构件分离后，将凸出于混凝土表面的塑料胀管（60）和十字槽圆头木螺钉

（101）磨平即可。上述工艺及装配要求，一定要认真仔细，并注意在浇筑混凝土过程中振捣棒避开定位键凸件1号（106），以防定位键凸件1号（106）移位。否则一旦在混凝土浇筑过程中，定位键凸件1号（106）与定位键凹件1号（105）分离将造成该构件的报废以至于整套基础的报废。

4. 固定端的混凝土内预埋件的装配施工说明

（1）按设计规定的位置、数量在3号构件（4）的基础梁外端横向钢模板（6）上打定位螺栓孔1号（58）和孔1号（102），孔位见图5-157、图5-167、图5-168所示。

（2）合模前，将固定端外口模具（40）的大口环形外立面与钢模板（6）的内立面无间隙配合，将固定端锚件（55）的外向端与固定端外口模具（40）的内向端面配合，以螺栓3号（42）、螺母2号（43）使固定端锚件（55）、固定端外口模具（40）与钢模板（6）组合定位，并将钢绞线孔道的塑料套管1号（28）的外向端从固定端锚件（55）的内向端的孔中穿过，如图5-166所示。

（3）浇筑混凝土时，注意振捣棒避开固定端锚件（55），以防其移位。

（4）构件拆模后，将固定端外口模具（40）向外轻振取出，再将固定端锚件（55）内凸出于承压面的钢绞线孔道的塑料套管1号（28）去掉，在固定端锚件（55）空腔内面涂防锈漆；将凸出于基础梁（9）外立面的螺栓3号（42）去掉磨平，涂防锈漆。

5. 张拉端的混凝土内预埋件的装配施工工艺：

（1）按设计规定的位置、数量在3号构件（4）的基础梁外端横向的钢模板（6）上打孔定位螺栓孔2号（59）和孔2号（103）；如图5-161、图5-172、图5-173所示。

（2）以2件螺栓1号（32）穿过钢模板（6）上的定位螺栓孔2号（59）和位于张拉端锚件（44）外口上的$\Phi 6.5$孔与螺母1号（33）配合，使张拉端锚件（44）与钢模板（6）定位，并使张拉端锚件（44）外立面的外框与钢模板（6）之间无间隙，且并使张拉端锚件（44）的外立面上的内方槽底面向上（图5-197、图5-198）；如图5-169所示。

（3）以螺栓4号（52）穿过钢模板（6）上的孔2号（103）与螺栓锚件（51）的内螺纹配合，使螺栓锚件（51）与钢模板（6）组合定位，如图5-169所示。

（4）将各钢绞线孔道的塑料套管1号（28）的外向端从各对应的（图5-158、图5-159、图5-160）位于张拉端锚件（44）内向端中央孔中穿过，切去凸出于张拉端锚件（44）底面的部分。

（5）浇筑混凝土（8）之前，在各钢绞线孔道的塑料套管1号（28）中穿入钢绞线（26），以防振捣混凝土（8）过程中造成钢绞线孔道的塑料套管1号（28）截面变形，影响钢绞线（26）的穿过。

（6）拆模后，将凸出于张拉端锚件（44）外立面的螺栓1号（32）切掉磨平，涂防锈漆。

5.3.4 装配式混凝土塔机基础的水平连接构造（二）装配工艺要点

1. 水平连接构造（二）的装配施工工艺

（1）清除各预制混凝土构件的各定位键凹件1号（105）、封闭环形槽（31）凹槽内的杂物，将橡胶封闭圈1号（35）以胶粘剂定位于封闭环形槽（31）内，如图5-164所示。

（2）混凝土预制构件全部吊装并按设计规定编号位置（严禁互换位置）装配，且使相邻的预制混凝土构件的定位键凸件1号（106）的凸键与定位键凹件1号（105）的凹键配合，同时控制混凝土预制构件的相邻垂直连接面的距离≤20mm；清除两混凝土预制构件的相邻连接面之间的缝隙内的任何杂物。

（3）将钢绞线（26）的一端与锚环（36）和夹片（37）配合夹紧；并使钢绞线（26）外露8mm～10mm（张拉后外露4mm～5mm）；钢绞线（26）的另一端须打磨成半球形，以利穿线施工，将钢绞线（26）的另一端自固定端穿入钢绞线孔道（27）的塑料套管1号（28），使位于固定端的钢绞线（26）的锚环（36）进入固定端锚件（55）并使锚环（36）的环形内立面与固定端锚件（55）的环形外立面无间隙配合。

（4）在张拉端首先以锚环（36）、夹片（37）与中间 1 根钢绞线（26）配合，最后一次检查并清理混凝土预制构件间缝隙内的杂物，以单根张拉机进行张拉，张拉力为 140kN，然后对称张拉左右相邻的 2 根，张拉力先后分别为 136kN、132kN，继而依次左右对称地张拉其余的钢绞线（26），张拉力 130kN。

为增加钢绞线（26）重复使用次数，特在锚环（36）的内立面与固定端锚件（55）的环形承压圈外立面之间增设 2 件固定端承压管（38）；当钢绞线（26）重复使用达到 4 次时，在水平连接构造（二）装配时撤去 1 件固定端承压管（38），以更换夹片（37）与锚环（36）的夹持位置，同时在张拉端将钢绞线（26）去掉 1 个锚环（36）的长度，并将钢绞线（26）端头磨成半球形，再重复使用 4 次后再重复上述操作；如图 5-170 所示。

（5）水平连接构造（二）的封闭构造的装配工艺

1）固定端封闭：水平连接构造（二）的钢绞线（26）张拉工作全部完成后，即可将固定端外口封闭塞（41）与固定端外口（39）配合向里推进并轻振，使固定端封闭；如图 5-170 所示。

2）张拉端封闭：

① 封闭套筒 2 号（46）、封闭套筒 3 号（47）内外面刷防腐漆 2 道。

② 钢绞线（26）张拉工作全部完成后，以胶粘剂将橡胶封闭垫圈 1 号（48）、橡胶封闭垫圈 3 号（50）按图 5-171、图 5-172 规定的位置与基础梁（9）的混凝土外立面粘结定位，使橡胶封闭垫圈 1 号（48）、橡胶封闭垫圈 3 号（50）上的螺栓孔与螺栓锚件（51）上的螺栓孔对正贯通，把用布袋包裹的 0.5kg～1kg 生石灰粉装入封闭套筒 2 号（46）、封闭套筒 3 号（47）（用于吸收水平连接构造内的潮气，达到防锈目的），将位于封闭套筒 2 号（46）、封闭套筒 3 号（47）角钢框上的螺栓孔与螺栓锚件（51）上的螺栓孔对正贯通，以螺栓 4 号（52）与螺栓锚件（51）的内螺纹配合，旋紧各螺栓 4 号（52），使张拉端构造（54）封闭；如图 5-171 所示。

2. 水平连接构造（二）的拆解工艺

（1）塔机底架 1 号（120）或塔机底架 2 号（121）拆除之前不得拆解水平连接构造（二）。

（2）以与水平连接构造（二）装配工艺操作的逆操作，拆除水平连接构造（二）；注意退张钢绞线（26）时，张拉机不得加力过快，以免损伤钢绞线（26）；应特别注意，在退张过程中，夹片（37）应及时与锚环（36）分离，尽量不使钢绞线（26）达到应力极限，避免损伤钢绞线（26）。

（3）钢绞线（26）退张后，将钢绞线（26）从张拉端用力向固定端推出固定端外口封闭塞（41），逐根检查钢绞线（26），将可以继续重复使用的钢绞线（26）盘成直径不小于 1.5m 的圆盘，做好使用次数标记后收入库房。

（4）将拆下的水平连接构造（二）的其他零部件清点检查后，入库备用，尤其锚环（36）、夹片（37）须经认真检查，确认可以重复使用与须要报废的应严格分类，须要报废的不得入库与备用件混放。

3. 水平连接构造（二）的装配拆解施工中的安全注意事项

（1）张拉机等电机设备须有漏电保护。

（2）张拉或退张钢绞线（26）时，操作人员不得正对钢绞线（26），固定端以外 10 米长、2 米宽的范围以内不得有人在操作过程中停留。

（3）严禁在拆除塔身基础节及底架的同时拆除水平连接构造（二），上下立体同时拆除作业存在重大安全隐患。

5.4 装配式混凝土塔机基础与无底架的固定式塔机的垂直连接构造（二）

（配套于无底架的 QTZ630 、QTZ800 型固定式塔机）

5.4.1 装配式混凝土塔机基础与无底架的固定式塔机的垂直连接构造（二）的设计

1. 与 QTZ630 型（可与 QTZ800 型固定式塔机通用）无底架的固定式塔机的装配式混凝土塔机基础的垂直连接构造（二）的设计详图（基础与塔身的垂直连接螺栓配置参见表 5-8）

2. 装配式混凝土塔机基础与无底架的固定式塔机的垂直连接构造（二）的设计详图

（1）装配式混凝土塔机基础与无底架的固定式塔机的垂直连接构造（二）的装配总平面图（一），见图 5-237。

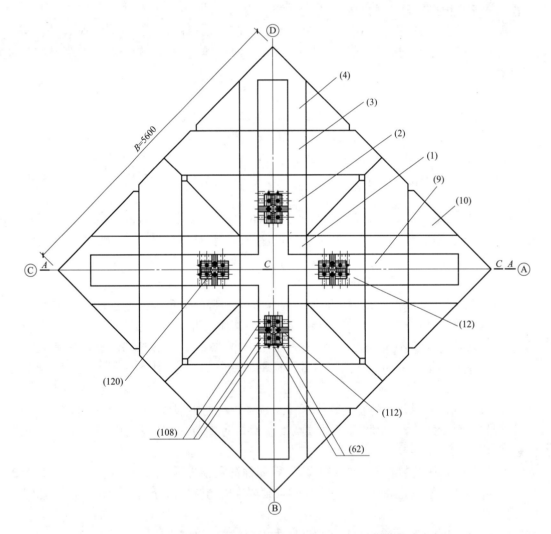

图 5-237 装配式混凝土塔机基础的垂直连接构造（二）的装配总平面图（一）

(1)—0 号构件；(2)—1 号构件；(3)—2 号构件；(4)—3 号构件；(9)—基础梁；(10)—底板；(12)—墩台；
(62)—螺母 3 号；(108)—水平孔道套管 2 号；(112)—塔身与基础过渡连接件；(120)—塔机底架 1 号

（2）装配式混凝土塔机基础与无底架的固定式塔机的垂直连接构造（二）的装配总剖面图（一），见图 5-238。

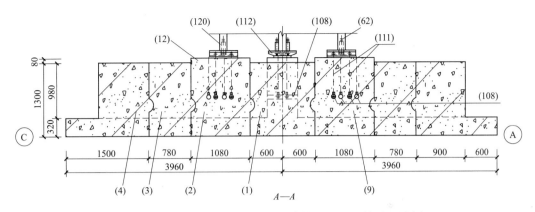

图 5-238　装配式混凝土塔机基础的垂直连接构造（二）的装配总剖面图（一）

（1）—0 号构件；（2）—1 号构件；（3）—2 号构件；（4）—3 号构件；（9）—基础梁；（12）—墩台；（62）—螺母 3 号；

（108）—水平孔道套管 2 号；（111）—垂直连接螺栓 2 号；（112）—塔身与基础过渡连接件；（120）—塔机底架 1 号

（3）装配式混凝土塔机基础与无底架的固定式塔机的垂直连接构造（二）的装配总平面图（二），见图 5-239。

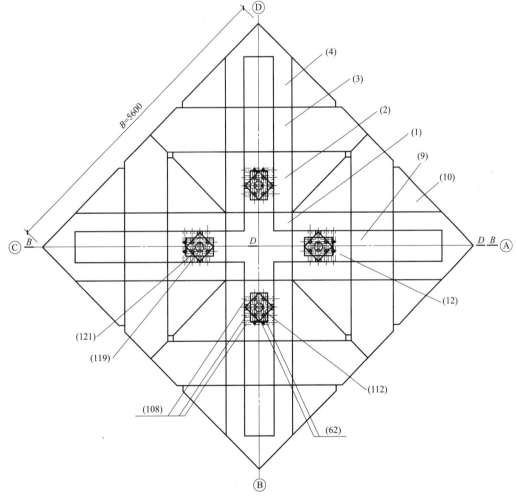

图 5-239　装配式混凝土塔机基础的垂直连接构造（二）的装配总平面图（二）

（1）—0 号构件；（2）—1 号构件；（3）—2 号构件；（4）—3 号构件；（9）—基础梁；（10）—底板；

（12）—墩台；（62）—螺母 3 号；（108）—水平孔道套管 2 号；（112）—塔身与基础过渡连接件；

（119）—塔身基础节下端与基础的连接板；（121）—塔机底架 2 号

（4）装配式混凝土塔机基础与无底架的固定式塔机的垂直连接构造（二）的装配总剖面图（二），见图5-240。

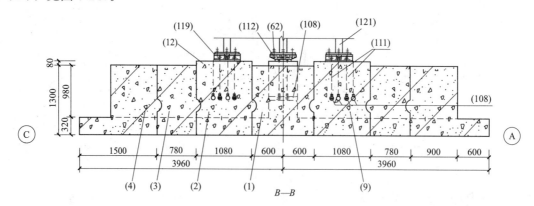

图5-240　装配式混凝土塔机基础的垂直连接构造（二）的装配总剖面图（二）

（1）—0号构件；（2）—1号构件；（3）—2号构件；（4）—3号构件；（9）—基础梁；（12）—墩台；

（62）—螺母3号；（108）—水平孔道套管2号；（111）—垂直连接螺栓2号；（112）—塔身与基础过渡连接件；

（119）—塔身基础节下端与基础的连接板；（121）—塔机底架2号

（5）装配式混凝土塔机基础与无底架的固定式塔机的垂直连接构造（二）的装配的纵向侧立面图（一），见图5-241。

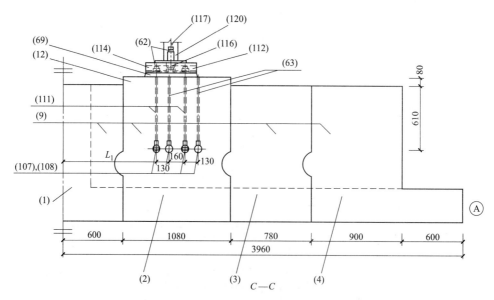

图5-241　装配式混凝土塔机基础与无底架的固定式塔机的垂直连接构造（二）
的装配的纵向侧立面图（一）

L_1—根据实际装配的塔机与基础的垂直连接构造的平面位置确定；（1）—0号构件；（2）—1号构件；

（3）—2号构件；（4）—3号构件；（9）—基础梁；（12）—墩台；（62）—螺母3号；（63）—垂直螺栓孔道；

（69）—高强度水泥砂浆；（107）—垂直螺栓下端水平孔道2号；（108）—水平孔道套管2号；

（111）—垂直连接螺栓2号；（112）—塔身与基础过渡连接件；（114）—垫圈1号；（116）—垂直螺栓锚件；

（117）—垂直螺栓3号；（120）—塔机底架1号

（6）装配式混凝土塔机基础与无底架的固定式塔机的垂直连接构造（二）的装配的纵向侧立面图（二），见图5-242。

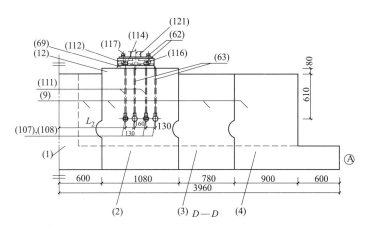

图 5-242 装配式混凝土塔机基础与无底架的固定式塔机的
垂直连接构造 (二) 的装配的纵向侧立面图 (二)

L₂—根据实际装配的塔机与基础的垂直连接构造的平面位置确定；(1)—0 号构件；(2)—1 号构件；(3)—2 号构件；
(4)—3 号构件；(9)—基础梁；(12)—墩台；(62)—螺母 3 号；(63)—垂直螺栓孔道；(69)—高强度水泥砂浆；
(107)—垂直螺栓下端水平孔道 2 号；(108)—水平孔道套管 2 号；(111)—垂直连接螺栓 2 号；(112)—塔身
与基础过渡连接件；(114)—垫圈 1 号；(116)—垂直螺栓锚件；(117)—垂直螺栓 3 号；(121)—塔机底架 2 号

(7) 装配式混凝土塔机基础与无底架的固定式塔机的垂直连接构造 (二) 设于基础梁 (9)
内构造的设计详图

1) 与无底架的固定式塔机的垂直连接构造 (二) 设于基础梁 (9) 内构造的平面图，见图 5-243。

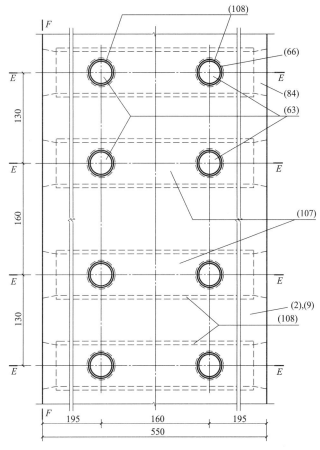

图 5-243 与无底架的固定式塔机的垂直连接构造 (二) 设于基础梁 (9) 内构造的平面图

(2)—1 号构件；(9)—基础梁；(63)—垂直螺栓孔道；(66)—垂直螺栓孔道下端加固套管；
(84)—水平管定位件；(107)—垂直螺栓下端水平孔道 2 号；(108)—水平孔道套管 2 号

2）与无底架的固定式塔机的垂直连接构造（二）设于基础梁（9）内构造的横向剖面图，见图 5-244。

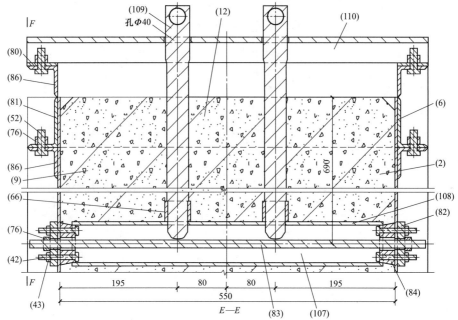

图 5-244　与无底架的固定式塔机的垂直连接构造（二）设于基础梁（9）内构造的横向剖面图
（2）—1 号构件；（6）—模板；（9）—基础梁；（12）—墩台；（42）—螺栓 3 号；（43）—螺母 2 号；（52）—螺栓 4 号；
（66）—垂直螺栓孔道下端加固套管；（76）—螺母 4 号；（80）—扁钢；（81）—异形角钢；（82）—异形垫圈 2 号；
（83）—模板加固螺栓；（84）—水平管定位件；（86）—角钢；（107）—垂直螺栓下端水平孔道 2 号；
（108）—水平孔道套管 2 号；（109）—垂直螺栓孔道模具 2 号；（110）—槽钢 2 号

3）与无底架的固定式塔机的垂直连接构造（二）设于基础梁（9）内构造的纵向剖面图，见图 5-245。

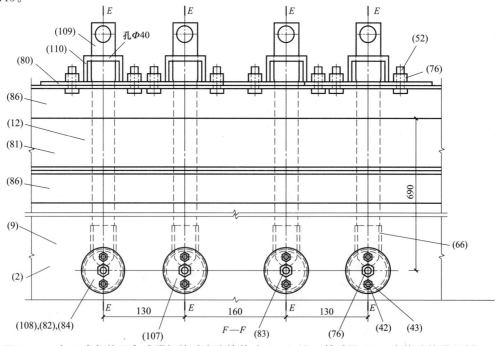

图 5-245　与无底架的固定式塔机的垂直连接构造（二）设于基础梁（9）内构造的纵向剖面图
（2）—1 号构件；（9）—基础梁；（12）—墩台；（42）—螺栓 3 号；（43）—螺母 2 号；（52）—螺栓 4 号；
（66）—垂直螺栓孔道下端加固套管；（76）—螺母 4 号；（80）—扁钢；（81）—异形角钢；（82）—异形垫圈 2 号；
（83）—模板加固螺栓；（84）—水平管定位件；（86）—角钢；（107）—垂直螺栓下端水平孔道 2 号；
（108）—水平孔道套管 2 号；（109）—垂直螺栓孔道模具 2 号；（110）—槽钢 2 号

（8）与无底架的固定式塔机的垂直连接构造（二）的装配构造局部详图（一）

1）装配式混凝土塔机基础与无底架的固定式塔机的垂直连接构造（二）的装配构造局部平面图（一），见图 5-246。

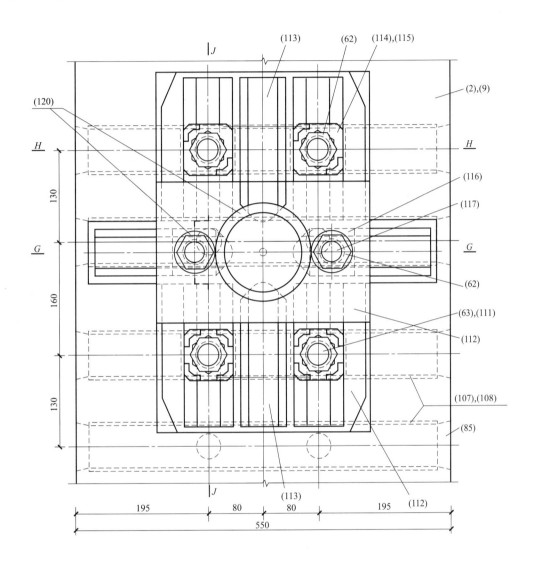

图 5-246　装配式混凝土塔机基础与无底架的固定式塔机的垂直连接构造（二）
的装配构造局部平面图（一）

（2）—1 号构件；（9）—基础梁；（62）—螺母 3 号；（63）—垂直螺栓孔道；（85）—水平管端头橡胶封闭塞；
（107）—垂直螺栓下端水平孔道 2 号；（108）—水平孔道套管 2 号；（111）—垂直连接螺栓 2 号；
（112）—塔身与基础过渡连接件；（113）—底板封堵件；（114）—垫圈 1 号；（115）—螺母防松件；
（116）—垂直螺栓锚件；（117）—垂直连接螺栓 3 号；（120）—塔身与基础连接构造 1 号

2）装配式混凝土塔机基础与无底架的固定式塔机的垂直连接构造（二）的装配构造局部横向剖面图，见图 5-247、图 5-248。

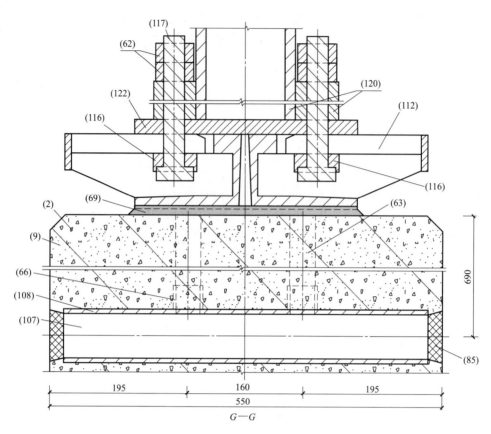

图 5-247　装配式混凝土塔机基础与无底架的固定式塔机的垂直连接构造（二）的装配构造局部横向剖面图 1

（2）—1 号构件；（9）—基础梁；（62）—螺母 3 号；（63）—垂直螺栓孔道；（66）—垂直螺栓孔道下端加固套管；（69）—高强度水泥砂浆；（85）—水平管端头橡胶封闭塞；（107）—垂直螺栓下端水平孔道 2 号；（108）—水平孔道套管 2 号；（112）—塔身与基础过渡连接件；（116）—垂直螺栓锚件；（117）—垂直连接螺栓 3 号；（120）—塔身与基础连接构造 1 号；（122）—垫板 2 号

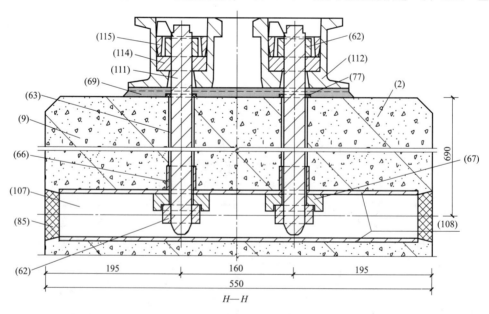

图 5-248　装配式混凝土塔机基础与无底架的固定式塔机的垂直连接构造（二）的装配构造局部横向剖面图 2

（2）—1 号构件；（9）—基础梁；（62）—螺母 3 号；（63）—垂直螺栓孔道；（66）—垂直螺栓孔道下端加固套管；（67）—异形垫圈 1 号；（69）—高强度水泥砂浆；（77）—橡胶封闭圈 4 号；（85）—水平管端头橡胶封闭塞；（107）—垂直螺栓下端水平孔道 2 号；（108）—水平孔道套管 2 号；（111）—垂直连接螺栓 2 号；（112）—塔身与基础过渡连接件；（114）—垫圈 1 号；（115）—螺母防松件

3）装配式混凝土塔机基础与无底架的固定式塔机的垂直连接构造（二）的装配构造局部纵向剖面图，见图 5-249。

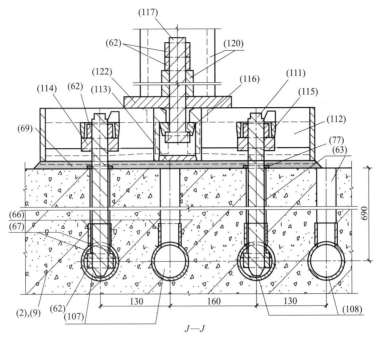

图 5-249 装配式混凝土塔机基础与无底架的固定式塔机的垂直连接构造（二）的装配构造局部纵向剖面图

（2）—1 号构件；（9）—基础梁；（62）—螺母 3 号；（63）—垂直螺栓孔道；（66）—垂直螺栓孔道下端加固套管；（67）—异形垫圈 1 号；（69）—高强度水泥砂浆；（77）—橡胶封闭圈 4 号；（107）—垂直螺栓下端水平孔道 2 号；（108）—水平孔道套管 2 号；（111）—垂直连接螺栓 2 号；（112）—塔身与基础过渡连接件；（113）—底板封堵件；（114）—垫圈 1 号；（115）—螺母防松件；（116）—垂直螺栓锚件；（117）—垂直连接螺栓 3 号；（120）—塔身与基础连接构造 1 号；（122）—垫板 2 号

4）装配式混凝土塔机基础与无底架的固定式塔机的垂直连接构造（二）的装配构造系统图（一），见图 5-250～图 5-253。

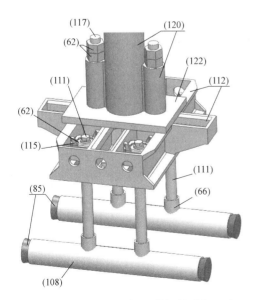

图 5-250 装配式混凝土塔机基础与无底架的固定式塔机的垂直连接构造（二）的装配系统图（一）

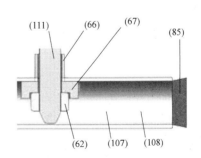

图 5-251 装配式混凝土塔机基础与无底架的固定式塔机的垂直连接构造（二）的装配系统图（一）局部剖面图 1

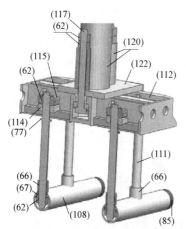

图 5-252　装配式混凝土塔机基础与无底架的固
定式塔机的垂直连接构造（二）的装配
系统图（一）局部剖面图 2

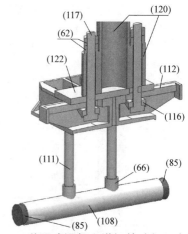

图 5-253　装配式混凝土塔机基础与无底架的固
定式塔机的垂直连接构造（二）的装配
系统图（一）局部剖面图 3

（62）—螺母 3 号；（66）—垂直螺栓孔道下端加固套管；（67）—异形垫圈 1 号；（77）—橡胶封闭圈 4 号；
（85）—水平管端头橡胶封闭塞；（107）—垂直螺栓下端水平孔道 2 号；（108）—水平孔道套管 2 号；
（111）—垂直连接螺栓 2 号；（112）—塔身与基础过渡连接件；（114）—垫圈 1 号；（115）—螺母防松件；
（116）—垂直螺栓锚件；（117）—垂直连接螺栓 3 号；（120）—塔身与基础连接构造 1 号；（122）—垫板 2 号

（9）与无底架的固定式塔机的垂直连接构造（二）的装配构造局部详图（二）

1）装配式混凝土塔机基础与无底架的固定式塔机的垂直连接构造（二）的装配构造局部平
面图，见图 5-254。

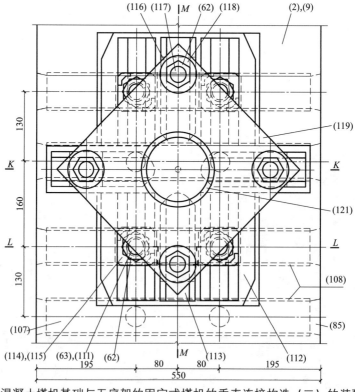

图 5-254　装配式混凝土塔机基础与无底架的固定式塔机的垂直连接构造（二）的装配构造局部平面图
（2）—1 号构件；（9）—基础梁；（62）—螺母 3 号；（63）—垂直螺栓孔道；（85）—水平管端头橡胶封闭塞；
（108）—水平孔道套管 2 号；（111）—垂直连接螺栓 2 号；（112）—塔身与基础过渡连接件；
（113）—底板封堵件；（114）—垫圈 1 号；（115）—螺母防松件；
（116）—垂直螺栓锚件；（117）—垂直连接螺栓 3 号；（118）—垫圈 2 号；
（119）—塔身基础节下端与基础的连接板；（121）—塔身与基础连接构造 2 号

2）装配式混凝土塔机基础与有底架的固定式塔机的垂直连接构造（二）的装配构造局部横向剖面图，见图 5-255、图 5-256。

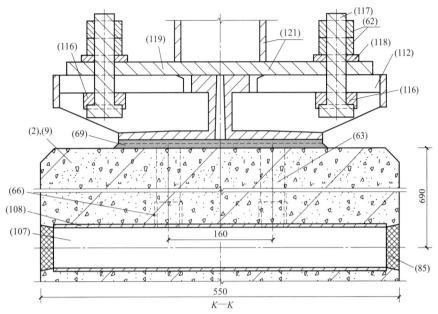

图 5-255 装配式混凝土塔机基础与无底架的固定式塔机的垂直连接构造（二）的装配构造局部横向剖面图 1
(2)—1 号构件；(9)—基础梁；(62)—螺母 3 号；(63)—垂直螺栓孔道；(66)—垂直螺栓孔道下端加固套管；
(69)—高强度水泥砂浆；(85)—水平管端头橡胶封闭塞；(107)—垂直螺栓下端水平孔道 2 号；(108)—水平
孔道套管 2 号；(112)—塔身与基础过渡连接件；(116)—垂直螺栓锚件；(117)—垂直连接螺栓 3 号；
(118)—垫圈 2 号；(119)—塔身基础节下端与基础的连接板；(121)—塔身与基础连接构造 2 号

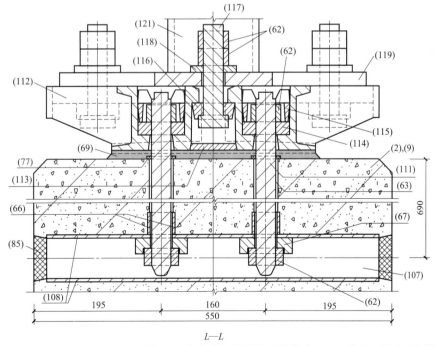

图 5-256 装配式混凝土塔机基础与无底架的固定式塔机的垂直连接构造（二）的装配构造局部横向剖面图 2
(2)—1 号构件；(9)—基础梁；(62)—螺母 3 号；(63)—垂直螺栓孔道；(66)—垂直螺栓孔道下端加固套管；
(67)—异形垫圈 1 号；(69)—高强度水泥砂浆；(77)—橡胶封闭圈 4 号；(85)—水平管端头橡胶封闭塞；(107)—垂
直螺栓下端水平孔道 2 号；(108)—水平孔道套管 2 号；(111)—垂直连接螺栓 2 号；(112)—塔身与基础过渡连接件；
(113)—底板封堵件；(114)—垫圈 1 号；(115)—螺母防松件；(116)—垂直螺栓锚件；(117)—垂直连接螺栓 3 号；
(118)—垫圈 2 号；(119)—塔身基础节下端与基础的连接板；(121)—塔身与基础连接构造 2 号

3）装配式混凝土塔机基础与有底架的固定式塔机的垂直连接构造（二）的装配构造局部纵向剖面图，见图 5-257。

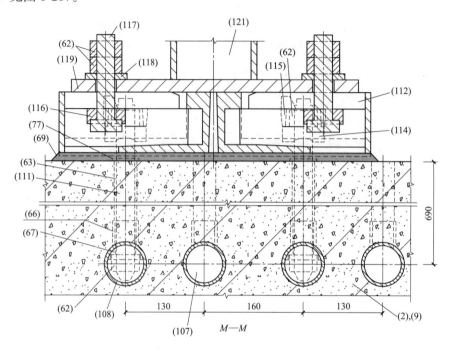

图 5-257　装配式混凝土塔机基础与无底架的固定式塔机的垂直连接构造（二）的装配构造局部纵向剖面图
（2）—1 号构件；（9）—基础梁；（62）—螺母 3 号；（63）—垂直螺栓孔道；（66）—垂直螺栓孔道下端加固套管；
（67）—异形垫圈 1 号；（69）—高强度水泥砂浆；（77）—橡胶封闭圈 4 号；（107）—垂直螺栓下端水平孔道 2 号；
（108）—水平孔道套管 2 号；（111）—垂直连接螺栓 2 号；（112）—塔身与基础过渡连接件；（114）—垫圈 1 号；
（115）—螺母防松件；（116）—垂直螺栓锚件；（117）—垂直连接螺栓 3 号；（118）—垫圈 2 号；
（119）—塔身基础节下端与基础的连接板；（121）—塔身与基础连接构造 2 号

4）装配式混凝土塔机基础与无底架的固定式塔机的垂直连接构造（二）的装配构造系统图（二），见图 5-258～图 5-261。

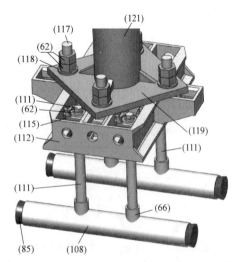

图 5-258　装配式混凝土塔机基础与无底架的固定式塔机的垂直连接构造（二）的装配系统图（二）

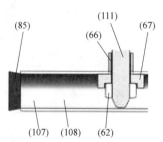

图 5-259　装配式混凝土塔机基础与无底架的固定式塔机的垂直连接构造（二）的装配系统图（二）局部剖面图 1

420

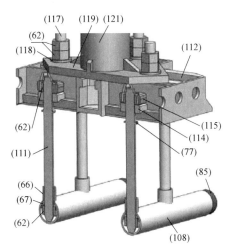

图 5-260　装配式混凝土塔机基础与无底架
的固定式塔机的垂直连接构造（二）
的装配系统图（二）局部剖面图 2

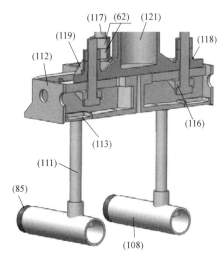

图 5-261　装配式混凝土塔机基础与无底架
的固定式塔机的垂直连接构造（二）
的装配系统图（二）局部剖面图 3

（62）—螺母 3 号；（66）—垂直螺栓孔道下端加固套管；（67）—异形垫圈 1 号；（77）—橡胶封闭圈 4 号；
（85）—水平管端头橡胶封闭塞；（107）—垂直螺栓下端水平孔道 2 号；（108）—水平孔道套管 2 号；
（111）—垂直连接螺栓 2 号；（112）—塔身与基础过渡连接件；（113）—底板封堵件；（114）—垫圈 1 号；
（115）—螺母防松件；（116）—垂直螺栓锚件；（117）—垂直连接螺栓 3 号；（118）—垫圈 2 号；
（119）—塔身基础节下端与基础的连接板；（121）—塔身与基础连接构造 2 号

3. 装配式混凝土塔机基础与无底架的固定式塔机的垂直连接构造（二）的零件详图

（1）螺母 3 号（62），见图 5-262、图 5-263。

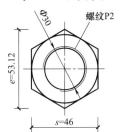

图 5-262　螺母 3 号（62）的横向正立面图

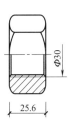

图 5-263　螺母 3 号（62）的纵向剖面图

螺母 3 号（62）

1. 执行标准：GB/T41；　2. 规格：M30；　3. 螺纹 P2；　4. 强度等级：10 级。

（2）垂直螺栓孔道下端加固套管（66），见图 5-264～图 5-266。

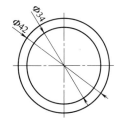

图 5-264　垂直螺栓孔道下端加
固套管（66）的侧立面图

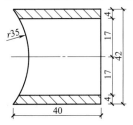

图 5-265　垂直螺栓孔道下端加
固套管（66）的纵向剖面图

图 5-266　垂直螺栓孔道下端加
固套管（66）的三维图

垂直螺栓孔道下端加固套管（66）

1. 倒角：45°×0.5；　2. 材料：45 号钢。

（3）异形垫圈 1 号（67），见图 5-267～图 5-270。

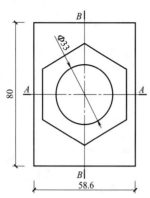

图 5-267　异形垫圈 1 号（67）
的横向正立面图

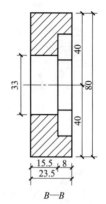

图 5-268　异形垫圈 1 号（67）
的纵向剖面图

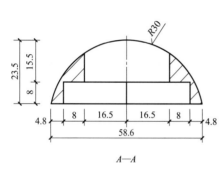

图 5-269　异形垫圈 1 号（67）
的横向剖面图

图 5-270　异形垫圈 1 号（67）
的三维图

异形垫圈 1 号（67）

1. 材料：40Cr；　2. 工艺：机加工或铸造；　3. 未注明处倒角 45°×1。

（4）螺母 4 号（76），见图 5-271、图 5-272。

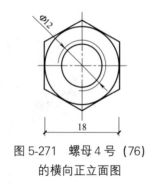

图 5-271　螺母 4 号（76）
的横向正立面图

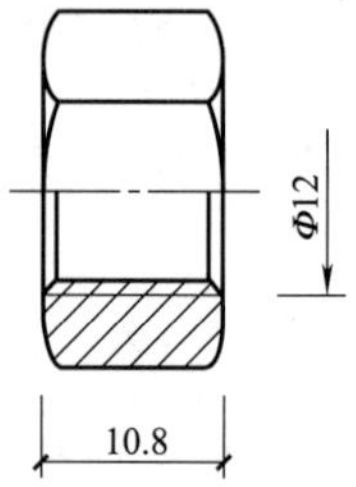

图 5-272　螺母 4 号（76）
的纵向剖面图

螺母 4 号（76）

1. 执行标准：GB/T41；　2. 规格：M12；　3. 螺纹 P1.5。

（5）橡胶封闭圈 4 号（77），见图 5-273、图 5-274。

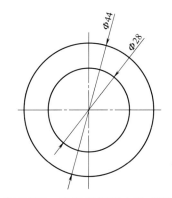

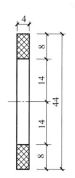

图 5-273 橡胶封闭圈 4 号（77）
的横向正立面图

图 5-274 橡胶封闭圈 4 号（77）
的纵向剖面图

橡胶封闭垫圈 4 号（77）

1. 材质：丁腈橡胶； 2. 规格：M30；
3. 工艺：模铸或选规格相同的商品购入；
4. 未注明的倒角是 45°×1

（6）扁钢（80），见图 5-275、图 5-276。

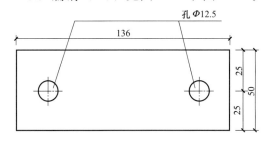

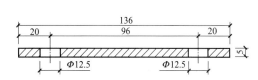

图 5-275 扁钢（80）的平面图

图 5-276 扁钢（80）的纵向剖面图

扁钢（80）

1. 材料：Q235； 2. 工艺：机加工； 3. 未标明处倒角：45°×0.5。

（7）异形垫圈 2 号（82），见图 5-277～图 5-279。

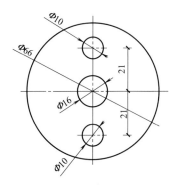

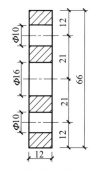

图 5-277 异形垫圈 2 号（82）
的横向正立面图

图 5-278 异形垫圈 2 号（82）
的纵向剖面图

图 5-279 异形垫圈 2 号（82）
的三维图

异形垫圈 2 号（82）

1. 材料：45 号钢； 2. 工艺：机加工； 3. 未注明处倒角：45°×1。

（8）模板加固螺栓（83），见图5-280、图5-281。

图5-280　模板加固螺栓（83）
的横向正立面图

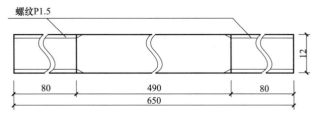

图5-281　模板加固螺栓（83）
的纵向侧立面图

模板加固螺栓（83）

1. 材料：35CrMo；　2. 工艺：机加工；　3. 未注明处倒角45°×0.5。

（9）水平孔道套管定位件（84），见图5-282～图5-284。

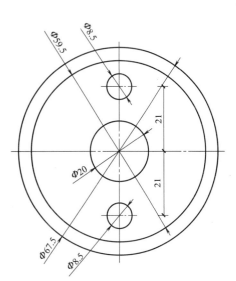

图5-282　水平孔道套管定位件（84）
的横向正立面图

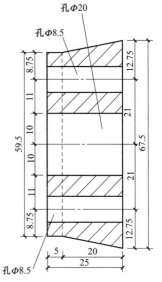

图5-283　水平孔道套管定位
件（84）的纵向剖面图

图5-284　水平孔道套管定
位件（84）的三维图

水平孔道套管定位件（84）

1. 材料：45号钢；　2. 工艺：机加工或铸造；　3. 未注明处倒角45°×1。

（10）水平管端头橡胶封闭塞（85），见图5-285、图5-286。

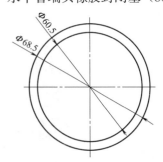

图5-285　水平管端头橡胶封闭
塞（85）的横向正立面图

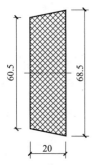

图5-286　水平管端头橡胶封闭
塞（85）的纵向剖面图

水平管端头橡胶封闭塞（85）

1. 材质：丁腈橡胶；　2. 工艺：模铸或选规格相同的商品购入；　3. 未注明的倒角是45°×1。

（11）水平孔道套管 2 号（108），见图 5-287、图 5-288。

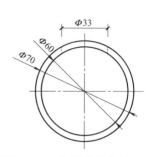

图 5-287 水平孔道套管 2 号
（108）的侧立面图

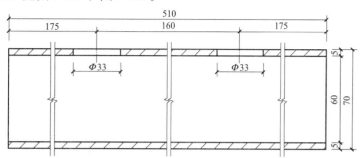

图 5-288 水平孔道套管 2 号（108）的纵向剖面图

水平孔道套管 2 号（108）

（无缝钢管 D70×5）

1. 倒角：45°×0.5； 2. 材料：45 号钢。

（12）垂直螺栓孔道模具 2 号（109），见图 5-289～图 5-291。

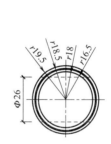

图 5-289 垂直螺栓孔道模具
2 号（109）的侧立面图

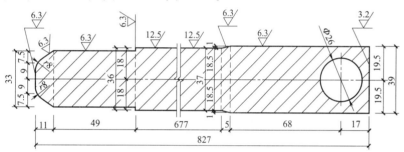

图 5-290 垂直螺栓孔道模具 2 号（109）的纵向剖面图

图 5-291 垂直螺栓孔道模具 2 号（109）三维图

垂直螺栓孔道模具 2 号（109）

（适用于 M30 垂直连接螺栓）

1. 材料：45 号钢或 40Cr； 2. 工艺：机加工； 3. 倒角：45°×1。

（13）槽钢 2 号（110），见图 5-292～图 5-294。

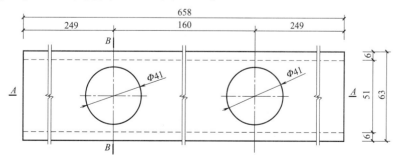

图 5-292 槽钢 2 号（110）的平面图

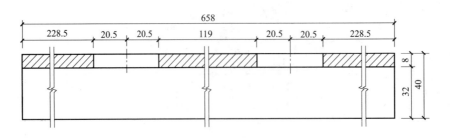

A—A

图 5-293 槽钢 2 号（110）的纵向剖面图

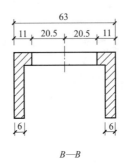

B—B

图 5-294 槽钢 2 号（110）的横向正立面图

槽钢 2 号（110）

1. 材料：Q235～Q295； 2. 工艺：机加工； 3. 可以用槽钢 6.3 号替代； 4. 未标明处倒角：45°×0.5。

（14）垂直连接螺栓 2 号（111），见图 5-295、图 5-296。

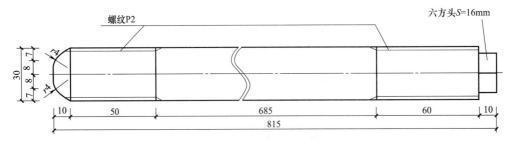

图 5-295 垂直连接螺栓 2 号（111）的纵向剖面图

图 5-296 垂直连接螺栓 2 号（111）的三维图

垂直连接螺栓 2 号（111）

1. 材料：35CrMo； 2. 规格：M30×2（10.9 级）； 3. 工艺：冲压，滚丝工艺；
4. 螺杆顺直偏差≤2； 5. 未注明处倒角 45°×1

（15）塔身与基础过渡连接件（112），见图 5-297～图 5-310。

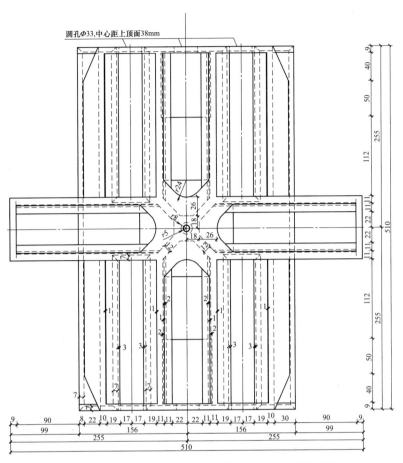

图 5-297　塔身与基础过渡连接件（112）的平面图

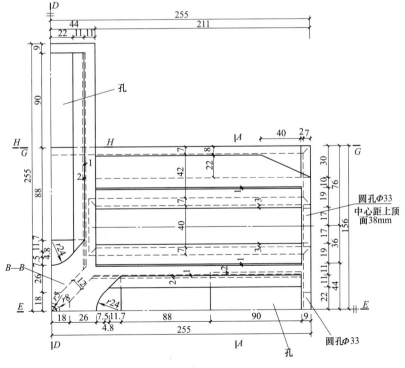

图 5-298　塔身与基础过渡连接件（112）的局部平面图

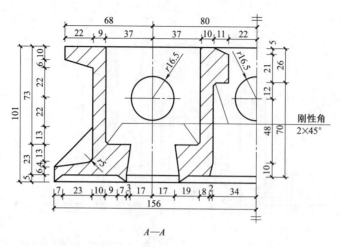

图 5-299　塔身与基础过渡连接件（112）的剖面图

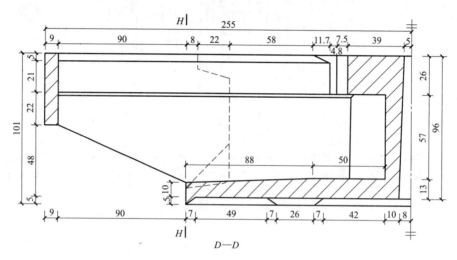

图 5-300　塔身与基础过渡连接件（112）的剖面图

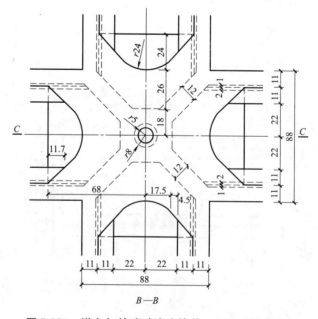

图 5-301　塔身与基础过渡连接件（112）的剖面图

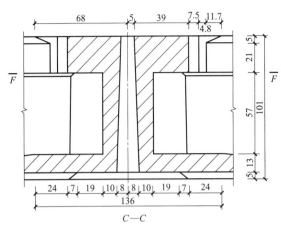

图 5-302　塔身与基础过渡连
接件（112）的剖面图

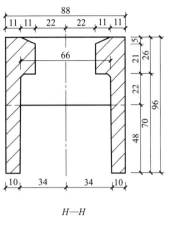

图 5-303　塔身与基础过渡连
接件（112）的剖面图

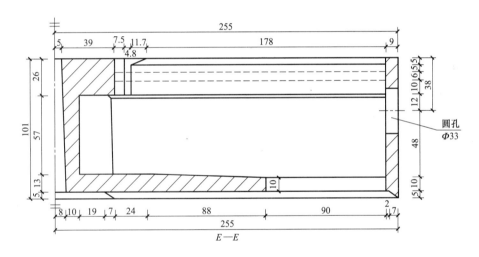

图 5-304　塔身与基础过渡连接件（112）的剖面图

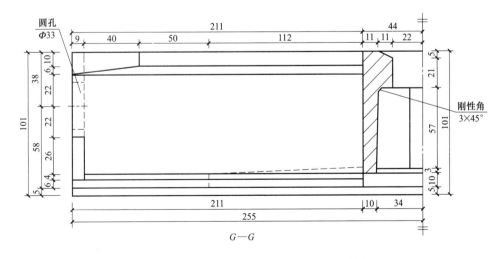

图 5-305　塔身与基础过渡连接件（112）的剖面图

图 5-306 塔身与基础过渡连接件（112）的三维俯视图

图 5-307 塔身与基础过渡连接件（112）的三维仰视图

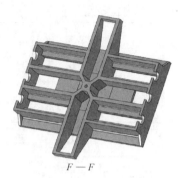

图 5-308 塔身与基础过渡连接件（112）的三维剖面图

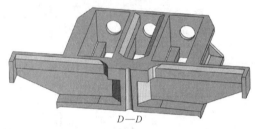

图 5-309 塔身与基础过渡连接件（112）的三维剖面图

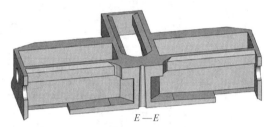

图 5-310 塔身与基础过渡连接件（112）的三维剖面图

塔身与基础过渡连接件（112）

1. 材质：40Cr； 2. 工艺：铸造； 3. 倒角：外缘 45°×2，内缘 45°×1；

4. 未标明处垂直肋板的阴角的刚性角 45°×3。

（16）底板封堵件（113），见图 5-311～图 5-314。

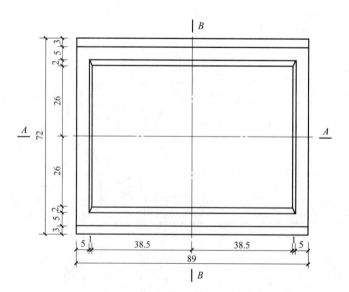

图 5-311 底板封堵件（113）的平面图

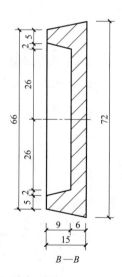

图 5-312 底板封堵件（113）的剖面图

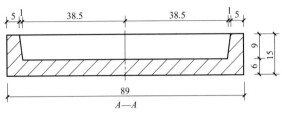

图 5-313 底板封堵件（113）的剖面图

图 5-314 底板封堵件（113）的三维图

底板封堵件（113）

1. 材质：40Cr；2. 工艺：铸造；3. 未标明处倒角45°×1。

（17）垫圈1号（114），见图5-315～图5-318。

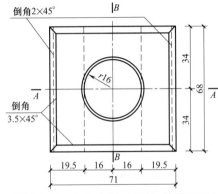

图 5-315 垫圈1号（114）的平面图

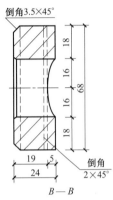

图 5-316 垫圈1号（114）的剖面图

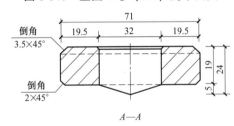

图 5-317 垫圈1号（114）的剖面图

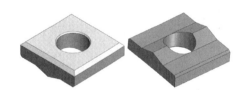

图 5-318 垫圈1号（114）的三维图

垫圈1号（114）

1. 材质：40Cr；2. 工艺：铸造；3. 未标明处倒角45°×1

（18）螺母防松件（115），见图5-319～图5-322。

1）螺母防松件1号（115.1）

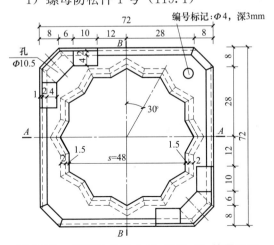

图 5-319 螺母防松件1号（115.1）的平面图

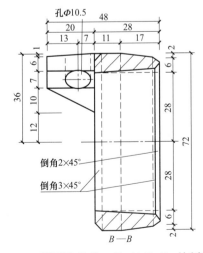

图 5-320 螺母防松件1号（115.1）的剖面图

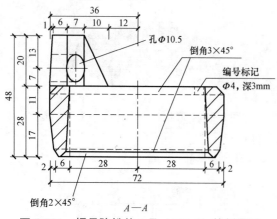

图 5-321　螺母防松件 1 号（115.1）的剖面图　　　图 5-322　螺母防松件 1 号（115.1）的三维图

螺母防松件 1 号（115.1）

1. 材质：40Cr；2. 工艺：铸造；3. 2 号孔锥丝 M10；

4. 上下外边倒角：45°×3，内孔下边倒角：45°×2，未标明处倒角：45°×1。

2）螺母防松件 2 号（115.2），见图 5-323～图 5-326。

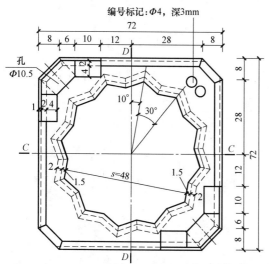

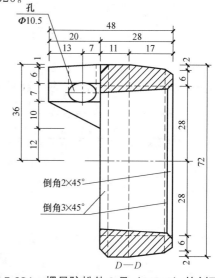

图 5-323　螺母防松件 2 号（115.2）的平面图　　　图 5-324　螺母防松件 2 号（115.2）的剖面图

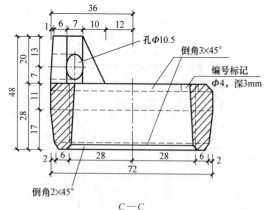

图 5-325　螺母防松件 2 号（115.2）的剖面图　　　图 5-326　螺母防松件 2 号（115.2）的三维图

螺母防松件 2 号（115.2）

1. 材质：40Cr；　　2. 工艺：铸造；　　3. 2 号孔锥丝 M10；

4. 上下外边倒角：45°×3，内孔下边倒角：45°×2，未标明处倒角：45°×1。

3）螺母防松件 3 号（115.3），见图 5-327～图 5-330。

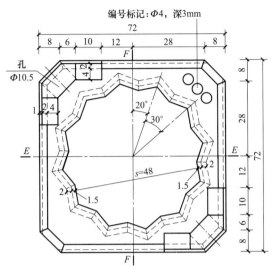

图 5-327 螺母防松件 3 号（115.3）的平面图

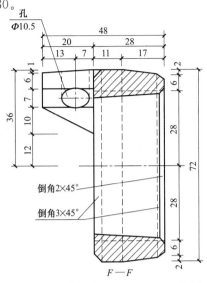

图 5-328 螺母防松件 3 号（115.3）的剖面图

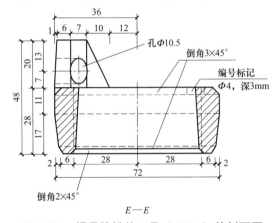

图 5-329 螺母防松件 3 号（115.3）的剖面图

图 5-330 螺母防松件 3 号（115.3）的三维图

螺母防松件 3 号（115.3）

1. 材质：40Cr；2. 工艺：铸造；3.2 号孔锥丝 M10；

4. 上下外边倒角：45°×3，内孔下边倒角：45°×2，未标明处倒角：45°×1。

（19）垂直螺栓锚件（116），见图 5-331～图 5-334。

1）垂直螺栓锚件 1 号（116.1）

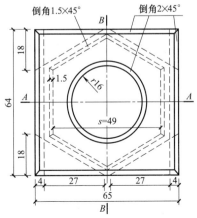

图 5-331 垂直螺栓锚件 1 号（116.1）的平面图

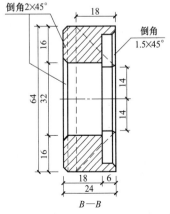

图 5-332 垂直螺栓锚件 1 号（116.1）的剖面图

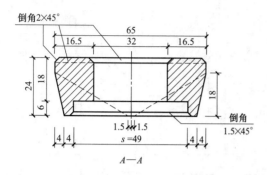

图 5-333　垂直螺栓锚件 1 号（116.1）的剖面图　　图 5-334　垂直螺栓锚件 1 号（116.1）的三维图

垂直螺栓锚件 1 号（116.1）

　　1. 材质：40Cr；　2. 工艺：铸造；　3. 未标明处倒角 45°×1。

2）垂直螺栓锚件 2 号（116.2），见图 5-335～图 5-338。

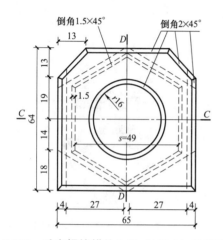

图 5-335　垂直螺栓锚件 2 号（116.2）的平面图

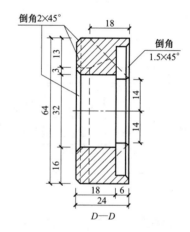

图 5-336　垂直螺栓锚件 2 号（116.2）的剖面图

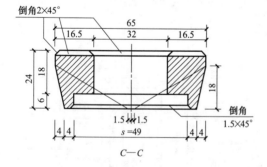

图 5-337　垂直螺栓锚件 2 号（116.2）的剖面图

图 5-338　垂直螺栓锚件 2 号（116.2）的三维图

垂直螺栓锚件 2 号（116.2）

　　1. 材质：40Cr；2. 工艺：铸造；3. 未标明处倒角 45°×1。

3）垂直螺栓锚件 3 号（116.3），见图 5-339～图 5-342。

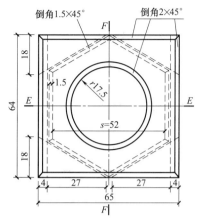

图 5-339　垂直螺栓锚件 3 号（116.3）的平面图

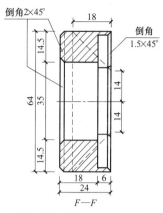

图 5-340　垂直螺栓锚件 3 号（116.3）的剖面图

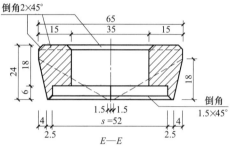

图 5-341　垂直螺栓锚件 3 号（116.3）的剖面图

图 5-342　垂直螺栓锚件 3 号（116.3）的三维图

垂直螺栓锚件 3 号（116.3）

　　1. 适用于 Φ33 号螺栓；2. 材质：40Cr；3. 工艺：铸造；4. 未标明处倒角 45°×1。

　　4）垂直螺栓锚件 4 号（116.4），见图 5-343～图 5-346。

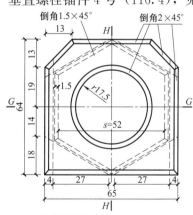

图 5-343　垂直螺栓锚件 4 号（116.4）的平面图

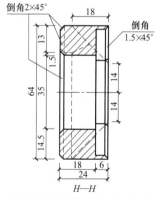

图 5-344　垂直螺栓锚件 4 号（116.4）的剖面图

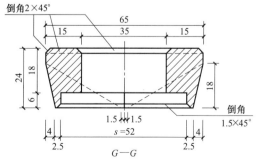

图 5-345　垂直螺栓锚件 4 号（116.4）的剖面图

图 5-346　垂直螺栓锚件 4 号（116.4）的三维图

垂直螺栓锚件 4 号（116.4）

　　1. 适用于 Φ33 号螺栓；2. 材质：40Cr；3. 工艺：铸造；4. 未标明处倒角 45°×1。

（20）垂直连接螺栓 3 号（117），见图 5-347、图 5-348。

图 5-347　垂直连接螺栓 3 号（117）的平面图

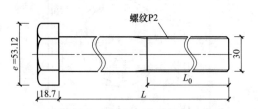

图 5-348　垂直连接螺栓 3 号（117）的侧面图

垂直连接螺栓 3 号（117）

1. 材质：40Cr；　2. 规格：M30×2（10.9S）；
3. 工艺：冲压，螺纹加工滚丝工艺；　4. 执行标准：GB/T 5785

（21）垫圈 2 号（118），见图 5-349、图 5-350。

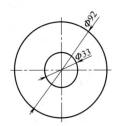

图 5-349　垫圈 2 号（118）的平面图

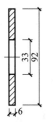

图 5-350　垫圈 2 号（118）的剖面图

垫圈 2 号（118）

1. 规格：M30；　2. 执行标准：GB/T 96.2。

（22）垫板 2 号（122），见图 5-351、图 5-352。

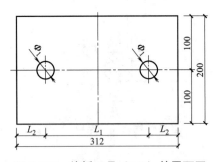

图 5-351　垫板 2 号（122）的平面图

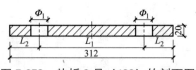

图 5-352　垫板 2 号（122）的剖面图

图中：L_1——两根垂直连接螺栓 3 号（117）的垂直纵轴心的水平距离；

Φ_1——螺栓孔直径，大于垂直连接螺栓 3 号（117）直径 2mm。

垫板 2 号（122）

1. 规格：45 号钢；2. 工艺：机加工。

4. 装配式混凝土塔机基础与无底架的固定式塔机的垂直连接构造（二）的装配辅助器具图

（1）螺母托具（87），见图 5-353～图 5-356。

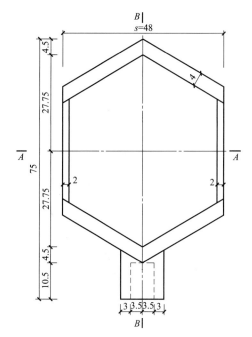

图 5-353 螺母托具（87）的平面图

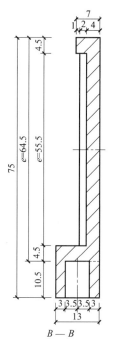

5-354 螺母托具（87）的纵向剖面图

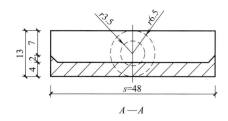

图 5-355 螺母托具（87）的横向剖面图

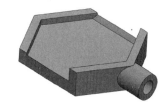

图 5-356 螺母托具（87）的三维图

螺母托具（87）

1. 材质：45 号钢；2. 工艺：铸造；3. 未注明的倒角是 $45°×1$

（2）螺母托具手柄（88）

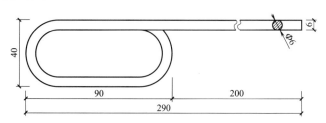

图 5-357 螺母托具手柄（88）的平面图

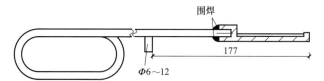

图 5-358 螺母托具（87）与螺母托具手柄（88）的组装图

螺母托具手柄（88）

1. 材质：$\Phi6$；2. 工艺：手工成形。

（3）水泥砂浆定位框（89），见图5-359～图5-362。

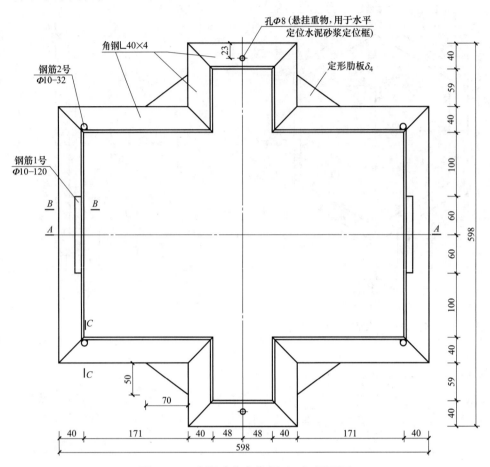

图 5-359　水泥砂浆定位框（89）平面图

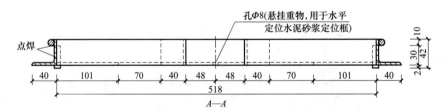

图 5-360　水泥砂浆定位框（89）剖面图 1

图 5-361　水泥砂浆定位框（89）剖面图 2　　　图 5-362　水泥砂浆定位框（89）剖面图 3

水泥砂浆定位框（89）

1. 材料：L40×4，Q235；2. 制作工艺：焊接；

3. 质量要求：①平面尺寸偏差≤1mm；②上面水平度≤1mm。

（4）水泥砂浆上面刮平器（90），见图5-363～图5-366。

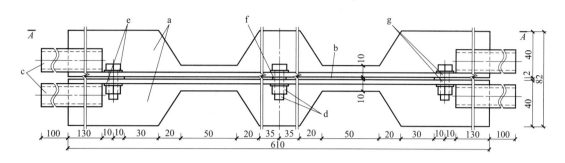

图 5-363 水泥砂浆上面刮平器（90）平面图

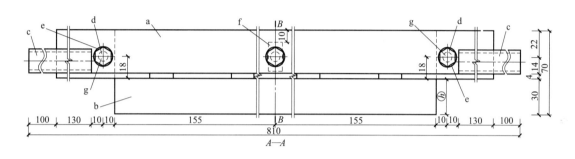

图 5-364 水泥砂浆上面刮平器（90）立面图

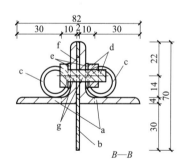

图 5-365 水泥砂浆上面
刮平器（90）剖面图

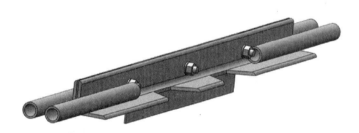

图 5-366 水泥砂浆上面刮平器（90）三维图

a. 角钢 L40×4-610
b. 木工带锯条 310×70×δ2
c. 双管 D20×b2.5-230
d. 螺栓组 M8×30
e. 垫圈 D16×d8.6×h1.6
f. 矩形孔 b12×h24
g. 螺栓孔 Φ8.5

水泥砂浆上面刮平器（90）

1. 工艺：手工；2. 数量：2~4 件。

439

（5）塞尺（91），见图 5-367～图 5-369。

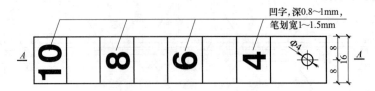

图 5-367　塞尺（91）平面图

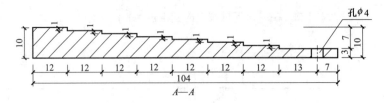

图 5-368　塞尺（91）剖面图

图 5-369　塞尺（91）三维图

塞尺（91）

1. 材料：40Cr 或 45 号钢；2. 工艺：铸造；3. 质量：0.08kg。

（6）水泥砂浆上面刮平器（90）装配图，见图 5-370、图 5-371。

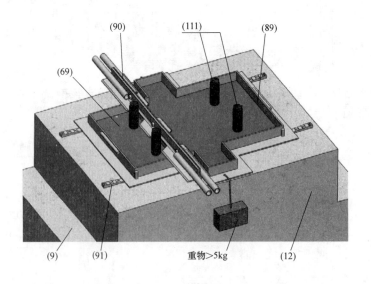

图 5-370　水泥砂浆上面刮平器（90）装配图

（9）—基础梁；（12）—墩台；（69）—高强度水泥砂浆；（89）—水泥砂浆定位框；
（90）—水泥砂浆上面刮平器；（91）—塞尺；（111）—垂直连接螺栓 2 号

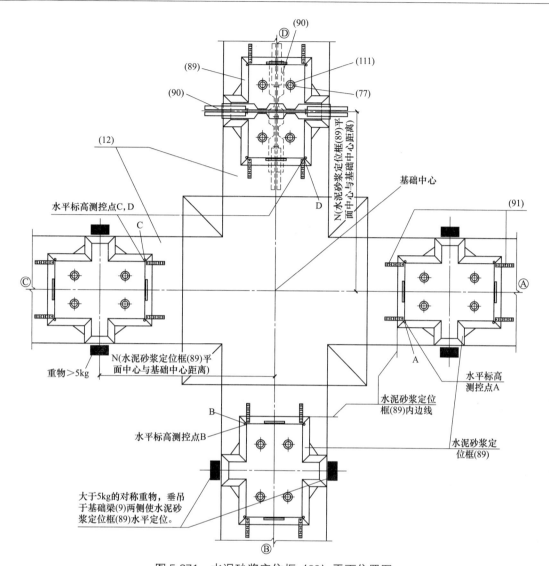

图 5-371　水泥砂浆定位框（89）平面位置图

(12)—墩台；(77)—橡胶封闭圈 4 号；(89)—水泥砂浆定位框；(90)—水泥砂浆上面刮平器；
(91)—塞尺；(111)—垂直连接螺栓 2 号

（7）提手（92），见图 5-372～图 5-374。

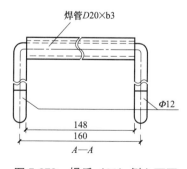

图 5-372　提手（92）侧立面图

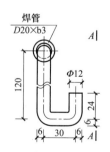

图 5-373　提手（92）剖面图

图 5-374　提手（92）三维图

提手（92）

工艺：手工

（8）螺母防松件卸卡（93），见图 5-375、图 5-376。

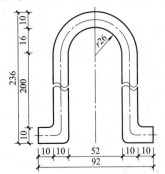

图 5-375　螺母防松件卸卡（93）立面图

图 5-376　螺母防松件卸卡（93）三维图

螺母防松件卸卡（93）

1. 材料：Ⅱ级钢筋 $\Phi10$；2. 工艺：手工。

（9）螺母防松件卸卡定位板（94），见图 5-377、图 5-378。

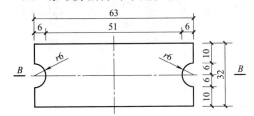

图 5-377　螺母防松件卸卡定位板（94）平面图

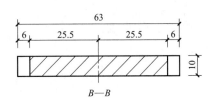

图 5-378　螺母防松件卸卡定位板（94）剖面图

螺母防松件卸卡定位板（94）

1. 材料：Q235；2. 工艺：手工

（10）垂直连接构造平面定位器（95），见图 5-379～图 5-383。

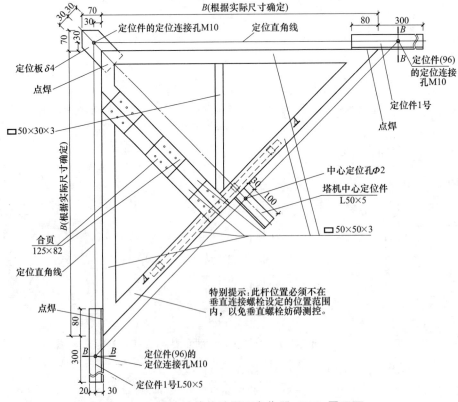

图 5-379　垂直连接构造平面定位器（95）平面图

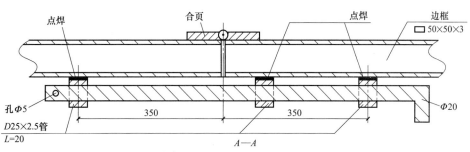

图 5-380 垂直连接构造平面定位器（95）局部剖面图 1

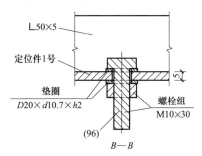

图 5-381 垂直连接构造平面定位器（95）
局部剖面图 2

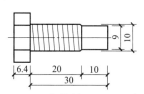

图 5-382 定位件（96）示意图

垂直连接构造平面定位器（95）

1. 工艺：手工；2. 质量要求：定位点尺寸偏差≤0.5mm；

3. 不用时，可折叠利于保管运输；用时展开，且轻拿轻放，确保不变形。

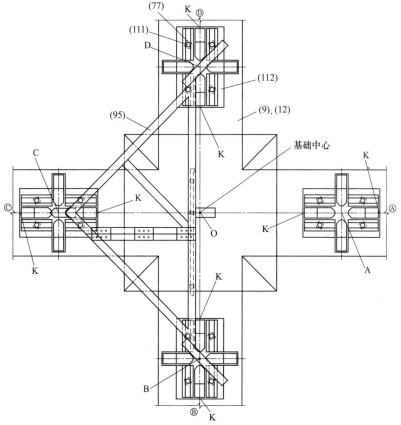

图 5-383 垂直连接构造平面定位器（95）实施测控平面图

（9）—基础梁；（12）—墩台；（77）—橡胶封闭圈 4 号；（95）—垂直连接构造平面定位器；
（111）—垂直连接螺栓 2 号；（112）—塔身与基础过渡连接件

443

（11）垂直螺栓定位卡具（97），见图5-384。

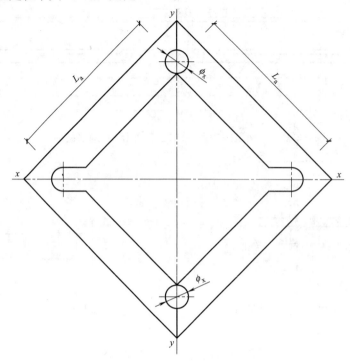

图5-384　垂直螺栓定位卡具（97）平面示意图

图中：

1. Φ_x＝垂直螺栓定位卡具（97）的直径＋1mm。

2. L_a—正方形分布的垂直螺栓定位卡具（97）的中心距离。

3. 根据具体的塔身与基础过渡连接件（112）的垂直螺栓定位卡具（97）的直径和平面位置制作专用的垂直螺栓定位卡具（97）。

垂直螺栓定位卡具（97）

1. 材料：扁钢50×5；2. 精度偏差：＜0.5mm。

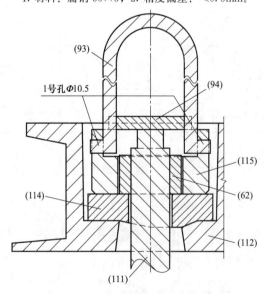

图5-385　螺母防松件（115）拆卸图

（62）—螺母3号；（93）—螺母防松件卸卡；（94）—螺母防松件卸卡定位板；（111）—垂直连接螺栓2号；
（112）—塔身与基础过渡连接件；（114）—垫圈1号；（115）—螺母防松件

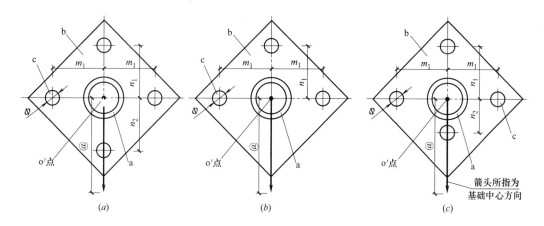

图 5-386　塔身与基础连接构造 2 号（121）的塔身基础节下端与基础的连接板（119）平面示意图

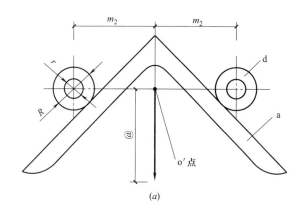

图 5-387　塔身与基础连接构造 1 号（120）的平面示意图 1

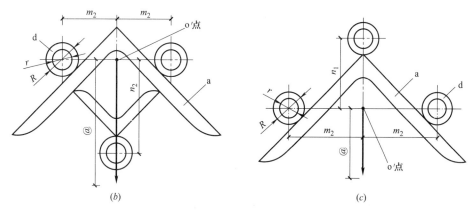

图 5-388　塔身与基础连接构造 1 号（120）的平面示意图 2

a—基础节垂直主弦杆；b—基础节下端与基础连接垫板；c—螺栓孔；d—螺栓套筒；
@—构造平面中心（o′点）至基础平面中心（o 点）的距离；r—套筒内径；R—套筒外径；
m_1—横向的螺栓孔 c 的中心至构造中心（o′点）的距离；
m_2—横向的螺栓套筒 d 的中心至构造中心（o′点）的距离；
n_1—中心位于基础平面十字轴线上且在 o′点以外的螺栓孔 c 的中心至 o′点距离；
n_2—中心位于基础平面十字轴线上且在 o′点以内的螺栓孔 c 的中心至 o′点距离；
Φ—塔身基础节下端与基础的连接板（119）上的螺栓孔径

445

　　按本平面图设计垂直连接螺栓 3 号（117）的垂直螺栓定位卡具（97）和塔身与基础过渡连接件（112）的垂直连接构造平面定位器（95），见图 5-389、图 5-390。

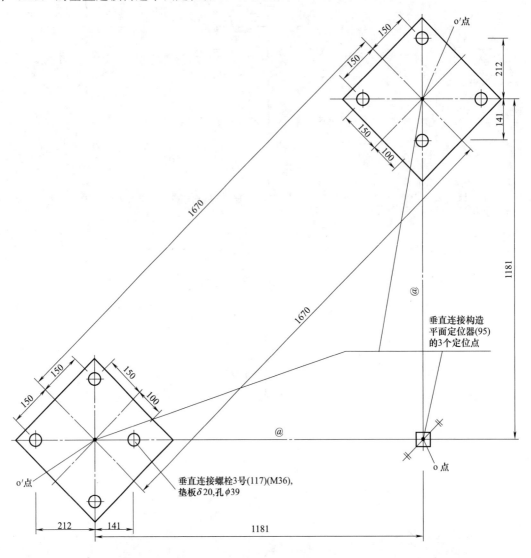

图 5-389　垂直连接构造（二）的塔身与基础连接构造 2 号（121）平面示意图

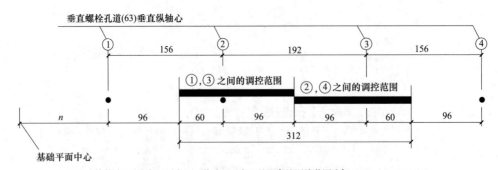

图 5-390　通过移位塔身与基础过渡连接件（112）调控各垂直连接
构造（二）中心的平面位置范围示意图

5.4.2 垂直连接构造（二）在混凝土内构造施工工艺要点

1. 总要求

装配式混凝土塔机基础与有底架的固定式塔机垂直连接构造（二）事关基础与塔机安全与重复使用，必须高度重视，严格把关，认真操作。

（1）认真阅读"垂直连接构造（二）"的详图，了解本构造的特点、技术要求和质量要求。

（2）垂直连接构造（二）的零部件在装配施工前须经认真的检验、核对，绝不允许将不合格的零件埋入混凝土内，造成不可修补的技术缺陷而报废混凝土构件。

（3）严格按垂直连接构造（二）要求的程序和技术标准由经过专业培训的专人进行操作。

2. 装配工作

（1）零件、工具的准备。按垂直连接构造（二）的基础零配件和施工工具及规定的件数，按零件详图的技术要求配备零件和专用工具。

1）在基础梁（9）的纵向垂直模板上，按设计规定的位置打孔，将水平孔道套管定位件（84）以螺栓 3 号（42）和螺母 2 号（43）与基础梁钢模板（6）组合定位；如图 5-241、图 5-242、图 5-243、图 5-244、图 5-245 所示。

2）将水平孔道套管 2 号（108）与垂直螺栓孔道下端加固套管（66）进行组合连接，使垂直螺栓孔道下端加固套管（66）的垂直纵轴心与水平孔道套管 1 号（65）的水平纵轴心交会并相互垂直。

3）将垂直螺栓孔道模具 2 号（109）的圆柱杆精车面以细水砂纸进一步磨光后备用。

（2）技术准备。认真阅读垂直连接构造（二）的系统图、混凝土构件及配筋图、核对垂直连接构造（二）与混凝土、钢筋、模板及水平连接构造系统的配合关系及施工顺序。

在设有水平孔道套管 2 号（108）的位置，在绑扎钢筋骨架时，特别注意箍筋和纵向筋的位置须避开水平孔道套管 2 号（108）的位置，避免在合模时重新调整钢筋位置（钢筋应预先按水平孔道套管 2 号（108）的设计位置计算好箍筋的位置）。

（3）操作程序及质量要求：

1）严格按设计详图的要求在 1 号构件（2）的基础梁（9）的纵向钢模板（6）立面上定位设置水平孔道套管 2 号（108）的中心点，也就是首先确定水平孔道套管 2 号（108）的中心位置（允许偏差 0.5mm）；特别是水平孔道套管定位件（84）与钢模板（6）连接的各螺栓孔 $\Phi9$ 的位置关系到垂直螺栓的结构安全、使用寿命和施工顺利，且关系到水平孔道套管 2 号（108）与混凝土的配合锚固关系，一旦不符合技术要求，则使整件混凝土预制件报废，应特别认真精细，反复测量核对。模板上钻孔定位由技术主管亲自复核，无误后方可钻孔。

首先在模板上确定水平孔道套管定位件（84）的中心位置和 2 个孔 $\Phi9$ 的位置，尤其须要注意 2 个孔 $\Phi9$ 在模板上的定位（位置偏差≤0.5mm）；以 2 付螺栓 3 号（42）、螺母 2 号（43）将水平孔道套管定位件（84）与钢模板（6）连接定位，并使螺母 2 号（43）位于基础梁（9）的钢模板（6）的外侧，且使螺母 2 号（43）稍有松动即可，以利于水平孔道套管定位件（84）与水平孔道套管 2 号（108）的配合，将水平孔道套管 2 号（108）的两端分别与水平孔道套管定位件（84）的内向端配合严密，以模板加固螺栓（83）与异形垫圈 2 号（82）配合紧固定位，同时紧固螺母 2 号（43），如图 5-244、图 5-245 所示；

1 号构件（2）的基础梁（9）钢模板（6）合模后，检测基础梁（9）钢模板（6）侧立面的垂直度和上面的水平度允许偏差 1mm，之后，方可在混凝土墩台（12）的钢模上按设计位置安装槽钢 3 号（110）与墩台（12）纵向模板上连接定位角钢（86），其横、纵两个方向定位允许偏差 1mm，以 2 组螺栓 4 号（52）、螺母 4 号（76）定位；如图 5-244、图 5-245 所示。

2）1 号构件（2）上的混凝土墩台（12）的钢模板（6）与基础梁（9）钢模板（6）装配及

加固全部完成并经检查校核后，接着装配扁钢（80）与槽钢 3 号（110）的组合件与槽钢 3 号（110）、墩台（12）的纵向模板连接定位角钢（86）连接定位，定位后复测槽钢 3 号（110）上 Φ40 孔中心至基础中心的水平距离和同一槽钢上 2 个 Φ40 孔的中心与基础轴线的距离，允许偏差 1mm，无误后，以螺栓 4 号（52）、螺母 4 号（76）与混凝土墩台（12）的模板上的异形角钢（81）连接紧固，然后装配各垂直螺栓孔道模具 2 号（109），以隔离剂 2 遍涂于垂直螺栓孔道模具 2 号（109）的圆柱体表面，待隔离剂干燥后，将垂直螺栓孔道模具 2 号（109）有孔 Φ26 的一端朝上，另一端朝下从槽钢 3 号（110）的孔 Φ40 中向下穿过，使垂直螺栓孔道模具 2 号（109）的下端头垂直进入与水平孔道套管 2 号（108）的垂直螺栓孔道下端加固套管（66）内，使垂直螺栓孔道模具 2 号（109）下端的环形台阶与垂直螺栓孔道下端加固套管（66）的上端面配合无间隙；如图 5-244、图 5-245 所示。

垂直连接构造（二）的混凝土内构造装配完成后，必须经过与模板一起共同的预检，确认无误后方可浇筑混凝土，在浇筑中有专人检查垂直连接构造（二）是否出现移位，发现移位，应及时处理。

浇筑混凝土，将墩台（12）上面混凝土抹平压光，在混凝土初凝后至终凝前，穿入垂直螺栓孔道模具 2 号（109）的上端水平孔内，水平旋转垂直螺栓孔道模具 2 号（109）后将其提升拔出；随后拆卸槽钢 3 号（110）等混凝土墩台（12）以上的模具构造；接着以充分浸水的麻绳穿入垂直螺栓孔养护孔壁。应特别注意：在施工中垂直螺栓孔道模具 2 号（109）应轻拿轻放，避免碰撞敲击，以防变形，保持精车面的光洁度，一旦变形则只能报废。

1 号构件（2）的强度达到 200MPa 以后，可以拆模，首先松退并拆除各水平孔道套管 2 号（108）上的模板加固螺栓（83），使混凝土基础梁（9）的钢模板（6）与混凝土分离；收集检查模具及零件，统一入库保管，以备再用。

5.4.3 垂直连接构造（二）装配工艺要点

1. 总要求

（1）认真阅读垂直螺栓构造（二）的装配图和装配说明，对构造、各零件的特征、作用和位置和装配程序及质量要求做到心中明了，更要明确装配的塔机的垂直连接构造的受力特点。

（2）垂直连接构造（二）的装配工作质量事关塔机安全，必须由经过专业培训合格的技术工人进行，必须持证上岗；未经专业培训并发给培训合格证（上岗证）的人，不得进行本项工作。

（3）严格针对装配的塔机的垂直连接构造（二），配备垂直连接构造（二）的零件，在装配前必须进行质量检验、核对，不符合技术要求的零件不得进行装配。

（4）严格按要求，配备使用专用工具，以确保装配质量。

（5）认真做好装配记录，以利于责任追溯和垂直连接构造（二）在工作中的维护。

（6）严格执行规定的操作程序和各环节的操作质量要求，就可以避免返工，从而在确保工作质量的前提下最大限度地加快进度。

2. 装配工作

（1）零件、工具的准备。按装配图、垂直连接构造（二）的混凝土内构造的施工图和零件的数量配备零部件，并按实际操作要求的规程配备"电动扭矩扳手"及其他专用工具。

塔身与基础过渡连接件（112）与异形垫圈 1 号（67）、垫圈 1 号（114）、垂直螺栓锚件（116）、底板封堵件（113）、螺母防松件（115）相互配合的面应认真清理打磨，并进行试配合，合适后在各件表面喷 1 道防锈漆，漆干后方可实际装配。

（2）技术准备。认真核对拟装配的塔机的基础节与基础的垂直连接定位构造，画出垂直连接构造的总平面图（参考图 5-389），计算出 4 个垂直连接构造的平面中心到基础平面中心的距离（精确到 mm）；再根据拟装配的无底架的固定式塔机的垂直连接构造（二）的平面中心的位置，按图 5-390 所示的调控范围设置垂直螺栓孔道（63）的位置（调控范围 260mm 覆盖了 QTZ400～QTZ800 的无底架的固定式塔机的垂直连接构造（二）的位置的绝大部分）。明了 4 个垂直连接局部构造的构造特点，如塔身与基础连接构造 2 号（121）：每个连接板上所设螺栓孔的数量、直径、平面位置；塔身与基础连接构造 1 号（120）：每个连接点的套筒数量、直径、平面位置。

（3）现场条件：

1）基础结构件水平组装完毕，钢绞线张拉完毕；

2）垂直连接构造（二）的垂直连接螺栓 2 号（111）下端的装配工作完毕（应在构件吊装前或就位后，将垂直连接螺栓 2 号（111）下端在混凝土构件中的构造装配工作彻底完成，以不影响混凝土压重件安装，减少汽车起重机作业等待时间）；

3）混凝土重力件（5）安装完毕。

上述 3 项工作完成后方可开始垂直连接系统的装配工作，尤其须在构件安装过程中严格控制基础各 1 号构件（2）的墩台（12）上面水平高差不得大于 3mm，否则会造成各塔身与基础过渡连接件（112）底板下的高强度水泥砂浆（69）厚度相差过大，对塔机的稳定产生不利影响。

（4）操作程序及质量要求：

1）混凝土内构造装配。装配式混凝土塔机基础的水平连接构造装配完毕后，在装配混凝土重力件（5）或回填散料重力件之前，首先清理各水平孔道套管 2 号（108）的垂直螺栓下端水平孔道 2 号（107）后，将螺母 3 号（62）内螺纹涂黄油后置于螺母托具（87）的六角槽内，以螺母托具（87）把螺母 3 号（62）水平送入垂直螺栓下端水平孔道 2 号（107），使螺母 3 号（62）与异形垫圈 1 号（67）的朝下六角槽配合；将垂直连接螺栓 2 号（111）有六角头一端朝上，使其下端垂直穿入垂直螺栓孔道（63）缓慢下降，切忌自由下落，以免对螺母 3 号（62）和垂直连接螺栓 2 号（111）的螺纹造成损坏；如图 5-248、图 5-249、图 5-252 所示，使垂直连接螺栓 2 号（111）的下端穿入螺母 3 号（62），以扳手将垂直连接螺栓 2 号（111）上端六角头旋转垂直连接螺栓 2 号（111），使垂直连接螺栓 2 号（111）下端螺纹与螺母 3 号（62）的螺纹配合后，继续旋转垂直连接螺栓 2 号（111），使螺母 3 号（62）上升后将螺母托具（87）从垂直螺栓下端水平孔道 2 号（107）中抽出，直至螺母 3 号（62）的上平面与水平孔道套管 2 号（108）内的异形垫圈 1 号（67）的朝下凹槽底平面之间无间隙配合（螺母 3 号（62）转不动）；然后将螺母 3 号（62）逆向旋转 360°；使螺母 3 号（62）在垂直螺栓孔道（63）内有动量；将橡胶封闭圈 4 号（77）与螺母 3 号（62）配合使橡胶封闭圈 4 号（77）下面与混凝土墩台（12）的上面之间无间隙。

上述构造装配完毕后，方可吊装基础的混凝土重力件（5）。

2）无底架的固定式塔机的塔身基础节下端和基础的连接板（119）的垂直连接构造装配：

塔身与基础过渡连接件（112）的装配。根据塔身基础节下端与基础的连接板（119）的平面中心与基础平面中心的距离计算水泥砂浆定位框（89）的中心在基础平面十字轴线上的位置，并在 1 号构件（2）的混凝土墩台（12）平面上根据已弹好的基础平面十字轴线定位并画好水泥砂浆定位框（89）的内边线（如图 5-371 所示）；按水泥砂浆定位框（89）内边线安放各水泥砂浆定位框（89），使水泥砂浆定位框（89）上的"钢筋 1 号"与基础梁（9）平面纵轴线垂直，且使各水泥砂浆定位框（89）的各"钢筋 2 号"下端与墩台（12）上面之间无间隙，并将约 10kg 的重物系于水泥砂浆定位框（89）的孔 Φ8 上，使水泥砂浆定位框（89）定位；以水平仪测量各水泥砂浆定位框（89）的水平标高测控点 A、B、C、D（允许偏差 1mm）并记录各点标高，如图 5-371 所示；再以其中的最高点下以塞尺（91）垫高 4mm 后为水平基准点，首先调平 A、B、C、D 各点；再以塞尺（91）配合水平尺将各水泥砂浆定位框（89）上面调平，再以水平仪复测 A、B、C、D 点标高，确认符合要求后，最后以水平尺复查各水泥砂浆定位框（89）上面的水平度（允许偏差 1mm）；如图 5-371 所示。

特别提示：下面所述关于高强度水泥砂浆（69）的施工，事关塔机在使用过程中的结构安全稳定，必须严格细致认真操作规定各环节。

高强度水泥砂浆（69）的材料：水泥——硅酸盐或普通硅酸盐水泥强度等级不低于 R425；砂子为混凝土用砂、粒径不大于 4mm；外加剂为早强剂，冬季装配时还应加入抗冻剂，按具体早强剂、抗冻剂的规定量加入；水泥与砂子的体积比为 1:1，加水搅拌均匀成干硬性水泥砂浆，其含水率比铸铁管的"捻口灰"大，比砌筑砂浆小，以手攥成团且无水析出，即可。夏季，应于铺设高强度水泥砂浆（69）前在墩台（12）的上面浇水 1～2 次，作为高强度水泥砂浆（69）的养护用水；然后将高强度水泥砂浆（69）铺入各水泥砂浆定位框（89）内，以木抹子抹平并确保各部位的水泥砂浆密实度一致；将水泥砂浆上面刮平器（90）的"木工带锯条（b）"的下端面与"角钢（a）"的下平面的平行距离按 A、B、C、D 各点实测标高差值（根据实测 A、B、C、D 各点的最大高差来确定水泥砂浆上面刮平器（90）的"木工带锯条（b）"带锯条下端面ⓗ（图5-364）的高度。若各点最大高差不大于 4mm，可将ⓗ确定为 31mm～29mm；若各点最大高差大于 4mm，可将ⓗ确定在 30mm～28mm；必须把高强度水泥砂浆（69）的厚度控制在 8mm～18mm 之间，高强度水泥砂浆（69）的厚度过薄（小于 8mm）过厚（大于 18mm）都对结构稳定有危害）调整，然后将 3 组"螺栓组（d）"旋紧，使水泥砂浆上面刮平器（90）的"角钢（a）"的下平面与水泥砂浆定位框（89）的"角钢（a）"的上平面无间隙，以双手握住水泥砂浆上面刮平器（90）的"双管（c）"使水泥砂浆上面刮平器（90）与基础梁平面轴线垂直（如图 5-371 所示）使水泥砂浆上面刮平器（90）的角钢∟ 40×4 下面与水泥砂浆定位框（89）的角钢∟ 40×4 上缘平面无间隙配合，并水平运动，使高强度水泥砂浆（69）上面刮平，以铲子将多余水泥砂浆清理出水泥砂浆定位框（89），使各水泥砂浆定位框（89）内的水泥砂浆上面水平，且密实度一致；以水平仪复测各高强度水泥砂浆（69）的上平面中心标高（水平偏差小于 1mm）之后，方可装配塔身与基础过渡连接件（112），如图 5-370、图 5-371、图 5-383 所示。

清理打磨塔身与基础过渡连接件（112）表面喷防锈漆 1 道备用。

垂直连接螺栓 3 号（117）中心与塔身基础节下端与基础的连接板（119）中心的距离为 214mm～78mm，可装配垂直螺栓锚件（116.1）；垂直连接螺栓 3 号（117）中心与塔身基础节下端与基础的连接板（119）中心距离为 68mm～77mm 时，可装配垂直螺栓锚件（116.2），如图 5-255、图 5-257、图 5-281 所示。

按拟装配的塔身基础节下端与基础的连接板（119）上的垂直连接螺栓 3 号（117）的直径和数量配置各垂直螺栓锚件（116.1、116.2（螺栓直径 Φ30）或 116.3、116.4（螺栓直径 Φ33），其他直径另制）和垂直连接螺栓 3 号（117），使垂直连接螺栓 3 号（117）的下端六角头与垂直螺栓锚件（116.1 或 116.2）的下面六角槽配合，然后自下向上穿入塔身与基础过渡连接件（112）底板上的矩形螺栓槽内，使垂直螺栓锚件（116.1 或 116.2）的上面与十字螺栓槽内朝下的挡键的下面之间无间隙，然后以底板封堵件（113）将矩形螺栓槽的下口封闭，向上轻振底板封堵件（113），使底板封堵件（113）定位（底板封堵件（113）为结构受力件，必须按要求装配，不可免装）；如图 5-254、图 5-256、图 5-261 所示。

沿塔身与基础过渡连接件（112）的平面纵向轴线，在塔身与基础过渡连接件（112）的横向外边框的上面，用钢锯刻痕（横向位置允许偏差≤0.5mm，深度≤1mm），刻痕与轴线重合，如图 5-383 的 K 点所示。此项程序对控制整个构造装配精度至关重要，务必认真保证精度。

由 2 个人协作以提手（92）2 件的 Φ12 直角钩穿入塔身与基础过渡连接件（112）横向外立帮两端的 Φ33 孔中，同时提起，使塔身与基础过渡连接件（112）底面水平，垂直对正 4 根垂直连接螺栓 2 号（111）与塔身与基础过渡连接件（112）上的纵向矩形螺栓孔（图 5-260），将塔身与基础过渡连接件（112）缓缓垂直下降使垂直连接螺栓 2 号（111）上端穿入螺栓孔且塔身与基础过渡连接件（112）的底面置于水泥砂浆定位框（89）内，并使塔身与基础过渡连接件（112）的下平面与高强度水泥砂浆（69）的上平面之间无间隙；根据拟装配塔机的塔身基础节下端与基础的连接板（119）中心与基础中心距离调控塔身与基础过渡连接件（112）沿基础平面轴线方向的位置并以垂直连接构造平面定位器（95）测控定位各塔身与基础过渡连接件（112）的平面中心位置，首先根据拟装配的垂直连接构造的实际尺寸精确计算设置垂直连接构造平面定位器（95）的O、B、C、D、4点位置，允许偏差≤1mm，并经认真核对复查，无误后方可投入使用；校对O、B、C、D、4点无误后，将垂直连接构造平面定位器（95）水平旋转180°，校正O、A、B、D、4点无误后，再校正K点的顺直（图5-383）。接着以小线沿基础平面纵轴线检测（检测2件塔身与基础过渡连接件（112）的4个K点是否在同一直线上，图5-383）A、C轴或B、D轴的2件塔身与基础过渡连接件（112）的平面纵向轴线的顺直度（测控线见图5-383，允许偏差0.5mm，此项检测至关重要，关系到塔身与基础过渡连接件（112）与4件塔身基础节下端与基础的连接板（119）的垂直连接螺栓的顺利装配，务必认真），发现偏差超规定应对塔身与基础过渡连接件（112）以手锤垫木方（不可直接锤击）原地绕中心水平旋转进行方向调整。经垂直连接构造平面定位器（95）复测符合要求后，检查并确认各垂直连接螺栓3号（117）的数量、直径、方位符合与塔身基础节下端与基础的连接板（119）的垂直连接构造要求后，装配各垫圈1号（114），使其中孔与垂直连接螺栓2号（111）上端部配合，特别注意：垫圈1号（114）的横向宽度71mm与塔身与基础过渡连接件（112）的纵向螺栓槽的间隙只有1mm，千万不要将其纵向68mm的装配方向装错！并使其下平面与塔身与基础过渡连接件（112）的纵向螺栓槽的下端挡键的上面无间隙，给螺母3号（62）内螺纹涂黄油后，装螺母3号（62）与垂直连接螺栓2号（111）上端螺纹配合，接着以手动套筒扳手对螺母3号（62）进行预紧；在对全部螺母3号（62）进行预紧后，必须用垂直连接构造平面定位器（95）对塔身与基础过渡连接件（112）的平面位置和方向进行最后一次复检，发现偏差及时松退螺母3号（62）进行调整。此程序是保证整个构造装配的顺利和结构安全的重要环节，务必认真操作不可省略。接着以电动扭矩扳手对各螺母3号（62）进行初紧（力矩根据设计要求），再以电动扭矩扳手进行终紧（力矩根据设计要求），严格按规定力矩值紧固对垂直连接螺栓2号（111）的安全和重复使用关系重大。

及时取下各水泥砂浆定位框（89），将凸出于塔身与基础过渡连接件（112）底板外立面的高强度水泥砂浆（69）切齐（塔身基础节吊装前必须及时拆下水泥砂浆定位框（89），否则无法拆下）。

装配各螺母3号（62）的螺母防松件（115.1或115.2或115.3），使螺母防松件（115.1或115.2或115.3）的外缘正方形的4个垂直面中的2个与塔身与基础过渡连接件（112）的垂直连接螺栓2号（111）的上端定位槽的垂直面配合，且使螺母防松件（115.1或115.2或115.3）垂直内孔的内6角与螺母3号（62）的外6角配合，使螺母防松件（115.1或115.2或115.3）的下平面与垫圈1号（114）的上面之间无间隙；终紧后的各螺母3号（62）六角方向不确定，若有个别情况，以螺母防松件（115.1或115.2或115.3）都不合适，选其中螺母防松件内角与螺母3号（62）外六角二者配合角度相差最小的以扳手对螺母3号（62）进行方向微调后再装配。

塔身基础节下端与基础的连接板（119）的装配。将各垂直螺栓锚件（116.1或116.2）（适用设于塔身基础节下端与基础的连接板（119）的孔径30mm）、垂直螺栓锚件（116.3或116.4）（适用设于塔身基础节下端与基础的连接板（119）的孔径33mm）与垂直连接螺栓3号（117）直径与塔身基础节下端与基础的连接板（119）上设孔的孔径相匹配的组合体按塔身基础节下端与基础的连接板（119）上垂直连接螺栓孔的平面位置，调整各垂直连接螺栓3号（117）的平面位置（以与本垂直连接构造的塔身基础节下端与基础的连接板（119）的垂直连接螺栓3号（117）直径和平面位置相配套的垂直连接螺栓3号（117）的垂直螺栓定位卡具（97）对各塔身基础节下端与基础的连接板（119）下的垂直连接螺栓3号（117）的位置进行规整，使各垂直连接螺栓 3 号（117）位置定位，并使各垂直连接螺栓 3 号（117）位置置于垂直连接螺栓 3 号（117）的垂直螺栓定位卡具（97）的控制之下），使其与塔身基础节下端与基础的连接板（119）上的螺栓孔对正，在各塔身与基础过渡连接件（112）的上面中央横置（$b×h×L = 60\mathrm{mm}×100\mathrm{mm}×600\mathrm{mm}$）的木楞，以防基础节下降时意外伤人。经检查确认后，吊装塔身基础节，使塔身基础节下端与基础的连接板（119）上的各螺栓孔与各垂直连接螺栓 3 号（117）垂直对正，徐徐下降基础节，使各垂直连接螺栓 3 号（117）上端同时穿入塔身基础节下端与基础的连接板（119）的螺栓孔后，微微升起基础节，撤去木楞和垂直连接螺栓 3 号（117）的垂直螺栓定位卡具（97），降下基础节，使塔身基础节下端与基础的连接板（119）下面与塔身与基础过渡连接件（112）上面之间无间隙（图 5-258），若塔身基础节下端与基础的连接板（119）上的螺栓孔径大于垂直连接螺栓 3 号（117）孔径 4mm 以上，则应在塔身基础节下端与基础的连接板（119）上加装与垂直连接螺栓 3 号（117）外径配合的垫圈，然后装第 1 个螺母 3 号（62），以电动力矩扳手紧固（力矩值按设计要求）；再装第 2 个螺母 3 号（62），以电动力矩扳手紧固（力矩值按设计要求）。

3）塔身基础节与基础以 2 个（或 3 个、4 个）套筒垂直连接。

其操作程序与塔身基础节下端与基础的连接板（119）连接相似，不重述。

4）塔身基础节与基础以 4 只"柱脚"垂直连接。将与塔身基础节配合并连接的"柱脚"水平截取上段与塔身配合，其上段下端面与塔身基础节下端与基础的连接板（119）连接（由技术主管部门出详图），其余的装配程序基本相同。

或将"柱脚"下半段与另行设计的塔身基础节下端与基础的连接板（119）连接（由技术主管部门出详图），设于以塔身基础节下端与基础的连接板（119）上的 4 个垂直连接孔供垂直连接螺栓 2 号（111）直接向上穿过并垂直连接；此种方式的优点为省去塔身与基础过渡连接件（112），节约成本；缺点为只能一基对一机，一套基础不能与多种同型号塔机的不同垂直连接构造连接通用。

3. 拆解工作程序及要点

与装配工作逆向操作即可拆解垂直连接构造，拆解工作必须注意：

（1）塔身基础节未与基础分解吊离，不得拆卸基础的水平连接构造系统。

（2）松退卸掉各螺母 3 号（62）后，将塔身基础节与塔身与基础过渡连接件（112）分解后吊离。

（3）拆卸螺母防松件（115）：首先将螺母防松件卸卡（93）下端的 2 个朝外的 $\Phi 10$ 销子插入螺母防松件（115）的孔（$\Phi 10.5$）中，然后以螺母防松件卸卡（93）的定位件（96）从螺母防松件卸卡（93）的 2 根垂直筋内立面之间向下使定位件（96）的下平面与螺母防松件（115）的上端面之间无间隙，并使定位件（96）的两个半圆形缺口与螺母防松件卸卡（93）的内侧半圆立面配合；以外径 51mm～55mm 的钢管或圆钢为撬杠将螺母防松件卸卡（93）向上提起，使螺母防松件（115）脱离塔身与基础过渡连接件（112），如图 5-385 所示；然后以套筒扳手旋退各螺母 3 号（62），抬起塔身与基础过渡连接件（112），使塔身与基础过渡连接件（112）与高强度水泥砂浆（69）分离。

以手锤垫木方向下推出各底板封堵件（113），然后拆解垫圈 1 号（114），使塔身与基础过渡连接件（112）与垂直连接螺栓 2 号（111）分离。

拆除水平孔道套管 2 号（108）的垂直螺栓下端水平孔道 2 号（107）内的螺母 3 号（62），将螺母托具（87）伸入垂直螺栓下端水平孔道 2 号（107）使其与螺母 3 号（62）垂直对正，以扳手反向旋转垂直连接螺栓 2 号（111）上端的六角头向上提出垂直连接螺栓 2 号（111）；以螺母托具（87）将螺母 3 号（62）从水平孔道套管 2 号（108）中取出。

（4）注意清点拆卸的零件，发现损坏的应挑出另放。

（5）认真检查塔身与基础过渡连接件（112），有无变形、损坏，拆卸、运输应轻抬轻放，不得与硬物撞击，并注意刷漆保护。

（6）高强螺栓组拆卸后应认真检查螺纹有无损坏、变形，并严格执行高强螺栓的使用次数规定；对确认继续使用的螺栓、螺母，应上油后放库保存，并作好使用次数标记。

（7）对专用工具，用毕应及时收回维护，以备再用。

4. 塔机工作中的检查维护

（1）塔司在每天上班前检查：各垂直连接螺栓 2 号（111）与螺母 3 号（62）、各垂直连接螺栓 3 号（117）与螺母 3 号（62）的配合是否出现松退，发现后及时紧固。

（2）基础装配人员每 2 周检查 1 次各螺母防松件（115）与塔身与基础过渡连接件（112）和螺母 3 号（62）的配合情况，同时检查塔身与基础过渡连接件（112）是否有裂纹出现，发现裂纹应立即报告主管采取相应措施。

5.5 无底架的固定式塔机的装配式混凝土塔机基础的使用说明书要点

5.5.1 装配式混凝土塔机基础的制作、安装、使用除严格执行技术文件的规定外，尚须严格执行国家行业标准《大型塔式起重机混凝土基础工程技术规程》（JGJ/T 301）的规定。

5.5.2 装配式混凝土塔机基础"六不准"

1. 不准在未经检测并确认达到设计要求的地基上安装基础。

2. 不准基础坐落在冻土地基上。

3. 不准在压重散料全部填装完毕前安装塔身基础节以上的结构。

4. 不准在基础外缘 3 米以内有积水浸泡地基。

5. 不准未经培训的非专业人员安装拆卸基础。

6. 不准超越"组合式塔基构件配件报废标准"的规定使用应予报废的构件配件。

负责装配式混凝土塔机基础的安装、拆解人员必须认真阅读并认真执行使用说明书要点的全部内容方可上岗操作。

5.5.3 概况

1. 装配式混凝土塔机基础 TZJ$_b$—5600（B＝5600）适用于甲方所提供的无底架的固定式塔机，其与装配式混凝土塔机基础相关的主要技术参数见表 5-19。

与无底架的固定式塔机装配的装配式混凝土塔机基础的主要技术参数　　表 5-19

塔机生产厂家	塔机型号	塔机最大非工作力矩（kN·m）	地基承载力条件（kPa）	预制混凝土构件配置（件数）重量(t)	
				基础构件	重力件
A	QTZ400	780	≥80	13 / 39.275	— / —
B	QTZ5010	898	≥90	13 / 39.275	— / —
C	QTZ5013	1706	≥150	13 / 39.275	12 / 55.046
D	QTZ800	1784	≥160	13 / 39.275	12 / 55.046

2. 与无底架的固定式塔机装配的装配式混凝土塔机基础的预制混凝土构件的重量见表5-20。

与无底架的固定式塔机装配的装配式混凝土塔机基础的

预制混凝土构件重量一览表   表 5-20

	预制混凝土构件的重量(t)				
	0 号构件	1 号构件	2 号构件	3 号构件	重力件
单件重量	3.415	3.274	2.871	2.820	4.587
4 重量	—	13.096	11.484	11.28	
总重量	39.275				55.044(12 件)

3. 与无底架的固定式塔机装配的装配式混凝土塔机基础的水平连接构造的钢绞线设置见表 5-21。

与无底架的固定式塔机装配的装配式混凝土塔机基础的

水平连接构造（二）的钢绞线配置   表 5-21

塔机生产厂家	塔机型号	钢绞线(1×7,Φ15.2-1860)设置		
		设置标高(mm)		设置数量(根)
		上	下	
A	QTZ400	—	300	5
B	QTZ5010	—	300	5
C	QTZ5013	200	300	上2,下5
D	QTZ800	200	300	上2,下5

注：表中"设置标高"为钢绞线合力点至基础梁上、下面的距离。

4. 与无底架的固定式塔机装配的装配式混凝土塔机基础的垂直连接构造（二）的垂直连接螺栓 3 号（117）配置见表 5-22。

与无底架的固定式塔机装配的装配式混凝土塔机基础的垂直连接构造（二）

的垂直连接螺栓 3 号（117）配置表   表 5-22

塔机生产厂家	塔机型号	设计单根螺栓承受最大拉力(kN)	垂直连接螺栓 3 号(117)设置			
			强度等级	直径(mm)	根数	螺栓容许拉力值(kN)
A	QTZ400	195	10.9	24~27	8	230~302
B	QTZ5010	216.76	10.9	27	8	302
C	QTZ5013	361.9	10.9	30	8	368
D	QTZ800	252.283	8.8	30	12	262

5.5.4 重要提示：以下任何一种情况都会造成基础失稳、倾翻

1. 地基承载力未达到设计要求。

2. 积水浸泡地基致使地基承载力降低。

3. 基础坐落在冻土地基上。

4. 未按本说明规定要求回填压重散料，致使回填材料总重量未达到设计要求。

5. 未按本说明书规定的程序、方法、张拉力要求进行构件组装。

6. 未按"组合式塔基构件配件报废标准"的规定，使用应予报废的构件配件。

5.5.5 安装前准备工作

1. 达到规定的基坑及场地条件（见 5.5.10——装配式混凝土塔机基础装配的基坑及场地条件）。

2. 对基础混凝土构件配件按"装配式混凝土塔机基础构件配件报废标准"的规定进行检查，达到报废条件的应予报废。

3. 人员、机具、工具、材料的准备。

（1）人员：力工 5 名，预应力钢绞线张拉工 2 名（专业培训人员）。

（2）汽车吊 1 台（8t～16t），视现场吊装场地条件而定。

（3）工具：张拉机具、千斤顶、油泵、力矩扳手（500N·m～2000N·m）、水平仪、水平尺、铁锹、锤、铣、小线、墨斗、合尺等。

（4）材料：中粗砂 0.5m³，42.5 号～52.5 号（普通或硅酸盐）水泥 15kg。

4. 装配式混凝土塔机基础安装的技术资料表格：

5.5.6 装配式混凝土塔机基础安装步骤

1. 清理预制混凝土构件垂直连接面，使连接面上无任何附着物，清理定位凹件的凹槽，使凹槽内没有任何存留物，钢绞线管道内不能有任何杂物，否则都会给装配工作造成障碍。

2. 在定位构造凹槽内注满槽深 1/3 高的黄油，以防组合后的定位构造锈蚀。

3. 在已做好基础垫层上弹塔机基础十字轴线。

4. 在垫层上均匀地铺设厚度 20mm 的中细砂刮平，以水平仪测控砂垫层上面高差≤4mm，平整度≤4mm。基坑内操作人员须注意在吊装构件前，禁止在检查合格的砂层上行走。

5. 开始吊装 0 号构件，按基础的十字轴线就位（注意，要使 C、D 轴线与拟建建筑物的外墙面呈 45°角）。

6. 吊装 1 号构件，依次装 A_1、B_1、C_1、D_1 四件就位，使各吊装件的定位凸键与中心件的定位凹键相互吻合，允许留有小于 15mm 的缝隙。

7. 吊装 2 号构件，按 A_2、B_2、C_2、D_2 不同的构件编号对号就位，同样，吊装件的定位凸键与 1 号构件连接面上的定位凹键相吻合，并留有不大于 15mm 的缝隙。

8. 吊装 3 号构件，按 A_3、B_3、C_3、D_3 不同的构件编号对号就位，同样，吊装件的定位凸键与 2 号构件连接面上的定位凹键相吻合，并留有不大于 15mm 的缝隙。吊装及定位键的对位安装必须人、机配合，动作小、轻、稳、准，以免损伤构件。

9. 装配式混凝土塔机基础的水平连接构造（二）的装配参见 5.3.4。

10. 装配式混凝土塔机基础的垂直连接构造（二）的装配参见 5.4.3。

5.5.7 装配式混凝土塔机基础的拆卸

当塔机结构全部拆卸完毕之后，方可进行装配式混凝土塔机基础的拆卸。

有重力件时，首先吊拆重力件，使基础底板全部露出，再按如下步骤拆卸。

拆除预制混凝土构件前，应以人工清理出固定端构造（53）、张拉端构造（54）的操作空间（并特别注意不要损伤张拉端构造（54）的外部构造），然后把张拉端构造（54）的封闭套筒拆下后用千斤顶进行退张，使钢绞线（26）完全卸荷，当钢绞线（26）全部卸荷之后，以锚环（36）的外向力将固定端外口封闭塞（41）顶出，从固定端构造（53）把钢绞线（26）抽出，单根卷成直径大于 1.5m 的圆盘，用铁丝绑牢，涂上油入库。其他配件（如锚环、夹片、垫板及螺栓、封闭垫圈等）清点数目，清理后入库，以备再用，预制混凝土构件分解顺序与安装完全相反，不可颠倒。

预制混凝土构件装车运走之后，对基坑回填，恢复原来地貌。至此基础拆除工作全部结束。

5.5.8 装配式混凝土塔机基础在工作中的检查

1. 基础外缘 3m 以内的室外地坪无积水。

2. 基础标高符合规定。

3. 垂直连接构造：

(1) 垂直连接螺栓紧固情况每2周查看一次。

(2) 垂直连接螺栓3号（117）的紧固情况由司机每天查看一次，发现松动及时紧固。

(3) 横梁（72）不得有弯曲变形，出现变形须及时停机更换。

5.5.9 预制混凝土构件的运输与保管

1. 预制混凝土构件运输不得超宽，不准重叠码放，以免损坏构件；

2. 预制混凝土构件吊装时要轻起、轻落，严防碰撞；

3. 预制混凝土构件应存放在有排水设施的场地上，整套编号集中码放，严防错号！

4. 预制混凝土构件中外露的钢制埋件每年至少刷2次防锈漆；

5. 其他须入库保管的零件、配件，应及时上油注意防锈蚀；钢绞线（26）应分套成捆码放并有标签以变配套使用。

5.5.10 装配式混凝土塔机基础装配的基坑及场地条件，见图5-391、图5-392

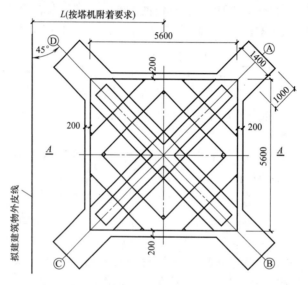

图5-391 装配式混凝土塔机基础装配的基坑及场地条件平面图

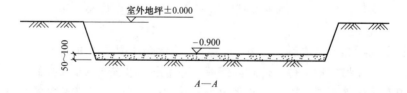

图5-392 装配式混凝土塔机基础装配的基坑及场地条件剖面图

1. 基坑位置尺寸：

(1) 装配式混凝土塔机基础型号：TZJ_b—5600

(2) 基坑底面积：6000mm×6000mm，附加4×1000mm×1400mm装配操作空间。

(3) 基坑深：$H=0.900$m。

基坑挖至设计深度后，按人工钎探的要求对基坑进行钎探并作钎探记录，确认地基承载力。地基承载力达不到设计要求应对地基进行处理后再复验。当地基承载力确认达到设计要求后方可浇筑混凝土垫层。

(4) 混凝土垫层厚度：50mm～100mm。

（5）混凝土垫层表面平整度≤4mm；高差≤4mm。

（6）垫层材料：C10。

（7）基坑中心与建筑物距离 L 按要求尺寸留置。

2. 地基承载力条件（按表 5-19 的规定），由施工单位负责进行触探试验后确认并负责。未达到规定地基承载力的由施工单位负责处理，并确保达到。

3. 地基防水浸面积：预制混凝土构件外缘线 3m 内不得有积水，以防地基沉降造成装配式混凝土塔机基础倾覆。

4. 场地要求：满足对装配式混凝土塔机基础和塔机安装的施工要求。

5.5.11 装配式混凝土塔机基础装配的平面及剖面示意图，见图 5-393、图 5-394

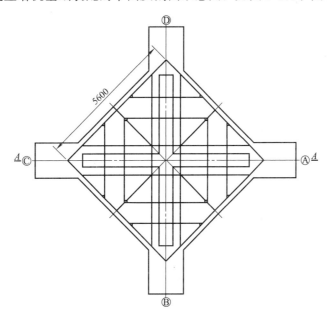

图 5-393 装配式混凝土塔机基础装配的平面示意图

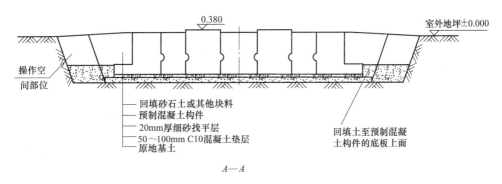

图 5-394 装配式混凝土塔机基础装配的剖面示意图

5.5.12 装配式混凝土塔机基础设于基坑内，必须采取防雨水浸泡地基的技术措施，参见 3.4.9-10 条

5.5.13 装配式混凝土塔机基础装配在室外地坪垫层上时，应设装配式混凝土塔机基础的防水平位移构造，参见 3.5.2-10 条

457

6　关于装配式混凝土塔机基础的技术专论

编者按：通过在装配式混凝土塔机基础的不同研发时期的论文内容，可以清晰地领略作者作为这项前无古人的新技术研发者的不断深入的认识轨迹和认识、实践，再认识、再实践不断务实求真的探索轨迹。

6.1　桅杆式机械设备组合基础的几个主要技术问题[*]

桅杆式机械设备组合基础——桅杆式机械设备混凝土预制构件组合基础的简称，媒体简称为"赵氏塔基"。由本人于 1997 年发明（发明专利号 ZL98101470.4），并获 8 项中国实用新型专利。历经 6 年不断试验研究形成了对传统整体现浇混凝土桅杆式机械设备基础具有革命性换代意义的完整的新技术体系。本项新技术为世界首创的原始创新技术。可广泛应用于建筑、电力、石油、地质、信息及军事领域的周期移动使用的承受变量、变向偏心荷载的机械设备。由北京九鼎同方技术发展有限公司独家经营。

1999 年 7 月，本项新技术通过了中国重型机械工业协会组织的由清华、北工大、原机械部北京起重运输机械研究所、建设部北京建筑机械综合研究所、航天部第七建筑设计院、北京建筑工程研究院的教授、专家组成的鉴定委员会的技术鉴定。

6.1.1　桅杆式机械设备组合基础的技术背景

1. 桅杆式机械设备传统基础形式

（1）现浇钢筋混凝土基础

（2）现浇钢筋混凝土基础加预制混凝土压块

2. 现浇混凝土基础形式的弊端

（1）资源浪费严重

塔机基础使用期平均不足 6 个月。混凝土已知寿命 70 年以上，材料的选用率不足 1%，这是水泥混凝土利用率最低的一项用途。未来 30 年，仅建筑业平均每年的资源投入为水泥 165 万吨，钢材 28 万吨和砂石料 850 万吨。

（2）环境污染严重

未来 30 年，我国每年此项混凝土垃圾产生达 500 余万平方米，成为地下管网、环境绿化隐患。

（3）经济浪费明显

我国经济高速发展，城市化进程不断加快，多层和高层建筑日益增多，固定式塔机激增，到 2010 年，国内塔机保有量将突破 13 万台，90% 以上为固定式塔机。今后 30 年，平均每年此项经济投入 49 亿元人民币。

综上所述，传统的桅杆式机械设备自诞生以来其基础的诸多弊端，随着人们对资源、环境认识的不断提高，必定成为特别注意解决的重大技术问题。

6.1.2　桅杆式机械设备组合基础必须解决的几个主要技术问题

1. 预制构件组合平面图形

（1）制约预制构件组合平面图形有以下几方面条件

---

[*]　发表于《建筑技术开发》第 30 卷总第 11 期（2003 年 11 月），作者，赵正义。

　　1）根据上部机械设备与基础的垂直连接方式不同，如固定式塔机有十字梁斜支撑底架和塔身基础节直接与基础连接两种，则应采用不同的平面组合图形以利于构造连接、传递受力；

　　2）根据上部机械设备传给基础的倾翻力矩、垂直力、水平力、水平扭矩的稳定要求，考虑机械设备周转使用地域的平均地基承载力，尽量减少地基处理，在此基础上筛选出最为经济的平面图形及其尺寸；

　　3）考虑上部机械设备的安装、拆卸的要求选择基础形状，如自升式塔机的拆卸方向、与建筑物的附着锚固要求等都必须纳入基础平面图形及尺寸的设计要求范围。

　　（2）固定式塔机组合式基础平面图形设计方案举例

　　1）十字勋章形平面（ZJ-Ⅰ型基础平面，见图6-1）

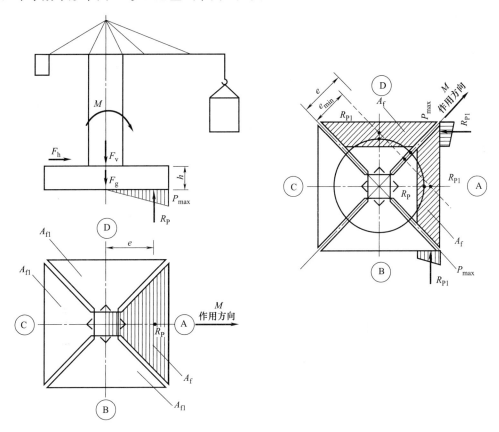

图6-1　ZJ-Ⅰ型基础平面

ZJ-Ⅰ型基础（图1）稳定条件

$$K(M+F_h \cdot h) \leqslant R_p \cdot e \tag{6-1}$$

$$K(M+F_h \cdot h) \leqslant (F_v+F_g) \cdot e_{min} \tag{6-2}$$

$$P_B = \frac{F_{vmax}+F_g}{A_{fl}} \leqslant f \tag{6-3}$$

$$K(M+F_h \cdot h) \leqslant \sqrt{2}R_{P1} \cdot e_{min} \tag{6-4}$$

式中　K——安全系数，$K=1.1\sim1.2$；

　　　M——作用在基础上的最大弯矩（N·m）；

　　　F_h——作用在基础上的水平荷载（N）；

　　　h——基础高度（m）；

　　　R_P——塔机最大自由高度、力矩方向与基础轴线重合时地基反力总和及其合力点（N）；

R_{P1}——塔机最大自由高度、力矩方向与基础轴线成45°时地基反力总和及其合力点（N）；

e——偏心矩，即塔机最大自由高度时地基反力合力点至基础中心距离（m）；

e_{min}——塔机倾翻力矩方向与基础平面轴线成45°时形成的地基反力最小偏心距（m）；

F_v——作用在基础上的垂直荷载，即塔机最大自由高度时各部件质量、配重、起重量等的总和（N）；

F_{vmax}——塔机最大架设高度时作用在基础上的垂直荷载（N）；

F_g——基础计算总重力（N）；

P_B——地基计算压应力（Pa）；

f——地基承载力设计值（Pa）；

A_f——塔机最大自由高度时的基础计算底面积（m²）；

A_{f1}——塔机最大架设高度时基础计算底面积（m²）。

公式（6-1）、（6-5）给出了塔机最大自由高度时组合式基础的地基稳定条件；公式（6-2）则提供了塔机最大自由高度的基础总重力稳定条件；公式（6-3）是对塔机最大架设高度时地基承载力设计最小值的验算公式；公式（6-4）则给出了计算最小偏心距 e_{min} 的地基承载力稳定条件。

2）十字风车形平面（ZJ-Ⅱ型基础平面，见图6-2）

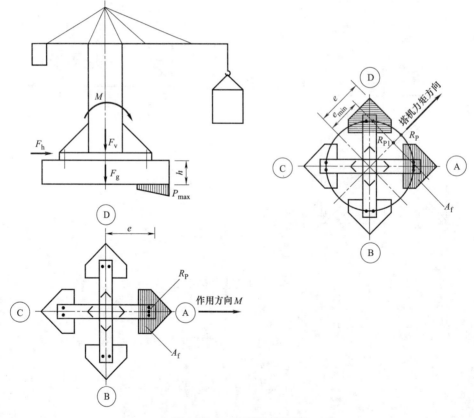

图6-2　ZJ-Ⅱ型基础平面

ZJ-Ⅱ型基础（图6-2）稳定条件

$$K(M+F_h \cdot h) \leqslant f \cdot A_f \cdot e \tag{6-5}$$

$$K(M+F_h \cdot h) \leqslant (F_v+F_g) \cdot e_{min} \tag{6-2}$$

$$P_{\mathrm{B}}=\frac{F_{\mathrm{vmax}}+F_{\mathrm{g}}}{A_{\mathrm{f}}}\leqslant f \tag{6-3}$$

$$K(M+F_{\mathrm{h}}\cdot h)\leqslant\sqrt{2}R_{\mathrm{P1}}\cdot e_{\min} \tag{6-4}$$

（3）基础平面设计的技术目标及其适用条件

1）十字勋章形平面（见图 6-1）

a. 技术目标和意义

Ⅰ. 使基础平面图形最大限度地趋近于地基压应力计算最佳平面图形，最大限度利用地基边缘的最大压应力，以最小的平面图形获得最大的地基反力矩作用。

Ⅱ. 基础预制构件沿十字轴线布置，为水平连接使全部构件形成整体提供条件。

b. 适用条件及范围

固定式塔机及承受垂直力和 360°任意方向倾覆力矩的桅杆式结构的机械、设备基础，尤其适用于塔身通过地脚直接与基础连接的结构。

2）十字风车形平面（见图 6-2）

a. 技术目标和意义

Ⅰ. 使基础在塔机力矩作方向与基础轴线重合时偏心矩 e 限定于塔中心与水平十字钢梁和斜支撑连接点上时，基础平面与地基计算平面为重合的平面图形——十字风车形；

Ⅱ. 计算基础最小偏心距 $e_{\min}$ 为塔机力矩方向与基础轴线成 45°时相邻两箭头形平面形心连线与塔机力矩作用线交会点到基础中心的距离；

Ⅲ. 四个箭头形平面的顶点连线为一正方形平面，最大限度地利用占地面积；

Ⅳ. 塔身各边与基础平面图形正方形各边平行，利于塔机靠近建筑物和自升塔机的升降装卸作业。

b. 适用条件及范围

底架由十字水平钢梁、斜支撑与塔身基础节连接组成的固定式塔机及其他桅杆式机械设备。

2. 基础预制构件的垂直截面设计

（1）倒 T 形垂直截面（见图 6-3）

1）技术目标和意义

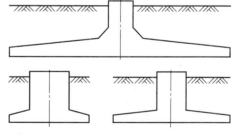

a. 与等面积的矩形截面相比，倒 T 形截面增加了基础底面积和梁高，扩大地基受力面积，使基础混凝土十字梁的抗弯能力和刚度增大；

b. 相对矩形截面，使构件轻量化；

c. 设于基础抗压板上的配重散料（土、砂、石子）形成了基础重力，使非混凝土材料代替混凝土材料形成基础重力，为构件轻量化创造条件。

图 6-3 基础预制构件倒 T 形截面示意

2）适用范围

适用于各种形式的固定式塔机及其他桅杆式机械设备。

（2）变截面梁

1）技术目标及意义

a. 根据沿基础十字梁各截面受的弯矩和剪力（图 6-4、图 6-5）变化，在满足构件内力要求的条件下，对梁的宽度和高度进行调整，最大限度地利于材料性能，减少材料浪费；

b. 利于构件轻量化；

c. 为扩大使用非混凝土材料替代混凝土形成基础重力创造空间。

2）适用条件及范围，见图 6-4、图 6-5。

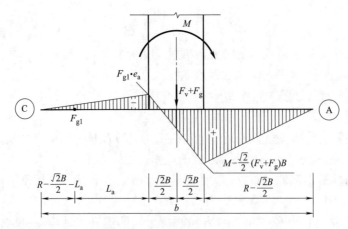

图 6-4　ZJ-Ⅰ型组合式塔机基础十字梁弯矩
（力矩方向与Ⓐ重合）

B—塔身基础节边长（m）；F_{g1}—单肢基础总重力及其重心（N）；

e_a—单肢基础重心至基础与塔身连接点距离（m）

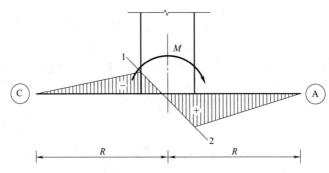

图 6-5　ZJ-Ⅰ型组合式塔机基础连接面剪切力分布
（力矩方向与Ⓐ重合）

1—外侧基础重力总和；2—外侧地基反力总和

a. 满足该截面的弯矩、剪力对截面的要求；

b. 满足截面抗水平扭矩的要求；

c. 满足水平连接、垂直连接的截面构造要求。

3. 基础构件水平组合连接——专门设计的无粘结预应力连接系统

（1）技术目标和意义

1）将全部构件沿十字轴线方向水平连接成整体。

2）与混凝土共同工作，承受基础受力后形成的正负弯矩产生的水平拉力。

3）支持抗剪切防位移构造形成抗剪切防位移的设计功能。

4）使构件连接面无缝隙，给混凝土受压区施加预应力减少梁受力后的变形，提高十字梁刚度。

5）利于安装、拆卸，缩短作业时间。

6）实现连接系统部件的重复使用。

（2）适用条件及范围

适用于各种型号的组合式塔机和桅杆式机械设备基础预制构件的水平组合连接。

4. 基础重力多元化——以非混凝土材料替代混凝土的基础重力作用

（1）技术目标及意义

1）以非混凝土材料——土、砂、石子的重力通过倒 T 形结构与混凝土构件共同形成基础重力；

2）减轻基础构件重量，消除有十字梁斜支撑底架塔机的原设计全部压重；

3）把砂子、石子、土这些任何施工现场都极易得到的散料以很少的人力或机械投入转化为基础的等同于钢筋混凝土的垂直重力，用毕极易转移继续按原材料性能使用，即没有造成材料浪费，又未制造出混凝土废弃物。这样可减少预制构件体积 30%～60%，相应减少运输、吊装作业，大幅度降低了基础使用成本。

（2）适用条件

1）非混凝土材料重力计算限于基础平面垂直投影面积内；

2）配重散料达到规定密度；

3）计算重力的非混凝土散料位置固定，无水平位移，基础设置位置采取全露或半露时，应设计可靠的散料仓，确保配重散料在机械设备动力作用下无水平位移现象。

5．抗剪切防位移构造——圆形凹凸键与混凝土配合构造

（1）技术目标及意义

1）抵抗构件连接面各个方向的剪切力（主要为垂直剪切力），防止构件受力后相互位移；

2）构件水平连接的相互关系定位；

3）确保水平连接系统只承受轴向拉力，不承受剪切力；

4）与混凝土键槽构造相比，缩小构造体积、面积，耐反复组合、分解造成的构造磨损。

（2）适用条件

1）基础构件水平连接各垂直连接面的抗剪切防位移；

2）构件安装定位；

3）构件垂直连接面的无间隙配合。

6．构件垂直连接面构造——连接面无间隙配合

（1）技术目标和意义

1）为抗剪切防位移构造发挥作用和设置安装创造条件；

2）消除了传统的预制构件连接构造中的混凝土后浇缝构造，节约材料、降低成本，消除湿作业，利于冬季施工，减少组装、拆卸时间；

3）克服了构件连接面受力不均现象；

4）构件组合、分解方便，利于重复使用。

（2）适用条件及范围

1）适用于混凝土预制构件垂直连接面的无间隙配合；

2）连接面设有抗剪切防位移定位构造。

7．基础与桅杆式机械设备的垂直连接——可更换地脚螺栓构造

（1）技术目标和意义

1）实现地脚螺栓与混凝土构件可组合共同受力，亦可拆卸分离；

2）基础构件的使用寿命不受地脚螺栓寿命及损坏的制约，为混凝土构件的重复使用创造了条件；

3）提高了地脚螺栓利用率、降低了成本。

（2）适用条件及范围

适用于各种形式的塔机与基础的垂直连接构造。

6.1.3 实施效果（以塔机基础为例）

（1）基础构件组装、拆解速度快（每次 1h～3h）、搬运转移方便快捷；

（2）可重复使用、寿命长（30 年以上）；

（3）构件总重量比原设计减少 35%～60%，减少运量，利于安装；

（4）对地基承载力要求条件降低，一般在 0.12MPa～0.16MPa 之间，比传统设计地基条件降低 20%～30%；

（5）基础设置方法多样，有全埋、全露、半露三种方式，适于各种地下环境条件；

（6）直接经济效益突出，平均使用 2～3 次，即可收回全部投资，一套组合式塔基节约的基础费用达 1.2～1.8 倍塔机购买价；

（7）非直接经济效益明显，为缩短机械设备进出场时间、提高机械利用率、缩短工期创造条件；减少地基处理、消除工程室外地下管网障碍；对降低工程成本形成多方有利因素；

（8）社会效益巨大，可节约大量钢材、水泥、砂石料和人工投入；从源头上彻底消灭了传统整体现浇基础产生的混凝土垃圾。

截至 2002 年 12 月，预制构件组合式塔机基础已与北京市和江苏省的 17 个不同型号（工作力矩 250kN·m～1600kN·m）的固定式塔机配套使用，吊装作业建筑物层数为 3～26 层的 61 个单项工程，总建筑面积达 33.6 万平方米。到 2002 年 9 月，本项新技术转让到哈尔滨，即将投产。实践证明了本项新技术的可靠性、先进性和综合优势。目前正与国内外多家企业洽谈技术转让事宜，推广应用势头方兴未艾。

参 考 文 献

[1] 塔式起重机设计规范 GB/T 13752 ［S］.
[2] 高耸结构设计规范 GB 50135 ［S］.
[3] 建筑地基基础设计规范 GBJ 7 ［S］.
[4] 塔式起重机安全规程 GB 5144 ［S］.
[5] 混凝土结构设计规范 GB 50010 ［S］.
[6] 刘佩衡.塔式起重机使用手册 ［M］.北京：机械工业出版社，2002.

6.2　塔桅式机械设备正方形混凝土基础设计优化*

塔桅式机械设备最具代表性的有塔式起重机、地质钻机、大型陆基雷达等具有高耸结构、基础同时承受垂直荷载和 360°任意方向可变偏心荷载的机械。这类机械设备最常见的基础设计为平面正方形钢筋混凝土基础，目前国内外绝大部分固定式塔机（塔身下部结构为十字梁底架除外）使用说明书中附有正方形基础的图样及技术要求。但是由于塔桅式机械设备基础设计是一个特殊的钢筋混凝土结构设计问题，目前在相关的设计规范如《塔式起重机设计规范》、《建筑地基基础设计规范》、《高耸结构设计规范》中对基础设计中的关键性问题——地基计算的有关规定存在偏差和相互间不一致、公式符号定义不准确等问题；另一方面由于塔机设计与基础设计大多不是出自同一设计单位，为保安全任意扩大基础平面尺寸和基础重量，造成不必要的浪费；有些厂家的塔机基础图纸和技术要求不符合相关规范的规定，基础尺寸和技术要求未满足上部结构对地基基础的抗倾翻性能要求，引发塔机在使用中失稳现象的发生。另外，施工现场的场地条件和地基条件往往会与塔机使用说明书所要求的有很大差距，必须就现场实际条件重新设计。

---

* 发表于《建筑机械化》第 24 卷总第 171 期（2003 年第 12 期），作者赵正义，刘佩衡。

6.2.1 正方形基础设计条件

1. 上部结构总重力

总重力 N 为上部结构最大自由高度（固定式塔机）对基础的最大垂直荷载和结构最大高度时对基础的最大垂直荷载。对于塔机而言，其最大结构垂直荷载包括全部结构质量和配重质量产生的重力、起升钢丝绳质量按起升高度计算其重力的 50%。

2. 最大倾翻力矩

上部结构传给基础的最大倾翻力矩 M_{max} 选取上部结构工作状态和非工作状态的倾翻力矩值中最大者。工作状态的最大倾翻力矩选自几种不同荷载组合形式中最不利组合产生的倾翻力矩中的最大值。非工作状态的最大倾翻力矩值来自规范规定的最大风压所产生的倾翻力矩。上部结构传给基础的最大倾翻力矩与上部结构总重力相对应的偏心距 $e_g = M_{max}/N$。

3. 地基承载力设计值或基础正方形边长

在具备了上述结构总重力和结构传给基础最大倾翻力矩两个基本设计条件后，若已知地基承载力设计值，可求基础正方形边长 b 和厚度 h；或已知基础正方形边长 b 可求地基承载力设计值 F 和基础厚度 h。

6.2.2 地基承载力及基础尺寸计算

基础底面与地基脱开面积为 1/2 时，在单向偏心荷载（力矩方向与基础轴线重合）和双向偏心荷载（力矩方向与基础轴线成 45°）作用下的基础抗倾翻力矩计算简图如图 6-6、图 6-7。当基础承受双向偏心荷载（力矩方向与基础平面对角线重合）时，地基计算面积 A_J（50%～100% 基底面积）与地基反力总和 $\sum P_d$、地基计算偏心距 e_d、设计地基最大抗倾翻力矩 M_{df} 和 $a_x a_y$ 等基础设计数据综合分布曲线见图 6-8。

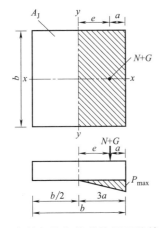

图 6-6　在单向偏心荷载作用下的基础计算

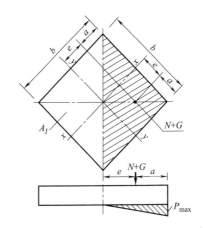

图 6-7　在双向偏心荷载作用下的基础计算

1. 正方形基础的地基计算最不利状态

将各种地基受力面积和单、双向偏心荷载的最大值列于表 1。表 1、表 2 中，d 为地基计算受力面积 A_J 的计算系数，$A_J = db^2$；s 为地基反力总和 $\sum P_d$ 对应的折算系数，$\sum P_d = sb^2 F$；r 为地基反力偏心距 e_d 的折算系数，$e_d = rb$；k 为地基反力抗倾翻力矩 M_{df} 的计算系数，$M_{df} = kb^3 F$；$a_x a_y$ 为地基反力偏心距 e_d 的对应控制验算参数，$a_x = (b/2) - e_x$（m），e_x 为 x 方向的偏心距按 $M_x/(N+G)$ 计算，$a_y = (b/2) - e_y$（m），e_y 为 y 方向的偏心距按 $M_y/(N+G)$ 计算。$a_x a_y$ 值与 e_d 值有对应关系。$a_x a_y$ 值越小，相对应的 e_d 值越大；反之 $a_x a_y$ 值越大，e_d 值越小。

从表 6-1 可知，在单向偏心荷载（力矩方向与基础平面轴线重合）作用下，基础底面积 1/4 与地基脱开时比 1/2、0 脱开时的地基抵抗矩都大 1/8，基础底面积 1/2 与地基脱开与无脱开面积的地基抵抗矩相同；在双向偏心荷载（力矩方向与基础平面轴线成 45°角）作用下，基础底面积 16.375%

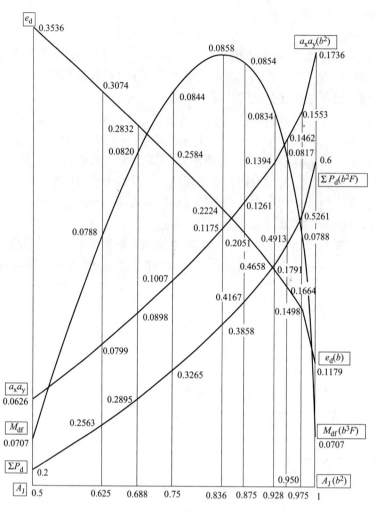

图 6-8　正方形塔机基础地基抗倾翻性能综合特征曲线

与地基脱开时比 1/2、0 脱开时的地基抵抗矩都大 20.35%，而基础底面积 1/2 与地基脱开和无脱开时的地基抵抗矩相同；在基础底面积与地基脱开同样面积（1/2、0）时，双向偏心荷载作用与单向偏心荷载作用的地基抵抗矩之比值为 $\sqrt{2}/2$，地基反力总和 ΣP_d 比值分别为 2/3 和 1，见图 6-8。

正方形钢筋混凝土整体现浇塔机基础地基抗倾翻技术性能表　　　　　表 6-1

基底受力面积条件	力矩方向与十字轴线重合				力矩方向与十字轴线成 45°角				
	d	s	r	k	d	s	r	k	$a_x a_y$ (b^2)
基础中心为地基受力与脱离分界线	1/2	0.3	1/3	0.1	1/2	0.2	$\sqrt{2}/4$	0.07071	0.0625
基础与地基脱开面积为 1/4 基底面积	3/4	0.45	0.25	0.1125	0.83625	0.38575	0.22242	0.08580	0.11746
基底全部受力	1	0.6	1/6	0.1	1	0.6	0.11785	0.07071	0.1736

从图 6-6～图 6-8 和表 6-1 中不难看出，同样计算地基作用面积，双向比单向偏心荷载作用的地基反力矩小，处于最不利状态。而双向偏心荷载作用下，基础底面积的 16.375% 与地基脱开时的地基抵抗矩最大（$M_{df}=0.0858b^3F$）。这一数据提供了基础底面计算地基在最不利状态的最大抗倾翻性能的最大利用率。

此外，从图6-8可以看出，在双向偏心荷载作用下，正方形基础的地基抗倾翻力矩的变化分为三个区段：①A_J从0.5～0.625，其特点是地基反力总和$\sum P_d$、地基计算反力矩M_{df}都较小，只有地基反力偏心距e_d相对最大，与之对应的$a_x a_y$值（0.0625～0.1）为最小区段；②A_J从0.625～0.975，其特点是$\sum P_d$、M_{df}各项值都处于较大阶段。此区段的前半段（0.625～0.836）的特点是$\sum P_d$、M_{df}、$a_x a_y$、e_d与A_J值同时增大；后半段（0.836～0.975）的特点是A_J、$\sum P_d$值同时增大，e_d、M_{df}值却同时减小；说明处于这一区段的基础地基计算图形是综合性能最优的，对基础底面积的利用率最大；③A_J从0.975～1，其特点是地基计算面积A_J已进入最大阶段，$a_x a_y$、$\sum P_d$值为最大，而M_{df}和e_d值处于最小阶段。

2. 正方形基础设计的优化

欲实现最优基础配置，亦即保证地基的稳定性条件下，实现基础的地基承载力F、基础几何尺寸b、h的综合优化利用，其方法只有通过已知设计技术条件（M_{max}、N、F、b），选取三个区段中有代表性的几种地基计算面积进行初步设计计算或查表6-2（承受双向偏心荷载），把计算数据列表进行综合比较，选出最佳方案，见图6-9。

上部结构传给基础的总垂直力N和最大倾翻力矩M_{max}与地基反力矩M_{df}的受力见图6-9，其设计稳定条件为

$$M_{df} \geqslant K_1 M_{max} \tag{6-6}$$

式中　K_1——安全系数，$K_1 = 1.1 \sim 1.2$。

当塔机与建筑物有附着要求时应按下式验算：

$$\frac{N_{max} + G}{b^2} \leqslant F \tag{6-7}$$

在计算出基础M_{df}值的同时求出了地基计算偏心距e_d（$e_d = rb$）、$\sum P_d$（$\sum P_d = sb^2 F$），以公式$\sum P_d - N \geqslant G$计算基础设计重力G，已知基础边长b值和设计基础的混凝土容重C_v（2.35kN/m³～2.4kN/m³），即可求出基础设计厚度h值。

$$C_v b^2 h \geqslant G \tag{6-8}$$

此外，基础几何尺寸b、h的选择还必须满足$h/b \geqslant 1/6$，以符合混凝土设计的截面构造要求。至此，求出的基础

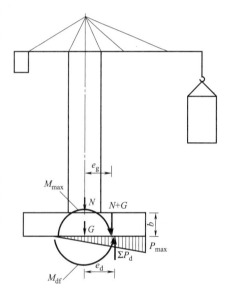

图6-9　抗倾翻稳定性计算简图

尺寸b、h是在保证基础地基抗倾翻稳定性前提下的最小平面图形和体积，实现了基础设计的全面优化。下面通过1个实例来具体说明设计优化的方法，见表6-2。

正方形基础地基抗倾翻性能　表6-2

d	k	s	r	$a_x a_y$
1	0.07071	0.6	0.11785	0.1736
0.97524	0.07878	0.52612	0.14975	0.15533
0.95018	0.08174	0.49129	0.16637	0.14620
0.92762	0.08343	0.46584	0.17909	0.13940
0.9	0.08403	0.44428	0.18912	0.13415
0.88	0.08534	0.42092	0.20273	0.12720
0.875	0.08544	0.41667	0.20506	0.12606
0.87	0.08553	0.41248	0.20736	0.12487
0.86	0.08567	0.40429	0.21191	0.12261

d	k	s	r	$a_x a_y$
0.85	0.08576	0.39634	0.21638	0.12041
0.84	0.08580	0.38860	0.22079	0.11826
0.8375	0.08580	0.38670	0.22188	0.11773
0.83625	0.08580	0.38576	0.22242	0.11746
0.83563	0.08580	0.38529	0.222697	0.11733
0.835	0.08580	0.38482	0.22297	0.11720
0.83	0.08579	0.38101	0.22513	0.11615
0.825	0.08577	0.37737	0.22729	0.11511
0.82	0.08574	0.37371	0.22943	0.11409
0.80	0.08456	0.34916	0.24219	0.10808
0.75	0.08438	0.32654	0.25842	0.10066
0.6875	0.08199	0.28951	0.28322	0.08984
0.625	0.07878	0.25633	0.30735	0.07990
0.56	0.07479	0.22342	0.33476	0.06932
0.5	0.07071	0.2	0.35355	0.0625

某型固定式自升塔机的最大倾翻力矩 $M_{max}=1150kN·m$；最大自由高度的结构重力 $N=308kN$；地基承载力设计要求 $F=0.15MPa$；求基础最佳几何尺寸 b、h。混凝土容重 $C_v=23.5kN/m^3$，$M_{df}=K_1 M_{max}=1.15×1150=1322.5kN·m$，设计计算数据列于表 6-3。

经过比较，地基受力面积为基础底面积的 56%，基础几何尺寸 $b=4.904m$、$h=0.881m$ 的方案显然为最优方案。选择地基受力面积为基础底面积的 56%（$b=4.904m$、$h=0.881m$）而没有选用基础几何尺寸更小的地基受力面积为基础底面积 50%（$b=4.996m$、$h=0.752m$）的基础为最佳方案，原因在于前者符合 $h/b≥\frac{1}{6}$ 的要求。在选择时应注意以符合要求的诸项方案中较小者为优，见表 6-3。

塔机基础计算数据　　　　表 6-3

项次	d	K	s	r	b (m)	F (MPa)	$\sum P_d$ (kN)	G (kN)	V_c (m³)	h (m)	h/b
1	0.5	0.07071	0.2	0.35355	4.996	0.15	748.76	440.76	18.76	0.752	0.151
2	0.56	0.07479	0.22343	0.33476	4.904	0.15	805.72	497.72	21.18	0.881	0.180
3	0.625	0.07878	0.25633	0.30735	4.819	0.15	892.90	584.90	24.89	1.072	0.222
4	0.75	0.08438	0.32654	0.25842	4.710	0.15	1086.57	778.57	33.13	1.494	0.317
5	0.83625	0.08580	0.38575	0.22242	4.684	0.15	1269.45	961.45	40.92	1.865	0.398
6	0.97524	0.07878	0.52612	0.14975	4.819	0.15	1832.69	1524.69	64.89	2.794	0.580

3. 正方形基础抗倾翻稳定性和地基承载力验算

《塔机设计规范》GB/T 13752 中的塔机基础的抗倾翻稳定性和地基压应力计算公式为

$$e=\frac{M+Fh·h}{Fv+Fg}≤\frac{b}{3}$$

$$P_B = \frac{2(Fv+Fg)}{3bL} \leqslant [P_B]$$

我们认为其存在偏差，上列两个公式只是对正方形基础单向偏心荷载作用下的地基进行计算，而忽略了地基计算的最不利状态，使塔机基础的地基承载力处于危险的边缘。因为按上述公式计算出的地基压应力值要比实际需要值低 14.2%，正好抵消了设计安全系数 $K=1.1\sim1.2$，使基础地基实际承载力与设计承载力十分接近，失去安全系数意义。故建议对这两个公式修改为：

正方形塔机基础抗倾翻稳定性公式：

$$e_{ng} = \frac{M_{max}}{N+G} \leqslant e_d \tag{6-9}$$

式中　G——基础重力（kN）；

　　　e_{ng}——上部结构总重力和基础重力相对应的偏心距（m）；

　　　e_d——地基反力矩偏心距（m）；

正方形塔机基础地基压应力验算公式：

$$P_{max} = \frac{M_{max}}{srb^3} \leqslant 1.2F \tag{6-10}$$

式中　s——地基计算面积对基础底面积（b^2）的折算系数，见表6-2；

　　　r——偏心距 e_d 与基础边长 b 对应的折算系数，$e_d=rb$，见表6-2；

　　　P_{max}——设计地基边缘最大压应力（Pa）。

本文中的地基计算面积 A_J 与《建筑地基基础设计规范》GB 50007 和《高耸结构设计规范》GB 50135 中的地基计算公式中基础底面面积 A 的意义有明显区别。显然，A_J 值只有在设计基础底面积与地基完全无脱开面积（或基础不承受偏心荷载）时，其意义才是基础底面积。因为绝大多数情况下，在地基计算时优先选择了基础底面积部分与基底脱开（$A_J = 0.75b^2\sim0.9b^2$），包括上述两个规范的地基计算简图不论是基础承受单向或双向偏心荷载也都是选择了部分脱开。纠正基础底面面积 A 的意义在于，A 值在绝大多数情况下大于 A_J 值，代入计算地基压应力最大值的公式得出的最大值 P_{max} 往往小于实际的地基压应力，造成对地基压应力的盲目乐观，因而潜伏了设计地基压应力值低于实际要求的地基压应力的危险。

6.2.3　钢筋混凝土设计

1. 混凝土设计

根据基础承受的垂直荷载和倾翻力矩大小情况选择设计混凝土强度等级，一般在 C20～C30 之间，并在配筋后对混凝土强度等级进行疲劳验算。

2. 钢筋配置

参照图5，根据计算最大弯矩，以单向偏心荷载在 x、y 轴线上的力矩值计算，按《混凝土结构设计规范》GB 50010 的规定计算钢筋的强度等级和数量，配置下部钢筋。从图6-10 基础内力弯矩图可知，基础外缘 $b/6$ 部位所承受力矩最小，故可以在每边外缘 $b/10\sim b/8$ 范围内适当减小钢筋用量 $1/3\sim1/2$，不影响基础整体强度。

从基础结构整体性和基础与上部结构连接的可靠性要求而不是仅按基础重力形成的负弯矩配筋。上部双向配筋可适当较下部配筋减少筋量但减量不宜大于 $1/4$，基础上下双排双向配筋之间须配置单肢钢筋以连接上下钢筋排使成整体并增加基础抗剪扭强度，一般配置 $\Phi 8\sim12$ 的 I 级钢筋 @≤300，并进行截面抗剪扭验算和疲劳强度验算。在基础与上部结构的连接构造位置半径 300mm 范围内应适当加密，以确保基础与上部结构连接构造在混凝土中的锚固可靠性。

6.2.4 基础与上部结构的连接

基础应首选埋置于地表以下，地下有预埋设备管线等情况下，基础不能下埋，应注意基础边缘部位地基的防浸泡，同时基础与上部结构应该有安全可靠并且耐疲劳的连接方式。

1. 基础与上部结构的连接构造计算

$$M_{df} \leqslant K_2 N_1 L_g l \qquad (6-11)$$

式中　K_2——安全系数 $K_2 = 2 \sim 2.5$；

L_g——连接构造单组抗拉力设计容许值（kN）；

l——连接构造组间计算平均距离（m）；

N_1——连接构造组数。

基础与上部结构连接处是桅杆式结构垂直部分受力最大部位，且受力复杂，同时承受拉、剪、扭或压、剪、扭，应进行抗疲劳强度计算，见图 6-10。连接构造独立突出混凝土部分不宜 >300mm。

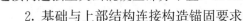

图 6-10　正方形基础在偏心荷载作用下的内力弯矩、剪力图

2. 基础与上部结构连接构造锚固要求

基础与上部结构的连接构造在基础混凝土中的锚固长度应 $\geqslant 2h/3 \sim 3h/4$，连接构造锚固端应有可靠的抗拉构造和承压面积，地脚螺栓应弯 180° 弯钩或配双螺母。

参 考 文 献

[1] 建筑地基基础设计规范 [S]. GB 50007.

[2] 塔式起重机设计规范 [S]. GB/T 13752.

[3] 高耸结构设计规范 [S]. GB 50135.

[4] 混凝土结构设计规范 [S]. GB 50010.

[5] 刘佩衡. 塔式起重机使用手册 [M]. 北京：机械工业出版社，2002.

[6] 陈希哲. 土力学地基基础 [M]. 北京：清华大学出版社，1982.

6.3　桅杆式机械设备组合基础的设计原理及其主要构造*

引言

桅杆式机械设备组合基础——一种由多件混凝土预制构件或多件混凝土预制构件和非混凝土材料共同组合而成的中间结构体，把对上承载桅杆式机械设备传来的变向、变量的倾翻力矩、水平力、水平扭矩和垂直力和对下传给地基或水平传给外围填土的变位变量压力统一构成为一个保持稳定的结构体系；这种中间结构体具有在现有材料技术条件下最简捷的组合、分解性能，具有重复移位使用性能和广泛适用性（可应用于建筑、信息、电力、石油、地矿、军事各领域的周期移动使用或基础混凝土施工现场无湿作业条件的桅杆式机械设备）；相对传统整体现浇混凝土基础而言，具有明显的节约资源、环境保护和直接经济效益。

6.3.1 技术背景

（1）传统的周期移动使用的桅杆式机械设备，如已有 50 年历史的建筑固定式塔机的现浇整体混凝土基础的资源利用率极低（混凝土已知寿命达 100 年以上，传统塔基平均使用期不足半年，其资源利用率不足 1%），资源消耗量极大（平均每座用混凝土 30m³ 以上）。同时产生大量混凝土垃圾，形成固体环境污染源。

---

* 发表于《前沿科学》第 2 卷总第 6 期（2008 年第 2 期），作者赵正义。

（2）到 2010 年，我国建筑塔机保有量将达 25 万台以上，占世界塔机总量的 50% 以上，成为传统整体现浇混凝土基础的最大受害国。

（3）桅杆式机械设备，近年来在电力（输配电塔架、风力发电机）、信息（移动通信信号塔）、商业（大型独立广告牌）、军事（大型陆基雷达、卫星地面接收器）等各领域广泛应用，数量激增，造成的资源浪费急剧增加。

（4）传统整体现浇混凝土基础，必须现场湿作业，其制作周期平均在 15 天以上，不利于提高机械利用率和机械的快速机动。

（5）桅杆式机械设备（无线通信信号塔架、风力发电机）近年来在高寒、干旱地区急剧增加，但这些地区现场进行混凝土施工湿作业极为困难。

（6）传统的基础，经济浪费严重，机械使用寿命内平均每台塔机的基础费用达到 63 万元，相当于塔机购买价的 1.55 倍；全国每年仅建筑塔机的基础费用达 69 亿元。

（7）传统塔基的种种弊端与落实科学发展观，建设节约型社会，发展循环经济和节资减排的总体目标背道而驰。

本项目桅杆式机械设备组合基础（以下简称"组合塔基"）的立项目的在于实现桅杆式机械设备的重复使用，避免现场施工湿作业，彻底消除传统整体现浇混凝土基础的资源浪费和环境污染，从基础重复使用出发，实现节资、节能，消除污染并取得显著经济效益。

6.3.2 总体思路

（1）实现基础的化整为零，预制组合；以部分非混凝土材料代替混凝土材料以减少运输量。

（2）优选基础最佳平面图形，充分利用地基承载力。

（3）以能与基础混凝土组合、分解的垂直连接系统构造解除地脚螺栓对混凝土构件使用寿命的制约。

（4）以无粘结预应力结构水平组合连接系统和混凝土预制构件连接面的抗剪切防位移构造共同解决基础混凝土预制构件组合的整体性，使其具有整体混凝土基础的全部功能。

（5）以混凝土预制构件间的无间隙连接面构造消除传统混凝土预制构件组合的中间后浇混凝土缝构造，缩短基础安装拆解的时间。

（6）以非混凝土材料（砂、石子、土）代替部分基础混凝土的重力作用，减少基础混凝土量，进而减少基础混凝土构件运输量。

（7）"Ⅰ型组合塔基"，其主要技术特征在于：桅杆式机械设备传给基础的垂直重力、倾翻力矩都很大（如建筑塔机）的"组合塔基"的基础稳定性因素：地基压应力和垂直重力两个稳定条件。基础采用混凝土预制基础结构件以水平连接系统构造组合成独立混凝土梁板结构，其基础高度与基础平面半径之比≤1/2，地基反力矩是基础稳定的首要条件，因其上部桅杆式机械设备传给基础的倾翻力矩大，基础占地面积相对较大。

（8）"Ⅱ型组合塔基"，其主要技术特征在于：桅杆式机械设备传给基础的垂直重力较小、倾翻力矩相对较大的"组合塔基"的基础稳定因素：以基础周围填土侧压力为主、地基承载力为次共同形成的基础土力综合抗倾翻性能为首要条件，垂直重力为辅助条件。混凝土预制基础结构件以垂直连接系统构造组合成独立混凝土桩柱形结构，其基础高度与基础平面半径之比≥3，基础周围填土侧压力是基础稳定的首要条件，因其上部桅杆式机械设备传给基础的倾翻力矩和垂直重力相对"Ⅰ型组合塔基"要小，地基反力只承受上部机械设备和基础的垂直力，基础占地面积相对较小。

"Ⅰ型组合塔基"因其配备于具有较大倾翻力矩、垂直重力的桅杆式机械设备，占地面积大，基础体积大，结构复杂，为本文介绍的主要内容；"Ⅱ型组合塔基"因其配备于倾翻力矩和垂直重力较小的桅杆式机械设备，占地面积小，基础体积小，结构相对简单，本文不再详述。

6.3.3 技术方案

本项目的两大技术目标——基础稳定性和重复使用、轻量化。为实现这两大技术目标，分别采取了下列新技术、新构造、新方法。见技术路线图，见图6-11。

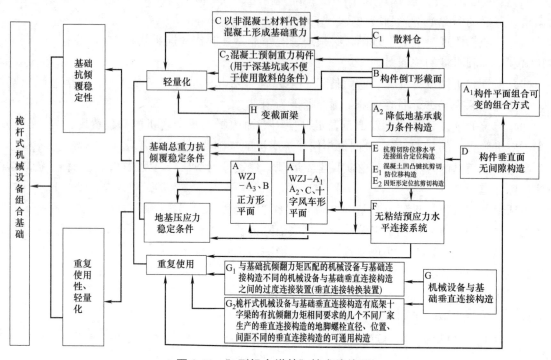

图6-11 "I型组合塔基"技术路线图

1. 基础平面为正方形或趋近于正方形的十字风车形，见图6-12。

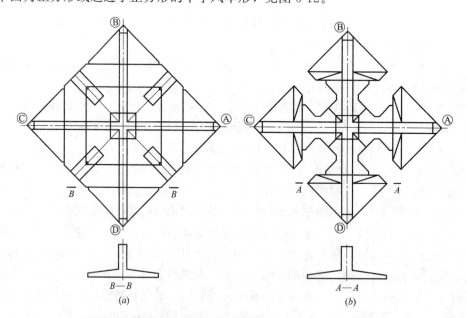

图6-12 基础平面为正方形或趋近于正方形的十方风车形

为实现地基压应力的稳定，针对本项目基础的地基承受变向变量的偏心荷载的特点，现行国家标准对承受偏心荷载的基础必须进行地基承载力验算的规则，以及基础边缘地基压应力容许值为地基承载力设计平均值的1.2倍（《建筑地基基础设计规范》GB 50007—2002）、《高耸结构设计规范》GB 50135 的地基承载力分布特性，确定基础平面图形为正方形或外缘连线趋近正方形的十字风车型，这种平面设计基于正方形是平面多边形中内径相同的各种图形中面积最大的一种，其地基图形最有利于地基承载力效用最大化，从而缩小基础平面图形尺寸，减少基础占地面积；相同地基承载力条件下，同面积的正方形与圆形基础平面（地基与基础底面无脱开），其地基反力偏心矩之比约为 1.32∶1；边长与直径相等的正方形与圆形基础平面（地基与基础底面无脱开），其地基反力偏心矩之比约为 1.68∶1。表明：对于承受偏心荷载较大的桅杆式机械设备基础而言，其基础平面的最佳图形为正方形或外缘连线趋近于正方形的十字风车形，能在最小的平面图形内形成最大的地基反力偏心距。

桅杆式机械设备基础混凝土预制构件组合的平面整体结构为正方形或十字风车形混凝土梁板结构，以正方形平面对角线为基础梁轴线，混凝土预制构件横剖面为倒 T 形，组合成为混凝土正方形或十字风车形的独立基础梁板结构体，其板下为地基，可充分发挥基础外缘底面积最大化导致的单位面积内地基反力偏心距的最大化，可以最大限度地缩小基础平面图形尺寸，减少基础占地面积。混凝土梁设在正方形对角线上与地基反力矩最小时的塔机倾翻力矩方向一致并使正方形塔身（绝大多数塔机或塔架采用正方形塔身）与基础外边缘线平行，有利于基础中心最大限度地靠近建筑物外缘，最大限度地利用塔机的吊装幅度，且符合塔机的自升自降作业的方向条件；混凝土梁可以承受上部机械设备传给基础的正负弯矩，混凝土板上可以设置并承载有一定容量的非混凝土材料（砂、石子、土）代替部分混凝土材料的基础重力作用。

综上所述，平面为正方形或趋近于正方形的十字风车形、基础梁以正方形对角线为轴线设置、以倒 T 形剖面的混凝土预制构件组合而成的桅杆式机械设备基础结构的创新的技术方法。其综合优势主要在于：

(1) 与图形相对应的地基反力偏心矩最大化，利于缩小基础平面图形尺寸，减少占地面积。

(2) 梁板结构整体性和刚度好，抵抗上部机械设备传给基础的垂直力、倾翻力矩、水平力、水平扭矩的综合能力强。

(3) 基础混凝土板的结构作用在于对下充分利用地基压应力，对上承托非混凝土材料，水平构成基础结构的整体性，三种作用同时并举为以非混凝土材料代替部分混凝土材料形成基础所需的重力作用创造了结构空间。

本项目的平面图形、剖面图形和总体结构形成的确定，对本项目的其他各项配套的新技术构造措施和各项技术经济目标的实现具有根本性的前提意义，优化并选择了上述平面和总体结构的特定图形本身，就是对桅杆式机械设备基础认识的突破和创新。

2. 地基承载力计算

基础底面与地基脱开面积为 1/2 时，在单向偏心荷载（力矩方向与正方形基础轴线重合）和双向偏心荷载（力矩方向与正方形基础对角线重合）作用下的基础抗倾翻力矩计算简图如图 6-13、图 6-14。当基础承受双向偏心荷载（力矩方向与其平面对角线重合）时，地基计算面积 A_J（50%～100%基底面积）与地基反力总和 $\sum P_d$、地基计算偏心距 e_d、设计地基最大抗倾翻力矩 M_{df} 和 $a_x a_y$ 等基础设计数据综合分布曲线见图 6-15。

将各种地基受力面积和单、双向偏心荷载的最大值列于表 6-4。表 6-4 中，d 为地基计算受力面积 A_J 的计算系数，$A_J = db^2$；s 为地基反力总和 $\sum P_d$ 对应的折算系数，$\sum P_d = sb^2 F$；r 为地基反力偏心距 e_d 的折算系数，$e_d = rb$；k 为地基反力抗倾翻力矩 M_{df} 的计算系数，$M_{df} = kb^3 F$；$a_x a_y$ 为地基反力偏心距 e_d 的对应控制验算参数，$a_x = (b/2) - e_x$（m），e_x 为 x 方向的偏心距按 $M_x/(N+G)$ 计算，$a_y = (b/2) - e_y$（m），e_y 为 y 轴方向的偏心距按 $M_y/(N+G)$ 计算。$a_x a_y$ 值与 e_d 值有对应关系。$a_x a_y$ 值越小，相对应的 e_d 值越大；反之 $a_x a_y$ 值越大，e_d 值越小。

从表 6-4 可知，在单向偏心荷载（力矩方向与基础平面轴线重合）作用下，基础底面积 1/4

与地基脱开时比 1/2、0 脱开时的地基抵抗矩都大 1/8，基础底面积 1/2 与地基脱开与无脱开面积的地其抵抗矩相同；在双向偏心荷载（力矩方向与基础平面对角线重合）作用下，基础底面积 16.375％与地基脱开时比 1/2、0 脱开时的地基抵抗矩都大 20.35％，而基础底面积 1/2 与地基脱开和无脱开时的地基抵抗矩相同；在基础底面积与地基脱开同样面积（1/2、0）时，双向偏心荷载作用与单向偏心荷载件的地基抵抗矩之比值为 $\sqrt{2}/2$，地基反力总和 $\sum P_\mathrm{d}$ 比值分别为 2/3 和 1。

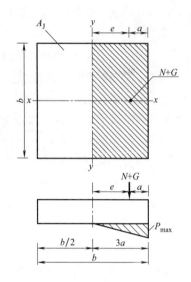

图 6-13　在单向偏心荷载作用下
的基础计算

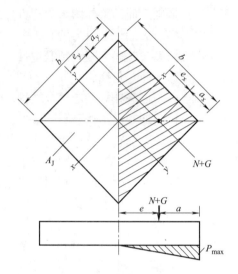

图 6-14　在双向偏心荷载作用下
的基础计算

正方形塔机基础地基抗倾翻技术性能表　　　　表 6-4

基底受力面积条件	力矩方向与十字轴线重合				力矩方向与对角线重合				
	d	s	r	k	d	s	r	k	$a_\mathrm{x}a_\mathrm{y}(b^2)$
基础中心为地基受力与脱离分界线	1/2	0.3	1/3	0.1	1/2	0.2	$\sqrt{2}/4$	0.07071	0.0625
基础与地基脱开面积为 1/4 基底面积	3/4	0.45	0.25	0.1125	0.83625	0.38575	0.22242	0.08580	0.11746
基底全部受力	1	0.6	1/6	0.1	1	0.6	0.11785	0.07071	0.1736

从图 6-13～图 6-15 和表 6-4 中不难看出，同样计算地基作用面积，双向比单向偏心荷载作用的地基反力矩小，处于最不利状态。而双向偏心荷载作用下，基础底面积的 16.375％与地基脱开时的地基抵抗矩最大（$M_\mathrm{df}=0.0858b^3F$）。这一数据提供了基础底面计算地基在最不利状态的最大抗倾翻性能的最大利用率。

此外，从图 6-14 可以看出，在双向偏心荷载作用下，正方形基础的地基抗倾翻力矩的变化分为三个区段：①A_J 从 0.5～0.625，其特点是地基反力总和 $\sum P_\mathrm{d}$、地基计算反力矩 M_df 都较小，只有地基反力偏心距 e_d 相对最大，与之对应的 $a_\mathrm{x}a_\mathrm{y}$ 值（0.625～0.1）为最小区段；②A_J 从 0.625～0.975，其特点是 $\sum P_\mathrm{d}$、M_df 各项值都处于较大阶段。此区段的前半段（0.625～0.836）的特点是 $\sum P_\mathrm{d}$、M_df、$a_\mathrm{x}a_\mathrm{y}$、e_d 与 A_J 值同时增大；后半段（0.836～0.975）的特点是 A_J、$\sum P_\mathrm{d}$ 值同时增大，e_d、M_df 值却同时减小；说明处于这一区段的基础地基计算图形是综合性能最优的，对基础底面积的利用率最大；③A_J 从 0.975～1，其特点是地基计算面积 A_J 已进入最大阶段，a_x

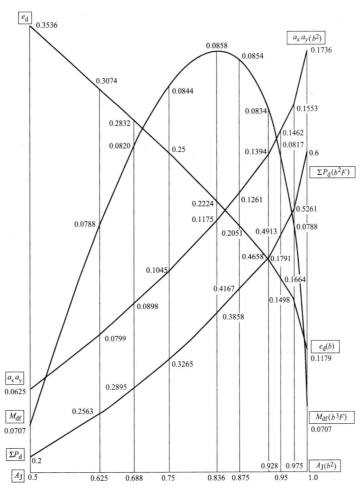

图 6-15　正方形塔机基础地基抗倾翻性能综合特征曲线图

a_y、$\sum P_d$ 值为最大，而 M_{df} 和 e_d 值处于最小阶段。

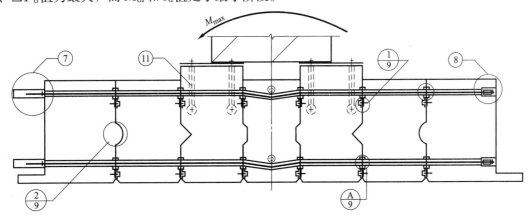

图 6-16　无粘结预应力钢绞线十字空间交叉连接系统

3. 无粘结预应力钢绞线水平十字空间交叉组合连接系统

本项目的基础混凝土预制构件水平组合采用无粘结预应力钢绞线十字空间交叉连接系统，其轴线与混凝土预制构件的纵向主连接面垂直，其平面布置为延基础十字轴线，垂直布置分三种：其一为上、下部各一孔，如图 6-16 所示。水平十字空间交叉置于混凝土基础梁的轴线上，用于一般中型塔机的基础或倾翻力矩较大的桅杆式机械设备基础，其混凝土基础梁横截面上、下部承受的最大正负弯矩值相比在 0.4～0.6，且基础的整体性要求必须设上、下两孔的；其二为上部一孔，下部两孔或多孔；水平十字空间交叉布置于混凝土基础梁的轴线上或与轴线水平对称布置，用于大型塔机或倾翻力矩很大的桅杆式机械设备基础，其基础梁横截面上、下部承受的最大正负弯矩值比值<0.4，且基础混凝土局部预应力不应集中过大或受预应力钢绞线构造限制，造成下部必须设置两孔或多孔；其三是仅在混凝土基础梁的中下半部、混凝土构件截面形心设置一孔于基础梁的轴线上，用于一般小型塔机或桅杆式机械设备基础，其混凝土基础梁横截面上、下部承受的最大弯矩值比值大于 0.6，且基础承受的倾翻力矩较小，此时混凝土基础的水平组合连接的作用突出表现在整体性方面，而不是混凝土基础梁横截面上、下部承受的弯矩值，如有底架十字架的小型建筑塔机。

本项目采用水平十字空间交叉的无粘结预应力连接系统的目的在于：其一，钢绞线具有一定弧度范围内可弯曲性能，为两孔钢绞线的水平十字交叉后的钢绞线受力合力点在混凝土基础梁的最大弯矩处的水平高度保持一致提供了技术上的可能，为各最大受力截面的水平拉力位置高度一致提供了条件，对基础的整体性也提供了各向受力一致的条件；其二是无粘结预应力构造为水平连接系统的反复装、卸提供了可能，进而为缩短基础的组装分解时间，节约基础的使用成本创造了技术条件；其三是钢绞线具有承受一定拉力的周期荷载亦即在一定拉力值范围内反复张拉、退张的性能，预应力钢绞线可以用于超重物体的提升，如 1200t 重的北京西客站钢门楼的整体提升和上海歌剧院屋架的整体提升等都是运用钢绞线的这一特殊性能（见《后张预应力混凝土施工手册》中国建筑科学院冯大斌、栾贵臣主编）通过对钢绞线的几百次反复张拉完成的，为进一步确认钢绞线的反复张拉、退张对其材料力学性能的影响，在对单根钢绞线做拉力值 0～180kN 周期荷载 50 次以后再对其进行常规力学试验，在对不同厂家的不同批次的同强度等级同型号钢绞线进行的三次试验的结果表明，在规定应力幅范围内，钢绞线承受周期荷载对其力学性能没有影响（见按本项目要求，国家建筑工程质量监督检验中心的检验报告：编号：BETC-CL1-2002-431、BETC-CL1-2002-916、BETC-CL1-2005-199），据此，本项目在研发过程中通过十余次试验应用，确定比较保守的单根钢绞线（钢绞线结构 1×7，直径 15.24mm，强度等级 1860MPa）的工作拉力在 130kN～140kN 范围内，允许使用 16 次；实践证明，这个规定是安全可靠并仍有 60％以上的材料使用性能安全储备，以确保钢绞线在 16 次重复使用期间内组合连接构造的可靠性。

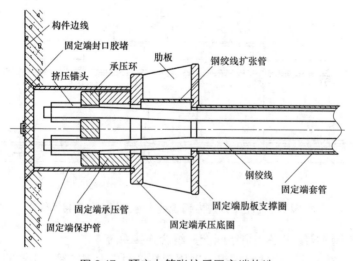

图 6-17　预应力筋张拉后固定端构造

传统的后张无粘结预应力混凝土的结构的主要特点之一是，预应力筋张拉后，对其张拉端、固定端构造（图 6-17、图 6-18）必须进行封固，因其在使用过程中没有对预应力构造系统进行

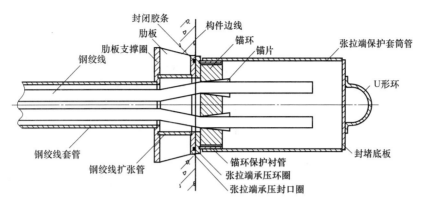

图 6-18　预应力筋张拉后张拉端构造

反复分解的需要和可能。而本项目对水平组合连接系统的特定要求是反复对水平连接系统进行组合或分解，因此必须设计符合本项目要求的无粘结预应力连接系统的固定端和张拉端构造。本项目采用从与钢绞线水平管相通的设于混凝土基础梁一端的固定端穿入末端有锚头的钢绞线，从管的另一端（张拉端）伸出，各根钢绞线张拉完毕后，以外露保护套筒对张拉端进行封闭保护，其张拉端、固定端的封闭构造都是可以反复装拆的，以适应随时组装、拆解混凝土基础预制构件的需要。为了延长钢绞线的使用寿命，规定了同一个钢绞线夹片的夹持位置不能重复四次，以避免夹片对钢绞线的同一截面区段多次夹咬使其截面受损而成为性能薄弱区段，在固定端的锚板以内加设了相当于 1、2、3 倍夹片长度的承压管，从长到短每使用 4 次换装一次承压管，其结果是夹片夹咬钢绞线的区段位置每张拉四次变换一次，且在锚头和夹片之间没有受过夹咬的钢绞线截面，确保了钢绞线在规定使用次数内的性能安全可靠。

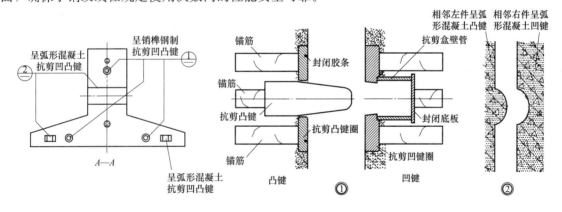

图 6-19　混凝土预制构件定位构造

4. 混凝土预制构件的定位抗剪切防位移构造系统

本项目的混凝土预制构件定位构造是由分别对应设置于两件混凝土预制构件垂直连接面上的二或三组钢制锥形凹凸键构造（图 6-19）组合而成，其锥形凸键与锥形凹键为无间隙配合，在任何一个混凝土预制构件的相互连接面上设置钢制锥形凹凸键实现了无间隙配合，其混凝土构件连接面也必然实现了无间隙配合，锥形凹凸键的设计目的有三：其一使混凝土预制构件的位置关系在反复组合分解过程中保持不变；其二使保证两相邻预制构件连接面的无间隙配合位置不变；其三是其自身的抗剪切防位移作用。

为配合钢制锥形凹凸键构造和预制构件连接面的无间隙配合构造的定位抗剪切防位移功能，本项目还特别在混凝土预制构件的相邻连接面上设置了剖面为三角形，或梯形，或圆弧形的混凝土凹凸键配合构造。（图 6-19②）这样，无间隙配合连接面、钢制定位构造和混凝土抗剪切构造

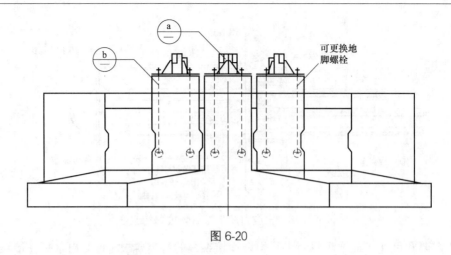

图 6-20

三位一体，共同作用确保了反复组合分解的混凝土基础预制构件的相互位置关系的稳定不变，在水平连接系统的作用下确保基础混凝土预制构件的整体稳定性。整套混凝土基础的各预制构件都有定位编号、组装时必须严格按定位编号进行"对号入座"的定位置装配。

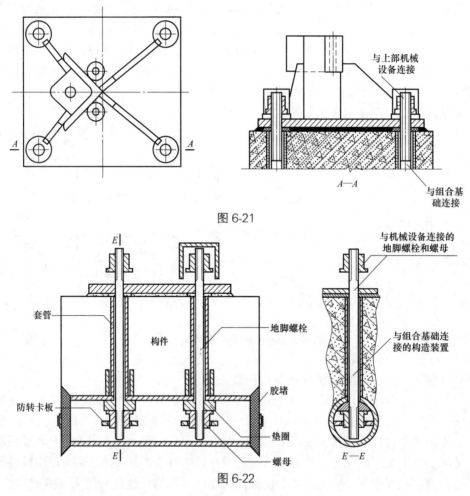

图 6-21

图 6-22

5. 可与混凝土基础预制构件组合分解的垂直定位连接系统构造

本项目混凝土预制构件与上部机械设备的垂直定位连接为可与混凝土预制构件组合、分解的构造系统。传统现浇混凝土基础都是把地脚螺栓或垂直连接构造埋筑于混凝土中，形成混凝土与地脚螺栓或垂直定位连接构造的性能和使用寿命互相捆绑制约，如整体现浇混凝土基础的一次性报废，造成了埋置于其混凝土内的地脚螺栓或垂直定位连接构造无法与混凝土分离，致使本来可以继续使用的地脚螺栓和垂直定位连接构造也只能随之一次性报废，造成浪费；本项目的混凝土预制构件如果按传统地脚螺栓或垂直定位连接构造的设置方法，虽然可以增加地脚螺栓或垂直定位连接构造的使用次数，消除了地脚螺栓和垂直定位连接构造浪费，但又反过来出现了地脚螺栓或垂直定位连接构造的使用寿命制约了混凝土预制构件的使用寿命，造成另一种浪费。只有使地脚螺栓或垂直定位连接构造与混凝土预制构件既可组合共同工作，又可分解互不牵制，各自最大限度地发挥其不同的功能和使用其寿命为本创新点的总目标服务，即从各种材料的不同构造系统的"物尽其用"入手，实现其整体的节资节能减排目标，如图6-22所示。这是对组合系统分部构造各自材料特性和使用寿命的一次解放，实现了各自效用的最大化，为本项目的主体——混凝土预制构件的使用寿命延长和材料功能利用最大化提供了技术条件。

6. 混凝土预制构件连接面的无间隙配合构造

本项目的各混凝土预制构件之间的垂直连接面均为无间隙配合，其技术目标在于：其一，彻底消除传统混凝土预制构件装配连接的后浇混凝土缝（带）构造及工艺过程，从而大大缩短了基础组合的时间；其二，为在混凝土预制构件的连接面上设置具有定位功能的钢制定位抗剪切构造并发挥效用创造了空间条件；其三，为在混凝土预制构件的相互连接面上设置混凝土凹凸键抗剪切防位移构造提供了可能；其四，在水平组合连接系统作用下，其连接面的摩擦力形成混凝土预制构件抗剪切防位移作用；其五，为基础混凝土预制构件与上部机械设备垂直定位连接构造的准确定位提供了技术条件。

要实现混凝土预制构件的相邻连接面的无间隙配合，只有采取本项目设定的特定工艺程序才能实现，那就是从基础的中心预制构件向四个方向递次施工，用已完成的混凝土预制构件的外立面为"模板"内面涂隔离剂，浇筑完成的混凝土预制构件的内立面自然与另一件的对立面形成无间隙的紧密配合，待全部预制构件制作完成后，再从外向内逐件分解。

7. 以非混凝土材料代替部分混凝土实现基础重力功能的构造，见图6-23。

以非混凝土材料代替部分混凝土材料实现基础重力功能的构造系统，是以有一定容重的材

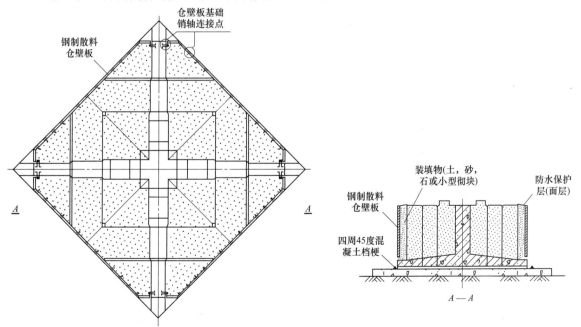

图 6-23 以非混凝土材料代替部分混凝土实现基础重力功能的构造

料——砂子、石子、土置于倒 T 形混凝土结构的混凝土抗压板上的钢制或混凝土板为挡板的散料仓内与混凝土预制构件结构共同形成基础总重力。

把砂子、石子、土这些任何地区施工现场都极易得到的散料，以很少的人力或机械投入使之转化为等同于钢筋混凝土的基础重力，用毕极易转移按材料性能继续使用，既没有造成材料的浪费，又未制造混凝土垃圾。这样可以减少混凝土预制构件总重量的 40%～60%，其直接效益是大幅度减少基础的重复使用的混凝土构件运输量、吊装作业量，从而大幅降低使用成本。

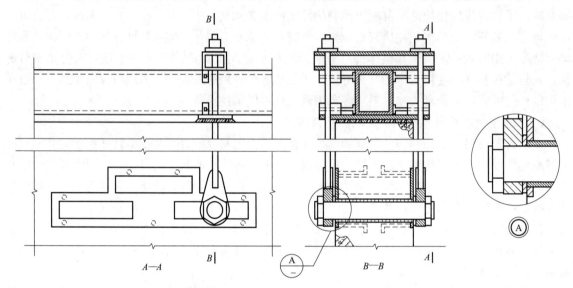

图 6-24　同型号基础与不同垂直连接构造通用性构造（一）

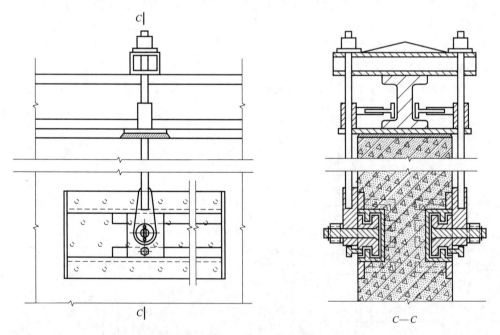

图 6-25　同型号基础与不同垂直连接构造通用性构造（二）

8. 同型号基础与不同垂直连接构造的通用性构造

传统塔机行业长期普遍存在着这种现象：为自我保护目的，不同厂家生产的同工作性能级别的固定式塔机的垂直定位连接构造各不相同，世界各国和我国塔机行业都没有纳入标准化管理，尤其垂直定位连接构造各行其道、标新立异，互不通用。是占我国建筑塔机保有量 70% 以上的有底架十字梁的固定式建筑塔机，更急需从技术上解决国内各厂家的同型号塔机的底架十字梁的结构尺寸不同造成与基础垂直连接的构造不同，形成的一种型号的组合式基础的垂直连接构造无法与几个厂家的同型号塔机的不同的底架十字梁固定连接，亦即基础的通用性和广泛适用性问题。组合式基础的产业化实践证明，这是必须突破的影响桅杆式机械设备组合基础加快实现产业化的技术瓶颈问题。

本项目针对上述非标准化情况，分别采用了在系列化的基础与无十字梁底架的塔机或其他同类桅杆式机械设备的各异的垂直定位连接构造之间设置过渡的连接构造；在有十字梁底架的塔机或其他同类桅杆式机械设备之间设置新型垂直定位连接系统构造两个系列，实现了工厂化生产的标准化定型的混凝土预制构件组合基础分别与有底架十字梁或无底架十字梁的两种不同垂直定位连接构造的配套适用性、通用性。这是以万变（过渡装置和不受位置直径、长度限制的地脚螺栓垂直定位连接构造）应不变（定型的同级别同型号基础和定型的塔机垂直定位连接构造）的方法破解了这道难题，实践证明了这项创新的优越性。

转换装置适用于无底架十字梁有不同垂直定位连接构造的建筑塔机或其他桅杆式机械设备。在设置于定型的混凝土预制构件组合式基础上的定型定位的可与混凝土预制构件组合分解的垂直连接钢板平台上，针对所配套的塔机或桅杆式机械设备的垂直定位连接构造在钢板平台上设置与其相配套的垂直定位连接构造并与钢板平台连接，其结果是同工作级别的无底架十字梁的塔机或桅杆式机械设备通过这个转换装置把基础混凝土预制构件和塔机或桅杆式机械设备的两种都已定型的互相不能连接的垂直定位连接构造过渡连接在一起，变不能为可能；如图10a所示。另一种是把每台有底架十字梁的塔机或桅杆式机械设备的平面位置、直径、长度固定且各不相同地脚螺栓垂直定位连接构造系统，变为将地脚螺栓移至混凝土基础梁外侧从而使十字梁宽度横向不再受地脚螺栓制约，通过可变换的多个沿基础梁轴线方向设置的地脚螺栓与混凝土梁的连接构造实现了地脚螺栓的纵向变位，通过可变换直径和长度的地脚螺栓垂直连接件实现了适用于不同直径、不同长度要求的底架十字梁与基础的垂直定位连接，如图6-24、图6-25所示。

实践证明，上述两种创新构造圆满地解决了定型的混凝土预制构件基础与具有不同垂直定位连接构造的塔机或桅杆式机械设备的垂直定位连接的不相容难题，为桅杆式机械设备混凝土预制构件基础的工厂化、标准化生产消除了最后一道技术障碍。

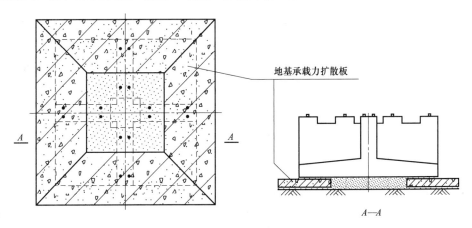

图6-26　地基承载力扩散板

9. 基础底面积扩展构造

传统整体现浇混凝土塔机基础的地基承载力要求无论国内外都在0.2MPa以上，我国大多数地区尤其是沿海和江河冲击层形成的平原地区和湿陷性黄土地区，自然地表以下的比较浅近的原始土层的地基承载力都达不到这个标准（一般在0.06MPa～0.1MPa），在制作基础前必须对地基进行处理或打桩，即使是本项目对地基承载力要求的条件最低可降至 0.12MPa～0.15MPa，某些地区在使用前仍须进行地基处理。为了能彻底消除地基处理或打桩这个施工程序，本项目采用沿基础外边缘在基础的底板下增设回字形混凝土抗压板，其外缘尺寸大于基础外缘尺寸，达到扩展地基应力面积的目的，进而实现降低基础对地基承载力条件的要求。如图 6-26 所示。最终消除了地基处理或打桩的施工程序，缩短了基础安装时间，降低了使用成本。

6.3.4 与传统技术主要技术经济指标的比较及应用情况

本项目与传统技术主要技术经济指标的比较见表 6-5。

本项目与传统技术主要技术经济指标比较表 表 6-5

项次	1				2	3	4	5	6	7	8	9	10
项目	每使用一次的材料消耗				基础制作或安装周期	地基承载力条件	地基处理费用	基础制作或安装费用	基础清除费用	垂直连接构造费用	本项目制作成本	每次使用总成本	产生混凝土垃圾
	混凝土	水泥	钢材	砂石料									
单位	m³	t	t	t	天/次	MPa	千元/次	千元/次	千元/次	千元/次	千元/套	千元	m³
传统技术	31.8	12.084	3.498	56.604	15	0.2	3.8	23.3	15.1	2.86	—	45.06	31.8
本项目	14.70	5.89	1.92	26.22	0.25	0.13	—	4.53	—	0.35	49.2	5.7	—
每次效益	−31.555	−11.99	−3.466	−56.167	−14.75	−0.07	−3.8	−18.77	−15.1	−2.51		−39.36	−31.555
50年效益总计	−1893.3	−719.15	−207.96	−3370.02	−885	—	−288	−1126.2	−906	−150.6		−2312.4	−1893.3

注：(1) 本表以 QTZ630 型塔机为计算机型；

(2) 本表的"50年累计"按本项目使用寿命50年，每年保守计算平均 1.2 次共 60 次计算。

本项目已在北京、哈尔滨、长春、沈阳、淮安、泰州、南京、苏州、盐城、淄博、连云港、西安、鄂尔多斯、乌鲁木齐、徐州、郑州、德州、扬州、通化、鞍山、威海等国内 11 个省、市、自治区的 21 个地区推广应用。其中北京、哈尔滨、沈阳、南京、西安、乌鲁木齐市建设行政主管部门已下文加大本地区推广应用力度。

本项目为建设部科技成果推广项目和国家知识产权局、中国发明协会联合推出的"2007 年中国节能减排发明项目"10 项之一。

截至目前，已在各地与国内 49 个厂家生产的 63 个不同型号的塔机配套，完成建筑工程 2300 多项，总面积达 1400 万平方米。

仅在我国建筑业全面推广本项技术，每年直接经济效益可达 61 亿元；每年节约水泥 196 万吨、钢材 33 万吨、砂石料 1030 万吨；每年消灭混凝土垃圾 725 万立方米。

本项目拓展应用领域：建筑、电力、石油、地矿、信息、军事等，本项目在相关领域的拓展应用研究已被列为《建设部 2007 年科学技术项目计划》。

参 考 文 献

[1] 国家标准. 建筑地基基础设计规范 GB 50007 [S]. 北京：中国建筑工业出版社，2002.

[2] 国家标准. 高耸结构设计规范 GB 50135 [S]. 北京：中国建筑工业出版社，1991.

[3] 国家标准. 塔式起重机设计规范 GB/T 13752 [S]. 北京：中国标准出版社，1998.

[4] 国家标准. 钢结构设计规范 GB 50017 [S]. 北京：中国计划出版社，2003.

[5] 王肇民. 桅杆结构 [M]. 北京：科学出版社，2001.

[6] 王肇民，马人乐. 塔式结构 [M]. 北京：科学出版社，2004.

[7] 刘佩衡. 塔式起重机使用手册 [M]. 北京：机械工业出版社，2002.

[8] 王肇民，U. Peil. 塔桅结构 [M]. 上海：同济大学出版社，1989.

[9]　赵正义，刘佩衡. 塔桅式机械设备正方形混凝土基础设计优化. 建筑机械化 [J]. 2003，(12).

[10]　赵正义. 桅杆式机械设备组合基础的几个主要技术问题. 建筑技术开发 [J]. 2003，(11).

[11]　赵正义. 混凝土预制构件十字形单向组合式塔机基础：中国，98101470. 4 [P].

[12]　赵正义. 桅杆式机械设备组合基础：中国，200610002190. 6 [P]. 2009-05-06.

[13]　赵正义. 桅杆式机械设备新型基础：中国，200610067145. 9 [P]. 2008-10-08.

[14]　赵正义. 桅杆式机械设备组合基础的新型垂直定位连接系统：中国，200610087411. 4 [P]. 2006-12-27.

[15]　赵正义. 桅杆式机械设备组合基础的新型水平连接系统：中国，200620122573. 2 [P]. 2007-10-03.

[16]　赵正义. 桅杆式机械设备垂直组合新型基础：中国，200810000563. 5 [P]. 2013-01-30.

[17]　赵正义. 新型地脚螺栓垂直定位连接构造：中国，200810008129. 1 [P]，2008-07-23.

推荐语：

以极简单的方法利用现有材料解决重大技术难题是技术创新的最高境界。赵正义正是用人们认为再普通不过的传统材料，通过空间结构的重新组合使这些材料在新的结构形式下赋予了新的性能，从而彻底破解了困扰业界几十年的一道技术难题，成为一项节资节能减排的标志性新技术和经典发明。发表此文的意义在于提升全民创新意识，激发民族创造活力。

推荐人：罗沛霖、刘佩衡

罗沛霖，两院院士，我国电子信息产业开拓者、奠基人；中国工程院发起人之一。

刘佩衡，教授级高工，硕士生导师，中国塔机技术领域开拓者、奠基人。

6.4　装配式塔基的平面图形优选及其设计原则 *

6.4.1　引言

装配式塔机基础（以下简称"装配式塔基"），顾名思义，是建筑施工用固定式塔式起重机的基础，而"装配式"则更突出这种基础与已有几十年历史的与固定式塔机同时诞生的传统整体现浇混凝土基础的本质区别与明显优势——基础施工现场整体现浇变为工厂化预制，基础由此实现了可装配、可移位、可重复使用。

我国现正处于城市化中期，城市化不足50％。我国现有建筑施工用固定式塔机总量超过25万台。固定式塔机肇始于西方，它在为建筑施工提供了先进的运输手段的同时，也把资源浪费和环境污染的弊端传播到全世界，给人类社会的持续发展埋下隐患。传统整体现浇混凝土基础的单座使用期平均不足6个月，而混凝土已知使用寿命超过100年，也就是说，混凝土这种建筑材料被用于制作固定式塔机基础，其资源浪费率超过99.5％，是已知混凝土的各种用途中资源利用率最低的一种。不仅如此，我国在未来20年的城市化进程中，推广应用"装配式塔基"每年可节约水泥196万吨、钢材33万吨、砂石料1030万吨，每年从源头上消灭混凝土垃圾这种无法消解的碱性污染物725万立方米，每年直接经济效益达61亿元，在节能环保的同时，新增就业机会3万个。"装配式塔基"不仅适用于建筑行业的固定式塔机，也适用于石油、电力、信息、军事等各领域的周期移位使用的塔式机械设备。它在我国所有适用的行业推广应用，每年节能达250万吨标准煤，直接经济效益上100亿元。在全社会高度关注节能减排，全力建设节约型社会的大背景下，加速推广首先是在建筑业全面推广应用"装配式塔基"，是现阶段生产力发展社会进步的必然要求。"装配式塔基"新技术所特有的节能、减排、直接经济效益三位一体的优势，也从技术自身为迅速推广应用提供了内在先决条件；而"装配式塔基"的平面图形优选、设计地基承载力和基础重力的计算则是"装配式塔基"安全和技术经济综合优势的最核心的技术前提。

---

　*　发表于《前沿科学》第9卷总第35期（2015年第3期）作者赵正义。

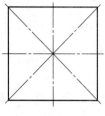

图 6-27　正方形

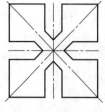

图 6-28　风车形

图 6-29　双工字形

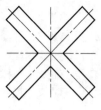

图 6-30　十字形

6.4.2　"装配式塔基"的平面图形优选

本文为便于对比上四种（图 6-27～图 6-30）最具代表性的"装配式塔基"平面图形的几种核心技术参数进行比较，将四种平面图形的外缘两点连线内包的最小正方形的边长统一为 B。根据我国现行国家标准《高耸结构设计规范》GB 50135 的有关规定（"地基与基础"的"一般规定"中——"基础底面允许部分脱开地基土的面积不大于底面全面积的 1/4"）；《高耸结构设计规范》的有关规定（"当承受轴心荷载时，$P_k \leqslant f_a$；当承受偏心荷载时除应符合上式的要求外，尚应满足下式要求：$P_{k,max} \leqslant 1.2 f_a$"），按照"基础底面积脱开地基土面积为基础底面积的 1/4"的要求，对四种平面图形的各种技术参数 1——"基础底面积与 B^2 之比"即"地基面积利用率（%）"、2——"基础承受的全部地基承载力（$\sum f_a$）（f_a——修正后的地基承载力特征值）"、3——"地基承载力合力点至基础中心的距离"即"地基承载力的偏心距（e）"、4——地基承载力合

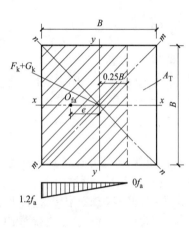

图 6-31

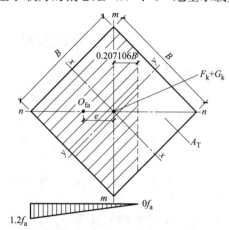

图 6-32

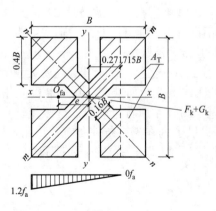

图 6-33

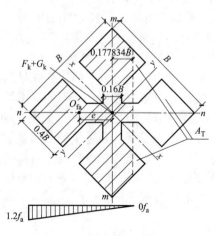

图 6-34

力与偏心矩乘积形成的"地基抗倾覆力矩（M_{fa}）"、5——"基础重力（G_k）"，分别按塔机传给基础的倾覆力矩方向与其平面十字轴线 x 轴或 y 轴垂直重合（图 6-31、图 6-33、图 6-35、图 6-37）或塔机传给基础的倾覆力矩方向与其平面 n 轴或 m 轴（n 轴或 m 轴与 x 轴或 y 轴交角 45°）垂直重合（图 6-32、图 6-34、图 6-36、图 6-38）时的技术参数列于表 6-6～表 6-9。

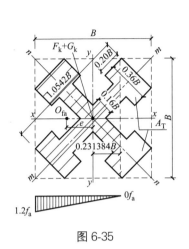

图 6-35

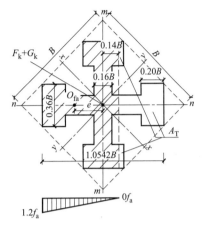

图 6-36

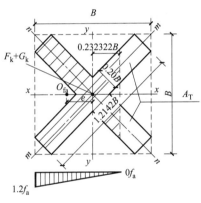

图 6-37

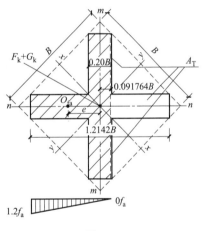

图 6-38

注：O_{fa}——地基承载力合力点；

A_T——基底脱开面积；

e——地基承载力的偏心距。

装配式塔基的平面图形（正方形）的技术参数表 　　　　表 6-6

序号	技术参数		图 6-31		图 6-32	
	名称	公式	a—系数(n)，b—G_k		a—系数(n)，b—G_k	
1	地基面积利用率	$n\%$		100		100
2	基础承受的全部地基承载力(kN)	$\sum f_a \geqslant (nB^2 f_a)$	a	0.45	a	0.32654
3	地基承载力的偏心距(m)	$e \leqslant (nB)$		0.25		0.258416
4	地基抗倾覆力矩(kN·m)	$M_{fa} \leqslant (nB^3 f_a)$		0.1125		0.084383
5	基础重力(kN)	$G_k \geqslant (\sum f_a - F_k)$	b	$\geqslant (0.45B^2 f_a - F_k)$	b	$\geqslant (0.32654B^2 f_a - F_k)$

装配式塔基的平面图形（风车形）的技术参数表　　表 6-7

序号	技术参数		图 6-33		图 6-34	
	名称	公式	a—系数(n), b—G_k		a—系数(n), b—G_k	
1	地基面积利用率	$n\%$	73.050966	a	73.050966	a
2	基础承受的全部地基承载力(kN)	$\sum f_a \geqslant (nB^2 f_a)$	0.341063		0.230732	
3	地基承载力的偏心距(m)	$e \leqslant (nB)$	0.264651		0.281137	
4	地基抗倾覆力矩(kN·m)	$M_{fa} \leqslant (nB^3 f_a)$	0.090262		0.064867	
5	基础重力(kN)	$G_k \geqslant (\sum f_a - F_k)$	$\geqslant (0.341063 B^2 f_a - F_k)$	b	$\geqslant (0.230732 B^2 f_a - F_k)$	b

装配式塔基的平面图形（双工字形）的技术参数表　　表 6-8

序号	技术参数		图 6-35		图 6-36	
	名称	公式	a—系数(n), b—G_k		a—系数(n), b—G_k	
1	地基面积利用率	$n\%$	47.174834	a	47.174834	a
2	基础承受的全部地基承载力(kN)	$\sum f_a \geqslant (nB^2 f_a)$	0.198237		0.1616	
3	地基承载力的偏心距(m)	$e \leqslant (nB)$	0.230539		0.248693	
4	地基抗倾覆力矩(kN·m)	$M_{fa} \leqslant (nB^3 f_a)$	0.045701		0.040188	
5	基础重力(kN)	$G_k \geqslant (\sum f_a - F_k)$	$\geqslant (0.198237 B^2 f_a - F_k)$	b	$\geqslant (0.1616 B^2 f_a - F_k)$	b

装配式塔基的平面图形（十字形）的技术参数表　　表 6-9

序号	技术参数		图 6-37		图 6-38	
	名称	公式	a—系数(n), b—G_k		a—系数(n), b—G_k	
1	地基面积利用率	$n\%$	44.568542	a	44.568542	a
2	基础承受的全部地基承载力(kN)	$\sum f_a \geqslant (nB^2 f_a)$	0.18842		0.115884	
3	地基承载力的偏心距(m)	$e \leqslant (nB)$	0.228079		0.280737	
4	地基抗倾覆力矩(kN·m)	$M_{fa} \leqslant (nB^3 f_a)$	0.042974		0.032533	
5	基础重力(kN)	$G_k \geqslant (\sum f_a - F_k)$	$\geqslant (0.18842 B^2 f_a - F_k)$	b	$\geqslant (0.115884 B^2 f_a - F_k)$	b

　　图 6-27 正方形和图 6-30 十字形，是传统整体现浇混凝土塔基的基本平面图形，不单因为这两种平面图形的平面十字轴线与固定式塔机的正方形塔身或底架的平面十字轴线相互重合；更因为这两种平面图形构图简单，模板、钢筋、混凝土施工环节少，程序简便易行，最适合施工现场制作。

　　图 6-28 风车形和图 6-29 双工字形，是在图 6-27 正方形和图 6-30 十字形的基础上根据固定式塔机对地基抗倾覆力矩要求和塔身与基础垂直连接构造的特殊要求，在诸多独立式混凝土基础梁板结构平面图形中筛选出来的。从"地基面积利用率"、"基础承受的全部地基承载力（$\sum f_a$）"、"地基承载力的偏心距（e）"、"地基抗倾覆力矩（M_{fa}）"和"基础重力（G_k）"五项最能体现基础平面图形对于"装配式塔基"优越性的核心技术参数看，图 6-28 风车形和图 6-29 的双工字形介于图 6-27 正方形和图 6-30 十字形之间；而固定式塔机的型号以额定工作力矩通常划分为特大型、大型、中型和小型四种额定工作力矩"性能区段"，其不同"性能区段"的塔机对基础技术要求的区别，与图 6-27、图 6-28、图 6-29、图 6-30 所描述的四种装配式基础的平面图形

的技术性能参数相匹配。

从表 6-6～表 6-9 所列的五项装配式塔基的核心技术数据不难看出，正方形基础平面的优点是地基面积利用率最高，所形成的"基础承受的全部地基承载力（$\sum f_a$）"和"地基抗倾覆力矩（M_{fa}）"最大，对应基础稳定要求的"基础重力（G_k）"也最大；十字形基础平面的地基面积利用率最低，所形成的"基础承受的全部地基承载力（$\sum f_a$）"和"地基抗倾覆力矩（M_{fa}）"最小，对应基础稳定要求的"基础重力（G_k）"也最小；风车形基础平面和双工字形基础平面的所形成的各项技术指标介于正方形和十字形之间；风车形的各项技术指标又优于双工字形。

综上所述，对"装配式塔基"的平面图形优选，可以得出如下结论：十字形平面适合于额定工作力矩 160kN·m～315kN·m 的小型塔机；双工字形平面适合于额定工作力矩不大于 400kN·m 的中小型塔机；风车形平面适合于额定工作力矩 400kN·m～1000kN·m 的中大型塔机；正方形平面适合于额定工作力矩不小于 1000kN·m 的大型、特大型塔机。这样，各种不同基础平面图形的优势得以充分利用，在保证基础安全的前提下，为实现"装配式塔基"的产业化的两大技术经济目标——最大限度地降低地基承载力设计值和减轻基础预制混凝土构件的重量提供了最根本的条件和依据。

6.4.3 "装配式塔基"的地基承载力设计计算

从表 6-6～表 6-9 中可清晰地看出，各种基础平面图形有两个共同特点：

（1）"基础承受的全部地基承载力（$\sum f_a$）"、"地基抗倾覆力矩（M_{fa}）"和"基础重力（G_k）"三项技术参数，在倾覆力矩方向与基础平面图形的 x 轴或 y 轴（正方形"B^2"平面的十字轴线）垂直重合时的值，皆大于倾覆力矩方向与基础平面图形的 n 轴或 m 轴（正方形"B^2"平面的对角线）垂直重合时的值；

（2）地基承载力合力点至基础中心的距离即"地基承载力的偏心距（e）"，在倾覆力矩方向与基础平面图形的 x 轴或 y 轴（基础平面图形的十字轴线）垂直重合时的值，皆小于倾覆力矩方向与基础平面图形的 n 轴或 m 轴（基础平面图形的对角线）垂直重合时的值。

由上述情况可知，本文所列举的"装配式塔基"的四种平面图形，"基础承受的全部地基承载力（$\sum f_a$）"和"地基抗倾覆力矩（M_{fa}）"的最低值都在倾覆力矩方向与基础平面的外缘正方形轮廓线的对角线（即 n 轴或 m 轴）垂直重合的条件下，因此，在设计计算"修正后的地基承载力特征值（f_a）"时，必须在计算"地基抗倾覆力矩（M_{fa}）"的方向与基础平面图形的 n 轴或 m 轴垂直重合条件下的"基础承受的全部地基承载力（$\sum f_a$）"后，验算"地基抗倾覆力矩（M_{fa}）"不小于作用于基础的"设计抗倾覆力矩（M_a）"；反言之，亦即必须在计算确定不小于"设计抗倾覆力矩（M_a）"的"地基抗倾覆力矩（M_{fa}）"之后，计算出倾覆力矩的方向与基础平面图形的 n 轴或 m 轴垂直重合时的"基础承受的全部地基承载力（$\sum f_a$）"、"地基承载力的偏心距（e）"和最小的"修正后的地基承载力特征值（f_a）"；在"修正后的地基承载力特征值（f_a）"的最小值确定之后，也就确保了基础的地基安全稳定。

值得特别一提的是，对于"装配式塔基"的"修正后的地基承载力特征值（f_a）"和"地基抗倾覆力矩（M_{fa}）"，绝不可按《建筑地基基础设计规范》GB 50007"地基计算"中的下列公式进行计算：

当基础底面为矩形且偏心距 $e > b/6$ 时（图 6-39），$p_{k,max}$ 应按下式计算：

$$p_{k,max} = \frac{2(F_k + G_k)}{3la} \tag{6-11}$$

式中　l——垂直于力矩作用方向的基础底面边长；

　　　a——合力作用点至基础底面最大压力边缘的距离。

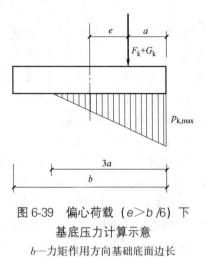

图 6-39　偏心荷载（$e > b/6$）下
基底压力计算示意

b—力矩作用方向基础底面边长

根据《建筑地基基础设计规范》的上述图和公式，所述的基础平面为矩形平面，且倾覆力矩的方向固定于与基础平面的十字轴线（x 轴或 y 轴）垂直重合，因此，这个公式只适用诸如有吊车梁的"牛腿柱"一类承受与基础平面十字轴线垂直重合的单向偏心荷载结构的地基计算，而完全不适用于倾覆力矩的方向为水平 360°任意方向（不固定的双向偏心荷载）的"装配式塔基"。如果错误地套用这个公式，把基础承受倾覆力矩时产生地基压应力最小的方向误当成地基压应力最大的方向，其后果是"修正后的地基承载力特征值（f_a）"取值大小颠倒而严重偏小，给塔机稳定和安全造成致命的隐患。

以基础平面图形正方形为例，从表 6-5 中可知，在倾覆力矩的方向与基础平面十字轴线（x 轴或 y 轴）垂直重合时所产生的"基础承受的全部地基承载力（$\sum f_a$）"和"地基抗倾覆力矩（M_{fa}）"，与倾覆力矩的方向和基础平面的对角线（n 轴或 m 轴）垂直重合时所产生的"基础承受的全部地基承载力（$\sum f_a$）"和"地基抗倾覆力矩（M_{fa}）"值之比分别为 1.378（$0.45B^2 f_a/0.32654B^2 f_a$）和 1.333（$0.1125B^3 f_a/0.084383B^3 f_a$）；亦即，在同样大的倾覆力矩作用下，倾覆力矩方向与基础平面的 n 轴或 m 轴垂直重合时的相应于荷载效应标准组合下基础边缘的最大压力代表值〔$p_{k,max}$，（kN/m^2）〕最大，而倾覆力矩方向与基础平面的 x 轴或 y 轴垂直重合时，其相应于荷载效应标准组合下基础边缘的最大压应力代表值最小；显然，以倾覆力矩方向与矩形基础平面十字轴线垂直重合为前提条件的《建筑地基基础设计规范》中的公式（6-11）做为设计计算固定式塔机基础的地基核心公式是明显错误并十分危险的。《塔式起重机设计规范》GB/T 13752 中关于固定式塔机基础设计计算部分就存在直接套用《建筑地基基础设计规范》造成上述严重错误的明显缺陷。《高耸结构设计规范》中阐述的十分复杂的塔机基础的地基设计和基础重力设计要求，岂是两个简单公式所能概括的。倒不如直接引用《高耸结构设计规范》的"地基基础设计计算"部分，避免断章取义，以偏概全。塔机基础承受倾覆力矩的方向是水平 360°任意方向，绝不可能只停留在与基础平面十字轴线（x 轴或 y 轴）垂直重合的固定状态下，设计计算地基承载力，必须以地基最不利状态为安全稳定的底线。另外，塔机不属于建筑物，其基础的设计计算也就自然不适用于《建筑地基基础设计规范》所涉及的范围，而应遵循《高耸结构设计规范》关于地基基础设计计算的各项规定。

6.4.4　"装配式塔基"的基础重力设计计算

在本文第 3 节内容的基础上，探讨"装配式塔基"的"基础重力（G_k）"设计计算问题就容易多了。"装配式塔基"的"基础重力（G_k）"设计应符合下式的要求：

$$G_k \geqslant \sum f_a - F_k$$

式中　G_k——基础（包括基础构件上的配重件）重力（kN）；

　　　$\sum f_a$——在"设计抗倾覆力矩（M_a）"作用下，基础承受的全部地基承载力（kN）（即"地基抗倾覆力矩（M_{fa}）"方向与基础平面图形的 n 轴或 m 轴垂直重合时的地基承载力总量）；

　　　F_k——传至基础上面的垂直荷载（kN）。

简言之，只要基础上面承受的重力与基础自身的重力之和不小于基础在承受倾覆力矩方向与基础平面图形的 n 轴或 m 轴垂直重合时"基础承受的全部地基承载力（$\sum f_a$）"，基础就是稳定安全的。

对于固定式塔机的基础而言，在"基础承受的全部地基承载力（$\sum f_a$）"与基础底面承受的全部重力相等的条件下，以地基承载力合力点与基础底面承受的全部重力（包括上部结构传至基础上面的重力和基础自身的重力）合力点（基础平面中心）之间的距离为力臂，分别以地基反力合力点、基础底面承受的全部重力合力点为力矩支点的两个相等的力矩平衡。在这个力学平衡关系中，力臂的长度即"基础承受的全部地基承载力（$\sum f_a$）"最小的状态下，亦即针对本文所述的四种平面图形中，倾覆力矩的方向与正方形平面对角线（n轴或m轴）垂直重合时的"基础承受的全部地基承载力（$\sum f_a$）"的合力点至基础底面承受的全部重力的合力点（基础平面中心）的距离即"地基承载力的偏心距（e）"是一个长度达到极限的最大值，再大，就会造成地基土脱开面积大于基础底面积 1/4 的同时，"基础承受的全部地基承载力（$\sum f_a$）"反而减小；要使基础承受的全部地基承载力不减小，只能是基础边缘的地基应力加大，就会出现地基边缘压应力超过规范规定的 $1.2f_a$（见《高耸结构设计规范》"地基计算"）而致地基失稳；同时，任意加大基础底面承受全部重力的偏心距造成的基础底面承受的全部重力任意减小而不足以抵抗作用于基础的倾覆力矩，因为，要保证基础稳定，基础底面承受的全部重力就必然是一个不小于"基础承受的全部地基承载力（$\sum f_a$）"的值。这就是，本文列举的固定式塔机四种基础平面图形，以基础稳定为前提条件，有形的"作用于基础底面的垂直荷载（F_k+G_k）"和倾覆力矩作用产生的无形的"基础承受的全部地基承载力（$\sum f_a$）"，通过倾覆力矩方向与基础平面图形的对角线（n轴或m轴）垂直重合时的同一个"偏心距（e）"，同时实现平衡的内在关系；实现了基础在最不利状态下的稳定，也就保证了基础的稳定。

以基础平面为正方形为例，作用于基础的"倾覆力矩（M）"的方向与基础平面图形的十字轴线（x轴或y轴）垂直重合时，其"地基抗倾覆力矩（M_{fa}）"值与"倾覆力矩（M）"的方向与基础平面的对角线（n轴或m轴）垂直重合时的"地基抗倾覆力矩（M_{fa}）"值之比（见表1），约为 1.3332（$0.1125B^3f_a/0.084383B^3f_a$），大于上述两个"地基抗倾覆力矩（$M_{fa}$）"的相应的"地基承载力的偏心距（$e$）"之比值约为 1.03366（$0.258416B/0.25B$）；显然，在"设计抗倾覆力矩（$M_a$）"的方向与基础平面的对角线（$n$轴或$m$轴）重合时，能使基础稳定的"基础重力（$G_k$）"（作用于基础上面的重力值是一个定值）也能保证"设计抗倾覆力矩（M_a）"方向与基础平面图形的十字轴线（x轴或y轴）垂直重合时的基础稳定。

显而易见，固定式塔机的基础底面承受全部重力产生的抗倾覆力矩的力臂长度，是与"基础承受的全部地基承载力（$\sum f_a$）"最小时（此时的相应于荷载效应标准组合下基础底面平均压力值（p_k）反而最大，故而能保证倾覆力矩的其他任意方向的地基稳定）的偏心距（e）等长的，而不是任意人为设定的。违反了基于上述力学关系而主观臆造的"特制偏心距"，只能为基础失稳提供条件。

要保证"设计抗倾覆力矩（M_a）"的各项技术要求得到满足，"装配式塔基"的"技术命门"在于（以风车形为例）："倾覆力矩的方向与基础平面图形的对角线（n轴或m轴）垂直重合时的'基础承受的全部地基承载力（$\sum f_a$）'——$0.230732B^2f_a$所代表的'修正后的地基承载力特征值（f_a）'为基础设计地基承载力的最小值；'基础承受的全部地基承载力（$\sum f_a$）'——$0.230732B^2f_a$的'偏心距（e）'——$0.281137B$为地基稳定和作用于基础底面的'垂直荷载（F_k+G_k）'稳定的两个相等的偏心距的最大值；作用于基础底面的'垂直荷载（F_k+G_k）'不小于倾覆力矩的方向与基础平面图形的对角线（n轴或m轴）垂直重合时的'基础承受的全部地基承载力（$\sum f_a$）'值；倾覆力矩的方向与基础平面图形的对角线（n轴或m轴）垂直重合时的'地基抗倾覆力矩（M_{fa}）'值——$0.064867B^3f_a$为基础设计承受倾覆力矩的最大值。"背离了这一设计总原则中的任何一条，基础必然失稳。

作者将涉及"装配式塔基"的"修正后的地基承载力特征值（f_a）"和"基础重力（G_k）"两个核心技术条件设计计算的相关关系概括为下列四个公式：

$$M_a \geqslant k \cdot (M + F_{hk}^t \cdot h) \tag{6-12}$$

$$M_{fa} \geqslant M_a \tag{6-13}$$

$$\sum f_a \cdot e \geqslant M_{fa} \tag{6-14}$$

$$(F_k + G_k) \cdot e \geqslant \sum f_a \cdot e \geqslant M_a \tag{6-15}$$

式中 M_a——基础设计抗倾覆力矩（kN·m）；

    k——安全系数，取 $k=1.2$；

    M——相应于荷载效应标准组合下上部结构传至基础的力矩值（kN·m）；

  F_{hk}^t——基础承受的水平荷载标准值（kN）；

    h——基础的高度（m）；

  M_{fa}——地基抗倾覆力矩值（kN·m）；

    f_a——修正后的地基承载力特征值（MPa）；

  $\sum f_a$——在"基础设计抗倾覆力矩（M_a）"作用下，基础承受的全部（所有力矩方向中力矩值最小的亦即"相应于作用的标准组合下基础底面边缘的压力值最大的（$p_{k,max}$）（kPa）"）地基承载力（kN）；

    e——在"基础设计抗倾覆力矩（M_a）"作用下，基础承受的全部（所有力矩方向中力矩值最小的亦即"相应于作用的标准组合下基础底面边缘的压力值最大的（$p_{k,max}$）（kPa）"）地基承载力的合力点至基础中心的距离（偏心距）（m）；

    F_k——作用于基础顶面的垂直荷载（kN）；

    G_k——基础重力（kN）。

上列四个公式可称之为——"装配式塔基"关于"修正后的地基承载力特征值（f_a）"和"基础重力（G_k）"设计的最核心的公式。首先，公式（6-12）确保了基础的"设计抗倾覆力矩（M_a）"的安全可靠；公式（6-13）确定了基础设计的"地基抗倾覆力矩（M_{fa}）"的安全稳定范围；公式（6-14）则划定了基础设计的"修正后的地基承载力特征值（f_a）"最小值的底线和地基承载力的合力点至基础中心的"偏心距（e）"的定值；公式（6-15）限定了设计基础的最小重力。只有按照上列四个公式规定的顺序和原则设计计算出来的"装配式塔基"，才能保证"修正后的地基承载力特征值（f_a）"和"基础重力（G_k）"两项对于基础稳定而言最重要技术指标的可靠性。

然而，目前业界对上述设计原则在认识和运用两个层面都存在不到位或陷于误区的情况，以致给"装配式塔基"的安全造成重大隐患。下面举一个现成的例子，供业界加深印象，引以为戒：

现行国家行业标准《混凝土预制拼装塔机基础技术规程》JGJ/T 197（以下简称"该标准"）在"设计"的"结构设计计算"中有：

塔式起重机作用在基础顶面上的垂直荷载标准值、水平荷载标准值、弯矩标准值及扭矩标准值分别为 F_{vk}^t、F_{hk}^t、M_k^t、T_k^t（图 6-40）。

$$F_{vk}^b = F_{vk}^t + G_k \tag{6-16}$$

式中 F_{vk}^b——作用在基础底面上的垂直荷载标准值（kN）；

    G_k——预制塔机基础的自重及配重的标准值（kN）。

对预制塔机基础进行抗倾覆验算时，应采用荷载基本组合设计值。倾覆力矩和抗倾覆力矩应按下列公式计算（图 6-41）：

$$M_{stb} = 0.9 l_0 \times F_{vk}^b \tag{6-17}$$

$$l_0 = \frac{\sqrt{2}}{4}(l + b_0) \tag{6-18}$$

式中 M_{stb}——预制塔机基础抵抗倾覆的力矩值（kN·m）；

    l_0——预制塔机基础最小的抗倾覆力臂（mm）。

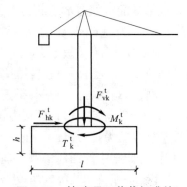

图 6-40 基础顶面荷载标准值

"该标准"的公式（6-17），实际上是验算基础重力唯一的公式。按《高耸结构设计规范》的相关规定，把"该标准"中的所给出的基础平面图形（双哑铃形）在承受倾覆力矩的方向分别与基础平面图形的 x 轴或 y 轴、n 轴或 m 轴垂直重合时的图 6-42、图 6-43 及其相应的各项技术参数于表 6-10。

从"该标准"的图 6-41 和公式（6-18）可知，"l_0" 等于 $0.5B$（B 为正方形边长），那么，所谓的"最小抗倾覆力臂"即其所谓"作用在基础底面的垂直荷载标准值"的"最小偏心距"；另据"该标准"公式（6-17）得："预制塔机基础最小的抗倾覆力臂（mm）"——$0.9l_0 = 0.45B$。

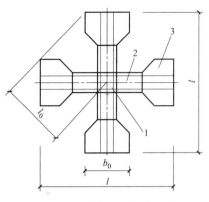

图 6-41 最小抗倾覆力臂示意图
1—中心件；2—过渡件；3—端件

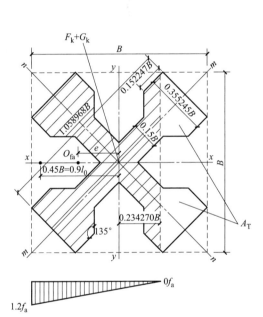

图 6-42

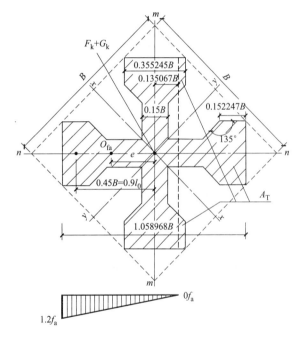

图 6-43

装配式塔基的平面图形（双哑铃形）的技术参数表　　　　　　表 6-10

序号	技术参数		图 6-42	图 6-43
	名称	公式	a—系数(n)，b—G_k	a—系数(n)，b—G_k
1	地基面积利用率	$n\%$	46.410338	46.410338
2	基础承受的全部地基承载力(kN)	$\sum f_a \geq (nB^2 f_a)$	a　0.195977	a　0.156759
3	地基承载力的偏心距(m)	$e \leq (nB)$	0.231225	0.252072
4	地基抗倾覆力矩(kN·m)	$M_{fa} \leq (nB^3 f_a)$	0.045315	0.039514
5	基础重力(kN)	$G_k \geq (\sum f_a - F_k)$	b　$\geq (0.195977 B^2 f_a - F_k)$	b　$\geq (0.156759 B^2 f_a - F_k)$

从表中可以看出，"该标准"基础重力平衡的"力臂最小值"——$0.45B$ 与"该标准"所列基础平面图形（双哑铃形）的"基础承受的全部地基承载力（$\sum f_a$）"的合力点至基础中心的距离（亦即"地基承载力的偏心距（e）"值在基础承受力矩的方向与基础平面图形的 n 轴或 m 轴垂直

重合时为 $e=0.252072B$）这个基础重力平衡的"力臂"的最大值之比约为 1.7852（0.45B/0.252072B），这等于把"该标准"中（对预制塔机基础进行截面承载力计算时，垂直荷载设计值和弯矩设计值应按下列公式计算：

$$F_v = 1.35F_{vk}^t \qquad (6-19)$$

式中　F_v——塔式起重机作用在其基础顶面上的垂直荷载设计值（kN））的（6-19）公式中的一个最重要的安全系数——"1.35"全部抵消而使原有的安全系数 1.35 变成了 0.5648 [1－（1.7852－1.35）]。

从表 6-9 和表 6-5～表 6-8 的数据中，可以确认："该标准"给出的公式（6-17）中的（$0.9l_0$）这个基础底面承受重力的"偏心距"的系数是不符合地基稳定条件的，是一个没有科学根据和国家相关标准的规定做依据的主观臆造的"系数"。笔者以为，出现如此严重错误的根源有两种：其一是"该标准"的主要编写者对"塔机基础"的技术特点缺乏最基本的认知，只能是以讹传讹加异想天开；做这种判断的依据是，"该标准"必须引用的基本标准中根本没有与"该标准"有最直接从属关系的现行国家标准《高耸结构设计规范》；其二是出于商业目的，为减小基础重量、降低商业成本而故意随心所欲地加大基底承受重力的"偏心距"，把行业标准当成赤裸裸的商业工具（其证据是，明明只要三个经过技术研发单位专业培训合格的专业工人就可以完成的装配式塔基的装配工作，却偏要在"该标准"中规定——"拼装单位应具有预应力施工资质"，现行国家建设企业资质规定，最低一级的预应力施工资质三级企业必须有五个建造师。装配式塔基的装配技术远不是有预应力施工资质的企业所能涵盖的，偏要人为地设定只有少数企业才有的"风马牛"资质门槛，因为"该标准"的主要编写者有这方面的资源优势），却置基础安全于不顾。

执行"该标准"上述规定的严重后果是，由于"传至基础上面的垂直荷载（F_k）"（塔机结构和配重的重力总和）是个有最大限度的定值，所以通过加大"偏心距"而相应减小的重力都是"基础重力（G_k）"，这使得"基础重力（G_k）"大幅度地减小而混凝土用量大幅减少（任意扩大"偏心距"的最终结果）；却违背了作为"基础重力（G_k）"的安全条件——在偏心距不变的条件下，基础底面承受的"垂直荷载"不小于"基础底面承受的全部地基承载力"。在装配式塔基的"修正后的地基承载力特征值（f_a）"的稳定条件与基底承受重力稳定条件之间起决定性作用的是统一不变并且已经是最大的"地基承载力的偏心距（e）"。而"该标准"的主要编写者以 $0.9l_0$（相当于 $0.45B$）替代基础承受倾覆力矩的方向与基础平面的 n 轴或 m 轴垂直重合时的"基础承受的全部地基承载力（$\sum f_a$）"的偏心距（$e=0.252072B$）；其后果必然是在基础承受最大"设计抗倾覆力矩（M_a）"时，塔机因基底承受的重力不足而倾覆。

另外："该标准"中，"l_0——预制塔机基础最小的抗倾覆力臂"的定义也极不科学且自相矛盾。单就"该标准"的"图 6-41"和公式（6-17）而言，既然 l_0 已经被"限定"为抗倾覆力臂的"最小"，那么 $0.9l_0$ 岂不是"更最小"？于理不通；$0.5B$ 这个基础外边缘至基础中心的距离被限定为力臂的"最小"，试想，大于"最小"的力臂岂不是由两部分构成：一部分是基础混凝土结构，另一部分则是空气；再者，限定了抗倾覆力臂的"最小"值，等于不限定"最大"值，也就是不限定"作用于基础底面的垂直荷载标准值（F_{vk}^b）"的最小值。如此，"基础重力（G_k）"的稳定条件何在？"该标准"的公式（6-17）岂不是结果和目的背道而驰吗？

综上所述，"该标准"存在着如此明显的理论与实践两方面的重大安全隐患，它作为国家行业标准，其"规范指导"装配式塔基的产业化的作用是令业界十分置疑的。

6.4.5　结语

本文凝聚了作者自 1997 年以来专业从事"装配式塔基"新技术研发的学习、研究、探索心得其中包括最新的研究成果，揭示了"装配式塔基"平面图形优选、地基承载力设计计算、基础重力设计计算等"装配式塔基"的核心技术规律，并通过对一些现行相关的"规范"、

"标准"中存在的错误和缺陷的分析，来加深读者对本文阐释的"装配式塔基"的最基本原理和最关键的技术参数的理解，以期推动"装配式塔基"新技术知识在业界的普及，为"装配式塔基"这项由中国人独创的新技术建立科学完整的技术体系和产业化健康发展做一些开拓性的基础工作。

参 考 文 献

[1] 高耸结构设计规范 GB 50135 [S]. 北京：中国计划出版社，2007.
[2] 建筑地基基础设计规范 GB 50007 [S]. 北京：中国建筑工业出版社，2011.
[3] 大型塔式起重机混凝土基础工程技术规范 JGJ/T 301 [S]. 北京：中国建筑工业出版社，2013.
[4] 混凝土预制拼装塔机基础技术规程 JGJ/T 197 [S]. 北京：中国建筑工业出版社，2010.
[5] 塔式起重机设计规范 GB/T 13752 [S]. 北京：中国标准出版社，1992.
[6] 王肇民，马人乐. 塔式结构 [M]. 北京：科学出版社，2004.
[7] 刘佩衡. 塔式起重机使用手册 [M]. 北京：机械工业出版社，2002.
[8] 陈希哲. 土力学地基基础 [M]. 北京：清华大学出版社，1982.
[9] 高大钊. 土力学与基础工程 [M]. 上海：同济大学. 中国建筑工业出版社，2003.

推荐语：

赵正义的这篇论文，揭示了"装配式塔基"这个由中国人独创的新技术领域内在的工程力学规律，确立了"装配式塔基"确保安全的设计原则。它足以诠释"装配式塔基"最核心的"所以然"；同时，以全新的视角和确凿的论据，论证了我国现行相关的国家标准、行业标准中涉及同类问题的亟待纠正的重要谬误。这是一篇极具创新思维和实用价值的应用科学论文，特推荐贵刊发表。

推荐人：钱稼茹、黄轶逸

钱稼茹：我国著名建筑结构力学专家。清华大学土木工程系教授，博士生导师。中华人民共和国住房和城乡建设部全国超限高层建筑工程抗震设防审查专家委员会委员、中华人民共和国住房和城乡建设部工程建设标准强制性条文房屋建筑部分咨询委员会委员、中国建筑学会抗震防灾分会副理事长、中国标准化协会混凝土委员会副主任、《工业建筑》、《工程力学》、《Earthquake Engineering and Engineering Vibration》、《Journal of Advanced Concrete Technology》编委。

黄轶逸：我国资深建筑机械专家。中国建筑科学研究院建筑机械化研究分院，研究员，原中华人民共和国住房和城乡建设部北京起重运输机械研究所副所长兼总工程师，《建筑机械》杂志主编。

6.5 装配式塔基重力设计原则[*]

6.5.1 引言

我在《装配式塔机基础的平面图形优选及其设计原则》一文（刊载于《前沿科学》杂志2015年第3期）中，涉及装配式塔机基础的基础设计重力问题，只是给出了"$(F_k+G_k) \cdot e_f \geqslant \sum f_a \cdot e_f \geqslant M_a$"［式中：$F_k$——作用于基础顶面的垂直荷载（kN）；$G_k$——基础重力（kN）；$e$——在"基础设计抗倾覆力矩（$M_a$）"作用下，基础承受的全部（所有力矩方向中力矩值最小的亦即"相应于作用的标准组合下基础底面边缘的压力值最大的（$p_{k,max}$）（kPa）"）地基承载力的合力点至基础中心的距离（偏心距）（m）；$\sum f_a$——在"基础设计抗倾覆力矩（M_a）"作用下，基础承受的全部（所有力矩方向中力矩值最小的亦即"相应于作用的标准组合下基础底面边缘的压力值最大的（$p_{k,max}$）（kPa）"）地基承载力（kN）；M_a——基础设计抗倾覆力矩（kN·

---

[*] 发表于《建筑技术》第47卷第10期总第562期（2016年10月），作者：赵正义。

m）］的基础重力设计的原则性公式（该公式单纯注重安全因素，并未兼顾经济指标）。因为"基础重力设计"并不是该文论述的核心问题，也就未进行全面深入地阐述。

装配式塔机基础设计的两大技术经济目标——安全稳定和社会经济效益必须在重力设计的计算规则中得到突出体现，因为装配式塔机基础的基础重力设计不但是直接关系到装配式塔机基础必备的两大因素之一，并且是装配式塔机基础的社会经济效益的重要条件，基础设计重力对装配式塔机基础的结构主体——混凝土、钢筋的材料用量，以及基础的装配、运输、存储的工作量及成本都会产生直接影响。目前，国内外相关的标准规范［《高耸结构设计规范》GB 50135 规定："基础底面允许脱开地基土的面积应不大于底面全面积的 1/4"；《塔式起重机设计规范》GB/T 13752 给出的基础重力计算公式规定为："基础承受的倾覆力矩方向与基础正方形平面的 x（或 y）轴垂直重合时，基础底面脱开地基土面积不大于基础底面积的 1/2"；欧洲的相关标准——《Design of offshore wind turbine structures》（DNV-OS-J101）中，关于同属高耸结构、安全等级相同的风力发电机基础的规定——基础底面脱开地基土面积不大于基础底面积的 1/3］关于基础底面脱开地基土的面积与基础底面积之比不同必然造成了地基压应力的偏心距（e_f）的不同，于是也就顺理成章地导致了塔机基础重力计算的规则也不相同。

装配式塔机基础是服务于固定式塔机的，现有的固定式塔机的塔身结构形式及其与基础的连接定位构造的特点，决定了装配式塔机基础平面图形优选正方形和十字形而不是圆形，这也就决定了，在大小相同的力矩作用下，基底脱开地基土面积与基础面积之比相同的条件下，当基础承受倾覆力矩方向分别与基础平面图形的 x（或 y）轴、n（或 m）轴垂直重合时（图 6-44～图 6-47），其基础边缘的地基压应力最大值（$p_{k,max}$）显然不同，且地基压应力最大值（$p_{k,max}$）位于基础平面图形的 n（或 m）轴的基础边缘。

全面性是唯物辩证法除客观性之外的又一个重要原则。唯物辩证法所要求的全面性就是以客观对象的全部事实以及事实之间的相互联系作为研究的出发点，而不是以客观对象的个别事实或个别现象作为研究的出发点。马克思历来强调科学研究要坚持全面性原则。他说："研究必须充分地占有材料，分析它的各种发展形势，探寻这些形式的内在联系。只有这项工作完成以后，现实的运动才能适当地叙述出来（《马克思恩格斯全集》第 23 卷，人民出版社 1972 年版，第 23 页）"，又说："具体之所以具体，因为它是许多规定性的综合，因而是多样性的统一（《马克思恩格斯选集》第 2 卷，人民出版社 1995 年版，第 18 页）"。本文在参考国内外相关标准，吸收其合理部分的同时，根据对装配式塔机基础的不同平面图形的技术参数的综合分析比较，对得出的在确保装配式塔机基础稳定前提下的基础设计重力计算规则进行比较全面的阐释。

6.5.2　装配式塔机基础的四种基本平面图形的技术参数的比较分析

在装配式塔机基础具有代表性的四种平面图形——正方形、风车形、双哑铃形、十字形（图 6-44～图 6-47）。

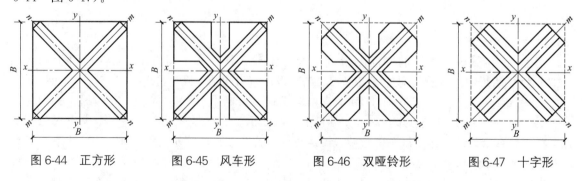

图 6-44　正方形　　　　图 6-45　风车形　　　　图 6-46　双哑铃形　　　　图 6-47　十字形

为了便于分析比较，以能覆盖四种基础平面图形的面积最小的正方形的边长（B）的长度相等为前提条件，按装配式塔机基础承受的倾覆力矩方向与同一基础平面的 x（或 y）轴方向垂直重合、基础底面脱开地基土面积分别为基础底面积的 1/3、1/4，装配式塔机基础承受的倾覆力矩方向与同一基础平面的 n（或 m）轴垂直重合，基础底面脱开地基土面积为基础底面积 1/4 的条件，分别附图于图 6-48～图 6-59；按 1——"基底脱开地基土面积与基底面积之比"、2——基础底面积与正方形（B^2）的面积之比得出的"地基面积利用率"、3——"基础承受的全部地基压应力（$\sum f_a$）"、4——"地基压应力的偏心距（e_{fa}）"、5——地基抗倾覆能力指标即"地基抗倾覆力矩（M_{fa}）"和 6——"基础重力（G_k）"共六项体现装配式塔机基础的核心技术参数分别列于表 6-11～表 6-14。

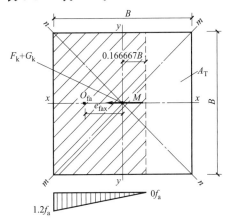

图 6-48　正方形

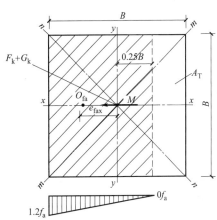

图 6-49　正方形

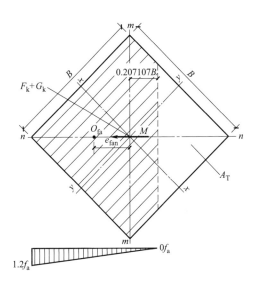

图 6-50　正方形

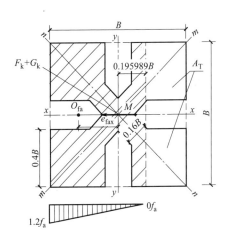

图 6-51　风车形

6.5.3　装配式塔机基础的基础重力设计计算

从表 6-11～表 6-14 所列的装配式塔机基础的平面图形分别为正方形、风车形、双哑铃形、十字形的各同类技术参数的对比中，不难看出其中的相互关系的规律性：

（1）同一个基础平面图形，当基础承受倾覆力矩方向分别与基础平面图形的 x（或 y）轴、n（或 m）轴垂直重合，且基底脱开地基土面积与基底面积之比分别为 1/3、1/4 条件下的地基抗倾覆力矩 $[M_{fa}=nB^3 f_a,\ (kN \cdot m)]$ 之比皆大于 1，依次为 0.111111/0.084384≈1.31673（正方形）、0.089908/0.064867≈1.38604（风车形）、0.061052/0.049986≈1.22138（双哑铃形）、

0.046712/0.037414≈1.24852（十字形）。

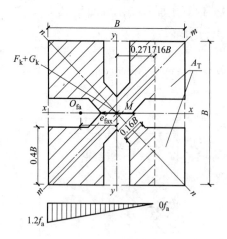

图 6-52　风车形

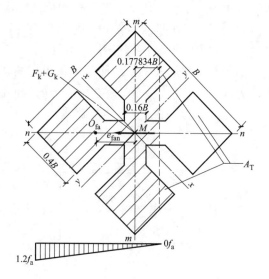

图 6-53　风车形

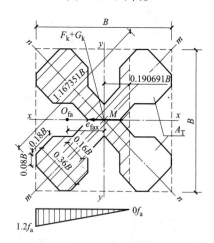

图 6-54　双哑铃形

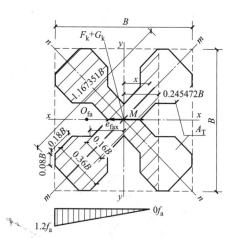

图 6-55　双哑铃形

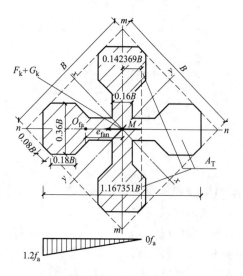

图 6-56　双哑铃形

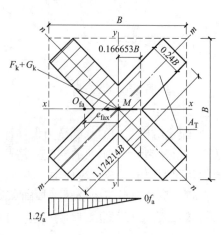

图 6-57　十字形

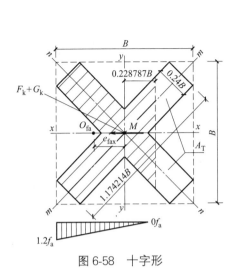

图 6-58 十字形

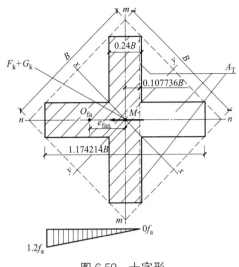

图 6-59 十字形

装配式塔机基础的平面图形（正方形）的技术参数表　　　　　表 6-11

序号	技术参数		图 6-48	图 6-49	图 6-50
	名称	公式	a—系数(n),b—G_k	a—系数(n),b—G_k	a—系数(n),b—G_k
1	基底脱开地基土面积与基底面积之比		1/3	1/4	1/4
2	地基面积利用率	$n\%$	100	100	100
3	基础承受的全部地基压应力(kN)	$\sum f_a \geqslant (nB^2 f_a)$	a　0.4	a　0.45	a　0.326541
4	地基压应力的偏心距(m)	$e_{fa} \leqslant (nB)$	0.277778	0.25	0.258417
5	地基抗倾覆力矩(kN·m)	$M_{fa} \leqslant (nB^3 f_a)$	0.111111	0.1125	0.084384
6	基础重力(kN)	$G_k \geqslant (\sum f_a - F_k)$	b　$\geqslant(0.4B^2 f_a - F_k)$	b　$\geqslant(0.45B^2 f_a - F_k)$	b　$\geqslant(0.326541 B^2 f_a - F_k)$

装配式塔机基础的平面图形（风车形）的技术参数表　　　　　表 6-12

序号	技术参数		图 6-51	图 6-52	图 6-53
	名称	公式	a—系数(n),b—G_k	a—系数(n),b—G_k	a—系数(n),b—G_k
1	基底脱开地基土面积与基底面积之比		1/3	1/4	1/4
2	地基面积利用率	$n\%$	73.050967	73.050967	73.050967
3	基础承受的全部地基压应力(kN)	$\sum f_a \geqslant (nB^2 f_a)$	a　0.310595	a　0.341063	a　0.230732
4	地基压应力的偏心距(m)	$e_{fa} \leqslant (nB)$	0.289468	0.264651	0.281137
5	地基抗倾覆力矩(kN·m)	$M_{fa} \leqslant (nB^3 f_a)$	0.089908	0.090263	0.064867
6	基础重力(kN)	$G_k \geqslant (\sum f_a - F_k)$	b　$\geqslant(0.310595 B^2 f_a - F_k)$	b　$\geqslant(0.341063 B^2 f_a - F_k)$	b　$\geqslant(0.230732 B^2 f_a - F_k)$

装配式塔机基础的平面图形（双哑铃形）的技术参数表　　　　表 6-13

序号	技术参数		图 6-54		图 6-55		图 6-56	
	名称	公式	a—系数(n)，b—G_k		a—系数(n)，b—G_k		a—系数(n)，b—G_k	
1	基底脱开地基土面积与基底面积之比		1/3		1/4		1/4	
2	地基面积利用率	$n\%$	56.440704		56.440704		56.440704	
3	基础承受的全部地基压应力(kN)	$\sum f_a \geqslant (nB^2 f_a)$	a	0.229597	a	0.250594	a	0.184898
4	地基压应力的偏心距(m)	$e_{fa} \leqslant (nB)$	a	0.265907	a	0.245472	a	0.270345
5	地基抗倾覆力矩(kN·m)	$M_{fa} \leqslant (nB^3 f_a)$		0.061052		0.061514		0.049986
6	基础重力(kN)	$G_k \geqslant (\sum f_a - F_k)$	b	$\geqslant(0.229597 B^2 f_a - F_k)$	b	$\geqslant(0.250594 B^2 f_a - F_k)$	b	$\geqslant(0.184898 B^2 f_a - F_k)$

装配式塔机基础的平面图形（十字形）的技术参数表　　　　表 6-14

序号	技术参数		图 6-57		图 6-58		图 6-59	
	名称	公式	a—系数(n)，b—G_k		a—系数(n)，b—G_k		a—系数(n)，b—G_k	
1	基底脱开地基土面积与基底面积之比		1/3		1/4		1/4	
2	地基面积利用率	$n\%$	50.602251		50.602251		50.602251	
3	基础承受的全部地基压应力(kN)	$\sum f_a \geqslant (nB^2 f_a)$	a	0.190989	a	0.211377	a	0.141896
4	地基压应力的偏心距(m)	$e_{fa} \leqslant (nB)$	a	0.244577	a	0.224379	a	0.263674
5	地基抗倾覆力矩(kN·m)	$M_{fa} \leqslant (nB^3 f_a)$		0.046712		0.047429		0.037414
6	基础重力(kN)	$G_k \geqslant (\sum f_a - F_k)$	b	$\geqslant(0.190989 B^2 f_a - F_k)$	b	$\geqslant(0.211377 B^2 f_a - F_k)$	b	$\geqslant(0.141896 B^2 f_a - F_k)$

（2）在大小相同的力矩作用下，同一个装配式塔机基础平面图形，当基础承受的倾覆力矩方向与基础平面图形的 x（或 y）轴垂直重合，且地基脱开地基土面积与基底面积之比分别为 1/3、1/4，地基压应力偏心距值（e_{fax}）之比皆大于 1，依次分别为 0.277778/0.25≈1.11111（正方形）；0.289468/0.264651≈1.09377（风车形）、0.265907/0.245472≈1.083248（双哑铃形）、0.244577/0.224379≈1.090017（十字形）。

从上述装配式塔机基础的不同平面图形的技术参数的比较中可以得出如下结论：

（1）同一平面图形的装配式塔机基础，当基础承受的倾覆力矩方向与基础平面图形的 x（或 y）轴垂直重合，且基底脱开地基土面积与基底面积之比为 1/3（图 6-48、图 6-51、图 6-54、图 6-57）的地基抗倾覆力矩（M_{fa}），与基础承受的倾覆力矩方向与基础平面图形的 n（或 m）轴垂直重合，且基底脱开地基土面积与基底面积之比为 1/4（图 6-50、图 6-53、图 6-56、图 6-59）的地基抗倾覆力矩（M_{fa}）之比皆大于 1。这说明，在同样大的倾覆力矩作用下，以基础承受的倾覆力矩方向与基础平面图形的 n（或 m）轴垂直重合，且基底脱开地基土面积与基底面积之比为

1/4 条件下，将其地基边缘最大压力值（$p_{k,\max}$）作为装配式塔机基础的地基承载力设计值（f_a）的最低条件，可以确保装配式塔机基础承受倾覆力矩方向与基础平面图形的 x（或 y）轴垂直重合，且基底脱开地基土面积与基底面积之比为 1/3 条件下的地基稳定，亦即，装配式塔机基础的地基在承受 360°任意方向设计倾覆力矩的作用下保持稳定。

（2）以同一平面图形的装配式塔机基础"基础承受的倾覆力矩方向与基础平面图形的 x（或 y）轴垂直重合，且基底脱开地基土面积与基底面积之比为 1/3"的技术条件与"基础承受的倾覆力矩方向与基础平面图形的 n（或 m）轴垂直重合，且基底脱开地基土面积与基底面积之比为 1/4"的技术条件相比较的意义不仅在于证明了以上的结论，还在于，同一个基础平面图形，在大小相同的力矩作用下，当基础承受倾覆力矩方向分别与基础平面图形的 x（或 y）轴、n（或 m）轴重合，且基底脱开地基土面积与基底面积之比分别为 1/3、1/4 条件下的地基压应力的偏心距（e_{fax}、e_{fan}）之比依次发生了从扩大到缩小的变化，分别为 0.277778/0.258417≈1.07492（正方形）、0.289468/0.281137≈1.02963（风车形）、0.265907/0.270345≈0.98358（双哑铃形）、0.244577/0.263674≈0.927573（十字形）。即便是地基压应力偏心距（e_{fax}）相对缩小的双哑铃形和十字形，它们的地基压应力偏心距（e_{fax}）也比基础承受的力矩方向不变，但基底脱开地基土面积与基底面积之比为 1/4 条件下的地基压应力偏心距（e_{fan}）扩大了许多，这无疑为基础的地基安全稳定得到保证的前提下，充分利用装配式塔机基础平面图形因承受倾覆力矩方向不同的地基压应力偏心距（e_{fax}）的差值，实现基底承受的总重力（F_k+G_{kx}）在对倾覆力矩平衡的条件下的减小也就是基础重力（G_k）的减小提供了条件和依据。

建筑力学基本原理告诉我们：装配式塔机基础在方向和大小相同的倾覆力矩作用下，基础的地基承受的总重力（F_k+G_k）不小于基础承受的全部地基压应力（$\sum f_a$），且地基承受的总重力（F_k+G_k）的偏心距（e_{fg}）不大于地基压应力的偏心距（e_{fa}）的条件下，基础在地基和基底承受的总重力两个方面都是稳定的。也就是说，"装配式塔机基础承受的倾覆力矩方向与基础平面图形的 n（或 m）轴垂直重合，且基底脱开地基土的面积与基底面积之比为 1/4 条件下，以装配式塔机基础的抗倾覆力矩（M_{fa}）和地基压应力的偏心距（e_{fan}）为装配式塔机基础的地基承载力设计值（f_a）的'最小'，与之对应的'装配式塔机基础的地基承受的总重力（F_k+G_{kn}）不小于基础承受的全部地基压应力（$\sum f_{an}$）'，基础是稳定的。"这个对基础平面图形的 n（或 m）轴而言的稳定条件，对装配式塔机基础承受的力矩方向与基础平面图形的 x（或 y）轴垂直重合，且基底脱开地基土面积与基底面积之比为 1/3 的技术条件而言，只要地基压应力偏心距（e_{fax}）不小于基础承受倾覆力矩方向与基础的平面图形的 n（或 m）轴垂直重合，且基底脱开地基土面积与基底面积之比为 1/4 条件下的地基压应力的偏心距（e_{fan}），同时，基础的地基承受的总重力（F_k+G_{kx}）不小于基础承受的倾覆力矩方向与基础平面图形的 n（或 m）轴垂直重合，且基底脱开地基土面积与基底面积之比为 1/4 条件下的基础承受的全部地基压应力（$\sum f_{an}$）（这在表 6-10～表 6-13 的第 6 栏——"基础重力"的数据对比中得到证实），对于基础在 x（或 y）轴方向而言，其地基承受的总重力（F_k+G_{kx}）条件，也能保证装配式塔机基础的稳定，从而确保了装配式塔机基础在承受水平 360°任意方向倾覆力矩的稳定，如本文中列举的正方形和风车形即是如此。

也会出现如图 6-54、图 6-56、表 6-12 和图 6-57、图 6-58、表 6-13 所示的另一种情况：

装配式塔机基础承受的倾覆力矩方向与基础平面图形的 x（或 y）轴垂直重合，且基底脱开地基土面积与基底面积之比为 1/3 条件下，地基压应力的偏心距（e_{fax}）小于基础承受倾覆力矩方向与基础平面图形的 n（或 m）轴垂直重合，且基底脱开地基土面积与基底面积之比为 1/4 条件下，地基压应力的偏心距（e_{fan}）。

出现上述情况，必须按本文公式（6-23）的方法及规定调整增大装配式塔机基础的地基承受的总重力设计值（F_k+G_{kx}），才能确保基础重力（G_k）的稳定条件。

综上所述，装配式塔机基础的稳定，同时建立在基础承受的倾覆力矩方向与基础平面图形的 n（或 m）轴垂直重合时的地基的抗倾覆力矩（$M_d \leqslant \sum f_{an} \cdot e_{fan}$）和基础承受的倾覆力矩方向与基础平面图形的 x（或 y）轴垂直重合时"基础"的地基承受的总重力的抗倾覆力矩［$M_d \leqslant (F_k+G_{kx}) \cdot e_{fax}$］两大条件之上。

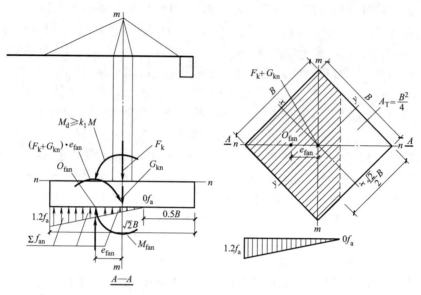

图 6-60　固定式塔机基础承受的倾覆力矩方向与基础平面的 n（或 m）轴
垂直重合时的受力简图

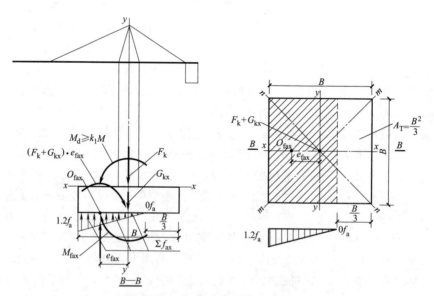

图 6-61　固定式塔机基础承受的倾覆力矩方向与基础平面的 x（或 y）轴
垂直重合时的受力简图

装配式塔机基础的稳定条件必须符合下列规定：

基础承受设计倾覆力矩的方向分别与基础的平面图形的 x（或 y）轴或 n（或 m）轴垂直重合时，基底承受的总重力（F_k+G_k）、全部地基压应力（$\sum f_a$）、地基压应力合力点至基础中心的距离即全部地基压应力的偏心距（e_{fa}）与设计抗倾覆力矩（M_d）、相应于荷载效应的标准组合下塔机作用于基础底面的倾覆力矩（M）之间的关系，必须同时符合公式（6-20）～公式（6-23）的规定：

$$(F_k+G_{kn}) \cdot e_{fan} \geq \sum f_{an} \cdot e_{fan} \geq M_{fan} \geq M_d \geq k_1 M \quad\quad (6\text{-}20)$$

$$(F_k+G_{kx}) \cdot e_{fax} \geq \sum f_{ax} \cdot e_{fax} \geq M_{fax} \geq M_d \geq k_1 M \quad\quad (6\text{-}21)$$

若（6-21）中的 e_{fax} 值不小于（公式 1）中的 e_{fan} 值，则（6-21）中的 G_{kx} 值的设计计算应符合下式规定：

$$G_{kx} \geq G_{kn} \quad\quad (6\text{-}22)$$

若（6-21）中的 e_{fax} 值小于（公式 1）中的 e_{fan} 值，则（6-21）中的 G_{kx} 值的设计计算应符合下式规定：

$$(F_k+G_{kx}) \geq \frac{\sum f_{an} \cdot e_{fan}}{e_{fax}} \quad\quad (6\text{-}23)$$

式中：

　　F_k——基础上面承受的垂直荷载（kN）；

　　k_1——装配式塔机基础抗倾覆力矩的设计安全系数，根据对施工质量、装配工艺质量的控制水平取 1.1～1.2；

　　M——相应于荷载效应的标准组合下塔机作用于基础底面的倾覆力矩值（kN·m）；

　　M_d——装配式塔机基础抗倾覆力矩设计值（kN·m）；

　　G_{kn}——装配式塔机基础承受的倾覆力矩方向与基础平面的 n（或 m）轴垂直重合时的基础重力（kN）；

　　e_{fan}——装配式塔机基础承受的倾覆力矩方向与基础平面的 n（或 m）轴垂直重合时，且基础底面脱开地基土的面积不大于基底面积的 1/4，地基压应力的合力点至基础平面中心即全部地基压应力的偏心距（m）；

　　$\sum f_{an}$——装配式塔机基础承受的倾覆力矩方向与基础平面的 n（或 m）轴垂直重合时，且基础底面脱开地基土的面积不大于基底面积的 1/4 的全部地基压应力（kN）；

　　M_{fan}——装配式塔机基础承受倾覆力矩方向与基础平面图形的 n（或 m）轴垂直重合，且基底脱开地基土面积与基底面积之比为 1/4，基底承受的地基压应力的抗倾覆力矩（kN·m）；

　　G_{kx}——装配式塔机基础承受的倾覆力矩方向与基础平面的 x（或 y）轴垂直重合时的基础重力（kN）；

　　e_{fax}——装配式塔机基础承受的倾覆力矩方向与基础平面的 x（或 y）轴垂直重合时，且基础底面脱开地基土的面积不大于基底面积的 1/3，地基压应力的合力点至基础平面中心的距离即全部地基压应力的偏心距（m）；

　　$\sum f_{ax}$——装配式塔机基础承受的倾覆力矩方向与基础平面的 x（或 y）轴垂直重合时，且基础底面脱开地基土的面积不大于基底面积的 1/3 的全部地基压应力（kN）；

　　M_{fax}——装配式塔机基础承受倾覆力矩方向与基础平面图形的 x（或 y）轴垂直重合，且基底脱开地基土面积与基底面积之比为 1/3，基底承受的地基压应力的抗倾覆力矩（kN·m）。

6.5.4　结语

装配式塔机基础的基础重力（G_k）设计，是直接关系到装配式塔机基础安全稳定的两大因素之一，又是直接影响装配式塔机基础的技术经济优势的重要条件，为此，本文通过对装配式塔机基础优先选用的四种平面图形的基础重力（G_k）设计方案的比较，针对不同技术条件，运用具体问题具体分析的方法，提出装配式塔机基础的基础重力（G_k）设计原则。

针对装配式塔机基础的四种平面图形的共有特点：

（1）在大小相同的倾覆力矩作用下，装配式塔机基础承受设计倾覆力矩方向与基础平面图形的 n（或 m）轴垂直重合，且基底脱开地基土面积与基底面积之比为 1/4（符合《高耸结构设计规范》GB50135 关于地基脱开面积的规定）条件下的基础底面承受的地基压应力边缘的最大压力值（$p_{k,max}$）最大，且此时基础的地基抗倾覆力矩值（$M_{fa}=\sum f_{an} \cdot e_{fan}$）最小，如图 17 和表 1、表 2、表 3、表 4 所示，因此，选用该技术条件下的基础边缘的地基压应力最大值（$p_{k,max}$）作为装配式塔机基础地基承载力设计最小值的条件，对于装配式塔机基础的地基承载力设计而言，肯定是安全可靠；同时，选用该技术条件下的地基抗倾覆力矩作为装配式塔机基础的地基抗倾覆力矩，亦即该基础在设计地基承载力条件下的地基抗倾覆能力的最大值，这就从两方面确保了装配式塔机基础的地基安全。

（2）在大小相同的倾覆力矩作用下，装配式塔机基础承受的倾覆力矩方向与基础平面图形的 x（或 y）轴垂直重合，且基底脱开地基土面积与基底面积之比为 1/3（符合欧洲标准关于风力发电机基础地基脱开面积的规定）条件下，基础的地基抗倾覆力矩（M_{fax}）反而全部大于"装配式塔机基础承受倾覆力矩方向与基础平面图形的 n（或 m）轴垂直重合，且基底脱开地基土面积与基底面积之比为 1/4 条件下的地基抗倾覆力矩（M_{fan}），且地基压应力偏心距（e_{fax}）在 x（或 y）方向得以同时"变大"，如图 6-61 和表 6-10～表 6-13 所示，这为装配式塔机基础的基底承受的总重力（F_k+G_{kx}）在基础平面图形的 x（或 y）轴方向与倾覆力矩平衡的条件下，减小基础的重力（G_{kx}）提供了条件和依据；因为，在同样大的力矩作用下，力臂的增大必然导致作用力的减小。

与此同时，我们也发现，我国标准《塔式起重机设计规范》GB/T 13752 在对平面为正方形的固定式塔机基础的抗倾翻稳定性验算列出的公式：

$$e=\frac{M+F_n \cdot h}{F_v+F_g} \leqslant \frac{b}{3}$$

式中　b——基础正方形平面的边长（m）。

也就是说，基底承受总重力（F_v+F_g）的偏心距（e）允许不大于正方形基础平面边长的 1/3，即基底脱开地基土面积与基底面积之比允许达到 1/2，这种情况对于固定式塔机基础的地基稳定来讲是绝对不允许的，因此，这个公式给出的固定式塔机基础的地基承受的全部重力的验算公式存在重大的安全隐患，与国内外相关标准的规定相悖，并直接导致了没有地基压应力偏心距（e_{fax}）为依托的基底承受的总重力（F_k+G_{kx}）的偏心距（$e_{fax}=1/3B$）——一个远大于基础的地基压应力偏心距的最大允许值（$e_{fax} \approx 0.277778B$）的"理想化的偏心距"，此时，地基土受压与脱开面积的界限为基础中心，从而为基础失稳创造了条件，应引起该标准制订单位的高度重视。

本文参考选用《高耸结构设计规范》GB 50135 关于高耸结构的基础在倾覆力矩作用下基底脱开地基土面积与基底面积之比不大于 1/4 的规定，因为这在世界各国同类标准中属于比较严格的规定，对装配式塔机基础的地基安全更有保证；以装配式塔机基础的平面图形对地基而言的最薄弱环节——基础承受的倾覆力矩方向与基础平面图形的 n（或 m）轴垂直重合，且基底脱开地基土面积与基底面积之比为 1/4 的相关技术参数作为装配式塔机基础的地基承载力（f_a）设计条件，并以此种条件下的地基压应力偏心距（e_{fan}）作为基底承受的总重力（F_k+G_k）对设计倾覆力矩（M_d）平衡的力臂，其结果是实现了装配式塔机基础在地基稳定的同时也确保了基础重力（G_k）对设计倾覆力矩（M_d）的平衡。

本文同时参考了欧洲标准《风电场工程设计规范》关于风力发电机（风力发电机与固定式塔

机同属塔式机械，且安全等级相同）基础在倾覆力矩作用下，基底脱开地基土面积与基底面积之比不大于 1/3 的规定，并经过计算对比，在确保装配式塔机基础地基安全稳定的前提下，减小了装配式塔机基础的地基承受的总重力（F_k+G_k）并实现了装配式塔机基础的基础重力（G_k）对水平 360°任意方向的倾覆力矩的平衡。因为基础上面承受的垂直荷载（F_k）是一个定值（固定式塔机在规定最大自由高度时的最大起重量决定了在设计倾覆力矩作用下基础上面承受的垂直荷载（F_k）的最大值），所以，装配式塔机基础的地基承受的总重力（F_k+G_k）减小的部分，就全部是基础重力（G_k）减小的部分，为装配式塔机基础的主要技术经济目标——轻量化和重复使用提供的技术条件是显著的。

本文根据装配式塔机基础的实际特点，经过严格的计算对比，针对装配式塔机基础的具体情况参考选用适合的中外同类标准，各取所长，提出了装配式塔机基础的重力设计原则（本文提出的基础重力设计原则也同样适用于固定式塔机的平面为正方形的现浇整体混凝土基础的重力设计），是辩证法思想——"事物是相互联系的统一体，一切从实际出发，具体问题具体分析"在建筑工程设计中具体运用的一个实例。

参 考 文 献

[1]　高耸结构设计规范 [S]. GB 50135—2006.

[2]　建筑地基基础设计规范 [S]. GB 50007—2011.

[3]　塔式起重机设计规范 [S]. GB/T 13752—1992.

[4]　Design of Offshore Wind Turbine Structures [S]. DNV-OS-J101.

[5]　王肇民，马人乐. 塔式结构 [M]. 北京：科学出版社，2004.

[6]　陈希哲. 土力学地基基础 [M]. 北京：清华大学出版社，1982.

[7]　高大钊. 土力学与基础工程 [M]. 北京：中国建筑工业出版社，2003.

[8]　赵正义. 装配式塔基的平面图形优选及其设计原则 [J]. 前沿科学，2015（3）.

[9]　张莉莉，高山，田丰，等. 超高层塔式起重机设计及吊装能力分配研究与应用 [J].
　　　建筑技术，2015，46（4）：358-361.

[10]　沈勃斌，张红，潘朝辉，等. 超高层塔式起重机及碰撞系统的研究与应用 [J].
　　　建筑技术，2015，46（2）：149-151.

[11]　孙群伦，林滨滨，蔡巧萍. 钢格构柱十字钢梁组合在塔机基础中的应用 [J].
　　　建筑技术，2015，46（6）：543-545.

参 考 文 献

[1] 《建筑地基基础设计规范》GB 50007 [S]. 北京：中国建筑工业出版社，2012.

[2] 《建筑结构荷载规范》GB 50009 [S]. 北京：中国建筑工业出版社，2012.

[3] 《混凝土结构设计规范》GB 50010 [S]. 北京：中国建筑工业出版社，2011.

[4] 《建筑结构制图标准》GB/T 50105 [S]. 北京：中国建筑工业出版社，2011.

[5] 《高耸结构设计规范》GB 50135 [S]. 北京：中国建筑工业出版社，2007.

[6] 《建筑地基工程施工质量验收标准》GB 50202 [S]. 北京：中国建筑工业出版社，2018.

[7] 《混凝土结构工程施工质量验收规范》GB 50204 [S]. 北京：中国建筑工业出版社，2015.

[8] 《钢结构工程施工质量验收规范》GB 50205 [S]. 北京：中国建筑工业出版社，2002.

[9] 《混凝土结构工程施工规范》GB 50666 [S]. 北京：中国建筑工业出版社，2012.

[10] 《低合金高强度结构钢》GB/T 1591 [S]. 北京：中国建筑工业出版社，2009.

[11] 《紧固件机械性能 螺栓、螺钉和螺柱》GB/T 3098.1 [S].

[12] 《紧固件机械性能 螺母 粗牙螺纹》GB/T 3098.2 [S].

[13] 《塔式起重机》GB/T 5031 [S].

[14] 《预应力混凝土用钢绞线》GB/T 5224 [S].

[15] 《工业用橡胶板》GB/T 5574 [S].

[16] 《塔式起重机设计规范》GB/T 13752 [S].

[17] 《预应力筋用锚具、夹具和连接器》GB/T 14370 [S].

[18] 《无粘结预应力混凝土结构技术规程》JGJ 92 [S].

[19] 《建筑桩基技术规范》JGJ 94 [S].

[20] 水电水利规划设计总院. 风电机组地基基础设计规定（试行）. FD003—2007. [S].

[21] 刘佩衡. 塔式起重机使用手册 [M]. 机械工业出版社，2002.

[22] 陈希哲. 土力学地基基础 [M]. 北京：清华大学出版社，1982.

[23] 王肇民. 桅杆结构 [M]. 北京：科学出版社，2001.

[24] 王肇民，马人乐. 塔式结构 [M]. 北京：科学出版社，2004.

[25] 王肇民，U. Peil. 塔桅结构 [M]. 上海：同济大学出版社，1989.

[26] 大型塔式起重机混凝土基础工程技术规范 JGJ/T 301—2013 [S]. 北京：中国建筑工业出版社，2013.

[27] 高大钊. 土力学与基础工程 [M]. 北京：中国建筑工业出版社，1998 年 9 月第 1 版.

[28] 张莉莉，高山，田丰，等. 超高层塔式起重机设计及吊装能力分配研究与应用 [J]. 建筑技术，2015，46（4）：358-361.

[29] 冯大斌，栾贵臣. 后张预应力混凝土施工手册 [M]. 北京：中国建筑工业出版社，1999 年 1 月第 1 版.

[30] 薛传辰. 现代预应力结构设计 [M]. 北京：中国建筑工业出版社，2003 年 3 月第 1 版.

后　记

　　这部著作是我在从事建筑施工行业工作四十余年来在本专业和其他领域的部分研究与思考的一个小结，也实现了自少年时就有的著书立说的梦想。我也想通过这部文集给读者提供一个在大众创业、万众创新的民族伟大复兴大潮中实现作为和人生梦想可以复制的范例，借以为身处各行业生产一线的亿万普通劳动者脚踏实地从自身实践出发，积极投身到大众创业、万众创新的时代洪流中去，为民族复兴做出自己的贡献增强信心、鼓劲加油。

　　父亲赵德林是从业 76 年的中医药工作者，一生勤勉，兢兢业业，在中医中药领域建树颇丰。今年春节后安详辞世。本文集的出版也寄托了对指引人生道路的导师父亲大人的深切缅怀。

　　中国塔机技术领域开拓者、奠基人刘佩衡先生、中国信息产业奠基人、两院院士罗沛霖先生、原中国社会科学院院长王伟光先生、原住建部总工姚兵先生所作序文，是对我的鼓励和鞭策，感激之情铭于五内。

　　果刚、路全满二位同志在"赵氏塔基"研发的全过程与我志同道合、一路风雨同舟，他们的工作和才智为"赵氏塔基"的完整新技术体系增色。

　　郝雨辰、特别是王兴玲为本文集的文稿编辑、修改、整理付出了大量心血。

　　特别感谢责任编辑王治对本文集出版所作的卓有成效的工作，他担任本文集责任编辑，是本书的幸运。也感谢其他对作者有过帮助的人们。

赵正义

2018 年 12 月 9 日于昌平

作者简介

赵正义，1946年生于北京昌平，有四十余年的建筑施工工作履历，中央党校科学技术哲学专业在职研究生学历，教授级高级工程师。彻底破解了一道世界性专业技术难题，创立有50项发明专利的装配式塔机基础（赵氏塔基）新技术体系并主导产业化，荣获国家科技进步奖，担纲主编国家行业标准。荣获：北京市重大典型、2008年北京奥运会火炬手、中华人民共和国成立60周年百名优秀发明家、中组部、中宣部推出的时代先锋、受党中央、国务院邀请参加北戴河休假的优秀专家代表、十六大以来中国建设行业的五大典型人物、北京市有突出贡献的科学、技术管理人才、北京工业大学兼职教授、北京市和全国建设系统劳动模范等。